New-emerging Animal Viral Diseases

新发动物病毒病

田克恭　李向东　主编

化学工业出版社

·北京·

内容简介

《新发动物病毒病》是由河南农业大学田克恭教授、扬州大学李向东教授共同组织多位从事新发动物病毒病研究和防控的专家、学者，结合各自研究工作，参考大量国内外最新文献，历经3年撰写而成，全面系统论述了自2000年以来全球的新发动物病毒病。全书分七章，共43节，分别论述了多种动物、马、牛羊、猪、禽、犬和猫的新发病毒病。书中分别从病原学、分子病原学、流行病学、免疫机制与致病机理、临床症状、病理变化、诊断、预防与控制等方面进行了详细的阐述。本书内容翔实，既具有理论性，又具有实践性，可供医学、兽医学、生物学等专业科研机构、大专院校、防疫部门的相关从业人员参考。

图书在版编目（CIP）数据

新发动物病毒病/田克恭，李向东主编.—北京：化学工业出版社，2023.3

ISBN 978-7-122-42807-3

Ⅰ.①新… Ⅱ.①田…②李… Ⅲ.①动物病毒 Ⅳ.①S852.65

中国国家版本馆CIP数据核字（2023）第016338号

责任编辑：邵桂林
责任校对：边　涛　　装帧设计：韩　飞

出版发行：化学工业出版社（北京市东城区青年湖南街13号　邮政编码100011）
印　　刷：三河市航远印刷有限公司
装　　订：三河市宇新装订厂
787mm×1092mm　1/16　印张21¾　字数528千字　2023年4月北京第1版第1次印刷

购书咨询：010-64518888　　售后服务：010-64518899
网　　址：http://www.cip.com.cn
凡购买本书，如有缺损质量问题，本社销售中心负责调换。

定　　价：149.00元

编写人员名单

主　编　田克恭
　　　　　李向东

副主编（以姓名汉语拼音排序）
刘玉秀
王　炜
谢金鑫
张盼涛
张云静

编　者（以姓名汉语拼音排序）
白小飞　国家兽用药品工程技术研究中心
柴春霞　内蒙古大学
陈珍珍　国家兽用药品工程技术研究中心
邓均华　西北农林科技大学
杜萌萌　河南农业大学
付　存　内蒙古大学
高晓静　国家兽用药品工程技术研究中心
黄柏成　国家兽用药品工程技术研究中心
贾陈阳　新疆农业大学
李向东　扬州大学
连拯民　扬州大学
刘彩红　国家兽用药品工程技术研究中心
刘金彪　扬州大学
刘盼娆　扬州大学
刘武杰　国家兽用药品工程技术研究中心
刘玉秀　国家兽用药品工程技术研究中心
马艳华　内蒙古大学
孟　兴　国家兽用药品工程技术研究中心

帕丽旦·努尔兰　新疆农业大学
石胜丽　国家兽用药品工程技术研究中心
田克恭　河南农业大学
田澍瑶　新疆农业大学
佟盼盼　新疆农业大学
王　洁　国家兽用药品工程技术研究中心
王婉冰　国家兽用药品工程技术研究中心
王　炜　内蒙古大学
王　岩　内蒙古大学
王　莹　洛阳职业技术学院
吴洪超　河南农业大学
武有志　内蒙古大学
肖　燕　河南农业大学
谢金鑫　新疆农业大学
燕　贺　国家兽用药品工程技术研究中心
姚晓慧　扬州大学
阴　花　内蒙古大学
昝晓慧　内蒙古大学
张盼涛　洛阳中科基因检测诊断中心有限公司
张　亚　国家兽用药品工程技术研究中心
张云静　国家兽用药品工程技术研究中心
赵文影　国家兽用药品工程技术研究中心
周丽璇　西北农林科技大学
朱振邦　扬州大学

前言

伴随经济全球化和人类活动范围的不断扩大，新发动物病毒不断被发现与报道。本书的新发病毒病包括两层含义，一是自2000年以来在各种动物中首次被报道的病毒病；二是一些之前报道过的病毒自2000年后出现跨种传播而引起的疾病。近几年，新型冠状病毒在全球范围内暴发流行，严重威胁人类的健康与生命安全，给世界格局和经济社会发展带来巨大的影响。同时，新冠病毒在多国也被报道可以引起猫、犬、水貂、鹿、狮、虎等多种动物的自然感染，造成病毒在人类之间、人类与动物之间的传播与流行。然而，新冠病毒的自然宿主尚不清楚，新冠病毒感染动物的相关研究也相对较少。

本书立足动物角度，按多种动物、马、牛羊、猪、禽、犬和猫等种属对自2000年以来首次报道的病毒病进行详细阐述。每种新发病毒病分别从病原学、分子病原学、流行病学、免疫机制与致病机理、临床症状、病理变化、诊断、预防与控制等方面进行全面总结，以期读者能够对每种新发动物病毒病的发生、流行、诊断、危害和防控有进一步的了解。本书是在查阅大量国内外文献的基础上，结合编者各自的研究工作，历经3年撰写而成。书中既包含了对多种新发动物病毒的基础理论知识，也包含了最新的研究进展，希望读者能够从中对每种疾病获得更为全面、系统的认识。

鉴于全球范围内感染动物的新发突发病毒病时有发生，加之公开报道的文献浩如烟海，收录到本书的病种难免有所遗漏。另外，目前关于本书中所涉及的部分新发病毒相关基础研究较少，对部分病毒的感染与致病机理等方面尚存在一些争议，书中如存在不妥或不足之处，恳请读者批评指正！

主编

2023年2月

目 录

第一章
多种动物新发病毒病

第一节　稀有亚型流感

流感是由正黏病毒科中的流感病毒引起的人，以及猪、马和各种鸟类的呼吸道感染的疾病。同时流感病毒也能引起水貂和海洋哺乳动物出现散发性感染。流感病毒的季节性流行和大暴发，对动物和人类健康造成了重大的威胁和巨大危害。流感病毒分为甲型（A）、乙型（B）、丙型（C），以及丁型（D）流感病毒。丙型流感病毒仅造成轻微的上呼吸道感染，乙型流感病毒只有一个亚型，宿主特异性较强，至今只发现感染人和海豹。而甲型流感病毒感染宿主最多、亚型复杂，对人类和动物危害最为严重。本章节重点介绍甲型流感病毒，文中所述流感病毒未经说明均指甲型流感病毒。根据流感病毒表面蛋白血凝素（Hemagglutinin，HA）和神经氨酸酶（Neuraminidase，NA）的结合情况，可将流感病毒分为18种HA亚型和11种NA亚型。近20年来新发现或新流行的流感病毒包括H5N1、H5N6、H5N8、H7N9亚型流感病毒，同时也先后于猫或犬体内检测到H1N1、H3N8、H3N2、H5N6、H7N2亚型流感病毒。

一、病原学

（一）分类地位

流感病毒属于正黏病毒科（Orthomyxoviridae）、流感病毒属（Influenza A virus）。根据核蛋白和基质蛋白抗原性的差异可分为甲型（A）、乙型（B）、丙型（C）和丁型（D）四类。其中甲型和乙型流感病毒可以传播并引起季节性流行，对人类的健康和生产生活都带来严重威胁。丙型流感病毒有感染人类和猪的能力，不过感染症状轻微且仅有极少数的局部暴发，相比于甲型和乙型流感对人类社会造成的威胁要小得多。丁型流感病毒主要影响牛，还没有研究表明其对人有致病性。在流感病毒属中A型流感病毒是唯一感染禽类的病原型。根据流感病毒对家禽的致病力，将其分为高致病性禽流感病毒、低致病性禽流感病毒和非致病性禽流感病毒。其中，高致病性禽流感被世界动物卫生组织（OIE）定性为必须报告的烈性传染病，我国农业农村部也将其列为一类烈性传染病，而且被列入国际生物武器公约动物源传染病名单，其致死率高、传播广，而低致病性禽流感病毒和非致病性禽流感病毒感染通常不引起明显的临床症状。根据流感病毒表面 HA 蛋白和 NA 蛋白组合情况，将流感病毒分为 18 种 HA（H1～H18）亚型和 11 种 NA（N1～N11）亚型。

（二）病原形态结构与组成

流感病毒具有多形性，一般为球形结构，直径约 80～120nm，初次分离的病毒多为长短不一的丝状形态。囊膜和核衣壳组成流感病毒的基本结构，纤突呈放射状排列在囊膜表面，为重要的抗原蛋白。纤突由呈杆状的 HA 蛋白和呈蘑菇状的 NA 蛋白组成，分别为三聚体和四聚体糖蛋白。

（三）培养特性

流感病毒在常温下易于传播，不耐高温，56℃ 30min 失活。不耐酸，中性和弱碱性环境中可存活。对紫外线敏感。流感病毒为有囊膜病毒，对脂类溶剂比较敏感。菠萝蛋白酶或者胰凝乳蛋白酶裂解流感病毒后，其血凝素活性丧失。而用胰蛋白酶处理流感病毒后，可增强其血凝素活性。

鸡胚为流感病毒培养最常用的材料，通常经尿囊腔途径接种 9～10 日龄鸡胚进行病毒分离与培养。个别毒株尿囊腔途径病毒分离失败时，可通过卵黄囊途径或绒毛尿囊膜途径接种进行病毒分离。甲型流感病毒可以在原代的人胚肾、猴肾、牛肾、地鼠肾、鸡胚肾等组织细胞中生长，目前应用最多的为 MDCK 细胞和 MBCK 细胞。利用细胞培养低致病性禽流感病毒时，需加入一定量的胰蛋白酶，从而产生具有感染性的病毒，加大噬斑的直径、提高清晰度，提高病毒的培养滴度。对于高致病性禽流感病毒进行组织细胞培养时，不需要添加胰蛋白酶就能产生感染性的病毒。赵晓辉等通过参数优化，确定了甲型流感病毒在 MDCK 细胞上最佳的培养条件，从而提高甲型流感病毒的分离率和监测效果。王娟等将两株鸡胚源甲型 H1N1 和 H3N2 亚型流感病毒疫苗毒株，通过在 MDCK 贴壁细胞和悬浮细胞上进行适应培养与传代驯化，确定了两株流感病毒在 MDCK 细胞系上培养的条件参数，为流感灭活疫苗由鸡胚苗向细胞苗的工艺升级提供数据参考。针对 H5 亚型和 H7 亚型高致病性禽流感的鸡胚毒灭活疫苗和 MDCK 细胞毒灭活疫苗已经在我国上市，在家禽养殖业中发挥了重要作用。

二、分子病原学

（一）基因组结构与功能

流感病毒为分节段、单股负链 RNA 病毒。其中甲型和乙型流感病毒的核酸分为 8 个基因片段。每个基因片段分别编码不同的蛋白，决定流感病毒的遗传特性。流感病毒 8 个基因片段分别表达 10 种蛋白：PB2、PB1、PA、HA、NP、NA、M（M1 和 M2）、NS（NS1 和 NS2），其中 NS1、NS2 为非结构蛋白，其余 8 种为结构蛋白。HA 和 NA 为糖基化结构蛋白，其余则为非糖基化结构蛋白。流感病毒 8 个基因片段的 3′端和 5′端均有高度保守的相同的核苷酸序列，这些保守序列是病毒转录的重要的核苷酸识别位点，这些相同序列中有部分序列可反向互补形成发夹结构。这些结构参与病毒 RNA 的复制和 mRNA 的转录，在 RNA 聚合酶结合活性、启动子活性、poly（A）化作用及激活核酸内切酶活性中具有重要作用，是病毒复制、转录、包装的重要调控成分。第 1～6 基因片段分别编码 PB2、PB1、PA、HA、NP、NA；第 7 基因片段编码基质蛋白（M1）和膜蛋白（M2）；第 8 基因片段编码非结构蛋白 NS1 和 NS2。此外，近几年新发现了其它 7 种蛋白，分别为 PB1-F2、PB1-N40、

PA-X、PA-N155、PA-N182、M42 和 NS3。

聚合酶蛋白（PB2、PB1、PA）及核衣壳蛋白（NP）是构成病毒转录与复制所需的最小蛋白单位；HA 蛋白在病毒入侵宿主细胞的过程中发挥重要作用，NA 蛋白促进新生病毒粒子的释放；新合成的病毒核糖核蛋白复合体（Viral ribonucleoprotein，vRNP）主要通过基质蛋白（M1）和核输出蛋白转运到细胞核外；NS1 蛋白具有抗宿主干扰素的功能；PB1-F2 与诱导细胞凋亡相关、PA-X 蛋白与病毒致病性和宿主免疫应答相关。

（二）主要基因及其编码蛋白的结构与功能

1. HA 基因

HA 基因是 A 型流感病毒致病性的主要影响因子。HA 蛋白识别受体结合位点是感染的第一步，也是比较关键的一步，其主要通过识别宿主细胞的特异性受体，从而吸附于细胞表面，以吞噬小体的形式进入细胞浆，膜融合后释放病毒的 RNP。HA 裂解为 HA1 和 HA2 是感染周期中重要的步骤。H5 和 H7 高致病性禽流感病毒 HA 在其裂解位点存在多个碱性氨基酸残基，能被多种细胞内源性蛋白酶识别，易形成全身性感染，而低致病性禽流感病毒的 HA 裂解位点仅存在一个碱性氨基酸，只能在特定的组织器官中繁殖，致病性低。

2. NA 基因

NA 蛋白的头部具有神经氨酸酶活性。NA 蛋白能识别受体唾液酸残基并介导病毒进入细胞，能使病毒从细胞表面脱离，完成出芽成熟，释放到组织完成下一个感染周期的作用。NA 蛋白的受体解离特性和 HA 蛋白的受体结合特性构成稳态平衡，影响病毒对靶细胞的吸附和释放。NA 蛋白的颈部区长度对维持平衡起到重要作用，当完全缺失颈部时，病毒只局限在呼吸道细胞中复制。

3. NP 基因

NP 为核蛋白，富含精氨酸、甘氨酸、丝氨酸，为一种碱性蛋白，引起宿主细胞免疫应答。NP 蛋白在病毒的感染周期中起关键性作用，对病毒 RNA 合成过程中的转录-复制过程很重要。在流感病毒粒子中，NP 蛋白和 cRNA 与 vRNA 结合形成复合体，不能和 mRNA 结合，与 M1 蛋白相互作用可影响出芽过程，且 NP 为磷酸化蛋白，能催化自身和其它底物磷酸化。

4. M 基因

M 基因与病毒颗粒的形态、转录酶活性、装配病毒颗粒等有重要关系。M 基因共编码 M1 和 M2 蛋白。M1 为维持病毒形态的基质蛋白，主要介导病毒粒子出芽和装配过程。在病毒复制早期，M1 与 RNP 复合体解离，使 RNP 进入细胞核，并进行初期的转录和复制。M2 蛋白在囊膜上可作为跨膜离子通道。M2 蛋白由 97 个氨基酸组成，感染时可形成由二硫键相连的四聚体结构，组成一个选择性离子通道。

5. NS 基因

NS 基因分别编码 NS1 和 NS2 蛋白。NS 蛋白能够拮抗宿主细胞的干扰素，从而使病毒逃避宿主细胞的免疫应答。NS1 是重要的毒力因子，可在病毒侵染细胞后，干扰细胞产生 IFN。NS1 主要以开放构象存在于溶液中，表现出不依赖于毒株的结构可塑性，使其能够在病毒感染期间与多种细胞因子配体相互作用，在拮抗宿主干扰素、抑制细胞凋亡、抑制宿主 mRNA 的加工和输出、促进病毒 mRNA 的翻译等方面发挥作用。NS2 蛋白通过 M1 蛋白与 vRNPs 发生作用，介导转运输出病毒复制时产生的 vRNP，并介导 M1-RNP 复合体穿过核膜。

6. PB2基因

PB2蛋白参与病毒的转录与复制。PB2蛋白某些氨基酸发生突变时，病毒的宿主范围和毒力将会发生改变。PB2蛋白第627位在家禽源为E，在人及其它哺乳动物为K。大量的试验数据表明，当PB2蛋白为627E时，病毒能够在大约41℃（鸟类肠道内）的条件下复制。在627K时能够在33℃（人类上呼吸道内）的条件下复制。如果该位置发生E627K的突变，则增强了禽流感病毒在哺乳动物内的复制能力。

7. PB1基因

PB1蛋白与PB2蛋白结合形成结晶结构，该结构在不同的AIV中是高度保守的，而且该区域可能被作为一个药物靶点。PB2蛋白含有一个色氨酸富集区，识别并结合宿主前mRNA 5′端的帽子结构，利用PB1蛋白的核酸酶活性对宿主mRNA进行裂解，以此作为病毒mRNA的转录引物。

8. PA基因

聚合酶复合体亚基PA具有核酸内切酶活性，并参与病毒的转录和复制。PA蛋白含有716个氨基酸，可被裂解为PA-N（1～256）和PA-C（277～716），并由“linker”连接。其中PA-N具有多重效应，是PA蛋白的主要功能区。它能利用核酸内切酶活性催化宿主mRNA进行剪切，也能利用蛋白酶水解活性降解病毒和宿主的蛋白。另外，PA-N的前100个氨基酸直接参与了与PB2蛋白的互作。而PA-C与PB1结合形成复合物并参与蛋白的核转运。

2012年，Jagger等发现了PA基因上由核糖体移码产生的第二个阅读框（X-ORF），其编码的蛋白被命名为PA-X。PA-X在各种亚型的流感病毒中广泛存在，且高度保守，说明了PA-X在流感病毒的整个生命周期中起重要作用。除了PA-X之外，在A型流感病毒感染的细胞内还发现了2个与PA蛋白相关的蛋白：PA-N155和PA-N182。它们分别是从PA mRNA阅读框内的第11个和第13个AUG起始密码子开始翻译而形成的，是一种PAN-末端截断了的蛋白形式，可能普遍存在于禽流感病毒中。研究发现，将PA-N155和PA-N182缺失后能降低病毒的复制能力，并减弱了病毒对小鼠的致病性。

三、流行病学

（一）传染来源

不同亚型的流感病毒持续在人、猪、犬、马、海洋哺乳动物、禽类等宿主中流行，携带或感染流感病毒的人和动物均可成为流感病毒的传染源。目前，除了H17N10、H18N11两个亚型病毒是从蝙蝠体内分离，其余所有已知的16种HA亚型和9种NA亚型的甲型流感病毒都储存在野生水禽体内，尤其是鸭、滨鸟、鸥等，因此野生水禽是甲型流感病毒的保藏宿主和其它宿主中流感病毒的源头。野生水禽和家鸭感染禽流感病毒后通常不表现明显的临床症状，但在流感病毒向陆生家禽传播的过程中发挥重要作用。猪呼吸道上皮细胞同时含有唾液酸半乳糖两种类型的受体α2，3唾液酸受体和α2，6唾液酸受体，可感染人流感病毒，也能感染禽流感病毒，是流感病毒的“混合器”，促进人、禽和猪流感病毒之间的重组，产生新毒株在人群中大流行。如在2009年甲型H1N1流感大流行中，猪起到中间宿主的作用。

（二）传播途径及传播方式

禽流感病毒的传播方式主要分为两类，一类是水平传播，一类是垂直传播。水平传播是禽流感病毒主要的传播方式，可分为直接传播和间接传播。直接传播指易感禽类与已感染病毒的禽类直接接触而被感染的传播方式。间接传播指易感禽类通过与感染病毒禽类的污染物，如粪便、饮水等间接接触而感染禽流感病毒的传播方式。禽流感病毒存在于感染禽的各个器官中，可随着眼、鼻、口分泌物及粪便排出体外，且可长时间存活，从而易感染健康的禽类，为病毒的水平传播提供机会。

野生水禽是禽流感病毒的保藏宿主，这为病毒的水平传播创造了良好的条件。禽流感病毒在禽类中广泛传播的主要原因之一就是野生水禽的大规模迁徙，世界上候鸟迁徙路线有8条。候鸟大规模迁徙中，野生水禽与其它家禽、哺乳动物直接接触机会增多，还可在各处遗留含有病毒的粪便和分泌物，进而增加了禽流感病毒水平传播的范围。此外，活禽养殖和禽类制品流通也是禽流感病毒传播的主要途径。垂直传播指病毒由种禽通过种蛋传播给下一代的方式。这种传播在流感病毒传播中比较罕见，2005年首次证实H5N1亚型禽流感病毒可以发生垂直传播，2011年证明H1N1亚型流感病毒可发生垂直传播。最新研究也证明H9N2亚型禽流感病毒在种鹅也可发生垂直传播。

（三）易感动物

不同亚型的流感病毒在人、猪、马、禽类等宿主间持续存在或流行，并且具有较强的宿主特异性，大多数宿主仅感染特定亚型的流感病毒。H1N1和H3N2亚型流感长期在人群中流行，又称为季节性流感，同时也在猪中流行，猪是这两种亚型流感的重要保藏宿主。H7N7和H3N8亚型流感主要在马中流行，H3N8流感主要在犬中流行，从海洋哺乳动物也分离到了H7N7等其它特定亚型的流感病毒。犬、猫能感染H1N1、H3N2、H3N8、H5N1、H5N6、H7N2等亚型流感病毒，可作为甲型流感病毒的中间宿主。目前随着流感病毒的不断进化，感染宿主谱逐渐扩大，不同亚型的流感病毒还可感染野生鼠兔、美洲豹、水貂、老虎等多种动物。

（四）流行特征

H5N1亚型禽流感于1996年在我国广东省水禽中首次发现，1997年该病毒在香港首次引起人的感染和死亡。2003年在越南、印度尼西亚和泰国的家禽中暴发了新的疫情，此后H5N1高致病性禽流感病毒从亚洲传播到欧洲和非洲等地区。根据OIE统计的数据，2003—2009年间先后共有62个国家报告在家禽或野生动物中发生H5N1禽流感，导致大规模家禽死亡或者被捕杀。人类感染H5N1高致病性禽流感病毒会有严重的并发症，死亡率高达60%。虽然H5N1禽流感病毒目前不能在人际间传播，但仍然对全球的公共卫生具有严重威胁。同时，H5N1禽流感病毒感染的禽类通过直接接触感染家养猫和流浪猫。实验室研究结果表明，人工感染高致病力的H5N1亚型禽流感病毒可引起猫致死性病症，病毒可通过猫之间的直接接触进行传播，通过呼吸道和粪便排毒。

H5N6亚型禽流感于1975年从美国绿头鸭体内首次分离到，呈低致病性。2013年我国出现高致病性禽源H5N6亚型禽流感，多地发生疫情，对家禽养殖业造成较大经济损失。2014年四川省南充市出现全球第一例人感染H5N6亚型禽流感病毒的病例，引起社会广泛关注。目前H5N6亚型禽流感已经成为我国优势流行的亚型，对我国养禽业和人民生命健康造成了巨大威胁。2014年首次从四川省南充市患流感死亡的家养猫肺脏中分离到猫源H5N6病毒，表明对新发生、流行的H5N6亚型禽流感病毒应持续不断地加强对不同动物，如猫、犬、野生鸟类等的流行病学监测。

H5N8亚型禽流感于2010年首次在中国野鸭中分离获得，2014年在韩国开始流行，随后迅速传播至亚洲、欧洲和北美等地区，2017年H5N8亚型禽流感已经蔓延到中东、非洲等地。H5N8亚型禽流感病毒属于clade 2.3.4.4分支，现已被OIE归为高致病性禽流感病毒。虽然目前还没有关于人感染H5N8亚型禽流感病毒的报道，但已在国内野鸟及家禽中检测到了H5N8亚型高致病性禽流感病毒，严重制约了全球养禽业的健康发展。同时，由于该亚型病毒的突发性和高死亡率，对公共卫生安全和社会的稳定造成了一定影响。

2013年3月H7N9亚型禽流感病毒在中国华东地区首次出现，并造成了人的感染、死亡。一个月内H7N9亚型禽流感病毒迅速从南方传播到北方，以及我国台湾省。随后H7N9亚型禽流感在我国一直呈散发状态，每年秋冬季节是人和禽感染的高峰期。自人感染以来，H7N9亚型禽流感共发生了五波疫情，前四波疫情中感染人的H7N9亚型禽流感病毒对家禽呈低致病力，感染家禽不表现任何临床症状，但可持续排毒7d，并可感染同居鸡，这一特点致使低致病性H7N9亚型禽流感病毒在家禽中迅速传播。监测数据和研究表明，2013年低致病性H7N9亚型禽流感病毒在鸡群流行过程中，HA蛋白裂解位点获得了氨基酸的插入，进而突变成为对鸡呈高致病性的病毒。高致病性的H7N9亚型病毒传播速度和对人、禽的高致病力引起全球的广泛关注和高度重视。

犬和猫也可感染流感病毒，猫感染流感病毒后不表现任何临床症状，通常为自限性疾病，但继发细菌感染可引起并发症，甚至引起死亡。2002年英国猎狐犬中首次暴发由H3N8马流感病毒引起的重型流感。血清学流调数据表明，21世纪初H3N8亚型犬流感病毒已经在美国灵缇赛犬之间流行，随后H3N8流感病毒在美国、澳大利亚不同品种的犬之间传播、流行。H3N8马流感病毒人工感染猫可引起发病、排毒，通过接触传播给其它健康猫。2004—2005年期间，禽源H3N2亚型流感病毒在韩国和中国的犬之间流行。自2015年以来，源于亚洲养犬场的禽源H3N2亚型流感开始在美国和加拿大暴发流行。H3N2流感病毒可跨物种传播，引起雪貂、豚鼠和猫感染，感染猫后可引起发热、呼吸急促、打喷嚏、咳嗽、呼吸困难、嗜睡等临床症状，发病率可达100%，病死率可达40%。H3N2亚型流感病毒可通过直接接触途径感染犬、猫，但该亚型病毒在猫体内的增殖能力较差，感染猫排毒时间短，因此H3N2流感病毒很少在猫中流行、暴发。

2016—2017年期间，纽约一收容所的猫感染禽源H7N2流感病毒，随后迅速传播至其它猫收容所。禽源H7N2流感病毒在猫间极易传播，但在犬、鸡、兔之间难以传播。猫感染禽源H7N2流感病毒后大部分仅表现轻微呼吸道症状。

2009年H1N1亚型流感在人间大流行期间，中国农业大学动物医院从具有明显临床症状的家养犬体内检测到H1N1亚型流感病毒，同时期，美国一例宠物犬也确诊为H1N1亚型流感病毒感染。感染犬临床症状主要表现为嗜睡、咳嗽、厌食、发热、肺炎。同年，美国出现家养猫感染H1N1亚型流感病毒病例。犬和猫感染H1N1亚型流感病毒，均是由感染的主人与犬、猫直接接触进行传播。猫感染H1N1亚型流感病毒后引起呼吸道和胃肠道疾病，死亡率高。

（五）发生与分布

1. 在国外的发生与流行

（1）H5N1亚型流感的流行现状　H5N1病毒可跨种传播，引起人类致病甚至死亡。

（2）H5N6亚型流感的流行现状　H5N6病毒于1975年首次从美国绿头鸭体内分离。最初该病毒呈现低致病性特征，主要在德国、瑞典和美国的禽类中流行，随后在亚洲（如中国、老挝、越南）暴发的 H5N6 呈现出高致病性特征。2013 年，在江苏首次发现高致病性 H5N6 亚型禽流感病毒，由 H6N6 病毒的 *NA* 基因和 H5N1 病毒的其它 7 个基因重组产生。

（3）H3N8 亚型犬流感病毒（CIV）的流行现状　2004 年美国佛罗里达州的赛车灰狗突发呼吸系统疾病，确诊为感染 H3N8 CIV，同时宠物犬也能感染该病毒。感染犬分离的 H3N8 CIV 均为来自于美国 1990 年流行的佛罗里达毒株，说明该病毒已完成了由马源向犬源的转变。自 2004 年发现至 2019 年，美国流行的 H3N8 CIV 形成了纽约、宾夕法尼亚、科罗拉多三个地域进化分支，说明 H3N8 CIV 在不同地域间发生了适应性进化，目前分布于美国至少 30 个州。加拿大、英国、澳大利亚、尼日利亚和中国犬群鲜有分离出 H3N8 CIV 的报道，说明其未形成流行趋势。

（4）H3N2 亚型 CIV 的流行现状　2007 年韩国首次分离出 H3N2 亚型 CIV，2015 年研究数据表明 H3N2 CIV 已由韩国传至美国，随后美国佐治亚州及附近各州都有 H3N2 CIV 暴发，并形成了 MW2015 和 MW2016 两个进化分支。2017 年美国第二次暴发 H3N2 CIV，并形成新的进化分支 SE2017。2017—2018 年，加拿大犬流行病学调查发现当地犬已经感染 H3N2 CIV，表明 H3N2 CIV 已在世界上更多地方传播。犬、猫、猪等哺乳动物可充当 H3 亚型流感病毒的“混合器”，更有利于 H3 亚型流感病毒的进化和传播。

（5）H1N1 亚型流感的流行现状　2009 年 Lin 等在 2 只家犬中分离出 H1N1 亚型流感病毒，并发现其可通过鼻腔排毒进行低效率传播。美国俄亥俄州 2012—2014 年间进行的犬血清学调查发现，样本中 H1N1 的血清阳性率为 4.0%，犬年龄越大患病率越高；季节不同，血清检出率不同。

（6）H7N2 亚型流感的流行现状　2016 年美国猫群中首次暴发了 H7N2，随后该病毒在猫群中广泛流行，被感染的猫经历咳嗽、打喷嚏和流鼻涕等临床症状后康复，该病毒可在猫群中水平传播。人也可通过接触患病猫感染高致病性 H7N2。对分离毒株进行致病性试验发现，其可在小鼠、雪貂和猫的呼吸器官中复制并出现较轻症状。H7N2 主要结合 α2，3 唾液酸受体，猫的呼吸道上皮细胞广泛存在该受体，而气管和支气管中亦存在 α2，6 唾液酸受体，因此，禽源 H7N2 对猫具有适应性，可对公共卫生安全造成威胁。

2. 在国内的发生与流行

（1）H5N6 亚型流感的流行现状　2014 年我国报道了人类感染高致病性 H5N6 死亡后不久，即发生了猫感染高致病性 H5N6 致死病例。在自然条件下捕食已感染的鸟类是猫感染流感病毒的途径之一。猫可通过呼吸道和消化道排毒，但病毒效价相对较低。2016 年我国广东省在流浪猫中分离出新型 H5N6 亚型禽流感毒株，其部分病毒片段来源于 H9N2 和 H7N9 病毒，该病毒具有在小鼠中复制的能力。

（2）H3N8 亚型 CIV 的流行现状　2015 年，有研究对广州、上海、北京和深圳的宠物犬进行了血清学监测，结果显示 600 只宠物犬中有 5 只感染了 H3N8 CIV 病毒。

（3）H3N2 亚型 CIV 的流行现状　2013 年血清学调查结果显示，我国东北犬群中 H3N2 CIV 的血清学阳性率高达 30%以上，2017 年我国北方犬舍中出现 H3N2 CIV 感染病例。H3N2 CIV 也是我国南方宠物犬和养殖犬中最常见的病原体，其中深圳地区血清阳性率最高，可达 31.1%，其次是广州和惠州。

（4）H1N1 亚型流感的流行现状　2009 年我国首次在 2 只家犬中分离出 H1N1 亚型流感病毒，并发现其可通过鼻腔排毒进行低效率传播。Chen 等研究结果表明，H1N1 流感病毒的宿主在我国华南地区从猪变成了犬；3 种新的 CIV 基因型（CIV-H1N1 重组、CIV-

H3N2重组和CIV-H1N2重组）是由新引入的猪源病毒和亚洲犬类特有的H3N2 CIV病毒重配产生的，并在我国广西犬中被发现，表明在犬中循环的CIV的基因型多样性再次增加。2010—2014年在中国南方进行猫血清学调查，结果表明，H1N1阳性率在2010年最高（8.3%），之后呈持续下降的趋势。

四、免疫机制与致病机理

（一）免疫机制

1. 先天性免疫反应

流感病毒可以感染多种宿主，包括猪、禽、犬、猫、马和人类。在大多数情况下，通过口腔和鼻腔的流感病毒首先被呼吸道上皮的黏液层阻挡，一旦病毒成功穿过黏液层，吸附并侵入呼吸道上皮细胞，病毒就可以定殖、繁殖并扩散进入免疫细胞和非免疫细胞。当流感病毒侵入宿主细胞后，先天性免疫反应迅速启动，对抵御流感病毒感染至关重要。先天性免疫系统是由物理屏障、先天性免疫细胞、细胞因子、干扰素等组成。先天性免疫虽然应答反应速度快，但缺乏特异性和记忆性。天然免疫系统通过模式识别受体（Pathogen recognition receptors，PRRs）识别病原相关分子模式（Pathogen associated molecular patterns，PAMPs），从而导致Ⅰ型干扰素（Interferons，IFNs）、促炎性因子、促炎类花生酸和趋化因子的分泌。由巨噬细胞、肺泡上皮细胞、树突状细胞、浆细胞样树突状细胞合成的Ⅰ型干扰素刺激数百个干扰素刺激基因在邻近细胞中表达，从而诱导抗病毒状态的出现。促炎性因子和促炎类花生酸可导致局部和全身炎症，引起发热和厌食，并指导对流感病毒的适应性免疫反应。感染部位产生的趋化因子会向气管招募更多种类的免疫细胞，如嗜中性粒细胞、单核细胞和自然杀伤性细胞（Natural killer cell，NK）。NK靶向被病毒感染的上皮细胞，介导病毒清除。单核细胞和嗜中性粒细胞被迅速招募到流感病毒感染的肺部，与肺泡内巨噬细胞一同清除病毒感染的细胞。

天然免疫相关细胞表达丰富的模式识别受体PRPs，可识别不同来源的病原体所共有的分子结构PAMPs。PAMPs包括以下3种。①Toll样受体（Toll-like receptor，TLR）：TLR3（识别感染细胞中的病毒双链RNA）、TLR7（识别内含体中病毒单链RNA）、TLR8（识别内含体中病毒单链RNA），TLR可以识别特定类型的病毒来源的核酸并且激活信号级联反应，诱导I型干扰素产生。在抗病毒天然免疫过程中，干扰素是最为关键的细胞因子，当病毒感染动物机体时，干扰素可以调动机体多种细胞参与抗病毒免疫，激活机体的抗病毒能力，建立抗病毒免疫状态。②视黄酸诱导基因I（Retinoic acid-inducible I，RIG-I）：在RLRs家族中，RIG-I大部分存在于胞质中，小部分定位于细胞核，特异性识别10～19bp的较短的dsRNA。RIG-I样受体可使线粒体抗病毒信号转导蛋白（Mitochondrial antiviral signaling protein，MAVS）的构象发生改变，暴露出caspase活化与招募功能区（Caspase activation and recruitment domain，CARD）。通过活化的MAVS向下游传递信号，激活多种激酶蛋白，最终促进IRFs的入核，启动I型干扰素表达，发挥抗病毒或免疫调节功能。③NOD样受体（Nucleotide-binding oligomerization domain-like receptors，NLRs）：NOD样受体中的NOD-LRR-Pyrin结构域蛋白3（NLRP3）识别感染胞质中存在的病毒，流感病毒感染可刺激气道上皮细胞内NLRP3炎性小体的激活和气道上皮细胞中RIG-I炎症小体的激活。NLRP3炎性小体被流感病毒激活时，可促进IL-1β和IL-18的成熟和分泌，在流感病毒先天性免疫中至关重要。

包浆蛋白 Z-DNA 结合蛋白 1（Z-DNA Binding Protein 1，ZBP1）作为先天免疫领域的新星，可诱导流感病毒感染过程中程序性细胞死亡途径、炎症小体激活和细胞因子的产生。而Ⅰ型干扰素 α、β 和Ⅲ型干扰素 λ 在天然免疫抑制流感病毒的复制中发挥极其重要的作用。

2. 获得性免疫反应

甲型流感病毒亚型众多，宿主广泛、抗原易变，不同种类的宿主对流感病毒的反应差异很大。细胞免疫在不同亚型和不同毒株之间有交叉反应，在病毒感染早期限制病毒扩散起到一定作用，但保护性低；而体液免疫可针对流感病毒感染提供坚强的保护，感染后期产生的中和抗体对病毒的清除和宿主恢复发挥重要作用。

宿主针对流感病毒的各种蛋白均可产生抗体，鸡和火鸡感染后第 5d 即可检测到 IgM，随后可检测到 IgY。流感病毒中只有 HA 和 NA 表面糖蛋白可诱导产生保护性中和抗体，NA 蛋白抗体不如 HA 蛋白抗体重要，针对 HA 蛋白的亚单位疫苗可为免疫禽提供完全攻毒保护。但也有研究表明，含有 *HA* 和 *NA* 基因的 DNA 疫苗比只含有 *HA* 基因的 DNA 疫苗保护效果更好。由于不同流感病毒 HA 和 NA 蛋白的抗原性不同，因此诱导的中和抗体对其它亚型流感病毒交叉保护作用较差。流感病毒 M2 蛋白比较保守，具有型特异性，M2 蛋白的抗体可针对所有 HA 和 NA 亚型的流感病毒提供保护。宿主针对流感病毒 NP 和 M 内部蛋白也可产生抗体，这两种蛋白均比较保守、具有型特异性，因此在新型重组疫苗和 DNA 疫苗研究中受到重视。

细胞免疫在针对病毒感染的防御中起到重要作用，活疫苗免疫后 24～48h 即可检测到细胞免疫反应。流感病毒 8 个基因片段编码的蛋白都有被细胞毒性 T 淋巴细胞（CTL）识别的表位。小鼠感染后 6～8d 肺部病毒被清除，此时肺中 70%的淋巴细胞为 $CD8^+$。CTL 缺陷的转基因小鼠感染流感病毒后恢复慢、死亡率高。表明 $CD8^+$ T 细胞对呼吸道病毒的清除有重要作用，$CD4^+$ T 细胞对病毒的清除影响较小。HI 抗体检测和病毒中和试验表明，不同亚型流感病毒之间的免疫保护不是由针对病毒表面的 HA 和 NA 糖蛋白抗体介导，而是由针对保守的病毒内部蛋白抗体介导。流感病毒小鼠感染模型的研究数据表明，针对 NP 和 M 蛋白的 CTL 反应在不同亚型流感病毒之间的免疫保护作用中发挥关键作用。B 淋巴细胞缺陷的小鼠对致死剂量的 A 型流感病毒高度敏感，而可抵抗低剂量的病毒感染，可见体液免疫对攻毒保护很重要，但 $CD4^+$ 和 $CD8^+$ 反应也可独立地产生一定的免疫保护作用。

（二）致病机理

根据致病能力的差别，将禽流感分为高致病性禽流感（HPAI）和低致病性禽流感（LPAI），但是由于受毒株、宿主品种和年龄、环境因素的影响，自然感染禽流感病毒后临床表现差异较大。

高致病性禽流感病毒是由自然界中的低致病性 H5 和 H7 亚型流感病毒进化而来，不同致病力的关键决定因素是 HA 蛋白的裂解能力。HA 蛋白在流感病毒复制过程中以 HA0 蛋白前体的形式合成，在病毒粒子的成熟过程中，HA0 裂解成 HA1 和 HA2 两个蛋白单体。HA 蛋白的裂解依靠宿主细胞内的蛋白酶。低致病性禽流感病毒的 HA 蛋白裂解位点处只存在一个碱性氨基酸，只能被呼吸道和消化道内的胰蛋白酶样蛋白酶裂解，所以低致病性禽流感只能造成呼吸道和肠道的局部感染，表现出无症状或者轻微症状。而高致病性禽流感病毒在 HA 蛋白裂解位点处存在多个连续的碱性氨基酸，可被宿主体内的多种细胞蛋白酶，如弗林蛋白酶、PC6 等识别切割。因此高致病性禽流感可以造成感染动物的全身性感染，造成机体多种组织器官受损，呈现出多种临床症状。高致病性禽流感病毒对鸭并不一定表现出高致病力。造成鸡与鸭致病性差异的因素与二者生理结构差异有关，例如鸡体内缺乏 RIG-I 受体，以及应对 HPAI 感染的促炎症反应的细胞因子和干扰素上调机制不同。虽然 HA 蛋白裂解位点处存在多个碱性氨基酸是 H5N1 亚型流感病毒对哺乳动物致病力强的先决条件，但并非一定对哺乳动物呈高致病性。目前关于如何从低致病性禽流感进化为高致病性禽流感有三种解释。第一种是由于聚合酶复合体的转录错误导致嘌呤碱基重复复制，导致一段核苷酸的插入，这种形式在多起高致病性 H7 亚型流感引起的疫情中发现。高致病性禽流感形成的另一形式是基于 HA 蛋白裂解位点中的一个或多个核苷酸的非同义突变，造成原密码子编码成碱性氨基酸精氨酸 R 或赖氨酸 K，如 2008 年和 2015 年英国高致病性 H7N7 疫情和 1994—1995 年巴基斯坦高致病性 H7N3 疫情。第三种形式是基于非同源重组，将来自另一个病毒基因片段或其它非病毒源（如宿主）的核苷酸插入到 HA 裂解位点。例如，2002 年智利高致病性 H7N3 亚型禽流感病毒引发的疫情，病毒 HA 蛋白裂解位点的插入片段来自于 *NP* 基因，2004 年哥伦比亚高致病性 H7N3 亚型禽流感病毒的 HA 蛋白裂解位点的插入片段来自于 *M* 基因。而 2012 年墨西哥高致病性 H7N3 亚型禽流感病毒的 HA 蛋白裂解位点从鸡的 28S rRNA 获得了部分氨基酸序列。

流感病毒的致病性受多基因控制，受不同病毒蛋白不同氨基酸的影响。除了 HA 中蛋白裂解位点处氨基酸的关键作用外，HA2 蛋白中的 64K 位点有助于 H7N9 亚型流感病毒的稳定性和在小鼠中的复制能力。几乎所有从人中分离到的 H7N9 流感病毒在其 PB2 蛋白中都有 Q591K、E627K 或 D701N 的突变。此外，聚合酶其它蛋白氨基酸的突变，如 PB2 蛋白 K526R、A588V 或 PB2 蛋白 482R、588V、PA 蛋白 497R 的组合突变也有助于增强 H7N9 亚型流感病毒对人或其它哺乳动物的致病性。另外，其它病毒蛋白也会影响病毒的致病性。NP 蛋白中的 286A 和 437T 两个氨基酸是 H7N9 亚型流感病毒对哺乳动物致病的先决条件，M1 和 NS1 蛋白中某些影响致病力的位点的特征性氨基酸的突变，也会对病毒的致病力产生影响。流感病毒广泛的组织嗜性可能是其在动物体内高效复制和高致病性的潜在因素。

五、临床症状

（一）单纯感染临床症状

（1）感染 H5N1、H5N6、H5N8、H7N9 亚型 AIV 禽的临床症状　1975 年从美国绿头鸭体内首次分离到 H5N6 亚型 AIV 呈低致病性，2013 年我国出现的禽源 H5N6 亚型流感表现为高致病性。2013 年 3 月，H7N9 亚型 AIV 在中国首次出现时，在禽类呈隐性感染，不表现明显的临床症状。至 2017 年，H7N9 亚型 AIV 发展为高致病性。H5N1、H5N8 亚型 AIV 均为高致病性。禽流感的潜伏期从几小时到几天不等，潜伏期长短、发病率和死亡率受多种因素影响，如病毒的致病性高低、感染强度、禽品种、饲养管理情况及是否有应激等。高致病性禽流感的潜伏期短、发病急、发病率和死亡率高。发病初期，感染禽突然死亡，病禽表现高热、萎靡、采食和产蛋明显减少、流泪、咳嗽、面部肿胀、眼内有分泌物、呼吸困难、冠髯和皮肤青紫色，有的腹泻，粪便灰绿色或伴有血液，有的出现头颈和腿部麻痹、抽搐等神经症状。不同毒株对不同种类或日龄的禽类所引起的症状不尽相同，可涉及呼吸道、消化道、生殖道及神经系统，如 H5N1 亚型高致病性禽流感病毒多引起鸡、鹌鹑、火鸡等呼吸道及消化道症状，感染蛋鸡表现生殖道损伤，而对水禽如鸭、鹅等引起的神经症状更为显著，感染禽角弓反张、转圈等。

(2) 感染 H5N1 亚型 IAV 猫的临床症状　高致病性 H5N1 亚型禽流感病毒通常会引起被感染猫严重的临床症状，包括发热、抑郁、呼吸困难、结膜炎、第三眼睑突出以及神经体征，如抽搐和共济失调或其它神经学症状，以及胃肠道症状。

(3) 感染 H1N1 亚型 IAV 猫的临床症状　H1N1 亚型流感病毒主要感染宿主的呼吸系统，表现为鼻腔有分泌物，发冷，食欲下降等症状。

(4) 感染 H3N8 亚型 CIV 犬的临床症状　H3N8 亚型流感病毒可引起犬的呼吸道症状，犬感染该病毒后，症状较轻者会在咳嗽发热后自然痊愈。严重者会出现支气管肺炎、出血性支气管肺炎、胸膜炎，并最终导致死亡。

(5) 感染 H3N2 亚型 CIV 犬的临床症状　H3N2 亚型流感病毒通常感染犬的上呼吸道，症状较轻者会咳嗽和鼻漏，严重者会出现高热、肺炎或支气管肺炎，甚至发生死亡。

(6) 感染 H7N2 亚型 IAV 猫的临床症状　低致病性流感病毒通常只引起猫的亚临床感染或轻度、自限性上呼吸道疾病，并伴有喷嚏和鼻腔及/或眼部分泌物。在极少情况下，在避难所或其它拥挤的群体中，继发性细菌感染可导致肺炎，表现为体温升高、呼吸急促、呼吸困难、咳嗽、嗜睡和死亡。

(二) 与其它病原混合感染的临床症状

低致病性流感病毒感染动物后一般不表现临床症状，或仅为轻度、自限性上呼吸道疾病，与其它病原混合感染或继发性感染可导致临床症状加重，死亡率升高。H7N2 亚型 FIV 感染猫仅表现轻微的上呼吸道症状，继发细菌感染时可导致肺炎，表现为体温升高、呼吸急促、呼吸困难、咳嗽、嗜睡和死亡。低致病力禽流感单独感染鸡群通常不发病，或仅表现轻微的上呼吸道症状，但感染后可引起家禽的免疫抑制，易继发上呼吸道细菌、消化道细菌、支原体等病原感染，导致严重的肺炎、气管炎或气囊炎、心包炎和肝炎，家禽死亡率显著升高。另外，低致病力禽流感还能与禽传染性支气管炎病毒、禽传染性法氏囊病病毒、新城疫病毒等发生混合感染，引起严重的呼吸道症状。

六、病理变化

(一) 大体剖检

(1) 感染高致病性 AIV (H5N1、H5N6、H5N8、H7N9) 禽的大体剖检变化　在高致病力毒株感染时，因禽死亡太快，可能见不到明显的大体病变，但某些毒株却可以引起禽流感的一些特征性变化，如头部肿胀、眼眶周围水肿，鸡冠和肉垂发绀、变硬，脚趾部鳞片下出血。内脏病变以消化道出血为特点。有的腹部脂肪和心冠脂肪有点状出血。

(2) 感染 H1N1 亚型 IAV 猫的大体剖检变化　2009 年，意大利某地猫群暴发 H1N1 甲型流感病毒，病死猫剖检表现出严重的肺损伤，伴随弥漫性实变、出血和水肿。肺呈暗红色，细支气管周围可见多处形状规则的实变区。支气管和细支气管含有丰富的黏液，喉头气管可见大量淤血点和多灶性出血点，肺纵隔和肠系膜淋巴结中度肿大，广泛充血，肠浆膜弥漫性出血，脾脏、肾脏和肝脏明显充血。

(3) 感染 H3N8 亚型 CIV 犬的大体剖检变化　临床中 H3N8 阳性犬表现肉眼可见的肺出血，常累及整个肺叶，有的也表现纵膈和胸腔出血。

(4) 感染 H3N2 亚型 CIV 犬的大体剖检变化　郑祥茹等于德国某牧羊犬育种场患

H3N2 亚型犬流感的犬体内分离到一株 H3N2 亚型犬流感病毒，将该病毒进行动物回归实验，攻毒后 16d 剖检犬，可见肺脏出现色泽暗红的实变，气管和其它脏器未见明显病变。

（二）组织病理学与免疫组织化学

（1）感染 H5N1、H5N6、H5N8、H7N9 亚型 AIV 的病理变化　禽流感的组织病理学变化特点是水肿、充血、出血和形成血管周围淋巴细胞性管套，主要表现在心肌、肺、肾、脾、脑、胰和胸腺等器官。

（2）感染 H5N1 亚型 IAV 猫的组织病理学变化　感染 H5N1 亚型 AIV 的猫组织病理学显示肺组织中广泛的炎症和坏死，表现为间质性肺炎和弥漫性肺泡损伤。脑和小脑充血引起的非化脓性脑膜脑炎。

（3）感染 H1N1 亚型 IAV 猫的组织病理学变化　在因低致病性人 H1N1 流感病毒感染而死亡的猫中，组织学检查显示间质性肺炎、上皮性细支气管增生和肺泡坏死。

（4）感染 H3N8 亚型 CIV 犬的组织病理学变化　Castleman W 等从暴发 H3N8 的赛狗身上采集组织制备切片进行病理学观察，可见气管和支气管上皮细胞坏死，内衬上皮细胞增生，同时有中性粒细胞、淋巴细胞、巨噬细胞浸润。鼻甲表现为黏膜上皮坏死或糜烂，淋巴细胞和巨噬细胞浸润。肺泡渗出物含有丰富的纤维蛋白和红细胞，肺的其它部位有出血，但未见炎性细胞浸润。免疫组化结果显示抗原多分布于气管和支气管表面上皮细胞以及黏膜下腺上皮，少数可见于肺泡巨噬细胞和气管巨噬细胞中。

（5）感染 H3N2 亚型 CIV 犬的组织病理学变化　秦海斌等用 CIV 地方毒株 A/canine/Nanjing/11/2012（H3N2）经鸡胚传代后，取 1mL 病毒经鼻腔、口咽部感染健康史宾格犬，麻醉后采集各个组织器官，包括鼻甲、喉头、气管、支气管、细支气管、肺脏等呼吸系统组织；食道、胃、十二指肠、空肠、回肠、结肠、盲肠、直肠消化系统组织；心、肝、脾、肾、胰脏、胸腺、扁桃体、肠系膜淋巴结、大脑、小脑、嗅球、睾丸、骨骼肌等其它组织器官。器官采集后制备病理切片并进行病理学观察发现鼻甲、肺、肝、十二指肠轻微炎性细胞浸润；扁桃体轻微细胞增生、淋巴滤泡增多；肠淋巴结淋巴细胞增多、轻度炎症；脾脏脾窦扩张充血、淋巴细胞增多；肾脏肾小球体积增大且细胞增多，部分肾小管上皮细胞坏死脱落和水肿、轻微炎性细胞浸润。其它组织器官未见明显病变。

（6）感染 H7N2 亚型 IAV 猫的组织病理学变化　Masato H 等从 2016—2017 年期间美国纽约州纽约动物收容所暴发 H7N2 亚型甲型流感的猫体内分离到 H7N2 亚型甲型流感病毒，进行动物回归试验，组织病理学显示所有感染分离株的猫在鼻甲骨和肺均出现多个病灶，肺部的病灶主要集中在细支气管。

七、诊断

（一）临床诊断要点

感染 H5N1、H5N6、H5N8、H7N9 亚型 AIV 禽的临床诊断要点如下。

1. 流行病学特点

高致病性禽流感一般在冬春寒冷的季节流行，且成年鸡发病率大大高于雏鸡，死亡率高，可达 100%。

2. 临床症状特点

高致病性毒株引起的禽病临床症状严重，特点是潜伏期短，发病急，发病率和死亡率均高，禽群常突然暴发，常无明显症状而突然死亡。病程稍长时，病禽体温升高，精神高度沉郁，站立不稳；咳嗽、呼吸困难，有时还发出怪叫音；鸡冠、肉髯、眼睑水肿，鸡冠、肉髯呈紫黑色或见有坏死；眼结膜发炎，眼、鼻腔分泌物呈浆液性或黏液性或脓性；腹部皮肤、病鸡脚步鳞片呈紫红色；病禽下痢，排出黄绿色稀便；产蛋量明显下降，甚至停产，可见软皮蛋、薄壳蛋、畸形蛋增多。有的病鸡还有类似新城疫的扭颈转圈的神经症状，共济失调，不能走动和站立。

3. 病理变化特点

感染高致病性 AIV 的禽病理损伤主要发生在呼吸道、生殖道、消化道、肾脏或胰腺。①呼吸系统：可见鼻窦内充满黏液，或见眶下窦内积有黏液或干酪样物，喉头、气管黏膜充血、出血，在黏膜表面有带血的黏性分泌物，肺出血、淤血；气囊增厚，内有纤维素性或干酪样物。②消化系统：可见口腔内有黏液，嗉囊内积有酸臭的液体；腺胃乳头出血，肌胃出血，腺胃与食道、腺胃与肌胃交界处有带状出血或弥漫性出血；十二指肠及小肠黏膜红肿，有程度不等的出血点或出血斑；盲肠扁桃体肿大、出血；盲肠黏膜及泄殖腔出血。③生殖系统：可见卵泡充血、出血，呈紫红色甚至紫黑色，有的卵泡因变形、破裂致使卵黄流入腹腔，形成卵黄性腹膜炎；卵巢出血，输卵管、储卵部水肿、充血、出血；公鸡睾丸肿大、出血；可见肾脏肿大，肾小管含有尿酸盐沉积，肾呈花斑状；胰脏出血、坏死。

4. 与其它相关疾病的鉴别诊断

（1）与新城疫鉴别诊断　鸡新城疫症状为排黄绿色或黄白色稀粪。亚急性、慢性型常出现翅肢麻痹和运动失调、头颈弯曲、啄食不准等神经症状。剖检可见，腺胃乳头和乳头间有出血点或溃疡和坏死；肌胃角质层下有出血点；小肠、盲肠、直肠有出血点或纤维素性坏死点。

（2）与鸡传染性喉气管炎鉴别诊断　鸡传染性喉气管炎有特征性的呼吸症状，吸气时头颈向上、向后张口吸气，重时咳出带血黏液，甩头时带血黏液溅于鸡身、墙壁、垫草上。剖检可见气管有含血黏液和血块或干酪样物。

（3）与传染性支气管炎鉴别诊断　鸡传染性支气管炎发病日龄为 20～30 日龄，脾窦肿胀，咳嗽。剖检可见，支气管、肺有炎性水肿，鼻腔、鼻窦、喉、气管内黏液增多，用间接血凝试验即可判定。

（4）与鸭瘟鉴别诊断　鸭瘟（俗称大头瘟）仅感染鸭、鹅，不感染鸡及哺乳动物。眼睑、下颌均肿胀，眼内有浆性或脓性分泌物，慢性角膜浑浊。剖检可见全身皮肤均有出血斑，皮下组织胶样浸润，肠道充血、出血，泄殖腔充血、出血，胸腺有大量出血点。

（5）与传染性鼻炎鉴别诊断　传染性鼻炎由副嗜血杆菌引起。传染性鼻炎引起的症状以鼻窦干酪样渗出为主要特征，经抗生素治疗后，效果明显。

（6）与禽霍乱鉴别诊断　禽霍乱由多杀性巴氏杆菌引起，病料染色可见大量两极浓染的革兰氏阴性杆菌。抗生素治疗有效。肝脏表面有数个针尖大小的灰黄色或灰白色坏死灶，关节多肿大、发炎。

（7）与产蛋下降综合征鉴别诊断　褐壳蛋鸡对产蛋下降综合征最易感。禽群主要表现为突然性群体产蛋量减少，产蛋质量下降；发病通常在性成熟后，有明显的时间性，35 周龄以上较少发病，病死率低。

附：感染 H3N8、H3N2 亚型 CIV 犬的临床诊断要点

犬流感病毒感染引起的症状都是相似的，因 *HA* 基因亚型不同其症状的严重程度会有

所差异。流感病毒感染犬的临床特征与副流感病毒感染犬引起的“犬窝咳”极为相似。犬在感染后2～3d出现临床症状，包括精神沉郁、食欲减退和流鼻涕。随着病程的发展，鼻涕由清亮逐渐转为黏液状。多数感染犬体温会升高，呈低烧。持续性咳嗽是本病的一个最主要的特点，病犬的干咳可持续数周。大多数病犬表现出肺炎或支气管肺炎并出现异常肺音。有些感染犬表现胸膜炎和血管炎。值得注意的是，约有1/4的犬感染病毒后不表现临床症状，但这些犬可向外界排毒。

（二）实验室诊断要点

（1）感染H5N1、H5N6、H5N8、H7N9亚型AIV的实验室诊断要点　AI的临床症状和病理变化常因感染毒株毒力强弱、病程长短、感染禽的种类以及免疫状态等因素的影响而呈现多样性，临床上难以做出正确的判断。高致病性禽流感的主要特征是突然死亡和高死亡率，如果禽群发生急性死亡，同时伴随脚胫鳞片出血、鸡冠出血或发绀、头部水肿、肌肉或其它组织器官广泛性严重出血中的一种以上的情况，则可怀疑为高致病性禽流感。通常采用病毒分离鉴定、血凝（HA）和血抑（HI）试验、神经氨酸酶抑制试验（NIT）等常规方法检测AIV及其抗体。也可用分子生物学诊断技术如核酸序列分析、核酸探针、聚合酶链反应，反转录-聚合酶链式反应、荧光RT-PCR、病毒基因组限制性内切酶图谱分析、病毒寡核苷酸指纹图谱分析等技术诊断AI。这些方法可通过基因序列和结构分析从分子和基因水平直接对临床病料或鸡胚培养物进行AIV型、亚型及毒力强弱的检测。同时，分子生物学技术的应用，也使一些传统的血清学检测技术得以改良和完善。

（2）感染H5N1亚型IAV猫的实验室诊断要点　可以从咽、鼻和直肠拭子、粪便和尿液样本、器官组织和胸膜液中检测病毒。在亚临床感染的猫中，H5N1病毒只在咽拭子中被检测到。H5N1病毒RNA可以通过实时逆转录聚合酶链反应（rRT-PCR）鉴定，使用特异性的血凝素和神经氨酸酶基因引物。还可以通过接种鸡胚或细胞培养分离病毒，随后通过rRT-PCR或血凝和血凝抑制试验进行鉴定。免疫组化可用于检测感染器官中的H5N1病毒抗原。也可通过血凝抑制试验检测血清样本中的甲型H5N1流感抗体。

（3）感染H1N1亚型IAV猫的实验室诊断要点　在有急性上呼吸道炎症迹象的猫中，如果排除了其它病因，如猫疱疹病毒和杯状病毒感染，则应考虑流感。危险因素包括在避难所和与患流感的人或动物密切接触，尤其是在户外接触过高致病性禽流感感染期间的家禽和/或水生野鸟的伴有严重急性呼吸道疾病的猫。可在鼻或口咽拭子的组织培养或胚胎卵中分离IVA，或在尸检时从肺组织中分离（如果是高致病性菌株，可从直肠拭子或粪便样本、受感染器官、肠道内容物和胸膜液中分离）。在感染的前4d，可通过反转录PCR在鼻拭子中检测到病毒RNA。在亚临床病例中，血清学（血凝抑制试验或中和试验）有助于检测抗体。14d内血清滴度增加4倍表明近期感染IAV。

（4）感染H3N8、H3N2亚型CIV犬的实验室诊断要点　病毒分离培养是诊断犬流感的金标准。取发病动物的鼻、咽拭子，经无菌处理后接种于人胚肾细胞、猴肾细胞或鸡胚羊膜腔中，一般3～5d即可获得阳性结果。目前最常用的检测方法是灵敏度较高的病原学检测法，将采集的样本通过鸡胚或犬肾细胞（MDCK）进行病毒分离，再用逆转录-聚合酶链反应（RT-PCR）检测流感病毒的*M*基因，测序结果正确后可进一步进行辅助试验来确定流感病毒的亚型，但应在有相应生物安全资质的实验室中进行。血清学诊断可取急性发病期血清，采用血凝抑制试验、酶联免疫吸附试验、补体结合试验等方法测定抗流感病毒抗体，如抗体滴度有4倍以上增长则有诊断意义。但由于所需时间太长，此项试验对急性期疾病的诊断和治疗帮助有限。RT-PCR 技术和实时荧光 RT-PCR 技术可直接从分泌物中检出流感病毒基因，比病毒培养法敏感、快速，需注意假阳性问题。*M* 基因和 *NP* 基因可区别流感病毒的属特异性。

八、预防与控制

甲型流感病毒亚型众多，感染宿主谱广，且易发生抗原漂移和抗原变异，对全球养殖业，尤其是家禽养殖业造成了巨大的经济损失。同时甲型流感病毒也可感染人，对公共卫生构成重大威胁，国际兽疫局和中国农业农村部均将高致病性禽流感列为甲类传染病，我国已将人感染高致病性禽流感列为乙类法定传染病。因此，预防和控制禽流感具有重要的公共卫生意义。

预防为主，防重于治，生物安全是第一道防线。将易感动物与已经感染的动物，以及感染动物的分泌物、排泄物、污染物进行有效隔离，避免易感动物与病毒直接和间接接触，这是预防流感病毒感染的最有效措施之一。水禽和野鸟可感染多亚型的禽流感病毒，并不表现临床症状，是重要的传染源之一。家禽养殖过程中应加强饲养管理，做好舍内环境卫生，注意通风换气，增强鸡体抵抗力。尽可能减少各种应激因素的刺激，及时清理鸡粪，对用具、食槽、水槽、接触病鸡的人员、污染场地严格消毒，病死鸡做深埋处理。

疫苗免疫是预防禽流感的有效措施之一。我国自主研发的 H5、H7、H9 亚型禽流感灭活疫苗在禽流感的预防控制中发挥了重要的作用，结合国家对高致病性禽流感强制免疫政策的贯彻执行，H5 和 H7 亚型禽流感感染人的现象也急剧下降。针对 H3N2 亚型流感病毒引起的犬流感，美国农业部已经批准犬流感疫苗的上市。该疫苗可有效降低犬的发病率、发病病程和引起的肺部损伤，但尚不能提供 100%保护。由于流感病毒基因组自身特点、重组和重配现象不时发生，导致流感病毒发生变异，无论是高致病性禽流感还是低致病性禽流感都可能作为禽流感病毒变异的基因供体，所以应加强禽流感监测。预防和控制禽流感是全球的责任，国家之间要建立疫苗、药品、信息和技术的共享和协调机制，地区之间也要在政府和社区之间紧密配合，共同努力使各项措施有效落实，提升防治禽流感的能力。

目前针对流感病毒感染发病还没有切实可行的特异性治疗方法。动物感染后首先要控制其它病原的继发感染，尤其是细菌感染。采取综合防治措施，选择敏感的抗生素、抗病毒药及清热解表的中草药联合使用才能有效控制病情的发展，迅速恢复生产性能。

（张盼涛、张亚、石胜丽）

参考文献

[1] 程慧敏，刘立新．H3N2 与 H3N8 亚型犬流感病毒研究进展［J］．畜牧与兽医，2020，52（04）：148-152.

[2] 崔欢，张诚，张春茂，等．H7N9 亚型禽流感病毒研究进展［J］．中国兽医学报，2020，40（09）：1871-1875.

[3] 高晓宇，曹荣峰，张桂红，等．犬流感病毒 RT-LAMP 快速检测方法的建立［J］．中国预防兽医学报，2010，32（01）：36-39.

[4] 高玉伟，朱晓文，李林，等．宠物犬和猫流感病毒感染［J］．中国比较医学杂志，2010，20（Z1）：29-32.

[5] 郭元吉，王敏，金粉根，等．我国家鸭及野鸭中正黏与副黏病毒的调查［J］．中国医学科学院学报，1982，（01）：32-36.

[6] 江宁，尹航，张岩威，等．H9N2 亚型禽流感病毒与其它病原混合感染的研究进展［J］．中国畜牧兽医，2021，48（9）：3447-3455.

[7] 蒋文明，田文霞，侯广宇，等．山西省圣天湖天鹅 H5N8 禽流感疫情与当前 H5 亚型病毒谱系分析［J］．中国动物检疫，2017，34（06）：14-17＋43.

[8] 刘彦云．H5 和 H9 亚型禽流感病毒遗传特性分析及细胞培养候选疫苗株的拯救［D］．中国农业科学院，2013.

[9] 刘智婷，李伟强，王霞，等．当前全球禽流感流行状况与流行特点分析［J］．中国家禽，2017，39（24）：1-4.

[10] 陆勤勤，刘朔，蒋文明，等．我国家禽 H7N9 和 H9N2 亚型流感流行病学调查［J］．中国动物检疫，2018，35（11）：1-4.

[11] 罗思思，谢芝勋，谢志勤，等．H10 亚型和 N8 亚型禽流感病毒三重 RT-PCR 检测方法的建立［J］．中国兽药杂志，2019，53（04）：1-5.

[12] 毛志鹏，林赟，周洋，等．云南省首例人感染 H5N6 禽流感病例调查与分析［J］．中国人兽共患病学报，2015，31（10）：978-981.

[13] 秦海斌，贺星亮，宋珍华，等．英国史宾格犬感染 H3N2 亚型犬流感病毒后的病理损伤［J］．中国工作犬业，2018，（08）：13-16.

[14] 任晨洋，马巍威，张莹．甲型流感病毒 NS1 蛋白研究进展［J］．动物医学进展，2021，42（05）：85-89.

[15] 施少华，陈珍，程龙飞，等．鸭源 H7N9 亚型禽流感病毒感染 SPF 鸡转录组学分析［J］．中国人兽共患病学报，2020，36（11）：886-893.

[16] 宋才良，廖志宏，沈勇，等．2018-2019 年广东地区 H9N2 亚型禽流感病毒 HA 基因的遗传进化分析［J］．中国兽医学报，2020，40（10）：1976-1981＋2012.

[17] 王娟．甲型 H1N1，H3N2 流感病毒在 MDCK 细胞系上的增殖特性研究［D］．西北民族大学，2019.

[18] 吴颖，王福军，王秀荣，等．H3 亚型犬流感病毒荧光定量 RT-PCR 检测方法的建立［J］．中国预防兽医学报，2021，43（07）：722-726.

[19] 于康震，陈化兰．禽流感［M］．北京：中国农业出版社，2015

[20] 于志君，张醒海，张坤，等．犬流感研究新进展［J］．中国病原生物学杂志，2015，10（8）：768-771.

[21] 赵国，钟蕾，赵坤坤，等．2 株鸭源 H3N2 亚型流感病毒的分离鉴定和遗传进化分析［J］．畜牧兽医学报，2010，41（10）：1354-1358.

[22] 赵明喜，赖微微，杨聪，等．犬流感的研究进展［J］．黑龙江畜牧兽医，2015，（11）：82-84.

[23] 赵晓辉，周大宇．甲型流感病毒在 MDCK 细胞上培养条件的优化［J］．卫生研究，2014，43（02）：210-212＋218.

[24] 郑祥茹，林健，杨志远，等．一株 H3N2 亚型犬流感病毒的分离鉴定［J］．动物医学进展，2020，41（06）：130-134.

[25] 周森．H5 亚型高致病性禽流感病毒的全球传播与进化［J］．中国农学通报，2019，35（02）：104-110.

[26] Abbas M，Spackman E，Swayne D，et al. Sequence and phylogenetic analysis of H7N3 avian influenza viruses isolated from poultry in Pakistan 1995-2004［J］. Virology Journal，2010，7：137.

[27] Abdelwhab E，Veits J，Mettenleiter T. Genetic changes that accompanied shifts of low pathogenic avian influenza viruses toward higher pathogenicity in poultry［J］. Virulence，2013，4（6）：441-452.

[28] Ali A，Daniels J，Zhang Y，et al. Pandemic and seasonal human influenza virus infections in domestic cats：prevalence，association with respiratory disease，and seasonality patterns［J］. Journal of Clinical Microbiology，2011，49（12）：4101-4105.

[29] Anderson T，Bromfield C，Crawford P，et al. Serological evidence of H3N8 canine influenza-like virus circulation in USA dogs prior to 2004［J］. The Veterinary Journal，2012，191（3）：312-316.

[30] Antanasijevic A，Durst M，Cheng H，et al. Structure of avian influenza hemagglutinin in complex with a small molecule entry inhibitor［J］. Life Science Alliance，2020，3（8）：e202000724.

[31] Arruda B，Piñeyro P，Derscheid R，et al. PCV3-associated disease in the United States swine herd［J］. Emerging Microbes & Infection，2019，8（1）：684-698.

[32] Beeler E. Influenza in dogs and cats［J］. The Veterinary Clinics of North America：Small Animal Practice，2009，39（2）：251-264.

[33] Bender B，Groghan T，Zhang L. Transgenic mice lacking class I major histocompatibility complex-restricted T cells have delayed viral clearance and increased mortality after influenza virus challenge［J］. The Journal of Experimental

Medicine，1992，175（4）：1143-1145.

［34］ Blachere F，Lindsley W，Weber A，et al. Detection of an avian lineage influenza A（H7N2）virus in air and surface samples at a New York City feline quarantine facility［J］. Influenza and Other Respiratory Viruses，2018，12（5）：613-622.

［35］ Britton A，Sojonky K，Scouras A，et al. Pandemic（H1N1）2009 in skunks，Canada［J］. Emerging Infectious Diseases，2010，16（6）：1043-1045.

［36］ Campagnolo E，Rankin J，Daverio S，et al. Fatal pandemic（H1N1）2009 influenza A virus infection in a Pennsylvania domestic cat［J］. Zoonoses and Public Health，2011，58（7）：500-507.

［37］ Campitelli L，Ciccozzi M，Salemi M，et al. H5N1 influenza virus evolution：a comparison of different epidemics in birds and humans（1997-2004）［J］. The Journal of General Virology，2006，87（Pt4）：955-960.

［38］ Castleman W，Powe J，Crawford P，et al. Canine H3N8 Influenza Virus Infection in Dogs and Mice［J］. Veterinary Pathology，2010，47（3）：507-517.

［39］ Chen H，Deng G，Li Z，et al. The evolution of H5N1 influenza viruses in ducks in southern China［J］. Proceedings of the National Academy of Sciences of the United States of America，2004，101（28）：10452-10457.

［40］ Chen W，Calvo P，Malide D，et al. A novel influenza A virus mitochondrial protein that induces cell death［J］. Nature Medicine，2001，7（12）：1306-1312.

［41］ Chen X，Liu S，Goraya M，et al. Host immune response to influenza A virus infection［J］. Frontiers in Immunology，2018，9：320.

［42］ Chen Y，Liang W，Yang S，et al. Human infections with the emerging avian influenza A H7N9 virus from wet market poultry：clinical analysis and characterization of viral genome［J］. Lancet，2013，381（9881）：1916-1925.

［43］ Chen Y，Trovão N，Wang G，et al. Emergence and evolution of novel reassortant Influenza A viruses in canines in Southern China［J］. mBio，2018，9（3）：e00909- e00918.

［44］ Chen Z，Matsuo K，Asanuma H，et al. Enhanced protection against a lethal influenza virus challenge by immunization with both hemagglutinin-and neuraminidase-expressing DNAs［J］. Vaccine，1999，17（7-8）：653-659.

［45］ Wan C，Fu G，Shi S，et al. Epidemiological Investigation and Genome Analysis of Duck Circovirus in Southern China［J］. Virologica Sinica，2011，26（5）：289-296.

［46］ Coleman J. The PB1-F2 protein of Influenza A virus：increasing pathogenicity by disrupting alveolar macrophages［J］. Virology Journal，2007，4：9.

［47］ Conenello G，Zamarin D，Perrone L，et al. A single mutation in the PB1-F2 of H5N1（HK/97）and 1918 influenza A viruses contributes to increased virulence［J］. PLoS Pathogens，2007，3（10）：1414-1421.

［48］ Crawford P，Dubovi E，Castleman W，et al. Transmission of equine influenza virus to dogs［J］. Science，2005，310（5747）：482-485.

［49］ Crispe E，Finlaison D，Hurt A，et al. Infection of dogs with equine influenza virus：evidence for transmission from horses during the Australian outbreak［J］. Australian Veterinary Journal，2011，89（Suppl 1）：27-28.

［50］ Daly J，Blunden A，Macrae S，et al. Transmission of equine influenza virus to English foxhounds［J］. Emerging Infectious Diseases，2008，14（3）：461-464.

［51］ Deshpande M，Jirjis F，Tubbs A，et al. Evaluation of the efficacy of a canine influenza virus（H3N8）vaccine in dogs following experimental challenge［J］. Veterinary Therapeutics，2009，10（3）：103-112.

［52］ Dias A，Bouvier D，Crépin T，et al. The cap-snatching endonuclease of influenza virus polymerase resides in the PA subunit［J］. Nature，2009，458（7240）：914-918.

［53］ Dietze K，Graaf A，Homeier-Bachmann T，et al. From low to high pathogenicity-Characterization of H7N7 avian influenza viruses in two epidemiologically linked outbreaks［J］. Transboundary and Emerging Diseases，2018，65（6）：1576-1587.

［54］ Doherty P，Christensen J. Accessing complexity：the dynamics of virus-specific T cell responses［J］. Annual Review of Immunology，2000，18（1）：561-592.

［55］ Zhu D，Zhou D，Liu J，et al. Duck circovirus induces a new pathogenetic characteristic，primary sclerosing cholangitis［J］. Comparative Immunology，Microbiology and Infectious Diseases，2019，63：31-36.

[56] Fan S, Deng G, Song J, et al. Two amino acid residues in the matrix protein M1 contribute to the virulence difference of H5N1 avian influenza viruses in mice [J] . Virology, 2009, 384 (1): 28-32.

[57] Fan S, Hatta M, Kim J, et al. Novel residues in avian influenza virus PB2 protein affect virulence in mammalian hosts [J] . Nature Communications, 2014, 5: 5021.

[58] Fiorentini L, Taddei R, Moreno A, et al. Influenza A pandemic (H1N1) 2009 virus outbreak in a cat colony in Italy [J] . Zoonoses and Public Health, 2011, 58 (8): 573-581.

[59] Frymus T, Belák S, Egberink H, et al. Influenza virus infections in cats [J] . Viruses, 2021, 13 (8): 1435.

[60] Gao R, Cao B, Hu Y, et al. Human infection with a novel avian-origin influenza A (H7N9) virus [J] . The New England Journal of Medicine, 2013, 368 (20): 1888-1897.

[61] Geoge K. Diagnosis of influenza virus [J] . Methods in Molecular Biology, 2012, 865: 53-69.

[62] Graham M, Braciale T. Resistance to and recovery from lethal influenza virus infection in B lymphocyte-deficient mice [J] . The Journal of Experimental Medicine, 1997, 186 (12): 2063-2068.

[63] Liu H, Li L X, Sun W, et al. Molecular survey of duck circovirus infection in poultry in southern and southwestern China during 2018 and 2019 [J] . BMC Veterinary Research, 2020, 16 (1): 80.

[64] Hara K, Schmidt F, Crow M, et al. Amino acid residues in the N-terminal region of the PA subunit of influenza A virus RNA polymerase play a critical role in protein stability, endonuclease activity, cap binding, and virion RNA promoter binding [J] . Journal of Virology, 2006, 80 (16): 7789-7798.

[65] Hatta M, Gao P, Halfmann P, et al. Molecular basis for high virulence of Hong Kong H5N1 influenza A viruses [J] . Science, 2001, 293 (5536): 1840-1842.

[66] Hatta M, Zhong G, Gao Y, et al. Characterization of a Feline Influenza A (H7N2) Virus [J] . Emerging Infectious Diseases, 2018, 24 (1): 75-86.

[67] He W, Li G, Wang R, et al. Host-range shift of H3N8 Canine influenza virus: a phylodynamic analysis of its origin and adaptation from equine to canine host [J] . Veterinary Research, 2019, 50 (1): 87.

[68] He X, Zhou J, Bartlam M, et al. Crystal structure of the polymerase PA (C) -PB1 (N) complex from an avian influenza H5N1 virus [J] . Nature, 2008, 454 (7208): 1123-1126.

[69] Hemerka J, Wang D, Weng Y, et al. Detection and characterization of influenza A virus PA-PB2 interaction through a bimolecular fluorescence complementation assay [J] . Journal of Virology, 2009, 83 (8): 3944-3955.

[70] Horimoto T, Nakayama K, Smeekens S, et al. Proprotein-processing endoproteases PC6 and furin both activate hemagglutinin of virulent avian influenza viruses [J] . Journal of Virology, 1994, 68 (9): 6074-6078.

[71] Hu J, Mo Y, Wang X, et al. PA-X decreases the pathogenicity of highly pathogenic H5N1 influenza A virus in avian species by inhibiting virus replication and host response [J] . Journal of Virology, 2015, 89 (8): 4126-4142.

[72] Huarte M, Falcón A, Nakaya Y, et al. Threonine 157 of influenza virus PA polymerase subunit modulates RNA replication in infectious viruses [J] . Jounal of Virology, 2003, 77 (10): 6007-6013.

[73] Iglesias I, Martínez M, Muñoz M J, et al. First case of highly pathogenic avian influenza in poultry in Spain [J] . Transboundary and Emerging Diseases, 2010, 57 (4): 282-285.

[74] Jagger B W, Wise H, Kash J, et al. An overlapping protein-coding region in influenza A virus segment 3 modulates the host response [J] . Science, 2012, 337 (6091): 199-204.

[75] Jeong J, Kang H, Lee E, et al. Highly pathogenic avian influenza virus (H5N8) in domestic poultry and its relationship with migratory birds in South Korea during 2014 [J] . Veterinary Microbiology, 2014, 173 (3-4): 249-257.

[76] Jeoung H Y, Lim S, Shin B, et al. A novel canine influenza H3N2 virus isolated from cats in an animal shelter [J] . Veterinary Microbiology, 2013, 165 (3-4): 281-286.

[77] Johansson B, Bucher D, Kilbourne E. Purified influenza virus hemagglutinin and neuraminidase are equivalent in stimulation of antibody response but induce contrasting types of immunity to infection [J] . Journal of Virology, 1989, 63 (3): 1239-1246.

[78] Karaca K, Dubovi E, Siger L, et al. Evaluation of the ability of canarypox-vectored equine influenza virus vaccines to induce humoral immune responses against canine influenza viruses in dogs [J] . American Journal Veterinary Research, 2007, 68 (2): 208-212.

[79] Karaca K, Swayne D, Grosenbaugh D, et al. Immunogenicity of fowlpox virus expressing the avian influenza virus H5 gene (TROVAC AIV-H5) in cats [J] . Clinical and Diagnostic Laboratory Immunology, 2005, 12 (11): 1340-1342.

[80] Kawaguchi A, Naito T, Nagata K. Involvement of influenza virus PA subunit in assembly of functional RNA polymerase complexes [J] . Journal of Virology, 2005, 79 (2): 732-744.

[81] Keawcharoen J, Oraveerakul K, Kuiken T, et al. Avian influenza H5N1 in tigers and leopards [J] . Emerging Infectious Diseases, 2004, 10 (12): 2189-2191.

[82] Keenliside J. Pandemic influenza A H1N1 in Swine and other animals [J] . Current Topics in Microbiology and Immunology, 2013, 370: 259-271.

[83] Killian M L, Kim-Torchetti M, Hines N, et al. Outbreak of H7N8 low pathogenic avian influenza in commercial turkeys with spontaneous mutation to highly pathogenic avian influenza [J] . Genome Announcements, 2016, 4 (3): e00457-16.

[84] Kim Y, Park S J, Kwon H, et al. Genetic and phylogenetic characterizations of a novel genotype of highly pathogenic avian influenza (HPAI) H5N8 viruses in 2016/2017 in South Korea [J] . Infection, Genetics and Evolution, 2017, 53: 56-67.

[85] Klopfleisch R, Wolf P, Uhl W, et al. Distribution of lesions and antigen of highly pathogenic avian influenza virus A/Swan/Germany/R65/06 (H5N1) in domestic cats after presumptive infection by wild birds [J] . Veterinary Pathology, 2007, 44 (3): 261-268.

[86] Knight C, Davies J, Joseph T, et al. Pandemic H1N1 influenza virus infection in a Canadian cat [J] . The Canadian Veterinary Journal, 2016, 57 (5): 497-500.

[87] Krauss S, Walker D, Webster R. Influenza virus isolation [J] . Methods in Molecular Biology, 2012, 865: 11-24.

[88] Kuriakose T, Man S, Malireddi R, et al. ZBP1/DAI is an innate sensor of influenza virus triggering the NLRP3 inflammasome and programmed cell death pathways [J] . Science Immunology, 2016, 1 (2): aag2045.

[89] Lam T, Wang J, Shen Y, et al. The genesis and source of the H7N9 influenza viruses causing human infections in China [J] . Nature, 2013, 502 (7470): 241-244.

[90] Landolt G, Karasin A, Phillips L, et al. Comparison of the pathogenesis of two genetically different H3N2 influenza A viruses in pigs [J] . Journal of Clinical Microbiology, 2003, 41 (5): 1936-1941.

[91] Larson L, Henningson J, Sharp P, et al. Efficacy of the canine influenza virus H3N8 vaccine to decrease severity of clinical disease after cochallenge with canine influenza virus and Streptococcus equi subsp. Zooepidemicus [J] . Clinical and Vaccine Immunology, 2011, 18 (4): 559-564.

[92] Lee C, Jung K, Oh J, et al. Protective efficacy and immunogenicity of an inactivated avian-origin H3N2 canine influenza vaccine in dogs challenged with the virulent virus [J] . Veterinary Microbiology, 2010, 143 (2-4): 184-188.

[93] Lee Y, Lee E, Song B, et al. Evaluation of the zoonotic potential of multiple subgroups of clade 2. 3. 4. 4 influenza A (H5N8) virus [J] . Virology, 2018, 516: 38-45.

[94] Leschnik M, Weikel J, Möstl K, et al. Subclinical infection with avian influenza A (H5N1) virus in cats [J] . Emerging Infectious Diseases, 2007, 13 (2): 243-247.

[95] Li W, Lee H, Li R, et al. The PB2 mutation with lysine at 627 enhances the pathogenicity of avian influenza (H7N9) virus which belongs to a non-zoonotic lineage [J] . Scientific Reports, 2017, 7 (1): 2352.

[96] Liang Q, Luo J, Zhou K, et al. Immune-related gene expression in response to H5N1 avian influenza virus infection in chicken and duck embryonic fibroblasts [J] . Molecular Immunology, 2011, 48 (6-7): 924-930.

[97] Lieberman R, Bagdasarian N, Thomas D, et al. Seasonal influenza A (H1N1) infection in early pregnancy and second trimester fetal demise [J] . Emerging Infectious Diseases, 2011, 17 (1): 107-109.

[98] Wang L, Li Y, Guo Z, et al. Genetic changes and evolutionary analysis of canine circovirus [J] . Archives of Virology, 2021, 166 (8): 2235-2247.

[99] Liu D, Shi W, Shi Y, et al. Origin and diversity of novel avian influenza A H7N9 viruses causing human infection: phylogenetic, structural, and coalescent analyses [J] . The Lancet, 2013, 381 (9881): 1926-1932.

[100] Liu G, Lu Y, Raman S, et al. Nuclear-resident RIG-I senses viral replication inducing antiviral immunity

[J]. Nature Communications, 2018, 9 (1): 3199.

[101] Löhr C, DeBess E, Baker R, et al. Pathology and viral antigen distribution of lethal pneumonia in domestic cats due to pandemic (H1N1) 2009 influenza A virus [J]. Veterinary Pathology, 2010, 47 (3): 378-386.

[102] Lu S, Zhao Z, Zhang J, et al. Genetics, pathogenicity and transmissibility of novel reassortant H5N6 highly pathogenic avian influenza viruses first isolated from migratory birds in western China [J]. Emerging Microbes & Infections, 2018, 7 (1): 6.

[103] Lund J M, Alexopoulou L, Sato A, et al. Recognition of single-stranded RNA viruses by Toll-like receptor 7 [J]. Proceedings of the National Academy of Sciences of the United States of America, 2004, 101 (15): 5598-5603.

[104] Ma S, Zhang B, Shi J, et al. Amino acid mutations A286V and T437M in the nucleoprotein attenuate H7N9 viruses in mice [J]. Journal of Virology, 2020, 94 (2): e01530-19.

[105] Maier H J, Kashiwagi T, Hara K, et al. Differential role of the influenza A virus polymerase PA subunit for vRNA and cRNA promoter binding [J]. Virology, 2008, 370 (1): 194-204.

[106] Marschall J, Schulz B, Priv-Doz H, et al. Prevalence of influenza A H5N1 virus in cats from areas with occurrence of highly pathogenic avian influenza in birds [J]. Journal of Feline Medicine and Surgery, 2008, 10 (4): 355-358.

[107] Matsumoto M, Seya T. TLR3: interferon induction by double-stranded RNA including poly (I: C) [J]. Advanced Drug Delivery Reviews, 2008, 60 (7): 805-812.

[108] Maurer-Stroh S, Lee R, Gunalan V, et al. The highly pathogenic H7N3 avian influenza strain from July 2012 in Mexico acquired an extended cleavage site through recombination with host 28S rRNA [J]. Virology Journal, 2013, 10: 139.

[109] Mok C, Lee H, Lestra M, et al. Amino acid substitutions in polymerase basic protein 2 gene contribute to the pathogenicity of the novel A/H7N9 influenza virus in mammalian hosts [J]. Journal of Virology, 2014, 88 (6): 3568-3576.

[110] Mora-Díaz J, Piñeyro P, Shen H, et al. Isolation of PCV3 from perinatal and reproductive cases of PCV3-associated disease and in vivo characterization of PCV3 replication in CD/CD growing pigs [J]. Viruses, 2020, 12 (2): 219.

[111] Muramoto Y, Noda T, Kawakami E, et al. Identification of Novel Influenza A Virus Proteins Translated from PA mRNA [J]. Journal of Virology, 2013, 87 (5): 2455-2462.

[112] Newbury S, Cigel F, Killian M, et al. First detection of avian lineage H7N2 in Felis catus [J]. Genome Announcements, 2017, 5 (23): e00457-17.

[113] Obayashi E, Yoshida H, Kawai F, et al. The structural basis for an essential subunit interaction in influenza virus RNA polymerase [J]. Nature, 2008, 454 (7208): 1127-1131.

[114] Osterhaus A, Rimmelzwaan G, Martina B, et al. Influenza B virus in seals [J]. Science, 2000, 288 (5468): 1051-1053.

[115] Pantin-Jackwood M, Miller P, Spackman E, et al. Role of poultry in the spread of novel H7N9 influenza virus in China [J]. Journal of Virology, 2014, 88 (10): 5381-5390.

[116] Pasick J, Handel K, Robinson J, et al. Intersegmental recombination between the haemagglutinin and matrix genes was responsible for the emergence of a highly pathogenic H7N3 avian influenza virus in British Columbia [J]. Journal of General Virology, 2005, 86 (3): 727-731.

[117] Payungporn S, Crawford P, Kouo T, et al. Influenza A virus (H3N8) in dogs with respiratory disease, Florida [J]. Emerging Infectious Diseases, 2008, 14 (6): 902-908.

[118] Phan T, Giannitti F, Rossow S, et al. Detection of a novel circovirus PCV3 in pigs with cardiac and multi-systemic inflammation [J]. Virology Journal, 2016, 13 (1): 184.

[119] Pigott A, Haak C, Breshears M, et al. Acute bronchointerstitial pneumonia in two indoor cats exposed to the H1N1 influenza virus [J]. Journal of Veterinary Emergency Critical Care, 2014, 24 (6): 715-723.

[120] Rambaut A, Pybus O, Nelson M, et al. The genomic and epidemiological dynamics of human influenza A virus

[J] . Nature，2008，453 (7195)：615-619.

[121] Rimmelzwaan G，Riel D，Baars M，et al. Influenza A virus (H5N1) infection in cats causes systemic disease with potential novel routes of virus spread within and between hosts [J] . The American Journal Pathology，2006，168 (1)：176-183.

[122] Rivailler P，Perry I，Jang Y，et al. Evolution of canine and equine influenza (H3N8) viruses co-circulating between 2005 and 2008 [J] . Virology，2010，408 (1)：71-79.

[123] Rodriguez A，Pérez-González A，Nieto A. Influenza virus infection causes specific degradation of the largest subunit of cellular RNA polymerase II [J] . Jourmal of Virology，2007，81 (10)：5315-5324.

[124] Rosas C，Walle G，Metzger S，et al. Evaluation of a vectored equine herpesvirus type 1 (EHV-1) vaccine expressing H3 haemagglutinin in the protection of dogs against canine influenza [J] . Vaccine，2008，26 (19)：2335-2343.

[125] Sarvestani S，McAuley J. The role of the NLRP3 inflammasome in regulation of antiviral responses to influenza A virus infection [J] . Antiviral Research，2017，148：32-42.

[126] Selman M，Dankar S，Forbes N，et al. Adaptive mutation in influenza A virus non-structural gene is linked to host switching and induces a novel protein by alternative splicing [J] . Emerging Microbes & Infections，2012，1 (11)：e42.

[127] Senne D，Panigrahy B，Kawaoka Y，et al. Survey of the hemagglutinin (HA) cleavage site sequence of H5 and H7 avian influenza viruses：amino acid sequence at the HA cleavage site as a marker of pathogenicity potential [J] . Avian Diseases，1996，40 (2)：425-437.

[128] Shi J，Deng G，Kong H，et al. H7N9 virulent mutants detected in chickens in China pose an increased threat to humans [J] . Cell Research，2017，27 (12)：1409-1421.

[129] Shi M，Jagger B，Wise H，et al. Evolutionary conservation of the PA-X open reading frame in segment 3 of influenza A virus [J] . Journal of Virology，2012，86 (22)：12411-12413.

[130] Shortridge K，Webster R. Geographical distribution of swine (Hsw1N1) and Hong Kong (H3N2) influenza virus variants in pigs in Southeast Asia [J] . Intervirology，1979，11 (1)：9-15.

[131] Slepushkin V，Katz J，Black R，et al. Protection of mice against influenza A virus challenge by vaccination with baculovirus-expressed M2 protein [J] . Vaccine，1995，13 (15)：1399-1402.

[132] Smith G，Naipospos T，Nguyen T，et al. Evolution and adaptation of H5N1 influenza virus in avian and human hosts in Indonesia and Vietnam [J] . Virology，2006，350 (2)：258-268.

[133] Song D，An D，Moon H，et al. Interspecies transmission of the canine influenza H3N2 virus to domestic cats in South Korea，2010 [J] . The Journal of General Virology，2011，92 (Pt10)：2350-2355.

[134] Song D，Kang B，Lee C，et al. Transmission of avian influenza virus (H3N2) to dogs [J] . Emerging Infectious Diseases，2008，14 (5)：741-746.

[135] Song W，Wang P，Mok B，et al. The K526R substitution in viral protein PB2 enhances the effects of E627K on influenza virus replication [J] . Nature Communications，2014，5：5509.

[136] Songserm T，Amonsin A，Jam-on R，et al. Avian influenza H5N1 in naturally infected domestic cat [J] . Emerging Infectious Diseases，2006，12 (4)：681-683.

[137] Sponseller B，Strait E，Jergens A，et al. Influenza A pandemic (H1N1) 2009 virus infection in domestic cat [J] . Emerging Infectious Diseases，2010，16 (3)：534-537.

[138] Stieneke-Gröber A，Vey M，Angliker H，et al. Influenza virus hemagglutinin with multibasic cleavage site is activated by furin，a subtilisin-like endoprotease [J] . The EMBO Journal，1992，11 (7)：2407-2414.

[139] Su S，Gu M，Liu D，et al. Epidemiology，evolution，and pathogenesis of H7N9 influenza viruses in five epidemic waves since 2013 in China [J] . Trends in Microbiology，2017，25 (9)：713-728.

[140] Su S，Wang L，Fu X，et al. Equine influenza A (H3N8) virus infection in cats [J] . Emerging Infectious Diseases，2014，20 (12)：2096-2099.

[141] Sun X，Belser J，Yang H，et al. dentification of key hemagglutinin residues responsible for cleavage，acid stability，and virulence of fifth-wave highly pathogenic avian influenza A (H7N9) viruses [J] . Virology，2019，535：

232-240.

[142] Tangwangvivat R, Chanvatik S, Charoenkul K, et al. Evidence of pandemic H1N1 influenza exposure in dogs and cats, Thailand: A serological survey [J]. Zoonoses and Public Health, 2019, 66 (3): 349-353.

[143] Thanawongnuwech R, Amonsin A, Tantilertcharoen R, et al. Probable tiger-to-tiger transmission of avian influenza H5N1 [J]. Emerging Infectious Diseases, 2005, 11 (5): 699-701.

[144] Thiry E, Zicola A, Addie D, et al. Highly pathogenic avian influenza H5N1 virus in cats and other carnivores [J]. Veterinary Microbiology, 2007, 122 (1-2): 25-31.

[145] Vahlenkamp T, Harder T, Giese M, et al. Protection of cats against lethal influenza H5N1 challenge infection [J]. Journal of General Virology, 2008, 89 (Pt4): 968-974.

[146] Van de Sandt C, Kreijtz J, Rimmelzwaan G. Evasion of influenza A viruses from innate and adaptive immune responses [J]. Viruses, 2012, 4 (9): 1438-1476.

[147] Klenk H, Garten W. Host cell proteases controlling virus pathogenicity [J]. Trends in Microbiology, 1994, 2 (2): 39-43.

[148] Varga Z, Grant A, Manicassamy B, et al. Influenza virus protein PB1-F2 inhibits the induction of type I interferon by binding to MAVS and decreasing mitochondrial membrane potential [J]. Journal of Virology, 2012, 86 (16): 8359-8366.

[149] Voorhees I, Glaser A, Toohey-Kurth K, et al. Spread of canine influenza A (H3N2) virus, United States [J]. Emerging Infectious Diseases, 2017, 23 (12): 1950-1957.

[150] Wasik B, Voorhees I, Parrish C. Canine and feline influenza [J]. Cold Spring Harbor Perspectives in Medicine, 2021, 11 (1): a038562.

[151] Webster R, Bean W, Gorman O, et al. Evolution and ecology of influenza A viruses [J]. Microbiological Reviews, 1992, 56 (1): 152-179.

[152] Sun W, Zhang H, Zheng M, et al. The detection of canine circovirus in Guangxi, China [J]. Virus Research, 2019, 259: 85-89.

[153] Wise H, Hutchinson E, Jagger B, et al. Identification of a Novel Splice Variant Form of the Influenza A Virus M2 Ion Channel with an Antigenically Distinct Ectodomain [J]. Plos Pathogens, 2012, 8 (11): e1002998.

[154] Wise H, Foeglein A, Sun J, et al. A complicated message: Identification of a novel PB1-related protein translated from influenza A virus segment 2 mRNA [J]. Journal of Virology, 2009, 83 (16): 8021-8031.

[155] Wu H, Peng X, Lu R, et al. Virulence of an H5N8 highly pathogenic avian influenza is enhanced by the amino acid substitutions PB2 E627K and HA A149V [J]. Infection, Genetics and Evolution, 2017, 54: 347-354.

[156] Xiao C, Ma W, Sun N, et al. PB2-588 V promotes the mammalian adaptation of H10N8, H7N9 and H9N2 avian influenza viruses [J]. Scientific Reports, 2016, 6: 19474.

[157] Xie X, Ma K, Liu Y. Influenza A virus infection in dogs: Epizootiology, evolution and prevention-A review [J]. Acta Veterinaria Hungarica, 2016, 64 (1): 125-139.

[158] Xu W, Dai Y, Hua C, et al. Genomic signature analysis of the recently emerged highly pathogenic A (H5N8) avian influenza virus: implying an evolutionary trend for bird-to-human transmission [J]. Microbes and Infection, 2017, 19 (12): 597-604.

[159] Yamayoshi S, Fukuyama S, Yamada S, et al. Amino acids substitutions in the PB2 protein of H7N9 influenza A viruses are important for virulence in mammalian hosts [J]. Scientific Reports, 2015, 5 (1): 8039.

[160] Yehia N, Naguib M, Li R, et al. Multiple introductions of reassorted highly pathogenic avian influenza viruses (H5N8) clade 2.3.4.4b causing outbreaks in wild birds and poultry in Egypt [J]. Infection, Genetics and Evolution, 2018, 58: 56-65.

[161] Yingst S L, Saad M, Felt S. Qinghai-like H5N1 from domestic cats, northern Iraq [J]. Emerging Infectious Diseases, 2006, 12 (8): 1295-1297.

[162] Youk S, Leyson C, Seibert B, et al. Mutations in PB1, NP, HA, and NA Contribute to Increased Virus Fitness of H5N2 Highly Pathogenic Avian Influenza Virus Clade 2.3.4.4 in Chickens [J]. Journal of Virology, 2020, 95 (5): e01675-20.

[163] Yu Z, Gao X, Wang T, et al. Fatal H5N6 avian influenza virus infection in a domestic cat and wild birds in China [J]. Scientific Reports, 2015, 5: 10704.

[164] Yuan P, Bartlam M, Lou Z, et al. Crystal structure of an avian influenza polymerase PA (N) reveals an endonuclease active site [J]. Nature, 2009, 458 (7240): 909-913.

[165] Zhang Q, Shi J, Deng G, et al. H7N9 influenza viruses are transmissible in ferrets by respiratory droplet [J]. Science, 2013, 341 (6144): 410-414.

[166] Zhao F, Liu C, Yin X, et al. Serological report of pandemic (H1N1) 2009 infection among cats in Northeastern China in 2012-02 and 2013-03 [J]. Virology Journal, 2014, 11: 49.

[167] Zhao F, Zhou D, Zhang Y, et al. Detection prevalence of H5N1 avian influenza virus among stray cats in eastern China [J]. Journal of Medical Virology, 2015, 87 (8): 1436-1440.

[168] Zhao S, Schuurman N, Tieke M, et al. Serological screening of influenza A virus antibodies in cats and dogs indicates frequent infection with different subtypes [J]. Journal of Clinical Microbiology, 2020, 58 (11): e01689-20.

[169] Zhu H, Hughes J, Murcia P. Origins and evolutionary dynamics of H3N2 canine influenza virus [J]. Journal of Virology, 2015, 89 (10): 5406-5418.

第二节　星状病毒感染

星状病毒（Astrovirus，AstV）是一种无包膜，呈二十面体对称的单股正链 RNA 病毒。1975 年，Appleton H 和 Higgins P 利用电子显微镜在腹泻儿童的粪便中首次发现了这种病毒，同年 Madeley C 和 Cosgrove B 将该病毒命名为星状病毒。星状病毒能感染包括人类在内的多种哺乳动物，如猫、犬、小鼠、大鼠、兔、牛、鹿、猪、羊、水貂、蝙蝠，甚至海狮和海豚；也能感染禽类，如火鸡、家鸡、鸭、鸽、珍珠鸡和其它野生水禽。根据宿主来源不同，该病毒可划分为哺乳动物星状病毒属和禽星状病毒属。临床上，该病毒可引起动物的腹泻、呕吐和脱水等临床症状，导致动物生长迟缓，严重者可引起死亡，给养殖业带来一定的经济损失。由此可见，该病毒是一种重要的动物新发传染病病原，显示出高度的多样性和人畜共患的潜力。

一、病原学

（一）分类地位

星状病毒根据感染宿主不同可分为两个属，分别为哺乳动物星状病毒属（*Mamastrovirus*，MAstV）和禽星状病毒属（*Avastrovirus*，AAstV）。研究人员根据星状病毒开放阅读框-2（Open reading frame 2，ORF2）的氨基酸序列，进一步将 AAstV 分为 3 个种，MAstV 分为 19 个种。禽星状病毒属包括禽星状病毒 1 型、禽星状病毒 2 型和禽星状病毒 3 型。禽星状病毒 1 型包括火鸡星状病毒 1 型（Turkey astrovirus-1，TAstV-1），禽星状病毒 2 型包括禽肾炎病毒（Avian nephritis virus，ANV），禽星状病毒 3 型包括鸭星状病毒（Duck astrovirus，DAstV）和火鸡星状病毒 2 型（TAstV-2）。哺乳动物星状病毒属包括人星状病毒（Human astrovirus，HAstV）、猫星状病毒（Feline astrovirus，FAstV）、猪星状病毒（Porcine astrovirus，PAstV）、海狮星状病毒（California sea lion astrovirus，CslAstV)、犬星状病毒（Canine astrovirus，CaAstV）、宽吻海豚星状病毒（Bottlenose dolphin astrovirus，BdAstV）、人星状病毒-墨尔本（Human astrovirus-Melbourne，HAstV-MLB）、狍星状病毒（Capreolus capreolus astrovirus，CcAstV）、鼠星病毒（Rat astrovirus，RaAstV）、蝙蝠星状病毒（Bat astrovirus，BatAstV）、人星状病毒-弗吉尼亚（Human astrovirus-Virginia，HAstV-VA）、人-水貂-羊星状病毒（Human mink ovine astrovirus，HMOAstV）、羊星状病毒（Ovine astrovirus，OAstV）和水貂星状病毒（Mink astrovirus，MAstV），其中以人星状病毒作为代表种。

（二）病原形态结构与组成

星状病毒呈二十面体对称，无囊膜，边缘光滑，约10%的病毒粒子表面呈独特的五角或六角星样结构。透射电镜观察发现，从粪便等病料中观察到的病毒直径一般为28～30nm，而在单层细胞培养中产生的病毒粒子直径更大，外径约为41nm。病毒粒子由VP90前体蛋白组成，该前体蛋白被细胞内的半胱天冬酶进一步加工形成VP70蛋白。由VP70蛋白组成的病毒颗粒尚不成熟，当其释放到细胞外后，在胰蛋白酶的作用下，通过一个相当复杂的途径产生由VP34、VP27/29和VP25/26衣壳蛋白组成的、具有高度感染性的病毒颗粒。其中VP34来源于多聚蛋白高度保守的N端区域，形成衣壳的内核部分；VP27/29和VP25/26均源自具有高度变异的C末端结构域，形成病毒衣壳的突起部分。

（三）培养特性

星状病毒在细胞上培养比较困难，多数星状病毒不产生细胞病变效应（CPE），给病毒分离工作带来了难度。Lee T等发现在不含血清、添加胰蛋白酶的条件下，人星状病毒可在人胚肾细胞（HEK）中增殖；1978年，Woode G等报道了牛星状病毒适应于牛胚肾细胞（BEK）；1987年，Harbour D等用乳腺平坦型上皮不典型性（FEA）单层细胞成功分离出猫星状病毒；1990年，Willcocks M等利用人类结肠癌细胞（CaCO-2）从粪便样品中成功分离出人星状病毒，且该病毒在CaCO-2细胞内可良好增殖；Indik S（2006）从患有急性胃肠炎的猪腹泻粪便中分离得到了一株能引起猪肾细胞（PK-15）病变的猪星状病毒，后续也有利用PK-15细胞成功分离猪星状病毒的报道。2014年，刘欢首次使用甲苯磺酰基-L-氨基联苯氯甲基酮（TPCK）处理过的胰酶，成功实现了PAstV在PK-15中的稳定增殖，并产生明显CPE。2011年，Vito M等利用犬肾细胞（MDCK）成功分离出了世界上首个犬星状病毒。

二、分子病原学

（一）基因组结构与功能

AstV基因组为单股线状RNA，全长6.2～7.8kb。基因组结构包括两侧的5′和3′端非编码区（UTR）、Poly（A）和3个ORF，分别为ORF1a、ORF1b和ORF2。ORF1a和ORF1b编码RNA转录复制相关的非结构蛋白（NSP）。ORF1a和ORF1b有部分重叠，在重叠区中含有包括下游茎环结构和七个碱基滑动基序列（AAAAAAC）的核糖体移码信号（RFS）；ORF2与ORF1b部分重叠，共同编码相应的结构蛋白。ORF2为该病毒衣壳蛋白的编码区。

星状病毒不同毒株的ORF1a、ORF1b和ORF2序列长度也不相同，其中ORF1a的差异最大，这种差异很大程度上是由于ORF1a 3′端基因的插入和缺失引起的。同样地，不同ORF重叠区域的长度也随毒株的变化而变化。在MAstVs中，ORF1a和ORF1b的重叠区域为10～148个核苷酸，而在AAstVs中ORF1a和ORF1b的重叠区域只有12～45个核苷酸。ORF1b中RNA依赖RNA聚合酶（RdRp）翻译所必需的核糖体移码信号恰好存在于这个重叠区域。

ORF1a编码的蛋白中包含一个解旋酶结构域（HEL）、五个跨膜区（TM）、两个卷曲螺旋结构域（CC）、一个蛋白酶基序（PRO）、一个病毒基因组连接蛋白（VPg）、一个高变区（HVR）、一个核定位信号（NLS）和一个死亡结构域（DD）。ORF1b编码RdRp。ORF2编码病毒结构蛋白VP90，其中包含编码衣壳蛋白内核区域、功能未知的P1结构域、P2结构域的可变区（包括衣壳蛋白突起部分）和酸性C末端区域，VP90可被细胞内的半胱天冬酶切割而产生VP70前体。含有VP70的病毒颗粒尚未成熟，其释放到胞外后，在胰蛋白酶作用下进一步裂解，产生具有VP34、VP27/29和VP25/26蛋白的成熟的感染性病毒颗粒。

（二）主要基因及其编码蛋白的结构与功能

1. 非结构蛋白

星状病毒的主要非结构蛋白有ORF1a编码的NSP1a和ORF1b编码的RdRp。ORF1a编码的Nsp1a为丝氨酸蛋白酶，研究发现在感染的细胞中，NSP1a蛋白可由病毒和细胞的蛋白水解酶裂解为至少4个产物：NSP1a/1、NSP1a/2、NSP1a/3、NSP1a/4。NSP1a/1中含有一个解旋酶结构域、卷曲螺旋结构域和一个跨膜结构域；NSP1a/2包含4个跨膜结构域；NSP1a/3包含蛋白酶基序；NSP1a/4含有两个卷曲螺旋结构域、一个死亡结构域、一个核定位信号、一个VPg和一个高变区。

2. 结构蛋白

星状病毒基因组中，ORF2编码病毒的衣壳蛋白VP90蛋白，根据其序列的保守性可分为两个区域，即N端高度保守区域和C端高度变异区域。N端高度保守区域编码病毒衣壳蛋白的内核部分；C端高度变异区域编码衣壳蛋白的突起部分。衣壳蛋白VP90前体的C端在半胱天冬酶的水解作用下形成VP70，VP70和病毒核酸构成不成熟的病毒粒子。它们释放到细胞外后，VP70在胰蛋白酶的作用下进一步裂解成VP34、VP27/29和VP25/26蛋白，形成具有感染性的病毒粒子。

三、流行病学

（一）传染来源

患病动物或者携带病毒的动物产生的粪便都能成为传染源。健康动物直接接触受感染的粪便或被粪便污染的环境从而感染星状病毒。污水是最常见的污染源，动物和人的星状病毒经常在污水和处理过的废水中被检测到。

（二）传播途径及传播方式

目前已知的星状病毒传播途径主要是粪-口传播，健康动物可能通过直接接触受感染的粪便或被粪便污染的物品从而感染星状病毒。星状病毒感染被认为是具有物种特异性的，但也有报告表明星状病毒存在跨种传播。猪和野猪等动物可以通过摄取其它受感染物种的粪便而直接感染。此外，栖息在养殖场的蝙蝠将带有星状病毒的粪便落在牲畜身上，可引起牲畜的感染。人类的生活饮水可能会被养殖场排污或受感染的野生动物污染，人接触或食入被污染的食物时，可感染星状病毒。研究人员发现，与经典的人星状病毒毒株相比，新出现的人星状病毒毒株与动物星状病毒毒株在进化上更为紧密。例如，HAstV-MLB 被证明与鼠星状病毒的同源性更高。另外，HAstV-VA 被证明与羊和水貂星状病毒非常接近，它们一起形成了 HMO-AstV 这一新的病毒种类。血清学检测分析发现，与火鸡密切接触的人的粪便中检测出 TAstV-2 的阳性比例高达 26%，表明人类长期接触动物星状病毒极易被星状病毒感染。

因此，新型星状病毒的出现有两种基本途径：①跨物种传播，病毒适应新宿主；②宿主细胞感染两种不同的星状病毒株，这两种毒株发生重组。这两种途径，加速了病毒的进化，促进了病毒的传播，也可能增加病毒本身对动物或人的感染力。

（三）易感动物

星状病毒感染的物种包括人、家畜家禽（如犬、猫、猪、鸡、牛、羊）、野生动物（如鹿、老鼠、大鼠、猎豹、海狮、海豚和蝙蝠），其它饲养动物（如火鸡、小鼠和水貂）也特别容易受到星状病毒的感染。目前已在 80 多个物种中检测到星状病毒。

（四）发生与分布

1. 在国外的发生与流行

1975 年，Appleton H 和 Higgins P 利用电子显微镜在腹泻儿童的粪便中首次发现这种病毒，同年 Madeley C 和 Cosgrove B 将该病毒命名为星状病毒。随着病毒诊断技术的发展，新型星状病毒毒株也不断被发现并确定。2015 年，Linsuwanon P 从儿童的粪便样品中分离出星状病毒，2016 年，Oude-Munnink B 从人粪便中检测到新型星状病毒样 RNA 病毒，测序分析发现该毒株与其它已知星状病毒毒株的核苷酸同源性达 67%～93%。2017 年，Gonzales-Gustavson E 从急性肝炎患者血清中检测到 VA3 型星状病毒。2018 年，Fernandez-Cassi X 从城市污水中分离出人星状病毒。

对于动物的星状病毒，早在 1977 年 Snodgrass D 和 Gray E 在羔羊的腹泻粪便中检测到星状病毒；Tzipori S 于 1981 年在鹿中检测到阳性星状病毒；2009 年 Toffan A 在犬粪便中检测阳性星状病毒；2009 年 Atkins A 在猎豹体内检测到星状病毒；Rivera R 在 2010 年发现海狮和海豹中有星状病毒感染。2010 年，Li L 利用宏病毒基因组学分析蝙蝠粪便中与哺乳动物相关的病毒，发现星状病毒科的病毒占重要部分；2013 年 Phan T 从鸽子的粪便中分离出星状病毒；2014 年 Honkavuori K 从三趾滨鹬粪便中分离出星状病毒；2014 年 Shah J 从火鸡的肠道中分离出火鸡星状病毒。Day J 和 Devaney R 分别于 2015 年和 2016 年从鸡的肠道中分离出鸡星状病毒。2016 年，Wuthrich D 用宏基因组学方法研究引起牛不明原因非化脓性脑炎的病原，在奶牛的大脑中鉴定出了星状病毒。2017 年，Moreno P 利用宏基因组学比较健康犬和急性腹泻犬粪便的病毒组，在腹泻犬粪便中检测到犬星状病毒。2018 年，Wille M 从红颈瓣蹼鹬粪便中鉴定出星状病毒。

其中，猪星状病毒在猪群中的流行非常普遍。自 1980 年研究者通过电镜首次检测出猪星状病毒以来，该病毒陆续在南非、捷克、匈牙利、加拿大、哥伦比亚、美国、中国等多个国家被报道。从 2011 年至 2018 年间，国外研究人员陆续从猪的粪便及粪便污染物中鉴定出了猪星状病毒。猪星状病毒在不同国家的血清型和阳性率也各不相同。加拿大的流行毒株为 PAstV1、PAstV2、PAstV3，阳性率为 80%；韩国的主要的流行毒株为 PAstV2、PAstV4，阳性率为 19.4%；美国的流行毒株为 PAstV2～5，阳性率为 62%～64%；通过中和抗体检测，猪星状病毒在日本猪群中的阳性率介于 0～83%，PAstV1 为主要流行毒株。

鸭星状病毒在能感染各品种鸭，并且感染后造成严重的经济损失。早在 1965 年英国分离到鸭肝炎病毒血清 2 型，但直到 1984—1985 年才将该病毒鉴定为鸭星状病毒 1 型（DAstV-1）；美国在 1969 年发现鸭肝炎病毒血清 3 型，直到 2009 年才将其鉴定为鸭星状病毒 2 型（DAstV-2）。

2. 在国内的发生与流行

2010 年，兰家暖团队在上海分离到我国第一株猪星状病毒，并在 PK-15 细胞中成功培养。该团队在对腹泻症状的猪群粪便检测中，发现猪星状病毒的流行率为 40.3%，猪场阳性率更是高达 80%以上。随后在江西、广西、四川、东北、湖南、河北等地陆续发现了猪星状病毒。流行病学调查显示，我国各地猪星状病毒的血清型和阳性率各不相同，江西地区主要流行株为 PAstV4，阳性率为 35.2%；广西地区主要流行株为 PAstV1，阳性率为 40.3%；云南地区主要流行株为 PAstV4，阳性率为 11.9%；四川地区主要流行株为 PAstV5，阳性率为 7.5%；湖南地区主要流行株为 PAstV5，阳性率为 46.3%；东北地区主要流行株为 PAstV2，阳性率为 9.02%。

胡桂学等建立了猫星状病毒 TaqMan 荧光定量 PCR 方法，病原学调查结果显示，东北地区 FAstV 核酸阳性率为 18.17%（105/578），腹泻猫阳性率 32.26%（80/248），显著高于临床健康猫 7.58%（25/330），首次证明我国猫群中存在 FAstV-1 与 FAstV-2 的流行，且 FAstV-1 为优势流行毒株，FAstV-2 逐年增多，存在扩大流行的趋势。

崔立等对上海地区 321 份新鲜采集的犬粪便样品（183 份腹泻样品和 138 份健康样品）进行初步检测。结果显示，腹泻样品中共有 22 份阳性，阳性率为 12.02%，健康犬粪样中未检测到星状病毒。广西大学陈樱团队对广西地区 2015 年 11 月至 2016 年 8 月不同临床特征、不同性别、不同年龄宠物犬群的 253 份粪便样品进行犬星状病毒的临床流行病学调查。结果发现患有腹泻的犬只 CAstV 检测阳性率高达 25.3%，其中幼年犬最为易感，感染率高达 18.6%；健康犬也可携带该病毒，阳性率为 5.9%。

2014 年，广西大学黄伟坚等对广西奶牛和水牛的牛星状病毒进行流行病学调查。从 5 个规模化牛场（3 个奶牛场和 2 个水牛场）收集 0～6 月龄有腹泻症状小牛的直肠拭子共 211 份。RT-PCR 检测结果显示，牛星状病毒的阳性率 43.6%（92/211），其中奶牛阳性率 46.1%（71/154），水牛阳性率 36.84%（21/57），说明牛星状病毒在广西奶牛和水牛场普遍存在。

2018 年，张国中等利用荷兰 BioChek CAstV 抗体 ELISA 检测试剂盒对来自国内 21 个省份不同品种的 85 个鸡群的 1760 份鸡血清进行了 CAstV 抗体检测。结果显示，77 个鸡群检出阳性样本，场阳性率为 90.6%，个体阳性率为 60.68%。不同日龄鸡群阳性率相差很大，随着日龄的增长，血清阳性率从 34.17%上升到 74.44%。不同类型鸡群之间阳性率差异较大，商品蛋鸡、父母代蛋鸡、商品肉鸡、父母代肉种鸡、地方品种鸡的阳性率分别是 70.17%、89%、31.67%、59.05%和 45.79%。利用 PCR 方法对血清学阳性的 76 份组织样品进行了禽星状病毒的病原学检测，结果显示 76 份组织样品中有 42 份为禽星状病毒阳性，阳性率为 55.3%。在 42 份阳性样品中，CAstV 阳性 9 份，占比 21.4%；ANV 阳性 24 份，占比 57.1%；TAstV 阳性 9 份，占比 21.4%，表明国内鸡群中禽星状病毒感染普遍。

2008 年我国首次报道了由 DAstV-1 引起的鸭病毒性肝炎。随后，在国内又鉴定出鸭星状病毒 3 型（DAstV-3）和鸭星状病毒 4 型（DAstV-4）。2011—2012 年，张大丙等从四川省采集水禽样品 155 份，利用星状病毒通用引物检出阳性样品 20 份，阳性率为 12.9%。2020 年，王勇等对安徽地区 GAstV 流行情况进行调查，对 32 份来自安徽部分地区的具有痛风症状雏鹅的肝脏和肾脏组织进行 RT-PCR 检测，共鉴定出 6 份 GAstV 阳性样品，阳性率为 18.75%。

南方医科大学陈清教授团队于 2014 年 10 月至 2016 年 2 月，在广州市及厦门市多地捕捉到 5 种鼠类及 1 种臭鼩共 713 只动物，其中有 204 例检测出星状病毒。

为了研究蝙蝠星状病毒的跨物种传播及在人兽共患上的潜力，自 2008 年以来，全球有不少地区做了对蝙蝠星状病毒流行情况调查。2008 年 Chu D 等在香港对 9 个种类蝙蝠进行捕抓并通过直肠和咽喉拭子采样进行检测，检测结果发现有 7 种蝙蝠携带星状病毒，总体感染率达 46%（116/262）。

四、免疫机制与致病机理

（一）免疫机制

1. 先天性免疫反应

Susana G 和 Marvin S 发现 HAstV 感染后期 IFN-β 的表达上调。用 AstV 感染 CaCO-2 细胞 24 h 后，IFN-β 的转录和蛋白水平都发生上调。在 CaCO-2 细胞中加入外源 IFN-α 和 IFN-β，感染病毒后发现病毒含量明显减少。反之，用Ⅰ型干扰素抗体中和干扰素后，病毒的复制能力增强，这些结果说明Ⅰ型干扰素能抑制星状病毒的感染。研究报道星状病毒感染 CaCO-2 后，宿主细胞的先天性免疫应答被激活，通过 TANK-结合激酶 1（TBK1）促进转录调节因子 3（IRF3）的激活，进而促进Ⅰ型干扰素的表达。此外，在活体水平上，用鼠星状病毒分别感染干扰素受体敲除型小鼠与野生型小鼠，发现野生型小鼠在感染后 53d 粪便中已经检测不到病毒，而敲除组小鼠的排毒量仍处于较高水平，说明体内产生的干扰素对病毒的复制有着抑制作用。同样地，构建转导与转录激活因子（STAT1）基因敲除小鼠，星状病毒感染 14d 后，病毒在敲除型小鼠肠道组织中的复制明显高于野生型小鼠。这些结果说明星状病毒感染后可激活细胞的干扰素信号通路，通过干扰素受体激活 STAT1 通路并促进下游的抗病毒蛋白的转录，最终抑制病毒的复制。

星状病毒感染火鸡的肠上皮细胞会增强诱导型一氧化氮合酶（iNOS）的表达，并促进免疫介质 NO 产生，进而调控 TAstV 的复制。抑制 iNOS 的表达，病毒滴度会显著上调。相反，使用亚硝酸盐激活 iNOS，则星状病毒的复制能力显著降低。从感染星状病毒的火鸡中分离其脾细胞，在脂多糖的刺激下，脾细胞能产生更多的 NO，这表明 TAstV 感染能促进巨噬细胞的激活。

2. 获得性免疫反应

星状病毒感染动物可引起机体的体液免疫反应，特异性抗体的产生可有效提高机体对病毒的抵抗力。研究发现雏鹅和鸡群感染星状病毒后，其康复血清可以中和病毒，雏鹅血清中和效价达到 1∶3200，鸡群血清的中和效价达到 1∶6400，而健康鹅和健康鸡群的血清没有中和活性。但是，用火鸡进行感染试验后，发现其血清 IgG 含量较低，没有中和活性，不能进行中和反应。星状病毒衣壳蛋白 ORF2 有较高的免疫原性，其特异性抗体在病毒中和反应中起到至关重要的作用。实验室诱导纯化鸡星状病毒重组衣壳蛋白，将纯化后的衣壳蛋白作为亚单位疫苗免疫种鸡，可使子代得到保护。除了体液免疫外，研究表明细胞免疫在小鼠星状病毒感染过程中也发挥着重要作用。

3. 免疫保护机制

由于星状病毒可以跨种传播，一种星状病毒可以感染多个物种，一个物种可以被多种星状病毒感染。与火鸡密切接触的人的粪便中检测出 TAstV-2 的阳性较高，同时人体内也产生抗 TAstV-2 的抗体。由此可见，宿主可以产生特异性抗体与其它物种的星状病毒发生中和反应。

（二）致病机理

由于动物感染试验只能引起轻微的临床症状甚至不引起任何症状，因此，星状病毒在宿主体内感染并引起腹泻的机制尚未被阐明，星状病毒致病机制方面没有很深入的研究。

火鸡感染模型显示，火鸡感染星状病毒后出现严重的腹泻，但火鸡的肠道组织并没有出现严重的绒毛萎缩、细胞坏死和炎症等病理变化，这些结果表明星状病毒引起的腹泻并非由肠上皮损伤或炎症反应引起。进一步研究表明，火鸡星状病毒感染火鸡可引起特异性麦芽糖酶活性下降，这些酶的表达水平改变可导致对双糖消化吸收不良，影响肠道吸收功能，最终引起渗透性腹泻。同时，钠氢交换载体 2（NHE2）的表达水平在病毒感染后增加，而 NHE3 的表达降低，NHE3 在细胞膜与细胞质之间的重新分布，引起动物机体对钠离子吸收不良，进而导致火鸡发生渗透性腹泻。另外，星状病毒感染后可增加 NO 的产量，虽然 NO 对病毒的复制有一定抑制作用，但是 NO 也被证明可影响肠黏膜通透性和离子转运，因此，NO 可能参与了由星状病毒感染引起的腹泻症状。

研究表明星状病毒感染 CaCO-2 细胞后，能引起细胞内微丝蛋白的重新排列、细胞骨架的破坏以及闭合蛋白的重新分布。星状病毒的衣壳蛋白可以作为一种肠毒素，感染后会破坏肠上皮细胞的紧密连接，诱导肠上皮细胞凋亡，使肠上皮屏障功能丧失、细胞的通透性发生改变。

星状病毒可以抑制补体识别系统，通过阻止补体激活从而逃避免疫系统。研究发现星状病毒的衣壳蛋白能够与补体系统中的关键分子 C1q 和 MBL 结合，抑制补体经典途径和凝集素途径，阻止下游信号通路激活。

星状病毒可以降低巨噬细胞的杀伤能力，引起机体的免疫抑制。体外试验表明，星状病毒感染火鸡巨噬细胞，使得巨噬细胞的吞噬能力和对外源菌的杀伤能力明显减弱。对火鸡进行星状病毒动物感染试验后，巨噬细胞所介导的促炎性细胞因子水平显著降低，杀菌能力显著减弱，宿主更容易受到继发性细菌感染。此外，感染星状病毒的火鸡血清中能够诱导产生大量的抗炎性细胞因子和免疫抑制细胞因子。

虽然关于星状病毒的发病机制的研究近年来取得了显著进展，但由于星状病毒难以在体外传代培养，同时缺乏合适的小动物感染模型，因此阻碍了星状病毒的组织病理学及致病机制等方面的研究。目前最需要解决的问题就是建立一个特征良好的小动物模型，随着这一模型的发展和标准化，研究人员可以进一步阐明星状病毒的发病机制，并最终用于疫苗研发和治疗性研究。

五、临床症状

（一）单纯感染临床症状

哺乳类动物感染星状病毒后，可以引发腹泻等临床症状或者表现为隐性感染。

人感染星状病毒主要表现为水样腹泻、呕吐、头痛、发热和腹痛厌食等临床症状，不同年龄、不同体质的人群发病的严重程度不一样。星状病毒在成人中呈隐性感染而不表现临床症状，但是该病毒在儿童、老龄人群和免疫缺陷病人等易感人群中往往会出现严重的临床症状，且常常与其它肠道病原如轮状病毒、诺如病毒等存在混合感染现象。

研究人员对羊、牛、猫等动物进行星状病毒动物感染试验，结果只出现轻微的临床症状，甚至不引起任何症状。兰家暖等将分离到的病毒或者病毒培养液接种哺乳仔猪，仔猪出现腹泻、食欲下降等症状，但都不是很严重。貂星状病毒可在貂的脑部增殖并引发神经症状。在羔羊上，羊星状病毒感染 2 日龄羔羊 44h 后，可引起羔羊腹泻，粪便稀软，呈黄色，感染病毒 38～120h 的粪便中可检测到该病毒。猪星状病毒一般与轮状病毒和杯状病毒混合感染，共同引起仔猪出现厌食、腹泻和发育不良等症状。犬星状病毒感染温和，能引起犬呕吐、水样腹泻、发热等临床表现，5～7 周龄的幼犬易感染此类病毒。星状病毒还可引起鹿、兔等动物的腹泻，但其在这些动物中的致病机制尚未明确。

相比于哺乳类动物，星状病毒在禽类中的致病性更强。如鸭星状病毒可以引起 1～2 周龄小鸭出现急性致死性肝炎，病死率可达 50%。火鸡星状病毒感染火鸡的胸腺、脾脏、肾、胰脏等，可以引起幼禽致死性肠炎综合征（PEMS），主要表现为肠炎、胸腺及气囊萎缩等病理变化。鹅星状病毒是引起雏鹅痛风的主要病原。一般情况下，感染鹅会出现抑郁、厌食和神经症状，并在出现上述症状后死亡，死亡发生在 5～6 周龄的雏鹅，在 12～13 周龄时达到高峰，然后死亡率逐渐下降，直到第三周结束。鸡星状病毒感染主要引起肠道疾病，其特征是体重减轻、饲料转化率降低和高死亡率；后续研究还发现鸡星状病毒和“白雏鸡”病有关，雏鸡表现出肠道症状和发育迟缓，死亡率较高；蛋鸡感染表现出产蛋下降；种鸡感染通过垂直传播给胚胎，导致鸡胚的死亡率增加。鸭星状病毒 1 型，可导致雏鸭致死性肝炎，死亡率可达 50%，剖检可见患病雏鸭肝脏广泛性出血性病变。禽肾炎病毒可轻度抑制雏鸡的生长，同时出现间质性肾炎，甚至引起雏鸡的死亡，1 日龄的雏鸡最易感，死亡现象最为严重。

（二）与其它病原混合感染的临床症状

在哺乳动物中，星状病毒常与其它腹泻性病毒混合感染后导致腹泻。在猪、牛、猫等动物的动物感染试验中，若只感染星状病毒，实验动物并不出现严重的腹泻，甚至无任何临床症状，但与其它腹泻病毒联合攻毒时，会引起严重的腹泻症状。当牛星状病毒与牛轮状病毒、牛冠状病毒等其它肠道病原体合并感染，能造成严重的腹泻。猪星状病毒常与轮状病毒、冠状病毒和杯状病毒等其它肠道病毒混合感染猪群，导致仔猪死亡和育肥猪体重降低。在感染传染性肠胃炎病毒的仔猪肠道内，猪星状病毒的检出率高于 64%。

六、病理变化

研究人员对感染 HAstV 儿童的小肠活检标本进行组织病理学检查，其病变主要表现为小肠绒毛钝化、小肠上皮细胞不规则和固有层炎症细胞密度增加。免疫组化结果显示星状病毒在肠上皮细胞复制，主要分布在空肠和十二指肠的绒毛尖端。

星状病毒感染动物后的病理变化及病变部位的超微结构研究主要在绵羊、牛和火鸡上有报道。经动物感染试验的羔羊，小肠出现肠绒毛萎缩，空肠和回肠的病变最为严重。免疫组化试验发现星状病毒主要感染小肠绒毛中成熟的单层柱状细胞和小肠固有层中的巨噬细胞，肠上皮细胞脱落，但绒毛正常。

牛星状病毒主要感染空肠和回肠，其绒毛上皮细胞、M 细胞和吸收型肠上皮细胞均含有病毒，被感染的 M 细胞的微绒毛严重发育不良。

火鸡感染星状病毒后在其小肠上部、大肠绒毛基底层的上皮细胞中均能检测到火鸡星状病毒。感染火鸡的法氏囊、胸腺、脾脏、肾脏、骨骼肌、胰腺和血浆中均能检测到星状病毒，但这些组织中未见明显的组织学变化。对肠道进行组织学分析，发现只有轻度肠损伤，表现为轻度的上皮细胞坏死、固有层少量炎性浸润、轻微的绒毛萎缩和隐窝增生。

另外，禽肾炎病毒感染后，死亡的雏禽出现严重的肾脏、脾脏出血及肿胀。组织病理学研究显示，肾小管上皮间质性出血性坏死，肾小球肿胀；脾脏弥漫性出血性坏死；肝脏、肾脏、输尿管和关节等可见针状尿酸盐结晶。

七、诊断

（一）临床诊断要点

1. 流行病学特点

星状病毒的传播途径是由粪-口途径经消化道传播，健康的动物可能通过直接接触受感染的粪便或被粪便污染的物品从而感染星状病毒，被星状病毒污染的食物、水均可成为传染源。

2. 临床症状特点

哺乳类动物感染星状病毒后，出现腹泻等临床症状或者表现为隐性感染。星状病毒在禽类中的致病性更强，如鸭星状病毒可以引起 1～2 周龄小鸭出现急性致死性肝炎；火鸡星状病毒可以引起幼禽致死性肠炎综合征，主要表现为肠炎、胸腺及气囊萎缩等病理变化；鹅星状病毒会引起雏鹅抑郁、厌食、痛风和神经症状，并在出现上述症状后死亡；鸡星状病毒表现出肠道症状和发育迟缓等现象，蛋鸡感染表现出产蛋下降；禽肾炎病毒可抑制雏鸡的生长，引起间质性肾炎，甚至死亡。

3. 病理变化特点

羔羊小肠出现肠绒毛萎缩、肠上皮细胞脱落，主要病变部位出现在空肠和回肠。牛星状病毒主要感染空肠和回肠的肠绒毛上皮细胞。在火鸡中，火鸡星状病毒感染，表现为轻微的肠上皮坏死、绒毛萎缩和隐窝增生。禽肾炎病毒感染后肝脏、肾脏等有尿酸盐沉积，死亡雏禽脾脏和肾小管出血性坏死，肾小球肿胀。

4. 与其它相关疾病的鉴别诊断

感染星状病毒后，动物可能出现腹泻等临床症状，因此需要与其它可导致腹泻的病原如轮状病毒、肠道腺病毒、诺如病毒等做实验室鉴别诊断。如牛星状病毒需要与牛肠道病毒、牛病毒性腹泻病毒、牛冠状病毒、牛轮状病毒等其它牛肠道病原体进行鉴别诊断。犬星状病毒能伴随着犬瘟热病毒、犬细小病毒和犬冠状病毒等病毒病原的混合感染，需要与这些病毒进行鉴别诊断。猫星状病毒需要与猫细小病毒、猫博卡病毒、猫星状病毒、猫嵴病毒等引起猫腹泻病毒进行鉴别诊断。猪星状病毒需要与猪轮状病毒、猪流行性腹泻病毒、猪传染性胃肠炎病毒和猪杯状病毒等其它猪肠道病毒进行鉴别诊断。

（二）实验室诊断要点

1. 病原诊断

实验室病原诊断中常用到 RT-PCR、巢式 PCR 和 qRT-PCR 等方法，其中 RT-PCR 为检测星状病毒最常用的方法。徐德顺等根据星状病毒的基因组保守序列设计引物和探针，建立了多重 rRT-PCR 的方法，能快速、灵敏地检测星状病毒。顾凡等根据猪星状病毒的

ORF2 基因和猪嵴病毒（PKV）的 3D 基因设计了两对特异性引物，建立了 PKV 和 AstV 双重 RT-PCR 检测方法，该方法对于鉴别诊断和混合感染检测具有重要意义。朱爱玲等根据犬星状病毒 *ORF2* 序列 5′端保守区设计特异性引物，建立了套式 RT-PCR 方法，对犬腹泻样品进行检测。王勇等针对鹅星状病毒 *ORF2* 基因保守区域设计引物，通过优化反应条件和体系，建立了 SYBR Green 荧光定量 RT-PCR 和 RT-LAMP 两种检测方法，阳性检出率比常规 RT-PCR 提高 25%。肖朝庭等建立了猪星状病毒 1、2、4 和 5 型的单重 PCR 方法和多重 PCR 方法，并对各型星状病毒在湖南地区的流行分布情况进行了调查。

2. 血清学诊断

目前市场上已有商品化的检测星状病毒抗体 ELISA 试剂盒，如荷兰 BioChek 的鸡星状病毒检测试剂盒，该试剂盒敏感性为 94%，便于临床上对鸡星状病毒抗体的大规模快速检测。在 2010 年，Wan X 等建立了鸭星状病毒的 ELISA 检测方法。

3. 实验室鉴别诊断技术

星状病毒可以通过基因测序的方法与其它病原区分开来。需要与星状病毒做实验室鉴别诊断的主要病原为轮状病毒、引起腹泻的冠状病毒等。

八、预防与控制

星状病毒疫苗的研究报道较少，有研究将纯化后的鸡星状病毒重组衣壳蛋白作为亚单位疫苗免疫种鸡，可使子代得到保护。目前没有针对星状病毒市场化的疫苗和药物。因此，在饲养管理中，加强生物安全是降低星状病毒感染的主要途径。对星状病毒的预防应以切断其传播途径为主，减少交叉传播。在规模化养殖场中，应做好隔离、消毒、保持养殖场环境卫生，预防疾病的流行传播。

（朱振邦、李向东）

参考文献

[1] 白彩霞．安徽部分地区鹅星状病毒遗传进化分析及检测方法建立［D］．安徽农业大学，2020.

[2] 韩涛．国内鸡群禽星状病毒感染状况调查与分析［D］．中国农业大学，2018.

[3] 李名洋，方庆励，黄伟坚．广西地区水牛群牛星状病毒分子流行病学调［J］．中国畜牧兽医，2020，47（9）：2926-2934.

[4] 李瑞凯．广西宠物犬星状病毒分子流行病学调查及 ORF2 基因序列分析［D］．广西大学，2017.

[5] 李勋杰．广西猪星状病毒分子流行病学调查及基因型分析［D］．广西大学，2015.

[6] 刘灿彬，何洋，向蓉，等．蝙蝠星状病毒在人兽共患潜力上的研究进展［J］．中国人兽共患病学报，2019，35（6）：563-579.

[7] 刘欢．猪星状病毒分离鉴定及其全基因组序列分析和衣壳蛋白原核表达［D］．广西大学，2014.

[8] 刘俊斌，王钜华，朱国强．禽星状病毒研究进展［J］．中国家禽，2019，41（22）：52-56.

[9] 刘宁．鸭星状病毒的遗传变异性和抗原性及感染鸭肝脏的转录组分析［D］．中国农业大学，2017.

[10] 罗璋．湖南地区猪星状病毒流行病学调查［D］．湖南农业大学，2016.

[11] 蒲路莎．鹅源星状病毒的分离鉴定及相关生物学特性的研究［D］．黑龙江八一农垦大学，2020.

[12] 师志海，徐照学，兰亚莉，等．牛诺如病毒、牛星状病毒和牛环曲病毒多重 PCR 检测方法的建立及应用［J］．中国兽医学报，2020，40（10）：1924-1928.

[13] 汪最，李丽，刘鹏，等．星状病毒感染免疫应答机制的研究进展［J］．中国动物传染病学报，2022，30（01）：

196-202.
[14] 武宗仪，孔正茹，秦爱建，等. 鸡星状病毒研究进展 [J]. 中国家禽，2019，40 (8)：43-46.
[15] 伊淑帅. 东北地区宠物猫肠道病毒组学分析及腹泻相关病毒的分子检测与进化研究 [D]. 吉林：吉林农业大学，2019.
[16] 庄金秋，梅建国，姚春阳，等. 猪星状病毒的病原学特征及检测技术研究进展 [J]. 猪业科学，2015，32 (7)：102-103.
[17] Appleton H, Higgins P. Letter: Viruses and gastroenteritis in infants [J]. Lancet. 1975, 1 (7919): 1297.
[18] Atkins A, Wellehan J, Childress A, et al. Characterization of an outbreak of astroviral diarrhea in a group of cheetahs (Acinonyx jubatus) [J]. Veterinary Microbiology, 2009, 136 (1-2): 160-165.
[19] Bosch A, Pinto R, Guix S. Human astroviruses [J]. Clinical Microbiology Reviews, 2014, 27 (4): 1048-1074.
[20] Boujon C, Koch M, Seuberlich T. The Expanding Field of Mammalian Astroviruses: Opportunities and Challenges in Clinical Virology [J]. Advances in Virus Research, 2017, 99: 109-137.
[21] Bridger J. Detection by electron microscopy of caliciviruses, astroviruses and rotavirus-like particles in the faeces of piglets with diarrhea [J]. Veterinary Research, 1980, 107 (23): 532-533.
[22] Castro T, Cubel R, Costa E, et al. Molecular characterisation of calicivirus and astrovirus in puppies with enteritis [J]. Veterinary Research, 2013, 172 (21): 557.
[23] Chu D, Chin A, Smith G, et al. Detection of novel astroviruses in urban brown rats and previously known astroviruses in humans [J]. The Journal of General Virology, 2010, 91 (Pt 10): 2457-2462.
[24] Chu D, Leung C, Perera H, et al. A novel group of avian astroviruses in wild aquatic birds [J]. Journal of Virology, 2012, 86 (24): 13772-13778.
[25] Chu D, Poon L, Guan Y, et al. Novel astroviruses in insectivorous bats [J]. Journal of Virology, 2008, 82 (18): 9107-9114.
[26] De-Benedictis P, Schultz-Cherry S, Burnham A, et al. Astrovirus infections in humans and animals - molecular biology, genetic diversity, and interspecies transmissions [J]. Infection, Genetics and Evolution, 2011, 11 (7): 1529-1544.
[27] Donato C, Vijay D. The broad host range and genetic diversity of mammalian and avian astroviruses [J]. Viruses, 2017, 9 (5): 102.
[28] Dong J, Dong L, Mendez E, et al. Crystal structure of the human astrovirus capsid spike [J]. Proceedings of the National Academy of Sciences of the United States of America, 2011, 108 (31): 12681-12686.
[29] Englund L, Chriel M, Dietz H, et al. Astrovirus epidemiologically linked to pre-weaning diarrhoea in mink [J]. Veterinary Microbiology, 2002, 85 (1): 1-11.
[30] Fu Y, Pan M, Wang X, et al. Complete sequence of a duck astrovirus associated with fatal hepatitis in ducklings [J]. The Journal of General Virology, 2009, 90 (Pt 5): 1104-1108.
[31] Gronemus J, Hair P, Crawford K, et al. Potent inhibition of the classical pathway of complement by a novel C1 qbinding peptide derived from the human astrovirus coat protein [J]. Molecular Immunology, 2010, 48 (1-3): 305-313.
[32] Hair P, Gronemus J, Crawford K, et al. Human astrovirus coat protein binds C1q and MBL and inhibits the classical and lectin pathways of complement activation [J]. Molecular Immunology, 2010, 47 (4): 792-798.
[33] Hoshino Y, Zimmer J, Moise N, et al. Detection of astroviruses in feces of a cat with diarrhea [J]. Archives of Virology, 1981, 70 (4): 373-376.
[34] Jang S, Jeong W, Kim M, et al. Detection of replicating negative-sense RNAs in CaCo-2 cells infected with human astrovirus [J]. Archives of Virology, 2010, 155 (9): 1383-1389.
[35] Jiang B, Monroe S, Koonin E, et al. RNA sequence of astrovirus: distinctive genomic organization and a putative retrovirus-like ribosomal frameshifting signal that directs the viral replicase synthesis [J]. Proceedings of the National Academy of Sciences of the United States of America, 1993, 90 (22): 10539-10543.
[36] Johnson C, Hargest V, Cortez V, et al. Astrovirus Pathogenesis. Viruses. 2017, 9 (1): 22.
[37] Jonassen C, Jonassen T, Sveen T, et al. Complete genomic sequences of astroviruses from sheep and turkey: com-

parison with related viruses [J] . Virus Research, 2003, 91 (2): 195-201.

[38] Kang K, Linnemann E, Icard A, et al. Chicken astrovirus as an aetiological agent of runting-stunting syndrome in broiler chickens [J] . The Journal of General Virology, 2018, 99 (4): 512-524.

[39] Kiang D, Matsui S. Proteolytic processing of a human astrovirus nonstructural protein [J] . The Journal of General Virology, 2002, 83 (Pt 1): 25-34.

[40] Kjeldsberg E, Hem A. Detection of astroviruses in gut contents of nude and normal mice [J] . Archives of Virology, 1985, 84 (1-2): 135-140.

[41] Koci M, Kelley L, Larsen D, et al. Astrovirus-induced synthesis of nitric oxide contributes to virus control during infection [J] . Journal of Virology, 2004, 78 (3): 1564-1574.

[42] Koci M, Schultz-Cherry S. Avian astroviruses. Avian Pathology, 2002, 31 (3): 213-227.

[43] Koci M, Seal B, Schultz-Cherry S. Molecular characterization of an avian astrovirus [J] . Journal of Virology, 2000, 74 (13): 6173-6177.

[44] Koci M. Immunity and resistance to astrovirus infection [J] . Viral Immunology, 2005, 18 (1): 11-16.

[45] Li Y, Khalafalla A, Paden C, et al. Identification of diverse viruses in upper respiratory samples in dromedary camels from United Arab Emirates [J] . PLoS One, 2017, 12 (9): e0184718.

[46] Lum S, Turner A, Guiver M, et al. An emerging opportunistic infection: fatal astrovirus (VA1/HMO-C) encephalitis in a pediatric stem cell transplant recipient [J] . Transplant Infectious Disease, 2016, 18 (6): 960-964.

[47] Madeley C, Cosgrove B. Letter: 28 nm particles in faeces in infantile gastroenteritis [J] . Lancet, 1975, 2 (7932): 451-452.

[48] Marczinke B, Bloys A, Brown T, et al. The human astrovirus RNA-dependent RNA polymerase coding region is expressed by ribosomal frameshifting [J] . Journal of Virology, 1994, 68 (9): 5588-5595.

[49] Martella V, Moschidou P, Pinto P, et al. Astroviruses in rabbits [J] . Emerging Infectious Diseases, 2011, 17 (12): 2287-2293.

[50] Mendenhall I, Smith G, Vijaykrishna D. Ecological drivers of virus evolution: astrovirus as a case study [J] . Journal of Virology, 2015, 89 (14): 6978-6981.

[51] Mendez E, Fernandez-Luna T, Lopez S, et al. Proteolytic processing of a serotype8 human astrovirus ORF2 polyprotein [J] . Journal of Virology, 2002, 76 (16): 7996-8002.

[52] Mendez E, Salas-Ocampo E, Arias C. Caspases mediate processing of the capsid precursor and cell release of human astroviruses [J] . Journal of Virology, 2004, 78 (16): 8601-8608.

[53] Moser L, Carter M, Schultz-Cherry S. Astrovirus increases epithelial barrier permeability independently of viral replication [J] . Journal of Virology, 2007, 81 (21): 11937-11945.

[54] Ng T, Mesquita J, Nascimento M, et al. Feline fecal virome reveals novel and prevalent enteric viruses [J] . Veterinary Microbiology, 2014, 171 (1-2): 102-111.

[55] Nighot P, Moeser A, Ali R, et al. Astrovirus infection induces sodium malabsorption and redistributes sodium hydrogen exchanger expression [J] . Virology, 2010, 401 (2): 146-154.

[56] Pantin-Jackwood M, Strother K, Mundt E, et al. Molecular characterization of avian astroviruses [J] . Archives of Virology, 2011, 156 (2): 235-244.

[57] Perot P, Lecuit M, Eloit M. Astrovirus Diagnostics [J] . Viruses. 2017, 9 (1): 10.

[58] Rivera R, Nollens H, Venn-Watson S, et al. Characterization of phylogenetically diverse astroviruses of marine mammals [J] . The Journal of General Virology, 2010, 91 (Pt 1): 166-173.

[59] Smyth V. A review of the strain diversity and pathogenesis of chicken astrovirus [J] . Viruses, 2017, 9 (2): 29.

[60] Snodgrass D, Angus K, Gray E, et al. Pathogenesis of diarrhea caused by astrovirus infections in lambs [J] . Archives of Virology, 1979, 60 (3-4): 217-226.

[61] Thouvenelle M, Haynes J, Sell J, et al. Astrovirus infection in hatchling turkeys: alterations in intestinal maltase activity [J] . Avian Disease, 1995, 39 (2): 343-348.

[62] Tzipori S, Menzies J, Gray E. Detection of astrovirus in the faeces of red deer [J] . Veterinary Research, 1981, 108 (13): 286.

[63] Wohlgemuth N, Honce R, Schultz-Cherry S. Astrovirus evolution and emergence [J]. Infection, Genetics and Evolution, 2019, 69: 30-37.
[64] Woode G, Bridger J. Isolation of small viruses resembling astroviruses and caliciviruses from acute enteritis of calves [J]. Journal of Medical Microbiology, 1978, 11 (4): 441-452.
[65] Yokoyama C, Loh J, Zhao G, et al. Adaptive immunity restricts replication of novel murine astroviruses [J]. Journal of Virology, 2012, 86 (22): 12262-12270.
[66] Zhang W, Li L, Deng X, et al. Faecal virome of cats in an animal shelter [J]. The Journal of General Virology, 2014, 95 (Pt 11): 2553-2564.
[67] Zhang X, Ren D, Li T, et al. An emerging novel goose astrovirus associated with gosling gout disease, China [J]. Emerging Microbes & Infections, 2018, 7 (1): 152.
[68] Zhao W, Zhu A, Yu Y, et al. Complete sequence and genetic characterization of pigeon avian nephritis virus, a member of the family Astroviridae [J]. Archives of Virology, 2011, 156 (9): 1559-1565.

第三节　戊型肝炎

戊型肝炎（Hepatitis E）最早于 1980 年在印度首次被确认为一种区别于甲型肝炎（Hepatitis A）的传染病。因为这种疾病具有与甲型肝炎相似的流行病学和临床症状，所以长期以来一直被认为由甲型肝炎病毒（Hepatitis A virus，HAV）引起，直到印度用 HAV 抗体特异性试验研究水传播的流行性肝炎时，才确定戊型肝炎的存在。1983 年 Balayan 等人应用免疫电子显微镜，在感染 28～45d 志愿者的粪便中检测到直径为 27～30nm 的病毒样颗粒，首次发现戊型肝炎病毒（Hepatitis E virus，HEV）。目前所有的 HEV 均归类于戊型肝炎病毒科（Hepeviridae），并分为正戊肝病毒属（*Orthohepevirus*）和鱼戊肝病毒属（*Piscihepevirus*）。正戊肝病毒属又被分为 A、B、C 和 D 四个型，其中 A 型又可分为 8 个基因型。2000 年以后新发现的戊型肝炎病毒包括禽戊型肝炎病毒（Aivan Hepatitis E virus，aHEV）(2001)、犬戊型肝炎病毒（2001）和猫戊型肝炎病毒（2004）。HEV 一直没有合适的体外培养系统，导致病毒分离困难，目前上述新出现的 HEV 只有 aHEV 在鸡上被成功分离。因此，对这些 HEV 的病原学、致病机制等基础研究较少。

aHEV 是一种新型的 HEV，于 2001 年由 Haqshena 等学者首次分离并测序获得基因组序列。随后，澳大利亚、韩国、美国、西班牙、匈牙利、加拿大和中国等陆续报道了由该病毒引发的疾病，并且流行范围不断扩大。aHEV 是鸡的大肝大脾病（Big liver and spleen disease，BLS）、肝脾肿大综合征（Hepatitis-splenomegaly syndrome，HSS）和肝破裂出血综合征（Hepatic rupture hemorrhage syndrome，HRHS）的主要病原，主要感染 30～72 周龄的蛋鸡和肉种鸡，引起鸡的死淘率升高和产蛋率下降，部分鸡腹部充血、卵巢退化，伴有肝脾肿大，是一种重要的动物新发传染病病原。

2003 年，一名 47 岁的日本男子被确诊为急性戊型肝炎，该患者的宠物猫戊型肝炎血清抗体阳性，提示猫可能是人类戊型肝炎感染的一个潜在中间宿主。亚洲猫血清学检测阳性率为 1.9%～33.0%；欧洲猫的血清学研究显示，西班牙猫的阳性率为 11.0%，荷兰为 14.9%，德国为 32.3%，意大利为 3.1%。这些发现似乎表明，HEV 在猫科动物中传播，但目前只在猫中检测到 HEV 抗体，未检测到 HEV RNA 或分离病毒，且没有证据表明猫的急性和慢性肝损伤与 HEV 相关。

2001 年印度首次在犬血清中检测到 HEV 抗体，阳性率为 22.7%。随后，许多国家的犬均检测到 HEV 抗体呈阳性：巴西犬的阳性率为 17.8%，韩国为 28.2%，德国为 56.5%，越南为 27%，美国为 0.94%，英国为 2.2%，荷兰为 18.5%。中国也有多项检测犬血清中 HEV 抗体的研究报道：其中广西地区犬血清 HEV IgG 阳性率为 25.71%，上海浦东地区农村犬为 37.04%，南京地区家犬为 15.19%，新疆地区城市家养犬和农村犬分别为 25.46% 和 6.67%，昆明地区城市流浪犬、主城区家庭散养犬和养殖场犬分别为 39.13%、10.71% 和 9.09%。家养犬和农村犬阳性率差异显著，可能与 HEV 经消化道传播的途径和家犬所处的饲养环境有关，相对于城市来讲，农村家犬的养殖环境普遍较差，且处于散养，这种养殖方式使得家犬接触 HEV 的机会明显增多。因此，农村饲养犬具有相对较高的阳性率。另外，张庭瑞和李进涛等检测不同年龄段的犬血清 HEV IgG 抗体，结果显示阳性率随着年龄的增长而降低，其原因可能是大龄犬活动范围有限接触 HEV 概率相对较小所造成。

目前为止还没有成功从犬血清和采集样本中检测到 HEV RNA，但李睿文等检测犬肝脏组织 HEV-Ag 免疫组化呈阳性，表明宠物犬可感染 HEV，且病理观察发现所有感染 HEV 犬的肝组织中可见炎性细胞浸润、肝细胞变性，85.71%的肝脏出现了散在的单个核固缩性坏死，接近 72%的肝脏出现肝窦、狄氏隙扩张，90.48%的肝脏汇管区胆管和纤维结缔组织增生。免疫组化阳性的宠物犬肝脏的 Mallory 三色染色结果显示肝组织中纤维结缔组织增生，纤维组织随炎症反应伸入肝小叶，有网状纤维胶原化的趋势，表明 HEV 的感染对犬肝脏造成了明显的损伤，但遗憾的是并未对感染犬肝脏进行 PCR 鉴定，未获取 HEV RNA。

一、病原学

（一）分类地位

最早，通过免疫电镜观察到 HEV 病毒颗粒推断 HEV 为小 RNA 病毒，但其核苷酸序列与小 RNA 病毒有很大不同。随后又将 HEV 划归于杯状病毒科，然而，HEV 病毒颗粒比杯状病毒小、表面比较光滑；同时 HEV 基因组第 3 个开放阅读框（Open reading frame 3，ORF3）位于 ORF1 和 ORF2 之间，不同于杯状病毒的 ORF3；还有 HEV 在 5′有一个帽子结构，杯状病毒没有这一结构，基于以上原因将 HEV 从杯状病毒中划分出去。最终，通过比较 RNA 依赖的 RNA 聚合酶和螺旋酶编码序列发现，HEV 不同于其它正链 RNA 病毒，并在第 8 次国际病毒分类学委员会将 HEV 的分类地位最终确定为戊型肝炎病毒科（Hepeviridae）。

戊型肝炎病毒科又分为正戊肝病毒属（*Orthohepevirus*）和鱼戊肝病毒属（*Piscihepevirus*）。正戊肝病毒属包含了 A、B、C 和 D 四个型。其中 A 型又可分为 8 个基因型，基因型Ⅰ和基因型Ⅱ只感染人类，而基因型Ⅲ和基因型Ⅳ感染人类和猪、兔、雪貂、鼠、鹿、猫鼬、奶牛等多种动物，基因Ⅴ型和基因Ⅵ型仅从野猪身上分离得到，基因Ⅶ型和基因Ⅷ型从骆驼身上分离得到；B 型可以分为 5 个基因型，主要感染禽类；C 型感染鼠和雪貂；D 型感染蝙蝠。鱼戊肝病毒属只包含了一个 A 型，主要感染鲑鱼。

（二）病原形态结构与组成

aHEV 是一种无囊膜的正链、单股 RNA 病毒，病毒粒子呈二十面体对称，直径约为 30～35nm。该病毒在 CsCl 中的浮密度为 1.39～1.40g/cm^3，沉降系数为 183S，对低温较为敏感，而对酸性和弱碱性环境具有一定的抵抗力。

（三）培养特性

目前还未发现适合 aHEV 分离的体外培养系统，只能通过静脉或口腔接种鸡进行活体增殖。

二、分子病原学

（一）基因组结构与功能

aHEV 基因组全长 6.6kb 左右，与人和猪 HEV 相比基因组短 600bp。基因组含有 3 个 ORF，分别为 ORF1、ORF2 和 ORF3，对应编码病毒非结构蛋白、衣壳蛋白和一个磷酸化蛋白。基因组的两侧分别是一个短的 3′非编码区和带帽子结构的 5′非编码区。以 2001 年 Haqshenas 等首次描述的 aHEV 的基因为例，其 ORF3 与 ORF2 部分重叠，但不与 ORF1 重叠。虽然 aHEV 与哺乳动物的 HEV 有部分差异，同源性仅为 50%左右，但其基因结构和功能都极为相似。

目前，aHEV 可分为 5 个基因型：基因型Ⅰ主要从澳大利亚的 BLS 病鸡中分离出来，也被报道在韩国暴发疫情期间导致鸡产蛋减少。基因型Ⅱ主要从美国 HSS 鸡中分离，曾在中欧和波兰的 BLS 鸡群中检测到，也从韩国的 HSS 鸡中分离到。基因型Ⅲ是从欧洲 HSS 鸡和中国产蛋减少的鸡中分离出来。基因型Ⅳ是从匈牙利感染鸡群和中国台湾地区无症状商品蛋鸡群的胆汁样本中分离。基因Ⅴ型是 Su 等在中国河北分离到的 aHEV 变异株（Va-HEV），HEV 的基因分型与地域有一定的相关性。aHEV 具有高度多样性和复杂的基因型，这 5 种基因型并非包含所有类型的 aHEV，许多毒株仍需要进一步识别。相同基因型的不同分离株同源性在 90%以上，不同基因型分离株的同源性在 80%左右，但是不同基因型分离株的 ORF2 氨基酸序列同源性在 98%以上，提示 aHEV 的血清型很有可能只有一种。

（二）主要基因及其编码蛋白的结构与功能

1. 非结构蛋白

aHEV 的 ORF1 编码长度为 1531 个氨基酸的非结构蛋白，包括多个功能域，分别是氨基酸 56～241 位的甲基化转移酶（Methyltransferase，Methyl）、氨基酸 433～593 位的木瓜样蛋白酶（Papain-like cysteine protease，PLP），氨基酸 673～802 位的高变区（Hypervariable region，HVR）、氨基酸 984～1216 位的解旋酶（Helicase，Hel）和氨基酸 1231～1720 位的 RNA 依赖的 RNA 聚合酶（RNA-dependent RNA polymerase，RdRp）等几个功能区域，其中 Hel 和 Methyl 功能域相对保守。有文献报道从兔中分离的 aHEV ORF1 中有很多氨基酸突变，提示 ORF1 可能也在 aHEV 的交叉传播中发挥作用。

2. 结构蛋白

aHEV 的 ORF2 编码长度为 606 个氨基酸的结构蛋白——衣壳蛋白，该蛋白含有主要的抗原表位。ORF2 蛋白中有 6 个线性抗原结构域（Ⅰ～Ⅵ），分别位于氨基酸 389～410 位、氨基酸 461～492 位、氨基酸 556～566 位、氨基酸 583～600 位、氨基酸 339～389 位和氨基酸 23～85 位，但大多数的抗原表位在 C 端（AA394～660）。结构域Ⅰ和Ⅴ包含禽、人、猪 HEV 的抗原表位。结构域Ⅱ和Ⅵ有 aHEV 特有的抗原表位，可以诱导鸡的免疫应答，而Ⅲ和Ⅳ结构域只能引起弱的免疫应答。总的来说，衣壳蛋白含有最能诱导中和抗体的免疫原性表位，这是疫苗开发的潜在靶点。Guo 等研究多肽“VASSGSNRFAALPAF”可以用来检测抗 aHEV 的特异性抗体。王鑫杰等研究发现 ORF2 蛋白^{442}IPHD^{445} 是禽、猪 HEV 共有抗原表位。赵钦用 sf9 昆虫细胞表达去掉 N 端 56 个氨基酸的 ORF2Δ56 蛋白，发现其可以分泌到细胞培养上清中，并组装成不包含核酸的病毒样粒子，其原因还有待进一步研究。

aHEV 的 ORF3 编码长度为 87 个氨基酸的磷酸化蛋白，在病毒的复制、感染和装配释放等方面均发挥重要作用。除了 ORF2 外，ORF3 也具有抗原性，其抗原位点在氨基酸 1～27 位、氨基酸 55～74 位和 C 端氨基酸 74～88 位，但主要集中在 C 端区域。ORF3 蛋白可诱导机体产生 IgM，早于 ORF2 蛋白诱导的 IgG，故 ORF3 蛋白在早期疾病诊断和疫苗设计中发挥重要作用。蒋奉霖用原核表达的 aHEV ORF3 蛋白免疫鸡，攻毒后的致病性结果显示，ORF3 蛋白对病毒的感染只提供部分保护，而前期研究 ORF2 蛋白也只能提供部分保护，关于 ORF2 和 ORF3 蛋白共同免疫是否能够使鸡只得到完全保护，仍需要进一步研究论证。另外，胡守彬利用原核表达系统表达大小为 14kDa 的 ORF3 蛋白，而 Western blot 可检测到 28kDa 左右和大于 30kDa 的蛋白，推测 ORF3 可形成二聚体和多聚体，但 aHEV ORF3 的多聚体现象有待于进一步验证。

三、流行病学

（一）传染来源

发病禽和带毒禽是该病的重要传染源，污染病毒的环境、饮水、用具、饲料和粪便也是该病重要的传染源。

（二）传播途径及传播方式

aHEV 可以通过紧密接触发生水平传播。鸡群之间的传播主要是通过人或非生物媒介（如设备）所携带的污染垫料发生。临床上发现，当一个鸡群感染 aHEV，2～3 周后同一鸡场的其它鸡群也会相继感染。而实验室条件下，将健康的鸡与人工感染 aHEV 的 SPF 鸡混合饲养，2 周后健康的鸡也被感染，并通过粪便不断向体外排毒，表明病毒可以水平传播。Billam 等通过口腔途径人工感染 60 周龄的 SPF 鸡获得成功，证明 aHEV 可以经粪-口途径传播。

Guo 等在 aHEV 攻毒 SPF 鸡产蛋的蛋清中检测到 aHEV RNA，并且具有感染能力，但是由该鸡蛋孵出的小鸡体内不能检测到 aHEV RNA，说明 aHEV 可以由鸡垂直传播到蛋中，但是却不能垂直传播到雏鸡中，表明 aHEV 的垂直传播途径是不完整的。

（三）易感动物

Sun 等用美国的 aHEV 分离株实验室感染猪、恒河猴没有成功，但 aHEV 通过同笼饲养可以感染兔、鸡、鸭和鹅，并在上述动物的粪便拭子和胆汁中可检测到 aHEV RNA。另外，研究报道中国东部地区的家养鸭和家养鸽子血清 aHEV 特异性抗体阳性率分别为 12.8%和 4.4%，说明鸽子也可能感染 aHEV。

2016 年 Reuter 等在匈牙利野生水鸟白鹭中发现了一种新型类 aHEV，序列分析表明该毒株与基因Ⅰ型 aHEV 三个 ORF 同源性最高，分别为 62.8%、71%和 61.5%，提示已知的 aHEV 在野鸟中发生了分化。另外，鹦鹉、画眉、猫头鹰、野鸽、秃鹰、狮鹫、红隼、猎鹰均有感染 aHEV 的报道，表明禽类可能是 HEV 的重要宿主。然而，究竟是野禽携带的 aHEV 引起鸡感染，还是鸡的 aHEV 传播给野禽，仍需要进一步研究确定。但是，系统进化树分析表明鸡和野禽的 aHEV 毒株从相同的 HEV 祖先进化而来。张红霞等从 7000 多份健康青年血清中检测到28份含有aHEV特异抗体，但aHEV是否具有人畜共患性还有待进一步实验论证。

（四）流行特征

aHEV通常仅引起鸡只的亚临床感染，但当外界因素（环境、饲料等）改变或与其它病原混合感染时会引起鸡只发病，同时高剂量aHEV单独感染也可引起蛋鸡的产蛋率下降。

（五）发生与分布

1. 在国外的发生与流行

1988年，在澳大利亚首次出现鸡BLS的描述报道，几乎在同一时间，加拿大和美国也有类似该病临床症状的HSS报道。直到1999年Payne等才从患有BLS病的鸡中分离获得BLS病毒（Big liver and spleen virus，BLSV），并通过一小段病毒的核酸序列分析发现，该序列与HEV的核酸序列有着较高的同源性。2001年，Haqshenas等从患有HSS的病鸡中分离获得了该病毒并命名为aHEV，通过序列分析发现，BLSV与aHEV可能是同一病毒的不同变异株。aHEV在全世界鸡群中广泛存在，在美国（2002年）、韩国（2012年），鸡群和鸡的阳性率分别为71%和30%和28%、95.08%。2005年巴西鸡的aHEV抗体阳性率为20%，而西班牙农场的阳性率为20%～80%，越南的鸡血清阳性率为40%。

2018年，Matczuk等对57个种鸡和蛋鸡群的1034份血清样本进行了aHEV抗体检测，结果显示56.1%的鸡群呈阳性，产蛋母鸡血清阳性率高于肉种鸡。部分ORF1和ORF2序列的系统发育分析表明，所有波兰分离株均属于基因型Ⅱ，这也是在中欧地区首次发现这种基因型。

Osamudiamen等采集2018—2019年尼日利亚西南部三个州健康鸡88份血清和110份粪便样本，检测血清阳性率为12.5%（11/88），粪便阳性率为9.1%。12个aHEV序列的系统发育分析表明，其中5个序列属于基因Ⅱ型，另外7个序列与已知aHEV分离株亲缘关系较远，提示尼日利亚存在新的aHEV基因型。

2. 在国内的发生与流行

在我国，1994年杨德吉等利用琼扩试验证实了针对BLS的抗体在我国鸡群中的存在。2005年马玉玲等利用RT-PCR方法从南京某鸡场扩增获得了一小段引起BLS的病毒核酸序列，但是没有后续的相关报道。2009年，Zhao等从患有HSS的鸡胆汁中获得了首例国内aHEV的全基因组，经过序列分析发现，其同源性与欧洲的aHEV同源性最高为98.3%，同属于基因Ⅲ型。2010年耿彦生等对我国15个省、市及自治区的1507份鸡血清进行检测，有54份血清为HEV抗体阳性，平均阳性率为3.58%，其中四川、山西和山东地区未发现有阳性样本，表明各地区间aHEV的流行存在差异。

自2016年以来，我国广东、安徽、河北和吉林许多大型养殖场发生HRHS，最终确定该病主要病原为一种新基因型（Ⅴ型）aHEV。新分离的aHEV变异株（VaHEV）与NCBI登记的aHEV同源性仅为79.5%～86.9%，其基因组和致病性相比Ⅰ～Ⅳ型aHEV都发生了变化：首先VaHEV与正戊肝病毒属A型HEV毒株的同源性由原来的51.1%～53.9%增加为54.2%～57.8%；其次为死亡率明显高于之前毒株；最后该VaHEV感染鸡表现出之前从未出现过的HRHS。目前，我国流行毒株为基因Ⅴ型，但并不意味着不存在其它基因型。Qi等于2018—2019年在15个省份采集不同品种鸡群共985份临床无症状样本（包括肝脏、脾脏、胆汁和粪便），检测aHEV阳性率为7.92%，通过对ORF2片段的遗传进化分析，鉴定出4种不同的基因型，其同源性约为80%。其中2个基因型分别为基因Ⅲ型和基因Ⅴ型，另外2个完全未被识别，表明中国存在多种aHEV基因型。同时，这些基因型的分布没有明显的地域差异，仅在商品蛋鸡、肉鸡和部分地方品种中略有差异，提示我国aHEV的遗传多样性，并提醒养殖业应重视其变异与进化。

姜增等2020年5月至2021年1月期间采集7个规模化种鸡场血清样本325份和新鲜死淘鸡的组织样本（肝脏和脾脏）134份，利用商品化的aHEV抗体试剂盒检测血清样本，采用SYBR GreenⅠ荧光定量PCR检测组织样品，结果显示aHEV抗体的个体阳性率为7.1%（23/325），aHEV核酸的个体阳性率为9.0%（12/134）；远低于赵冀楠等调查中国12个省份的规模化鸡场的aHEV抗体的个体阳性率（43.9%）和拓晓玲等调查陕西省规模化鸡场aHEV抗体的个体阳性率（49.85%）结果，原因可能为BioChek的aHEV抗体试剂盒包被的抗原与中国流行的aHEV基因型存在一定的差异性，导致阳性率偏低。

四、免疫机制与致病机理

（一）免疫机制

1. 先天性免疫反应

由于缺乏有效的细胞培养体系和动物模型，关于HEV与天然免疫分子相互作用的研究较少。在与宿主因子互作方面，aHEV的核衣壳蛋白可以和肝组织中的宿主因子溶质载体——有机阴离子转运蛋白家族成员1A2（Solute carrier organic anion transporter family member，SLCO1A2）相互作用，SLCO1A2蛋白为细胞跨膜蛋白，其组织分布表达谱与aHEV感染的组织嗜性相似。另外，鸡肝细胞的有机阴离子转运多肽1A2（Organic anion transporting polypeptide 1A2，OATP1A2）与截短的aHEV衣壳蛋白ap237相互作用，作用的结合位点是OATP1A2的胞外结构域。OATP1A2在宿主细胞中的表达水平与ap237附着量和病毒感染量呈正相关。OATP1A2在不同组织中的分布与aHEV体内感染一致。提示OATP1A2参与aHEV感染宿主细胞的过程。在aHEV与天然免疫分子互作方面，未见相关研究，但有研究显示人类HEV的ORF2蛋白可以通过与TMEM134（Transmembrane protein 134）相互作用，并定位在细胞核周围，减弱ORF2蛋白对于NF-κB（nuclear factor kappa-B）信号通路的抑制活性，从而控制宿主细胞存活和病毒复制。

2. 获得性免疫反应

赵钦利用间接ELISA方法跟踪检测了某种鸡场aHEV自然感染状况下的抗体变化情况，结果显示感染发生在鸡10周龄左右，鸡12周龄可检测到抗体（感染后1～2周左右），20～30周龄之间的鸡抗体阳性率最高，大于60周龄基本检测不到抗体，说明在感染50周后大部分鸡只中的aHEV抗体已经消失。

3. 免疫保护机制

目前，aHEV免疫保护机制尚不清楚。

（二）致病机理

aHEV被认为是HSS、BLS或HRHS的主要病原，但Billam等利用美国aHEV分离株攻毒SPF鸡，只引起了肝脏出血等轻微症状，并没有引发肝脾肿大。赵钦等利用中国aHEV分离株攻毒海兰褐蛋鸡，只引起了产蛋率下降，并没有发生鸡的发病和死亡情况。上述结果提示aHEV的感染可能是临床鸡发病的主要病原，但并不是唯一的原因，还有其它因素如环境、饲料、鸡的品系等，或与其它病原的混合感染可能导致临床鸡出现 HSS、BLS 或 HRHS。

2004 年，Sun 等从健康鸡群中也分离到了 aHEV，表明 aHEV 可能也会引起鸡的亚临床感染。Billam 等比较了从美国健康鸡群与患有 HSS 病鸡分离 aHEV 的致病差异，结果发现 2 个分离株攻毒后粪便排毒、病毒血症和抗体转化出现的时间和持续时间相同，但是所产生的抗体滴度和对肝脏、脾脏的损害不同，HSS 分离株引起的损伤要略高于健康鸡群分离株。

Billam 等研究了从美国患有 HSS 病鸡分离的 aHEV 的致病性，他们通过口鼻腔和翅静脉两种不同途径人工感染 60 周龄的 SPF 鸡，比较了这两种接种途径的致病性差异。结果显示，通过口鼻腔攻毒鸡的粪便排毒和病毒血症开始出现的时间比翅静脉途径接种晚 7～10d，而在胆汁和肝脏中检测到病毒的时间晚 3d 左右，但是口鼻腔途径攻毒的排毒持续时间要比翅静脉的长，两种攻毒途径血清中抗体转阳的时间均约在攻毒后 20d 左右。赵钦等研究口腔和静脉接种后血清抗体的差异，结果显示口腔接种组，在攻毒后一周 9/28 抗体开始转阳，第三周后所有鸡只的血清均是 aHEV 抗体阳性，并在攻毒后第七周达到高峰，且可在高峰维持一段时间。翅静脉接种组，攻毒后一周，13/28 抗体开始转阳，同样也是第三周后所有鸡只的血清均是阳性，并在攻毒后第三周达到高峰，随后缓慢下降。

Billam 等利用 RT-PCR 法检测了 aHEV 在鸡体内的复制位点，结果发现该病毒除了可以在肝脏中复制外，也可以在胃肠道组织，包括结肠、直肠、盲肠、空肠、回肠、盲肠扁桃体中复制。同样，赵钦通过免疫组化方法从鸡肠道组织的上皮细胞中检测到了 aHEV 病毒粒子。

五、临床症状

（一）单纯感染临床症状

aHEV 引起的 HSS 通常发生在 30～72 周龄的肉种鸡和蛋鸡上，最高发病率出现在 40～50 周龄。在临床上，该综合征的特点是连续几周“高于正常水平”的死亡率。周死亡率通常会增加至 0.3%，但也有可能达到或超过 1%。在某些情况下，死亡率的增加往往还伴随着高达 20%的日产蛋量的下降。在美国，感染鸡群会表现性成熟延迟、产蛋高峰期缩短、初级飞羽脱落等症状。

aHEV 引起的 BLS 临床病例仅出现在 24 周龄以上的母鸡。由于发生肝脾肿大综合征，周死亡率可能增加至 1%，日产蛋量减少多达 20%（通常为 4%～10%）。产蛋量的下降通常持续 3～6 周，再经过 3～6 周恢复至接近正常水平。产蛋量突然、快速下降可能是鸡群感染 aHEV 的征兆，如果鸡群是在开产初期受到感染，那么性成熟延迟和产蛋高峰值低可能是感染的最初迹象。aHEV 感染期可观察到蛋形小、蛋壳色泽暗淡，但孵化率一般不受影响。在受感染的鸡群中，个别鸡会出现昏昏欲睡、厌食、鸡冠和肉垂苍白、泄殖腔口周围羽毛污秽（糊状的泄殖口）等临床症状。

aHEV 引起的 HRHS 临床特点是突然发病，鸡群死亡高峰出现在 1～5 周龄、17～20 周龄和 27～40 周龄，累积死亡率约 15%，产蛋高峰显著延迟，产蛋率下降约 20%。受感染母鸡的临床症状为严重精神沉郁和鸡冠苍白、泄殖腔周围羽毛污染。

（二）与其它病原混合感染的临床症状

目前已有相关研究表明 aHEV 与马立克氏病病毒（Marak′s disease virus，MDV）在中国一蛋鸡群中共同流行，双重感染阳性率为30%，该鸡群周平均死亡率为3%，10～27周龄鸡总死亡率为45.5%，显著高于单独aHEV感染的死亡率。aHEV与大肠杆菌混合感染，会造成鸡群临床症状加重。研究表明除aHEV外，禽白血病病毒（Avian leukosis viruses，ALV）、禽腺病毒（Fowl adenovirus，FAV）以及禽网状内皮组织增殖病病毒（Reticuloendotheliosis virus，REV）等感染均可导致病鸡出现肝脾肿大、生长迟缓、产蛋下降、免疫抑制等临床表现。郑高颖等研究ALV与aHEV共感染鸡只的肝细胞中出现嗜酸性核内包涵体（FAV阴性），脑神经元出现严重的变性或坏死。既往的研究尚未见aHEV感染导致肝细胞出现病毒包涵体和脑神经元损害的报道，该病变是否为两种病毒的协同致病机制所引起，还有待进一步研究。

六、病理变化

（一）大体剖检

aHEV引发HSS的鸡剖检可见死亡鸡体况良好。肝肿大、苍白、质较脆，呈斑驳状、组织内嵌有红色、黄色或黄褐色病灶，肝被膜下常见出血或血管瘤，有一个或多个血凝块疏松地粘连着肝脏表面。腹腔内常见少量或中等程度的血样液体充盈。有时腹腔内也有血凝块存在。脾脏常见肿大，被膜下或切面可见白色病灶。卵巢外观病变不明显或退化。

aHEV引发BLS的鸡剖检通常体况良好，但嗉囊空虚，提示有厌食症状。脾脏明显肿大是最主要的特征，或是感染鸡的唯一特征性病变，通常是正常脾的2～3倍；脾脏被膜下呈斑驳状，切面可见大量白色病灶；有脾脏肿大的许多感染鸡肝脏也肿大，肝被膜下可见出血。卵巢常见退行性病变，在迟缓性卵黄滤泡常见血凝块存在。

aHEV引发HRHS的鸡剖检肝脏出血和肿胀，脾脏肿大，其它脏器无明显病理改变，无明显炎症反应。

（二）组织病理学与免疫组织化学

在病理学方面，用HSS病鸡分离的aHEV在实验室条件感染鸡，组织病理学分析可见肝呈多灶性或广泛性出血，明显破坏了肝细胞索和肝窦的正常结构，大量的红细胞取代了原来的肝组织。在肝脏可见局灶性或大面积的肝细胞凝固性坏死区域，或被淋巴细胞浸润。肝门静脉区可见一定程度或明显的异嗜细胞和单核炎性细胞浸润，还常见分段性静脉炎和静脉周围性肝炎，其特征是门静脉和肝静脉末端管壁及静脉周围肝组织可见单核炎性细胞浸润。肝组织区域充满无细胞或很少细胞的、密集的、无形的、均一的嗜酸性物质，不呈淀粉样物质染色阳性反应。脾脏可见网状内皮巨噬细胞显著增生（致使脾脏肿大）、淋巴细胞缺失、动脉管壁和间质中淀粉样物质沉积。

BLS引起的脾脏显微组织病变与疾病的阶段有关。起初，椭球周围淋巴细胞区域面积均匀扩大，这是脾肿大的直接原因。之后，在淋巴滤泡、动脉周围淋巴鞘和白髓的其它区域发生广泛的淋巴样细胞固缩。紧接着细胞固缩样破坏期出现组织细胞样应答，巨噬细胞的数量激增，并伴随着异噬细胞浸润；单个的或群体的巨噬细胞呈现吞噬活性，有些巨噬细胞发生坏死。脾脏坏死组织区（可能是凝固性坏死的巨噬细胞）含有细胞核碎片或出现无形状的嗜酸性物质。在疾病的最后阶段，肉眼可见脾脏肿大，网状内皮细胞成为脾组织细胞群的主要成分。脾呈不同程度的纤维化病变，可见残留组织的坏死性、无形状病灶，病灶或被多核巨细胞包围。

七、诊断

（一）临床诊断要点

HSS最常发生在40～50周龄的鸡，但是在30～70周龄的鸡也可发生，临床症状为鸡群内的死亡率高于正常水平，周死亡率一般会增加0.4%～0.5%甚至更高。产蛋率大幅度下降，严重时日产蛋率会下降20%左右。鸡群还可能表现为性成熟延迟、产蛋高峰期缩短、羽毛脱落等症状。BLS一般只有24周龄以上的母鸡感染aHEV后表现出症状，通常表现为产蛋大幅度下降，下降周期约持续3～6周，随后产蛋量开始逐渐恢复。当鸡群在产蛋高峰期发生本病时，下降则更为明显，并导致鸡群产软壳蛋和畸形蛋。感染的鸡表现为嗜睡、厌食，鸡冠颜色变淡且苍白，泄殖腔附近出现羽毛污秽。综上，产蛋下降、死亡率轻度上升以及死亡鸡或病鸡肝脾的特征性肉眼和显微病变，是强烈指向aHEV感染的可能性。

（二）实验室诊断要点

1. 病原诊断

aHEV核酸可用PCR方法从感染动物多种脏器如肝、肺脏、扁桃体、脑、血清、肛拭子以及咽拭子中检测出来。其中，肝和肛拭子的检出率相对较高。

aHEV的病原学诊断主要为PCR和荧光定量PCR。PCR检测引物主要针对*ORF1*和*ORF2*基因进行设计。Sun等于2004年设计的套式PCR检测方法被广泛应用于aHEV的检测。Liu研究表明*ORF1*基因阳性的粪便拭子和胆汁样本*ORF2*基因也为阳性，而*ORF2*基因阳性的样本可能为*ORF1*阴性，一个基于*ORF2*基因PCR检测阳性率高的原因可能是各种aHEV分离株中，*ORF1*的突变率高于*ORF2*。

刘亚琪根据*ORF2*基因设计地高辛标记的核酸探针，建立aHEV RT-PCR结合核酸斑点杂交检测方法。该方法检测速度快，比常规RT-PCR、套式RT-PCR灵敏度高、准确率高，检测结果呈显色反应，易观察，试验过程不需要大型仪器设备，成本低，且对操作人员的专业技术水平要求低，适合于大批量检测。

2. 血清学诊断

针对aHEV，Todd等1993年应用ELISA检测BLS特异性抗体，该方法具有特异、灵敏、快速和重复性好等优点，适合鸡群进行大规模血清学调查；BioChek公司所研制的BLS抗体ELISA试剂盒被作为商品化检测试剂盒广泛应用，其采用间接法，可以检测鸡群中戊型肝炎病的抗体水平，但是组合不同的抗原所制成的检测试剂盒，其灵敏度和特异性均不同。研究表明全长的衣壳蛋白与C端268个氨基酸建立的间接ELISA方法，检测阳性率不同，其中C端268个氨基酸蛋白检测阳性率更高，推荐用于临床检测。但aHEV的基因型众多，很有可能出现漏检情况。

Handlinger和William于1998年首先应用琼脂扩散实验（AGP）检测BLS病原。此方法具有一定的特异性，利用已知的阳性抗体检测病料中的抗原，操作简单、结果可靠，但工作量大，不适宜大规模检测。

八、预防与控制

目前，针对aHEV尚无商品化疫苗和药物，缺乏有效的方法来预防aHEV的传播。针对 aHEV 的预防和控制，可以通过阻断病毒粪-口传播途径而防止病毒大规模传播，在养殖场实行严格的生物安全措施会限制病毒的传播。研究表明，平养鸡群较笼养鸡群 aHEV 抗体的阳性率更高，由此可见采用笼养的生产模式、单独饲喂和处理排泄物污染等操作可以减少 aHEV 的感染，从而有效防止 aHEV 的传播。还有研究认为，由于鸡的亚临床和持续感染以及缺乏疫苗和治疗方法，通过流行病学调查剔除感染患病的鸡、实行净化是预防和控制 aHEV 的唯一有效方法。

（王婉冰、张盼涛）

参考文献

[1] 代飞燕，管庆松，项勋，等．昆明地区犬戊型肝炎流行的血清学检测分析［J］．上海畜牧兽医通讯，2013，02：16-17.

[2] 丁福，孟继鸿，张兰芳，等．与人类关系密切的 7 种动物对戊型肝炎病毒易感性的初步研究［J］．中国人畜共患病杂志，2004，2004（01）：52-55.

[3] 耿彦生，张硕，赵晨燕，等．我国家禽戊型肝炎病毒感染情况的调查［J］．中国人兽共患病学报，2010，26（5）：429-432.

[4] 胡守彬．禽戊型肝炎病毒中国分离株 ORF3 蛋白抗原表位分析［D］．山东农业大学，2012.

[5] 姜增，郭妍妍，李锦群，等．广东地区规模化种鸡场禽戊型肝炎的血清学和病原学调查［J］．广东畜牧兽医科技，2021，46（03）：48-51+91.

[6] 李豪，井申荣．戊型肝炎病毒 ORF3 及其蛋白的研究进展［J］．微生物学杂志，2006，(05)：55-58.

[7] 李慧霞，周恩民，赵钦，等．禽戊型肝炎病毒衣壳蛋白与鸡肝脏组织互作蛋白的筛选［C］．中国畜牧兽医学会 2016 年学术年会、中国畜牧兽医学会禽病学分会第十八次学术研讨会论文集，2016：235.

[8] 李睿文，周寅，佘锐萍，等．犬肝脏中戊型肝炎病毒抗原的检测及组织病理学观察［J］．动物医学进展，2010，31（S1）：58-62.

[9] 梁燕飞，朱明君，成子强．禽戊型肝炎病毒与大肠杆菌混合感染的诊断［J］．中国家禽，2019，41（15）：64-66.

[10] 刘亚琪．禽戊型肝炎病毒 RT-PCR 结合核酸斑点杂交检测方法的建立及应［D］．山东农业大学，2020.

[11] 马玉玲，杨德吉，陆承平．鸡大肝大脾病毒 RT-PCR 检测方法的建立及其检测［J］．中国病毒学，2005，20（2）：197-199.

[12] 瞿浩生，施建标，倪惠军，等．上海浦东地区犬戊型肝炎病毒流行情况调查［J］．中国动物检疫，2007，(06)：30.

[13] 苏良科，Tahseen A，H. John B. 禽戊型肝炎病毒在鸡群中的感染［J］．国外畜牧学（猪与禽），2014，34（01）：36-37.

[14] 拓晓玲．陕西杨凌蛋鸡场禽戊型肝炎病毒流行情况调查［D］．西北农林科技大学，2016.

[15] 王鑫杰，赵钦，赵冀楠，等．禽和猪戊型肝炎病毒共有抗原表位的鉴定［C］．中国畜牧兽医学会兽医公共卫生学分会第三次学术研讨会论文集，2012：413-417.

[16] 韦献飞，梁靖瑞，唐荣兰，等．广西地区猪、鼠、狗戊型肝炎病毒感染血清学分析［J］．中国公共卫生，2007，(02)：228-229.

[17] 武军元．新疆南疆地区犬戊型肝炎病毒的血清学调查［J］．贵州农业科学，2016，44（02）：100-102.

[18] 杨德吉，单松华，侯世忠，等．部分鸡场鸡大肝和大脾病的血清学调查［J］．中国兽医科技，1997，27（6）：13-14.

[19] 杨树青．禽戊型肝炎病毒与马立克病毒混合感染的鉴定及禽戊肝病原学调查［D］．山东农业大学，2017.

[20] 张红霞，荆胜涛，周恩民，等．人血清中抗禽戊型肝炎病毒抗体的检测与鉴定［J］．中国卫生检验杂志，2009，19（8）：1741-1744.

[21] 赵钦．国内禽戊型肝炎病毒的分离鉴定及其抗原性的研究［D］．山东农业大学，2011.

[22] 郑高颖，何书海，张玉利，等．禽戊型肝炎病毒与 J 亚群禽白血病病毒共感染诱发鸡大肝大脾病的分析［J］．中

国家禽，2019，41（17）：72-75.

［23］ 周宗清，罗静如，Tahseen A，等. 禽戊型肝炎病毒在鸡群中的感染（二）［J］. 国外畜牧学（猪与禽），2014，34（06）：29-30.

［24］ Agunos A，Yoo D，Youssef S，et al. Avian hepatitis E virus in an outbreak of hepatitis-splenomegaly syndrome and fatty liver haemorrhage syndrome in two flaxseed-fed layer flocks in Ontario ［J］. Avian Pathology，2006，35（5）：404-412.

［25］ Arankalle V，Joshi M，Kulkarni A，et a1. Prevalence of anti-hepatitis E virus antibodies in different Indian animal species ［J］. Journal of Viral Hepatitis，2001，8（3）：223-227.

［26］ Bányai K，Tóth G，Ivanics E，et al. Putative novel genotype of avian hepatitis E virus，Hungary，2010 ［J］. Emerging Infectious Diseases. 2012，18（8）：1365-1368.

［27］ Berke T，Matson D. Reclassification of the Caliciviridae into distinct genera and exclusion of hepatitis E virus from the family on the basis of comparative phylogenetic analysis ［J］. Archives of Virology，2000，145（7）：1421-1436.

［28］ Bilic I，Jaskulska B，Basic A，et al. Sequence analysis and comparison of avian hepatitis E viruses from Australia and Europe indicate the existence of different genotypes ［J］. Journal of General Virology，2009，90（4）：863-873.

［29］ Billam P，Huang F，Sun Z，et al. Systematic pathogenesis and replication of avian hepatitis E virus specific-pathogen-free adult chickens ［J］. Journal of Virology，2005，79（6）：3429-3437.

［30］ Billam P，Sun Z，Meng X. Analysis of the complete genomic sequence of an apparently avirulent strain of avian hepatitis E virus (avian HEV) identified major genetic differences compared with the prototype pathogenic strain of avian HEV ［J］. Journal of General Virology，2007，88（5）：1538-1544.

［31］ Capozza P，Martella V，Lanave G，et al. A surveillance study of hepatitis E virus infection in household cats ［J］. Research in Veterinary Science，2021，137：40-43.

［32］ Colson P，Saint-Jacques P，Ferretti A，et al. Hepatitis E virus of subtype 3a in a pig farm，South-Eastern France ［J］. Zoonoses and Public Health，2015，62（8）：593-598.

［33］ Crespo R，Opriessnig T，Uzal F，et al. Avian hepatitis E virus infection in organic layers ［J］. Avian Diseases，2015，59（3）：388-393.

［34］ Dähnert L，Conraths F，Reimer N，et al. Molecular and serological surveillance of Hepatitis E virus in wild and domestic carnivores in Brandenburg，Germany ［J］. Transboundary and Emerging Diseases，2018，65（5）：1377-1380.

［35］ Doceul V，Bagdassarian E，Demange A，et al. Zoonotic hepatitis E virus：classification，animal reservoirs and transmission routes ［J］. Viruses，2016，8（10）：270.

［36］ Dong C，Meng J，Dai X，et al. Restricted enzooticity of hepatitis E virus genotypes 1 to 4 in the United States. Journal of Clinical Microbiology ［J］. Journal of Clinical Microbiology，2011，49（12）：4164-4172.

［37］ Dong S，Zhao Q，Lu M，et al. Analysis of epitopes in the capsid protein of avian hepatitis E virus by using monoclonal antibodies ［J］. Journal of Virological Methods，2011，171（2）：374-380.

［38］ Feinstone S，Kapikian A，Purceli R. Hepatitis A：detection by immune electron microscopy of a virus like antigen associated with acute illness ［J］. Science，1973，182（116）：1026-1028.

［39］ Green K，Ando T，Balayan M，et al. Taxonomy of the caliciviruses ［J］. Journal of Infectious Diseases，2000，181（2）：S322-S330.

［40］ Guo H，Zhou E，Sun Z，et al. Identification of B-cell epitopes in the capsid protein of avian hepatitis E virus (avian HEV) that are common to human and swine HEVs or unique to avian HEV ［J］. Journal of General Virology，2006，87（1）：217-223.

［41］ Guo H，Zhou E，Sun Z，et al. Egg whites from eggs of chickens infected experimentally with avian hepatitis E virus contain infectious virus，but evidence of complete vertical transmission is lacking ［J］. Journal of General Virology，2007，88（5）：1532-1537.

［42］ Handlinger J. and Williams W. An egg drop associated with splenomegaly in broiler breeders ［J］. Avian Diseases，1988，32（4）：773-778.

[43] Haqshenas G, Huang F, Fenaux M, et al. The putative capsid protein of the newly identified avian hepatitis E virus shares antigenic epitopes with that of swine and human hepatitis E viruses and chicken big liver and spleen disease virus [J]. Journal of General Virology, 2002, 83 (9): 2201-2209.

[44] Hsu I, Tsai H. Avian hepatitis E virus in chickens, Taiwan, 2013 [J]. Emerging Infectious Diseases, 2014, 20 (1): 149-151.

[45] Huang F, Haqshenas G, Shivaprasad L, et al. Heterogeneity and seroprevalence of a newly identified avian hepatitis E virus from chickens in the United States [J]. Journal of Clinical Microbiology. 2002, 40 (11): 4197-4202.

[46] Huang F, Pierson F, Toth T, et al. Construction and characterization of infectious cDNA clones of a chicken strain of hepatitis E virus (HEV), avian HEV [J]. Journal of General Virology, 2005, 86 (9): 2585-2593.

[47] Huang F, Sun Z, Emerson S, et al. Determination and analysis of the complete genomic sequence of avian hepatitis E virus (avian HEV) and attempts to infect rhesus monkeys with avian HEV [J]. Journal of General Virology, 2004, 85 (6): 1609-1618.

[48] Jiang X, Wang M, Wang K, et al. Sequence and genomic organization of Norwalk virus [J]. Virology, 1993, 195 (1): 51-61.

[49] Kabrane-Lazizi Y, Zhang M, Purcell R, et al. Acute hepatitis caused by a novel strain of hepatitis E virus most closely related to United States strains [J]. Journal of General Virology, 2001, 82 (7): 1687-1693.

[50] Kwon H, Sung H, and Meng X, et al. Serological prevalence, genetic identification, and characterization of the first strains of avian hepatitis E virus from chickens in Korea [J]. Virus Genes, 2012, 45 (2): 237-245.

[51] Lee G, Tan B, Teo E. et al. Chronic infection with camelid hepatitis E virus in a liver transplant recipient who regularly consumes camel meat and milk [J]. Gastroenterology, 2016, 150 (2): 355-357.

[52] Li H, Fan M, Liu B, et al. Chicken organic anion-transporting polypeptide 1A2, a novel avian hepatitis E virus (HEV) ORF2-interacting protein, is involved in avian HEV infection [J]. Journal of Virology, 2019, 93 (11): e0220518.

[53] Li Y, Qu C, Spee B, et al. Hepatitis E virus seroprevalence in pets in the Netherlands and the permissiveness of canine liver cells to the infection [J]. Veterinary Journal, 2020, 73: 6.

[54] Liang H, Chen J, Xie J, et al. Hepatitis E virus serosurvey among pet dogs and cats in several developed cities in China [J]. PLoS One, 2014, 9 (6): e98068.

[55] Liu B, Fan M, Zhang B, et al. Avian hepatitis E virus infection of duck, goose, and rabbit in northwest China [J]. Emerging Infectious Diseases, 2018, 7 (1): 76.

[56] Liu B, Sun Y, Chen Y, et al. Effect of housing arrangement on fecal-oral transmission of avian hepatitis E virus in chicken flocks [J]. BMC Veterinary Research, 2017, 13 (1): 282.

[57] Liu B, Liu B, Fan M, et al. Avian hepatitis E virus infection of duck, goose, and rabbit in northwest China [J]. Emerging Microbes Infections, 2018, 7 (1): 76.

[58] Lyoo K, Yang S, Na W, et al. Detection of antibodies against hepatitis E virus in pet veterinarians and pet dogs in South Korea [J]. Veterinary Journal, 2019, 72: 8.

[59] Marek A, Bilic I, Prokofieva I, et al. Avian hepatitis E virus samples from European and Australian chicken flocks supports the existence of a different genus within the Hepeviridae comprising at least three different genotypes [J]. Veterinary Microbiology. 2010, 145 (1-2): 54-61.

[60] Matczuk A, Ćwiek K, Wieliczko A. Avian hepatitis E virus is widespread among chickens in Poland and belongs to genotype 2 [J]. Archives of Virology, 2019, 164 (2): 595-599.

[61] McElroy A, Hiraide R, Bexfield N, et al. Detection of hepatitis E virus antibodies in dogs in the United Kingdom [J]. PLoS One, 2015, 10 (6): e0128703.

[62] Meng X. Hepatitis E virus: animal reservoirs and zoonotic risk [J]. Veterinary Microbiology, 2010, 140 (3-4): 256-265.

[63] Mochizuki M, Ouchi A, Kawakami K, et al. Epidemiological study of hepatitis E virus infection of dogs and cats in Japan [J]. Veterinary Record, 2006, 159 (25): 853-854.

[64] Molaei G, Andreadis T, Armstrong P, et al. Host feeding patterns of Culex mosquitoes and West Nile virus trans-

mission, northeastern United States [J] . Emerging Infectious Diseases, 2006, 12 (3): 468-474.

[65] Moon H, Lee B, Sung H, et al. Identification and characterization of avian hepatitis E virus genotype 2 from chickens with hepatitis-splenomegaly syndrome in Korea [J] . Virus Genes, 2016, 52 (5): 738-742.

[66] Morrow C, Samu G, Mátrai E, et al. Avian hepatitis E virus infection and possible associated clinical disease in broiler breeder flocks in Hungary [J] . Avian Pathology, 2008, 37 (5): 527-535.

[67] Okamoto H, Takahashi M, Nishizawa T, et al. Presence of antibodies to hepatitis E virus in Japanese pet cats [J] . Infection, 2004, 32 (1): 57-58.

[68] Osamudiamen F, Akanbi O, Zander S, et al. Identification of a putative novel genotype of avian hepatitis E virus from apparently healthy chickens in south western Nigeria [J] . Viruses, 2021, 13 (6): 954.

[69] Payne C, Ellis T, Plant S, et al. Sequence data suggests big liver and spleen disease virus (BLSV) is genetically related to hepatitis E virus [J] . Veterinary Microbiology, 1999, 68 (1-2): 119-125.

[70] Peralta B, Biarnés M, Ordóñez G, et al. Evidence of wide spread infection of avian hepatitis E virus (avian HEV) in chickens from Spain [J] . Veterinary Microbiol, 2009, 137 (1-2): 31-36.

[71] Purcell R, Emerson S. Hepatitis E: an emerging awareness of an old disease [J] . Journal of Hepatology, 2008, 48 (3): 494-503.

[72] Qin Z, Zho E, Wei D, et al. Analysis of avian hepatitis E virus from chickens, China [J] . Emerging Infectious Diseases, 2010, 16 (9): 1469-1472.

[73] Reuter G, Boros Á, Mátics R, et al. A novel avian-like hepatitis E virus in wild aquatic bird, little egret (Egretta garzetta), in Hungary [J] . Infection Genetics and Evolution, 2016, 46: 74-77.

[74] Reuter G, Boros Á, Mátics R, et al. Divergent hepatitis E virus in birds of prey, common kestrel (Falco tinnunculus) and red-footed falcon (Falco vespertinus), Hungary [J] . Infection Genetics and Evolution, 2016, 43: 343-346.

[75] Smith D, Simmonds P, Jameel S, et al. Consensus proposals for classification of the family Hepeviridae [J] . Journal of General Virology, 2014, 95 (10): 2223-2232.

[76] Sridhar S, Teng J, Chiu T, et al. Hepatitis E virus genotypes and evolution: Emergence of camel hepatitis E variants [J] . International Journal of Molecular Sciences, 2017, 18 (4): 869.

[77] Su Q, Li Y, Meng F, et al. Hepatic rupture hemorrhage syndrome in chickens caused by a novel genotype avian hepatitis E virus [J] . Veterinary Microbiology, 2018, 222: 91-97.

[78] Su Q, Li Y, Zhang Y, et al. Characterization of the novel genotype avian hepatitis E viruses from outbreaks of hepatic rupture haemorrhage syndrome in different geographical regions of China [J] . Transboundary and Emerging Diseases, 2018, 65 (6): 2017-2026.

[79] Su Q, Liu Y, Cui Z, et al. Genetic diversity of avian hepatitis E virus in China, 2018-2019 [J] . Transboundary and Emerging Diseases, 2020, 67 (6): 2403-2407.

[80] Su Q, Zhang Y, Li Y, et al. Epidemiological investigation of the novel genotype avian hepatitis E virus and co-infected immunosuppressive viruses in farms with hepatic rupture haemorrhage syndrome, recently emerged in China [J] . Transboundary and Emerging Diseases, 2019, 66 (2): 776-784.

[81] Su Q, Zhang Z, Zhang Y, et al. Complete genome analysis of avian hepatitis E virus from chicken with hepatic rupture hemorrhage syndrome [J] . Veterinary Microbiology, 2020, 242: 108577.

[82] Sun P, Lin S, He S, et al. Avian hepatitis E virus: With the trend of genotypes and host expansion [J] . Frontiers in Microbiology, 2019, 10: 1696.

[83] Sun Y, Du T, Liu B, et al. Seroprevalence of avian hepatitis E virus and avian leucosis virus subgroup J in chicken flocks with hepatitis syndrome, China [J] . BMC Veterinary Research, 2016, 12 (1): 261.

[84] Sun Z, Larsen C, Dunlop A, et al. Genetic identification of avian hepatitis E virus (HEV) from healthy chicken flocks and characterization of the capsid gene of 14 avian HEV isolates from chickens with hepatitis-splenomegaly syndrome in different geographical regions of the United States [J] . Journal of General Virology, 2004, 85 (3): 693-700.

[85] Sun Z, Larsen C, Huang F, et al. Generation and infectivity titration of an infectious stock of avian hepatitis E virus

(HEV) in chickens and cross-species infection of turkeys with avian HEV [J]. Journal of Clinical Microbiology, 2004, 42 (6): 2658-2662.

[86] Tian Y, Huang W, Yang J, et al. Systematic identification of hepatitis E virus ORF2 interactome reveals that TMEM134 engages in ORF2-mediated NF-κB pathway [J]. Virus Research, 2017, 228: 102-108.

[87] Tien N, Clayson E, Khiem H, et al. Detection of immunoglobulin G to the hepatitis E virus among several animal species in Vietnam [J]. American Journal of Tropical Medicine and Hygiene, 1997, 57: 211.

[88] Vitral C, Pinto M, Lewis-Ximenez L, et al. Serological evidence of hepatitis E virus infection in different animal species from the Southeast of Brazil [J]. Memórias do Instituto Oswaldo Cruz, 2005, 100 (2): 117-122.

[89] Wang B, Harms D, Yang X, et al. Orthohepevirus C: an expanding species of emerging hepatitis E virus variants [J]. Pathogens, 2020, 9 (3): 154.

[90] Wang B, Meng X. Hepatitis E virus: host tropism and zoonotic infection. Current Opinion in Microbiology. 2021, 59: 8-15.

[91] Zhang F, Li X, Li Z, et al. Detection of HEV antigen as a novel marker for the diagnosis of hepatitis E [J]. Journal of Medical Virology, 2006, 78 (11): 1441-1448.

[92] Zhang W, Shen Q, Mou J, et al. Cross-species infection of hepatitis E virus in a zoo-like location, including birds [J]. Epidemiology & Infection, 2008, 136 (8): 1020-1026.

[93] Zhang X, Bilic I, Troxler S. et al. Evidence of genotypes 1 and 3 of avian hepatitis E virus in wild birds [J]. Virus Research, 2017, 228: 75-78

[94] Zhang X, Li W, Yuan S, et al. Meta-transcriptomic analysis reveals a new subtype of genotype 3 avian hepatitis E virus in chicken flocks with high mortality in Guangdong, China [J]. BMC Veterinary Research, 2019, 15 (1): 131.

[95] Zhao Q, Liu B, Sun Y, et al. Decreased egg production in laying hens associated with infection with genotype 3 avian hepatitis E virus strain from China [J]. Veterinary Microbiology, 2017, 203: 174-180.

[96] Zhao Q, Syed S and Zhou E. Antigenic properties of avian hepatitis E virus capsid protein [J]. Veterinary Microbiology. 2015, 180 (1-2): 10-14.

[97] Zhao Q, Zhou E, Dong S, et al. Analysis of avian hepatitis E virus from chickens, China [J]. Emerging Infectious Diseases, 2010, 16 (9): 1469-1472.

第四节 博卡病毒感染

博卡病毒包括多种来源于不同物种的病毒，其宿主包括人、牛、犬、猫、水貂、大猩猩和海狮等。牛细小病毒（Bovine parvovirus，BPV）是最早发现的一种博卡病毒，于 1961 年分离于腹泻犊牛的胃肠道中；1967 年，从健康犬的排泄物中又分离到类似的病毒，命名为犬微小病毒（Canine minute virus，CMV）。博卡病毒的命名就是取自牛细小病毒和犬微小病毒名称前两个字母的组合。自本世纪以来，随着基因测序技术的发展，研究人员利用核酸检测方法发现了多种新的博卡病毒，其中人博卡病毒 1 型（Human bocavirus 1，HBoV 1）的发现意味着博卡病毒可以感染人，并证实了人博卡病毒 2、3、4 型（HBoV 2、3、4）的存在。随后，猪博卡病毒（Porcine bocavirus，PBoV）、猫博卡病毒（Feline bocavirus，FBoV）以及水貂博卡病毒（Mink bocavirus，MiBoV）等新的博卡病毒从对应的宿主中被发现。虽然其中一些病毒目前尚未成功分离，但相关分子流行病学调查结果显示，这些病毒具有广泛流行的特点，对人类和动物的健康有一定的危害。

一、病原学

（一）分类地位

博卡病毒（Bocavirus，BoV）属于细小病毒科（Parvoviridae）、细小病毒亚科（Parvovirinae）、博卡病毒属（*Bocavirus*），细小病毒亚科还包括细小病毒属（*Parvovirus*）、嗜红细胞病毒属（*Erythrovirus*）、依赖病毒属（*Dependovirus*）和阿留申病毒属（*Amdovirus*）。博卡病毒属的成员包括牛细小病毒、犬微小病毒、人博卡病毒、猪博卡病毒、猫博卡病毒、黑猩猩博卡病毒、加利福尼亚海狮博卡病毒、水貂博卡病毒以及最新发现的不同于犬微小病毒（CMV）的犬博卡病毒（Canine bocaviruses，CBoV）和犬博卡病毒3型（Canine bocavirus3，CnBoV3）。

（二）病原形态结构与组成

博卡病毒是细小病毒家族的成员之一，其结构特征与细小病毒科成员相似，总体结构特征为直径20～26nm，无包膜，为等轴对称二十面体的小颗粒，其结构主要由三种结构蛋白VP1、VP2和VP3以及单链的线性DNA组成。

（三）培养特性

牛细小病毒可以通过胎牛的肾、脾、睾丸、牛鼻甲骨和肺等器官和组织来源的细胞增殖，并获得较高滴度的病毒。幼龄阶段来源的细胞最适合BPV的增殖，其中以肺细胞、牛鼻甲骨细胞以及胎牛肾脏细胞最佳。BPV不仅可以在处于有丝分裂的细胞内进行增殖，在已形成单层的细胞内也能进行增殖。一般情况下，在接种BPV后72h出现细胞病变，细胞病变表现为细胞内颗粒增多、弯曲、细胞圆缩，直至细胞完全溶解及脱落。在不同的细胞中，该病毒的滴度差异较大，这与接种病毒的滴度、细胞的敏感性、毒株间的差异、细胞培养液成分组成及培养温度等因素有关。通过免疫荧光抗体检测，可以看到嗜酸性或嗜碱性的核内包涵体，以此证明细胞内是否有病毒进行增殖。

犬微小病毒自发现以来，一般用沃尔特里德犬细胞系（WRCC/3873D）进行病毒的分离和培养；Mochizuki M等在研究中发现，CMV可以通过MDCK细胞分离和培养，并且得到一株能够在MDCK细胞中生长的CMV毒株。

人博卡病毒1型仅感染分化完全的呼吸道上皮细胞，或者有极性的呼吸道上皮细胞。现有的HBoV1感染系统称为HAE-ALI细胞系，HBoV1对此细胞系的感染能力十分强。同时也有两种商业化的细胞系，分别是EpiAirway和MucilAir HAE-ALI，可以用于HBoV1的感染。

McKillen J等在2011年，用原代猪肾细胞首次在体外成功分离到两株PBoV，但还未有PBoV在传代细胞系中成功分离的报道。猫博卡病毒和水貂博卡病毒尚未在体外成功分离，其培养特性还需进一步研究。

二、分子病原学

（一）基因组结构与功能

博卡病毒的基因组全长5500bp左右，为线性非对称DNA，其中大部分为负链DNA，包含末端回文序列，正链DNA基因组在每一种博卡病毒中只占一小部分。其基因组包含三个主要的开放阅读框（ORF），分别称为ORF1、ORF2和ORF3。ORF1编码一种非结构蛋白（NS1或复制酶），位于基因组的5′末端；ORF2编码衣壳蛋白VP1、VP2和VP3，它们在基因组中重叠，VP1和VP2在病毒粒子的衣壳结构中占比最高，VP3在其中占比较低；ORF3位于ORF1和ORF2之间，编码NP1蛋白，这是博卡病毒属成员相较于细小病毒科其它属病毒所特有的性遗传特征。

（二）主要基因及其编码蛋白的结构与功能

1. 非结构蛋白

NS1蛋白是由开放阅读框ORF1编码的一种非结构蛋白，又称复制酶，包含与滚环复制以及解旋酶和ATP酶活性相关的保守序列。

NP1蛋白是由开放阅读框ORF3编码的一种磷酸化的非结构蛋白，为博卡病毒所特有的蛋白，目前关于该蛋白的功能性研究较少，已知在犬细小病毒中，NP1蛋白的缺失会影响病毒的复制；在人博卡病毒中，NP1蛋白可通过一种独特的机制抑制干扰素的产生，从而介导病毒对机体的免疫逃避机制；研究PBoV发现，NP1蛋白可通过结合IRF3和IRF9的DNA结合区域，从而来抑制Ⅰ型干扰素的产生，说明NP1蛋白与PBoV感染宿主过程中的免疫逃逸相关。

2. 结构蛋白

VP1、VP2和VP3是由开放阅读框*ORF2*编码的三种结构蛋白，这三种结构蛋白共同组成病毒粒子的衣壳结构。衣壳蛋白VP1可能影响博卡病毒的组织嗜性，并与其致病机制相关；VP1编码区和VP2编码区有大小约1.6kb的重叠区域，共编码542个氨基酸，此重叠区主要参与病毒衣壳的形成过程；另外在VP1编码区5′端还存在一段长度约387bp的VP1u（unique VP1 protein）区域，该区域编码129个氨基酸，包含两段保守基序“HDXXY”和“YXGXF”，这两段基序具有钙依赖性磷脂酶A2（PLA2）活性，在病毒的感染过程及毒力调控中发挥重要作用，能够提高病毒释放的效率。VP2对博卡病毒的抗原性和感染性起着至关重要的作用。在没有VP1蛋白存在的情况下，VP2保留了组装HBoV病毒样颗粒的能力。VP2包含8链β桶、αA螺旋、DE环、HI环和9个预测的可变表面区域（VRI-VRIX）。VP3与VP1、VP2共享同一个C端，但对于VP3的功能尚不明确。

三、流行病学

（一）传染来源

BPV可以引起牛的呼吸道和消化道症状，其呼吸道分泌物及肠道排泄物均为潜在的传染源；BPV的隐性感染无明显的临床症状，因此，与患病牛或无症状隐性感染牛的接触，食用病牛污染的饲草、饲料均可以扩大本病的流行。被感染的患病犬及其肠道排泄物是犬博卡病毒（CMV、CBoV和CnBoV3）最大的潜在传染源。HBoV感染后可以在患者鼻咽部长期存在，从患者粪便中也能够检测到HBoV的存在，而且HBoV 2、3、4型的发现均来自于临床粪便。Hansen M等人对流产患者的组织样本检测发现了HBoV核酸的存在。PBoV的主要传播途径为粪-口途径，腹泻粪便或呕吐物以及其它污染物，如运输工具和饲料，均可能是PBoV重要的传染源。

（二）传播途径及传播方式

博卡病毒属的多种病毒均能够引起呼吸道症状和胃肠道症状，且能够从患病宿主的呼吸道和粪便中检测到病原。因此，经呼吸道和消化道的传播是博卡病毒在宿主间传播的重要途径。

BPV 是一种只在牛群中相互接触时进行传播的病毒，主要引起妊娠母牛流产和新生小牛呼吸道和消化道相关疾病。研究表明，经口、静脉、鼻腔和气管等途径，用 BPV 感染无特异性中和抗体的新生牛，病毒接种后 24 h 可从其鼻黏液、血液及粪便中检测到 BPV，由此可见 BPV 可通过消化道和呼吸道感染。

Xiong Y 等从 2015 年 5 月至 2017 年 5 月间采自我国福建省、广东省、湖南省和云南省家鼠和家鼩的咽拭子、粪便和血清样本中发现了 PBoV。因此，PBoV 可能通过家鼠传播至猪群。

（三）易感动物

博卡病毒属的大部分病毒都具有种属特异性，一般情况下只感染其对应的宿主，目前为止，只有 CBoV 和 PBoV 有跨物种感染的报道。CBoV 于 2019 年在我国东北地区于一只无症状感染猫的粪便中检测到，并成功获得了全基因组序列；PBoV 于 2015 年 5 月至 2017 年 5 月从采自我国福建省、广东省、湖南省和云南省家鼠和家鼩的咽拭子、粪便和血清样本中被检测到。

（四）流行特征

HBoV 在全球范围内流行，它的传播和感染全年发生，但冬春季高发。HBoV 主要感染儿童和成人的呼吸道和胃肠道。在国内，北京的流行高峰为每年的 8～11 月（夏秋季），上海地区 HBoV 检出率夏秋季偏高，而武汉地区在春季的检出率最高，苏州的 HBoV 检出率在夏秋季节高于冬春季节。

PBoV 在我国猪群中，断奶仔猪的患病率明显高于未断奶的仔猪和成年猪；欧洲猪群中 PBoV 也有类似的流行情况；其中，6～12 月龄猪群中 PBoV 的患病率明显高于 12～36 月龄的猪群。

（五）发生与分布

1. 在国外的发生与流行

BPV 首次发现并分离于腹泻犊牛的胃肠道中，为博卡病毒属中最早被发现的一种病毒，2000 年以前的血清流行病学调查发现，BPV 广泛分布于全球范围内的牛群中，其个体的流行率为 29%～70%，群体的流行率为 83%～100%。

CMV 于 1967 年从德国健康犬的粪便中分离，Kapoor A 等人于 2012 年报道发现了新型犬博卡病毒（CBoV）。Choi J 等人对韩国 2013 年 1 月至 2014 年 7 月 CBoV 的流行情况研究发现，CBoV 在韩国的感染率为 6.3 %，且所有感染 CBoV 的犬均为 3 月龄以下的幼犬。

2005 年，在下呼吸道感染的儿童的鼻咽样品中发现一种新的病毒 HBoV1，该病毒为首次报道的可以感染人类的博卡病毒，之后又从临床粪便中鉴定到 HBoV2、HBoV3 和 HBoV4。根据 2005 年 9 月至 2016 年 3 月期间在 Medline 数据库中发表的 HBoV 相关文章的报道，HBoV 在全球的感染流行率为：不同国家患者的呼吸道样本中 HBoV 的检出率在 1.0%～56.8%之间，粪便样本中的检出率在 1.3%～63%之间，全球范围内的 HBoV 患者在呼吸道的感染率为 6.3%，胃肠道的感染率为 5.9%。

自 PBoV 于 2009 年在患有仔猪断奶后多系统衰竭综合征的瑞典猪群中首次发现以来，该病毒已在世界各地报告，包括瑞典、中国、美国、爱尔兰、罗马尼亚、匈牙利、克罗地亚、喀麦隆、英国、泰国、韩国、捷克共和国、斯洛伐克、墨西哥、德国、日本、乌干达、肯尼亚、斯洛文尼亚、比利时和马来西亚。

FBoV2 和 FBoV3 于 2014 年，从美国的猫粪便中通过高通量宏基因组测序被发现，国际病毒分类学委员会（ICTV）将 FBoV1、FBoV2 和 FBoV3 确定为感染猫科动物的 3 个不同的博卡病毒种。FBoV 相关的流行病学调查发现，FBoV 在日本的流行率为 9.9%，在葡萄牙的流行率为 5.5%，在美国的流行率为 8.0%。

Xie X 等人于 2019 年报道了在加拿大水貂养殖场的健康水貂粪便中检测到 MiBoV 的存在，除此之外，关于 MiBoV 在国外的流行情况没有其它的相关报道。

2. 在国内的发生与流行

关于 BPV 在国内的流行情况尚不明确，吴孟等人于 2020 年对新疆巴州地区 BPV 的流行情况进行调查发现，正常的奶牛、牦牛和肉牛细小病毒抗体阳性率分别为 51.3%、31.3%、46.3%，核酸阳性率分别为 3.8%、0、0，奶牛细小病毒抗体阳性率显著高于牦牛抗体阳性率；发病奶牛、牦牛和黄牛细小病毒核酸阳性率分别为 17.5%、3.8%、10.9%，犊牛核酸阳性率（17.3%）显著高于成年牛（5.0%），奶牛核酸阳性率显著高于牦牛核酸阳性率。说明该地区的牛存在细小病毒感染，不同品种牛感染有差异，成年牛和犊牛感染有差异。

Guo D 等人对黑龙江省 2014 年 5 月至 2015 年 4 月动物医院样本进行检测，发现 CBoV 的阳性率为 7.5%，其中牡丹江的阳性率最高（20%），且不同地区阳性率有所差异。

HBoV 在国内发现于 2006 年，瞿小旺等首次从湖南省急性肺炎患儿中检出 HBoV，此后在北京、香港等地区也相继报道了 HBoV 的检出。HaoY 对来自北京和江苏南京的临床血清样本进行检测发现，HBoV1 和 HBoV2 感染在中国健康人群中普遍存在，北京地区 HBoV1 和 HBoV2 的血清阳性率分别为 69.2%和 64.4%，在 3～5 岁儿童中观察到最高的血清阳性率，对于 20 岁以上的个体，血清阳性率相对稳定在 60%左右；在南京儿童中观察到类似的趋势，健康儿童的 HBoV1 和 HBoV2 血清阳性率分别为 80.7%和 81.3%。

2010 年 Cheng W 等首次报道了 PBoV 在我国的流行，在患有呼吸道症状的断奶仔猪中感染率高达 69.7%，且在仔猪粪便样本中的阳性率为 12.59%；Meng Q 等对 1 月龄仔猪临床样本检测发现，PBoV 的流行率为 5.77%；Shi Q 等利用间接 ELISA 方法检测临床猪血清样本发现，42.3%的血清样本呈 PBoV 抗体阳性；Zhang Q 等对中国和美国 PBoV 流行情况对比分析发现，中国猪群的 PBoV 患病率（11.4%）显著低于美国猪群（42%）。

FBoV 于 2012 年首次从我国香港的家养猫和流浪猫中被发现，Liu C 等人从来自我国东北地区 2015 年的猫粪便样本中首次证实 FBoV 在我国内地的流行；相关流行病学调查发现，FBoV 在我国东北地区的感染率为 25.9%，其中腹泻猫的感染率为 33.3%，健康猫的感染率为 17.4%，腹泻猫的感染率显著高于健康猫。

MiBoV 为 2014 年从我国锦州的家养水貂的粪便中被发现的一种新型水貂肠道病毒，该病毒在健康和腹泻的水貂中都可以检测到，且检出率高达 30%。Xin W 等人对 2014 年 5 月至 2017 年 9 月采自我国多个省的水貂样品进行 PCR 检测发现，河北省和吉林省采集的样本阳性率分别为 10.81%和 13.04%，但在山东、辽宁和黑龙江省采集的样本中未发现阳性样本。这些结果表明，MiBoV 在我国水貂中总体阳性率较低，不同地区的阳性率存在差异。

四、免疫机制与致病机理

（一）免疫机制

1. 先天性免疫反应

HBoV 的 NP1 蛋白能够通过阻断 IRF3 DNA 与 IFN-β 基因启动子的结合域，进而抑制 IFN-β 的产生；VP2 蛋白可以通过靶向 RNF125 E3 连接酶，从而抑制 RIG-Ⅰ的泛素化降解，进而上调 IFN 的表达。HBoV 具有调节 NF-κB 信号通路的能力，相关研究结果表明，HBoV NS1 蛋白和 NS1-70 蛋白在 TNF-α 刺激下通过与 p65 DNA 结合域结合来抑制 NF-κB 信号通路。

PBoV 的 NP1 蛋白能够通过靶向 IRF3 和 IRF9 的 DNA 结合区域，对干扰素通路进行负调控，从而抑制干扰素的产生；NP1 蛋白的 N 端包含两个经典核定位信号（cNLS）和一个非经典的核定位信号（NLS），能够抑制 IFN-β 基因的启动子活性和 IFN 刺激应答元件的活性，其 C 端区域能够通过增加 p65 蛋白的磷酸化来诱导 NF-κB 的激活。

2. 获得性免疫反应

在患有急性细支气管炎，且 HBoV 呈阳性的儿童患者体内，干扰素 γ（IFN-γ）、白细胞介素 2（IL-2）和白细胞介素 4（IL-4）水平明显升高；而白细胞介素 10（IL-10）和肿瘤坏死因子 α（TNF-α）的水平低于 RSV 阳性的儿童患者。此外，HBoV 结构蛋白 VP2 组成的病毒样颗粒能够诱导 IFN-γ 介导的 $CD4^{+}$ T 细胞反应，还能诱导 IL-10 和 IL-13 的分泌。这些研究表明 HBoV 感染可以诱导 Th1 细胞和 Th2 细胞分泌的细胞因子增加，但 HBoV 诱导特异性 T 细胞免疫的机制还尚不明确。

（二）致病机理

BPV 具有较强的红细胞凝集特性，Thacker T 等将红细胞上的 BPV 血凝受体鉴定为糖蛋白 A（GPA）。Blackburn S 等研究表明，BPV 能够结合位于 GPA 分子寡糖上的唾液酸；然而，BPV 入侵细胞和在细胞中互作的机制尚不清楚。体外研究发现，BPV 感染会导致细胞坏死，这一特点较为特殊，因为同属细小病毒科的 B19 病毒、猫细小病毒、犬细小病毒和阿留申水貂病细小病毒在被感染的宿主细胞中可诱导细胞凋亡，而不是坏死。

由单核细胞吞噬作用降低导致的免疫抑制可能在 CMV 发病机制中发挥关键作用，并且可能是并发疾病的诱发因素。病毒血症可以从感染后的第一天持续到第三天，第二次病毒复制主要发生在具有高有丝分裂活性的细胞中。

五、临床症状

（一）单纯感染临床症状

BPV 感染的主要临床症状是引起妊娠母牛发生流产与新生小牛发生呼吸道和消化器官损害，犊牛的主要临床表现为腹泻、咳嗽、呼吸困难等呼吸道临床症状。牛细小病毒具有在有丝分裂过程中的细胞内复制的特性。因此，牛细小病毒具有在旺盛增殖能力的消化器官黏膜细胞中进行增殖的特性。

CMV 感染成年犬主要表现为轻微腹泻的亚临床症状，而感染幼犬、妊娠母犬或老年犬则表现为呼吸道、肠道和生殖相关症状。新型犬博卡病毒（CBoV）的感染同样能够引起间质性肺炎和肠炎等呼吸道和消化道症状。

MiBoV 可从健康的和患有腹泻的水貂中被发现。因此，推测该病毒可能与水貂的腹泻相关，但其对水貂的致病性尚不明确。

（二）与其它病原混合感染的临床症状

自然感染 BPV 的成年公牛表现出出血性腹泻，并伴随球虫的混合感染，由于 BPV 一般只感染犊牛，因此，成年公牛肠道寄生虫的感染可能引起肠上皮细胞有丝分裂活性增强，从而导致 BPV 感染率升高，使 BPV 与球虫在成年公牛肠道中混合感染。

Li L 等人报道的 CnBoV 3 与犬圆环病毒混合感染的病例临床表现为严重的出血性胃肠炎、坏死性血管炎、肉芽肿性淋巴结炎和无尿性肾功能衰竭，并且能够在肝脏中检测到 CnBoV 3 的存在，说明该病毒可能与肝炎相关。Guo D 等人对我国黑龙江省 CBoV 的感染情况研究发现，CBoV 阳性粪便样本中还存在犬细小病毒 2 型（Canine parvovirus type 2，CPV2）、犬冠状病毒（Canine coronavirus，CCoV）、犬星状病毒（Canine astrovirus，CaAstV）、犬诺如病毒（Canine noroviruses，CNoV）、犬科布病毒（Canine kobuvirus，CaKV）和犬 A 组轮状病毒（Canine group A-rotavirus，CRV-A）的混合感染。

HBoV 单纯感染病例较少，而经常观察到双重感染。HBoV 感染的病例中，与呼吸道和胃肠炎相关病毒和细菌的共感染率较高，如人鼻病毒、腺病毒、诺如病毒以及轮状病毒等；在患者的呼吸道样本中，共感染病原的检出率高达 83％，特别是呼吸道合胞体病毒（Respiratory syncytial virus，RSV）的共感染率可达 89.5％。HBoV1 在感染 6 个月以后，还能在患者体内检测到。因此，HBoV1 通常可在无症状患者体内与其它病毒一起被检测到。

PBoV 首次发现于患有断奶仔猪多系统衰竭综合征（post-weaning multisystemic wasting syndrome，PMWS）猪的淋巴结组织中，同时还检测到猪圆环病毒 2 型（Porcine circovirus type 2，PCV2）和猪细环病毒（Torque Teno Sus，TTSuVs）与 PBoV 的混合感染；PBoV 发现以来，已有多种病毒被报道可以与 PBoV 发生混合感染，其中最常见的流行病毒有猪流行性腹泻病毒（Porcine Epidemic Diahorrea，PEDV）、猪 A 群轮状病毒（Porcine group A rotavirus，GARV）、猪繁殖与呼吸综合征病毒（porcine reproductive and respiratory syndrome virus，PRRSV）、PCV2、猪瘟病毒（Classical swine fever virus，CSFV）、猪细小病毒（porcine parvovirus，PPV）、猪伪狂犬病毒（Pseudorabies virus，PRV）和猪嵴病毒（Porince Kobuvirus，PKV），其中 PCV2 与 PBoV 的共感染率最高，并且 PBoV 与 PCV2 的共感染能够诱导炎症细胞因子的上调表达。

FBoV 能够与猫泛白细胞减少综合征病毒（Feline panleukopenia virus，FPV）混合感染引起出血性肠炎，表现出呕吐、腹泻或血便等症状，但 FBoV 的致病性尚不明确。

Xin W 等人通过对我国多个省的水貂样品检测发现，MiBoV 能够在水貂体内与阿留申病毒和圆环病毒发生共感染。

六、病理变化

（一）大体剖检

Piewbang C 等对泰国 FBoV 阳性的病死猫进行剖检发现，脑、肺、肝、肠道和淋巴结在内的各个器官严重出血，肺脏表现为严重的急性弥漫性出血，肠道表现为节段性出血性肠炎以及大量出血性淋巴结肿大，脑表现为点状出血性脑炎，肝脏表现为坏死性出血性肝炎，全身出血的严重程度具有个体差异。

（二）组织病理学

实验感染 BPV 后 8 个月以及流产后 5 个月的牛，仍可以在子宫组织样品中检测到 BPV 抗原，而其它组织样本的免疫荧光检测结果均为阴性，因此 BPV 可能通过某种免疫保护作用从体循环中消除后，继续在子宫环境中持续感染。

CMV 的靶器官为肺、小肠和淋巴组织，感染 CMV 的犬死后可见肺泡细胞肥大和增生的间质性肺炎，胸腺、脾脏和淋巴结显示炎症迹象，伴有水肿、坏死和炎症细胞浸润。实验感染后，胸腺、脾脏、回肠和淋巴结中病毒滴度较高；十二指肠和空肠因急性肠炎病变的影响，伴有上皮细胞增生和派尔集合淋巴结坏死。通过免疫荧光检测，可在绒毛尖端上皮细胞核中发现 CMV。与犬细小病毒 2 型感染相比，CMV 感染的显著特征是，除了单细胞坏死外，隐窝没有病变。胚胎死亡和再吸收的妊娠母犬通过组织病理学可见胎盘局灶性坏死和子宫内膜内皮细胞的乳头状增生。2018 年报道的三例来自泰国的 CBoV 感染犬，死于严重的急性呼吸困难和咳血，表现为鼻涕中带有泡沫和血性气管液，肺叶多灶性变色，肝脾边缘轻微变钝，胃和小肠中有褐色黏液和凝乳；显微镜观察发现在绒毛内有多个嗜酸性核内包涵体，而小肠隐窝上皮细胞中则程度较轻。除了不同程度的肺泡水肿和肺气肿外，肺和气管没有表现出炎症或其它明显的组织学病变。

PBoV 具有广泛的组织嗜性，能够从淋巴结、血清、肠道、肺、唾液和脾脏中检测到；PBoV 感染的组织病理变化主要见于空肠和回肠，包括轻度病理损伤和绒毛萎缩，伴随肠绒毛柱状上皮细胞被扁平立方细胞代替；PBoV 还能够从患有脑脊髓炎的仔猪脊髓样本中被检测到。

Piewbang C 等人对 FBoV 阳性病死猫的组织病理学进行检测，发现小肠病变较为严重，包括广泛的肠绒毛钝化和融合以及隐窝坏死，在少量隐窝上皮细胞中能够观察到大的、双嗜性的核内包涵体。在回肠、脾脏和淋巴结中，淋巴滤泡的数量显著减少，纤维蛋白、核裂解碎片和组织细胞聚集体在剩余淋巴滤泡的中心内有不同程度的积累。肺部明显充血，伴有多灶性组织淋巴细胞弥漫性间质性肺炎，许多肺血管周围间隙明显水肿；肺水肿伴随出血斑块，整个肺泡毛细血管的中性粒细胞数量增加。肝脏随机出现坏死灶，出现多灶性小叶塌陷区；胆管有增生。

七、诊断

（一）临床诊断要点

BPV 对成年牛致病性较弱，一般不会引起明显的临床症状，病毒感染妊娠母牛可引起流产、死胎等。病毒感染犊牛能够引起胃肠道和呼吸道症状，主要表现为轻度至中度腹泻、呕吐、心肌炎、流产、白细胞和淋巴细胞减少等症状。

CMV 感染幼犬和妊娠母犬的临床症状取决于感染的时间，表现为胚胎吸收、流产、出生畸形、死胎和幼犬虚弱等症状。在母犬妊娠后期感染 CMV 可能会引起胎盘的再吸收、死胎，出生幼犬虚弱或患有全身水肿和心肌炎。CMV 引起出生后 4 周内新生犬的死亡率较高，被感染的幼犬会因间质性肺炎或肠炎而患有轻度至重度的厌食和呼吸系统疾病。临床症状的严重程度取决于犬的年龄，成年犬的感染会表现出轻度腹泻，症状较为缓和。新型犬博卡病毒（CBoV）感染的犬，临床症状与 CMV 感染相似，根据相关报道，CBoV 的感染能够引起间质性肺炎和肠炎等症状。

在全世界大约 2%～20%的上呼吸道或下呼吸道疾病患者的鼻咽样本中能够检测到 HBoV 核酸的存在，但通常在呼吸道标本中检测到的共感染率高达 83%，并且在无症状儿童中也能检测到该病毒的存在。肺炎、细支气管炎、急性中耳炎、普通感冒和哮喘加重是 HBoV 1 呼吸道感染最常见的临床表现，症状主要包括咳嗽、发热、鼻炎、喘息和腹泻，而且在感染后，HBoV 能够在鼻咽部持续存在数周甚至长达一年的时间。

泰国发现的 FBoV 阳性猫表现出血性腹泻、血便、血性呼吸道分泌物、急性咯血或共济失调等症状，从我国东北无症状猫的粪便中也能检测到 FBoV。

（二）实验室诊断要点

1. 病原诊断

针对 BPV 的检测方法主要以核酸检测方法为主，罗济冠等于 2012 年针对 BPV 基因组 *VP2* 基因的保守区域，建立了环介导等温扩增（LAMP）检测方法；李振雪等于 2019 年针对 BPV 基因组 *NS1* 基因，建立了 SYBR Green Ⅰ实时荧光定量 PCV 检测方法；王孟孟等于 2019 年针对 BPV 基因组 *VP2* 基因，建立了双启动寡核苷酸 PCR（DPO-PCR）检测方法。

CMV 能够在沃尔特里德犬细胞系或 MDCK 细胞中增殖。因此，CMV 可以在实验室通过病毒的分离培养进行病原学诊断，除此之外，PCR 检测方法和宏基因组高通量测序能够更灵敏地检测到患病动物样本中的病毒。对于 CBoV，一般通过 PCR 结合测序的方法或宏基因组高通量测序检测。

普通的 PCR 检测方法对 HBoV 敏感度不高，而宏基因组测序的方法对 HBoV 的检测敏感度较高；利用探针检测的单重或多重实时荧光定量 PCR 检测方法能够特异地从临床样本中检测 HBoV 不同的亚型。

Xin W 等人于 2020 年建立了基于 MiBoV *VP2* 基因的 PCR 检测方法，并对 2014 年 5 月至 2017 年 9 月采自我国多个省的水貂样品进行了检测。

2. 血清学诊断

赵鹏飞等于 2020 年成功制备了 BPV 的 VP2 蛋白单克隆抗体，并建立了检测 BPV 特异性抗体的双抗体夹心 ELISA 方法。

Kantola K 等于 2008 年利用原核表达了 HBoV VP2 重组蛋白的 VP1 部分保守序列，通过 western blot 成功检测到患者血清的中 IgG 和 IgM 抗体。通过大肠杆菌、杆状病毒以及酵母表达的 HBoV 重组衣壳蛋白已被用作 HBoV 血清学检测抗原，并以 IgM 阳性、血清阴性转为阳性或 IgG 滴度增加 4 倍作为 HBoV 血清学阳性的标志。

北爱尔兰研究人员 McKillen J 等将 PBoV3 和 PBoV4 两个毒株接种于猪原代肾细胞进行分离培养，同时通过间接免疫荧光的方法观察病毒在细胞中的生长状态，并利用该方法检测临床血清中的病毒抗体。英国研究人员 Mcnair I 等人将 PBoV3 和 PBoV4 两株病毒注射小鼠，通过制备单克隆抗体，建立了 PBoV 的双抗夹心 ELISA 检测方法。在国内，郑英帅利用 PBoV 的结构蛋白 VP2 以及非结构蛋白 NP1 建立了两种间接 ELISA 检测方法，对比发现 NP1 蛋白的检测结果更佳；Zhang W 等人应用杆状病毒表达系统制备了 PBoV 病毒样颗粒，并利用获得的病毒样颗粒抗原建立了 ELISA 检测方法。

3. 实验室鉴别诊断技术

付朋飞等分别于 2015 年和 2016 年，建立了针对 PBoV3-5 型和 PBoV1-2 型的单重 PCR 检测方法；Zheng X 等针对 PBoV G1 的 *VP1* 基因、PBoV G2 的 *NP1* 基因，以及 PBoV G3

的 *VP1/NP1* 基因建立了能够同时检测 3 种基因群的普通 PCR 检测方法。另外，研究人员为了解 PBoV 与其它病原的混合感染情况，也对不同病原的多重 PCR 检测方法做了大量研究。焦洋等为了快速诊断 PEDV、猪传染性胃肠炎病毒（Transmissible Gastroenteritis Virus，TGEV）和 PBoV 感染，建立了 3 种病毒的多重 PCR 检测方法；付朋飞等建立了双重 PCR 检测方法，用于检测 PCV2 与 PBoV 的混合感染情况；罗亚坤等针对 PRV 的 *gE* 基因和 PBoV 的 *NS1* 基因，建立了能够检测两种病毒的 PCR 检测方法等。

Zhang Q 等基于 FPV 的 *VP2* 基因、FBoV 的 *NP1* 基因和猫星状病毒（Feline astrovirus，FeAstV）的 *RdRp* 基因建立了多重 PCR 鉴别诊断方法；Wang Y 等基于 FBoV 1 的 *NS1* 基因建立一种用于检测 FBoV 1 的 TaqMan 实时荧光 PCR 检测方法。

八、预防与控制

目前尚未有商品化的博卡病毒疫苗问世，且大部分博卡病毒尚未成功分离，所以无法通过免疫接种的方法对博卡病毒的感染和传播进行防控。动物博卡病毒的防控可以通过加强饲养管理、避免病原对环境的污染、对动物群体进行及时监测、将阳性患病动物进行隔离或淘汰，以尽可能减少博卡病毒在动物群体中的传播和感染。

（连拯民、李向东）

参考文献

[1] 付朋飞，乔涵，潘鑫龙，等．猪博卡病毒和猪圆环病毒 2 型双重 PCR 检测方法的建立 [J]．中国预防兽医学报，2014，36（09）：708-711.

[2] 付朋飞，杨兴武，乔涵，等．猪博卡病毒 3/4/5 型 PCR 检测方法的建立及应用 [J]．中国兽医学报，2016，36（06）：908-911.

[3] 何香萍，王宇清．儿童呼吸道人类博卡病毒感染的流行特征及与气候的关系研究 [J]．临床肺科杂志，2019，24（11）：1941-1944.

[4] 焦洋．猪流行性腹泻病毒、猪传染性胃肠炎病毒和猪博卡病毒多重 PCR 检测方法的建立 [D]．南京农业大学，2013.

[5] 孔梅，郭丽茹，邹明，等．天津市儿童人博卡病毒流行状况及基因特征分析 [J]．疾病监测，2020，35（04）：311-315.

[6] 李建宁，姚青，孙玉宁．博卡病毒属基因组特征与致病的分子机制 [J]．微生物学报，2013，53（05）：421-428.

[7] 李振雪，赵飞鹏，于晓丽，等．牛细小病毒 SYBR Green Ⅰ 实时荧光定量 PCR 检测方法的建立 [J]．中国兽医科学，2019，49（09）：1136-1142.

[8] 罗济冠．牛细小病毒检测试剂的制备及快速检测方法的建立 [D]．东北农业大学，2012.

[9] 罗亚坤，崔尚金．猪伪狂犬病病毒和猪博卡病毒混合感染的检测 [J]．猪业科学，2014，31（09）：40-42.

[10] 王瑢，丁淑贤，倪文昌，等．2014—2015 年武汉地区 4232 例儿童呼吸道人类博卡病毒感染流行病学特征 [J]．实用预防医学，2018，25（04）：429-432.

[11] 吴孟，覃杰，高燕敏．新疆巴州地区牛细小病毒流行病学调查 [J]．畜禽业，2020，31（08）：103-104.

[12] 吴占国，李爱华，张铁钢，等．北京地区 6 岁以下儿童急性呼吸道感染病例人博卡病毒流行状况分析 [J]．疾病监测，2016，31（01）：24-28.

[13] 张烨健．动物博卡病毒研究综述 [J]．上海畜牧兽医通讯，2014，（05）：23-24+27.

[14] 赵飞鹏，李木子，于晓丽，等．牛细小病毒 VP2 蛋白单克隆抗体的制备及双抗体夹心 ELISA 方法的建立 [J]．中国预防兽医学报，2020，42（08）：791-796.

[15] 郑英帅．猪博卡病毒间接 ELISA 诊断方法的建立 [D]．河北农业大学，2015.

[16] Aryal M, Liu G. Porcine bocavirus: a 10-year history since its discovery [J] . Virologica Sinica, 2021, 36 (6): 1261-1272.

[17] Bhat R, Almajhdi F. Induction of immune responses and immune evasion by human bocavirus [J] . International Archives of Allergy and Immunology, 2021, 182 (8): 728-735.

[18] Binn L, Lazar E, Eddy G, et al. Recovery and characterization of a minute virus of canines [J] . Infection and Immunity, 1970, 1 (5): 503-508.

[19] Blackburn S, Cline S, Hemming J, et al. Attachment of bovine parvovirus to O-linked alpha 2, 3 neuraminic acid on glycophorin A [J] . Archives of Virology, 2005, 150 (7): 1477-1484.

[20] Blomström A, Belák S, Fossum C, et al. Detection of a novel porcine boca-like virus in the background of porcine circovirus type 2 induced postweaning multisystemic wasting syndrome [J] . Virus Research, 2009, 146 (1-2): 125-129.

[21] Bodewes R, Lapp S, Hahn K, et al. Novel canine bocavirus strain associated with severe enteritis in a dog litter [J] . Veterinary Microbiology, 2014, 174 (1-2): 1-8.

[22] Chaves A, Ibarra-cerdeña C, López-pérez A, et al. Bocaparvovirus, erythroparvovirus and tetraparvovirus in new world primates from central america [J] . Transboundary and Emerging Diseases, 2020, 67 (1): 377-387.

[23] Cheng W, Li J, Huang C, et al. Identification and nearly full-length genome characterization of novel porcine bocaviruses [J] . PLoS One, 2010, 5 (10): e13583.

[24] Choi J, Lee K, Lee J, et al. Genetic characteristics of canine bocaviruses in Korean dogs [J] . Veterinary Microbiology, 2015, 179 (3-4): 177-183.

[25] Dudleenamjil E, Lin C Y, Dredge D, et al. Bovine parvovirus uses clathrin-mediated endocytosis for cell entry [J] . Journal of General Virology, 2010, 91 (Pt 12): 3032-3041.

[26] Guido M, Tumolo M, Verri T, et al. Human bocavirus: current knowledge and future challenges [J] . World Journal of Gastroenterology, 2016, 22 (39): 8684-8697.

[27] Guo D, Wang Z, Yao S, et al. Epidemiological investigation reveals genetic diversity and high co-infection rate of canine bocavirus strains circulating in Heilongjiang province, Northeast China [J] . Research in Veterinary Science, 2016, 106: 7-13.

[28] Hansen M, Brockmann M, Schildgen V, et al. Human bocavirus is detected in human placenta and aborted tissues [J] . Influenza Other Respir Viruses, 2019, 13 (1): 106-109.

[29] Hao Y, Gao J, Zhang X, et al. Seroepidemiology of human bocaviruses 1 and 2 in China [J] . PLoS One, 2015, 10 (4): e0122751.

[30] Jartti T, Hedman K, Jartti L, et al. Human bocavirus-the first 5 years [J] . Reviews in Medical Virology, 2012, 22 (1): 46-64.

[31] Kailasan S, Halder S, Gurda B, et al. Structure of an enteric pathogen, bovine parvovirus [J] . Journal of Virology, 2015, 89 (5): 2603-2614.

[32] Kantola K, Hedman L, Allander T, et al. Serodiagnosis of human bocavirus infection [J] . Clinical Infectious Diseases, 2008, 46 (4): 540-546.

[33] Kapoor A, Mehta N, Dubovi E J, et al. Characterization of novel canine bocaviruses and their association with respiratory disease [J] . Journal of General Virology, 2012, 93 (Pt 2): 341-346.

[34] Kesebir D, Vazquez M, Weibel C, et al. Human bocavirus infection in young children in the United States: molecular epidemiological profile and clinical characteristics of a newly emerging respiratory virus [J] . Journal of Infectious Diseases, 2006, 194 (9): 1276-1282.

[35] Kumar A, Filippone C, Lahtinen A, et al. Comparison of Th-cell immunity against human bocavirus and parvovirus B19: proliferation and cytokine responses are similar in magnitude but more closely interrelated with human bocavirus [J] . Scandinavian Journal of Immunology, 2011, 73 (2): 135-140.

[36] Lau S, Woo P, Yeung H, et al. Identification and characterization of bocaviruses in cats and dogs reveals a novel feline bocavirus and a novel genetic group of canine bocavirus [J] . Journal of General Virology, 2012, 93 (Pt 7): 1573-1582.

[37] Li L, Pesavento P A, Leutenegger C M, et al. A novel bocavirus in canine liver [J] . Virology Journal, 2013, 10: 54.

[38] Lindner J, Zehentmeier S, Franssila R, et al. CD4+ T helper cell responses against human bocavirus viral protein 2 viruslike particles in healthy adults [J] . Journal of Infectious Diseases, 2008, 198 (11): 1677-1684.

[39] Liu C, Liu F, Li Z, et al. First report of feline bocavirus associated with severe enteritis of cat in Northeast China, 2015 [J] . Journal of Veterinary Medical Science, 2018, 80 (4): 731-735.

[40] Liu Q, Zhang Z, Zheng Z, et al. Human bocavirus NS1 and NS1-70 proteins inhibit TNF-α-mediated activation of NF-κB by targeting p65 [J] . Scientific Reports, 2016, 6: 28481.

[41] Luo H, Zhang Z, Zheng Z, et al. Human bocavirus VP2 upregulates IFN-β pathway by inhibiting ring finger protein 125-mediated ubiquitination of retinoic acid-inducible gene-I [J] . Journal of Immunology, 2013, 191 (2): 660-669.

[42] Luo J G, Ge J W, Tang L J, et al. Development of a loop-mediated isothermal amplification assay for rapid detection of bovine parvovirus [J] . Journal of Virological Methods, 2013, 191 (2): 155-161.

[43] Manteufel J, Truyen U. Animal bocaviruses: a brief review [J] . Intervirology, 2008, 51 (5): 328-334.

[44] Mckillen J, Mcneilly F, Duffy C, et al. Isolation in cell cultures and initial characterisation of two novel bocavirus species from swine in Northern Ireland [J] . Veterinary Microbiology, 2011, 152 (1-2): 39-45.

[45] Mcnair I, Mcneilly F, Duffy C, et al. Production, characterisation and applications of monoclonal antibodies to two novel porcine bocaviruses from swine in Northern Ireland [J] . Archives of Virology. 2011, 156 (12): 2157-2162.

[46] Meng Q, Qiao M, Gong S, et al. Molecular detection and genetic diversity of porcine bocavirus in piglets in China [J] . Acta Virologica, 2018, 62 (4): 343-9.

[47] Mochizuki M, Hashimoto M, Hajima T, et al. Virologic and serologic identification of minute virus of canines (canine parvovirus type 1) from dogs in Japan [J] . Journal of Clinical Microbiology, 2002, 40 (11): 3993-3998.

[48] Ng T, Mesquita J, Nascimento M, et al. Feline fecal virome reveals novel and prevalent enteric viruses [J] . Veterinary Microbiology, 2014, 171 (1-2): 102-111.

[49] Niu J, Yi S, Wang H, et al. Complete genome sequence analysis of canine bocavirus 1 identified for the first time in domestic cats [J] . Archives of Virology, 2019, 164 (2): 601-605.

[50] Pfankuche V, Bodewes R, Hahn K, et al. Porcine bocavirus infection associated with encephalomyelitis in a pig, Germany (1) [J] . Emerging Infectious Diseases, 2016, 22 (7): 1310-1312.

[51] Piewbang C, Jo W, Puff C, et al. Canine bocavirus type 2 infection associated with intestinal lesions [J] . Veterinary Pathology, 2018, 55 (3): 434-441.

[52] Piewbang C, Kasantikul T, Pringproa K, et al. Feline bocavirus-1 associated with outbreaks of hemorrhagic enteritis in household cats: potential first evidence of a pathological role, viral tropism and natural genetic recombination [J] . Scientific Reports, 2019, 9 (1): 16367.

[53] Pratelli A, Moschidou P. Host range of Canine minute virus in cell culture [J] . Journal of Veterinary Diagnostic Investigation, 2012, 24 (5): 981-985.

[54] Priestnall S, Mitchell J, Walker C, et al. New and emerging pathogens in canine infectious respiratory disease [J] . Veterinary Pathology, 2014, 51 (2): 492-504.

[55] Schwartz D, Green B, Carmichael L E, et al. The canine minute virus (minute virus of canines) is a distinct parvovirus that is most similar to bovine parvovirus [J] . Virology, 2002, 302 (2): 219-223.

[56] Shi Q, Zhang J, Gu W, et al. Seroprevalence of porcine bocavirus in pigs in north-central China using a recombinant-NP1-protein-based indirect ELISA [J] . Archives of Virology, 2019, 164 (9): 2351-2354.

[57] Söderlund-venermo M. Emerging Human Parvoviruses: The Rocky Road to Fame [J] . Annual Review of Virology, 2019, 6 (1): 71-91.

[58] Takano T, Takadate Y, Doki T, et al. Genetic characterization of feline bocavirus detected in cats in Japan [J] . Archives of Virology, 2016, 161 (10): 2825-2828.

[59] Thacker T, Johnson F. Binding of bovine parvovirus to erythrocyte membrane sialylglycoproteins [J] . Journal of General Virology, 1998, 79 (Pt 9): 2163-2169.

[60] Wang Y, Sun J, Guo X, et al. TaqMan-based real-time polymerase chain reaction assay for specific detection of bocavirus-1 in domestic cats [J] . Molecular and Cellular Probes, 2020, 53: 101647.

[61] Xie X, Kropinski A, Tapscott B, et al. Prevalence of fecal viruses and bacteriophage in Canadian farmed mink (Neovison vison) [J] . Microbiology Open, 2019, 8 (1): e00622.

[62] Xin W, Liu Y, Yang Y, et al. Detection, genetic, and codon usage bias analyses of the VP2 gene of mink bocavirus [J] . Virus Genes, 2020, 56 (3): 306-315.

[63] Xiong Y, You F, Chen X, et al. Detection and phylogenetic analysis of porcine bocaviruses carried by murine rodents and house shrews in China [J] . Transboundary and Emerging Diseases, 2019, 66 (1): 259-267.

[64] Yang S, Wang Y, Li W, et al. A novel bocavirus from domestic mink, China [J] . Virus Genes, 2016, 52 (6): 887-890.

[65] Yi S, Niu J, Wang H, et al. Detection and genetic characterization of feline bocavirus in Northeast China [J] . Virology Journal, 2018, 15 (1): 125.

[66] Zhai S, Yue C, Wei Z, et al. High prevalence of a novel porcine bocavirus in weanling piglets with respiratory tract symptoms in China [J] . Archives of Virology, 2010, 155 (8): 1313-1317.

[67] Zhang Q, Hu R, Tang X, et al. Occurrence and investigation of enteric viral infections in pigs with diarrhea in China [J] . Archives of Virology, 2013, 158 (8): 1631-1636.

[68] Zhang Q, Niu J, Yi S, et al. Development and application of a multiplex PCR method for the simultaneous detection and differentiation of feline panleukopenia virus, feline bocavirus, and feline astrovirus [J] . Archives of Virology, 2019, 164 (11): 2761-2768.

[69] Zhang Q, Zhang C, Gao M, et al. Evolutionary, epidemiological, demographical, and geographical dissection of porcine bocavirus in China and America [J] . Virus Research, 2015, 195: 13-24.

[70] Zhang R, Fang L, Wang D, et al. Porcine bocavirus NP1 negatively regulates interferon signaling pathway by targeting the DNA-binding domain of IRF9 [J] . Virology, 2015, 485: 414-421.

[71] Zhang R, Fang L, Wu W, et al. Porcine bocavirus NP1 protein suppresses type I IFN production by interfering with IRF3 DNA-binding activity [J] . Virus Genes, 2016, 52 (6): 797-805.

[72] Zhang W, Li L, Deng X, et al. Faecal virome of cats in an animal shelter [J] . Journal of General Virology, 2014, 95 (Pt 11): 2553-2564.

[73] Zhang W, Sano N, Kataoka M, et al. Virus-like particles of porcine bocavirus generated by recombinant baculoviruses can be applied to sero-epidemic studies [J] . Virus Research, 2016, 217: 85-91.

[74] Zhang Z, Zheng Z, Luo H, et al. Human bocavirus NP1 inhibits IFN-β production by blocking association of IFN regulatory factor 3 with IFNB promoter [J] . Journal of Immunology, 2012, 189 (3): 1144-1153.

[75] Zheng X, Liu G, Opriessnig T, et al. Development and validation of a multiplex conventional PCR assay for simultaneous detection and grouping of porcine bocaviruses [J] . Journal of Virological Methods, 2016, 236: 164-169.

[76] Zhou F, Sun H, Wang Y. Porcine bocavirus: achievements in the past five years [J] . Viruses, 2014, 6 (12): 4946-4960.

第五节 细环病毒感染

细环病毒（Torque teno virus，TTV）是一种无囊膜的环状单链DNA病毒，于1997年在日本从输血后肝炎患者体内首次被发现。随后，在以下脊椎动物中也分离出类似的病毒，包括非人灵长类动物（黑猩猩、猕猴、罗望子猴）、宠物（犬和猫）、牲畜（猪、牛、羊、骆驼和家禽）以及野猪、獾、松鼠、树袋鼠、啮齿动物、蝙蝠、海龟、海狮等。1999年，Leary T等首次报道猪可自然感染TTV，Okamoto H在2002年首次揭示了TTV的基因组特征。TTV广泛分布，在西班牙、韩国、中国、加拿大、泰国、美国、日本、奥地利等国家的猪血清和组织样本中均可检测到该病毒。根据TTV基因组的结构特征，国际病毒分类委员会将该病毒归为指环病毒科（Anelloviridae），其中主要存在于人类和灵长类动物中的细环病毒属于甲型细环病毒属（*Alphatorquevirus*），具有很大的遗传多样性。临床上，TTV在健康和患病的个体中都有很高的检出率，是重要的哺乳动物病毒之一。TTV单独感染一般不会立刻引发疾病，但可以与其它病毒混合感染致病，影响一些疾病的发展与转归，是一种条件致病病原体。

一、病原学

（一）分类地位

1997年，TTV由Nishizawa T等发现于一例病因不明的急性输血后肝炎患者，病毒的名字来源于病人姓名首字母，2009年，国际病毒分类委员会结合病毒的传播途径为其命名。TTV被发现后，同种类的病毒Torque teno mini virus（TTMV）和Torque teno midi virus（TTMDV）也被发现，它们表现出显著的基因差异。TTV属于指环病毒科，基于病毒感染物种特异性和基因组大小进一步分为甲型细环病毒属（*Alphatorquevirus*）、乙型细环病毒属（*Betatorquevirus* ）、丙型细环病毒属（*Gammatorquevirus*）、丁型细环病毒属（*Deltatorquevirus*）、戊型细环病毒属（*Epsilontorquevirus*）、庚型细环病毒属（*Etatorquevirus*）、壬型细环病毒属（*Iotatorquevirus*）、辛型细环病毒属（*Thetatorquevirus*）、己型细环病毒属（*Zetatorquevirus*）等14个病毒属。猪细环病毒（Torque teno sus virus，TTSuV）可分为TTSuV1和TTSuV2两种基因型，其中TTSuV1属于壬型细环病毒属，而TTSuV2属于新的代表属*Kappatorquevirus*。犬细环病毒和猫细环病毒分别属于辛型细环病毒属和庚型细环病毒属，犬细环病毒又称犬扭矩特诺病毒（Torque teno canis virus，TTCaV）。

（二）病原形态结构与理化特性

TTV是一种单股负链的环形DNA病毒，呈球形正二十面体结构，病毒粒子直径约为30～50nm。在蔗糖中的浮力密度为1.26g/cm^3。应用氯化铯梯度离心分离该病毒，血清和粪便中的TTV的浮力密度分别为1.31～1.33g/cm^{3}和1.33～1.35g/cm^3。病毒核酸可抵抗RNase A的消化，但对DNase I和绿豆核酸敏感。常用的化学消毒法对该病毒灭活效果一般，利用巴斯德消毒可有效地去除血制品中的病毒核酸。

（三）培养特性

目前，仍没有找到合适的细胞系适于TTVs连续传代培养。2001年，Maggi F等报道骨髓和外周血单核细胞（Peripheral blood mononuclear cell，PBMC）的原代培养支持从PCR阳性血浆和粪便样本中TTV的有限复制。2011年，de Villiers E等在人类胚胎肾细胞系HEK293T细胞中证实了重组病毒的连续感染，但只维持到第7代，并未检测到完整的亲本基因组。2012年，Tshering C等报道猪的PBMC也支持TTSuV的复制，但涉及的白细胞亚型仍有待进一步确定。同年，Huang Y等通过构建感染性分子克隆可将TTSuV2基因组转染至猪肾细胞（Porcine Kidney-15 cells，PK-15）和猪睾丸细胞（Swine testis，ST）中进行复制，发现病毒复制水平很低，连续传代20次后不能续传。

二、分子病原学

（一）基因组结构与功能

TTV 的基因组具有多样性。根据宿主物种不同，TTV 基因组 DNA 的长度不同，变化范围为 2.1～3.9kb。感染人类和黑猩猩的 TTV 基因组大小约为 3.7～3.9kb，TTSuV 的基因组大小约为 2.8kb，猫 TTV 的基因组小于 2.1kb。TTCaV 基因组约为 2.8kb。尽管存在基因组序列和大小的差异，但不同物种的 TTV 都具有相似的基因组结构。基因组至少包含 3 个开放阅读框（Open Reading Frame，ORF），以及约 1.2kb（TTSuV 中为 0.8kb）GC 含量较高的非编码区（Untranslated region，UTR）。TTSuV 包含 3 个 ORF，分别为 ORF1、ORF2 和 ORF3，由于 ORF2 的 5′端和 ORF1 的 3′端重叠，ORF3 现在被重新命名为 ORF2/2。UTR 包括启动子和增强子，可以根据不同的细胞中表现出不同的转录活性。TTV 和 TTSuV1 基因组中至少有 3 个或 3 个以上的剪接 mRNA，编码 6 种蛋白质：ORF1、ORF2、ORF1/1、ORF2/2、ORF1/2 和 ORF2/3。目前关于 TTV 蛋白的功能以及它们在复制和发病机理中的作用还知之甚少。

从猪中分离到的 TTSuV 具有高度多样性，差异达 56%，TTSuV 分为两个属：即 Iotatorquevirus（TTSuV1）和 Kappatorquevirus（TTSuVk2）。TTSuV1 包括 TTSuV1a 和 TTSuV1b，TTSuVk2 包括 TTSuVk2a 和 TTSuVk2b。系统发育树和祖先氨基酸状态重建证实了 TTSuV 的种类，并定义基因型 TTSuV1a-1、1a-2、1b-1、1b-2、1b-3 和 k2a-1、k2a-2、k2b。

（二）主要基因及其编码蛋白的结构与功能

人类 TTV ORF1 编码 770 个氨基酸，ORF2 编码 120 个氨基酸（分离株 TA278）。其它几个 ORF 编码的肽段因毒株不同其长度也不同。ORF1 编码 TTV 最大的蛋白。在 N 端，ORF1 蛋白含有一段精氨酸重复序列，ORF1 蛋白类似于圆环病毒的 Cap 蛋白，在单链 DNA 包装中起着至关重要的作用。ORF2 蛋白是一种调节蛋白，是促炎细胞因子白细胞介素 IL-6、IL-8 和 COX-2 和核转录因子 NF-κB（nuclear transcription factor-κB，NF-κB）的抑制剂，有助于病毒破坏宿主的免疫反应。磷酸化 ORF2/2 蛋白在 C 末端含有特征性、富含丝氨酸的结构域，因此，推测该蛋白可能具有 DNA 模板结合能力，在调节基因组复制和基因表达中发挥作用。

在 TTSuV 中鉴定出约 1.8kb 的 *ORF1* 转录物和约 530bp 的较小剪接产物，即 *ORF1/1*。虽然 TTSuV 蛋白的确切功能尚不清楚，但 ORF1 和 ORF1/1 蛋白有一个保守的 N 末端富含精氨酸的区域。在 ORF1 中的不同位置检测到滚环式复制（Rolling circle replication，RCR）相关基序Ⅱ(HxQ) Ⅲ(YXK)，但在 ORF 1/1 中没有检测到。因此，ORF1 被认为是编码病毒的复制酶和衣壳蛋白。ORF2 蛋白由约 200 个核苷酸的基因编码，推测的剪接供体和受体位点的位置在 TTSuV 中是保守的，表明这种转录模式可能也是保守的。ORF2 和 2/2 蛋白质包含一个保守的 N 端蛋白酪氨酸磷酸酶（PTPase）样基序，这表明它们可能在转录或信号转导中起调节作用。与编码区相比，*TTSuV* 基因 UTR 相对比较保守，除了含有一个 TATA Box 结构、一段 GC 富集区外还有多种可形成颈环结构的反向重复序列。

三、流行病学

（一）传染来源

感染 TTV 的个体是该病的重要传染源。接触感染者的唾液、皮肤或头发、被 TTV 污染的血液及其制品等也可造成感染。

TTV 可以通过呼吸道和消化道排毒。15 周龄猪的粪便中 TTSuV 的排泄量低于鼻拭子。因此，病毒污染的环境、饮水、用具、饲料、尿液和粪便也是该病重要的传染源。胎儿的 TTSuV 感染率很高，但母猪并没有表现出流产的症状。使用半定量 PCR 方法检测发现，5 周龄以下的猪和胎儿的组织中不含或含少量的病毒，但在屠宰之前（约 25 周龄），年龄较大动物的组织中含有大量 TTSuV，推测 TTSuV 感染可导致从胎儿开始的持续性感染。因此，带毒的怀孕母猪和其所产仔猪也是 TTSuV 的重要传染源。

（二）传播途径及传播方式

TTV 可通过多种途径传播，包括水平传播和垂直传播途径。水平传播途径包括粪-口、肠外和性。早期对病毒的研究表明 TTV 具有高度的嗜肝性，因此，最有可能通过肠外途径传播，包括在血液透析和注射过程中通过输注受污染的血液及其制品引起的感染。在生理介质（精液、阴道分泌物、宫颈黏液和唾液）中检测到病毒 DNA，证实 TTV 可以通过性传播。在咽拭子中也能检测到病毒核酸，提示 TTV 可通过呼吸道传播。在受感染的个体中，TTV 也存在于粪便中。

人类通过食用猪肉接触 TTSuV 的可能性很高。2016 年 Ssemadaali M 等对人类是否可感染 TTSuV 的调查显示，80%的受试者血清中 TTSuV 核酸呈阳性；40%的受试者血清具有抗 TTSuV1 ORF2 的抗体，表明发生了 TTSuV 的血清阳转。此外，TTSuV1 能在体外培养的人外周血单核细胞中复制。在疫苗、猪肉制品、胰蛋白酶和其它生物制品（如肝素）中也检测到 TTSuV 核酸，因此，该病毒具有潜在人畜共患的可能。

TTSuV 主要通过粪-口进行水平传播。在 1 周龄仔猪鼻和粪便的样本中，检测 TTSuV 核酸呈阳性，并且随着动物年龄的增加患病率也随之增加。另外，Bigarré L 等对采自法国猪场的 160 份组织样品进行 TTSuV 检测，发现在肺脏、淋巴结、扁桃体等组织中均能检出 TTSuV，其中肺脏检出率最高为 11.2%，这说明 TTSuV 可能通过呼吸道传播。在胎儿组织、血液和初乳中也能检测到病毒，说明该病毒也可能发生垂直传播。也有研究者认为通过母乳和母体接触传播可能在 TTV 向新生儿传播中发挥更重要的作用。在人工授精使用的公猪精液中检测到 TTSuV，表明精液可能也是一个重要的传播途径。

2017 年，郁达义等对上海近郊 300 份犬粪样品进行 TTCaV 感染调查，发现 1～5 岁犬 TTCaV 阳性率较高，此时正是犬成熟发情期。因此，推测配种感染的可能性较大，提示存在接触传播和垂直传播的可能。对犬的日粮及生活方式分类显示日粮为杂食和自制犬粮的犬，TTCaV 阳性率显著高于日粮为商品犬粮的犬，进一步证实 TTCaV 可经消化道进行传播。

（三）易感动物

除了人以外，TTV 还可以感染非人灵长类动物（黑猩猩、猕猴、罗望子猴）、宠物（犬和猫）、牲畜（猪、牛、羊、骆驼和家禽）以及野猪、獾、松鼠、树袋鼠、啮齿动物、蝙蝠、海龟、海狮等。

人类和猿猴 TTV 有着密切相关的基因组结构和预测的转录谱，序列相似性约 85%。然而，现在已经证实非人灵长类中的 TTV 变体具有物种特异性，猕猴和罗望子猴中的 TTV 与感染人类和黑猩猩的 TTV 变体越来越不同。Iwaki Y 等报道表明猿猴 TTV 可以感染人类，在 287 例日本肝病患者中有 30 例（10.5%）检测到猿猴 TTV 核酸，但从动物到人类的传播方式尚不清楚。

灵长类并不是唯一可以携带 TTV 的物种。2001 年，Okamoto H 等在哺乳动物树鼩中发现了 TTV。与来自人类和黑猩猩的分离株相比，树鼩 TTV 更接近于来自獠狨和夜猴 TTV。Leary T 等在鸡、猪、奶牛、绵羊、猫和犬体内也检测到了 TTV，序列测定和系统发育分析表明，来自农场动物的分离物在基因上与在人类身上发现的分离物没有区别。Okamoto H 等用 PCR 方法对猪、犬和猫血清标本中的 TTV 序列进行了鉴定，并测定了每个代表性分离物的全基因组序列。系统发育分析表明，这三个分离株与低阶灵长类和树鼩 TTV 的亲缘关系较近。TTSuV 在猪群中广泛传播。此外，在野猪、骆驼、松鼠、海狮等动物的血清样本中也检测到 TTV 核酸。

（四）流行特征

TTV 在人群中广泛存在，不同的地理区域和人群中有所差异。Gallian P 等报道非洲裔人口中 TTV 的检出率显著高于欧洲土著人（42.8% *vs* 24.3%，$p=0.034$）。在亚洲国家如中国、巴基斯坦、伊朗等 TTV 感染率也较高，其中婴幼儿的感染率相对较低（5.1%～25%），并且随着年龄的增长而增加。

TTSuV 在猪群中广泛存在，呈全球分布，无明显的季节性。1999 年，Leary T 等首次证实猪体内存在 TTSuV2 的感染。2009 年，Segalés J 等通过回顾性实验发现 1985 年就有猪群感染 TTSuV。同年我国王礤礤等利用套式 PCR 方法对广东、福建、江西等 7 个省份的 258 份血清样品和组织样品进行了检测，结果首次证实在我国猪群中存在 TTV 感染。目前，美国、西班牙、捷克、巴西等多个国家报道了猪群中感染 TTSuV 的病例。

（五）发生与分布

1. 在国外的发生与流行

在肝酶升高、病因不明的肝炎患者和健康人中均检测到 TTV 基因型 1。在健康人中没有检测到 TTV 基因型 4，但在类风湿关节炎和严重急性呼吸系统疾病患者中有检测到。序列系统发育分析表明在亚洲国家和非洲最常见的基因型分别是基因型 1 和基因型 3。匈牙利和中东地区以基因型 3（65.5%）为主，还存在基因型 5（24%）、基因型 2（5.8%）和基因型 1（4.7%）。南美洲的主要基因型是基因型 1、基因型 2 和基因型 3。TTV 基因型 2 和基因型 1 在韩国占优势。在俄罗斯和哈萨克斯坦流行的 TTV 分离株属于基因型 1b。

2004 年，McKeown N 等运用 PCR 方法对 6 个不同国家的 154 份猪血清中 TTSuV 的感染情况进行了调查，结果显示该病毒检出率为 66.2%（102/154）。TTSuV 阳性率在不同国家有很大差异。其中西班牙样品阳性检出率高达 90%，韩国、中国、加拿大、泰国、美国样品的检出率依次分别是 85%、80%、46%、40%和 33%。

2009 年，Segalés J 等对 1985—2005 年西班牙不同农场的 162 份猪血清样品进行了 TTSuV 检测，结果显示样品中 TTSuV 阳性率为 69.8%，TTSuV1 和 TTSuV2 的阳性率分别为 33.3%和 55.6%，两亚型混合感染率为 23.5%。2006 年，Martínez L 等采用巢式 PCR 方法测定了 178 份来自不同地区、不同管理条件、不同性别和年龄的西班牙野猪血清中两个不同 TTV 基因群的感染率，结果显示 TTSuV 阳性检出率为 84%，TTSuV1 和 TTSuV2 的阳性率分别为 58%和 66%，不同地区的 TTV 感染情况也存在差异。

2009 年，Taira O 等对疑似患有断奶后多系统衰竭综合征（Post-weaning multisystemic wasting syndrome，PMWS）和呼吸道系统疾病的日本猪群进行了 TTSuV 感染情况调查，结果显示来自日本 16 个不同猪群的 153 份血清样本中，TTSuV1 的阳性率为 30%，TTSuV2 的阳性率为 31%，二者混合感染率为 10%，这也是首次对日本猪群 TTSuV 流行情况的报道。2020 年，Furukawa A 等对日本 442 个猪场收集的猪血清进行了 TTSuV1 和/或 TTSuVk2a 基因组检测，结果显示 TTSuV1 和 TTSuVk2a 的阳性率分别为 98.2%和 81.7%。

2011 年，Lang C 等对 83 个农场的 253 份猪血清样品进行了调查，首次报道 TTV 在奥地利流行。结果显示 TTSuV1 的阳性率为 16.2%，TTSuV2 的阳性率为 21.7%，TTSuV1 和 TTSuV2 混合感染率为 21.7%。

2018 年，Ramos N 等调查了 TTSuV1 和 TTSuVk2a 在猪圆环病毒 2 型（Porcine circovirus type 2，PCV2）感染和未感染的乌拉圭家猪和野猪中的流行情况。结果显示 TTSuV1 和 TTSuVk2a 混合感染（56%，52/93）的发生率高于 TTSuV1 单一感染（27%，25/93）和 TTSuV2ka 单一感染（17%，16/93）的发生率。另外，TTSuV1 和 TTSuVk2a 感染率或病毒载量与 PCV2 感染、健康状况或年龄无显著相关性。

2021 年，Nguyen V 等对韩国猪群 470 份样品进行 TTSuV 感染率调查，结果显示 2017—2018 年韩国 TTSuV 的患病率为 44%（TTSuV1 和 TTSuV2 的阳性率分别为 16%和 36%，两种 TTSuV 的共同感染率约为 8%）。

TTCaV 首先在日本被报道。2002 年，Okamoto H 等利用人 TTV 基因组非编码区设计引物对猪、犬和猫血清进行 TTV 检测，并测定了各代表性分离株的全基因组序列，将犬血清中分离出来的 TTCaV 序列命名为 Cf-TTV10。该毒株与已报道的来自人类和非人灵长类动物的 TTV 基因组同源性低于 45%。

2020 年，Turan T 等对 202 只来自土耳其临床健康犬和腹泻犬进行 TTCaV 感染情况的调查，发现 TTCaV 阳性率为 32.18%。其中，健康犬阳性率为 28.84%。将获得的 10 条 *ORF3/ORF1* 序列与 GenBank 数据库序列进行核苷酸及氨基酸序列比对，结果显示其中 8 条序列与已报道序列的核苷酸同源性为 97.31%～100%，氨基酸同源性为 92.86%～100%；另外 2 条序列与其它序列的核苷酸同源性为 88.18%～91.55%，氨基酸同源性为 79.59%～83.67%。*ORF3/ORF1* 的多序列比对显示几个核苷酸突变导致了多个位置的氨基酸序列变异，提示可能出现了新的 TTCaV 基因型。

2. 在国内的发生与流行

我国猪群中 TTSuV 感染十分普遍，阳性检出率较高，但由于地域差异，各地区感染情况有所不同。2009 年，王礞礞等首次证实在我国猪群中存在 TTV 感染。訾占超等对 2009 年采自 29 个省市的 1990 份猪血清样品通过双重 PCR 方法进行了检测，结果显示我国猪群中 TTV 的感染率为 63.37%（1261/1990），TTSuV1 和 TTSuV2 单独感染率分别为 55.88%和 32.91%，混合感染率为 25.43%。进一步分析表明我国猪群中 TTSuV 的感染率以东北地区最高，西北地区最低。

2020 年，Li G 等对黑龙江、辽宁、福建、山东、安徽、河南、河北、广东、湖南、山西、江苏、云南等 12 个省的 882 份样品进行了调查。结果显示，TTSuV 阳性率为 33.3%

(294/882)，其中TTSuV1阳性率为22.1%（195/882），TTSuVk2阳性率为18.6%（164/882），两者混合感染阳性率为7.37%。同时，检测到TTSuV与PCV2和猪圆环病毒3型（Porcine circovirus type 3，PCV3）的共感染率分别为7.26%和2.72%。此外，通过对不同脏器的比较发现，TTSuV阳性标本主要来自于肺（42.2%）和脾（53.1%）。共测定了36个TTSuV全基因组，其中16个属于TTSuV1，20个属于TTSuVk2。

2021年，刘东旭等对吉林地区10家规模化猪场的130份血清样本进行了检测。结果显示，TTSuV1和TTSuV2的感染率分别为38.46%和57.69%，混合感染率为31.54%，PCV2与TTSuV1和TTSuV2的感染率分别为32.30%和44.62%。此外，PMWS病猪血清中TTSuV2载量明显高于PCV2亚临床感染猪，提示TTSuV2载量与PMWS的发生存在一定程度的相关性。

2011年，Lan D等首次报道我国TTCaV感染率为13%（20/158），并完成了全基因组序列测序。同年，叶剑波等研究发现，上海地区TTCaV的感染率为14.6%（29/199），其中，牧羊犬类等大型犬较其它品种的犬更易感，并且不同性别间感染率存在显著差异，雌性犬的感染率（20.1%）超过雄性犬（11.0%）。Zhu C等首次报道猫TTV在我国猫群中的感染阳性率为12.5%（2/16）。2021年，黄海鑫等对广西地区58份犬、猫腹泻样品进行检测，TTCaV和猫TTV阳性率分别为8.57%（3/35）和8.70%（2/23）。

四、免疫机制与致病机理

（一）免疫机制

研究表明，血液中的TTV被血液中的免疫球蛋白识别，形成抗原-抗体复合物，引起体液免疫反应。免疫识别最合理的靶点是ORF1蛋白，它可能是病毒衣壳结构的一部分。Kakkola L等人已经证明，TTV阳性者血清中的抗体可以识别ORF1蛋白和ORF2蛋白。ORF3蛋白没有主要的免疫抑制作用，也没有刺激抗病毒免疫。TTV免疫生物学的最新进展证实，免疫细胞能够识别病毒的抗原决定簇，并通过产生相应的促炎蛋白和细胞因子（干扰素γ、肿瘤坏死因子α）和增加IL-6、IL-12、IL-28、IL-29、趋化因子CCL7和一些抗病毒蛋白质等对病毒的入侵做出应答。触发全面抗病毒防御机制可以使TTV DNA保持在较低水平，但在这种情况下，TTV不能完全被清除，它在人群中的高流行率证实了这一点，甚至在健康人群的情况也是如此。TTV相关的发病机制还需要进一步研究。

在仔猪、育肥猪和母猪中检测到对TTSuV1和TTSuV2的抗体呈阳性反应。反应强度和检出率随着动物年龄的增长而增加。Jiménez-Melsió A等用编码*ORF2*基因和*ORF1-A*、*ORF1-B*和*ORF1-C*剪接变异体的DNA疫苗对3周龄的常规猪进行处理，并用纯化的ORF1-A和ORF2大肠杆菌蛋白加强免疫，而另一组用未接种疫苗的动物作为对照组，观察自然感染期间的病毒载量情况。结果显示，与对照组相比，接种疫苗后使得TTSuVk2a感染时间推迟，也降低了TTSuVK2a病毒血症，这表明细胞免疫在病毒清除中也可能很重要。尚不清楚其它病毒蛋白是否也具有免疫原性或保护性。

关于血清学交叉反应性的报告各不相同。Huang Y等研究报告了TTSuV1a和TTSuV1b之间的交叉反应性，但在TTSuV1和TTSuVK2之间或者猪和人TTV之间没有交叉反应。因此，研究针对TTV感染的抗体反应对更好地理解病毒免疫非常重要。

（二）致病机理

迄今为止，该病毒的致病性问题一直存在争议。自从TTV被发现以来，TTV的靶器官尚不明确。病毒在许多器官和组织中都能够复制，如肝脏、骨髓、肺、淋巴组织，以及血液单核细胞和粒细胞等。人类的 TTV 复制周期已经被证明伴随着 microRNAs（miRNAs）的合成。miRNAs 可抑制干扰素信号，促进 TTV 逃避免疫应答，并促进其在宿主体内的持久性。但是关于 TTV-miRNAs 的合成对病毒在体内的持久性有什么贡献，以及这种作用是否具有临床意义还尚不明确。在感染 TTV 后，其在体内可能存在两种变体：①TTV 在人体内的非致病性持久存在；②当身体出现不良情况时，TTV 参与感染过程，对易感细胞，包括肝细胞和胆管上皮造成损伤。

目前，关于 TTV 发病的分子机制的研究还很少。Singh P 和 Ramamoorthy S 等对 TTSuV1 感染性克隆转染猪巨噬细胞系后免疫基因调控的研究显示，病毒感染后导致 IFN-β 和 TLR9 上调，IL-4、IL-13 下调。但没有检测到干扰素下游的干扰素刺激免疫反应，促炎基因也没有上调表达。在巨噬细胞中过表达 TTSuV1 ORF1 蛋白会导致与慢性感染相关的 IL-10、PD-1 和 SOCS-1 上调。

有研究发现预先感染 TTSuV1 会延迟并降低对猪繁殖与呼吸综合征病毒（Porcine reproductive and respiratory syndrome virus，PRRSV）疫苗接种的抗体反应、抑制淋巴细胞增殖以及 PRRSV 刺激引起的 IFN-γ 和 IL-10 反应，并降低疫苗效力。然而，在该研究中并未检测到 TTSuV 单独感染导致的机体反应。先前的研究报道人 TTV 的 ORF2 蛋白会干扰 NF-κB 通路，其 DNA 能够上调 TLR9，病毒编码的 miRNA 对干扰素信号有干扰作用，这表明 TTSuV 和人类病毒在免疫机制上可能是相似的。在 TTV ORF2 和 ORF1 的富含精氨酸的 N 末端区域鉴定出类似于自身抗原的氨基酸序列基序，这些抗原与系统性红斑狼疮和多发性硬化症相关，表明 TTV 在自身免疫疾病中发挥某些作用。普通抗病毒药物可能对 TTV 无效，因为使用干扰素和利巴韦林治疗 TTV 阳性的丙型肝炎患者不会影响 TTV 的病毒载量。Ramzi M 等认为，细胞因子基因的遗传变异和多态性可能在移植后对 TTV 的易感性发挥作用，细胞因子的产生也可能是毒株依赖性的，使得对 TTV 生物学的理解更加复杂化。考虑到 TTV 在其宿主中定殖的效率和持久性，很可能涉及多种免疫逃逸机制，从而使 TTV 与它们的宿主共存。

五、临床症状

（一）单纯感染的临床症状

TTV 在无症状个体中的存在率较高，因此，TTV 感染本身不会立即引起疾病。普遍认为 TTV 会影响某些疾病（包括病毒性肝炎、获得性免疫缺陷综合征、哮喘和相关的儿童呼吸系统疾病以及肾脏疾病等）的发展，甚至影响其预后。TTV 与肝脏、血液、免疫系统、呼吸系统、癌症等多种病理状况有关。

与人类的情况类似，目前尚无数据表明猪的 TTV 感染与临床疾病直接有关。2008 年，Krakowka S 和 Ellis J 等用感染猪的骨髓感染猪或用感染性克隆对剥夺初乳的仔猪进行实验性感染，能够观察到间质性肺炎、淋巴发育不全和增生、分散性肝炎等。利用 PCR 和原位杂交技术，在自然感染和实验感染动物的多种器官和组织（如脑、肺脏、纵膈、肠系膜淋巴结、心脏、肝脏、脾脏、肾脏和脊髓）中均可检出 TTSuV DNA 的存在。2011 年，Mei M 等报道感染 TTSuV2 的 SPF 幼猪出现心肌纤维化和心内膜炎、间质性肺炎、膜性肾小球肾病以及扁桃体和肺门淋巴结各种组织中的散在炎症和出血，但无明显临床症状。

（二）与其它病原混合感染的临床症状

TTSuV 感染与 PMWS、PCV3 和猪圆环病毒相关疾病（Porcine Circovirus Associated Disease，PCVAD）、猪呼吸道综合征（Porcine Respiratory Disease Complex，PRDC）之间存在相关性，但与一般猪繁殖障碍疾病之间的关系尚未见报道。

TTSuV 在患 PMWS 的猪中的感染率（91%）高于健康猪中的感染率（72%）。另外，利用荧光定量 PCR 检测发现，在患有 PCVAD 的猪中，TTSuV2 的病毒载量明显高于健康猪或者患猪皮炎肾病综合征（Porcine Dermatitis Nephropathy Syndrome，PDNS）的病猪，但 TTSuV1 的病毒载量在这些猪中无显著差异。因此，有的学者认为，TTSuV2 会影响 PMWS 的发病情况。相反，Lee S 等用 11 头 PMWS 感染猪和 11 头健康猪作为研究对象，研究结果认为 TTSuV 与 PMWS 的发生无关。Huang Y 等人研究发现与健康动物相比，受 PMWS 影响的猪具有更高的病毒核酸水平和更低的抗 TTSuV2 抗体水平，但在这些动物中没有检测到抗 TTSuV1 的抗体。

刘建波等对我国 14 个省 280 份猪组织样品进行 TTV 与 PCV 的感染状况调查，结果显示我国猪群中 TTV 与 PCV2 混合感染率高达 75%；其中 PCV2 核酸阳性样品中，TTV1 和 TTV2 的阳性率分别是 69%和 28%，表明 TTV1 可能与 PCV2 混合感染而引起 PMWS，但其致病性机制还有待进一步研究。

Zheng S 等研究报道了 TTSuV 与 PCV3 的共感染。在 132 例 PCV3 阳性标本中，TTSuV1 和 TTSuV2 的感染率分别是 83.3%和 71.2%，TTSuV1 和 TTSuV2 混合感染率为 50.0%。无论是多产母猪还是幼仔，PCV3 阳性且 PCV2 阴性的猪都没有表现出临床症状。

Krakowka S 等报道 PCV2 阴性猪接种 PRRSV 与 TTV1 的混合血浆或组织匀浆后，出现双侧对称性皮肤出血、全身水肿、黄疸、双侧对称性肾皮质出血、皮肤血管炎伴出血、间质性肺炎等符合 PDNS 的临床症状和病理诊断，提示 TTV1 与 PDNS 病变的产生密切相关。

Qin 等对 PRDC 病例中病毒检测与临床健康对照之间关联的统计显示，TTSuV-1a 在无症状猪体的检出率为 1.84%（7/38），而在 PRDC 患病猪检出率为 47.22%（17/36），提示 TTSuV-1a 可能与 PRDC 有关。

六、病理变化

感染 TTSuV2 的 SPF 仔猪均无明显临床症状，但出现心肌纤维化和心内膜炎、间质性肺炎、膜性肾小球肾病，肝门区有中度炎性细胞浸润，胰脏有出血灶，黏膜小静脉和外纵肌内有少量红细胞，扁桃体和肺门淋巴结微血管内有少量红细胞，炎性细胞（淋巴细胞和嗜酸性粒细胞）浸润。

七、诊断

（一）临床诊断要点

TTSuV 在猪群中广泛存在，呈全球范围分布，无明显的季节性。TTV 受感染个体是该病的重要传染源。在猪的分泌物、排泄物甚至皮肤和被毛中均能检测到该病毒。传播途径为粪-口传播和垂直传播。猪场血清学阳性率较高。TTSuV 单独感染不会立即导致动物明显的临床症状，是一种条件致病病原体。TTSuV 是猪群其它疾病的恶化因素之一，包括 PC-VAD、PRDC 或 PDNS。但具体的致病机制还需要进一步研究。感染 TTSuV2 的 SPF 幼猪出现心肌纤维化和心内膜炎、间质性肺炎、膜性肾小球肾病等。TTSuV 常与其它病毒混合感染，表现为 PMWS 或呼吸系统疾病，因此需要与 PCV2、PCV3、PRRSV、PPV 等做实验室鉴别诊断。

（二）实验室诊断要点

1. 病原诊断

TTV 可存在于唾液、汗液、胆汁、精液、尿液、粪便、鼻腔和阴道分泌物等。肝脏、淋巴结、骨髓、脾脏、胰腺、肺和甲状腺的活检标本可用于 TTV 感染的诊断。TTSuV DNA 可在肺脏、脾脏、淋巴结、扁桃体等组织中检测出来。

针对保守 UTR 序列，可检测大多数 TTV，而那些针对基因组中可变区域的检测有助于区分属间的差异。可通过普通 PCR、定量 PCR、巢式 PCR、滚环扩增和原位杂交进行检测。

2. 血清学诊断

基于 ORF1 建立的酶联免疫吸附试验（ELISA）可用于检测 TTSuV1a、TTSuV1b 和 TTSuVK2。基于 ORF2 建立的 ELISA 可用于检测 TTSuV1a。Jarosova V 等分析了 TTSuV1 和 TTSuV2 的 ORF1 蛋白中的抗原区，选择 ORF1 C 端的保守表位，可以通过 ELISA 检测 TTSuV1 和 TTSuV2。使用一组针对 ORF1 蛋白的单克隆抗体在 536～561 氨基酸残基确定了两个线性表位，将有助于进一步了解抗原的差异，进行鉴别诊断。

3. 实验室鉴别诊断技术

通过基因测序的方法区分该病毒与其它病原。

八、预防与控制

TTV 病毒在环境中的抵抗力强，在自然界中广泛存在，流行无明显的季节性。因此加强 TTV 的环境监测、预防公共饮水体系污染等方面的工作将是预防人类疾病发生的重要措施，具有重要的公共卫生意义。

由于 TTV 的致病力存在争议，对养猪业的危害还有待进一步研究。所以，目前没有针对 TTV 的疫苗和药物，防控措施主要以加强生物安全管理为主。

（刘盼娆、李向东）

参考文献

[1] 黄海鑫，李玉莹，张杰，等．广西地区犬、猫细环病毒的全基因组序列分析［J］．黑龙江畜牧兽医，2021，04：64-68.

[2] 刘东旭，沙万里，尹柏双，等．吉林部分地区 TTSuVs 与 PCV2 混合感染情况调查及其与 PMWS 相关性分析［J］．家畜生态学报，2021，42（3）：65-69.

[3] 刘建波，郭龙军，危艳武，等．猪输血传播病毒（TTV）与猪圆环病毒混合感染的检测及 TTV 遗传变异分析［J］．中国预防兽医学报，2011，33（1）：6-10.

[4] 曲歌，苗丽娟，王欣茹，等．猪细环病毒研究进展［J］．吉林畜牧兽医，2018，39（8）：9-11.

[5] 王礤礤，周艳君，陈宗艳，等．我国猪群中 TTV 的鉴定及其分子流行病学分析［J］．中国预防兽医学报，2009，31（10）：751-755.

[6] 王园．猪细环病毒 2 型感染与猪断奶后多系统衰竭综合征的相关性分析［D］．北京农学院，2016.

[7] 叶剑波．上海近郊某地区犬 Torque Teno virus 感染率调查及全基因组序列分析［D］．上海交通大学，2011.

[8] 郁达义，张峻，王海根，等．上海近郊宠物犬中输血传播病毒与肠道寄生虫感染调查［J］．畜牧与兽医，2017，49（6）：160-162.

[9] 张黎．猪细环病毒 2 型间接 ELISA 和 LAMP 检测方法的建立［D］．江西农业大学，2015.

[10] 訾占超，夏应菊，韩雪，等．2009 年我国部分猪群输血传播病毒感染情况调查［J］．中国预防兽医学报，2011，33（10）：759-762.

[11] Aramouni M，Segalés J，Sibila M，et al. Torque teno sus virus 1 and 2 viral loads in postweaning multisystemic wasting syndrome (PMWS) and porcine dermatitis and nephropathy syndrome (PDNS) affected pigs［J］. Veterinary Microbiology，2011，153：377-381.

[12] Biagini P. Classification of TTV and related viruses (anelloviruses)［J］. Current Topics in Microbiology and Immunology，2009，331：21-33.

[13] Bigarré L，Beven V，de Boisséson C，et al. Pig anelloviruses are highly prevalent in swine herds in France［J］. The Journal of General Virology，2005，86：631-635.

[14] de Villiers E，Borkosky S，Kimmel R，et al. The diversity of torque teno viruses：in vitro replication leads to the formation of additional replication-competent subviral molecules［J］. Journal of Virology，2011，85：7284-95.

[15] Ekundayo T. Prevalence of emerging torque teno virus (TTV) in drinking water，natural waters and wastewater networks (DWNWWS)：A systematic review and meta-analysis of the viral pollution marker of faecal and anthropocentric contaminations［J］. The Science of the Total Environment，2021，771：145436.

[16] Furukawa A，Mitarai S，Takagi M，et al. Nationwide prevalence of Torque teno sus virus 1 and k2a in pig populations in Japan［J］. Microbiology and Immunology，2020，64：387-391.

[17] Gallian P，Berland Y，Olmer M，et al. TT virus infection in French hemodialysis patients：study of prevalence and risk factors［J］. Journal of Clinical Microbiology，1999，37：2538-2542.

[18] Huang Y，Patterson A，Opriessnig T，et al. Rescue of a porcine anellovirus (torque teno sus virus 2) from cloned genomic DNA in pigs［J］. Journal of Virology，2012，86：6042-6054.

[19] Iwaki Y，Aiba N，Tran H，et al. Simian TT virus (s-TTV) infection in patients with liver diseases［J］. Hepatology Research：the Official Journal of the Japan Society of Hepatology，2003，25：135-142.

[20] Jarosova V，Celer V. Preliminary epitope mapping of Torque teno sus virus 1 and 2 putative capsid protein and serological detection of infection in pigs［J］. The Journal of General Virology，2013，94：1351-1356.

[21] Jiménez-Melsió A，Rodriguez F，Darji A，et al. Vaccination of pigs reduces Torque teno sus virus viremia during natural infection［J］. Vaccine，2015，33：3497-503.

[22] Kaczorowska J，van der Hoek L. Human anelloviruses：diverse，omnipresent and commensal members of the virome［J］. FEMS Microbiology Reviews，2020，44：305-313.

[23] Kakkola L，Bondén H，Hedman L，et al. Expression of all six human Torque teno virus (TTV) proteins in bacteria and in insect cells，and analysis of their IgG responses［J］. Virology，2008，382：182-189.

[24] Krakowka S，Ellis J. Evaluation of the effects of porcine genogroup 1 torque teno virus in gnotobiotic swine［J］. American Journal of Veterinary Research，2008，69（12）：1623-1629.

[25] Krakowka S，Hartunian C，Hamberg A，et al. Evaluation of induction of porcine dermatitis and nephropathy syndrome in gnotobiotic pigs with negative results for porcine circovirus type 2［J］. American Journal of Veterinary Research，2008，69（12）：1615-1622.

[26] Lan D，Hua X，Cui L，et al. Sequence analysis of a Torque teno canis virus isolated in China［J］. Virus Research，2011，160（1-2）：98-101.

[27] Lang C，Söllner H，Barz A，et al. Investigation of the prevalence of swine torque teno virus in Austria［J］. Berliner und Munchener tierarztliche Wochenschrift，2011，124（3-4）：142-147.

[28] Leary T，Erker J，Chalmers M，et al. Improved detection systems for TT virus reveal high prevalence in humans，non-human primates and farm animals［J］. The Journal of General Virology，1999，80（Pt 8）：2115-2120.

[29] Lee S，Sunyoung S，Jung H，et al. Quantitative detection of porcine Torque teno virus in Porcine circovirus-2-negative and Porcine circovirus-associated disease-affected pigs［J］. Journal of Veterinary Diagnostic Investigation，

2010，22（2）：261-264.

[30] Lefkowitz E，Dempsey D，Hendrickson R，et al. Virus taxonomy：the database of the International Committee on Taxonomy of Viruses（ICTV）[J]. Nucleic Acids Research，2018，46（D1）：D708-D717.

[31] Li G，Wang R，Cai Y，et al. Epidemiology and evolutionary analysis of Torque teno sus virus [J]. Veterinary Microbiology，2020，244：108668.

[32] Maggi F，Fornai C，Zaccaro L，et al. TT virus（TTV）loads associated with different peripheral blood cell types and evidence for TTV replication in activated mononuclear cells [J]. Journal of Medical Virology，2001，64（2）：190-194.

[33] Martínez L，Kekarainen T，Sibila M，et al. Torque teno virus（TTV）is highly prevalent in the European wild boar（Sus scrofa）[J]. Veterinary Microbiology，2006，118（3-4）：223-229.

[34] McKeown N，Fenaux M，Halbur P，et al. Molecular characterization of porcine TT virus，an orphan virus，in pigs from six different countries [J]. Veterinary Microbiology，2004，104（1-2）：113-117.

[35] Mei M，Zhu L，Wang Y，et al. Histopathological investigation in porcine infected with torque teno sus virus type 2 by inoculation [J]. Virology Journal，2011，8：545.

[36] Meng X. Emerging and re-emerging swine viruses [J]. Transboundary and emerging diseases，2012，59（Suppl 1）：85-102.

[37] Nguyen V，Kim C，Do H，et al. Torque teno virus from Korean domestic swine farms，2017-2018 [J]. Veterinary Medicine and Science，2021，7（5），1854-1859.

[38] Nishizawa T，Okamoto H，Konishi K，et al. A novel DNA virus（TTV）associated with elevated transaminase levels in posttransfusion hepatitis of unknown etiology [J]. Biochemical and Biophysical Research Communications，1997，241（1）：92-97.

[39] Okamoto H，Nishizawa T，Takahashi M，et al. Genomic and evolutionary characterization of TT virus（TTV）in tupaias and comparison with species-specific TTVs in humans and non-human primates [J]. The Journal of General Virology，2001，82（Pt 9）：2041-2050.

[40] Okamoto H，Takahashi M，Nishizawa T，et al. Genomic characterization of TT viruses（TTVs）in pigs，cats and dogs and their relatedness with species-specific TTVs in primates and tupaias [J]. The Journal of General Virology，2002，83（Pt 6）：1291-1297.

[41] Okamoto H. History of discoveries and pathogenicity of TT viruses [J]. Current Topics in Microbiology and Immunology，2009，331：1-20.

[42] Okamoto H. TT viruses in animals [J]. Current Topics in Microbiology and Immunology，2009，331：35-52.

[43] Pisani G，Antigoni I，Bisso G，et al. Prevalence of TT viral DNA in Italian blood donors with and without elevated serum ALT levels：molecular characterization of viral DNA isolates [J]. Haematologica，2000，85（2）：181-185.

[44] Qin S，Ruan W，Yue H，et al. Viral communities associated with porcine respiratory disease complex in intensive commercial farms in Sichuan province，China [J]. Scientific Reports，2018，8（1）：13341.

[45] Ramos N，Mirazo S，Botto G，et al. High frequency and extensive genetic heterogeneity of TTSuV1 and TTSuVk2a in PCV2- infected and non-infected domestic pigs and wild boars from Uruguay [J]. Veterinary Microbiology，2018，224：78-87.

[46] Ramzi M，Arandi N，Zarei T，et al. Genetic variation of TNF-α and IL-10，IL-12，IL-17 genes and association with torque teno virus infection post hematopoietic stem cell transplantation [J]. Acta Virologica，2019，63（2）：186-194.

[47] Reshetnyak V，Maev I，Burmistrov A，et al. Torque teno virus in liver diseases：On the way towards unity of view [J]. World Journal of Gastroenterology，2020，26（15）：1691-1707.

[48] Segalés J，Martínez-Guinó L，Cortey M，et al. Retrospective study on swine Torque teno virus genogroups 1 and 2 infection from 1985 to 2005 in Spain [J]. Veterinary Microbiology，2009，134（3-4）：199-207.

[49] Simmonds P，Davidson F，Lycett C，et al. Detection of a novel DNA virus（TTV）in blood donors and blood products [J]. Lancet（London，England），1998，352（9123）：191-195.

[50] Singh P，Ramamoorthy S. Immune gene expression in swine macrophages expressing the Torque Teno Sus Virus1

(TTSuV1) ORF-1 and 2 proteins [J]. Virus Research, 2016, 15; 220: 33-38.

[51] Singh P, Ramamoorthy S. Lack of strong anti-viral immune gene stimulation in Torque Teno Sus Virus1 infected macrophage cells [J]. Virology, 2016, 495: 63-70.

[52] Spandole S, Cimponeriu D, Berca L, et al. Human anelloviruses: an update of molecular, epidemiological and clinical aspects [J]. Archives of Virology, 2015, 160 (4): 893-908.

[53] Ssemadaali M, Effertz K, Singh P, et al. Identification of heterologous Torque Teno Viruses in humans and swine [J]. Scientific Reports, 2016, 6: 26655.

[54] Taira O, Ogawa H, Nagao A, et al. Prevalence of swine Torque teno virus genogroups 1 and 2 in Japanese swine with suspected post-weaning multisystemic wasting syndrome and porcine respiratory disease complex [J]. Veterinary Microbiology, 2009, 139 (3-4): 347-350.

[55] Tshering C, Takagi M, Deguchi E. Infection dynamics of Torque teno sus virus types 1 and 2 in serum and peripheral blood mononuclear cells [J]. The Journal of Veterinary Medical Science, 2012, 74 (4): 513-517.

[56] Turan T, Işıdan H, Atasoy M O. Molecular detection and genomic characterisation of Torque teno canis virus in Turkey [J]. Veterinarski Arhiv, 2020, 90 (5): 467-475.

[57] Webb B, Rakibuzzaman A, Ramamoorthy S. Torque teno viruses in health and disease [J]. Virus Research, 2020, 285: 198013.

[58] Zheng S, Shi J, Wu X, et al. Presence of Torque teno sus virus 1 and 2 in porcine circovirus 3-positive pigs [J]. Transboundary and Emerging Diseases, 2018, 65 (2): 327-330.

[59] Zhu C, Shan T, Cui L, et al. Molecular detection and sequence analysis of feline Torque teno virus (TTV) in China [J]. Virus Research, 2011, 156 (1-2): 13-16.

第六节 圆环病毒感染

圆环病毒属于圆环病毒科（Circoviridae）圆环病毒属（*Circovirus*），目前包括 49 个种。2000 年以后新发现的圆环病毒包括猪圆环病毒 3 型（Porcine circovirus 3，PCV3）、猪圆环病毒 4 型（Porcine circovirus 4，PCV4）、鸭圆环病毒（Duck circovirus，DuCV）和犬圆环病毒（Canine circovirus，CanineCV）。圆环病毒分离较为困难，目前上述新出现的圆环病毒只有 PCV3 在细胞上被成功分离。因此，对这些圆环病毒的病原学、致病机制等基础研究较少。

PCV3 于 2016 年在美国首次报告。随后，波兰、中国、韩国、意大利、巴西、英国、德国、西班牙、阿根廷、斯洛文尼亚、匈牙利、俄罗斯、马来西亚、日本、印度、泰国等国家陆续报道由该病毒引发的疾病，并且流行范围不断扩大。迄今为止，PCV3 核酸既可在发病猪的组织样品中检测到，也可在健康猪体内检测到。因此，其致病力存在争议。临床上，PCV3 可引起母猪丘疹性皮炎、流产、死胎和木乃伊胎，仔猪感染后可引起先天性震颤和心肌炎等临床症状，是一种重要的动物新发传染病病原。PCV4 于 2019 年在我国首次报道，目前只有我国和韩国有该病流行的报道，病毒尚未在体外成功分离，其致病力尚不清楚。

DuCV 于 2003 年在德国首次报道，之后在匈牙利、美国、中国、韩国和波兰等国家均有报道，流行范围在不断扩大。DuCV 基因组大小约为 1.99kb，主要有两个开放阅读框，分别为 *ORF1* 和 *ORF2*。*ORF1* 与 *ORF2* 之间有 1 个四重串联重复序列（QTR），是 DuCV 区别于其它圆环病毒的分子特征。DuCV 可感染不同日龄和品系的鸭，病鸭临床表现为羽毛凌乱、生长迟缓。病毒经呼吸道侵入气管后，可造成气管阻塞，导致呼吸困难，临床剖检病死鸭可见肝脏出现土黄色斑块，胆汁稀薄且明显减少。法氏囊是DuCV感染的主要器官，可引起法氏囊中淋巴细胞大范围损伤、坏死，后期出现间质细胞增生，对雏鸭可引起原发硬化性胆管炎。DuCV可进行水平传播，尚未有垂直传播的报道。DuCV可引起免疫抑制，导致宿主免疫功能下降，易与其它病原混合感染，临床中与小鹅瘟病毒混合感染较为常见。

Cha S等对采自2011—2012年韩国5个省份92个鸭场的144份样品进行检测，DuCV核酸阳性率为21.8%，同时发现3周龄以上鸭的发病率显著高于1周龄雏鸭。傅光华等于2008年首次在我国番鸭中检测到DuCV，随后在福建、浙江、江西、广东、山东等省陆续有DuCV感染的报道。刘少宁等通过检测山东、江苏、四川、福建、广东5省36个鸭场343只病（死）鸭，DuCV核酸阳性率高达81.63%，各省鸭群阳性率高达94.44%；Liu H等对广东、广西、云南三省的番鸭、樱桃谷鸭、骡鸭和绿头鸭进行DuCV检测，发现总感染率为36.91%，不同品系的鸭感染率差异不显著，但4周龄以上的鸭感染率更高。粟艳琼等获得14株DuCV基因组序列，发现广西地区同时流行1.1、1.2和2.1三种不同基因型病毒，且以1.1、1.2基因型为优势流行毒株。

CanineCV于2012年在美国首次报道，随后德国、意大利、中国等国家陆续从腹泻犬中发现该病毒。CanineCV基因组大小为2062～2064bp，主要编码两个开放阅读框，分别为*ORF1*和*ORF2*。*ORF1*相对保守，编码大小为303aa的病毒复制酶Rep蛋白；*ORF2*编码大小为270aa的病毒衣壳蛋白Cap蛋白。其中，Cap蛋白N端有一段大小为26个氨基酸富含精氨酸的区域，与PCV2等圆环病毒的核定位信号序列相似。Wang L等对GenBank中来自不同国家的93株CanineCV基因序列进行遗传进化分析，发现CanineCV可分为5个不同的基因型，其中国外毒株属于基因5型。我国2015年之前流行的绝大多数毒株属于基因1型和基因3型，而2015年之后流行的绝大多数毒株属于基因2型和基因4型。犬是CanineCV的自然宿主，狼和獾等野生犬科动物也可感染。CanineCV可感染不同年龄的犬，幼龄犬感染率较高，常与犬细小病毒发生混合感染，临床上以侵害消化道为主，发病犬出现肉芽性淋巴结节炎、坏死性血管炎、胃肠炎和出血性腹泻等临床症状。在CanineCV与犬细小病毒混合感染的病例中，肠坏死的隐窝中含有大量的犬细小病毒，而在淋巴坏死区和肉芽肿炎症病灶内的上皮样巨噬细胞中存在大量CanineCV，因此推测犬细小病毒感染导致隐窝上皮细胞和淋巴细胞坏死，随后再生的上皮细胞和淋巴母细胞的增殖为CanineCV的复制提供了适宜的条件，两种病毒可能具有协同感染作用，引起上述临床症状。

2012年，Kapoor A等首次从犬血清中检测到CanineCV，并首次获得病毒基因组序列。随后，Li L等利用PCR方法检测腹泻犬的粪便样本，发现健康犬CanineCV阳性率为11.3%（14/204），而腹泻犬阳性率为6.9%（19/168），表明CanineCV感染可能不是导致犬腹泻的直接病因。2014年，在意大利从患有急性肠炎的死亡幼犬体内检测到一株CanineCV，发现该毒株与美国报道的毒株同源性非常高。2016年在意大利野外发现狼与獾的CanineCV阳性率分别为0.46%（9/34）和10%（1/10），证实CanineCV可以感染其它犬科动物。Hsu H等对2012—2014年采自我国台湾地区的207份腹泻犬和160份健康犬的样本进行检测，发现腹泻犬CanineCV核酸阳性率为28.0%（58/207）、健康犬为11.9%（19/160），同时发现小于1岁的腹泻犬CanineCV感染率较高。Sun W等检测2014—2016年采自广西壮族自治区的1226份犬血清样品，发现CanineCV核酸阳性率为8.76%。闫修魁等从2017年采自重庆地区的100份犬血清中检测到4份CanineCV核酸阳性样品，获得3

个病毒全基因序列，发现基因组全长均为2062bp，与之前报道长度为2063bp的病毒基因组相比，在5′基因间隔区茎环结构下游缺失1个核苷酸。目前，临床报道的CanineCV病例多数为混合感染，病毒尚未在细胞上成功分离。因此，对CanineCV单独感染的致病性尚不清楚。

2019年，我国科研人员Jiang H等首次通过感染性克隆技术在PK15细胞上成功拯救出1株PCV3（LY株），随后韩国、美国不同研究团队相继在细胞系中成功分离出多株PCV3，并开展了相关的病原学、致病机制等基础研究。本节将重点介绍PCV3的最新研究进展。

一、病原学

（一）分类地位

圆环病毒科包括圆环病毒属和环状病毒属（*Cyclovirus*），其中猪圆环病毒为圆环病毒属代表病毒，鸡传染性贫血病毒为环状病毒属代表病毒。圆环病毒属目前包括49个种（Species），分别为倒钩环病毒（Barbel circovirus）、蝙蝠相关圆环病毒1～13型（Bat associated circovirus 1～13）、喙羽病病毒（Beak and feather disease virus）、熊圆环病毒（Bear circovirus）、金丝雀圆环病毒（Canary circovirus）、犬圆环病毒（Canine circovirus）、黑猩猩相关圆环病毒1（Chimpanzee associated circovirus 1）、果子狸圆环病毒（Civet circovirus）、鸭圆环病毒（Duck circovirus）、麋鹿圆环病毒（Elk circovirus）、欧洲鲶鱼圆环病毒（European catfish circovirus）、雀科圆环病毒（Finch circovirus）、鹅圆环病毒（Goose circovirus）、海鸥圆环病毒（Gull circovirus）、人相关圆环病毒1（Human associated circovirus 1）、水貂圆环病毒（Mink circovirus）、蚊子相关圆环病毒1（Mosquito associated circovirus 1）、企鹅圆环病毒（Penguin circovirus）、鸽圆环病毒（Pigeon circovirus）、猪圆环病毒1～4型（Porcine circovirus 1～4）、乌鸦圆环病毒（Raven circovirus）、啮齿类动物相关圆环病毒1～7型（Rodent associated circovirus 1～7）、八哥圆环病毒（Starling circovirus）、天鹅圆环病毒（Swan circovirus）、蜱相关圆环病毒1～2型（Tick associated circovirus 1～2）、鲸鱼圆环病毒（Whale circovirus）和斑胸雀圆环病毒（Zebra finch circovirus）。

猪圆环病毒包括猪圆环病毒1型（Porcine circovirus 1，PCV1）、猪圆环病毒2型（Porcine circovirus 2，PCV2）、猪圆环病毒3型（Porcine circovirus 3，PCV3）和猪圆环病毒4型（Porcine circovirus 4，PCV4）。PCV1首次从猪肾上皮细胞（PK15）中分离出来，对猪无致病性；而PCV2是造成断奶仔猪多系统衰竭综合征（Post-weaning multi-systemic wasting syndrome，PMWS）和PCV2相关疾病（PCV2-associated diseases，PCVAD）等的主要病原之一，给全球养猪业带来了巨大的经济损失。2019年，Zhang H等在湖南省首次从临床上表现出呼吸道、消化道症状及猪皮炎肾病综合征的发病猪中发现了一种新型的圆环病毒，并命名为猪圆环病毒4型。

（二）病原形态结构与组成

圆环病毒属成员无囊膜，呈二十面体，为$T=1$对称性，基因组呈环状不分段，不同病毒大小为17～22nm。2020年，韩国首次利用猪原代肾细胞成功分离到1株PCV3（SNU-VR18115，GenBank Access No. MK503331）。在电子显微镜下，PCV3呈圆形，直径约为17nm。新加坡国立大学袁于人教授首次成功表达PCV3唯一的结构蛋白Cap，在体外组装成大小在17～20nm的病毒样颗粒。

（三）培养特性

美国堪萨斯州立大学 Palinski R 报道 PCV3 组织毒接种猪睾丸细胞（ST）和猪肾细胞（PK-15）连续传代 3 次后，用 real-time PCR 检测病毒核酸，real-time PCR *CT* 值上升。笔者所在实验室重复该实验，接种上述两种细胞系后连续传代 5 次后，*CT* 值保持不变或略有上升，但 5 代之后，*CT* 值急剧上升，提示病毒在上述两种细胞系分离不成功。此外，在 BHK-21、MDCK、Marc145、Vero、Vero-Slam、A72、IEPC-1、IEPC-J2 等细胞系和猪原代肺泡巨噬细胞尝试分离 PCV3 均以失败告终。

2019 年，Jiang H 等首次通过感染性克隆技术在 PK15 细胞上成功拯救出 1 株 PCV3（LY 株），使用 PCV3 特异性抗体进行间接免疫荧光检测，确定病毒拯救成功。随后，Jiang Z 等在 3D4/21 细胞系上成功拯救出 1 株 PCV3，该毒株感染细胞后可出现明显 CPE。2020 年，美国爱荷华州立大学在 PK15 细胞上成功拯救出 1 株 PCV3，并用 PCR、核酸原位杂交和间接免疫荧光等技术确认拯救成功。遗憾的是，上述三个团队均未使用电镜对拯救出的 PCV3 进行形态学观察。

二、分子病原学

（一）基因组结构与功能

PCV3 基因组为单股环状 DNA，全长为 2000bp。基因组含有 3 个开放阅读框（Open reading frame，ORF），分别编码与其它圆环病毒同源的 Rep 蛋白、Cap 蛋白和 ORF3 蛋白。以全球第一株报道的 PCV3 29160 毒株为例（GenBank Access No. KT869077），*Rep* 基因全长为 991bp，参与编码 PCV3 复制酶 Rep 蛋白。与禽圆环病毒相似，PCV3*Rep* 基因起始密码子可能为 5′端 GTC 序列，而该阅读框中最近的 ATG 起始密码子则位于下游约 400bp 处。这种现象在已报道的圆环病毒 PorkNW2/USA/2009 中也出现过。与 *Rep* 相反的方向有一个编码 Cap 蛋白的开放阅读框，*Cap* 基因全长 642bp，编码 PCV3 唯一的结构蛋白 Cap 蛋白。PCV3 Cap 基因与圆环病毒 PorkNW2/USA/2009 同源性高达 87%，而与其它圆环病毒同源性较低。*Rep* 基因和 *Cap* 基因之间的间隔区存在一个与 PCV-1 相同的 9-nt 茎环九聚体颈环结构（TAGTATTAC）。PCV3 *ORF*3 基因全长 693bp，编码一个 231 个氨基酸的蛋白，功能未知。PCV3 *ORF*3 基因与圆环病毒 PorkNW2 /USA/2009 同源性高达 94%。与 Rep 蛋白类似，*ORF*3 基因的起始密码子是位于 5′端的 TCG，但也有研究推测，ORF3 第 55 位蛋氨酸可能是真正的起始位点，编码一个 177 个氨基酸的蛋白。

华中农业大学从 4 个省份 PCV3 阳性病料中获得 9 株 PCV3 基因组，遗传进化分析，这 9 株 PCV3 可分成 3a 和 3b 两个群（Clusters），并与国内蝙蝠圆环病毒遗传进化亲缘关系最近，且 PCV3 与蝙蝠圆环病毒在 264～564nt 和 714～1148nt 出现基因重组。华南农业大学将 27 个全长 PCV3 *Cap* 基因进行遗传进化分析，根据 Cap 蛋白上两个氨基酸位点的差异（A24V 和 R27K），将 PCV3 分成 3 个不同的分支（Clades），分别为 PCV3a（24A、27R）、PCV3b（24A、27K）、PCV3c（24V、27K），其中 PCV3a 又可分成 PCV3a1、PCV3a2 和 PCV3a3 三个不同的亚支。

（二）主要基因及其编码蛋白的结构与功能

1. 非结构蛋白

PCV3 非结构蛋白包括 Rep 蛋白和 ORF3 蛋白。其中，Rep 蛋白可能为 PCV3 复制酶，

ORF3 功能未知。PCV3 Rep 蛋白与 2009 年在美国报道的圆环病毒 PorkNW2/USA/2009 的复制酶蛋白同源性高达 69.4%，与蝙蝠圆环病毒同源性为 54%。与其它圆环病毒不同，PCV3 Rep 蛋白的 3 个保守滚环复制基序中，FTLNN 基序发生一个氨基酸突变，变为 FT-INN，该突变在鹅圆环病毒和鸽圆环病毒也有报道。另外两个保守滚环复制基序 HLQG 和 YGKK 则与其它圆环病毒相同。

2. 结构蛋白

Cap 蛋白是 PCV3 唯一的结构蛋白，全长 214 个氨基酸。与其它圆环病毒 Cap 蛋白类似，PCV3 Cap 蛋白在 N 端有许多碱性精氨酸残基，其中第 26～173 位氨基酸高度保守。PCV2 Cap 蛋白有 2 个已被证实的 N-链接糖基化位点，与 PCV2 不同，PCV3 Cap 蛋白没有预测的 N-link 糖基化位点，但在第 146S 和 150T 处有两个预测的 O-link 糖基化位点。

去除 N 端信号肽的截断 Cap 蛋白（205 个氨基酸）在大肠杆菌中可溶性表达，表达的重组蛋白大小约为 24kDa。经 Western blot 鉴定可被 PCV3 阳性血清特异性识别。用该重组蛋白作为抗原包被建立的间接 ELISA 方法可用于 PCV3 血清学检测。

通过斑点免疫印迹和 ELISA 方法，利用 PCV3 特异性单抗筛选出 Cap 蛋白上 3 个主要 B 细胞抗原区域，分别是^{57}NKPWH^{61}、^{140}KHSRYFT^{146} 和^{161}QSLFFF^{166}，且上述抗原位点在不同的 PCV3 毒株中高度保守。其中，^{140}KHSRYFT^{146} 在 PCV1、PCV2、PCV3 和 PCV4 中高度保守。

三、流行病学

（一）传染来源

PCV3 发病猪和带毒猪是该病的重要传染源，污染病毒的环境、饮水、用具、饲料、尿液和粪便也是该病重要的传染源。

人工感染 PCV3 的发病猪，在感染后第 4 天鼻拭子样品 PCR 检测 PCV3 核酸阳性，第 7 天肛拭子 PCR 阳性，提示 PCV3 可以通过呼吸道和消化道排毒。人工感染 PCV3 的发病猪在感染 100d 后仍能检测到病毒血症，提示 PCV3 可造成持续感染。PCV3 持续感染的主要部位是扁桃体、淋巴结和肾脏，感染 100d 后仍能从上述组织中检测出高滴度病毒核酸。被 PCV3 污染的环境、饮水、饲料、用具、尿液和粪便也是 PCV3 传播的重要传染源。

此外，PCV3 阳性母猪流产的死胎、木乃伊胎中病毒核酸检出率高达 70%，提示 PCV3 可以通过胎盘感染胎儿，造成妊娠母猪的流产、早产和木乃伊胎等。如流产的胎儿组织及污染物处理不当，非常容易造成环境污染，而导致 PCV3 的传播。因此，带毒的怀孕母猪和其所产仔猪也是 PCV3 重要的传染源。

（二）传播途径及传播方式

目前已知的 PCV3 主要是通过呼吸道和消化道进行传播，传播方式包括接触传播、气溶胶传播和垂直传播。人工感染 PCV3 的实验猪可在鼻拭子和肛拭子中检测到病毒核酸，提示 PCV3 可通过呼吸道和消化道进行传播。与 PCV3 感染猪在同一房间非接触饲养的哨兵猪也可感染 PCV3，提示 PCV3 可以通过气溶胶进行传播。

2020 年，Ha Z 等在黑龙江、吉林、云南三省的猪场附近采集 269 只蚊子，利用 PCR 对 PCV3 进行核酸检测。检测结果表明不同猪场蚊子 PCV3 的阳性率为 21.4%～42.5%，总阳性率为 32.0%（86/269）。其中，刺扰伊蚊阳性率为 29.2%（19/65）、中华按蚊阳性率为 37.5%（24/64）、三带喙库蚊阳性率为 27.1%（16/59）、淡色库蚊阳性率为 33.3%（27/81）。测序结果表明，蚊源 PCV3 的基因序列与猪群流行的 PCV3 序列 100%同源，表明蚊子可能是 PCV3 的一种重要的传播媒介。此外，Franzo G 等从 2 只硬蜱（*Ixodes ricinus*）中检测到 PCV3 DNA，提示硬蜱也可能是 PCV3 的传播媒介。

（三）易感动物

除猪外，有报道表明 PCV3 还可以感染犬、牛、实验小鼠和野猪、鹿、狍等野生动物。

研究人员从临床上出现呼吸道症状和肠道疾病的犬血清中检测到 PCV3 核酸，但上述临床症状与 PCV3 感染是否相关尚不清楚。与猪源 PCV3 相比，犬源 PCV3 在进化树上与狐狸圆环病毒和犬圆环病毒更为接近。犬源 PCV3 Cap 蛋白与猪源 PCV3 Cap 蛋白同源性为 97.2%～99.5%。与猪源 PCV3 相比，犬源 PCV3 Cap 蛋白在第 108、111 和 206 位氨基酸发生特征性突变，而第 206 位上的丙氨酸可能是犬源 PCV3 独特的分子特征。Sun W 等对 2015—2017 年采自广西的 406 份犬血清进行 PCV3 核酸检测，发现 23.6%（96/406）的样品 PCV3 为阳性，其中 9.4%的样品为 PCV3 和犬细小病毒（CPV-2）混合感染。经统计学分析，在 PCV3 阳性的样品中，犬细小病毒检出率显著高于 PCV3 阴性样品组。同时，该研究还发现广西地区犬源与猪源 PCV3 毒株在遗传进化上属于不同的分支。

2019 年，Wang W 等检测来自山东的 213 份牛血清发现，PCV3 核酸阳性率高达 34.7%（74/231），对 12 份阳性样品的 *Cap* 基因序列和 4 份阳性样品的全基因序列进行遗传进化分析，这些 PCV3 毒株可分成 PCV3a 和 PCV3b 两个不同分支，且 Cap 蛋白第 124 位蛋白的突变（Y124D）可能是牛源 PCV3 的遗传标记。对 2011—2018 年采自山东省的 1499 份临床健康牛血清样品进行 PCV3 核酸检测，阳性率高达 28.95%（434/1499），分析 27 份阳性样品中 PCV3 *Cap* 基因序列，均属于 PCV3b 分支。上述研究表明 PCV3 可以感染牛，但并不引起发病。

Jiang S 等首次在 BALB/c 和 ICR 实验小鼠的血清中检测到 PCV3 DNA，10 只 BALB/c 小鼠和 10 只 ICR 小鼠 PCV3 核酸阳性率为 100%，提示实验小鼠可能存在 PCV3 感染。随后，笔者实验室将猪源 PCV3 组织毒感染 BALB/c 小鼠，发现 PCV3 可在小鼠体内增殖，病毒可在感染早期的血清中检测到，病毒含量最高的器官为肝脏和脾脏。病毒感染后第 3 天血清中开始出现 PCV3 特异性抗体，感染后第 7 天抗体滴度显著升高。在感染实验期间（14d），小鼠被毛光泽，反应灵敏，饮食、饮水和活动均正常。大体剖检结果发现小鼠各脏器正常，未见到明显病理变化。组织病理结果表明个别感染小鼠的肺泡隔轻微增厚，肺泡上皮细胞增生，局部肺小叶边缘肺泡壁血管扩张淤血，淋巴结巨噬细胞内可见吞噬有少量崩解坏死的淋巴细胞碎片，其它组织无明显病理变化。

在野生动物方面，Franzo G 等对意大利野生动物的血清进行 PCV3 核酸检测，在野猪、鹿、狍的血清样品中检测到 PCV3 核酸，表明上述动物可能是 PCV3 重要的自然宿主。

（四）流行特征

PCV3 在我国首次于 2016 年 12 月从广东发病猪场检测到病毒核酸（PCV3-China/GD2016），随后在南方其它地区如广西、广东、福建、湖南均有 PCV3 报道。2017 年，除上述各南方地区以外，在我国中部省份如山东、河南也报道了 PCV3 的流行。笔者所在实验室用间接 ELISA 方法检测 2014—2017 年全国各省份的血清样品，发现 2015 年以前各省份血清样品 ELISA 抗体阳性，提示 PCV3 的感染已遍布全国；但 2014 年各省份血清样本

ELISA 抗体均为阴性，提示 PCV3 可能是在 2015 年传入我国。

目前，尚未发现 PCV3 呈季节性流行，该病一年四季均有发生。自美国首次报道 PCV3 以来，波兰、中国、韩国、意大利、巴西、英国、德国、西班牙、阿根廷、斯洛文尼亚、匈牙利、俄罗斯、马来西亚、日本、印度、泰国均报道 PCV3 的流行，提示 PCV3 在全球流行。PCV3 对猪具有致病力，虽然在犬血清中检测到 PCV3 核酸，但对犬的致病力尚不清楚。流产的死胎、弱胎各脏器中 PCV3 核酸的检出率最高，提示 PCV3 对新生仔猪致病力较高。而母猪流产与 PCV3 感染的相关性目前尚不清楚。

（五）发生与分布

1. 在国外的发生与流行

PCV3 率先在美国报道。2015 年 6 月，首次从美国北卡罗来纳州一个商品化猪场暴发皮炎肾病综合征的母猪中检测到 PCV3 病毒核酸，该猪场母猪死亡率较历史同期水平增加 10.2%，受胎率下降 0.6%，窝木乃伊胎较历史同期水平增加 1.19%。随后开展的血清学调查发现，阳性样品分布于美国爱荷华、印第安纳、墨西哥、俄克拉荷马等多个州，提示 PCV3 在美国全国范围内流行。

2017 年 3 月，波兰首次从采自 2014—2017 年的血清样品中检测出 PCV3 核酸，猪场阳性率高达 85.7%，成为首个报道 PCV3 的欧洲国家。该次检测获得 359 条 Cap 蛋白部分序列，经分析与美国 PCV3-US/SD2016 的同源性高达 99.7%。

2017 年 6 月，韩国进行全国 PCV3 普查，检测样品为来自不同地区猪场以圈为单位采集的口水液（Oral fluid），并首次报道 PCV3 流行。此次检测 PCV3 样品阳性率高达 44.2%（159/360），PCV3 阳性猪场高达 72.6%（53/73），表明 PCV3 在韩国全国范围内流行。韩国 PCV3 流行毒株在全基因组水平上与美国流行毒株同源性为 98.9%～99.8%，在 ORF2 全长基因水平上同源性为 97.9%～99.8%。

2017 年 6 月，意大利首次从弱胎和死胎中检测到 PCV3 核酸，获得 2 株 PCV3 全基因组序列，与 GenBank 中已报道的 PCV3 基因组序列同源性为 97.8%～99.7%。进化树分析表明这两株 PCV3 在遗传进化方面与美国和中国的 PCV3 毒株较为接近。

2017 年 8 月，巴西首次报道 PCV3 流行，并从血清样本中获得 2 株 PCV3 全基因组序列。这两株病毒基因组序列与已报道的 PCV3 基因组序列同源性大于 97%。

2017 年 12 月，英国报道了 PCV3 在英格兰和北爱尔兰境内的流行。该研究小组对采自 2002—2017 年来自北爱尔兰的 240 份组织进行 PCR 检测，PCV3 阳性率为 20%，且从 2002 年的组织样品中检测到 PCV3 核酸，提示北爱尔兰自 2002 年就存在 PCV3 的流行；随后，该研究小组对 2001—2004 年采自英格兰的 80 份组织样品进行 PCV3 检测，PCR 阳性率为 5%。因此，国外关于 PCV3 最早的追溯是 2001 年的英格兰。

2020 年，Rodrigues I 等对巴西采自 1967—2018 年福尔马林固定的猪组织和冷冻的猪组织进行 PCV3 核酸检测，结果发现 8.4%（12/143）的固定样品和 40%（14/35）的冷冻样品 PCV3 核酸阳性，遗传进化分析表明阳性样品存在 PCV3a 和 PCV3b 分支，该研究结果表明早在 1967 年巴西的猪群中已经出现了 PCV3。

2. 在国内的发生与流行

在我国，第一株 PCV3 全基因组序列（PCV3-China/GD2016）于 2017 年 3 月由华南农业大学报道。该病毒基因组从 2016 年 12 月广东省某发病猪场的断奶仔猪中获得。PCV3-China/GD2016 毒株与美国已报道的 PCV3 序列基因组同源性为 97.4%～98.5%。

随后，华中农业大学从采自我国辽宁、江西和重庆3个猪场356头发病母猪样品中检测到PCV3核酸阳性，并排除这些流产母猪感染伪狂犬病毒、猪圆环病毒2型、猪呼吸与繁殖综合征病毒、猪流行性腹泻病毒、猪传染性胃肠炎病毒、猪轮状病毒和猪瘟病毒。该课题组又对采自安徽、重庆、福建、河北、河南、湖南、江苏、江西、辽宁、沈阳和浙江11个省/市35个猪场222份死胎、脏器、精液和血清组织进行PCR检测，发现PCV3猪场阳性率高达68.6%（24/35），样品阳性率为34.7%（77/222）。其中，PCV3阳性样品中PCV3单独感染阳性率为18.9%（42/222），而PCV3与PCV2混合感染比例为15.8%（35/222）。湛洋等也对2014年采自湖南、江苏、湖北等地猪场的14头发病猪的组织样品进行PCR检测，检测结果表明14份DNA样品PCV2均为阳性，其中6份样品为PCV3阳性。Zheng S等对采自山东省健康猪场222份临床样品进行PCR检测，PCV3阳性率为59.46%（132/222），而PCV2、PCV3混合感染比率为39.39%（52/132）。上述研究结果表明PCV3与PCV2在临床中混合感染的情况较为常见。

刘晓东等对我国10个省份106份样品进行PCR检测，其中6个省份为阳性，猪场阳性率为18.2%（12/66），样品阳性率为18%（19/106）。其中，19份PCV3阳性样品中，7例为PCV3单纯感染，5例为PCV3/CSFV混合感染，3例为PCV3/PCV2混合感染，3例为PCV3/PCV2/CSFV混合感染，1例为PCV3/PRRSV/CSFV混合感染。由此可见，PCV3在临床中的混合感染情况较为复杂。

Ha Z等对2017—2019年采集10个省份271个猪场2094份临床样品进行PCV3流行病学调查，结果表明上述样品阳性率为29.3%（1200/2094）、猪场阳性率为74.2%（201/271）。对57份PCV3阳性样品进行全基因测序，流行毒株属于PCV3a和PCV3b分支，且PCV3a分支的毒株阳性率有逐年上升的趋势。此外，该研究经统计学分析发现PCV3的混合感染，可能加重PCV2和PRRSV的感染比例，在临床中造成更大的危害。

四、免疫机制与致病机理

（一）免疫机制

1. 先天性免疫反应

Jiang H等利用同位素标记相对和绝对定量（isobaric Tags for Relative and Absolute Quantification，iTRAQ）技术结合液相色谱-质谱对PCV3感染猪的肺脏进行检测，发现PCV3感染后100种宿主蛋白表达上调，142种宿主蛋白表达下调。其中，干扰素刺激基因（Interferon-stimulated gene，ISG）家族蛋白OAS1、Mx1、Mx2、ISG15、IFIT3，干扰素诱导微管聚集蛋白44（Interferon-inducible microtubular aggregate protein 44）表达均上调，表明PCV3感染可有效激活宿主的先天性免疫。此外，猪主要组织相容性复合体SLA-Ⅰ、SLA-Ⅱ和SLA-Ⅲ表达均上调。

Zhang P等研究发现PCV3 Cap蛋白可以与抗病毒蛋白G3BP1［GTPase-activating protein-（SH3 domain）-binding protein 1］相互作用，阻止cGAS［Cyclic GMP-AMP（cGAMP）synthase］识别病毒DNA，从而抑制干扰素信号通路的激活。Shen H等发现PCV3 Cap蛋白可抑制由IRF9-S2C介导的ISRE启动子活化，并与STAT2的转录激活域相互作用，从而抑制IFN-ß信号通路的激活。

2. 获得性免疫反应

笔者所在实验室利用大肠杆菌表达的PCV3 Cap重组蛋白包被96板，建立了间接

ELISA 方法，用于临床 PCV3 血清学监测。在监测一个 PCV3 阳性猪场不同日龄猪群血清学动态时，笔者发现该猪场母猪群 PCV3 抗体阳性率高达 94.7%，14 日龄仔猪母源 PCV3 抗体阳性率为 88.9%，21 日龄仔猪母源抗体阳性率为 75%，而 40 日龄仔猪母源抗体阳性率仅为 12.5%，提示此阶段的仔猪已经失去母源抗体保护。

3. 免疫保护机制

目前，PCV3 免疫保护机制尚不清楚。

（二）致病机理

Jiang H 等首次在体外成功拯救出 PCV3 感染性克隆，并通过感染 4 周龄和 8 周龄的仔猪开展致病性研究。感染 8d 后，实验猪开始出现厌食、咳嗽、打喷嚏和腹泻等临床症状，随后病情加重，出现呼吸急促、嗜睡、皮肤和耳缘发绀、皮肤出现多灶性丘疹，并出现颤抖和痉挛等神经症状。其中，4 周龄猪感染组中，2 头猪（2/5）分别在感染后第 16 天和第 18 天死亡；8 周龄猪感染组中，2 头猪（2/5）分别在感染后第 19 天和第 25 天死亡。大体剖检可见感染猪肺部塌陷，表现为小叶性肺炎、支气管肺炎，发生多灶性出血和棕褐色至紫色实变；淋巴结增生，明显肿大，为正常大小的 2～3 倍；肝脏充血，伴灰白色结节和坏死；肾脏肿胀，散在针状出血点或出血灶；脾脏肿胀，边缘坏死。

在病理学变化方面，肺部病变以淋巴细胞性和组织细胞性支气管间质性肺炎为特征，炎症细胞包括中性粒细胞/组织细胞、上皮细胞、巨噬细胞、淋巴细胞和浆细胞，浸润在小血管和支气管附近；支气管黏膜下层和肺泡壁增厚，支气管腔和肺泡腔充满化脓性炎性渗出物，主要包括泡沫状巨噬细胞、中性粒细胞、上皮细胞及其变性坏死碎片；肺泡间隔扩张充血，中性粒细胞、淋巴细胞和浆细胞浸润。气管支气管淋巴结皮质和髓质血管明显扩张充血，淋巴细胞坏死，大面积、斑块状出血。腹股沟淋巴结皮质淋巴细胞减少，呈上皮样细胞增生；肠系膜淋巴结表现为淋巴细胞坏死、淋巴细胞耗竭、大量含铁血黄素沉积和自然杀伤细胞；在气管支气管淋巴结、肠系膜淋巴结和腹股沟淋巴结中也观察到大量嗜酸性粒细胞浸润，出现大量自然杀伤细胞。脾脏白髓内淋巴滤泡数目明显减少，滤泡面积明显减少，淋巴滤泡边缘出血坏死，红血窦扩张，网状细胞坏死。肾皮质小管扩张，肾小管上皮细胞减退和再生，大量淋巴细胞和巨噬细胞弥漫性浸润皮质间质和肾小球。肝小叶间质血管、中央静脉和肝窦明显扩张和充血；由于充血的血液挤出，肝细胞明显变窄。心肌纤维肿胀，质地松解，核碎片固缩，间质水肿，局灶性出血；心外膜增厚，心外膜下纤维凝固坏死，大量嗜酸性粒细胞和少量淋巴细胞浸润坏死区；小肠黏膜上皮细胞变性，局部黏膜上皮细胞固缩、坏死，固有层淋巴细胞浸润，嗜酸性粒细胞浸润。

五、临床症状

（一）单纯感染临床症状

2015 年美国北卡罗来纳的猪场暴发 PCV3 感染，PCR 检测排除猪圆环病毒 2 型、猪繁殖与呼吸综合征病毒（Porcine Reproductive and Respiratory Syndrome Virus，PRRSV）、流感猪病毒（Swine Influenza Virus，SIV）、猪细小病毒（Porcine Parvovirus，PPV）等病原的感染，组织病料经深度测序首次发现 PCV3 感染。临床上感染 PCV3 的母猪出现体温升高，厌食，皮肤多处出现丘疹性皮炎，母猪出现流产，死胎、木乃伊胎比例增加，母猪流产出的木乃伊胎大小不一。死亡母猪表现出皮炎肾病综合征。PCV3 感染的仔猪和架子猪未表现出明显的临床症状。

同年，在美国密苏里州一个千头猪场，约2%断奶1周龄的仔猪临床表现出食欲减退、体重下降、关节肿大。剖检的3头猪中有2头表现出心肌炎，经明尼苏达大学兽医诊断实验室检测排除PCV2、SIV、PRRSV、猪瘟病毒（Classical Swine Fever Virus，CSFV）、瘟病毒（Pestivirus）、口蹄疫病毒（Foot-and-mouth Disease Virus，FMDV）、PPV、西尼罗病毒（West Nile Virus，VNS）、猪脑心肌炎病毒（Encephalomyocarditis Virus，EMEC）、支原体（Mycoplasma）、猪附红细胞体（Eperythrozoon Suis）和弓形虫（Toxoplasma Gondii）等病原感染，经深度测序唯一获得的基因组序列为PCV3，阳性组织样品经核酸原位杂交进一步证实为PCV3核酸。

在我国，首次报道的PCV3-China/GD2016株全基因组序列是2016年12月从广东省一个断奶仔猪群中获得。该断奶猪群死亡率约为6%，发病仔猪表现出食欲下降、体温超过40℃，皮肤苍白和腹式呼吸等临床症状，大体剖检可见肺脏水肿、充血。组织样品和血清样品检测PCV3 PCR阳性，同时PCR检测排除PCV2、PRV和PRRSV感染。同年，华中农业大学用PCR方法确认辽宁、江西和重庆三个猪场的356头怀孕母猪感染PCV3，并排除PRV、PCV2、PRRSV、猪流行性腹泻病毒（Porcine Epidemic Diarrhea Virus，PEDV）、猪传染性胃肠炎病毒（Transmissible Gastroenteritis coronavirus，TGEV）、猪轮状病毒（Porcine Rotavirus）和CSFV等其它病毒的感染，感染PCV3的怀孕母猪主要表现为流产、死胎和木乃伊胎。

（二）与其它病原混合感染的临床症状

PCV3临床中常见与PCV2和PRRSV等其它重要繁殖障碍性病毒混合感染，混合感染病例中母猪的流产、死胎和木乃伊胎较为常见。华中农业大学对11个省份222份组织样品的流行病学调查结果表明，PCV2/PCV3混合感染率为15.8%，其中，PCV2阳性率为62.2%、PCV3阳性率为34.7%；华南农业大学检测2015—2017年采自广西、广东、江西、福建和湖南5个地区的285份临床样品，PCV3阳性率为26.7%，其中22.3%的PCV3阳性样品为PCV3/PCV2混合感染。笔者实验室针对2016—2017年采自全国14个省700余份组织样品进行PCR检测，发现PCV3/PCV2混合感染率为45.8%，PCV3/PRRSV混合感染率高达62.5%，PCV3/PCV2/PRRSV混合感染率为33.3%。上述结果提示在临床上很难找到PCV3单独感染的病例，这为PCV3单独感染的致病力研究带来了困难。

在阿根廷的一次PCV3流行病学调查中，研究人员发现猪细小病毒阳性的母猪群PCV3的阳性率高达100%，母猪和母猪所产的死胎和木乃伊胎中PCV3阳性率也较高，遗传进化分析表明PCV3流行株为PCV3a和PCV3b分支，表明PCV3可能与母猪流产密切相关。

六、病理变化

（一）大体剖检

临床中PCV3阳性母猪主要表现为皮肤多处出现丘疹性皮炎，怀孕母猪流产，产死胎和木乃伊胎。PCV3感染的仔猪大体剖检可能出现心肌炎，肺脏水肿、充血，淋巴结肿大、出血等大体剖检变化，但上述这些剖检变化是否由PCV3感染所导致还有待进一步验证。

（二）组织病理学与免疫组织化学

美国堪萨斯州立大学从表现为皮炎肾病综合征的母猪体内检测到PCV3核酸，病理切片可见肺脏出现不同程度的支气管间质性肺炎，细支气管和小血管周围出现淋巴细胞和浆细胞聚集。肺泡腔内水肿，存在大量泡沫状巨噬细胞、多核巨细胞和少量的中性粒细胞。少量的淋巴细胞和巨噬细胞在胞浆内经免疫组化染色可见 PCV3 抗原阳性。在皮肤切片中，真皮和皮下组织出现坏死性血管炎，呈纤维蛋白样变，有中性粒细胞浸润、出血和纤维蛋白渗出。炎性渗出物浸润在真皮和皮下组织周围，包围小血管。表皮偶见角质化增生，真皮淋巴细胞浸润，免疫组化染色为胞内 PCV3 抗原阳性，阴性对照组检测不到 PCV3 抗原。

淋巴结出现散在的肉芽肿性淋巴结炎，表现为中度的皮质淋巴遗失，被组织细胞和多核巨噬细胞取代。淋巴滤泡周围的淋巴细胞群经免疫组化染色可见 PCV3 抗原阳性，阴性对照组检测不到 PCV3 抗原。肾脏出现弥漫性增生性肾小球肾炎，表现为肾小球硬化、Bowman 氏管增厚、皮质小管减少和间质纤维化病变。部分肾小管出现扩张，偶尔可见蛋白沉积，间质可见淋巴细胞和浆细胞浸润，其中管状上皮细胞经免疫组化染色可见 PCV3 抗原阳性。阴性对照组检测不到 PCV3 抗原。

七、诊断

（一）临床诊断要点

1. 流行病学特点

PCV3 感染已成为一种高度接触性传染病，病猪和带毒猪是主要传染源，病猪的飞沫、唾液、粪便、尿液和血液等均含有病毒。该病毒在我国流行范围较广，猪场血清学阳性率较高。

2. 临床症状特点

感染 PCV3 的母猪主要表现为体表皮肤多处出现丘疹性皮炎，可造成怀孕母猪流产、死胎和木乃伊胎等。感染 PCV3 的断奶仔猪主要表现为食欲下降、发热和先天性震颤等临床症状，但这些临床症状是否由 PCV3 感染引起还有待进一步证实。

3. 病理变化特点

感染 PCV3 的母猪表现为皮炎肾病综合征，皮肤真皮和皮下组织出现坏死性血管炎，呈纤维蛋白样变，有中性粒细胞浸润、出血和纤维蛋白渗出。感染 PCV3 的仔猪淋巴结出现散在的肉芽肿性淋巴结炎，表现为中度的皮质淋巴遗失，被组织细胞和多核巨噬细胞取代。但上述病理变化需要与其它病原尤其是 PCV2 做出鉴别诊断。

4. 与其它相关疾病的鉴别诊断

母猪感染 PCV3 可造成流产、死胎和木乃伊胎，因此需要与其它可导致母猪流产的病原如 CSFV、PRV、PRRSV、PCV2、PPV 等做实验室鉴别诊断。仔猪感染 PCV3 导致的呼吸系统临床症状和病理变化需要与 PCV2、PRRSV 等病原进行实验室的鉴别诊断。

（二）实验室诊断要点

1. 病原诊断

PCV3 DNA 可用 PCR 方法从感染猪多种脏器如肾脏、肺脏、扁桃体、脑、血清、精液、肛拭子、咽拭子以及死胎中检测出来。其中，肾脏、扁桃体、淋巴结和死胎的检出率相对较高。

PCV3 的病原学诊断主要为 PCR 和荧光定量 PCR。由于 PCV3 不同毒株之间基因组高度保守，PCR 和荧光定量 PCR 引物设计主要为 *Cap* 基因。与普通 PCR 相比，荧光定量 PCR 的灵敏度可以检测到 22.5 个 PCV3 基因组拷贝数。针对临床中 PCV2 和 PCV3 混合感染的病例，PCV2/PCV3 双重荧光定量 PCR 具有很高的实用性，可以同时检测出组织样品

PCV2 和 PCV3 的核酸。此外，由于 PCV3 的基因组全长只有 2kb，所以通过设计两对引物利用 PCR 进行扩增，即可覆盖 PCV3 整个基因组并获得基因组序列。

2. 血清学诊断

PCV3 只有一个结构蛋白 Cap，以大肠杆菌表达的重组 Cap 蛋白作为包被抗原，建立检测血清中 PCV3 特异性抗体的间接 ELISA 方法，可用于猪群感染 PCV3 的血清学调查。邓均华等利用大肠杆菌表达的 PCV3 全长 Cap 蛋白做抗原包被，成功建立了检测 PCV3 间接 ELISA 方法。利用该方法检测采自 2013—2017 年 1688 份血清样品，PCV3 血清阳性率从 2015 年的 22.35%上升到 2017 年的 51.88%，提示 PCV3 在我国的感染率自 2015 年以来逐年上升。

3. 实验室鉴别诊断技术

PCV3 的基因组序列与其它病原的同源性很低，与 PCV1、PCV2 和 PCV4 基因组同源性也低于 40%，且基因组只有 2000bp，因此很容易通过基因测序的方法与其它病原区分开来。需要与 PCV3 做实验室鉴别诊断的主要病原为 PCV2。

八、预防与控制

由于 PCV3 的致病力存在争议，对养猪业的危害还有待进一步研究。所以，目前没有针对 PCV3 的疫苗和药物，防控措施主要以加强生物安全管理为主。

（刘金彪、陈珍珍、李向东）

参考文献

[1] 贺会利，李军，潘艳，等．广西首例猪圆环病毒 3 型的发现及其衣壳蛋白序列分析［J］．南方农业学报，2017，48（8）：1499-1503.

[2] 蒋山翊，张天天，田琴，等．鸭圆环病毒病研究进展［J］．贵州畜牧兽医，2021，45（2）：52-55.

[3] 刘晓东，杨旭兵，郑庆礼，等．我国部分省（区）猪圆环病毒 3 型的分子流行病学研究［J］．动物医学进展，2017，38（11）：18-21.

[4] 刘远佳，余伟权，李刚，等．新型圆环病毒-PCV3 研究进展及展望［J］．猪业科学，2017，34（5）：105-106.

[5] 孙文超，汪伟，曹亮，等．犬圆环病毒研究进展［J］．动物医学进展，2018，39（4）：97-100.

[6] 粟艳琼，郑敏，张步娴，等．广西鸭圆环病毒流行毒株遗传变异分析［J］．动物医学进展，2015，36（10）：20-25.

[7] 王彩霞，冯春燕，刘丹丹，等．猪圆环病毒 3 的流行及应对措施研究［J］．中国兽医杂志，2017，53（7）：101-104.

[8] 魏凤，李峰，张文通，等．一例猪圆环病毒 3 型病料的 PCR 检测［J］．养猪，2017，6：99-100.

[9] 湛洋，王东亮，王乃东，等．猪圆环病毒 3 型检测及其 Cap 结构序列和抗原性预测分析［J］．畜牧兽医学报，2017，48（6）：1076-1084.

[10] 张超林，刘攀，沈萌，等．猪圆环病毒 3 型感染 BALB/c 小鼠的实验观察［J］．中国实验动物学报，2019，27（3）：353-358.

[11] 张南乡子，张佳鑫，邹雅文，等．犬圆环病毒检测与致病性的研究进展［J］．经济动物学报，2018，22（1）：53-56.

[12] 郑庆礼，李春燕，林在纲，等．猪圆环病毒 3 型 PCR 诊断方法的建立［J］．中国兽医科学，2017，47（12）：1517-1521.

[13] Arruda B，Pineyro P，Derscheid R，et al. PCV3-associated disease in the United States swine herd［J］. Emerging Microbes Infection，2019，8（1）：684-698.

[14] Bera B, Choudhary M, Anand T, et al. Detection and genetic characterization of porcine circovirus 3 (PCV3) in pigs in India [J]. Transboundary and Emerging Diseases, 2020, 67 (3): 1062-1067.

[15] Cha S, Song E, Kang M, et al. Prevalence of duck circovirus infection of subclinical pekin ducks in South Korea [J]. Journal of Veterinary Medicine Sciences, 2014, 76 (4): 597-599.

[16] Collins P, McKillen J, Allan G. Porcine circovirus type 3 in the UK [J]. The Veterinary Record, 2017, 181 (22): 599.

[17] Deng J, Li X, Zheng D, et al. Establishment and application of an indirect ELISA for porcine circovirus 3 [J]. Archives of Virology, 2017, 163 (2): 479-482.

[18] Faccini S, Barbieri I, Gilioli A, et al. Detection and genetic characterization of Porcine circovirus type 3 in Italy [J]. Transboundary and Emerging Diseases, 2017, 64 (6): 1661-1664.

[19] Fan S, Ku X, Chen F, et al. Complete genome sequence of a novel porcine circovirus type 3 strain, PCV3/CN/Hubei-618/2016, isolated from China [J]. Genome Announcements, 2017, 5 (15): 1-3.

[20] Franzo G, Grassi L, Tucciarone C, et al. A wild circulation: high presence of porcine circovirus 3 in different mammalian wild hosts and ticks. Transboundary and Emerging Diseases, 2019, 66 (4): 1548-1557.

[21] Fu X, Fang B, Ma J, et al. Insights into the epidemic characteristics and evolutionary history of the novel porcine circovirus type 3 in southern China [J]. Transboundary and Emerging Diseases, 2018, 65 (2): e296-e303.

[22] Franzo G, Grassi L, Tucciarone C, et al. A wild circulation: High presence of porcine circovirus 3 in different mammalian wild hosts and ticks [J]. Transboundary and Emerging Diseases, 2019, 66 (4): 1548-1557.

[23] Franzo G, He W, Correa-Fiz F, et al. A Shift in porcine circovirus 3 (PCV-3) history paradigm: phylodynamic analyses reveal an ancient origin and prolonged undetected circulation in the worldwide swine population [J]. Advanced Science (Weinh), 2019, 6 (22): 1901004.

[24] Ha Z, Li J, Xie C, et al. Prevalence, pathogenesis, and evolution of porcine circovirus type 3 in China from 2016 to 2019 [J]. Veterinary Microbiology, 2020, 247: 108756.

[25] Ha Z, Li J, Xie C, et al. First detection and genomic characterization of porcine circovirus 3 in mosquitoes from pig farms in China [J]. Veterinary Microbiology, 2020, 240: 108522.

[26] Hayashi S, Ohshima Y, Furuya Y, et al. First detection of porcine circovirus type 3 in Japan [J]. Journal of Veterinary Medical Sciences, 2018, 80 (9): 1468-1472.

[27] Hsu H, Lin T, Wu H, et al. High detection rate of dog circovirus in diarrheal dogs [J]. BMC Veterinary Research, 2016, 12 (1): 116.

[28] Jiang H, Wang D, Wang J, et al. Induction of porcine dermatitis and nephropathy syndrome in piglets by infection with porcine circovirus type 3 [J]. Journal of Virology, 2019, 93 (4): e02045-18.

[29] Jiang S, Zhou N, Li Y, et al. Detection and sequencing of porcine circovirus 3 in commercially sourced laboratory mice [J]. Veterinary Medical Science, 2019, 5 (2): 176-181.

[30] Jiang Z, Wu J, Jiang M, et al. A novel technique for constructing infectious Cloning of type 3 porcine circovirus [J]. Frontiers in Microbiology, 2020, 11: 1067.

[31] Kapoor A, Dubovi E, Henriquez-Rivera J, et al. Complete genome sequence of the first canine circovirus [J]. Journal of Virology, 2012, 86 (12): 7018.

[32] Kwon T, Yoo S, Park C, et al. Prevalence of novel porcine circovirus 3 in Korean pig populations [J]. Veterinary Microbiology, 2017, 207: 178-180.

[33] Ku X, Chen F, Li P, et al. Identification and genetic characterization of porcine circovirus type 3 in China [J]. Transboundary and Emerging Diseases, 2017, 64 (3): 703-708.

[34] Li L, McGraw S, Zhu K, et al. Circovirus in tissues of dogs with vasculitis and hemorrhage [J]. Emerging Infectious Diseases, 2013, 19 (4): 534-541.

[35] Li X, Tian K. Porcine circovirus type 3: a threat to the pig industry? [J]. The Veterinary Record, 2017, 181 (24): 659-660.

[36] Liu H, Li L, Sun W, et al. Molecular survey of duck circovirus infection in poultry in southern and southwestern China during 2018 and 2019 [J]. BMC Veterinary Research, 2020, 16 (80): 1-7.

[37] Mora-Diaz J，Pineyro P，Shen H，et al. Isolation of PCV3 from perinatal and reproductive cases of PCV3-associated disease and in vivo characterization of PCV3 replication in CD/CD growing pigs [J]. Viruses，2020，12 (2)：219.

[38] Oh T，Chae C. First isolation and genetic characterization of porcine circovirus type 3 using primary porcine kidney cells [J]. Veterinary Microbiology，2020，241：108576.

[39] Palinski R，Pineyro P，Shang P，et al. A Novel Porcine Circovirus Distantly Related to Known Circoviruses Is Associated with Porcine Dermatitis and Nephropathy Syndrome and Reproductive Failure [J]. Journal of Virology，2016，91 (1)：e01879-16.

[40] Phan T，Giannitti F，Rossow S，et al. Detection of a novel circovirus PCV3 in pigs with cardiac and multi-systemic inflammation [J]. Virology Journal，2016，13 (1)：184.

[41] Plut J，Jamnikar-Ciglenecki U，Golinar-Oven I，et al. A molecular survey and phylogenetic analysis of porcine circovirus type 3 using oral fluid，faeces and serum [J]. BMC Veterinary Research，2020，16 (1)：281.

[42] Rodrigues I，Cruz A，Souza A，et al. Retrospective study of porcine circovirus 3 (PCV3) in swine tissue from Brazil (1967-2018) [J]. Brazil Journal of Microbiology，2020，51：1391-1397.

[43] Saporiti V，Valls L，Maldonado J，et al. Porcine circovirus 3 detection in aborted fetuses and stillborn piglets from swine reproductive failure cases [J]. Viruses，2021，9；13 (2)：264.

[44] Serena M，Cappuccio J，Barrales H，et al. First detection and genetic characterization of porcine circovirus type 3 (PCV3) in Argentina and its association with reproductive failure [J]. Transboundary and Emerging Diseases，2020，68 (4)：1761-1766.

[45] Shen H，Liu X，Zhang P，et al. Porcine circovirus 3 Cap inhibits type I interferon signaling through interaction with STAT2 [J]. Virus Research，2020，275：197804.

[46] Stadejek T，Wozniak A，Milek D，et al. First detection of porcine circovirus type 3 on commercial pig farms in Poland [J]. Transboundary and Emerging Diseases，2017，64 (5)：1350-1353.

[47] Sun W，Zhang H，Zheng M，et al. The detection of canine circovirus in Guangxi，China [J]. Virus Research，2019，259：85-89.

[48] Sun W，Wang W，Xin J，et al. An epidemiological investigation of porcine circovirus 3 infection in dogs in the Guangxi Province from 2015 to 2017，China [J]. Virus Research，2019，270：197663.

[49] Tan C，Opaskornkul K，Thanawongnuwech R，et al. First molecular detection and complete sequence analysis of porcine circovirus type 3 (PCV3) in Peninsular Malaysia [J]. PLoS One，2020，15：e0235832.

[50] Wan C，Fu G，Shi S，et al. Epidemiological investigation and genome analysis of duck circovirus in southern China [J]. Virological Sinica，2011，26 (5)：289-296.

[51] Wang L，Li Y，Guo Z，et al. Genetic changes and evolutionary analysis of canine circovirus [J]. Archives of Virology，2021，166 (8)：2235-2247.

[52] Wang J，Zhang Y，Liu L，et al. Development of a TaqMan-based real-time PCR assay for the specific detection of porcine circovirus 3 [J]. Journal of Virological Methods，2017，248：177-180.

[53] Wang W，Sun W，Cao L，et al. An epidemiological investigation of porcine circovirus 3 infection in cattle in Shandong province，China [J]. BMC Veterinary Research 2019，15 (1)：60.

[54] Yuzhakov A，Raev S，Alekseev K，et al. First detection and full genome sequence of porcine circovirus type 3 in Russia [J]. Virus Genes，2018，54 (4)：608-611.

[55] Zhang H，Hu W，Li J，et al. Novel circovirus species identified in farmed pigs designated as Porcine circovirus 4，Hunan province，China [J]. Transboundary and Emerging Diseases，2020，67 (3)：1057-1061.

[56] Zhang P，Shen H，Liu X，et al. Porcine circovirus type 3 cap inhibits type I interferon induction through interaction with G3BP1 [J]. Frontiers in Veterinary Science，2020，7：594438.

[57] Zheng S，Wu X，Zhang L，et al. The occurrence of porcine circovirus 3 without clinical infection signs in Shandong Province [J]. Transboundary and Emerging Diseases，2017，64 (5)：1337-1341.

[58] Zhu D，Zhou D，Liu J，et al. Duck circovirus induces a new pathogenetic characteristic，primary sclerosing cholangitis [J]. Comparative Immunology，Microbiology and Infectious Diseases，2019，63：31-36.

第七节　诺如病毒感染

诺如病毒（Norovirus，NoV）是一种可引起牛、犬和猫等动物腹泻的重要病毒。1976年，在犊牛腹泻粪便样本中分离到第一种牛肠道杯状病毒，被认为是牛诺如病毒（Bovine norovirus，BNoV）的原型。犬诺如病毒（Canine norovirus，CNoV）于2009年在意大利被首次报道。猫诺如病毒（Feline norovirus，FNoV）于2012年在美国首次从猫腹泻样品中被检出。NoV主要引起感染动物的腹泻，尚无有效的预防用疫苗和治疗措施。

一、病原学

（一）分类地位

诺如病毒属于杯状病毒科（Caliciviridae）、诺如病毒属（*Norovirus*）。根据感染动物物种不同，常见的牛诺如病毒、犬诺如病毒与猫诺如病毒等均为诺如病毒属成员。

（二）病原形态结构与组成

诺如病毒呈圆形，直径为25～40nm，无囊膜。在电子显微镜下呈二十面体对称。

（三）培养特性

目前，除鼠诺如病毒及人诺如病毒可以在细胞中培养外，牛、犬和猫诺如病毒暂无成功的体外培养体系。

二、分子病原学

（一）基因组结构与功能

诺如病毒为单股正链RNA病毒，基因组全长为7.5～7.7kb，编码3个开放阅读框（*ORF*1～3）、两个非编码区（5′-UTR和3′-UTR）和一个多聚腺苷酸尾（PolyA）。*ORF1*编码非结构蛋白，*ORF2*编码主要衣壳蛋白VP1，*ORF3*编码次要结构蛋白VP2。诺如病毒共有7个基因群（GⅠ～GⅦ），BNoV属于GⅢ基因群，有两个基因型，分别为GⅢ.1和GⅢ.2。CNoV属于GⅣ、GⅥ和GⅦ基因群。FNoV属于GⅣ、GⅥ基因群。

（二）主要基因及其编码蛋白的结构与功能

1. 非结构蛋白

诺如病毒非结构蛋白包括由*ORF1*依次编码的P48（NS1-2）、NTPase/RNA解旋酶（NS3）、P22（NS4）、VPg（NS5）、3CLpro（NS6）、RdRp（NS7）。其中，P48负责病毒复制复合物形成，募集宿主膜囊泡。NS3可以促进体外病毒RNA合成，具有NTP酶活性以及以ATP依赖性方式指导RNA螺旋从5′→3′和3′→5′方向解旋。P22的表达可以使高尔基体分解，并抑制细胞蛋白质分泌。VPg作用于基因组和亚基因组RNA复制的蛋白质引物，VPg的C末端基序与eIF4G HEAT-1之间的相互作用对病毒基因组复制、转录和翻译至关重要。3CLPro主要负责裂解ORF1翻译的大的多聚蛋白，并裂解形成许多非结构蛋白。多聚蛋白的加工对于病毒复制必不可少，因此，3CLpro已成为开发抗诺如病毒药物的关键靶标之一。NS7 负责转录，是病毒基因组复制以及 RNA 合成及启动的关键酶，可防止病毒遗传信息的丢失，也常被用作筛选抗病毒药物的靶标。*RdRp* 序列较为保守，常被用做检测引物设计和遗传进化分析的靶基因。

2. 结构蛋白

ORF2 编码主要结构蛋白 VP1，主要参与受体识别，具有宿主特异性和免疫原性。VP1 有两个结构域，即保守的 S 结构域和可变的 P 结构域，P 结构域进一步分为 P1 结构域和高度可变的 P2 结构域。

ORF3 编码次要衣壳蛋白 VP2，是基因组中的高变区，可以起到维持病毒颗粒稳定的作用。

三、流行病学

（一）传染来源

BNoV 主要在犊牛的腹泻样本中被检出，患病动物、隐性感染动物及健康带毒动物均为传染源。

CNoV 和 FNoV 的进化紧密相关，在动物聚集场所（如猫舍、犬舍或繁殖设施）中，患肠胃炎、腹泻的猫和犬均为传染源。

（二）传播途径及传播方式

BNoV 的传播途径推测与人 NoV 类似，即通过粪-口途径。受病毒污染的水源、食品、排泄物等形成的气溶胶经呼吸道可进行传播。

CNoV 和 FNoV 在粪便污染严重的大型繁殖环境中传播，推测粪-口为主要传播途径。

（三）易感动物

诺如病毒宿主范围广，病毒感染引起的疾病因宿主不同存在一定差异，人、猪、牛、犬和貂感染诺如病毒后，主要引起消化系统疾病。

（四）流行特征

诺如病毒感染通常发生在秋冬季，可感染任何日龄动物，密闭环境中动物的过度聚集，会导致幼龄动物免疫力低而发生腹泻。

（五）发生与分布

1. 在国外的发生与流行

BNoV 感染牛的主要临床症状是腹泻。BNoV 属于 GⅢ群诺如病毒，共有两个基因型，分别为 BNoV GⅢ.1 型和 BNoV GⅢ.2 型。其中，BNoV GⅢ.1 型毒株检出率低，仅在少部分地区检出；GⅢ.2 型毒株是 BNoV 的流行优势基因型。2003 年，荷兰一农场的 31.6%（77/243）的混合粪便样本和奶牛的 4.2%（13/312）的单独粪便样本为 GⅢ型阳性。2003 年，德国报道，9%（34/381）的腹泻粪便样本为 BNoV 阳性，奶牛血清的样本 99%（817/824）为 GⅢ型 BNoV 抗体阳性。2004 年，美国报道了诺如病毒的流行情况，其中俄亥俄州小牛为 72%（54/75）、密歇根州为 80%（20/48）。在 2007 年，英国报道牛腹泻病例中有 11%（44/398）检测到了诺如病毒。美国在一项犊牛腹泻相关病原的病例对照研究中，对采自 1～2 周龄腹泻和无症状犊牛的 444 份样本同时检测 11 种肠道病原，结果显示，腹泻犊牛 BNoV 的检出率为 44.7%、无症状犊牛 BNoV 的检出率为 16.3%。

CNoV 于 2009 年在意大利首次报道，在发生胃肠炎的 6～12 月龄的犬粪便中检测到了 CNoV，阳性检出率为 2.2%（4/183）。在葡萄牙做的一项研究中发现，CNoV 阳性检出率为 23%（60/256）。在希腊的一项研究中，研究者在 2～8 月龄犬粪便样本中检测的病毒，阳性率为 8.3%（6/72）。一项来自欧洲不同国家的幼犬粪便样本筛查结果，有肠炎症状的犬中，诺如病毒检出率为 4.4%（13/294），健康犬中未检测到诺如病毒。

在猫感染诺如病毒方面，2012 年，美国首次报道了 FNoV，在纽约州的 8～12 周龄患有肠炎的猫中，从 42.8%（6/14）的粪便中检测到诺如病毒 RNA。2015 年，Tomomi 等从日本流浪猫采集的直肠拭子检测出 FNoV。2015 年，Tatiana 等对 29 份腹泻猫粪便样本进行了 *ORF1* 区域的序列分析，结果显示南美洲首次检出 FNoV。

2. 在国内的发生与流行

（1）BNoV 流行情况　2017 年，我国研究人员检测 28 份采自河北省和四川省的 3～4 月龄犊牛腹泻样本，发现 BNoV 的阳性率为 10.7%（3/28），*RdRp* 基因片段的遗传进化分析表明均为 GⅢ.1 型。2019 年，Shi Z 等在河南省犊牛腹泻样本中第一次检测到了 GⅢ.2 型 BNoV。

（2）CNoV 流行情况　2012 年，Herman T 等在我国香港从犬类粪便拭子样本中检出 CNoV，并进行了全基因组序列测定。VP1 序列分析结果表明，该毒株与已经报道的诺如病毒不同，可能代表了该属内的一个新的系统发育分支。2020 年，马会强等对采集的四川省和河南省犬腹泻粪便样品进行 CNoV 流行病学调查，发现 CNoV 阳性率为 4.67%（5/107）。

（3）FNoV 流行情况　2021 年，黄思琦等对从成都收集的 127 份猫粪便样本进行 FNoV 检测，受检猫群中 FNoV 的检出率为 9.45%（12/127），其中临床腹泻样本中的检出率为 11.26%（8/71），临床健康样本中的检出率为 7.14%（4/56）。

四、免疫机制与致病机制

（一）免疫机制

1. 先天性免疫反应

目前，关于牛诺如病毒、犬诺如病毒及猫诺如病毒的先天免疫反应研究暂无报道，先天免疫在抗鼠诺如病毒感染中起着重要作用，缺乏干扰素 α、β 和干扰素 γ 受体的小鼠比免疫功能健全的小鼠更容易受到 NoV 致死性感染。因此，先天免疫反应有抵抗诺如病毒感染的作用。

2. 获得性免疫反应

诺如病毒仅限于小肠内感染，因此会刺激产生黏膜免疫。一般试验接种后都会有特异性的血清免疫球蛋白 A（IgA）产生。唾液 IgA 在不同基因群之间不能提供交叉保护，在同一基因群内，其交叉保护性也比 IgG 低。

3. 免疫保护机制

诺如病毒和宿主细胞之间的相互作用依赖于 VP1 的 P2 结构域，并且 VP1 具有参与保护性免疫的抗原决定簇，VP1 的 S 结构域在不同基因型之间具有广谱的抗原决定簇。突出的 P2 结构域是诺如病毒衣壳中抗原性变化最大的区域，识别 P2 表位的单克隆抗体可以阻断病毒与细胞相互作用。病毒样颗粒（VLPs）疫苗是研发新型诺如病毒疫苗的热点之一，这些 VLPs 由不同的蛋白质表达系统产生。当通过口服、鼻内或肠胃外途径给予小鼠时，

VLPs 具有免疫原性，引起全身和黏膜免疫反应。

（二）致病机制

诺如病毒的致病机制尚不清楚。根据已有研究报道，诺如病毒可感染肠道细胞，感染后病毒在上皮细胞中的持续复制，导致感染细胞的损伤和脱离。病毒在感染附着过程中，主要黏附因子为唾液酸和胆盐。唾液酸和胆盐与病毒 VP1 结合，胆盐在病毒吸附到宿主细胞后产生作用，它与病毒 VP1 结合后可以增强病毒与受体结合的能力。但唾液酸和胆盐是病毒感染的非必需因素，因为血清中的一些非蛋白质小分子也可以促进病毒的附着。Orchard 等使用全基因组 CRISPR 技术筛选，发现了病毒蛋白受体 CD300lf，这也是人类发现的首个诺如病毒的受体。

五、临床症状

（一）单纯感染临床症状

动物感染诺如病毒后，因病毒毒力不同会导致不同的临床症状。其中腹泻是 BNoV 感染后的主要症状。研究者用 BNoV（Newbury Agent 2 株）感染犊牛，出现了非出血性肠炎、轻度腹泻、暂时性食欲缺乏和木糖吸收不良等临床症状。而接种 BNoV（Jena 株）的犊牛在接种后 14h 可见严重的水样腹泻，粪便呈黄色或黄绿色，并有黏液；接种后 53h 腹泻减轻，粪便开始呈现糊状，试验期内犊牛体温正常。

研究人员用 FNoV 阳性粪便样本经处理后给 SPF 猫口服，实验猫出现腹泻、呕吐等症状，证实 FNoV 对猫具有致病性。

目前，CNoV 感染犬后是否引起发病，还未见报道。

（二）与其它病原混合感染的临床症状

目前，已报道有 BNoV 与牛轮状病毒、牛冠状病毒及牛病毒性腹泻病毒混合感染的情况。混合感染调查结果显示，BNoV 与上述三种病毒中的一种或几种存在共感染现象，腹泻仍是最主要的临床症状。

在患肠炎、腹泻猫的粪便样品中可以检测到杯状病毒的混合感染，FNov 在腹泻样本与健康粪便样本中的检出率相差不大。

六、病理变化

（一）大体剖检

临床中 BNoV 感染的犊牛主要表现为腹泻，剖检发现牛小肠黏膜下层的绒毛萎缩、隐窝增生和水肿，但胃和直肠黏膜未受影响。

（二）组织病理学与免疫组织化学

在接种 BNoV 犊牛的空肠和回肠中能够检测到病毒抗原，空肠中远端绒毛上皮细胞呈抗原阳性反应。在整个肠绒毛上均可见阳性染色的上皮细胞，尤其是绒毛两侧，在上皮细胞胞浆内检测到病毒抗原。回肠绒毛顶端可见少量诺如病毒抗原阳性细胞。接种 18～21h，上皮细胞的微绒毛边缘可见明显的弥漫性染色。

七、诊断

（一）临床诊断要点

1. 流行病学特点

诺如病毒主要在动物腹泻样本中检出，患病动物、隐性感染动物及健康带毒动物均可为传染源，目前，国内外均有 BNoV、CNoV、FNoV 流行报道，流行范围较广。

2. 临床症状特点

犊牛接种 BNoV14h 后，可观察到严重的水样腹泻，粪便呈黄色或黄绿色，并有黏液；接种 53.5h 后，可观察到腹泻减轻，粪便开始呈现糊状；期间，犊牛体温正常。此外，暂时性厌食和吸收不良等也是常见的临床症状。

犬和猫感染诺如病毒后，均可能出现胃肠炎、腹泻、呕吐等症状。

3. 病理变化特点

感染 BNoV 的小牛近端小肠黏膜下层的绒毛萎缩、隐窝增生和水肿，空肠中段出现严重的肠绒毛缩短，远端空肠出现中度缩短。猫及犬无相关研究报道。

4. 与其它相关疾病的鉴别诊断

犊牛感染 BNoV 可造成腹泻、暂时性厌食和吸收不良等，因此，需要与其它可导致腹泻的病原如牛冠状病毒、牛轮状病毒、牛病毒性腹泻病毒等做实验室鉴别诊断。

犬感染 CNoV 后可能会导致急性肠胃炎、腹泻、呕吐等症状，进一步确诊需要进行杯状病毒、犬细小病毒、犬冠状病毒等鉴别诊断。

猫感染 FNoV 后会出现胃肠道症状、腹泻呕吐等，进一步诊断需要同猫冠状病毒、猫细小病毒、猫轮状病毒、猫杯状病毒等进行鉴别诊断。

（二）实验室诊断要点

1. 病原诊断

电镜检测法可以直观观察到病毒粒子，但该方法操作复杂，灵敏度较低，不适合临床检测。RT-PCR 是最常用的诊断方法，由于 NoV 基因型复杂，不同基因型间的序列变化大，大多数 RT-PCR 引物设计选择 *RdRp*（NS7）基因末端、*ORF2* 基因起始处和 NTPase/RNA 解旋酶（NS3）编码序列的高度保守区。此外，上述基因也常被用于病毒遗传进化分析，对研究 NoV 的传播特点，特别是跨物种传播、病毒分布规律与遗传演化规律具有重要意义。

2. 血清学诊断

ELISA 是诺如病毒血清学抗体检测的常用方法。目前，科研人员通过表达的衣壳蛋白及病毒样颗粒包被抗原进行抗体检测。

3. 实验室鉴别诊断技术

RdRp 常作为 NoV 分子检测引物的靶基因，可以用于遗传进化分析与分型。

八、预防与控制

目前，诺如病毒还没有商品化疫苗。预防措施应遵循以切断传播途径为主，注意加强饲养管理和卫生、环境清洁，避免料源水源污染等，防止疾病的传播和流行。针对诺如病毒变异快的特点，应加强病毒分子流行病学研究，对病毒的分子分型、疫苗研究和预防控制具有重要的意义。

（柴春霞、付存、王炜）

参考文献

[1] 黄思琦，黄坚，杨晓农，等．成都猫诺如病毒的检测及VP1基因序列分析［J］．动物医学进展，2021，42（1）：25-32.

[2] 马会强，岳华，汤承．犬诺如病毒RT-PCR检测方法的建立及应用［J］．中国预防兽医学报，2021，43（6）：626-632.

[3] 师志海，孟红丽，王亚州，等．动物诺如病毒的研究进展［J］．中国兽医杂志，2019，55（12）：72-75.

[4] 王玥琳，郭紫晶，岳华，等．部分地区奶牛腹泻粪便样中诺如病毒的检测和演化分析［J］．畜牧兽医学报，2019，50（05）：1048-1055.

[5] 王玥琳．牛诺如病毒的分子检测和基因组研究［D］．西南民族大学，2020.

[6] Axel M，Gillet L，Mathijs，et al. Alternative attachment factors and internalization pathways for GⅢ.2 bovine noroviruses［J］. Journal of General Virology，2011，92（6）：1398-1409.

[7] Axel M，Scipioni A，Mathijs E，et al. Epidemiological study of bovine norovirus infection by RT-PCR and a VLP-based antibody ELISA［J］. Veterinary Microbiology，2009，137（3-4）：243-251.

[8] Bodnar L，Lorusso E，Martino B，et al. Research paper：Identification of a novel canine norovirus［J］. Infection，Genetics and Evolution，2017，52：75-81.

[9] Felice E，Axel M，Dal P，et al. Bovine noroviruses：A missing component of calf diarrhoea diagnosis［J］. The Veterinary Journal，2016，20753-62.

[10] Li Y，Emilia G，Idle A，et al. Astrovirus outbreak in an animal shelter associated with feline vomiting［J］. Frontiers in Veterinary Science，2021，8：25.

[11] Mattison K，Anu S，Angela C，et al. Human noroviruses in swine and cattle［J］. Emerging Infectious Diseases，2007，13（8）：1184-1188.

[12] Mesquita J，and Nascimento M. Molecular epidemiology of canine norovirus in dogs from Portugal，2007-2011［J］. Mesquita and Nascimento BMC Veterinary Research，2012，8：107.

[13] Mesquita J，and Barclay L. Novel norovirus in dogs with diarrhea［J］. Emerging Infectious Diseases，2010，16（6）：980-982.

[14] Jung K，Kelly S，Zhang Z，et al. Pathogenesis of GⅢ.2 bovine norovirus，CV186-OH/00/US strain in gnotobiotic calves［J］. Veterinary Microbiology，2014，168（1）：202-207.

[15] Otto P，Clarke I，Lambden P，et al. Infection of calves with bovine norovirus GⅢ.1 strain Jena virus：an experimental model to study the pathogenesis of norovirus infection［J］. Journal of Virology，2011，85（22）：12013-12021.

[16] Pinto P，Wang Q，Chen N，et al. Discovery and genomic characterization of noroviruses from a gastroenteritis outbreak in domestic cats in the US［J］. PLOS ONE，2012，7（2）：e32739.

[17] Sang P，Cheol J，Kim H，et al. Molecular epidemiology of bovine noroviruses in South Korea［J］. Veterinary Microbiology，2007，124（1-2）：125-133.

[18] Sang P，Cheol J，Park S，et al. Molecular detection and characterization of unclassified bovine enteric caliciviruses in South Korea［J］. Veterinary Microbiology，2008，130（3-4）：371-379.

[19] Scipioni A，Mauroy A，Vinjé J，et al. Animal noroviruses［J］. Veterinary Journal，2008，178（1）：32-45.

[20] Shi Z，Wang W，Xu Z，et al. Genetic and phylogenetic analyses of the first GⅢ.2 bovine norovirus in China［J］. BMC Veterinary Research，2019，15（1）：311.

[21] Symes S，Allen J，Mansell P，et al. First detection of bovine noroviruses and detection of bovine coronavirus in Australian dairy cattle［J］. Australian Veterinary Journal，2018，96（6）：203-208.

[22] Takehisa S, Osamu N, Toyoko N, et al. Detection of Norovirus and Sapovirus from diarrheic dogs and cats in Japan [J]. Microbiology Immunology, 2015, 59: 123-128.

[23] Tatiana X, Cássia N, Cubel G, et al. Detection and molecular characterization of caliciviruses (vesivirus and norovirus) in an outbreak of acute diarrhea in kittens from Brazil [J]. The Veterinary Journal, 2015, 206: 115-117.

[24] Tomomi T, Hajime K, Akira K, et al. Molecular characterization and pathogenicity of a genogroup GVI feline norovirus [J]. Veterinary Microbiology, 2015, 178 (3-4): 201-207.

[25] Tomomi T, Kanae H, Mifuyu M, et al. Viral shedding and clinical status of feline-norovirus-infected cats after reinfection with the same strain [J]. Archives of Virology, 2018, 163: 1503-1510.

[26] Tse H, Lau S, Chanet W, al. Complete genome sequences of novel canine noroviruses in Hong Kong [J]. Journal of Virology, 2012, 86 (17): 9531-9532.

[27] Vasileios N, Eftychia X, Arianna R, et al. Outbreak of canine norovirus infection in young dogs [J]. Journal Of Clinical Microbiology, 2010, 48 (7): 2605-2608.

[28] Vito M, Eleonora L, Niccola D, et al. Detection and molecular characterization of a canine norovirus [J]. Emerging Infectious Diseases, 2008, 14 (8): 1306-1308.

[29] Vito M, Nicola D, Eleonora L, et al. Genetic heterogeneity and recombination in canine noroviruses [J]. Journal of Virology, 2009, 11: 391-396.

[30] Wang Y, Yue H, Tang C. Prevalence and complete genome of bovine norovirus with novel VP1 genotype in calves in China [J]. Scientific Reports, 2019, 9 (1): 12023.

[31] Zhou Y, Ren Y, Cong Y, et al. Autophagy induced by bovine viral diarrhea virus infection counteracts apoptosis and innate immune activation [J]. Archives of Virology, 2017, 162 (10): 3103-3118.

第八节　嵴病毒感染

嵴病毒（Kobuvirus）是一类能感染牛、羊、猫、犬等多种动物和人的病毒，与腹泻性疾病密切相关。

一、病原学

（一）分类地位

嵴病毒属于小 RNA 病毒科（Picornaviridae）、嵴病毒属（*Kobuvirus*）。嵴病毒属包括 Aichivirus A～F 六个种。人爱知病毒（Aichivirus，AiV）和犬嵴病毒（Canine kobuvirus，CKoV）归属为 Aichivirus A，牛嵴病毒（Bovine kobuvirus，BKV）归属为 Aichivirus B，猪嵴病毒（Porcine kobuvirus，PKV）归属为 Aichivirus C。

（二）病原形态与组成

嵴病毒无囊膜，呈球形，在电镜下呈现二十面体对称结构，直径约 30nm。

（三）培养特性

1991 年，研究人员将 AiV 接种在非洲绿猴肾细胞（Vero 细胞）上，可观察到明显的细胞病变，但在人宫颈癌细胞（HeLa）、人恶性胚胎横纹肌瘤细胞（RD）和乳鼠上病毒不能增殖。2003 年，BKV U-1 株在 HeLa 细胞培养物中被分离出来，接种 Vero 细胞后，出现明显的细胞病变。研究人员将感染 PKV 的样品接种 Vero、MA104、ST、SK、RD 和外周血单核细胞，均未分离到病毒。到目前为止，尚无 PKV 被成功分离的报道。

二、分子病原学

（一）基因组结构及其功能

嵴病毒属病毒为单股正链 RNA 病毒，基因组约 8.2kb，包括 5′端非编码区、一个大的开放阅读框（ORF）和含有 Poly（A）尾的 3′端非编码区，其中 ORF 编码一个多聚蛋白，经过酶解，产生一个前导蛋白 L，3 种结构蛋白 VP0、VP3 和 VP1 以及 7 种非结构蛋白 2A、2B、2C、3A、3B、3C 和 3D。

（二）主要基因及其编码蛋白的结构与功能

1. 非结构蛋白

非结构蛋白 L 含 170～195 个氨基酸，自身并不具有自我剪切活性，而且也不参与多聚蛋白的剪切，与病毒衣壳的形成及 RNA 的复制相关。

2A 蛋白中有属于网状家族成员的保守 H-box，跨膜结构域和 N 端、C 端结构域，主要参与病毒 RNA 的复制并调控细胞的增殖；2C 蛋白比较保守，可能与病毒的复制有关；3B 基因编码 VPg 蛋白，其主要功能是稳定病毒基因组结构；3C 是半胱氨酸蛋白酶，可在多聚蛋白的剪切位点起作用；3D 蛋白含有 KDELR、YGDD、FLKR 三个保守的氨基酸，主要参与病毒 RNA 复制。

2. 结构蛋白

VP1 蛋白在嵴病毒结构蛋白中抗原性最强，与免疫原性相关，但也是突变频率最高的结构蛋白。

三、流行性病学

（一）传染来源

2003 年，BKV 首先在日本健康牛的粪便中被检测到。目前，世界范围内 BKV 的流行区域较为集中，主要分布在亚洲、欧洲和美洲等少数国家。

2007 年，匈牙利学者在猪粪便中首次检测到 PKV。研究表明，PKV 广泛分布在猪群中，在腹泻和健康猪中均已被检测到，阳性率为 3.9%～100.0%。有研究发现，匈牙利野猪中 PKV 的感染率也较高。2013 年，Lu 等开展了越南西南部地区 PKV-C 的流行病学调查，证实 PKV-C 分为 3 个分支，其中 PKV-C2 与来自中国西南部地区的 PKV-C 密切相关。

2012 年，日本学者在东京开展的一项 CKoV 血清学调查表明，在采集的 132 支犬血清样品中，37.4%的犬血清抗体呈阳性。在健康犬和腹泻犬的 CKoV 检测中发现，CKoV 只在腹泻犬中发现。表明该病毒与犬的腹泻密切相关。

（二）传播途径和传播方式

BKV 主要呈地方性流行，病毒流行与地理位置具有密切的联系，如中国和韩国、比利时和荷兰、美国和加拿大等地区均能检测到 BKV，说明 BKV 的传播可能与临近国家牛只活动或产品跨区域流动相关。

PKV 在猪肠道内被发现，主要通过粪-口途径传播。有研究人员发现 PKV 可以通过母乳和血液传播进入循环系统，但仍需进一步验证。也有研究发现，PKV 仅在与其它腹泻病毒共同感染时才会引起腹泻。2010 年，Yang 等通过蚀斑纯化和电子显微镜观察，获得了 2

株适应细胞的PKV，感染健康实验动物可引起腹泻。2012年，Cinichona等从泰国仔猪体内分离出的PKV与韩国分离出的牛嵴病毒同源性很高，表明嵴病毒可能存在跨物种传播。

（三）易感动物

迄今为止，嵴病毒已经在人类、猪、牛、羊、峡谷小鼠、猫、狗和雪貂体内被发现，在蝙蝠体内也发现了类似的病毒。

（四）流行特征

犊牛因胃肠道发育不成熟、机体免疫机能不完善、初乳饲喂管理不健全等原因容易感染嵴病毒，且常与其它犊牛腹泻病原如牛轮状病毒等混合感染，加重腹泻。

针对PKV感染日龄的调查结果表明，3周龄以下仔猪PKV感染率明显高于育肥猪和母猪。

（五）发生与分布

1. 在国外的发生与流行

2003年，BKV首先在日本健康牛的粪便中被检测到，随后亚洲与欧洲的多个国家报道在腹泻牛粪便或健康牛粪便中检测到该病原。2003年，匈牙利学者从四个不同年龄组的牛中采集的32份粪便样本中有2份呈BKV阳性。2009年11月至2011年12月，在意大利南部的22个农场从0～6周龄的小牛中收集了142份粪便样本，使用RT-PCR方法对无症状和腹泻小牛的粪便样本进行BKV筛选，在4.9%的样本中检测到BKV，且腹泻小牛的阳性率（5.3%）高于无症状小牛（4.8%）。

2007年，PKV首次在猪上被发现，Reuter G等在匈牙利东部一个猪场内采集60份猪粪便样品，经检测39份呈PKV阳性，阳性率为65%。2008年采集的60份血清样品和粪便样品中，有32份粪便样品和16份血清样品呈PKV阳性，阳性率分别为53.3%和26.6%。2009年，日本研究人员S. Okitsu等从28个猪场中共采集了293份粪便样品，利用RT-PCR方法进行检测，结果显示PKV感染阳性率达45.4%。2013年，美国学者Z. Sisay等从15个州采集了114份腹泻猪粪便样本，从明尼苏达州的3个农场采集了46份健康猪粪便样本，利用RT-PCR方法进行检测，结果显示，腹泻猪PKV阳性感染率为21.9%，健康猪PKV阳性率为21.7%，并且PKV阳性腹泻猪都伴发猪传染性胃肠炎，尤其4周龄以下猪感染PKV更加普遍。

2. 在国内的发生与流行

2012年，胡军勇等对湖北省54个规模化养殖场的165份仔猪病料进行RT-PCR检测，结果显示PKV在腹泻猪的阳性率高达82.5%，非腹泻猪阳性感染率仅为13.23%。因此，研究人员推测PKV与猪腹泻有很大的相关性。

2012年，Wang C等对116份粪拭子进行了PKV检测，阳性率为38.8%，其中位于闵行区、青浦区、奉贤区的3个猪场的阳性感染率分别为46.7%、35.1%、32.4%。

2012—2013年，江苏省部分地区发生猪腹泻疫情，杨振等对220份猪粪拭子进行了检测，结果PKV阳性感染率达52.73%（116/220）。对从5株不同来源的阳性样品中获得的3D基因序列进行分析，结果显示，5株PKV 3D序列与GenBank中已知的PKV序列在核苷酸水平上具有较高的同源性。

2013年，张莎等根据GenBank中PKV 3D基因保守区序列设计特异性引物，采用RT-PCR方法检测了27个省市126个猪场共计448份病料，调查我国PKV的流行情况。结果表明，在所有病料中，PKV 阳性病料为 112 份，阳性率为 25%，在检测的 126 个猪场中共有 51 个猪场检测到 PKV，猪场阳性率达 40.48%。研究人员克隆了其中 9 份阳性病料的 3D 基因，测序结果表明，这 9 个基因与国内外其它病毒株相比，在核苷酸和氨基酸水平上都具有较高的同源性。以上数据表明，PKV 在我国猪群中检出率较高，尤其是在腹泻仔猪中检出率更高。

2014 年，姬郭彪等对河南地区 84 个猪场的 173 份猪粪拭子进行 PKV 检测，结果发现，检测样品的 PKV 阳性感染率为 82.1%。

在我国，BKoV 仅在新疆、内蒙古、黑龙江、北京、河南等地被检测出。2017 年，师志海等应用双重 RT-PCR 检测方法对河南部分地区 127 份奶牛及肉牛犊牛腹泻粪便样本进行检测，检出 BKoV 阳性样品 6 份（4.72%）。2021 年，王旭等检测 130 份犊牛粪便，检出 6 份样品为嵴病毒阳性，阳性率为 4.60%。师志海等利用建立的染料法实时荧光 PCR 检测 311 份采自河南、山东和四川省的犊牛腹泻样本，结果显示，河南省 BKoV 的检出率为 7.38%，山东省和四川省未检测到 BKV。

四、免疫机制与致病机理

（一）免疫机制

病毒在感染宿主细胞时，宿主细胞主要是通过 RLRs 和 TLRs 模式识别受体介导抗病毒信号传导，进而活化 IRF3、IRF7 和 NF-κB 转录因子入核，诱导 IFN-α/β 的表达。研究者采用双荧光素酶报告系统对 *PKV* 基因编码的结构和非结构蛋白进行筛选，结果发现 PKV 结构蛋白 3（VP3）能够抑制Ⅰ型干扰素 IFN-β 介导的信号通路活化，并在不同类型细胞中均对 IFN-β 下游基因具有抑制作用，使 PKV 逃逸宿主天然免疫防御，从而增加对猪的易感性。

嵴病毒感染机体后，可刺激 B 细胞在感染前期生成 IgM 和感染较晚期生成 IgG，它们均能中和肠道病毒产生的游离毒素并调控吞噬细胞，引起宿主细胞膜表面抗原结构的变化，从而导致机体产生各种免疫反应。Th1/Th2 细胞因子在肠道病毒侵入机体时，能激活 T 淋巴细胞分泌细胞因子，从而产生免疫反应。有研究表明 Th1 和 Th2 在机体感染肠道病毒后均升高，且均与病情严重程度呈正相关，提示机体存在炎症反应。

（二）致病机理

目前，嵴病毒的致病机理尚不清楚。

五、临床症状

（一）单纯感染临床症状

单纯 PKV 感染猪群会导致猪呕吐、腹泻、脱水，致使怀孕母猪流产，仔猪生长缓慢、停滞、急性腹泻甚至可能导致死亡。

BKV 的致病性尚不清楚。

（二）与其它病原混合感染的临床症状

嵴病毒常常与引起腹泻的其它病原混合感染。仔猪主要临床症状为腹泻，排黄色水样粪便，有腥臭味，偶有出现呕吐症状，被毛粗乱，消瘦脱水，形成僵猪。

六、病理变化

（一）大体剖检

对临床中PKV阳性并伴有腹泻且消瘦严重的仔猪进行剖检，病变主要发生在胃肠道，包括胃、肠系膜毛细血管充血，肠系膜淋巴结充血、肿大，肠壁变薄，肠道充满淡黄色、稀薄水样内容物。

（二）组织病理学与免疫组织化学

在病理学变化方面，由PKV引起腹泻的病死猪组织学变化与猪流行性腹泻病毒和猪传染性胃肠炎病毒引起的病理变化相似，主要为肠绒毛变短甚至脱落、小肠绒毛上皮细胞空泡化。

七、诊断

（一）临床诊断要点

PKV感染没有明显的季节性变化，呈地方流行性分布。哺乳仔猪多在感染2～3d后呕吐、腹泻，甚至死亡；母猪和育肥猪仅出现腹泻。

（二）实验室诊断要点

1. 病原学诊断

RT-PCR方法是目前检测PKV的常用方法，常选取PKV 3D基因保守区设计特异性引物，进行RT-PCR扩增。2013年，刘孟良等建立了PKV SYBR GreenⅠ实时荧光定量PCR检测方法。通过设计引物对嵴病毒3C/3D连接点进行RT-PCR扩增，也可以对AiV和BKV进行检测，但是这些引物无法检测PKV。近期，一种基于三种嵴病毒的保守区序列设计的引物，能同时检测三种嵴病毒。

2. 血清学诊断

2013年，姬郭彪表达了PKV的VP1蛋白并进行了纯化，利用纯化的VP1蛋白建立了间接ELISA方法。此外，有报道采用表达的BKV VP3重组蛋白作为抗原，建立了检测BKV血清抗体的间接ELISA方法。

（三）预防与控制

加强来自疫区的动物及动物产品检疫，流行地区要进行疫病检测、监测，扑杀持续感染动物。及时跟踪疫情流行动态，科学风险分析，定期发布风险预警，同时加强技术储备，研发灵敏、特异的病原鉴定和血清学检测技术，尽快启动疫苗研究工作。加强生物安全，加强环境消毒，对病死畜进行无害化处理。

（阴花、昝晓慧、王炜）

参考文献

[1] 代文君，王洪梅，杨少华，等．小RNA病毒与细胞凋亡［J］．家畜生态学报，2010，3（2）：109-112.
[2] 韩磊．河北省猪嵴病毒流行情况调查及检测方法的建立［D］．河北农业大学，2021.
[3] 米雪，刘雪婷，钟莲，等．猪腹泻相关肠道病毒分离研究进展［J］．动物医学进展，2020，041（3）：97-99.

[4] 王琛，兰喜，祝俊鹏，等．猪嵴病毒 3C 蛋白的原核表达及其结构分析 [J]. 中国畜牧兽医，2016，43 (4)：845-853.

[5] 杨振．江苏地区猪嵴病毒感染流行病学调查和全基因组遗传进化分析 [D]. 扬州大学，2015.

[6] 朱庆贺，陈曦，王观悦，等．猪嵴病毒流行概况及诊断方法的研究进 [J]. 黑龙江畜牧兽医，2016，11：66-69.

[7] 张永军，胡永浩．福建地区 2 株猪嵴病毒 VP1 基因的克隆及遗传进化分析 [J]. 安徽农业科学，2016，44 (14)：149-151.

[8] Akagami M，Ito M，Niira K，et al. Complete genome analysis of porcine kobuviruses from the feces of pigs in Japan [J]. Virus Genes，2017，53 (10)：593-602.

[9] An D，Jeoung H，Jeong W，et al. Porcine kobuvirus from pigs stool in Korea [J]. Virus Genes，2011，42 (2)：208-211.

[10] Barry A，Ribeiro J，Alfieri A，et al. Firstdetection of kobuvirus in farm animals in Braziland the Nethelands [J]. Infection，Genetics and Evolution，2010，11 (7)：1811- 1814.

[11] Cannnon N，Buesa J，Brown P，et al. Phylogeny and prevalence of kobuvirus in dogs and cats in the UK [J]. Veterinary Microbiology，2013，164 (10)：246-252.

[12] Chung J，Kim S，Kim Y，et al. Detection and genetic characterization of feline kobuviruses [J]. Virus Genes，2013，47 (3)：559-562.

[13] Cromeans T，Park G，Costantini V，et al. Comprehensive comparison of cultivable norovirus surrogates in response to different inactivation and disinfection treatments [J]. Applied & Environmental Microbiology，2014，80 (18)：5743-5751.

[14] Di B，Federica D，Melegari I，et al. Detection of feline kobuviruses in diarrhoeic cats，Italy [J]. Veterinary Microbiology，2015，176 (11)：186-189.

[15] Hughes P，Stanway G. The 2A proteins of three diverse picomaviruses are relatedto each other and to the H-rev107 family of proteins involved in the control of cell proliferation [J]. Journal of General Virology，2000，81 (Pt 1)：201-207.

[16] Khamrin P，Maneekarn N，Hidaka S，et al. Molecular detection of kobuvirus sequences in stool samples collected from healthy pigs in Japan [J]. Infection，Genetics and Evolution，2010，10 (7)：950-954.

[17] Khamrin P，Maneekarn N，Kongkaew A，et al. Porcine kobuvirus in piglets，Thiland [J]. Emerging Infectious Diseases，2009，15 (12)：2075-2076.

[18] Lee M，Jeoung H，Lim J，et al. Kobuvirus in South Korean Blackgoats [J]. Virus Genes，2012，45 (1)：186-189.

[19] Li L，Pesavento P，Shan T，et al. Viruses in diarrhoeic dogs include novel kobuviruses and sapoviruses [J]. Journal of General Virology，2011，92 (11)：2534-2541.

[20] Li L，Victoria J，Wang C，et al. Batguanovirome：Predominace of dietary viruses from insects and plants plus novel mammalian viruses [J]. Journal of Virology，2010，84 (14)：6955-6965.

[21] Liu P，Li W，Lv W，et al. Epidemoological study and variation analysis of the porcine kobuvirus 3D gene in Sichica province，China [J]. Virologica Sinica，2015，30 (6)：46 0-463.

[22] Okitsu S，Khamrin P，Thongprachum A，et al. Sequence analysis of porcine kobuvirus VP1 region detected in pigs in Japan and Thailand [J]. Virus Genes，2012，44 (2)：253-257.

[23] Patikovics P，Boros A，kiss T，et al. Identification and complete genome analysis of kobuvirus in faecal samples of European roller (Coracias garrulus)：for the first time in a bird [J]. Archives of Virology，2015，160 (1)：345-351.

[24] Phan T，Kapusinszky B，Wang C，et al. The fecal viral flora of wild rodents [J]. PLoS Pathogens，2011，7 (9)：el002218.

[25] Reuter G，Boros A，Pankovics P，et al. Kobuvirus in domestic sheep，Hungary [J]. Emerging Infections Diseases，2010，16 (5)：869-870.

[26] Reuter G，Boldizsar A，Kiss I，et al. Candidatenew species of kobuvirus in porcinehosts [J]. Emergine Infectious Diseases，2008，14 (12)：1968-1970.

[27] Reuter G, Boros A, Pankovics P, et al. Kobuvirus indomestic sheep, Hungary [J]. Emering Infectious Diseases, 2010, 16 (5): 869-870.

[28] Ribeiro J, Headiey S, Diniz J, et al. Extra-intesinal detection of canine kobuvirus in a puppy from Southern Brazil [J]. Archives of Virology, 2017, 162 (3): 867-872.

[29] Reuter G, Kecskemeti S, Pankovics V, et al. Evolution of porcine kobuvirus infection, Hungary [J]. Emerging Infectious Diseases, 2010, 16 (4): 696-698.

[30] Reuter G, Nemes C, Boros A, et al. Porcine kobuvirus in wild boars [J]. Archives of Virology, 2013, 158 (1): 281-282.

[31] Sasaki J, Kushhara Y, Maeno Y, et al. Construction of an infectious cDNA clone of Aichivirus (a new member of the family Picornaviridae) and mutational analysis of astem-loop structureat the 5′end of the genome [J]. Journal of Virology, 2001, 75 (17): 8021-8030.

[32] Sasaki J, Nagashima S, Sasaki J, et al. Aichi Virus Leader Protein Is Involved in Viral RNA Replication and Encap-sidation [J]. Journal of Virology, 2003, 77 (20): 10799-10807.

[33] Smits S, Raj V, Oduber M, et al. Met-agenomic analysis of the ferret fecal viralflora [J]. PLoS One, 2013, 8 (8): e71595.

[34] Theuns S, Vanmechlen B, Beraaert Q, et al. Nanopore sequencing as arevolutionay diagnostic toolfor porcine viral enteric disease complexes identifies porcin kobuvirus as an important entericvirus [J]. Scientific Reports, 2018, 8 (1): 9830.

[35] Yu J, Jin M, Zhang Q, et al. Candidate porcine Kobuvirurus, China [J]. Emerging Infectious Diseases, 2009, 15 (5): 823-825.

[36] Yamashita T, Kobayashi S, Sakac K, et al. Isolation of cytopathic small round viruses with BS-CI cells from pe-tients with gastroenteritis [J]. The Journal of Infecious Diseases, 1991, 164 (5): 954-957.

[37] Yamashita T, Sakae K, Tsuzuki H, et al. Complete Nucleotide Sequence and Genetic Organization of Aichi Viras, a Distinct Member of the Picora aviridae Associated with Acute Gastroenteritis in Humans [J]. J Virol, 1998, 72 (10): 8408-8412.

[38] Wang L, Fredrickson R, Duncan M, et al. Bovine Kobuvirus in Calves with Diarrhea, United States [J]. Emer-ging Infectiom Diseases, 2020, 26 (1): 176-178.

[39] Wang C, Lan D, Hua X. Porcine kobuvirus from pig stool specimens in Shanghai, China [J]. Virus Genes, 2011, 43 (3): 350-352.

[40] Wang E, Yang B, Liu W, et al. Complete sequencing and phylogenetic analysis of porcine kobuvirus indo-mestic pigs in Northwest China [J]. Archives of Virology, 2014, 159 (9): 2533-2535.

第九节　动物新型冠状病毒感染

严重急性呼吸综合征冠状病毒 2（Severe acute respiratory syndrome coronavirus 2, SARS-CoV-2）是一种新型冠状病毒，它引起的急性呼吸道疾病于 2019 年 12 月在中国首次报告，随后迅速蔓延至全球，引起世界各国广泛关注。SARS-CoV-2 感染引起的新型冠状病毒病（COVID-19）的暴发已被世界卫生组织宣布为全球突发公共卫生事件。根据 SARS-CoV-2 基因组的结构特征，该病毒被划分到冠状病毒科 β 冠状病毒属。该病毒症状一般为发热、乏力、干咳、逐渐出现呼吸困难，严重者表现为急性呼吸窘迫综合征、脓毒症休克，以及难以纠正的代谢性酸中毒和凝血功能障碍等。迄今为止，SARS-CoV-2 病毒已在除人类以外的蝙蝠、穿山甲、猫科动物、水貂、非人灵长类动物、仓鼠、兔和犬等多种动物中检测发现，是一种重要的人兽共患传染病病原。

一、病原学

（一）分类地位

新型冠状病毒 SARS-CoV-2 是套式病毒目冠状病毒科冠状病毒属的成员，冠状病毒科又分为 4 个属，即 α 冠状病毒属、β 冠状病毒属、γ 冠状病毒属和 δ 冠状病毒属。基于分子特征，SARS-CoV-2 被认为是属于 β 冠状病毒属、Sarbecovirus 亚属的一种新的冠状病毒。该病毒与其它几种重要的人兽共患病毒，如中东呼吸综合征冠状病毒（Middle East respiratory syndrome-CoV，MERS-CoV）和重症急性呼吸综合征冠状病毒（Severe acute respiratory syndrome-CoV，SARS-CoV）属于同一属。根据这些 β 冠状病毒的同源性，SARS-CoV-2 被确定为一种独特的病毒，其保守开放阅读框 1a/b（ORF1a/b）与其它 β 冠状病毒的同源性低于 90%。SARS-CoV-2 与 SARS-CoV 的核苷酸之间有的同源性为 80%，与蝙蝠源的 SARS 样冠状病毒（SARS-like coronaviruses，SL-CoVs）ZC45 和 ZXC21 毒株的同源性为 89%。此外，SARS-CoV-2 与人类 SARS-CoV Tor2 毒株和 BJ01 2003 毒株之间的同源性为 82%。而 SARS-CoV-2 和 MERS-CoV 的序列同源性仅为 51.8%。结构基因的系统发育分析也显示 SARS-CoV-2 更接近蝙蝠源的 SL-CoVs。因此，SARS-CoV-2 可能起源于蝙蝠，而其它宿主可能在疾病向人类传播中发挥了重要的作用。

（二）病原形态结构与组成

通过电子显微镜和高通量测序技术，证实 SARS-CoV-2 具有与其它 β 冠状病毒相似的结构特征和基因组结构。它是一种表面分布刺突的多形性包膜病毒，颗粒呈圆形或椭圆形，直径 60～140nm。病毒核衣壳呈螺旋对称排列，基因组编码 27 种蛋白质，包括一种依赖于 RNA 的 RNA 聚合酶（RdRP）和四种结构蛋白，四种结构蛋白包括刺突蛋白（Spike Protein，S）、包膜蛋白（Envelope Protein，E）、膜蛋白（Membrane Protein，M）和核衣壳蛋白（nucleoprotein，N）。这些蛋白参与包裹 RNA 和/或蛋白质组装、出芽、包膜的形成和发病机制。

（三）培养特性

临床样品中的 SARS-CoV-2 可通过接种细胞培养来检测，且必须在生物安全防护三级以上实验室（简称 P3 实验室）进行。Vero E6 细胞表面有丰富的 ACE2 受体，通常被用于病毒分离。表达跨膜丝氨酸蛋白酶 2（TMRPSS2）的 Vero E6 细胞系可以产生更高滴度的病毒，并降低 S1/S2 连接位点缺失突变的可能性。SARS-CoV-2 也可在人传代细胞系中生长，如肺癌细胞 Calu3、肝癌细胞 Huh7 和结肠癌细胞 Caco2 等。它也在人神经胶质瘤细胞 U251 上生长，而 SARS-CoV 则不能。蝙蝠和人的肠道系统易受 SARS-CoV-2 的感染，因此可用作研究病毒的组织趋向性、感染动力学和治疗靶标。人类肠道器官中可成功培养 SARS-CoV-2，表明该病毒可通过口-粪途径感染肠道。

二、分子病原学

（一）基因组结构与功能

SARS-CoV-2 是单股正链 RNA 病毒，基因组大小约为 29～30kb，是已知的第二大 RNA 病毒基因组。病毒基因组由 5′和 3′端的两个非翻译区（UTR）和 11 个开放阅读框

（ORF）组成，编码27种蛋白质。第一个ORF（分为ORF1a和ORF1b）大约占整个基因组长度的2/3（位于5′端），主要负责编码病毒RNA聚合酶复合蛋白pp1ab，pp1ab可被加工成16个非结构蛋白（Non-structural protein，Nsp），包括Nsp1～16。而其余的1/3则编码4个结构蛋白和至少6个辅助蛋白。结构蛋白为刺突蛋白（S）、膜蛋白（M）、包膜蛋白（E）和核衣壳蛋白（N），而辅助蛋白为ORF3a、ORF6、ORF7a、ORF7b、ORF8和ORF10。

（二）主要基因及其编码蛋白的结构与功能

1. 非结构蛋白

SARS-CoV-2有16个非结构蛋白，包括Nsp1～16。Nsp1可以抑制宿主蛋白翻译，造成宿主mRNA的降解和mRNA输出机制的破坏，以抑制宿主基因的表达。Nsp2功能未知。Nsp3是木瓜蛋白酶样蛋白酶，参与多蛋白加工、去ADP核糖基化、去泛素化和双层膜囊泡的形成。Nsp4与双层膜囊泡的形成有关。Nsp5是3C样蛋白酶结构域，参与多蛋白加工。Nsp6与复制复合物相关的双层膜囊泡的形成有关。Nsp7与Nsp8形成复合物，是RNA依赖性RNA聚合酶的附属亚基，Nsp8也是引发酶或3′末端腺苷酸转移酶。Nsp9是具有肽结合位点的RNA结合蛋白，负责RNA/DNA结合活性。Nsp10是Nsp14和Nsp16的甲基转移酶活性的辅助因子，可与NF-κB抑制因子相互作用以诱导白介素8（IL-8）产生，可能会增加IL-8介导的中性粒细胞趋化性和严重的宿主炎症。Nsp11功能未知。Nsp12是RNA依赖性RNA聚合酶（RdRp）。Nsp13是解旋酶。Nsp14是3′→5′核酸外切酶（ExoN），RNA帽形成鸟嘌呤核苷N7-甲基转移酶。Nsp15是一种特定于poly（U）的核糖核酸内切酶（XendoU）。Nsp16是核糖2′-O-甲基转移酶，与RNA帽形成有关。其中，Nsp1、Nsp5在天然免疫中可以抑制干扰素信号；Nsp3、Nsp6、Nsp13、Nsp15均可作为干扰素拮抗剂。

2. 结构蛋白

结构蛋白包括刺突蛋白（S）、膜蛋白（M）、包膜蛋白（E）和核衣壳蛋白（N）。

S蛋白是一种多功能的Ⅰ型病毒跨膜蛋白，位于病毒表面的三聚体中，使病毒体呈冠状形态。在功能上，它是感染性病毒粒子与各种宿主细胞受体相互作用进入细胞所必需的蛋白。此外，它还是组织趋向性和确定宿主范围的关键因子。同时，也是SARS-CoV-2能够诱导宿主免疫反应的重要免疫优势蛋白之一。所有冠状病毒S蛋白都有相似的结构域，分为两个亚单位，即S1和S2。S1辅助病毒与宿主受体结合，S2负责病毒与细胞膜的融合。S1又进一步分为两个子域，即N末端结构域（NTD）和C末端结构域（CTD），CTD包含受体结合基序（RBM）。S蛋白含有主要的免疫原性表位，主要集中在S1亚单位的N末端结构域和受体结合结构域（RBD），它们是中和抗体的靶标。Wu A等对S蛋白的结构分析显示，在1273个氨基酸的范围内有27个氨基酸突变，6个突变位于RBD（357～528氨基酸），4个突变位于CTD。然而，在RBM没有发现氨基酸突变，它可直接与血管紧张素转换酶-2（ACE2）受体结合。

S1和S2的连接处有一个多碱基切割位点（PRRA），这使得弗林蛋白酶和其它蛋白酶能够有效地切割。这种多碱基切割位点是一种重要的毒力因子，可以增强病毒的复制和多组织趋向性，如甲型H5N1禽流感病毒。该位点的突变可以减弱动物模型中的致病性，是设计减毒活疫苗的一个有力的选择。另一个切割位点位于S2区域内，并被跨膜丝氨酸蛋白酶2（TMPRSS2）所切割。

包膜蛋白（E）是最小的结构蛋白。它在病毒的组装和释放中发挥多种功能。它是一种膜多肽，作为病毒孔蛋白（离子通道），可将 Ca^{2+} 导出 ERGIC 腔，激活宿主炎症小体，对病毒的组装和释放很重要，通常也是毒力决定因素。E 蛋白由三个结构域组成，即短的亲水氨基末端、较大的疏水跨膜区和 C 末端结构域。

膜蛋白（M）是脂质包膜内含量最多的结构蛋白，有三个跨膜区，病毒外侧是短的氨基酸末端，病毒内侧是长羧基末端。病毒骨架是由 M-M 相互作用维持的。Wu A 等发现 SARS-CoV-2 的 M 蛋白与 SARS-CoV 相比没有氨基酸突变。M 蛋白对病毒形态发生和干扰素抑制很重要，Zheng Y 等证实它可通过与 RIG-I/MDA-5 直接相互作用抑制Ⅰ型和Ⅲ型干扰素的产生并阻碍下游信号。

核衣壳蛋白（N）以螺旋复合物的形式稳定 RNA 基因组，同时也是获得性免疫的关键靶点。与 SARS-CoV 相比，SARS-CoV-2 的 N 蛋白具有 5 个氨基酸突变，其中 2 个位于固有的分散区（IDR：25 和 26 氨基酸位点），NTD（103 氨基酸位点）、LKR（217 氨基酸位点）和 CTD（334 氨基酸位点）各 1 个。

3. 辅助蛋白

SARS-CoV-2 的辅助蛋白有 ORF3a、ORF6、ORF7a、ORF7b、ORF8 和 ORF10。ORF3a 可以诱导细胞凋亡，ORF3b 具有拮抗干扰素的作用。ORF6 和 ORF8 也参与干扰素的拮抗，而 ORF7a 可能参与抑制细胞蛋白的翻译。ORF8 参与 MHC-Ⅰ的下调，可结合 IL-17 受体 A（IL-17RA），调节炎症反应，也能抑制干扰素信号通路。ORF9b 与宿主线粒体导入受体蛋白（TOM70）相互作用，抑制Ⅰ型干扰素反应。ORF10 功能未知。有趣的是，在 SARS-CoV-2 中，ORF3b、ORF7a/7b 和 ORF8 中发现了具有功能缺失的循环变异体，表明这些变异体对于病毒感染并不是绝对必需的，并且可能是感染未知中间宿主所需的残余物。

三、流行病学

（一）传染来源

SARS-CoV-2 发病者和带毒者是该病的重要传染源，污染病毒的环境、饮水、用具、尿液和粪便也是该病重要的传染源。

（二）传播途径及传播方式

SARS-CoV-2 主要通过空气中气溶胶、呼吸液滴以及直接或间接接触传播。Chan J 等已经在仓鼠模型中证实 SARS-CoV-2 可通过空气传播。Liu Y 等发现即使在没有气溶胶产生的情况下，从患者居住的环境中获得的空气样本中也可以检测到低水平的 SARS-CoV-2 核酸。Lednicky J 从患者 4.8m 外采集的空气样本中分离出来了活病毒，证实了新型冠状病毒的气溶胶传播可能是传染源的假设。短程空中传播是新型冠状病毒传播的主要途径。

此外，经常接触的表面、共享物品和呼吸道飞沫污染的食物也是 SARS-CoV-2 的重要传播途径之一。Cheng V 等在接触患者的环境样本中检测到病毒核酸。受污染的冷冻食品、包装材料和储存环境中也可以导致病毒的传播。SARS-CoV-2 传染性的半衰期在 20℃ 时为 1.7～2.7d，在 40℃ 时缩短到几个小时，Riddell S 等证明病毒颗粒在 20℃ 以下的玻璃、不锈钢和钞票等常见表面上可存活长达 28d。相对湿度也会影响病毒失活的速度，相对湿度在 65％时最快，在较低（40％）或较高（75％）湿度下失活速度较慢。

其它传播途径包括粪-口传播，以及接触各种体液如尿液、眼泪和母乳等。钟南山等发现，高层建筑中的粪便气溶胶可通过烟囱效应、尾流效应和污水、通风管的轻微泄漏进行传播。

（三）易感动物

蝙蝠、穿山甲、猫科动物、水貂、非人灵长类动物、仓鼠、雪貂和兔都可感染SARS-CoV-2，犬的易感性较弱，而猪、家禽和树鼩不易感染。

（1）蝙蝠　蝙蝠是α冠状病毒和β冠状病毒的重要天然宿主。迄今已知与SARS-CoV-2亲缘关系最近的是在中国云南省的嗜鼻蝠中检测到的一种蝙蝠冠状病毒，被命名为“RaTG13”。该病毒全长基因组序列与SARS-CoV-2的序列同源性为96.2%。这种蝙蝠病毒在整个基因组的所有开放阅读框中与SARS-CoV-2的序列同源性高达90%。系统发育分析显示SARS-CoV-2与RaTG13紧密相邻，这种高度遗传相似性支持了SARS-CoV-2可能起源于蝙蝠的假设。另一种相关的冠状病毒在云南的马来菊头蝠中被报道。这种新的蝙蝠病毒，被命名为“RmYN02”，其基因组与SARS-CoV-2同源性为93.3%。与SARS-CoV-2密切相关的蝙蝠冠状病毒的发现，表明蝙蝠可能是SARS-CoV-2的宿主。然而，根据目前的发现，SARS-CoV-2和相关蝙蝠冠状病毒之间的差异可能代表了20多年的序列进化，这表明这些蝙蝠冠状病毒只能被视为SARS-CoV-2的可能进化先驱，而不是新型冠状病毒的直接祖先。

（2）穿山甲　2017—2019年，从东南亚走私到中国南方的马来穿山甲组织中发现了多种SARS-CoV-2类似病毒。这些分别由广西和广东海关查获的穿山甲病毒属于两个不同的亚类。广东毒株之间彼此具有99.8%的序列同源性。它们与新型冠状病毒非常接近，同源性为92.4%。值得注意的是，广东的穿山甲冠状病毒与新型冠状病毒的受体结合区域高度相似，仅有一个氨基酸突变。与广东毒株相比，广西报道的穿山甲冠状病毒与新型冠状病毒的相似性较低，基因组序列同源性为85.5%。来自不同走私事件的穿山甲中SARS-CoV-2类似冠状病毒感染的反复出现表明这些动物可能是病毒的宿主。然而，与健康携带冠状病毒的蝙蝠不同，感染的穿山甲能够表现出一些临床症状和组织病理学变化，包括间质性肺炎和不同器官中的炎症细胞浸润，这些异常表明穿山甲可能是SARS-CoV-2的中间宿主。

（3）猫　比利时于2020年3月28日首次报告猫感染SARS-CoV-2确诊病例，患猫表现消化道和呼吸道症状，为COVID-19确诊患者饲养。随后多个国家和地区先后报告多起猫感染病例，至2021年2月1日，累计确诊63起，分布在中国香港、比利时、美国、法国、西班牙、德国、俄罗斯、英国、日本、意大利、智利、加拿大、巴西、希腊、阿根廷和瑞士等16个国家和地区，其中美国确诊数量最多，高达32起。此外，意大利一项研究表明，3.3%的犬和58%的猫可检测到SARS-CoV-2中和抗体，而且COVID-19确诊患者饲养的犬、猫检测出抗体阳性的概率更高。

（4）犬　中国香港于2020年3月20日首次向OIE通报犬感染SARS-CoV-2，阳性犬为COVID-19确诊患者饲养的宠物犬，随后又确诊了多起犬感染SARS-CoV-2的病例。随后，又有多个国家和地区报告犬感染SARS-CoV-2的病例。截至2021年2月1日，累计有57起，分布在中国香港、美国、德国、日本、加拿大、巴西、阿根廷和墨西哥等8个国家和地区，其中美国最多，达16起，其次是巴西、中国香港和日本。

（5）水貂　荷兰于2020年4月23日首次从一个水貂养殖场的3只水貂中检测出SARS-CoV-2，随后多个国家先后发生水貂感染SARS-CoV-2疫情。至2021年2月1日，全球确诊水貂感染SARS-CoV-2累计330起，分布在美国、荷兰、法国、西班牙、丹麦、意大利、瑞典、加拿大、希腊和立陶宛 10 个国家。其中丹麦确诊的水貂疫情最多，高达 207 起，其次是荷兰（69 起）、美国（17 起）、希腊（16 起）、瑞典（13 起）。美国在感染的水貂养殖场周边还发现野生水貂感染 SARS-CoV-2。荷兰感染的水貂起初表现胃肠道和呼吸道症状，死亡率迅速增加，随后疫情在不同的养殖场迅速扩散，导致 69 个水貂养殖场感染 SARS-CoV-2，甚至出现了水貂跨种传播给人的事件。2020 年 12 月荷兰对境内水貂全部进行了处理，扑杀数量超过 270 万只，并出台了从 2021 年 1 月 8 日起禁止饲养水貂的法律。丹麦于 2020 年 6 月 15 日首次发现水貂感染，随后疫情迅速扩散，截至 2020 年 11 月 4 日，已有 207 个水貂养殖场感染，并在水貂和周围居民中发现了 SARS-CoV-2 变异，证实了人-动物-人传播链。随后，丹麦宣布将对所有水貂扑杀，扑杀数量超过 1700 万只。值得关注的是，有的国家水貂感染之后并不表现临床症状，如西班牙于 2020 年 7 月 16 日通过主动监测发现水貂隐性感染 SARS-CoV-2。在意大利，从水貂中检出 SARS-CoV-2 之后，在全国范围暂停水貂养殖活动，同时将养殖水貂感染 SARS-CoV-2 列入受监管的动物传染病名单。

（6）雪貂　斯洛文尼亚于 2020 年 12 月 1 日首次确诊了人工饲养的宠物雪貂自然感染 SARS-CoV-2。感染的雪貂表现出胃肠道临床症状，并且为一名 SARS-CoV-2 感染确诊患者饲养的宠物。因此，人传染给雪貂的可能性较大。

（7）雪豹　美国于 2020 年 11 月 27 日首次从肯塔基州一个动物园内 3 只成年雪豹检测到 SARS-CoV-2。感染的雪豹表现出轻微的呼吸道临床症状，如干咳、气喘等。

（8）狮子　美国于 2020 年 4 月 5 日首次向 OIE 报告纽约州动物园的狮子感染 SARS-CoV-2，随后南非、西班牙、瑞典和爱沙尼亚等国先后报告狮子确诊感染 SARS-CoV-2，至 2021 年 2 月 1 日累计确诊 14 起。

（9）老虎　老虎感染 SARS-CoV-2 的病例较少，全部来自动物园，先后有美国和瑞典两个国家报告确诊病例 7 起。美国于 2020 年 4 月 5 日向 OIE 报告的纽约州动物园狮子和老虎感染 SARS-CoV-2 的事件中，该动物园共饲养老虎 5 只、狮子 3 只，其中 1 只老虎首先出现临床症状，随后另外 3 只老虎和 3 只狮子均出现临床症状，表现为干咳、气喘、食欲不振等，推测为无症状感染的动物园管理人员传染导致。瑞典于 2021 年 1 月 13 日首次确诊老虎感染 SARS-CoV-2，随后该动物园饲养的 5 只狮子也确诊感染。

（10）大猩猩　美国于 2021 年 1 月 21 日从一个动物园饲养的 3 只西部低地大猩猩中检测到 SARS-CoV-2，其中 2 只表现轻微的呼吸道症状。随后，当地关闭了该动物园，并采取了隔离消毒和加强监测等措施。

（四）流行特征

2020 年 3 月 18 日，中国香港首次发生犬感染 SARS-CoV-2 事件，于 3 月 20 日确诊，3 月 21 日向 OIE 进行了通报。同时，比利时于 2020 年 3 月 18 日从一名 COVID-19 确诊患者饲养的猫中检测到 SARS-CoV-2，并且感染猫还出现了消化道和呼吸道症状。自此，动物感染 SARS-CoV-2 引发全球高度关注。国内外研究表明，犬、猫、雪貂等动物对 SARS-CoV-2 高度易感。目前全球多个国家向 OIE 通报了多种动物感染 SARS-CoV-2 的病例。总体来看，全球动物感染 SARS-CoV-2 主要表现为三个流行特点：

1. 流行范围不断扩大

2020 年 3 月以来，先后有中国香港、比利时、美国、荷兰、法国、西班牙、德国、俄罗斯、丹麦、英国、日本、南非、意大利、瑞士、智利、加拿大、巴西等 24 个国家和地区向 OIE 通报了 470 余起动物感染 SARS-CoV-2 的病例，在亚洲、欧洲、美洲、非洲都有发生。

2. 感染动物种类不断增多

先后有犬、猫、水貂、雪貂、雪豹、老虎、狮子和大猩猩等多种动物感染 SARS-CoV-2 的报告，SARS-CoV-2 动物感染谱不断扩大。其中，水貂引发的疫情最为严重，有 10 个国家和地区报告了 330 起疫情。犬、猫等伴侣动物由于与人接触密切，感染的报道也较多，尤其是猫，已经有 16 个国家和地区报告了疫情。

3. 人-动物-人传播链条得到证实

荷兰、丹麦等国家的研究表明，水貂感染 SARS-CoV-2 最初是由确诊的患者密切接触引起的，随后引发水貂大面积暴发疫情，最后导致病毒由感染的水貂再次向人传播。对于水貂、雪貂等高度易感动物，一旦感染，疫情扩散风险很高，继而感染人的风险较大。如果 SARS-CoV-2 的感染和传播得不到有效控制，那么人-动物-人循环感染的可能性就会很大，因此，基于同一健康的防控理念尤为重要。

该病的传播没有明显的季节性，一年四季均有发生。该病毒主要经呼吸道和消化道感染，病毒经咳嗽、喷嚏和呼吸等排出体外，飘浮在空气飞沫中或附着在物体上，易感动物通过呼吸道吸入后即可感染。

（五）发生与分布

1. 在国外的发生与流行

（1）荷兰　荷兰于 2020 年 4 月 23 日首次从一个水貂养殖场的 3 只水貂中检测出 SARS-CoV-2，随后在多个养殖场暴发。Oude Munnink B 等利用全基因组测序对荷兰的最早 16 个暴发疫情的水貂养殖场和在这些养殖场生活或工作的人进行了深入调查后发现，SARS-CoV-2 最初是由人感染后引入，此后一直在进化。在接受检测的水貂养殖场居民、雇员和/或与他们接触过的个人中，68%的人员呈 SARS-CoV-2 阳性。通过对几个感染者的全基因组序列分析发现，他们的序列与水貂相似，并且最初 SARS-CoV-2 核酸检测为阴性的人员随后也出现了症状，表明他们是在养殖场的水貂感染后才感染 SARS-CoV-2。随后在一名没有去过农场但与其中一名员工有过密切接触的人上发现了同一种毒株。表明经水貂传代后的 SARS-CoV-2 可以再传给人，并在人群之间传播。

（2）法国

① 猫：2020 年 4 月 30 日，法国兽医学院证实 2 只 SARS-CoV-2 阳性宠物猫的主人也是 SARS-Cov-2 阳性患者，取直肠和鼻咽拭子进行核酸检测，其中一只猫的直肠拭子为阳性，但鼻咽拭子为阴性，该猫临床表现出轻微的消化和呼吸症状。

② 水貂：2020 年 11 月 22 日，法国农业部报告了首例 SARS-CoV-2 阳性水貂，该水貂场位于法国西部的厄尔卢瓦尔省，约有 1000 只水貂，当局决定扑杀该场所有水貂。24 日，在法国的尚龙昂加蒂讷一个水貂养殖场检测了 180 只水貂，血清学检测（ELISA）有 174 只为阳性病例，核酸检测（PCR）有 33 只呈阳性。

（3）西班牙

① 猫：2020 年 5 月 11 日，西班牙公布了第一例猫感染 SARS-CoV-2 病例，该猫所属的家庭成员中有 SARS-CoV-2 阳性患者，该感染猫表现出呼吸困难和呼吸急促的症状，4 月 21 日被送至一家兽医院，观察到支气管间质模糊、肺部普遍不透明度增加，颅脑室的变化更为严重，尤其是在右侧，同时还患有高血压性心肌病。由于动物状况恶化严重，呼吸困难，鼻子和嘴出血严重，因此决定于 4 月 22 日对动物进行安乐死。死后对其鼻咽拭子以及

一些内脏进行了核酸检测，显示 SARS-CoV-2 阳性，但兽医表示该猫所表现出的临床症状与 SARS-CoV-2 感染无关。

② 水貂：2020 年 7 月 16 日起，在阿拉贡进行了 4 次水貂农场的 SARS-CoV-2 核酸检测，前两次检测均为阴性结果；第三次测试了 30 只活水貂和 7 只死亡水貂样本，有一只核酸检测结果阳性；第四次检测了 90 只水貂，SARS-CoV-2 阳性率为 86.67%。检测结果证实了 SARS-CoV-2 在西班牙水貂场中的流行，但没有显示出与疾病相关的任何临床症状，也没有任何死亡率的异常变化。

（4）美国

① 老虎、狮子：2020 年 3 月，在美国布朗克斯县的一个动物园中首次检测出成年老虎和狮子为 SARS-CoV-2 阳性。

② 猫：2020 年 4 月，纽约纳苏郡的一家住宅中，首次发现 SARS-CoV-2 阳性猫。

③ 犬：2020 年 4 月，在里士满县的一只家养德国牧羊犬中首次检测到 SARS-CoV-2。

④ 水貂：2020 年 8 月 17 日，美国农业部宣布了首例在水貂中确诊的 SARS-CoV-2 病例。在美国犹他州的两个水貂场出现水貂的异常大量死亡后，兽医对几只有过明显呼吸和胃肠障碍体征的水貂进行了尸检，样本被转到华盛顿动物疾病诊断实验室检测为 SARS-CoV-2 阳性。

（5）乌拉圭

① 猫：在乌拉圭首都蒙德维的亚一个家庭中，主人独自生活，2020 年 12 月 12 日经检测为 SARS-CoV-2 阳性患者，与其同住的有 2 只猫，12 月 17 日检测到其中一只为 SARS-CoV-2 阳性，另一只为阴性。

② 犬：在蒙德维的亚，家庭主人于 12 月 7 日检测出 SARS-CoV-2 感染，然后采集了一只家养的 3 岁雄性犬和一只 5 岁雌性犬的鼻咽拭子和直肠拭子，于 12 月 22 日在 3 岁雄性犬的鼻咽拭子中检测出了 SARS-CoV-2，该犬在采集样本时和此后的 15d 里没有任何临床症状，另一只 5 岁的犬为阴性。

（6）丹麦　2020 年 6 月，丹麦报告了水貂感染 SARS-CoV-2 的病例，虽然水貂没有表现出临床症状，但对首批检测为阳性的三个水貂场进行了扑杀。同时，检测结果发现，与水貂养殖场相关的人员有 30%也感染了 SARS-CoV-2，全基因组测序结果表明约 27%的人所携带的 SARS-CoV-2 病毒株与水貂身上的相关。一直到 11 月，SARS-CoV-2 的传播仍没有得到缓解，于是丹麦政府下令扑杀所有丹麦的水貂。

（7）瑞典　瑞典东南部一个农场出现首例水貂感染 SARS-CoV-2 病例。瑞典有 40 个水貂场，其中有 20 个水貂场位于该地区。2020 年 10 月 16 日，收集该农场的死亡水貂，采口腔和咽拭子，3 只水貂中有 1 只 SARS-CoV-2 弱阳性。10 月 23 日，又对 5 只死亡水貂检测，均为阳性；同一时期，死亡率略有增加，但无明显临床症状，且传染源尚未确定；另外，该农场主人和其父亲在 10 月 21 日经检测为 SARS-CoV-2 阳性。11 月 6 日至 12 月 1 日，在同一地区的水貂场发现了 12 例 SARS-CoV-2 感染，但农场水貂的发病率和死亡率均无异常。瑞典共约 60 万只水貂，有 80%将在 11 月份屠杀用于毛皮生产，因此瑞典不打算屠杀水貂，而是采取隔离防护措施。

（8）意大利

① 猫：2020 年 12 月首次报道猫感染 SARS-CoV-2 病毒。

② 水貂：2020 年 8 月 10 日，由于克里莫纳省伦巴第地区养殖场的一名工人诊断为

SARS-CoV-2 阳性，于是对整个养殖场的水貂进行筛查，发现了一只阳性病例（共 26000 只水貂）。在第一次发现阳性病例后，对整个水貂场进行了流行病学调查，结果显示农场内所有动物健康状况良好。此外，对整个农场进行了强化检测，最后发现一只 SARS-CoV-2 弱阳性病例。但认为该农场没有发生病毒传播，诊断结果可能是由于污染造成的。11 月 6 日在该农场检测到第三个弱阳性病例，证明已存在病毒传播。意大利实验室进行了全面的风险评估，包括诊断实验和流行病学调查，该水貂场中的水貂没有表现出任何临床症状和异常死亡率。

（9）智利　2020 年 5 月，在圣地亚哥市 SARS-CoV-2 阳性患者家中，通过 rRT-PCR 在猫的鼻腔分泌物和粪便中检测到病毒。在这一发现后的第四天和第五天，在另外两只猫中检测到病毒核酸。在对动物进行监测和连续取样的过程中，观察到病毒排泄持续时间分别为 4d、7d 和 16d。

（10）立陶宛　2020 年 11 月 26 日，在立陶宛约纳瓦市的一个水貂场，由于死亡率增加，在死亡的 169 只水貂中抽取了 10 只进行 SARS-CoV-2 检测，结果均为阳性。第二天又在死亡 155 只水貂中抽取了 22 只进行检测，结果均为阳性。同时检测到 5 名农场工人为 SARS-CoV-2 阳性。同年 10 月 30 日，在帕尔瓦蒂丘的一个农场，对 5 只死亡水貂检测，其中有 4 只阳性病例。2021 年 3 月 30 日，库克柳村的一个拥有 11933 只水貂的农场，水貂死亡率与发病率无异常，但在 SARS-CoV-2 检测体系下，对农场的死亡的 5 只水貂进行 PCR 检测，结果均为阳性。表明 SARS-CoV-2 在该农场感染率极高，但不引起该场水貂的发病和死亡。2021 年 3 月 31 日，在布鲁祖村的一个拥有 7600 只水貂的农场进行了抽样调查，4 只死亡水貂中 3 只为 SARS-CoV-2 阳性病例。对于以上病例，立陶宛当局均实施选择性扑杀、隔离以及管制的措施。

到目前为止，世界各地的 SARS-CoV-2 感染动物病例开始陆续出现。比利时、德国、英国、瑞士、拉脱维亚、巴西、阿根廷出现了猫感染病例；日本、墨西哥、克罗地亚、巴西、阿根廷有犬感染病例；斯洛文尼亚、拉脱维亚也有水貂感染的病例；南非、爱沙尼亚和阿根廷的动物园饲养的狮子也被发现感染。

2. 在国内的发生与流行

2019 年 12 月 8 日，我国湖北省武汉市报告了一组病因不明的肺炎症状患者，并且在 2019 年 12 月以来，湖北省武汉市部分医院陆续发现了多例有华南海鲜市场暴露史的不明原因肺炎病例，后证实为 2019 新型冠状病毒感染引起的急性呼吸道传染病。随后，2020 年 1 月 7 日，中国疾病预防控制中心从一名住院患者咽拭子样本中检测出新型冠状病毒。2020 年 1 月 9 日，世界卫生组织确认从入院患者身上分离的毒株为 SARS-CoV-2。

2020 年 1 月 15 日，一位医护人员被确诊新型冠状病毒感染，这是人传人的标志性事件；之后，全国 31 个省、市、自治区全部启动重大突发公共卫生事件一级响应。

2020 年 3 月初，我国香港报告了全球首例宠物犬感染 SARS-CoV-2。经香港特区政府渔农自然护理署证实，首例确诊宠物犬经两度检测，其鼻腔样本为 SARS-CoV-2 阴性后，已于 3 月 14 日被交还给主人；之后，香港《头条日报》等媒体 17 日晚间报道称，该犬已于 16 日死亡。

2020 年 3 月 19 日，在我国香港发现一只德国牧羊犬经反复检测后确定为 SARS-CoV-2 阳性。这是全球第二例犬感染个案，并且其饲养者确诊为 SARS-CoV-2 感染，该犬于 18 日被送至港珠澳大桥口岸动物居留所接受检疫。该犬虽然检测结果呈阳性，但其并未出现相关病征。

截至2020年4月8日，田克恭团队共检测了包括野生动物、实验动物和畜禽经济动物在内35种动物的血清，均没有发现病毒抗体，其中包括从全国11个省市采集的670份与人类密切接触的犬、猫血清样本。

四、免疫机制与致病机理

（一）免疫机制

1. 先天性免疫反应

美国科学家Arunachalam P使用系统生物学方法分析来自中国香港和亚特兰大的76名SARS-CoV-2感染者与69名对照患者的免疫反应，发现SARS-CoV-2感染者的浆母细胞（浆细胞的前体）和效应$CD8^+$ T细胞增加；效应T细胞在症状出现后40d持续增加。在SARS-CoV-2感染者中，当肺组织中出现早期、短暂的Ⅰ型IFN时，血小板衍生细胞产生IFN-α和TNF-α的能力受损。骨髓样细胞（粒细胞和单核细胞）中促炎细胞因子的表达异常减少，而血浆细胞因子水平升高。

2. 获得性免疫反应

美国研究人员Robbiani D等人调查了157名SARS-CoV-2感染者出现症状39d后恢复期的血清。针对受体结合结构域（RBD）的抗体阳性率为78%，针对刺突蛋白S的抗体为阳性率70%，相比之下，只有15%和34%的血浆样本显示出对这些病毒抗原的IgM反应。抗体的中和活性总体水平普遍较低，其中33%的血清样品中和效价低于1∶50。伦敦的临床医生Seow J等人调查了65名经证实SARS-CoV-2感染的住院患者和31名受感染的医护人员出现症状后3个多月的抗病毒抗体水平，在超过90%的调查者中观察到针对刺突蛋白S、受体结合结构域RBD和核衣壳蛋白N的IgG和IgM反应；感染后30d内，IgM和IgA反应迅速下降，而IgG反应在90d内保持高水平；23d后，中和抗体效价达到峰值，其中8%的中和效价低（＜1∶200）、11%效价中等（＜1∶500）、19%效价高（＜1∶2000）和60%的中和效价很强（＞1∶2000）。感染的严重程度能够增强抗体反应的程度，但没有改变动力学，随着时间的推移，抗体效价都有所下降。

中国病毒学家Deng J等通过气管感染恒河猴后，表现出轻度至中度的临床症状，包括体重减轻、食欲下降。感染猴出现间质性肺炎，感染后3d排毒水平达到峰值，然后逐渐下降；在肺部$CD4^+$ T细胞、$CD8^+$ T细胞、B细胞、巨噬细胞和浆细胞比例增加，血清中抗S蛋白IgG抗体效价升高至1∶5000。初次感染病毒后28d，再次攻毒，放射学或组织病理学切片未见肺部病理变化，未检测到病毒核酸，未观察到免疫细胞侵入肺部，体温短暂升高是唯一的再感染迹象，抗病毒IgG血清抗体滴度显著增加至1∶80000，而血清中和抗体增加10倍至320，提示初次感染产生的抗体对机体具有一定的保护作用。

3. 免疫保护机制

疫苗设计的重点一直是诱导体液免疫，尤其是中和抗体。抗体不仅在直接抗病毒免疫中起着关键作用，而且在通过向抗原呈递细胞递送抗原来引发T细胞免疫方面也起着关键作用，这一过程被称为疫苗效应。T细胞免疫可以靶向病毒更保守的区域，而抗体通常无法触及这些区域，从而产生针对多种冠状病毒的潜在交叉保护。Zhuang Z等在研究中发现用编码SARS-CoV-1核衣壳蛋白$CD4^+$ T细胞表位的委内瑞拉马脑炎复制子（VRP）对小鼠进行鼻内疫苗接种，可诱导气道记忆 CD4^{+} T 细胞，这不仅可以预防再次感染，还产生针对 MERS 的交叉保护。最后，再次感染时组织中 T 细胞的活化可以诱导其它白细胞的强烈激活和募集，从而形成更强大的协同保护。

（二）致病机理

（1）炎症和血栓形成　美国研究人员 Aid M 等在感染 SARS-CoV-2 的人类和恒河猴的肺组织病理学切片中观察到了内皮破裂和血管血栓形成。他们观察到肺中巨噬细胞浸润，巨噬细胞、补体、血小板活化、血栓形成和促炎标志物（包括 C 反应蛋白、MX1、IL-6、IL-1、IL-8、TNFα 和 NF-κB）上调。炎症和补体途径的上调导致巨噬细胞和中性粒细胞的募集、血小板活化和凝血级联反应的触发，这解释了 SARS-CoV-2 感染动物肺泡隔中的微血栓形成和肺部纤维蛋白及凝血因子沉积增加的原因。

（2）病毒性败血症假说　Li H 等提出“病毒败血症”是导致疾病严重的原因，病毒既可感染淋巴细胞，又可诱导有害的免疫反应或感染血管上皮，导致弥散性血管内凝血。Chen L 等对武汉患者的临床观察结果与这一概念一致。在调查 48 名具有不同疾病严重程度的 SARS-CoV-2 感染患者时，研究人员检测到 5 名重症患者血液中存在病毒核酸，其中两人死于呼吸衰竭，5 名患者均显示 IL-6 水平急剧增加。因此推断，血液中的病毒核酸和高 IL-6 水平可能是严重疾病的生物标志。

① 细胞因子风暴：SARS-CoV-2 的感染激活抗原呈递细胞，诱导促炎性细胞因子（IFN-α、IFN-γ、IL-1β、IL-6、IL-12、IL-18、IL-33、TNF-α、TGFβ 等）和趋化因子（CCL2、CCL3、CCL5、CXCL8、CXCL9、CXCL10 等）的产生，引发“细胞因子风暴”。这些炎性介质进一步破坏了上皮细胞的内层，并进入血液循环，在血液循环中对其它器官造成损害。

② 免疫系统失调：Lucas C 等得出免疫系统失调的结论，他们发现免疫系统反应中与抵抗病毒无关的部分是由病毒感染引发的。病毒感染通常诱导Ⅰ型免疫反应，其特征是表达干扰素-γ（IFN-γ），宿主通过效应 T 细胞，如自然杀伤细胞、细胞毒性 T 细胞和辅助性 T 细胞清除细胞内病原体。但是，SARS-CoV-2 感染还诱导Ⅱ型免疫应答，Ⅱ型免疫应答通常针对蠕虫感染。并且，在 IL-17 水平升高的 SARS-CoV-2 感染的患者中也检测到抗真菌的Ⅲ型免疫应答的成分。

③ 干扰素：干扰素是先天性和适应性免疫系统的重要细胞因子，分为三种主要类型：干扰素Ⅰ（α 或 β）、Ⅱ（γ）和Ⅲ（λ）型。在病毒感染期间，模式识别受体识别病毒核酸，诱导干扰素的产生。例如，IFN-γ 通过 IFN-γ 受体（IFNLR）结合并诱导信号传导，后者触发细胞内信号传导途径并诱导多种抗病毒反应。显然，早期干扰素反应能够抑制 SARS-CoV-2 的复制并确保了轻度的疾病过程。如果这种机制不起作用，身体就会使用炎症作为防御，然而，这种机制利大于弊，尤其是在肺部。

五、临床症状

（一）单纯感染临床症状

人感染 SARS-CoV-2 的临床症状较其它动物更显著，以发热、乏力、干咳为主要表现，鼻塞、流涕等上呼吸道症状少见，会出现缺氧低氧状态。约半数患者多在 1 周后出现呼吸困难，严重者快速进展为急性呼吸窘迫综合征、脓毒症休克、难以纠正的代谢性酸中毒和出凝血功能障碍。值得注意的是，重症、危重症患者病程中可为中低热，甚至无明显发热。部分患者症状轻微，无发热，多在1周后恢复，多数患者预后良好，少数患者病情危重，甚至死亡。

水貂在接种SARS-CoV-2后体温升高，有发热、活动减少和食欲下降症状以及感染后2～12d有咳嗽发生。

美国Newman A等人在一只自然感染SARS-CoV-2的猫上观察到轻微的呼吸道症状。欧洲报告的一个病例中，感染猫有厌食、腹泻、呕吐、咳嗽和浅呼吸的症状。

人工感染犬不表现出任何疾病的临床症状，且体重保持不变。

蝙蝠可以携带这种病毒，不表现任何症状，但会持续排毒。

美国农业部国家兽医服务实验室报告的老虎和狮子感染SARS-CoV-2表现为干咳和喘息等呼吸道症状。

（二）与其它病原混合感染的临床症状

Kondo Y等在一名日本人身上发现了SARS-CoV-2和甲型流感病毒的共感染，表现为发热、干咳，患者报告呼吸急促、嗅觉丧失和味觉丧失。

在美国纽约市，因感染SARS-CoV-2住院的5700名患者中，42名患者（2.1%）同时感染了肠道病毒/鼻病毒（22/42）、其它冠状病毒（7/42）、呼吸道合胞病毒（4/42）、副流感（3/42）、人偏肺病毒（2/42）和甲型流感病毒（1/42）；在北加州，SARS-CoV-2与其它呼吸道病原体的共感染率为20.7%。共感染的病毒包括肠道病毒/鼻病毒（6.9%）、呼吸道合胞病毒（5.2%）、其它冠状病毒（4.3%）、人偏肺病毒（1.7%）和甲型流感病毒（0.9%）。无论有无其它病原的感染，SARS-CoV-2的感染率没有显著差异。在中国武汉，115例SARS-CoV-2感染确诊患者中有5例（4.35%）也被诊断为流感病毒感染，其中3例为甲型流感，2例为乙型流感。SARS-CoV-2感染者的临床特征和流感病毒感染与SARS-CoV-2共感染症状相似。

六、病理变化

（一）大体剖检

接种SARS-CoV-2病毒的水貂表现为鼻腔充满由中性粒细胞碎片和黏液组成的脓性黏液分泌物。肺出现严重的损伤，并伴有广泛和弥漫性的实质病变。

（二）组织病理学与免疫组织化学

在接种病毒的水貂的鼻腔前庭区、呼吸区和嗅觉区的鼻黏膜和黏膜下层中可见炎性浸润、上皮变性和坏死。受感染动物的鼻黏液脓性分泌物中，可观察到SARS-CoV-2核蛋白抗原的阳性信号，这些数据表明鼻腔分泌物在传播病毒和损害嗅觉功能中起主要作用。在高倍镜下，观察到肺部血管纤维蛋白坏死，肺泡内浆液和纤维蛋白渗出、出血、局灶性多核合胞体细胞，肺泡内和肺泡间隔内巨噬细胞增殖和浸润、严重的淋巴浆细胞性血管炎以及血管中的纤维蛋白形成；肺中有明显的巨噬细胞、单核细胞和中性粒细胞增生；并检测到肺泡内和肺泡间成熟胶原纤维的强力沉积；在支气管腔和血管中检测到黏液-纤维蛋白混合物沉积。

在感染猫的鼻甲中观察到中度溃疡性、化脓性、淋巴浆细胞性鼻炎以及轻度淋巴浆细胞性气管炎，肺泡组织细胞增生症和水肿及罕见的纤维增生，伴有支气管周围和血管周围淋巴细胞聚集和肺泡组织细胞增多。

感染的穿山甲显示出间质性肺炎和不同器官中的炎症细胞浸润。

七、诊断

（一）临床诊断要点

1. 流行病学特点

SARS-CoV-2感染是一种高度接触性传染病，患者和带毒者是该病的主要传染源，带毒者的飞沫、唾液、粪便、尿液和血液等均含有病毒，该病毒主要经呼吸道和消化道感染。该病毒引起的疾病目前在全球暴发，感染发病者主要是人，蝙蝠、穿山甲、猫科动物、水貂、非人灵长类动物、仓鼠、雪貂和兔子都容易感染SARS-CoV-2，犬的易感性较弱，而猪、家禽和树鼩不易感染。

2. 临床症状特点

几乎所有年龄段的人群都易感染SARS-CoV-2，然而临床表现因年龄而异。一般来说，患有其它病的老年人更容易感染该病毒，需要住院，可引起死亡，而大多数年轻人和儿童只有轻度疾病或无症状（仅带毒）。SARS-CoV-2感染最常见的是发热、疲劳和干咳。不常见的症状包括咳痰、头痛、咯血、腹泻、厌食、咽痛、胸痛、寒战、恶心和呕吐等。

3. 病理变化特点

SARS-CoV-2感染者组织病理学变化主要发生在肺部。组织病理学分析显示，重症患者肺部出现双侧弥漫性肺泡损伤、透明膜形成、肺细胞脱屑和纤维蛋白沉积。在某些情况下还表现出渗出性炎症。通过免疫组化试验可在上呼吸道、支气管上皮和黏膜下腺上皮细胞以及在Ⅰ型和Ⅱ型肺泡细胞、肺泡巨噬细胞和透明膜中检测到SARS-CoV-2抗原。

4. 与其它相关疾病的鉴别诊断

SARS-CoV-2感染轻型表现需与其它病毒引起的上呼吸道感染相鉴别；SARS-CoV-2引起的肺炎主要与流感病毒、副流感病毒、腺病毒、呼吸道合胞病毒、鼻病毒、人偏肺病毒、SARS病毒、MERS病毒等其它已知病毒性肺炎鉴别，并与肺炎支原体、衣原体肺炎及细菌性肺炎等鉴别诊断。

（二）实验室诊断要点

1. 病原诊断

核酸检测是SARS-CoV-2诊断的金标准。尽管已从包括咽拭子、口咽后部唾液、鼻咽拭子、痰液和支气管液等多种呼吸道来源的样本中检测到SARS-CoV-2核酸，但下呼吸道样本中的病毒核酸载量更高，即使呼吸道样本呈阴性，也可在肠道或血液样本中发现病毒核酸。此外，病毒载量可能已经从发病时的峰值水平下降，因此，检测口腔拭子时可能会出现假阴性，应采用多种检测方法来确诊。

N蛋白在SARS-CoV-2中大量表达，因此被广泛用作抗原检测的靶点。在侧向免疫层析检测中，通过固定在膜上的单克隆抗体捕获临床标本中的病毒抗原来实现。虽然这种检测方法可以作为即时检测（POCT）在门诊甚至非医疗机构中进行，但与核酸检测相比，它的敏感性较低，特别是对低病毒载量的样本。

2. 血清学诊断

免疫胶体金技术因其具有操作方便快速、实用性强等特点，在基层医疗单位及现场检测等广泛使用。目前已有多家生物公司研发出检测SARS-CoV-2 IgM和IgG抗体的胶体金试剂，为 SARS-CoV-2 感染的辅助诊断和流行病调查提供了一个有利的检测手段。但免疫胶体金法的敏感度和特异性会较核酸检测弱，假阳性率、假阴性率出现的概率会更高。

化学发光免疫分析技术具有特异性高、线性范围宽、速度快等特点，一直广泛应用于临床样本的检测。目前国内已有深圳亚辉龙等公司研发出了化学发光试剂盒用于检测 SARS-CoV-2 IgM、IgG 抗体及抗原，可实现自动化批量检测。

酶联免疫吸附试验（ELISA）通常用于进展期和恢复期患者病毒血清的抗体检测，但检测速度慢，步骤繁琐，目前临床使用较少。

血清免疫学技术适用于筛查及流行病学调查，但其敏感性、特异性、临床应用效率还需要进一步验证和评估。对于 SARS-CoV-2 核酸检测出现假阴性的情况，可以结合血清 SARS-CoV-2 特异抗体（IgG/IgM）检测，可明确患者是否近期或既往感染过 SARS-CoV-2，有助于核酸检测阴性但临床上疑似患者的确诊。

3. 实验室鉴别诊断技术

来自意大利的一项研究报告（Apolone G 等）表明，最早在 2019 年 9 月采集的血液样本中就可以发现抗 RBD 抗体。Basavaraju S 等研究表明，美国 2019 年 12 月 13 日至 2020 年 1 月 17 日收集的献血者样本中的 7389 份中有 106 份样本经检测抗 SARS-CoV-2 的 IgG 呈阳性，并且在 90 份样本中的 84 份检测到中和抗体。尽管这些研究表明 SARS-CoV-2 的出现可能早于首例核酸检测确诊病例，但不能排除 ELISA 与其它冠状病毒交叉反应的可能性。

SARS-CoV-2 的基因组结构、传播和发病机制与 SARS-CoV 和 MERS-CoV 这两种 β 冠状病毒基本相似。因此在诊断 SARS-CoV-2 时应注意：下呼吸道标本不可用时，可在疾病晚期收集粪便和血液样本，以提高检出率；增加模板体积以提高检测灵敏度；将样品放入含有胍盐的试剂中，灭活病毒并保护 RNA；设置适当的阳性、阴性对照以确保高质量的结果；同时扩增 RNase P 基因以避免假阴性结果；对于抗体测试，需要针对不同抗原进行多种检测，并需要收集配对样本。

八、预防与控制

目前，没有针对 SARS-CoV-2 的特定药物，这种感染仍在全球蔓延。因此，疾病预防和控制迫切需要疫苗开发。几种类型的 SARS-CoV-2 疫苗正在以前所未有的速度开发，包括减毒活疫苗、灭活疫苗、亚单位疫苗、重组载体疫苗、DNA 疫苗和合成肽疫苗。近期交叉中和试验结果表明，国药集团新冠疫苗对南非、英国等 10 个新冠病毒变异株呈现广谱保护效力，可以有效预防突变株引起的感染。18 岁以上人群均可接种，18 岁以下的在做安全性临床试验，没有推广。

科兴生物（克尔来福）于 2020 年 7 月 21 日起陆续选择在南美洲的巴西、智利，东南亚的印尼和中东的土耳其这四个处于不同地域、各具特点的国家开展Ⅲ期临床研究。截至 2020 年 12 月 16 日，巴西针对 18 岁及以上医务人员的研究共入组 12396 名受试者，获得 253 例监测期有效病例。按照 0、14d 程序接种 2 剂疫苗 14d 后预防 SARS-CoV-2 所致疾病（COVID-19）的保护效力为 50.65%，对需要就医的病例保护效力为 83.70%，对住院、重症及死亡病例的保护效力为 100.00%。土耳其Ⅲ期临床试验目标人群为 18～59 岁处于高风险的医护人员（K-1）和处于正常风险的一般人群（K-2），截至 2020 年 12 月 23 日，K-1 队列受试者入组 918 例、K-2 队列入组受试者 6453 例，总计入组 7371 例，其中 1322 例受试者完成两剂接种并进入第二剂接种后 14d 观测期。接种 2 剂疫苗 14d 后预防 SARS-CoV-2 感染的保护效力为91.25%。

疫苗接种对SARS-CoV-2早期的免疫力可以持续1年左右。同时，在引入一种或多种有效疫苗后，突变病毒可能会出现并具有选择性优势。因此，对于该病的防控需要采取综合性预防措施，彻底消毒，切断传播途径，加强对本病的检测，减少扩散。

在SARS-CoV-2引起的疾病中，人与人之间以及通过金属、纸板、塑料等物品的传播概率非常高。因此，为了防止SARS-CoV-2的传播，世界卫生组织和各国卫生部门已建议采取各种预防措施。此类预防措施包括保持社交距离，使用个人防护设备、面罩/防护罩和洗手液等。

（姚晓慧、连拯民、陈珍珍、李向东）

参考文献

[1] 陈秋竹，吴思娴，余洋，等．新型冠状病毒肺炎COVID-19的实验室诊断技术及相关疾病的鉴别诊断［J］．中国测试，2020，46（03）：64-72.

[2] 曹海旭，胡博，张海玲，等．毛皮动物新冠病毒监测简报［J］．中国动物检疫，2020，37（12）：1-2.

[3] 崔尚金，赵花芬，纪志辉，等．对24例宠物临诊病例检测未发现新型冠状病毒（sars-cov-2）核酸阳性［J］．病毒学报，2020，36（02）：170-175.

[4] 董雅琴，张慧，张锋，等．猪源冠状病毒监测简报［J］．中国动物检疫，2020，37（3）：1-2.

[5] 刘华雷．动物新型冠状病毒流行现状［J］．中国动物检疫，2021，38（03）：63-67.

[6] 邱峰，王慧君，张子康，等．新型冠状病毒SARS-CoV-2的实验室检测技术［J］．南方医科大学学报，2020，40（02）：164-167.

[7] 王楷宬，李阳，庄青叶，等．禽源冠状病毒监测简报［J］．中国动物检疫，2020，37（02）：1-2.

[8] 王楷宬，庄青叶，李阳，等．新型冠状病毒2019-nCoV与动物冠状病毒进化关系分析［J］．中国动物检疫，2020，037（003），3-12.

[9] 袁宏丽，范恒全，马彦华．新型冠状病毒肺炎与其它常见病毒性肺炎的CT鉴别诊断［J］．解放军医药杂志，2020，32（04）：5-8.

[10] Aid M，Busman-Sahay K，Vidal S，et al. Vascular disease and thrombosis in SARS-CoV-2-infected rhesus macaques［J］. Cell，2020，183（5）：1354-1366. e13.

[11] Apolone G，Montomoli E，Manenti A，et al. Unexpected detection of SARS-CoV-2 antibodies in the prepandemic period in Italy［J］. Tumori. 2021，107（5）：446-451.

[12] Arunachalam P，Wimmers F，Mok C，et al. Systems biological assessment of immunity to mild versus severe COVID-19 infection in humans［J］. Science，2020，369（6508）：1210-1220.

[13] Azekawa S，Namkoong H，Mitamura K，et al. Co-infection with SARS-CoV-2 and influenza A virus［J］. IDCases，2020，20：e00775.

[14] Basavaraju S，Patton M，Grimm K，et al. Serologic testing of us blood donations to identify severe acute respiratory syndrome coronavirus 2（SARS-CoV-2）-reactive antibodies：December 2019-January 2020. Clinical Infectious Diseases［J］，2021，72（12）：e1004-e1009.

[15] Chan J，Zhang A，Yuan S，et al. Simulation of the clinical and pathological manifestations of coronavirus disease 2019（COVID-19）in a golden syrian hamster model：implications for disease pathogenesis and transmissibility［J］. Clinical Infectious Diseases，2020，71（9）：2428-2446.

[16] Chen L，Wang G，Long X，et al. Dynamics of blood viral load is strongly associated with clinical outcomes in coronavirus disease 2019（COVID-19）patients：a prospective cohort study［J］. Journal of Molecular Diagnostics，2021，23（1）：10-18.

[17] Cheng V，Wong S，Chan V，et al. Air and environmental sampling for SARS-CoV-2 around hospitalized patients

with coronavirus disease 2019 (COVID-19) [J]. Infection Control and Hospital Epidemiology, 2020, 41 (11): 1258-1265.

[18] Davis J, Chinazzi M, Perra N, Cryptic transmission of SARS-CoV-2 and the first COVID-19 wave in Europe and the United States [J]. medRxiv, 2021, DOI: 10.1101/2021.03.24.21254199.

[19] Decaro N, Balboni A, Bertolotti L, et al. SARS-CoV-2 infection in dogs and cats: facts and speculations [J]. Frontiers in Veterinary Science, 2021, 8: 619207.

[20] Deng J, Jin Y, Liu Y, et al. Serological survey of SARS-CoV-2 for experimental, domestic, companion and wild animals excludes intermediate hosts of 35 different species of animals [J]. Transboundary and Emerging Diseases, 2020, 67 (4): 1745-1749.

[21] Forni G, Mantovani A. COVID-19 vaccines: where we stand and challenges ahead [J]. Cell Death and Differentiation, 2021, 28 (2): 626-639.

[22] Grigoryan L, Pulendran B. The immunology of SARS-CoV-2 infections and vaccines [J]. Seminars in Immunology, 2020, 50: 101422.

[23] Galipeau Y, Greig M, Liu G, et al. Humoral responses and serological assays in SARS-CoV-2 infections [J]. Frontiers in Immunology, 2020, 11: 610688.

[24] Han J, Zhang X, He S, et al. Can the coronavirus disease be transmitted from food? A review of evidence, risks, policies and knowledge gaps [J]. Environmental Chemistry Letters, 2020, 19 (1): 5-16.

[25] Hosie M, Hofmann-Lehmann R, Hartmann K, et al. Anthropogenic infection of cats during the 2020 COVID-19 pandemic [J]. Viruses, 2021, 13 (2): 185.

[26] Kondo Y, Miyazaki S, Yamashita R, et al. Coinfection with SARS-CoV-2 and influenza A virus [J]. BMJ Case Reports, 2020, 13 (7): e236812.

[27] Lednicky J, Lauzard M, Fan Z, et al. Viable SARS-CoV-2 in the air of a hospital room with COVID-19 patients [J]. International Journal of Infectious Diseases, 2020, 100: 476-482.

[28] Littler D, Gully B, Colson R, et al. Crystal structure of the SARS-CoV-2 non-structural protein 9, Nsp9 [J]. iScience, 2020, 23 (7): 101258.

[29] Li H, Liu L, Zhang D, et al. SARS-CoV-2 and viral sepsis: observations and hypotheses [J]. Lancet, 2020, 395 (10235): 1517-1520.

[30] Li J, Guo M, Tian X, et al. Virus-host interactome and proteomic survey reveal potential virulence factors influencing SARS-CoV-2 pathogenesis [J]. Med (New York, N. Y.), 2021, 2 (1): 99-112.e7.

[31] Liu Y, Li T, Deng Y, et al. Stability of SARS-CoV-2 on environmental surfaces and in human excreta [J]. Journal of Hospital Infection, 2021, 107: 105-107.

[32] Lucas C, Wong P, Klein J, et al. Longitudinal analyses reveal immunological misfiring in severe COVID-19. Nature, 2020, 584 (7821): 463-469.

[33] Muralidar S, Ambi S, Sekaran S, et al. The emergence of COVID-19 as a global pandemic: Understanding the epidemiology, immune response and potential therapeutic targets of SARS-CoV-2 [J]. Biochimie, 2020, 179: 85-100.

[34] Munnink B, Sikkema R, Nieuwenhuijse D, et al. Transmission of SARS-CoV-2 on mink farms between humans and mink and back to humans [J]. Science, 2020, 371 (6525): eabe5901.

[35] Newman A, Smith D, Ghai R, et al. First reported cases of SARS-CoV-2 infection in companion animals - New York, March-April 2020 [J]. Morbidity and Mortality Weekly Report, 2020, 69 (23): 710-713.

[36] Oude Munnink B, Sikkema R, Nieuwenhuijse D, et al. Transmission of SARS-CoV-2 on mink farms between humans and mink and back to humans [J]. Science, 2021, 371 (6525): 172-177.

[37] Robbiani D, Gaebler C, Muecksch F, et al. Convergent antibody responses to SARS-CoV-2 in convalescent individuals [J]. Nature, 2020, 584 (7821): 437-442.

[38] Riddell S, Goldie S, Hill A, et al. The effect of temperature on persistence of SARS-CoV-2 on common surfaces [J]. Virology Journal, 2020, 17 (1): 145.

[39] Samudrala P, Kumar P, Choudhary K, et al. Virology, pathogenesis, diagnosis and in-line treatment of COVID-19

[J]. European Journal of Pharmacology, 2020, 883: 173375.

[40] Seow J, Graham C, Merrick B, et al. Longitudinal observation and decline of neutralizing antibody responses in the three months following SARS-CoV-2 infection in humans [J]. Nature Microbiology, 2020, 5 (12): 1598-1607.

[41] Shi J, Wen Z, Zhong G, et al. Susceptibility of ferrets, cats, dogs, and other domesticated animals to SARS-coronavirus 2 [J]. Science, 2020, 368 (6494): 1016-1020.

[42] Wang C, Horby P, Hayden F, Gao G. A novel coronavirus outbreak of global health concern [J]. Lancet, 2020, 395 (10223): 470-473.

[43] Yan Y, Chang L, Wang L. Laboratory testing of SARS-CoV, MERS-CoV, and SARS-CoV-2 (2019-nCoV): Current status, challenges, and countermeasures [J]. Reviews in Medical Virology, 2020, 30 (3): e2106.

[44] Younes S, Younes N, Shurrab F, et al. Severe acute respiratory syndrome coronavirus-2 natural animal reservoirs and experimental models: systematic review [J]. Reviews in Medical Virology, 2021, 31 (4): e2196.

[45] Zhao J, Cui W, Tian B. The potential intermediate hosts for SARS-CoV-2 [J]. Frontiers in Microbiology, 2020, 11: 580137.

[46] Zhuang Z, Lai X, Sun J, et al. Mapping and role of T cell response in SARS-CoV-2-infected mice. Journal of Experimental Medicine, 2021, 218 (4): e20202187.

第十节　施马伦贝格病毒感染

施马伦贝格病是由施马伦贝格病毒（Schmallenberg virus，SBV）感染牛、羊等反刍动物的一种新发虫媒病毒性传染病，于2011年11月在德国首次被报告。随后，英国、爱尔兰、法国、荷兰、意大利、丹麦、瑞士、西班牙、希腊、波兰、瑞士、卢森堡、南非、赞比亚、澳大利亚、纳米比亚、俄罗斯、坦桑尼亚、埃塞俄比亚、莫桑比克、斯洛文尼亚和阿塞拜疆等国家陆续报道由该病毒引起的家养和野生反刍动物疾病。我国科研人员在广东省的牛、羊血清中检测到该病毒抗体。施马伦贝格病毒的核酸既可在发病动物的组织样品中检测到，也可在健康动物体内检测到。临床上，施马伦贝格病毒感染可引起牛、羊等反刍动物无症状或轻微临床症状，包括轻度发热、腹泻和产奶量下降；同时，可引起怀孕母畜早期胚胎丢失、流产、死胎和新生仔畜的先天畸形。

一、病原学

（一）分类地位

施马伦贝格病毒（Schmallenberg virus，SBV）属于泛布尼亚病毒科（Peribunyaviridae）、正布尼亚病毒属（*Orthobunyavirus*）。SBV于2011年11月首次在德国施马伦贝格镇分离得到，故命名为施马伦贝格病毒。此病毒主要侵害反刍动物的中枢神经系统，发病动物以产奶量下降、发热、腹泻为主要特征，还能够引起新生羔羊和牛犊先天畸形以及怀孕母畜流产、死胎。因此，SBV是一种重要的动物新发病病原。

（二）病原形态结构与组成

2011年，德国Hoffmann B等首次利用库蠓幼虫细胞（Culicoides variipennis larvae cells，KC cells）成功分离到1株SBV（BH80/11-4，GenBank Accession No. HE649912-HE649914）。在电子显微镜下，SBV呈圆形，直径为80～120nm。

（三）培养特性

德国弗里德里希·洛弗勒研究所 Hoffmann B 将 SBV 阳性病牛血液样品接种库蠓幼虫细胞（KC）和仓鼠肾细胞（BHK-21），引起 BHK-21 细胞病变。SBV 也可在白纹伊蚊 C6/36 细胞和鸡胚中增殖。

二、分子病原学

（一）基因组结构与功能

SBV 为单股负链 RNA，有囊膜，基因组由 *L*（6865bp）、*M*（4415bp）和 *S*（830bp）3 个片段组成。*S* 基因编码核衣壳蛋白 N 和非结构蛋白 NSs；*M* 基因编码囊膜糖蛋白 Gn、Gc 和非结构蛋白 NSm；*L* 基因编码 RNA 依赖性 RNA 聚合酶（RdRp）。

（二）主要基因及其编码蛋白的结构与功能

1. 非结构蛋白

SBV 非结构蛋白包括 NSm 蛋白和 NSs 蛋白。S 片段编码的 NSs 蛋白由 83～109 个氨基酸组成。当 *S* 基因编码 N 蛋白时，NSs 被删除，虽然 NSs 非结构蛋白与病毒复制关系不大，但与病毒致病机制密切相关，它能够破坏宿主先天免疫系统，拮抗被感染的细胞产生干扰素（IFN）和通过自身细胞凋亡方式阻止病毒的扩散。NSs 蛋白不但可以降解 RNA 聚合酶Ⅱ的 Rpb1 亚单位，阻止整个细胞蛋白的合成和抗病毒反应，还可以在体外增强细胞凋亡。

2. 结构蛋白

SBV 结构蛋白包括核蛋白 N、囊膜糖蛋白 Gn 和 Gc、RNA 依赖性 RNA 聚合酶（RdRp）。

S 基因编码核衣壳蛋白 N；*M* 基因编码囊膜糖蛋白 Gn、Gc；*L* 基因编码 RNA 依赖性 RNA 聚合酶（RdRp）。

S 片段编码的 N 蛋白核酸大小为 729bp，蛋白大小为 26kDa，包含抗原决定簇，为 SBV 抗体检测的靶抗原，可用于建立 ELISA 检测方法。张永宁等对 N 蛋白进行原核表达并制备单克隆抗体，结果表明，单抗 2C8 对同属阿卡斑病毒（Akabane virus，AKAV）有较强的交叉反应。Lazutka J 等通过酵母表达系统表达 SBV N 蛋白并制备单克隆抗体，证实重组 N 蛋白具有免疫原性。Ariza A 等对 SBV N 蛋白晶体结构进行分析，发现 N 蛋白并不是以重复单体的形式与 RNA 结合，而是以一种新的结构方式装配核糖核酸蛋白（RNP）复合体。

Gc 糖蛋白 N 端诱导机体产生中和抗体，与病毒复制无关。胚胎发育过程中糖蛋白 Gc 的 N 端参与免疫逃逸，与病毒持续感染有关。

三、流行病学

（一）传染来源

感染 SBV 的牛、绵羊和山羊等反刍动物和叮蠓（库蠓类）是该病重要的传染源。

（二）传播途径及传播方式

SBV 主要由库蠓传播。另外，Hoffmann B 等课题组在牛精液中检测到 SBV，提示该病毒可能通过交配途径进行传播。当雌性带毒库蠓叮咬易感动物时，可通过唾液传播给牛、绵羊和山羊等易感动物。

为了明确库蠓类在 SBV 传播中的作用，对库蠓类标本（完整标本或头部标本）进行 RT-qPCR 检测。结果表明，与未产卵、吸血或妊娠的库蠓相比，有产卵和吸血史的库蠓标本更利于该病毒的传播。然而，值得注意的是，无产卵史库蠓的卵中也可检测出病毒核酸，这表明病毒在库蠓体内可能经卵巢传播。

对田间捕获的库蠓进行 SBV 检测。结果表明，在多种库蠓中检测到病毒核酸，包括不显库蠓群（*C. obsoletus*、*C. scoticus*、*C. dewulfi* 和 *C. chiopterus*）和灰黑库蠓群（*C. pulicaris* 和 *C. punctatus*）以及野外捕获的 *C. nubeculosis*、*C. imicola*、*C. newsteadi* 和 *C. lupicaris*，提示这些库蠓可能参与了 SBV 的传播，然而，这些物种在 SBV 传播中的潜在作用还需要确凿的证据。德国和荷兰的调查显示，白纹伊蚊、淡色库蚊和黑蝇（双翅目，蚋科）不参与 SBV 的传播。

在反刍动物中，感染 SBV 的孕畜会产生病毒血症，病毒可通过胎盘垂直传播给胎儿。在妊娠关键期，感染 SBV 可导致胎儿先天性施马伦贝格病，但对妊娠易感期尚未明确，推测与 AKAV 相似，即小反刍动物在 28～56d，牛在 80～150d。通过在先天畸形新生儿、死胎和流产胎儿中检测 SBV RNA，证实了牛、绵羊和山羊的垂直传播。

病毒接种实验显示，SBV 皮下途径接种牛后，可产生病毒血症，并在牛的粪便、口腔和鼻拭子中可检测到病毒 RNA。而将 SBV 经口服和鼻腔途径接种牛和羊，未产生病毒血症。这些研究表明，SBV 不能通过直接接触、经口或经鼻途径在反刍动物之间传播。虽然从自然感染 SBV 的公牛身上采集的牛精液样本中检测到了 SBV，但生殖传播途径尚未完全确定。实验感染的公山羊和雄鹿精液中不带 SBV。

（三）易感动物

SBV 除感染家养反刍动物牛、绵羊、山羊和骆驼外，还可感染野生反刍动物包括羊驼、麋鹿、欧洲野牛、马鹿、黇鹿、狍子、梅花鹿、美洲驼、驯鹿、麋鹿、水牛和羚羊等。此外，SBV 还可以感染野猪、马、犬、中亚细亚野驴、格雷维斑马、亚洲象和东南亚疣猪等非反刍动物。

迄今为止，在法国、德国、荷兰、瑞典和英国的反刍动物羊驼、麋鹿、欧洲野牛、马鹿、黇鹿、狍子、梅花鹿、美洲驼、驯鹿、水牛、羚羊和骆驼以及爱尔兰野生马鹿、黇鹿、狍子和梅花鹿中能够检测到 SBV 核酸或抗体。在西班牙野生马鹿、黇鹿和驯鹿血清样品中检测到 SBV 抗体。攻毒实验显示，SBV 可引起羊驼和美洲驼亚临床症状，接种后 3～7d 出现病毒血症。2013 年，Larska M 等在波兰一只 6 月龄无临床症状的麋鹿血清样品中检测到 SBV 抗体。在比利时、意大利和法国野生鹿和野生高山有蹄类动物血清中也证实存在 SBV 抗体。

Kęsik-Maliszewska J 等从德国和波兰野猪血清样品中检测到 SBV 抗体，接种 SBV 的实验猪血清转阳，但未显示临床症状。在法国一只患有斜颈和退行性脑病的犬大脑中检测到了 SBV 核酸，溯源研究显示分娩该患病犬的母犬呈 SBV 抗体阳性。2015 年，Molenaar F 等从动物园的中亚细亚野驴、格雷维斑马、亚洲象和东南亚疣猪血清中检测到 SBV 抗体。2018 年，Rasekh M 等在伊朗马匹中检测到 SBV 抗体。

（四）流行特征

翟少伦等首次于 2012—2015 年在从我国广东省收集的奶牛、黄牛、水牛和山羊血清样品中检测到 SBV 抗体，血清抗体阳性率为 8.3%～100%。

SBV 一年四季均有发生，呈季节性流行，流行于叮蠓（库蠓类）活跃时期。自德国首次报道 SBV 以来，英国、爱尔兰、法国、荷兰、意大利、丹麦、瑞士、西班牙、希腊、波兰、瑞士、卢森堡、俄罗斯、土耳其、斯洛文尼亚和阿塞拜疆等欧洲国家，南非、赞比亚、纳米比亚、坦桑尼亚、埃塞俄比亚、莫桑比克、澳大利亚、伊朗和中国均有报道。SBV 对反刍动物具有致病力，成年动物呈轻度发热、腹泻和产奶量下降；孕畜早期胚胎丢失、流产、死胎和新生仔畜先天畸形。虽然在非反刍动物如犬、猪、马、中亚细亚野驴、格雷维斑马、亚洲象和东南亚疣猪血清中检测到 SBV 抗体，但对非反刍动物的致病力尚不清楚。

（五）发生与分布

1. 在国外的发生与流行

SBV 率先在德国报道。2011 年的夏季和秋季，德国和荷兰边界地区成年奶牛暴发新型传染病，临床症状为发热、产奶量下降、偶尔伴有腹泻。

当年秋季，德国弗里德里希·洛弗勒研究所基于高通量测序技术，在三头急性感染奶牛的血样中确定了一种新型布尼亚病毒。根据发现地，将这种新病毒命名为 Schmallenberg 病毒（SBV）。随后开展的分子和血清学调查发现，2011 年夏季和秋季，在德国西部、荷兰、比利时、意大利、西班牙、法国、卢森堡和英国南部反刍动物中流行的疾病均为 SBV 感染。血清流行病学显示，SBV 血清阳性率高达 70%～100%。SBV 感染引起的反刍动物疾病在 2012 年库蠓流行季节再次出现，陆续传入苏格兰、爱尔兰、西班牙、丹麦、挪威、瑞士、立陶宛和希腊等国家。

2013 年，SBV 传入波兰和南非。2014 年，SBV 传入澳大利亚、赞比亚和莫桑比克。2015 年，SBV 传入坦桑尼亚。2018 年，俄罗斯、纳米比亚和埃塞俄比亚都报道了 SBV 病例。2019 年和 2020 年，SBV 分别传入斯洛文尼亚和阿塞拜疆。

2. 在国内的发生与流行

2018 年，翟少伦等首次从 2012—2015 年在我国广东省收集的奶牛、黄牛、水牛和山羊血清样品中检测到 SBV 抗体，血清抗体阳性率为 8.3%～100%。

四、免疫机制与致病机理

（一）免疫机制

Elliott R、Varela M 和 Barry G 三个课题组利用基因重组的方法发现 SBV 非结构蛋白 NSs 主要定位于细胞核，并通过其自身携带的核定位信号特异性地靶向核仁，迫使原定位于核仁的核磷蛋白 B23 再定位到核质，抑制细胞转录，从而阻止细胞产生干扰素等抗病毒反应或诱导细胞死亡。

（二）致病机理

目前尚未明确施马伦贝格病的发病机理。少数牛、羊致病性实验显示，当成年动物被带毒库蠓叮咬时，会感染 SBV 并产生病毒血症。SBV 感染牛、羊后，会诱导机体获得长期保护性免疫。

妊娠动物出现 SBV 病毒血症，病毒能否穿过胎盘感染胎儿导致先天性施马伦贝格病，取决于胎盘成熟度。致病性实验显示，SBV 在绵羊妊娠 45～60d、山羊妊娠 28～42d 时穿过胎盘屏障，可引起胎儿死亡，胎儿中枢神经系统损伤，但也可能产出健康胎儿。胎儿发育阶段和胎儿免疫系统也可能影响SBV感染的结局。例如，在血脑屏障发育之前，绵羊胎儿可能更容易受到SBV感染（在绵羊中，血脑屏障在妊娠第50～60天开始发育，第123天达到完全发育）。同样，未吃初乳的新生牛呈SBV抗体阳性，可能是母牛在怀孕47～162d期间感染了SBV。

体外和体内研究表明，SBV非结构蛋白NSs是一种重要的毒力因子，在SBV发病机制中起着重要作用。用Swiss小鼠建立小鼠感染模型，脑内接种SBV导致小鼠死亡和严重的脑损伤，表现为大脑皮质软化和出血，脑白质多灶空泡形成，灰质血管周围有淋巴细胞袖带等。Collins A等证实鸡胚模型（ECEs）是适用于研究SBV感染的活体小动物模型。Barry G等通过脑内接种Swiss小鼠，证实了激活的半胱氨酸蛋白酶3（凋亡指标）与SBV之间的关联。Ⅰ型干扰素受体敲除小鼠也易受SBV感染，并可发展为致命性疾病，是研究SBV的理想模型。AKAV感染对胚胎的影响受母鼠感染的妊娠阶段而异，推测先天性SBV感染与AKAV相似，但还需进一步研究以阐明SBV感染是否受发育中胚胎月龄的影响。小型反刍动物先天性AKAV感染发生在妊娠后28～56d，牛妊娠后80～150d；然而，在妊娠同一时期，家养反刍动物的致病性实验显示，SBV感染仅在极少数情况下导致先天性畸形。因此，建立合适的反刍动物模型来研究发育期胚胎中SBV的感染，将有助于阐明SBV的发病机制。

五、临床症状

2011年，德国和荷兰边界地区奶牛暴发疾病，临床特征为发热、产奶量下降，偶尔伴有腹泻。PCR检测排除瘟病毒（Pestiviruses）、牛疱疹病毒Ⅰ型（Bovine herpesvirus type Ⅰ）、口蹄疫病毒（Foot-and-mouth disease virus）、蓝舌病病毒（Bluetongue virus）、流行性病毒性出血热病毒（Epidemic haemorrhagic disease virus）、裂谷热病毒（Rift Valley fever virus）和牛流行热病毒（Bovine ephemeral fever virus）等病原的感染，但血液样品经深度测序首次发现SBV感染。临床上感染SBV的家养牛、羊等反刍动物出现发热、产奶量下降、腹泻、孕畜流产、死胎和胎儿畸形等。

六、病理变化

（一）大体剖检

临床中SBV患畜主要表现为发热，怀孕母畜流产，产死胎和产畸形胎。

（二）组织病理学

SBV感染牛组织病理学变化包括非化脓性脑膜脑炎、非化脓性脊髓灰质炎、骨骼肌发育不全、胸腺和淋巴结淋巴细胞逸失和慢性肝炎。

感染绵羊组织病理学变化包括非化脓性脑膜脑炎、骨骼肌发育不良和白内障等。感染山羊组织病理学变化包括非化脓性脑膜脑炎和脊髓灰质炎等。

七、诊断

（一）临床诊断要点

1. 流行病学特点

SBV是经库蠓传播的疾病，感染病毒的动物和库蠓是主要传染源，病畜的精液和血液等均含有病毒。该病毒目前主要在欧洲流行，非洲和亚洲部分地区也有报道，牛、羊场血清学阳性率较高。

2. 临床症状特点

感染 SBV 的成年奶牛主要表现为发热、产奶量下降，部分病畜发生腹泻，孕畜流产、死胎和产畸形胎。

3. 病理变化特点

牛：脑积水，脑干发育不全，小脑发育不全。关节斜颈前凸，脊柱侧凸后凸，颅骨畸形，下颌畸形，前突畸形，心脏异位，肺发育不全，心室间隔缺损。

绵羊：侏儒症，颅骨扁平，脑积水，大头畸形，脑干、小脑发育不全。关节斜颈前凸，脊柱侧凸后凸，室间隔缺损，单侧肾积水，结肠闭锁。

山羊：脑积水，小脑发育不全，关节错位，脊椎畸形，肺发育不全。

4. 与其它相关疾病的鉴别诊断

反刍母畜感染 SBV 可造成流产、死胎和胎儿畸形。因此，需要与其它可导致反刍母畜流产的病原如 AKAV、艾诺病毒（Aino virus，AIV）和沙蒙达病毒（Shamonda virus，SHAV）等做实验室鉴别诊断。

（二）实验室诊断要点

1. 病原诊断

SBV 的病原学诊断多采用 RT-qPCR，在脑干、胎盘、血液、精液及媒介昆虫中可检测到该病毒。

2. 血清学诊断

目前，主要采用法国 Grabels 公司生产的竞争 ELISA 和中和实验进行 SBV 血清流行病学诊断。在国内，王贞钧等建立了针对 SBV N 蛋白的间接 ELISA 方法。

SBV 特异性抗体可以在血清和乳汁中检测到，欧洲的一些国家已经使用 ELISA 来监测奶牛群中 SBV 的感染动态。

3. 实验室鉴别诊断技术

SBV 与 AKAV、AIV、SHAV 引起反刍动物临床症状和病理变化相似，可通过 RT-qPCR 的方法很容易与其它病原区分开来。

八、预防与控制

鉴于 SBV 的危害，欧洲目前采用的商业化灭活疫苗免疫接种，是预防本病的有效措施。辉瑞、英特威和梅里亚公司生产的灭活疫苗能对免疫牛、羊提供完全保护，这些疫苗于 2013 年在法国和英国上市，2014 年在爱尔兰共和国上市，2015 年在欧洲被广泛使用。

（谢金鑫、佟盼盼）

参考文献

[1] 王贞钧．蓝舌病病毒 VP7 蛋白、施马伦贝格病毒 N 蛋白的原核表达及间接 ELISA 检测方法的建立［D］．吉林农业大学，2015.

[2] 张永宁，宋姗姗，吴绍强，等．施马伦贝格病毒核衣壳蛋白的表达及单克隆抗体制备［J］．畜牧兽医学报，2016，

47 (6): 1280-1286.

[3] Ariza A, Tanner S, Walter C, et al. Nucleocapsid protein structures from or the bunyaciruses reveal insight into ribonucleoprotein in architecture and RNA prolymerization [J]. Nucleic Acids Research, 2013, 41 (11): 5912-5926.

[4] Barry G, Varela M, Ratinier M, et al. NSs protein of Schmallenberg virus counteracts the antiviral response of the cell by inhibiting its transcriptional machinery [J]. Journal of General Virology, 2014, 95 (Pt 8): 1640-1646.

[5] Bayrou C, Garigliany M, Cassart D, et al. Schmallenberg virus circulation in Belgium in 2012 [J]. Veterinary Research, 2013, 172 (11): 296.

[6] Bilk S, Schulze C, Fischer M, et al. Organ distribution of Schmallenberg virus RNA in malformed newborns [J]. Veterinary Microbiology, 2012, 159 (1-2): 236-238.

[7] Blomström A, Stenberg H, Scharin I, et al. Serological screening suggests presence of Schmallenberg virus in cattle, sheep and goat in the Zambezia Province, Mozambique [J]. Transboundary and Emerging Diseases, 2014, 61 (4): 289-292.

[8] Bouchemla F, Agoltsov V, Larionov S, et al. Epizootiological study on spatiotemporal clusters of Schmallenberg virus and lumpy skin diseases: The case of Russia [J]. Veterinary World, 2018, 11 (9): 1229-1236.

[9] Bréard E, Lara E, Comtet L, et al. Validation of a commercially available indirect ELISA using a nucleocapside recombinant protein for detection of Schmallenberg virus antibodies [J]. PLoS One, 2013, 8 (1): e53446.

[10] Chiari M, Sozzi E, Zanoni M, et al. Serosurvey for Schmallenberg virus in alpine wild ungulates [J]. Transboundary and Emerging Diseases, 2014, 61 (1): 1-3.

[11] Collins Á, Mee J, Kirkland P. Pathogenicity and teratogenicity of Schmallenberg virus and akabane virus in experimentally infected chicken embryos [J]. Veterinary Microbiology, 2018, 216: 31-37.

[12] De Regge N, van den Berg T, Georges L, et al. Diagnosis of Schmallenberg virus infection in malformed lambs and calves and first indications for virus clearance in the fetus [J]. Veterinary Microbiology, 2013, 162 (2): 595-600.

[13] Humphries D, Burr P. Schmallenberg virus milk antibody ELISA [J]. Veterinary Research, 2012, 171 (20): 511-512.

[14] Doceul V, Wernike K, Vitour D, et al. Schmallenberg Virus. In: Bayry J, editor. Emerging and re-emerging infectious diseases of Livestock [M]. Cham: Springer; 2017, 99-119.

[15] Elbers A, Stockhofe-Zurwieden N, van der Poel W. Schmallenberg virus antibody persistence in adult cattle after natural infection and decay of maternal antibodies in calves [J]. BMC Veterinary Research, 2014, 10: 103.

[16] Elliott R, Blakqori G, van Knippenberg I, et al. Establishment of a reverse genetic system for Schmallenberg virus, a newly emerged orthobunyavirus in Europe [J]. Journal of General Virology, 2013, 94 (Pt 4): 851-859.

[17] Elbers A, Meiswinkel R, van Weezep E, et al. Schmallenberg virus detected by RT-PCR in culicoides biting midges captured during the 2011 epidemic in the Netherlands [J]. Emerging Infectious Diseases, 2013, 19 (1): 106-109.

[18] Elliott R. Orthobunyaviruses: recent genetic and structural insights [J]. Nature reviews Microbiology, 2014, 12 (10): 673-685.

[19] Elbers A, Meiswinkel R, van Weezep E, et al. Schmallenberg virus in culicoides biting midges in the Netherlands in 2012 [J]. Transboundary and Emerging Diseases, 2015, 62 (3): 339-342.

[20] European Food Safety Authority (EFSA) . Schmallenberg virus: state of art [J]. EFSA Journal, 2014, 12 (5): 3681.

[21] Fischer M, Hoffmann B, Goller K, et al. A mutation 'hot spot' in the Schmallenberg virus M segment [J]. Journal of General Virology, 2013, 94 (6): 1161-1167.

[22] Garigliany M, Hoffmann B, Dive M, et al. Schmallenberg virus in calf born at term with porencephaly, Belgium. Emerging Infectious Diseases, 2012, 18 (6): 1005-1006.

[23] García-Bocanegra I, Cano-Terriza D, Vidal G, et al. Monitoring of Schmallenberg virus in Spanish wild artiodactyls, 2006-2015 [J]. PLoS One, 2017, 12 (8): e0182212.

[24] Goffredo M, Monaco F, Capelli G, et al. Schmallenberg virus in Italy: a retrospective survey in culicoides stored during the bluetongue Italian surveillance program [J]. Preventive Veterinary Medicine, 2013, 111 (3): 230-236.

[25] Gouzil J, Fablet A, Lara E, et al. The nonstructural protein NSs of Schmallenberg virus is targeted to the nucleolus

and induces nucleolar disorganization [J]. Journal of Virology, 2016, 91 (1): e01263-16.

[26] Graham D, Gallagher C, Carden R, et al. A survey of free-ranging deer in Ireland for serological evidence of exposure to bovine viral diarrhea virus, bovine herpes virus-1, bluetongue virus and Schmallenberg virus [J]. Irish Veterinary Journal, 2017, 70 (1): 13.

[27] Herder V, Wohlsein P, Peters M, et al. Salient lesions in domestic ruminants infected with the emerging so-called Schmallenberg virus in Germany [J]. Veterinary Pathology, 2012, 49 (4): 588-591.

[28] Hoffmann B, Scheuch M, Höper D, et al. Novel orthobunyavirus in cattle, Europe, 2011 [J]. Emerging Infectious Diseases, 2012, 18 (3): 469-472.

[29] Hoffmann B, Schulz C, Beer M. First detection of Schmallenberg virus RNA in bovine semen, Germany, 2012 [J]. Veterinary Microbiology, 2013, 167 (3): 289-295.

[30] Jack C, Anstaett O, Adams J, et al. Evidence of seroconversion to SBV in camelids [J]. Veterinary Research, 2012, 170 (23): 603.

[31] Kameke D, Werner D, Hoffmann B, et al. Schmallenberg virus in Germany 2011-2014: searching for the vectors [J]. Parasitology Research, 2016, 115 (2): 527-534.

[32] Kęsik-Maliszewska J, Larska M. Detection of Schmallenberg virus RNA in bull semen in Poland [J]. Polish Journal Veterinary Sciences, 2016, 19 (3): 655-657.

[33] Kęsik-Maliszewska J, Jabłoński A, Larska M. Were Polish wild boars exposed to Schmallenberg virus [J]? Journal of Veterinary Research, 2017, 61 (2): 151-155.

[34] Kęsik-Maliszewska J, Larska M, Collins Á, et al. Post-epidemic distribution of Schmallenberg virus in culicoides arbovirus vectors in Poland [J]. Viruses, 2019, 11 (5): 447.

[35] Laloy E, Bréard E, Sailleau C, et al. Schmallenberg virus infection among red deer, France, 2010-2012 [J]. Emerging Infectious Diseases, 2014, 20 (1): 131.

[36] Laloy E, Riou M, Barc C, et al. Schmallenberg virus: experimental infection in goats and bucks [J]. BMC Veterinary Research, 2015, 11 (1): 221.

[37] Larska M, Krzysiak M, Smreczak M, et al. First detection of Schmallenberg virus in elk (alces alces) indicating infection of wildlife in białowieża national park in Poland [J]. Veterinary Journal, 2013, 198 (1): 279-281.

[38] Larska M, Lechowski L, Grochowska M, et al. Detection of the Schmallenberg virus in nulliparous culicoides obsoletus/scoticus complex and c. punctatus--the possibility of transovarial virus transmission in the midge population and of a new vector [J]. Veterinary Microbiology, 2013, 166 (3-4): 467.

[39] Lazutka J, Zvirbliene A, Dalgediene I, et al. Generation of recombinant Schmallenberg virus nucleocapsid protein in yeast and development of virus-specific monoclonal antibodies [J]. Journal of Immunology Research, 2014, 2014: 160316.

[40] Leask R, Botha A, Bath G. Schmallenberg virus--is it present in South Africa [J]? Journal of the South African Veterinary Association, 2013, 84 (1): E1-4.

[41] Linden A, Desmecht D, Volpe R, et al. Epizootic spread of Schmallenberg virus among wild cervids, Belgium, Fall 2011 [J]. Emerging Infectious Diseases, 2012, 18 (12): 2006.

[42] Loeffen W, Quak S, de Boer-Luijtze E, et al. Development of a virus neutralisation test to detect antibodies against Schmallenberg virus and serological results in suspect and infected herds [J]. Acta Veterinary Scandinavica, 2012, 54 (1): 44.

[43] Malmsten A, Malmsten J, Blomqvist G, et al. Serological testing of Schmallenberg virus in Swedish wild cervids from 2012 to 2016 [J]. BMC Veterinary Research, 2017, 13 (1): 84.

[44] Molenaar F, La Rocca S, Khatri M, et al. Exposure of asian elephants and other exotic ungulates to Schmallenberg virus [J]. PloS One, 2015, 10 (8): e0135532.

[45] Molini U, Dondona A, Hilbert R, et al. Antibodies against Schmallenberg virus detected in cattle in the otjozondjupa region, Namibia [J]. Journal of the South African Veterinary Association, 2018, 89 (0): e1-e2.

[46] Mansfield KL, Rocca SAL, Khatri M, et al. Detection of Schmallenberg virus serum neutralising antibodies [J]. Journal of Virological Methods, 2013, 188 (1-2): 139-144.

[47] Martinelle L, Poskin A, Dal Pozzo F, et al. Three different routes of inoculation for experimental infection with Schmallenberg virus in sheep [J]. Transboundary and Emerging Diseases, 2017, 64 (1): 305-308.

[48] Collins Á, Doherty M, Barrett D, et al. Schmallenberg virus: a systematic international literature review (2011-2019) from an Irish perspective [J]. Irish Veterinary Journal, 2019, 72: 9.

[49] Mathew C, Klevar S, Elbers A, et al. Detection of serum neutralizing antibodies to Simbu sero-group viruses in cattle in Tanzania [J]. BMC Veterinary Research, 2015, 11: 208.

[50] Mouchantat S, Wernike K, Lutz W, et al. A broad spectrum screening of Schmallenberg virus antibodies in wildlife animals in Germany [J]. Veterinary Research, 2015, 46 (1): 99.

[51] Ponsart C, Pozzi N, Bréard E, et al. Evidence of excretion of Schmallenberg virus in bull semen [J]. Veterinary Research, 2014, 45 (1): 37.

[52] Rasekh M, Sarani A, Hashemi S. Detection of Schmallenberg virus antibody in equine population of northern and northeast of Iran [J]. Veterinary World, 2018, 11 (1): 30-33.

[53] Rasmussen L, Kristensen B, Kirkeby C, et al. Culicoids as vectors of Schmallenberg virus [J]. Emerging Infectious Diseases, 2012, 18 (7): 1204.

[54] Rasmussen L, Kirkeby C, Bødker R, et al. Rapid spread of Schmallenberg virus-infected biting midges (Culicoides spp.) across Denmark in 2012 [J]. Transboundary and Emerging Diseases, 2014, 61 (1): 12-16.

[55] Rodríguez-Prieto V, Kukielka D, Mouriño M, et al. Natural immunity of sheep and lambs against the Schmallenberg virus infection [J]. Transboundary and Emerging Diseases, 2016, 63 (2): e220-8.

[56] Rossi S, Viarouge C, Faure E, et al. Exposure of wildlife to the Schmallenberg virus in France (2011-2014): higher, faster, stronger (than bluetongue) [J]! Transboundary and Emerging Diseases, 2017, 64 (2): 354-363.

[57] Sailleau C, Boogaerts C, Meyrueix A, et al. Schmallenberg virus infection in dogs, France, 2012 [J]. Emerging Infectious Diseases, 2013, 19 (11): 1896-1898.

[58] Schorer M, Vögtlin A, Hilbe M, et al. Monitoring of Schmallenberg virus in Switzerland [J]. Schweizer Archiv für Tierheilkunde, 2012, 154 (12): 543-547.

[59] Scholte E, Mars M, Braks M, et al. No evidence for the persistence of Schmallenberg virus in overwintering mosquitoes [J]. Medical and Veterinary Entomology, 2014, 28 (1): 110-115.

[60] Schulz C, Wernike K, Beer M, et al. Infectious Schmallenberg virus from bovine semen, Germany [J]. Emerging Infectious Diseases, 2014, 20 (2): 338-340

[61] Schulz C, Beer M, Hoffmann B. Schmallenberg virus infection in south american camelids: field and experimental investigations [J]. Veterinary Microbiology, 2015, 180 (3-4): 171-179.

[62] Ségard A, Gardes L, Jacquier E, et al. Schmallenberg virus in culicoides latreille (diptera: ceratopogonidae) populations in France during 2011-2012 outbreak [J]. Transboundary and Emerging Diseases, 2018, 65 (1): e94-e103.

[63] Serafeim C, Evangelos K, Nektarios D, et al. Evidence of Schmallenberg virus circulation in ruminants in Greece [J]. Tropical Animal Health and Production, 2014, 46 (1): 251-255.

[64] Sibhat B, Ayelet G, Gebremedhin E, et al. Seroprevalence of Schmallenberg virus in dairy cattle in Ethiopia [J]. Acta Tropica, 2018, 178: 61-67.

[65] Steinrigl A, Schiefer P, Schleicher C, et al. Rapid spread and association of Schmallenberg virus with ruminant abortions and foetal death in Austria in 2012/2013 [J]. Prevetive Veterinary Medicine, 2014, 116 (4): 350-359.

[66] Van den Brom R, Luttikholt S, Lievaart-Peterson K, et al. Epizootic of ovine congenital malformations associated with Schmallenberg virus infection [J]. Tijdschrift voor diergeneeskunde, 2012, 137 (2): 106-111.

[67] Van der Heijden H, Bouwstra R, Mars M, et al. Development and validation of an indirect enzyme linked immunosorbent assay for the detection of antibodies against Schmallenberg virus in blood samples from ruminants [J]. Research in Veterinary Science, 2013, 95 (2): 731-735.

[68] Van der Poel W, Cay B, Zientara S, et al. Limited interlaboratory comparison of Schmallenberg virus antibody detection in serum samples [J]. Veterinary Research, 2014, 174 (15): 380.

[69] Van Der Poel W, Parlevliet J, Verstraten E, et al. Schmallenberg virus detection in bovine semen after experimental

infection of bulls [J]. Epidemiology and Infection, 2014, 142 (7): 1495-1500.

[70] Varela M, Schnettler E, Caporale M, et al. Schmallenberg virus pathogenesis, tropism and interaction with the innate immune system of the host [J]. PLoS Pathogens, 2013, 9: e1003133.

[71] Veldhuis A, Carp-Van D, van Wuijckhuise L, et al. Schmallenberg virus in dutch dairy herds: potential risk factors for high within-herd seroprevalence and malformations in calves, and its impact on productivity [J]. Veterinary Microbiology, 2014, 168 (2-4): 281-293.

[72] Vengušt G, Vengušt D, Toplak I, et al. Post-epidemic investigation of Schmallenberg virus in wild ruminants in Slovenia [J]. Transboundary and Emerging Diseases, 2020, 67 (4): 1708-1715.

[73] Wernike K, Breithaupt A, Keller M, et al. Schmallenberg virus infection of adult type I interferon receptor knock-out mice [J]. PLoS One, 2012, 7 (7): e40380.

[74] Wernike K, Eschbaumer M, Breithaupt A, et al. Schmallenberg virus challenge models in cattle: infectious serum or culture grown virus [J]? Veterinary Research, 2012, 43 (1): 84.

[75] Wernike K, Eschbaumer M, Schirrmeier H, et al. Oral exposure, re-infection and cellular immunity to Schmallenberg virus in cattle. Veterinary Microbiology, 2013, 165 (1): 155-159.

[76] Wernike K, Holsteg M, Schirrmeier H, et al. Natural infection of pregnant cows with Schmallenberg virus-a follow-up study [J]. PloS One, 2014, 9 (5): e98223.

[77] Laloy E, Breard E, Trapp S, et al. Fetopathic effects of experimental Schmallenberg virus infection in pregnant goats [J]. Veterinary Microbiology, 2017, 211: 141-149.

[78] Wernike K, Jöst H, Becker N, et al. Lack of evidence for the presence of Schmallenberg virus in mosquitoes in Germany, 2011 [J]. Parasite Vectors, 2014, 7 (1): 402.

[79] Wernike K, Conraths F, Zanella G, et al. Schmallenberg virus-two years of experiences [J]. Preventive Veterinary Medicine, 2014, 116 (4): 423-434.

[80] Wernike K, Holsteg M, Sasserath M, et al. Schmallenberg virus antibody development and decline in a naturally infected dairy cattle herd in Germany, 2011-2014 [J]. Veterinary Microbiology, 2015, 181 (3): 294-297.

[81] Wernike K, Elbers A, Beer M. Schmallenberg virus infection [J]. Revue Scientifique Et Technique-office International Des Epizooties, 2015, 34 (2): 363-373.

[82] Wernike K, Beer M. Schmallenberg virus: to vaccinate, or not to vaccinate [J]? Vaccines, 2020, 8 (2): 287.

[83] Wernike K, Reimann I, Banyard A, et al. High genetic variability of Schmallenberg virus M-segment leads to efficient immune escape from neutralizing antibodies [J]. PLoS Pathogens, 2021, 17 (1): e1009247.

[84] Yanase T, Maeda K, Kato T, et al. The resurgence of Shamonda virus, an african Simbu group virus of the genus Orthobunyavirus, in Japan [J]. Archives of Virology, 2015, 150 (2): 361-369.

[85] Yanase T, Kato T, Aizawa M, et al. Genetic reassortment between Sathuperi and Shamonda viruses of the genus Orthobunyavirus in nature: implications for their genetic relationship to Schmallenberg virus [J]. Archives of Virology, 2012, 157 (8): 1611-1616.

[86] Zeynalova S, Vatani M, Asarova A, et al. Schmallenberg virus in Azerbaijan 2012-2018 [J]. Archives of Virology, 2019, 164 (7): 1877-1888.

[87] Zhai S, Lv D, Wen X, et al. Preliminary serological evidence for Schmallenberg virus infection in China [J]. Tropical Animal Health and Production, 2018, 50 (2): 449-453.

第十一节 发热伴血小板减少综合征

发热伴血小板减少综合征（Severe fever with thrombocytopenia syndrome，SFTS）是由发热伴血小板减少综合征病毒（Severe fever with thrombocytopenia syndrome virus，SFTSV）感染引起的一种人畜共患传染性疾病。2009 年，中国首次监测到该病毒感染人类；

2015年韩国首次报道了在野生猫血清中检测到SFTSV，随后朝鲜、日本、越南、巴基斯坦、美国等国陆续报道了由该病毒引发的疾病。根据SFTSV基因组的结构特征，该病毒被划分到布尼亚病毒科（Bunyaviridae）、白蛉病毒属（*Phlebovirus*）。SFTSV可感染人、猫、犬、牛、羊、猪、鸡等动物，宿主范围广泛。但除人和猫外，多数感染动物并不会出现患病症状。SFTSV能够通过体液传播，人和猫感染SFTSV后会出现严重的发病症状，人感染该病毒后出现的主要临床症状为发热、肌痛、腹泻、白细胞及血小板减少、淋巴结肿大、胃肠道症状和肝肾功能异常等；感染猫会出现与感染人相似或更严重的症状，例如发热、白细胞减少、血小板减少、体重减轻、厌食、黄疸、抑郁和胃肠道严重出血等症状。

人类SFTS疾病进展可作为猫患SFTS发病过程的参考，人类患SFTS的疾病进展分为4个阶段：潜伏期、发热期、多器官功能障碍期（multi-organ dysfunction，MOD）和恢复期。发热期的特点是突然发热、头痛和胃肠道症状，表现为血小板和白细胞减少、淋巴结病和高血清病毒载量。MOD阶段会出现出血、神经症状、血小板持续下降、弥散性血管内凝血和MOD等症状。随后患病严重的患者会出现多器官衰竭（multi-organ failure，MOF），进而导致死亡。而症状轻微的患者会进入恢复期，血清病毒载量减少，血小板恢复正常水平，病情开始好转。

一、病原学

（一）分类地位

SFTSV属于布尼亚病毒科（Bunyaviridae）、白蛉病毒属（*Phlebovirus*）成员。

（二）病原形态结构与组成

SFTSV是一种球形、具有磷脂双分子层包膜、分段的负义RNA病毒，SFTSV颗粒的直径大约为80～120nm，SFTSV的基因组包含三段负义或双义RNA基因组片段，分别是S、M和L片段。

（三）培养特性

SFTS病毒分离与培养应在生物安全三级实验室进行。Jia Z等报道被分离的SFTSV可在Vero细胞中增殖并稳定传代。

二、分子病原学

（一）基因组结构与功能

SFTSV是一种分段的单链负义RNA病毒，包含三段负义或双义RNA基因组片段，分别是*S*、*M*和*L*。以在江苏被发现的一株SFTSV为例（GenBank Access No. JS2011-004），*S*基因编码两种蛋白质N和NSs，负义RNA编码核衣壳蛋白（Nucleocapsid，N），正义RNA编码非结构蛋白（Nonstructural S segment，NSs）。其中，N蛋白在病毒粒子组装中起作用，NSs蛋白介导病毒基因组复制并干扰宿主干扰素的产生；*M*基因编码糖蛋白GN和GC的前体，糖蛋白GN和GC介导病毒和受体结合以及进入巨噬细胞和树突细胞；*L*基因编码病毒RNA依赖的RNA聚合酶，介导病毒基因组的复制。

SFTSV被分为六种基因型（A～F），SFTSV作为分段的RNA病毒，由于缺乏校对功能，在病毒的复制过程中有较高的突变率，SFTSV还可以在感染宿主以多种毒株共感染的形式，在宿主细胞内通过自然重配和同源重组快速变异，为 SFTSV 快速适应环境变化创造条件。

（二）主要基因及其编码蛋白的结构与功能

1. 非结构蛋白

非结构蛋白 NSs，在抑制宿主先天免疫反应中发挥重要作用。在 SFTSV 感染人类的研究中发现，NSs 操纵免疫信号通路，逃避抗病毒反应。NSs 与 TANK 结合激酶 1（TANK binding kinase1，TBK1）相互作用，导致 IFA 的表达被抑制或过度激活，进而导致促炎细胞因子风暴。这种作用使病毒在宿主细胞内处于一种不受控制的复制状态；NSs 可以将信号传导及转录激活蛋白 2（Signal transducer and activator of transcription2，STAT2）隔离到 NSs 颗粒中，阻止 STAT2 发挥作用。但 NSs 对 STAT2 的拮抗作用没有在小鼠感染 SFTSV 的实验中被观测到，提示 SFTSV NSs 蛋白在不同的物种中发挥不同的功能。

2. 结构蛋白

N 蛋白在布尼亚病毒家族中具有高度保守性，在病毒的转录和复制中发挥重要作用，保护基因组 RNA，使 RNA 不被外源核酸酶或宿主的固有免疫系统降解。宿主在感染 SFTSV 后主要针对 N 蛋白产生特异性抗体，因此，常制备重组蛋白 N 用于建立 ELISA 检测方法，或者制备针对 N 蛋白的单克隆抗体建立双抗体夹心 ELISA 检测方法。

三、流行病学

（一）传染来源

携带 SFTSV 的蜱虫和感染 SFTSV 的动物是该病的重要传染源，携带 SFTSV 的蜱在叮咬动物后会将 SFTSV 释放到动物体内，导致 SFTS 的发生。长角血蜱被认为是 SFTSV 的主要传播媒介，龟纹瓢虫和日本硬蜱也可以作为潜在的 SFTSV 传播媒介，野生鸟类可能被 SFTSV 感染或携带 SFTSV 感染的蜱叮咬，这可能有助于 SFTSV 通过候鸟迁徙路线进行远距离传播。

2015 年，Luo L 等在山东省胶南县的植被上采集 3300 只蜱，利用 RT-PCR 方法对 SFTSV 进行核酸检测，发现该地区蜱幼虫 SFTSV 阳性率为 0、若虫阳性率为 0.1%（2/1620）、成虫阳性率为 0.4%（6/1560）、SFTSV 总阳性率为 0.2%（8/3300）。系统发育分析表明，从蜱中扩增的所有 SFTSV 基因序列与山东省和中国其它地方的 SFTSV 基因属于同一分支。

（二）传播途径及传播方式

SFTSV 可通过蚊虫叮咬、接触传播和垂直传播等方式感染动物。Eunsil P 等人工感染 SFTSV 的发病猫，在感染后第 1 天即可从鼻拭子中检测到 SFTSV，发病猫的唾液、眼拭子中 SFTSV 含量高，病毒载量在感染后第 7～8 天达到最高。提示血液、唾液、眼泪可作为 SFTSV 的重要传染源。

Tsuru M 等报道一例人类在被病猫咬伤后感染了 SFTSV 的病例，患者没有其它皮肤损伤，也没有蜱虫叮咬史，可能被患病猫咬伤后感染了 SFTSV。Kida K 等报道日本的一名兽医在接触感染 SFTSV 的猫后感染 SFTSV 的病例。Jiang X 等报道人类通过直接接触 SFTS 患者的血液能够感染 SFTSV。值得注意的是，Huang J 等在韩国首尔采集了 126 份流浪猫血清样本，发现 SFTSV 阳性率高达 17%（22/126），提示流浪猫之间可能通过密切接触感染 SFTSV。

（三）易感动物

人类和多种家养以及野生哺乳动物，包括羊、牛、猪、犬、猫、鹿、鼠等都能被SFTSV感染。但除人和猫外，多数动物感染SFTSV后并不会出现患病症状。

Niu G等2011年在中国山东省采集了472只羊、842头牛、359只犬、527只鸡、839只猪的血清用于SFTSV核酸检测、抗体检测和病毒分离。不同动物的血清的抗体阳性率为羊69.5%（28/472）、牛60.4%（509/842）、狗37.9%（136/359）和鸡47.4%（250/527）、猪3.1%（26/839），提示在家中圈养的动物不易被SFTSV感染。虽然该地区动物有较高的抗体阳性率，但出现发病症状的概率较低，仅为1.7%～5.3%。利用实时荧光RT-PCR检测有SFTSV特异性抗体的血清发现，所有样品均能被检测出SFTSV核酸，但病毒核酸含量较低，研究者们仅从一份羊血清样品、一份牛血清样品和一份犬血清样品中检测出了SFTSV核酸，测序发现这些序列与从该地区蜱虫和患SFTS人类身上分离出的SFTSV序列同源性高达95%以上。

（四）流行特征

SFTSV在中国首次于2009年被监测到，随后我国中部、东部和东北部有多个省份出现了SFTS。中国疾控中心检测到人类SFTS病例主要发生在低海拔山区和丘陵等植被丰富、气候湿润的农村地区，具有明显的地域性和高度聚集性；SFTSV感染呈季节性流行，动物感染高峰期为4～10月。SFTSV高感染率的发生可能与蜱虫生长的环境和季节相关。因此，可以推测在人类易被感染的地区和季节，猫也容易感染SFTSV。

目前，韩国、朝鲜、日本、越南、巴基斯坦、美国均报道SFTSV在人群中流行，提示SFTSV在韩国、朝鲜、日本、越南、巴基斯坦、美国均有传染源。

（五）发生与分布

1. 在国外的发生与流行

2017年，Huang J等报道2015年在韩国首尔采集的126份流浪猫血清样本，经RT-PCR检测发现SFTSV阳性率高达17%（22/126），系统进化树显示所测得的SFTSV基因序列多与日本的SFTSV基因序列属于同一分支。同年，Lee S等从韩国多个动物收容所获得了426只狗和215只猫的血清样本，经RT-PCR检测发现仅1只狗和1只猫的血清呈SFTSV阳性。研究显示，犬猫SFTSV序列与在韩国人类中测得的序列（KU507553）之间具有99.4%～99.7%的相似性，与在韩国和日本的SFTSV基因序列属于同一分支。

2019年，Kang K报告了在日本2017—2019年间检测到的24例发病猫的地理分布、发病症状，以及系统发育分析情况。24例发病猫的地理分布情况是鹿儿岛13例、长崎4例、佐贺1例、广岛4例、歌山1例、京都1例。进化树分析表明这些毒株在遗传进化方面与中国和日本公布的的SFTSV毒株较为接近。2020年，Yamanaka A等报道了在2018年日本的2名兽医工作者在接触患SFTS的猫后，被SFTSV感染的案例。检测发现这2名兽医工作者和猫的SFTSV全核苷酸序列同源性100%。她们没有被蜱虫叮咬，也没有被猫咬伤或抓伤，在接触患病猫时佩戴口罩、手套，穿戴防护服，但没有佩戴护目镜。

2. 在国内的发生与流行

我国于2009年检测到SFTSV感染人类，暂时没有猫感染SFTSV的相关报道。

四、免疫机制与致病机理

（一）免疫机制

1. 先天性免疫反应

目前，SFTSV 调控猫的先天性免疫反应机制尚不清楚。在人类感染 SFTSV 后，SFTSV 可以攻击并感染 B 细胞，抑制宿主的免疫反应，促进病毒自身的快速增殖并导致患者多器官衰竭，还可以导致动物机体无法产生 IgG 抗体反应，进而无法中和病毒和清除病毒。SFTS 患者的 $CD3^{+}$ T 细胞和 $CD4^{+}$ T 细胞的数量明显低于正常人，自然杀伤（NK）细胞的比例在重症 SFTSV 感染的急性期和严重患者中增加。NK 细胞通过产生细胞因子发挥免疫调节功能，NK 细胞比例的增加导致炎症细胞因子如白细胞介素（IL-6、IL-10）、干扰素 IFN-γ、诱导蛋白 IP-10 水平的上调，这些细胞因子的表达水平与疾病的严重程度相关。

研究发现，对比健康人或非致死病例，患有严重 SFTS 病患体内多种细胞因子如白细胞介素-1 受体拮抗剂（IL-1RA）、IL-6、IL-10、粒细胞集落刺激因子（G-CSF）和单核细胞趋化蛋白-1（MCP-1）的检出水平更高。在致死和非致死病例中急性期的 IL-10 的水平明显急剧升高。

多种细胞以及细胞因子与 SFTSV 感染的临床症状息息相关。巨噬细胞清除被 SFTSV 黏附的血小板从而引起血小板减少症。血小板减少引起的凝血障碍不足以导致出血，SFTSV 还通过诱导血管内皮钙黏蛋白磷酸化破坏内皮细胞黏附性从而导致毛细血管渗漏和内出血。被 SFTSV 感染的单核细胞几乎是完整的且不凋亡，被感染的单核细胞携带 SFTSV 通过淋巴引流扩散到循环中，引起病毒血症。MCP-1 可导致肾衰竭、炎症和肝纤维化。IL-8 可增加血管通透性。肿瘤坏死因子-α（TNF-α）导致血管舒张和内通透性增加，引起 SFTS 出血热症状。

2. 获得性免疫反应

Park E 等在进行猫感染 SFTSV 相关的实验时，检测了猫体内 IgM 和 IgG 的抗体水平。在该实验中共有 6 只猫被用于实验，2 只猫在感染后第 7 天，另外 2 只猫在感染后第 8 天出现剧烈的发病症状被安乐死，2 只猫幸存。所有被 SFTSV 感染的猫在感染 SFTSV 的第 7 天被检测到 IgM 和 IgG 抗体，第 7～8 天存活的 2 只猫的 IgM 抗体水平下降、IgG 抗体水平上升。

值得注意的是，通过 ELISA 和 IF 检测的 IgM、IgG 抗体含量在存活病例和死亡病例之间没有显著差异。取幸存猫和致死猫的血清进行中和试验，发现在第 7～8 天幸存猫体内的血清的中和滴度明显高于死亡猫。这表明幸存猫体内产生了能够保护机体的高滴度的中和抗体。

（二）致病机理

Park E 等用从 SFTS 的人类体内分离出的 SFTSV SPL010 株（GenBank Access No. AB817983，AB817999，AB817991），通过感染 3 只半年龄和 3 只两年龄的猫开展致病性研究。在进行实验的第 7～8 天，2 只半年龄和 2 只两年龄猫由于发病严重被安乐死，2 个年龄组均有 1 只猫幸存。在该实验中年龄与疾病严重程度之间没有关系。这与人类 SFTS 病例的研究结果不一致，在人类 SFTS 病例中，致死性病例多发生在年龄大于 50 岁的患者中。但不能判定该结果的准确性，因为在该实验中样本数目较少。

在该实验中，4只猫在感染后从第3天开始体重减轻，第6天出现深黄色尿液，第7天体温达到40℃左右并出现厌食、抑郁、攻击性行为、流涎等症状；血小板数从第1天开始下降，白细胞数在感染后第1天明显升高，第3天开始明显下降。2只幸存的猫没有出现明显的临床症状，出现了血小板和白细胞数下降的情况，但都从第10天开始呈现逐渐恢复的趋势。

大体剖检可见4只感染猫眼结膜、口腔黏膜和皮肤呈淡黄色变色，表明患有黄疸。淋巴结肿胀、脾脏呈暗红色且表面坚硬、膀胱充满棕色至黑色的尿液、胃肠道广泛出血、从十二指肠到直肠充满黑色黏液、胃黏膜表面可见大量红色至黑色出血性病变、十二指肠壁穿孔。

在病理学变化方面，感染猫的淋巴结和脾的淋巴细胞耗竭，出现急性坏死性淋巴结炎；肠道和呼吸道含有SFTSV阳性的坏死淋巴结节；胃、小肠、盲肠出现淋巴结节聚集、坏死、出血等症状。致死猫的脾脏、骨髓、淋巴结和肝脏等组织均表现出明显的噬血细胞现象。

五、临床症状

感染SFTSV的猫表现发热、白细胞减少、血小板减少、体重减轻、厌食、黄疸和抑郁等症状。Park ES等在进行SFTSV感染猫的实验时在猫的血清、眼拭子、唾液中检测到高水平的SFTSV核酸含量。组织病理学检查显示，猫的淋巴结和脾脏出现明显的急性坏死性淋巴结炎和噬血细胞增多症，胃肠道严重出血。

六、病理变化

（一）大体剖检

感染SFTSV的猫大体剖检可观察到淋巴结肿胀、脾脏呈暗红色表面坚硬、膀胱充满棕色至黑色的尿液、胃肠道广泛出血、从十二指肠到直肠充满黑色黏液、胃黏膜表面可见大量红色至黑色出血性病变、十二指肠壁穿孔等大体剖检变化。

（二）组织病理学与免疫组织化学

感染SFTSV的猫淋巴结和脾脏组织中淋巴细胞衰竭、显著坏死，出现急性坏死性淋巴结炎。在这些病变中，SFTSV阳性的典型圆形单核细胞聚集。SFTSV阳性细胞形态与免疫母细胞相似，比成熟淋巴细胞大，细胞核明亮，嗜酸性核仁明显。肠道和呼吸道含有SFTSV阳性坏死淋巴结节。胃、小肠、盲肠聚集淋巴结节，坏死严重，出血，结节间区及绒毛完整。SFTSV阳性猫的脾脏、骨髓、淋巴结和肝脏等组织均表现出明显的噬血细胞现象。

免疫组织化学显示病灶内免疫母细胞和细胞碎片以SFTSV阳性为主。在SFTSV阳性猫的脾脏、淋巴结坏死部位、胸腺皮质和肠道组织中观察到SFTSV阳性细胞。部分巨噬细胞（非噬血细胞）也呈SFTSV阳性。

七、诊断

（一）临床诊断要点

在进行诊断时应特别注意自身的防护，如果动物在疫区且有被蜱虫叮咬史，出现发热、血小板计数低和白细胞计数低时应怀疑感染了 SFTSV 病毒。

1. 流行病学特点

SFTSV 是一种人兽共患病，携带 SFTSV 的蜱是主要传染源，患病动物的血液、唾液、眼拭子中的病毒含量较高。该病毒目前主要在我国中部、东部和东北部省份流行。

2. 临床症状特点

感染 SFTSV 的猫表现发烧、白细胞减少、血小板减少、体重减轻、厌食、黄疸和抑郁等症状。

3. 病理变化特点

感染 SFTSV 致死的猫淋巴结和脾的淋巴细胞耗竭、显著坏死，出现急性坏死性淋巴结炎；肠道和呼吸道含有 SFTSV 阳性的坏死淋巴结节；胃、小肠、盲肠出现淋巴结节聚集、坏死、出血等症状。致死猫的脾脏、骨髓、淋巴结和肝脏等组织均表现出明显的噬血细胞现象。

4. 与其它相关疾病的鉴别诊断

暂无相关报道，但应注意猫在感染 SFTSV 后会出现发热、白细胞减少、食欲不振的症状，这些症状和感染猫细小病毒后出现的症状极为相似，应注意区分病毒的感染。

（二）实验室诊断要点

相关实验必须在生物安全 3 级实验室进行。

1. 病原诊断

SFTSV 核酸可用 RT-PCR 方法从猫的脾脏、淋巴结、血清、唾液、眼拭子、直肠拭子、尿液中检出。其中，脾脏、淋巴结、血清、唾液、眼拭子的检出率相对较高。

Park E 等用 Yoshikawa T 建立的用于检测人类血清中 SFTSV 核酸含量的 qRT-PCR 方法，检测猫血清中的 SFTSV 核酸含量。

Zhuge Y 等用针对 SFTSV N 蛋白的单克隆抗体，开发了一种用于检测血清中 SFTSV N 抗原的双抗体夹心 ELISA 方法。

2. 血清学诊断

酶联免疫吸附试验（ELISA）被用来检测血清中的特异性抗体 IgM 和 IgG，但由于 SFTSV 攻击机体的免疫系统以及短期内动物机体内无法产生足够的抗体，ELISA 不适合被用于疾病的早期诊断。

Park ES 等用 ELISA 方法，直接用 SFTSV 或被 SFTSV 感染的细胞裂解液作为包被抗原，检测猫血清中 SFTSV 特异性抗体 IgM 和 IgG 水平。

八、预防与控制

目前没有针对预防和治疗猫感染 SFTSV 的疫苗和药物。应当做到尽量避免进入蜱类的主要栖息地，如需进入此类地区应包裹全身的皮肤并喷洒驱蚊药水。如果被蜱虫叮咬，不能直接用手将蜱摘除或用手指将蜱捏碎，应用酒精涂在蜱身上，使蜱头部放松或死亡，再用尖头镊子将蜱取出。取出后，用碘酒或酒精局部消毒，随时观察身体状况，如出现发热、叮咬部位发炎破溃及红斑等症状，要及时就医，并告知医生相关暴露史，做到疾病早发现、早治疗。发现宠物被蜱虫叮咬应注意宠物的身体状况，如果宠物出现 SFTS 相关症状，宠物主人应该采取强有力的防护措施保护自己。

（周丽璇、刘玉秀）

参考文献

[1] Ando T, Nabeshima T, Inoue S, et al. Severe fever with thrombocytopenia syndrome in cats and Its prevalence among veterinarian staff members in nagasaki, Japan [J]. Viruses, 2021, 13 (6): 1142.

[2] Casel M, Park S, Choi Y. Severe fever with thrombocytopenia syndrome virus: emerging novel phlebovirus and their control strategy [J]. Experimental & Molecular Medicine, 2021, 53 (5): 713-722.

[3] Chen C, Li P, Li K, et al. Animals as amplification hosts in the spread of severe fever with thrombocytopenia syndrome virus: A systematic review and meta-analysis [J]. International Journal of Infectious Diseases: IJID: Official Publication of the International Society for Infectious Diseases, 2019, 79: 77-84.

[4] Duan Y, Wu W, Zhao Q, et al. Enzyme-Antibody-Modified gold nanoparticle probes for the ultrasensitive detection of nucleocapsid protein in SFTSV [J]. Int J Environ Res Public Health, 2020, 17 (12): 4427.

[5] Dübel S, Yu L, Zhang L, et al. Critical epitopes in the nucleocapsid protein of SFTS virus recognized by a panel of SFTS patients derived human monoclonal antibodies [J]. PLoS ONE, 2012, 7 (6): e38291.

[6] Foley J, Li Z, Bao C, et al. Ecology of the tick-borne phlebovirus causing severe fever with thrombocytopenia syndrome in an endemic area of China [J]. PLOS Neglected Tropical Diseases, 2016, 10 (4): e0004574.

[7] Fu Y, Li S, Zhang Z, et al. Phylogeographic analysis of severe fever with thrombocytopenia syndrome virus from Zhoushan Islands, China: implication for transmission across the ocean [J]. Scientific Reports, 2016, 6: 19563.

[8] He C, Ding N. Discovery of severe fever with thrombocytopenia syndrome bunyavirus strains originating from intragenic recombination [J]. Journal of Virology, 2012, 86 (22): 12426-12430.

[9] Hiraki T, Yoshimitsu M, Suzuki T, et al. Two autopsy cases of severe fever with thrombocytopenia syndrome (SFTS) in Japan: a pathognomonic histological feature and unique complication of SFTS [J]. Pathology International, 2014, 64 (11): 569-575.

[10] Hofmann H, Li X, Zhang X, et al. Severe fever with thrombocytopenia virus glycoproteins are targeted by neutralizing antibodies and can use DC-SIGN as a receptor for pH-Dependent entry into human and animal cell lines [J]. Journal of Virology, 2013, 87 (8): 4384-4394.

[11] Hwang J, Kang J, Oh S, et al. Molecular detection of severe fever with thrombocytopenia syndrome virus (SFTSV) in feral cats from Seoul, Korea [J]. Ticks and Tick-borne Diseases, 2017, 8 (1): 9-12.

[12] Jia Z, Wu X, Wang L, et al. Identification of a candidate standard strain of severe fever with thrombocytopenia syndrome virus for vaccine quality control in china using a cross-neutralization assay [J]. Biologicals, 2017, 46: 92-98.

[13] Jiang X, Zhang S, Jiang M, et al. A cluster of person-to-person transmission cases caused by SFTS virus in penglai, China [J]. Clinical Microbiology and Infection: the Official Publication of the European Society of Clinical Microbiology and Infectious Diseases, 2015, 21 (3): 274-279.

[14] Jin C, Liang M, Ning J, et al. Pathogenesis of emerging severe fever with thrombocytopenia syndrome virus in C57/BL6 mouse model [J]. Proceedings of the National Academy of Sciences of the United States of America, 2012, 109 (25): 10053-10058.

[15] Jung I, Choi W, Kim J, et al. Nosocomial person-to-person transmission of severe fever with thrombocytopenia syndrome [J]. Clinical Microbiology and Infection: the Official Publication of the European Society of Clinical Microbiology and Infectious Diseases, 2019, 25 (5): 633. e1-633. e4.

[16] Jurado K, Xu S, Jiang N, et al. Infection of humanized mice with a novel phlebovirus presented pathogenic features of severe fever with thrombocytopenia syndrome [J]. PLOS Pathogens, 2021, 17 (5): e1009587.

[17] Kang J, Cho Y, Han S, et al. Molecular and serological investigation of severe fever with thrombocytopenia syndrome virus in cats [J]. Vector Borne Zoonotic Dis, 2020, 20 (12): 916-920.

[18] Kang J, Cho Y, Jo Y, et al. Severe fever with thrombocytopenia syndrome virus in dogs, South Korea [J]. Emerging Infectious Diseases, 2019, 25 (2): 376-378.

[19] Kang J, Jeon K, Choi H, et al. Vaccination with single plasmid DNA encoding IL-12 and antigens of severe fever with thrombocytopenia syndrome virus elicits complete protection in IFNAR knockout mice [J]. PLoS Neglected

Tropical Diseases，2020，14（3）：e0007813.

[20] Khalil J，Kato H，Fujita T. The role of non-structural protein NSs in the pathogenesis of severe fever with thrombocytopenia syndrome [J]. Viruses，2021，13（5）：876.

[21] Kida K，Matsuoka Y，Shimoda T，et al. A case of cat-to-human transmission of severe fever with thrombocytopenia syndrome virus [J]. Japanese Journal of Infectious Diseases，2019，72（5）：356-358.

[22] Kim K H，Kim J，Ko M，et al. An anti-Gn glycoprotein antibody from a convalescent patient potently inhibits the infection of severe fever with thrombocytopenia syndrome virus [J]. PLoS Pathogens，2019，15（2）：e1007375.

[23] Kimura T，Fukuma A，Shimojima M，et al. Seroprevalence of severe fever with thrombocytopenia syndrome (SFTS) virus antibodies in humans and animals in Ehime prefecture，Japan，an endemic region of SFTS [J]. The Journal of Infection and Chemotherapy，2018，24（10）：802-806.

[24] Kirino Y，Ishijima K，Miura M，et al. Seroprevalence of severe fever with thrombocytopenia syndrome virus in small-animal veterinarians and nurses in the Japanese prefecture with the highest case load [J]. Viruses，2021，13（2）：229.

[25] Kobayashi Y，Kato H，Yamagishi T，et al. Severe fever with thrombocytopenia syndrome，Japan，2013-2017 [J]. Emerging Infectious Diseases，2020，26（4）：692-699.

[26] Koga S，Takazono T，Ando T，et al. Severe fever with thrombocytopenia syndrome virus RNA in semen，Japan [J]. Emerging Infectious Diseases，2019，25（11）：2127-2128.

[27] Lam T，Liu W，Bowden T，et al. Evolutionary and molecular analysis of the emergent severe fever with thrombocytopenia syndrome virus [J]. Epidemics，2013，5（1）：1-10.

[28] Lee S，Kim H，Byun J，et al. Molecular detection and phylogenetic analysis of severe fever with thrombocytopenia syndrome virus in shelter dogs and cats in the Republic of Korea [J]. Ticks and Tick-borne Diseases，2017，8（4）：626-630.

[29] Li J，Li S，Yang L，et al. Severe fever with thrombocytopenia syndrome virus：a highly lethal bunyavirus [J]. Critical Reviews in Microbiology，2021，47（1）：112-125.

[30] Li Z，Bao C，Hu J，et al. Ecology of the tick-borne phlebovirus causing severe fever with thrombocytopenia syndrome in an endemic area of China [J]. PLOS Neglected Tropical Diseases，2016，10（4）：e0004574.

[31] Liu K，Cui N，Fang L，et al. Epidemiologic features and environmental risk factors of severe fever with thrombocytopenia syndrome，Xinyang，China [J]. PLoS Neglected Tropical Diseases，2014，8（5）：e2820.

[32] Liu Q，He B，Huang S，et al. Severe fever with thrombocytopenia syndrome，an emerging tick-borne zoonosis [J]. The Lancet Infectious Diseases，2014，14（8）：763-772.

[33] Liu Y，Wu B，Paessler S，et al. The pathogenesis of severe fever with thrombocytopenia syndrome virus infection in alpha/beta interferon knockout mice：insights into the pathologic mechanisms of a new viral hemorrhagic fever [J]. Journal of Virology，2014，88（3）：1781-1786.

[34] Lu Q，Zhang S，Cui N，et al. Common adverse events associated with ribavirin therapy for severe fever with thrombocytopenia syndrome [J]. Antiviral Research，2015，119：19-22.

[35] Luo L，Zhao L，Wen H，et al. Haemaphysalis longicornis ticks as reservoir and Vector of severe fever with thrombocytopenia syndrome virus in China [J]. Emerging Infectious Diseases，2015，21（10）：1770-1776.

[36] Matsuno K，Nonoue N，Noda A，et al. Fatal tickborne phlebovirus infection in captive cheetahs，Japan [J]. Emerging Infectious Diseases，2018，24（9）：1726-1729.

[37] Matsuno K，Orba Y，Maede-White K，et al. Animal models of emerging tick-borne phleboviruses：determining target cells in a lethal model of SFTSV infection [J]. Frontiers in Microbiology，2017，8：104.

[38] Matsuu A，Momoi Y，Nishiguchi A，et al. Natural severe fever with thrombocytopenia syndrome virus infection in domestic cats in Japan [J]. Veterinary Microbiology，2019，236：108346.

[39] Moreira-Soto A，Carneiro I O，Fischer C，et al. Limited evidence for infection of urban and peri-urban nonhuman primates with zika and chikungunya viruses in brazil [J]. Msphere，2018，3（1）：e00523-17.

[40] Niu G，Li J，Liang M，et al. Severe fever with thrombocytopenia syndrome virus among domesticated animals，China [J]. Emerging Infectious Diseases，2013，19（5）：756-763.

[41] Park E, Shimojima M, Nagata N, et al. Severe fever with thrombocytopenia syndrome phlebovirus causes lethal viral hemorrhagic fever in cats [J]. Scientific Reports, 2019, 9 (1): 11990.

[42] Park E S, Fujita O, Kimura M, et al. Diagnostic system for the detection of severe fever with thrombocytopenia syndrome virus RNA from suspected infected animals [J]. PLoS One, 2021, 16 (1): e0238671.

[43] Park E, Shimojima M, Nagata N, et al. Severe fever with thrombocytopenia syndrome phlebovirus causes lethal viral hemorrhagic fever in cats [J]. Scientific Reports, 2019, 9 (1): 11990.

[44] Plegge T, Hofmann-Winkler H, Spiegel M, et al. Evidence that processing of the severe fever with thrombocytopenia syndrome virus Gn/Gc polyprotein is critical for viral infectivity and requires an internal gc signal peptide [J]. PLoS One, 2016, 11 (11): e0166013.

[45] Ra S, Kim M J, Kim M, et al. Kinetics of serological response in patients with severe fever with thrombocytopenia syndrome [J]. Viruses, 2020, 13 (1): 6.

[46] Reece L, Beasley D, Milligan G, et al. Current status of severe fever with thrombocytopenia syndrome vaccine development [J]. Current Opinion in Virology, 2018, 29: 72-78.

[47] Rezelj V, Mottram T, Hughes J, et al. PhlebovirusM segment-based minigenomes and virus-like particle assays as an approach to assess the potential of tick-borne genome reassortment [J]. Journal of Virology, 2019, 93 (6): e02068-18.

[48] Sakai Y, Kuwabara Y, Ishijima K, et al. Histopathological characterization of cases of spontaneous fatal feline severe fever with thrombocytopenia syndrome, Japan [J]. Emerging Infectious Diseases, 2021, 27 (4): 1068-1076.

[49] Spiegel M, Plegge T, Pöhlmann. S. The role of phlebovirus glycoproteins in viral entry, assembly and release [J]. Viruses, 2016, 8 (7): 202.

[50] Sun Y, Liang M, Qu J, et al. Early diagnosis of novel SFTS bunyavirus infection by quantitative real-time RT-PCR assay [J]. Journal of Clinical Virology, 2012, 53 (1): 48-53.

[51] Sun Y, Qi Y, Liu C, et al. Nonmuscle myosin heavy chain IIA is a critical factor contributing to the efficiency of early infection of severe fever with thrombocytopenia syndrome virus [J]. Journal of Virology, 2013, 88 (1): 237-248.

[52] Tani H, Shimojima M, Fukushi S, et al. Characterization of glycoprotein-mediated entry of severe fever with thrombocytopenia syndrome virus [J]. Journal of Virology, 2016, 90 (11): 5292-5301.

[53] Tao X, Wang X, Yuan Y, et al. Preparation of a polyclonal antibody against the non-structural protein, NSs of SFTSV [J]. Protein Expression and Purification, 2021, 184: 105892.

[54] Tsuru M, Suzuki T, Murakami T, et al. Pathological characteristics of a patient with severe fever with thrombocytopenia syndrome (SFTS) infected with SFTS virus through a sick cat's bite [J]. Viruses, 2021, 13 (2): 204.

[55] Umeki K, Yasuda A, Umekita K, et al. Detection of anti-SFTSV nuclear protein antibody in the acute phase sera of patients using double-antigen ELISA and immunochromatography [J]. Journal of Virological Methods, 2020, 285: 113942.

[56] Walter C, Barr J. Recent advances in the molecular and cellular biology of bunyaviruses [J]. The Journal of General Virology, 2011, 92: 2467-2484.

[57] Wang G, Chang H, Jia B, et al. Nucleocapsid protein-specific IgM antibody responses in the disease progression of severe fever with thrombocytopenia syndrome [J]. Ticks Tick Borne Diseases, 2019, 10 (3): 639-646.

[58] Wu X, Li Y, Huang B, et al. A single-domain antibody inhibits SFTSV and mitigates virus-induced pathogenesis in vivo [J]. JCI Insight, 2020, 5 (13): e136855.

[59] Yamanaka A, Kirino Y, Fujimoto S, et al. Direct transmission of severe fever with thrombocytopenia syndrome virus from domestic cat to veterinary personnel [J]. Emerging Infectious Diseases, 2020, 26 (12): 2994-2998.

[60] Yoo J, Heo S, Park D, et al. Family cluster analysis of severe fever with thrombocytopenia syndrome virus infection in Korea [J]. The American Journal of Tropical Medicine and Hygiene, 2016, 95 (6): 1351-1357.

[61] Yoo J, Lee K, Heo S. Surveillance results for family members of patients with severe fever with thrombocytopenia syndrome [J]. Zoonoses and Public Health, 2018, 65 (8): 903-907.

[62] Yoshikawa T，Fukushi S，Tani H，et al. Sensitive and specific PCR systems for detection of both Chinese and Japanese severe fever with thrombocytopenia syndrome virus strains and prediction of patient survival based on viral load [J]. J Clin Microbiol，2014，52 (9)：3325-3333.
[63] Yu F，Du Y，Huang X，et al. Application of recombinant severe fever with thrombocytopenia syndrome virus nucleocapsid protein for the detection of SFTSV-specific human IgG and IgM antibodies by indirect ELISA [J]. Virology Journal，2015，12：117.
[64] Yu X，Liang M，Zhang S，et al. Fever with thrombocytopenia associated with a novel bunyavirus in China [J]. The New England Journal of Medicine，2011，364 (16)：1523-1532.
[65] Yuan F，Zheng A. Entry of severe fever with thrombocytopenia syndrome virus [J]. Virologica Sinica，2016，32 (1)：44-50.
[66] Zhou C，Yu X. Unraveling the underlying interaction mechanism between dabie bandavirus and innate immune response [J]. Frontiers in Immunology，2021，12：676861.
[67] Zhou H，Sun Y，Wang Y，et al. The nucleoprotein of severe fever with thrombocytopenia syndrome virus processes a stable hexameric ring to facilitate RNA encapsidation [J]. Protein & Cell，2013，4 (6)：445-455.
[68] Zhuang L，Sun Y，Cui X，et al. Transmission of severe fever with thrombocytopenia syndrome virus by haemaphysalis longicornis ticks，China [J]. Emerging infectious Diseases，2018，24 (5)：868-871.
[69] Zhuge Y，Ding C，Gong X，et al. Development and evaluation of two different double-antibody sandwich ELISAs for detecting severe fever with thrombocytopenia syndrome virus infection [J]. Japanese Journal of Infectious Diseases，2021，75 (1)：49-55.

第十二节　人乳头瘤病毒 18 型感染

人乳头瘤病毒 18 型是常见的高危型人乳头状瘤病毒之一，持续性感染可导致人宫颈癌、肛门生殖器和口腔恶性肿瘤。2019 年，谢金鑫等首次在新疆昌吉市某马场的纯血马及与其同场饲养的伊犁马粪便样品中检测到人乳头瘤病毒 18 型，这也是首次在动物中报道该病毒，提示人乳头瘤病毒 18 型是一种新型人畜共患病毒。目前，关于该病毒在马匹上的研究甚少，对感染马匹后引起的具体症状尚不明确。

一、病原学

（一）分类地位

人乳头瘤病毒 18 型（Human Papillomavirus 18，HPV18）属于乳多空病毒科（Papillomaviridae）、Alpha 乳头瘤病毒属（*Alphapapillomavirus*）。HPV18 基因组为环状、双链 DNA。

（二）病原形态结构与组成

完整的 HPV18 病毒粒子是一种呈二十面体的小型、无膜病毒，直径约 52～55nm，由两种病毒衣壳蛋白 L1 和 L2 及病毒基因组 DNA 构成。

二、分子病原学

（一）基因组结构

HPV18 基因组为双链 DNA，全长约 7900bp，包括编码区和非编码区。基因组含有 10

个 ORF，在所有 HPV 的编码区中发现了 8 个早期 ORF（El-E8）和 2 个晚期 ORF（Ll-L2）。

（二）主要基因及其编码蛋白的结构与功能

1. 非结构蛋白

早期 ORF 编码蛋白 El-E8 参与调控病毒的复制及转录、病毒包装和释放，与宿主细胞的转化和癌变密切相关。其中，E1 蛋白有 ATP 酶和 3′→5′解旋酶活性，能够识别 HPV18 的复制起点。E2 蛋白具有病毒 DNA 复制和调节转录的双重功能。E4 是 HPV18 基因组中表达水平最高的一个基因，它能破坏感染细胞的角质蛋白结构，从而形成空泡细胞，还可能与调节 mRNA 的稳定性有关。E5 被认为是除 E6 和 E7 外的第 3 个病毒癌蛋白，它是一种疏水性膜相关蛋白，能够结合 EGF 受体，使之磷酸化，抑制其降解。另外，E5 蛋白能够抑制肿瘤抑制基因 *p21* 的表达，从而影响细胞周期的调控。E6 和 E7 是 HPV 的主要致癌蛋白，可使宿主细胞永生化，并进一步发生恶性转化。

2. 结构蛋白

晚期 ORF 仅在病毒 DNA 复制后被激活，并编码病毒衣壳蛋白；L1 编码主要病毒衣壳蛋白，是 HPV 疫苗的靶抗原，而 L2 编码次要病毒衣壳蛋白。L1 高度保守，是主要的种特异性抗原；L2 高度可变，是型特异性抗原。

3. 非编码区

非编码区被称为长控制区（LCR）、上游调控区（URR）或非编码区。LCR 位于早期 ORF 的上游，在不同的 HPV 中，该区域的大小略有不同。LCR 含有 HPV 基因组 DNA 的复制起点和 HPV 基因表达所必需的调控元件，以调控病毒的转录与复制。

三、流行病学

（一）传染来源

HPV18 通常通过皮肤擦伤、性交或产道与感染者的上皮接触感染人。目前尚无马源 HPV18 传染来源的相关报道。

（二）传播途径及传播方式

仅在马粪便样品中发现 HPV18，还不能明确其传播方式。

（三）易感动物

除人以外，马是易感动物。

（四）流行特征

HPV18 在马匹上的流行特征尚不清楚。

（五）发生与分布

1. 在国外的发生与流行

目前，国外暂无马源 HPV18 的报道。

2. 在国内的发生与流行

2019 年，谢金鑫等首次在马粪便样品中检出 HPV18，这也是首次报道动物感染该病毒。马源 HPV18 E6 基因序列与国内外人源 HPV18 E6 基因序列同源性为 91.8%～100%。

四、致病机制

HPV18 E6 蛋白和 E7 蛋白在人癌症的发生中发挥重要作用。HPV18 对马的致病机制尚无报道。

五、诊断

（一）临床诊断要点

1. 流行病学特点

马源 HPV18 在新疆昌吉纯血马及与纯血马共同饲养的本土马中进行传播。

2. 临床症状特点

在 HPV18 阳性马上尚未观察到明显的临床症状。

3. 病理变化特点

HPV18 在马匹上的病理变化尚不清楚。

（二）实验室诊断要点

1. 病原诊断

马源 HPV18 的病原学诊断主要为 PCR。在粪便中可检测到该病毒。

2. 血清学诊断

目前还没有关于马源 HPV18 血清学诊断的相关研究。

六、预防与控制

尽管未观察到马携带 HPV18 表现出明显的临床症状，但马携带 HPV18 具有潜在感染人的风险，对公共卫生安全产生威胁。由于对马源 HPV18 的致病力存在争议，对养殖业的危害还有待进一步研究。目前，没有针对马源 HPV18 的疫苗和药物。防控措施主要以加强生物安全管理为主。

（谢金鑫、田澍瑶）

参考文献

[1] 谢金鑫，张敖云，闫永涛，等．马源人乳头瘤病毒 18 型的鉴定及遗传进化分析 [J]．中国预防兽医学报，2020，42（03）：305-308.

[2] 唐奕，陈荃，彭丽倩，等．体外 HPV 感染皮肤黏膜细胞及器官模型的研究进展 [J]．皮肤性病诊疗学杂志，2021，28（06）：520-523.

[3] 李凌佳，张胜，刘彤云，等．人乳头瘤病毒分子流行病学及临床相关疾病诊疗进展 [J]．皮肤病与性病，2017，39（01）：21-23.

[4] 李千千，周志祥，盛望，等．HPV18 致癌机制及疫苗研究 [J]．现代预防医学，2013，40（03）：548-550+554.

[5] 赖嘉希，柯吴坚，刘晗．人乳头状瘤病毒非性行为传播途径的研究现状 [J]．护理研究，2017，31（19）：2319-2320.

[6] 潘在轩，陈敏．HPV18 型与早期子宫颈腺癌患者预后的相关性 [J]．海南医学，2016，27（17）：2801-2803.

[7] 彭方毅，姜海蓉，刘芳，等．喉癌中 HPV 不同亚型的检测及测序 [J]．重庆医科大学学报，2009，34（12）：1689-1692.

[8] Hasan Y, Furtado L, Tergas A, et al. A Phase 1 trial assessing the safety and tolerability of a therapeutic DNA vaccination against HPV16 and HPV18 E6/E7 oncogenes after chemoradiation for cervical cancer [J]. International Journal of Radiation Oncology, Biology, Physics, 2020, 107 (3): 487-498.

[9] Della F, Warburton A, Coursey T, et al. Persistent human papillomavirus infection [J]. Viruses, 2021, 13 (2): 321.

[10] Tian R, Liu J, Fan W, et al. Gene knock-out chain reaction enables high disruption efficiency of HPV18 E6/E7 genes in cervical cancer cells [J]. Molecular Therapy-Oncolytics, 2022, 24: 171-179.

第二章

马新发病毒病

第一节　马肝炎病毒感染

马肝炎病毒（Equine Hepacivirus，EqHV）是一种重要的动物新发传染病病原，于2012年在英国首次报道。随后，美国、日本、巴西、意大利、中国、德国、法国、智利、新西兰和韩国等国陆续报道由该病毒引发的疾病，并且流行范围不断扩大。根据EqHV与丙型肝炎病毒（Hepatitis C virus，HCV）基因组的核苷酸同源性，该病毒被划分到黄病毒科（Flaviviridae）、肝炎病毒属（*Hepacivirus*）。迄今为止，EqHV的核酸既可在发病马上检测到，也可在健康马上检测到。因此，其致病力存在争议。临床上，EqHV可引起马急性、慢性肝炎。

一、病原学

（一）分类地位

EqHV属于黄病毒科（Flaviviridae）、肝炎病毒属（*Hepacivirus*），包括马肝炎病毒亚型1（Equine Hepacivirus subtype 1，EqHV sub-type 1）、马肝炎病毒亚型2（Equine Hepacivirus subtype 2，EqHV sub-type 2）和马肝炎病毒亚型3（Equine Hepacivirus subtype 3，EqHV sub-type 3）。EqHV于2012年首次在美国报道，EqHV核酸检测为阳性的病例与马的肝炎相关，且常见于与马庚型肝炎病毒（Equine Pegivirus，EPgV）和泰勒病相关病毒（Theiler's disease-associated virus，TDAV）混合感染的临床病例。

（二）培养特性

研究人员曾在人肝癌细胞（Huh-7.5）、马表皮细胞（E. Derm）、牛肾细胞（MDBK）、犬肾细胞（MDCK）、犬肝癌细胞（D-17）、猪肾细胞（PK-15）、非洲绿猴肾细胞（Vero）和仓鼠肾细胞（BHK-21）上尝试分离EqHV，均以失败告终。

二、分子病原学

（一）基因组结构与功能

EqHV基因组为单股正链RNA，全长约9.6kb。整个基因组可分为5′端非编码区（5′-untranslated region，5′UTR）、一个大的开放阅读框架（Open reading frame，ORF）和3′

端非编码区（3′-untranslated region，3′UTR）三部分。ORF 编码一个由 2944 个氨基酸残基组成的多聚蛋白，此多聚蛋白经病毒和宿主细胞的蛋白酶裂解，形成 3 种成熟的结构蛋白（Core、E1 和 E2）和 7 种非结构蛋白（p7、NS2、NS3、NS4A、NS4B、NS5A 和 NS5B）。各蛋白的基因排列顺序从 N 端到 C 端依次是：NH2-Core-E1-E2-p7-NS2-NS3-NS4A-NS4B-NS5A-NS5B-COOH。

（二）主要基因及其编码蛋白的结构与功能

1. 非结构蛋白

EqHV 非结构蛋白包括 p7、NS2、NS3、NS4A、NS4B、NS5A 和 NS5B。其中，p7 蛋白通过改变脂质体的通透性，进而调节病毒粒子的组装，辅助病毒粒子突破宿主物种屏障。NS3-4A 蛋白酶可切割线粒体抗病毒信号蛋白，抑制维 A 酸诱导基因 Ⅰ 通路激活，有助于 EqHV 持续性嗜肝感染。NS5B 蛋白在病毒复制过程中发挥 RNA 依赖性 RNA 聚合酶（RdRP）作用，催化 RNA 模板的 RNA 复制。

2. 结构蛋白

目前，尚无 EqHV 结构蛋白 Core、E1 和 E2 结构与功能的相关报道。

三、流行病学

（一）传染来源

EqHV 发病马和带毒马是该病重要的传染源，其受感染的血液和血液制品也是该病的重要的传染源。

（二）传播途径及传播方式

EqHV 可垂直传播，也可通过受感染的血液和血液制品的实验性和医源性传播。EqHV 是否可以通过性传播还有待进一步证实。

（三）易感动物

除马以外，EqHV 还可以感染驴、犬、牛、鼠、猴、蝙蝠等动物。

（四）发生与分布

1. 在国外的发生与流行

目前，EqHV 在美国、巴西、南非、新西兰、韩国、日本、法国、奥地利、意大利、德国和匈牙利均有流行。

EqHV 首次报道于美国。2012 年 6 月，通过荧光素酶免疫沉淀系统在纽约州 103 匹马血清样品中检测到 EqHV NS3 蛋白相关抗体，其中在 8 份血清阳性样品中检测到 EqHV RNA。8 株 EqHV 的全基因组序列差异在 6.4%～17.2%。

2012 年 12 月，英国从 142 份马血液样品中通过对 EqHV 5′UTR 和 NS3 区的保守序列进行 PCR 检测，发现 3 份样品呈 EqHV 阳性，其与 2012 年美国纽约州马感染的 EqHV 在遗传上有所不同。

2014 年 12 月，巴西从 2011—2013 年采集的马血清样品中检测到 EqHV 核酸，结果显示比赛马（19.1%）的患病率明显高于农场马（6.3%）和使役马（6.2%），所有感染马无明显临床症状。

2017 年 4 月，韩国从马血清样本中扩增到 14 条 EqHV *NS3* 基因，*NS3* 基因序列和氨基酸序列同源性分别为83.9%和95.7%。

2018年9月，Badenhorst M等使用LIPS首次在非洲纯血马马驹中检测到EqHV NS3蛋白特异性抗体，血清阳性率为83.70%，有7.93%的样本可通过RT-qPCR检测到EqHV RNA。

2019年11月，Badenhorst M等对奥地利5000只蚊子和386份马血清样品进行检测，结果显示马血清样本的EqHV抗体阳性率为45.9%（177/386），核酸的检出率为4.15%（16/386），但在蚊子中没有发现病毒核酸。因此，蚊子不太可能是EqHV的载体。

2. 在国内的发生与流行

2016年，我国首次报道EqHV。Lu G等通过巢式RT-PCR从采自广东省、黑龙江省和香港地区的177份马血清样品中检测到EqHV，阳性率为3.4%（6/177）。6株EqHV与中国野马源EqHV *NS5B*基因序列同源性为82.14%～96.1%，与其它国家43株EqHV的*NS5B*基因序列同源性为77.68%～96.43%。

2017年，我国首次报道商品化马血清中存在EqHV。Lu G等从公司购买了用于细胞培养繁殖的马血清和孕马血清促性腺激素（PMSG），通过针对EqHV *NS3*基因进行巢式PCR，确认四份血清样本为EqHV阳性。

2018年，Lu G等从澳大利亚和新西兰进口的赛马（年龄8～13岁）中采集了13份马血清样本。经过针对*NS3*基因的巢式PCR检测、测序与BLAST分析，确定6份血清样本为EqHV阳性，阳性率为46.2%（6/13），6株EqHV *NS3*基因核苷酸同源性在98%以上。

2020年，Wu L等通过RT-PCR方法从60份马血清样本中筛出19份EqHV阳性血清样本，阳性率为31.67%（19/60）。同时，获得一株名为GD23的*EqHV*全基因组序列，通过分析将GD23归类为EqHV sub-type 3。此外，系统发育分析表明，GD23与其它国家的EqHV sub-type 3处于同一进化分支。

四、免疫机制与致病机理

（一）免疫机制

Tomlinson J等分析了EqHV NS3蛋白抗体的产生，马在接种EqHV后7周血清转变成阳性，但血清转化的时间与肝炎的发病无关，且抗体先于病毒被清除。

为了检测EqHV特异性T细胞，Tomlinson J用EqHV NZP1株NS3蛋白的三个肽库刺激外周血单个核细胞（PBMC），在马匹中都观察到感染或再感染后产生EqHV特异性γ干扰素T细胞的比例增加，表明可引发EqHV特异性T细胞应答。

（二）致病机理

Tomlinson J等将克隆的NZP1病毒株接种于7匹成年马。初次接种后，所有马都在1～3d内出现病毒血症，有6匹在5～19周时检测不到病毒血症，所有受试马在肝炎高峰期血清miR-122（一种专一表达于肝脏的miRNA）水平均增加，血清天门冬氨酸氨基转移酶和肝炎高峰期之间存在密切的关联，可作为马急性肝炎病毒诱导的肝损伤标志物。

五、临床症状

（一）单纯感染临床症状

EqHV可引起马的急性和慢性感染，但只引起轻度的亚临床症状。

（二）与其它病原混合感染的临床症状

Pfaender S 等报道，EqHV 和马细小病毒（Equine Parvovirus，EqPV）共同感染可导致马发生轻中度肝炎。

六、病理变化

（一）大体剖检

临床上感染 EqHV 的马肝组织高度改变，呈小结节性肝硬化。

（二）组织病理学与免疫组织化学

马感染 EqHV 后，肝脏病变的组织学特征为多灶性出血、肝细胞空泡化和多灶性淋巴细胞性肝炎。肝脏有显著的组织学损伤，包括肝细胞坏死、变性再生、胆汁淤积、胆管增生和出血等。

七、诊断

（一）临床诊断要点

1. 流行病学特点

Pfaender S 等研究表明，EqHV 在可育母马和繁殖种公马中频繁流行，表明 EqHV 可能通过交配途径传播。Badenhorst M 等报道，南非纯血种马中 EqHV 感染率更高，推测该病毒更易感染纯种马。

2. 临床症状特点

EqHV 感染是否与肝脏疾病有关仍不清楚。据报道，马感染 EqHV 可发展为严重的肝炎和慢性消瘦，出现病毒血症。EqHV 感染通常导致亚临床肝炎和短暂的轻度肝脏损害，在 EqHV 感染期间可观察到不同水平的肝脏特异性酶升高。

3. 病理变化特点

EqHV 具有嗜肝性，在肝脏组织中可观察到轻度肝细胞损伤以及出现肝脏炎症。

（二）实验室诊断要点

在马的血清、组织样本和脑脊液中可检测到 EqHV 特异性抗体或病毒基因组。实验感染后，在成年马的不同器官，如肝脏、脾脏、小脑和肺中可检测到 EqHV 核酸。EqHV 的病原学诊断主要为 RT-PCR 和 RT-qPCR，需要与引起马肝炎的病毒如 EqPV、泰勒氏病相关病毒和马庚型肝炎病毒进行鉴别诊断。血清学方面，可使用 LIPS 检测 EqHV NS3 特异性抗体。

八、预防与控制

目前没有针对 EqHV 的疫苗和药物，防控措施主要以加强生物安全管理为主。

（佟盼盼、贯陈阳、田澍瑶、帕丽旦·努尔兰、谢金鑫）

参考文献

[1] Anggakusuma，Richard J，Dominic H，et al. Hepacivirus NS3/4A proteases interfere with MAVS signaling in both

their cognate animal hosts and humans: implications for zoonotic transmission [J]. Journal of Virology, 2016, 90 (23): 10670- 10681.

[2] Badenhorst M, Tegtmeyer B, Todt D, et al. First detection and frequent occurrence of equine hepacivirus in horses on the African continent [J]. Veterinary Microbiology, 2018, 223: 51-58.

[3] Badenhorst M, de Heus P, Auer A, et al. No evidence of mosquito involvement in the transmission of equine hepacivirus (Flaviviridae) in an epidemiological survey of austrian horses [J]. Viruses, 2019, 11 (11): 1014.

[4] Burbelo P, Dubovi E, Simmonds P, et al. Serology-enabled discovery of genetically diverse hepaciviruses in a new host [J]. Journal of Virology, 2012, 86 (11): 6171-6178.

[5] Elia G, Lanave G, Lorusso E, et al. Identification and genetic characterization of equine hepaciviruses in Italy [J]. Veterinary Microbiology, 2017, 207: 239-247.

[6] Elia G, Lanave G, Lorusso E, et al. Equine hepacivirus persistent infection in a horse with chronic wasting [J]. Transboundary and Emerging Diseases, 2017, 64 (5): 1354 -1358.

[7] Figueiredo A, Lampe E, do Espírito-Santo M, et al. Identification of two phylogenetic lineages of equine hepacivirus and high prevalence in Brazil [J]. Veterinary Journal, 2015, 206 (3): 414-416.

[8] Figueiredo A, Lampe E, de Albuquerque P, et al. Epidemiological investigation and analysis of the NS5B gene and protein variability of non-primate hepacivirus in several horse cohorts in Rio de Janeiro state, Brazil [J]. Infection Genetics and Evolution, 2018, 59: 38-47.

[9] Figueiredo A, de Moraes M, Soares C, et al. First description of Theiler's disease-associated virus infection and epidemiological investigation of equine pegivirus and equine hepacivirus coinfection in Brazil [J]. Transboundary and Emerging Diseases, 2019, 66 (4): 1737-1751.

[10] Gemaque B, de Souza A, Soares M, et al. Hepacivirus infection in domestic horses, Brazil, 2011-2013 [J]. Emerging Infectious Diseases, 2014, 20 (12): 2180 -2182.

[11] Lyons S, Kapoor A, Sharp C, et al. Nonprimate hepaciviruses in domestic horses, United kingdom [J]. Emerging Infectious Diseases, 2012, 18 (12): 1976-1982.

[12] Kim H, Moon H, Sung H, et al. First identification and phylogenetic analysis of equine hepacivirus in Korea [J]. Infection Genetics and Evolution, 2017, 49: 268-272.

[13] Lu G, Sun L, Xu T, et al. First description of hepacivirus and pegivirus infection in domestic horses in China: a study in Guangdong province, Heilongjiang province and Hong Kong district [J]. PLoS One, 2016, 11 (5): e0155662.

[14] Lu G, Huang J, Yang Q, et al. Identification and genetic characterization of hepacivirus and pegivirus in commercial equine serum products in China [J]. PLoS One, 2017, 12 (12): e0189208.

[15] Lu G, Ou J, Sun Y, et al. Natural recombination of equine hepacivirus subtype 1 within the NS5A and NS5B genes [J]. Virology, 2019, 533: 93-98.

[16] Pfaender S, Cavalleri J, Walter S, et al. Clinical course of infection and viral tissue tropism of hepatitis C virus-like nonprimate hepaciviruses in horses [J]. Hepatology, 2015, 61 (2): 447-459.

[17] Pronost S, Hue E, Fortier C, et al. Prevalence of equine hepacivirus infections in france and evidence for two viral subtypes circulating Worldwide [J]. Transboundary and Emerging Diseases, 2017, 64 (6): 1884-1897.

[18] Pronost S, Fortier C, Pitel C, et al. Hepacivirus and the " new triade": further evidence for in utero transmission of equine hepacivirus to foals [J]. Viruses, 2019, 11 (12): 1124.

[19] Postel A, Jessika M, Pfaender S, et al. Frequent presence of hepaci and pegiviruses in commercial equine serum pools [J]. Veterinary Microbiology, 2016, 182: 8- 14.

[20] Ramsay J. Science-in-brief: equine viral hepatitis [J]. Equine Veterinary Journal, 2017, 49 (2): 138-140.

[21] Ramsay J, Evanoff R, Wilkinson T, et al. Experimental transmission of equine hepacivirus in horses as a model for hepatitis C virus [J]. Hepatology, 2015, 61 (5): 1533-1546.

[22] Reichert C, Campe A, Walter S, et al. Frequent occurrence of nonprimate hepacivirus infections in thoroughbred breeding horses-a cross-sectional study for the occurrence of infections and potential risk factors [J]. Veterinary Microbiology, 2017, 203 (1): 315-322.

[23] Smith D, Becher P, Bukh J, et al. Proposed update to the taxonomy of the genera hepacivirus and pegivirus within the Flaviviridae family [J]. Journal of General Virology, 2016, 97 (11): 2894-2907.
[24] Tomlinson J, Wolfisberg R, Fahnoe U, et al. Pathogenesis, MicroRNA-122 gene-regulation, and protective immune responses after acute equine hepacivirus infection [J]. Hepatology, 2021, 74 (3): 1148-1163.
[25] Walter S, Bollenbach A, Doerrbecker J, et al. Ion-channel function and cross-species determinants in viral assembly of nonprimate 1 hepacivirus p7 [J]. Journal of Virology, 2016, 90 (10): 5075-5089.
[26] Walter S, Rasche A, Moreira-Soto A, et al. Differential infection patterns and recent evolutionary origins of equine hepaciviruses in donkeys [J]. Journal of Virology, 2017, 91 (1): e01711-16.
[27] Wu L, Ou J, Cai S, et al. First identification and genomic characterization of equine hepacivirus sub-type 3 strain in China [J]. Virus Genes, 2020, 56 (6): 777-778.

第二节　马细小病毒感染

马细小病毒（Equine Parvovirus，EqPV）是一种新型的细小病毒，于2018年在美国首次报道。随后，在中国、加拿大、新西兰、意大利和德国等国的健康马中陆续检测到该病毒。迄今为止，该病毒既可在发病马的组织样品中检测到，也可在健康马体内检测到。临床上，该病毒引起马严重肝炎，是一种重要的马新发传染病病原。

一、病原学

EqPV属于细小病毒科（Parvoviridae）、*Copiparvovirus*属。EqPV于2018年首次在美国报道，核酸检测为阳性的临床病例与马的致死性肝炎相关。

二、分子病原学

EqPV的基因组大小为5308bp，含有2个开放阅读框（Open reading frame，ORF），分别编码非结构蛋白NS1和结构蛋白VP。*NS1*基因全长1779bp，参与编码EqPV *NS1*蛋白。*VP*基因全长2922bp，参与编码EqPV VP蛋白。在游离基因组形式中，*VP*编码区末端连接到*NS1*编码区，其基因间隔区为583bp。EqPV的基因组末端在病毒复制和翻译中起着重要作用。

三、流行病学

（一）传染来源

被EqPV污染的破伤风抗毒素是该病的重要传染源。

（二）传播途径及传播方式

目前，已知的EqPV的传播途径主要是通过静脉注射污染了EqPV的马源性血液制品。

（三）易感动物

除马以外，尚未有报道表明EqPV可感染其它动物。

（四）发生与分布

EqPV率先在美国被报道。2018年，首次从美国一匹死于肝炎的马血清和肝组织中检测到 EqPV 核酸，血清样品流调结果表明 EqPV 的阳性率为 13%（13/100）。随后，在加拿大、新西兰、意大利和德国等国家陆续检测到该病毒。Lu G 等于 2018 年首次在中国马血清样品中检测到 EqPV 变异株，在我国广东省的马血清样品中 EqPV 阳性率为 11.9%（17/143）。

四、免疫机制与致病机理

（一）免疫机制

Tomlinson J 等研究表明，许多感染 EqPV 的马可能会有短期的亚临床症状，然后自愈。然而为什么有些马在感染 EqPV 后会患上严重且致命的疾病，而有些马不会，这一点尚不清楚。这可能与高水平病毒血症和过度细胞病变效应引起的肝细胞损伤有关。Tomlinson J 等在临床病例及在 EqPV 感染马匹实验中观察到淋巴细胞浸润，这可能与免疫介导的肝损伤机制一致。

（二）致病机理

细小病毒的发病机制通常与它们对活跃分裂细胞的偏好有关，不同的细小病毒具有不同的器官趋向性。感染 EqPV 的马有较高的血清天冬转氨酶（Aspartate aminotransferase，AST）和 γ 谷氨酰转氨酶（Gamma-glutamyl transferase，GGT）活力及较高的血清总胆红素浓度。实验中感染 EqPV 的马可发展成亚临床肝炎，病毒血症峰值、血清转化率和肝炎发病之间存在密切的时间关联。

五、临床症状

据报道，EqPV 感染的马临床表现为急性、严重的肝炎，四肢远端皮下水肿，出现嗜睡、食欲不振和神经系统异常等临床症状，如失明、压头和共济失调等。

六、病理变化

（一）大体剖检

临床中 EqPV 阳性马主要表现为流产、关节炎和神经系统疾病。

（二）组织病理学与免疫组织化学

EqPV 感染引起死亡的马，肝脏病理切片可见肝细胞坏死伴出血，主要分布在小叶中央，广泛的淋巴细胞小叶中心萎缩，门管区有少量至中等数量的淋巴细胞浸润，门脉区有轻度炎性浸润，主要是单核细胞和淋巴细胞，胆管中度增生。

七、诊断

（一）临床诊断要点

1. 流行病学特点

在美国，污染 EqPV 的破伤风抗毒素是该病的重要传染源。该病毒在纯血马中普遍存在。

2. 临床症状特点

感染 EqPV 的马主要表现为黄疸、四肢远端皮下水肿、昏迷，出现嗜睡、食欲不振和神经系统异常等临床症状，如失明、压头和共济失调等。感染马的 AST 和 GGT 活性升高，血清总胆红素浓度升高，但这些生化指标的变化是否由 EqPV 感染引起还有待进一步证实。

3. 病理变化特点

感染 EqPV 马表现为肝脏萎缩、扁平、松弛、易碎和/或变色。病马肝脏出现肝细胞坏死、小叶结构塌陷和淋巴细胞浸润等。

（二）实验室诊断要点

1. 病原诊断

EqPV 的病原学诊断主要为 PCR 和 qPCR，在血清、肝组织可检测到该病毒。

2. 血清学诊断

血凝试验（HA）和血凝抑制试验（HI）可用于检测 EqPV 抗体，但缺点是特异性不强、敏感度低。

3. 实验室鉴别诊断技术

需要与引起马肝炎的病毒包括非灵长类肝炎病毒（Non-primate Hepacivirus，NPHV）、泰勒氏病相关病毒（Theiler's disease-associated virus，TDAV）和马庚型肝炎病毒（Equine Pegivirus，EPgV）鉴别诊断。

八、预防与控制

目前没有针对 EqPV 的疫苗和药物。防控措施主要以加强生物安全管理为主。此外，活疫苗等其它生物制剂可能含有传染性 EqPV 的风险。在医学和研究应用中使用商业马血清时，应采用敏感的诊断方法检测 EqPV DNA，并进行严谨的风险评估。

（谢全鑫、佟盼盼、田澍瑶、段汝丽）

参考文献

[1] Altan E，Li Y，Sabino-Santos G，et al. Viruses in horses with neurologic and respiratory diseases [J]. Viruses，2019，11 (10)：942.

[2] Badenhorst M，de Heus P，Auer A，et al. Active equine parvovirus-hepatitis infection is most frequently detected in Austrian horses of advanced age [J]. Equine Veterinary Journal，2021，doi：10. 1111/evj. 13444.

[3] Divers T，Tennant B，Kumar A，et al. New parvovirus associated with serum hepatitis in horses after inoculation of common biological product [J]. Emerging Infectious Diseases，2018，24 (2)：303-310.

[4] Lu G，Sun L，Ou J，et al. Identification and genetic characterization of a novel parvovirus associated with serum hepatitis in horses in China [J]. Emerging Microbes and Infections，2018，7 (1)：170.

[5] Mann S，Ramsay J，Wakshlag J，et al. Investigating the pathogenesis of high-serum gamma-glutamyl transferase activity in thoroughbred racehorses：a series of case-control studies [J]. Equine Veterinary Journal，2021，doi：10. 1111/evj. 13435.

[6] Meister T，Tegtmeyer B，Postel A，et al. Equine parvovirus-hepatitis frequently detectable in commercial equine serum pools [J]. Viruses，2019，11 (5)：461.

[7] Meister T，Tegtmeyer B，Brüggemann Y，et al. Characterization of equine parvovirus in thoroughbred breeding horses from Germany [J]. Viruses，2019，11 (10)：965.

[8] Ou J, Lu G, Zhang G, et al. Equine parvovirus: an emerging equine health concern [J]. Equine Veterinary Journal, 2019, 51 (1): 138.
[9] Xie J, Tong P, Zhang A, et al. An emerging equine parvovirus circulates in thoroughbred horses in north-Xinjiang, China, 2018 [J]. Transboundary and Emerging Diseases, 2020, 67 (3): 1052-1056.
[10] Ramsauer A, Badenhorst M, Cavalleri J. Equine parvovirus hepatitis [J]. Equine Veterinary Journal, 2021, 53 (5): 886-894.
[11] Tomlinson J, Kapoor A, Kumar A, et al. Viral testing of 18 consecutive cases of equine serum hepatitis: a prospective study (2014-2018) [J]. Journal of Veterinary Internal Medicine, 2019, 33 (1): 251-257.
[12] Tomlinson J, Tennant B, Struzyna A, et al. Viral testing of 10 cases of Theiler's disease and 37 in-contact horses in the absence of equine biologic product ad-ministration: a prospective study (2014-2018) [J]. Journal of Veterinary Internal Medicine, 2019, 33 (1): 258-265.
[13] Tomlinson J, van de Walle G, Divers T. What do we know about hepatitis viruses in horses [J]? Veterinary Clinics of North America: Equine Practice, 2019, 35 (2): 351-362.
[14] Tomlinson J, Jager M, Struzyna A, et al. Tropism, pathology, and transmission of equine parvovirus-hepatitis [J]. Emerging microbes and infections, 2020, 9 (1): 651-663.

第三节　马柯克病毒感染

柯克病毒是一种新型病毒，2015 年，Li L 等首次在致死性肝炎导致死亡马匹的脾脏和肝脏中发现柯克病毒 Equ1 毒株。2018 年，Xie J 等首次在新疆昌吉死于产后持续性消瘦的马匹粪便中发现新型柯克病毒 Cj-7-7 毒株，其与 Equ1 毒株全基因组序列同源性为 86.7%。2020 年，佟盼盼等首次在新疆驴、牛、羊、猪粪便样品中检测到柯克病毒，表明该病毒在不同宿主中广泛存在。目前，关于该病毒的研究甚少，病毒感染动物后引起的具体症状尚不明确。

一、病原学

柯克病毒（Kirkovirus，KirV）属于拟定的柯克病毒科（Kirkoviridae），该病毒与圆环病毒科成员基因组类似。

二、分子病原学

KirV 基因组为单股环形 DNA，基因组全长为 3732～3800bp，编码病毒复制酶蛋白（Replicase，Rep）、病毒衣壳蛋白（Capsid，Cap）和 4 个假定蛋白（Hypothetical protein，Hp）。有 6 个大于 300bp 的开放阅读框（Open reading frame，ORF），其中 ORF1 编码复制酶蛋白 Rep（305aa），ORF4 编码衣壳结构蛋白 Cap（178～188aa），ORF2、ORF 3、ORF 5 和 ORF 6 编码 4 个 Hp。

KirV 与圆环病毒 Rep 蛋白含有相似的呈典型滚环复制的 3 个保守基序（motif Ⅰ［FT（L/I）NN］、motif Ⅱ［PHLQG］和 motif Ⅲ［YC（S/x）K］）和解旋酶家族 SF3 的 3 个保守基序（Walker-A［G（P/x）（P/x）GxGK（S/t）］、Walker-B［uuDDF］和 motif C［uTSN］），x 代表任意氨基酸，u 代表疏水氨基酸）。圆环病毒 5′端的基因间隔区有一段茎

环结构，含有九聚体作为复制起始位点（ori），序列组成一般为（T/n）A（G/t）TAT-TAC，与圆环病毒科成员相似，KirV ori 是保守的“CAATATTAC”序列。

三、流行病学

（一）传染来源

目前，尚无相关报道。

（二）传播途径及传播方式

在致死性肝炎导致死亡马匹的脾脏和肝脏中发现 KirV，还不能明确传播方式。

（三）易感动物

马、驴、牛、羊和猪是易感动物。

（四）流行特征

该病毒的流行特征尚不清楚。

（五）发生与分布

1. 在国外的发生与分布

2015 年，Li L 等首次在致死性肝炎导致死亡马匹的脾脏和肝脏中检测出 KirV Equ1 毒株，与圆环病毒科的病毒一样，有一个环形基因组，但 KirV Equ1 的基因组更大，结构更复杂。

2. 在国内的发生与分布

2018 年，Xie J 等在新疆昌吉死于产后持续性消瘦的马匹粪便中发现新型 KirV Cj-7-7 毒株，与 KirV Equ1 毒株全基因组序列同源性为 86.7%。2020 年，佟盼盼等在新疆马、驴、牛、羊和猪粪便样品中检测到 KirV，首次报道该病毒具有宿主多样性和遗传多样性。

四、诊断

（一）临床诊断要点

1. 流行病学特点

KirV 可在马、驴、牛、羊和猪中传播。

2. 临床症状特点

KirV 与疾病的关系并未确定。

3. 病理变化特点

病理变化尚不清楚。

（二）实验室诊断要点

1. 病原诊断

KirV 的病原学诊断方法主要为 PCR，在粪便中可检测到该病毒。

2. 血清学诊断

目前还没有关于 KirV 血清学诊断的研究报道。

五、预防与控制

由于对 KirV 的致病力存在争议，所以该病毒对养殖业的危害还有待进一步研究。目前没有针对 KirV 的疫苗和药物。防控措施主要以加强生物安全管理为主。

（佟盼盼、帕丽旦·努尔兰、田澍瑶、谢金鑫）

参考文献

[1] 佟盼盼，任美灵，张磊，等．不同宿主源柯克病毒的 HP4 基因特征及遗传进化分析 [J]. 中国预防兽医学报，2021，43（06）：662-666.

[2] Li L，Giannitti F，Low J，et al. Exploring the virome of diseased horses [J] Journal of General Virology，2015，96（9）：2721-2733.

[3] Xie J，Tong P，Zhang A，et al. First detection and genetic characterization of a novel kirkovirus from a dead thoroughbred mare in northern Xinjiang，China，in 2018 [J]. Archives of Virology，2020，165（2）：403-406.

[4] Tong P，Deng H，Duan L，et al. First detection of the occurrence and study of the genetic diversity of novel putative kirkoviruses in donkey in China [J]. Virus Genes，2022，58（2）：146-149.

第四节 马冠状病毒感染

马冠状病毒是一种肠道冠状病毒，于 1999 年在美国首次报道。随后，在日本、法国、爱尔兰、英国、沙特阿拉伯和阿曼等国家陆续报道由该病毒引发的疾病。临床症状多表现为发烧、沉郁、厌食，偶尔可见腹痛和腹泻。

一、病原学

（一）分类地位

马冠状病毒（Equine Coronavirus，ECoV）属于冠状病毒科（Coronaviridae）、β-冠状病毒属（*β-coronavirus*），是唯一已知可感染或引起马匹疾病的冠状病毒。它与人冠状病毒 OC43、牛冠状病毒和猪血凝性脑脊髓炎病毒都属于 *β-coronavirus* 谱系 A。马冠状病毒最早于 1999 年在美国北卡罗来纳州从腹泻小马驹的粪便中分离出来（ECoV-NC99 毒株），与轮状病毒、腺病毒和细小病毒一同被列入腹泻病原。

（二）病原形态结构与组成

ECoV 呈球形，大小为 85～100nm。

（三）培养特性

Hemida M 等用人直肠癌细胞（HRT-18G）培养和繁殖 ECoV。

二、分子病原学

（一）基因组结构与功能

ECoV 基因组为正链 RNA，全长为 30992bp，基因组由 11 个开放阅读框（Open reading frame，ORF）组成，分别为 1a、1b、2～8、9a 和 9b。其中 ORF1a 和 1b 编码复制酶多蛋白 ppla 和 pplab，ORF2～8、9a 和 9b 编码结构蛋白（HE、S、E、M 和 N）和辅助蛋白（NS2、P4.7、p12.7 和 I）。

（二）主要基因及其编码蛋白的结构与功能

1. 非结构蛋白

ECoV 非结构蛋白包括 ppla、pplab、NS2、P4.7、p12.7 和 I。ppla 蛋白和 pplab 蛋白分别由 4429 个和 7128 个氨基酸组成，在病毒复制和转录过程中，可能会被病毒编码的蛋白酶进行蛋白水解，成为 16 种非结构蛋白（nsp1～16）；NS2 蛋白是一种非分泌蛋白，全长 278 个氨基酸，其功能尚不清楚。p4.7 蛋白大小为 40 个氨基酸，p12.7 蛋白大小为 109 个氨基酸，都不存在任何跨膜螺旋结构。

2. 结构蛋白

ECoV 结构蛋白包括 HE、S、E、M 和 N。HE 蛋白长度为 423 个氨基酸，预测有 9 个潜在 N-糖基化位点。其中，N 端 390 个氨基酸位于细胞表面或病毒被膜的外部，跨膜螺旋位于 391～413 位氨基酸，内部结构域位于 414～423 位氨基酸。酯酶活性的假定活性位点 FGDS 存在于 ECoV 中 HE 蛋白的 36～39 位氨基酸；S 蛋白由 1363 个氨基酸构成，预测有 18 个潜在的 N-糖基化位点，N 末端信号肽被鉴定为具有由 Signal P-NN 预测的氨基酸 14 和 15 之间或由 Signal P-HMM 预测的氨基酸 17 和 18 之间的潜在切割位点。预计 ECoV S 蛋白是典型的 I 型膜蛋白，其 N 端 1307 位氨基酸暴露在细胞表面或病毒颗粒的外部，随后是 C 端附近的跨膜结构域（1308～1330 位氨基酸），最后是胞质尾巴（1331～1363 位氨基酸）。与其它 2a 型冠状病毒的 S 蛋白进行多次比对后，在 764～768 位氨基酸处发现了潜在的裂解识别序列（RRQRR），该序列可裂解 768～769 位氨基酸，将 ECoV S 蛋白分为 S1 和 S2 亚基。S1 亚基尚未确定其功能，S2 亚基被预测与介导膜融合相关。E 蛋白长度为 84 个氨基酸，未鉴定出 N-糖基化位点，通过 TMpred 分析预测在 18～36 位氨基酸或通过 TMHMM 分析预测在 15～37 位氨基酸有一个跨膜结构域。这两个程序都预测该蛋白质的 N 端位于细胞表面或病毒包膜的外部。对于其它冠状病毒，越来越多的证据表明 E 蛋白和 M 蛋白在病毒装配和出芽过程中起到重要作用。

三、流行病学

（一）传染来源

ECoV 可通过粪便传播，病毒排毒最长达 21d。ECoV 发病马和带毒马是该病的主要传染源，受 ECoV 污染的粪便也是该病的重要传染源。

（二）传播途径及传播方式

目前，ECoV 主要是通过粪-口途径进行传播，传播方式为接触传播。可在患病马鼻拭子中检测到病毒核酸，提示 ECoV 也可能通过呼吸道进行传播。

（三）易感动物

除马以外，驴也有被感染的报道。

（四）流行特征

从美国20次ECoV暴发的病例中可总结出，该病最常见临床症状为厌食（占97%）、嗜睡（占88%）和发热（占83%）。同时，已经报道的并发症包括坏死性肠炎、内毒素血症和高氨血症相关脑病，发病率为10%～80%，死亡率通常较低，但在美国小型马的一次暴发中死亡率高达27%。

（五）发生与分布

1. 在国外的发生与流行

分子和血清流行病学研究表明，ECoV在美国流行率较高，在美国48个州收集的马匹样本中都检测到了ECoV。在肯塔基州中部，约30%健康和发生腹泻的纯血马马驹都感染了ECoV。值得注意的是，所有腹泻的阳性马驹还同时感染了其它病原体，如轮状病毒或产气荚膜梭菌，这表明ECoV可能被过度诊断为复杂疾病的病原体。此外，在日本最大的纯血马繁殖区，从健康马驹的直肠拭子中检测到了ECoV。在法国58个县收集的粪便样本和呼吸道样本中也检测到了ECoV。此外，英国、沙特阿拉伯、阿曼和以色列也报告了零星病例。

2. 在国内的发生与流行

目前尚无报道。

四、临床症状

在成年马匹中，该病毒大多数呈单纯感染。潜伏期短一般为48～72h。临床症状主要以发热、厌食和嗜睡为主。其中10%～15%的病例会出现胃肠道症状，如绞痛、腹泻。少数病例会出现严重的并发症，如休克、器官衰竭和神经功能障碍。临床症状通常持续1周左右，在马驹中多以混合感染为主。

五、病理变化

ECoV感染可引起中性粒细胞减少和/或淋巴细胞减少。2016年，Pusterla N等对73匹患病马的全血细胞计数显示：白细胞减少25%，中性粒细胞减少66%，淋巴细胞减少72%。若未发生与胃肠道屏障破坏有关的并发症，全血细胞计数异常可在5～7d恢复正常。

被ECoV感染的马匹显示出严重的弥漫性、坏死性肠炎，具有明显的绒毛萎缩，绒毛尖端的上皮细胞坏死，中性粒细胞和纤维蛋白渗入小肠腔形成假膜，以及隐窝坏死、微血栓形成和出血。

六、诊断

（一）临床诊断要点

1. 流行病学特点

全球多个国家都有ECoV感染马的报道，主要流行于美国。该病潜伏期短，一般在48～72h。成年马比马驹更易感，随着年龄的增长，被感染的风险也会增加，发病率高达

80%，死亡率较低。

2. 临床症状特点

临床症状主要以厌食、嗜睡和发热为主，其中10%～15%的病例会出现绞痛、腹泻等胃肠道症状。少数病例会出现严重的并发症，如休克、器官衰竭和神经功能障碍。临床症状通常持续1周左右。而有些马则不表现任何临床症状。

3. 病理变化特点

被ECoV感染的马患有严重的弥漫性、坏死性肠炎，出现明显的绒毛萎缩，绒毛尖端的上皮细胞坏死。

（二）实验室诊断要点

1. 病原诊断

ECoV的病原学诊断主要为RT-PCR和RT-qPCR。常基于病毒*S*基因、*N*基因和*p12.7*基因设计引物，也有报道以*M*基因为引物模板。此外，Nemoto M等开发了一种逆转录环介导的等温扩增（RT-LAMP）检测方法，用于快速检测ECoV。

2. 血清学诊断

Zhao S等采用真核表达ECoV S1蛋白作为包被抗原，建立检测血清中ECoV特异性抗体的间接ELISA方法，用于马群感染ECoV的血清学调查。利用该方法检测了1084份血清样品，ECoV血清阳性率为25.9%～62%。Kooijman L等使用ECoV S蛋白建立ELISA方法，检测来自美国18个州5247份血清样品，结果显示504匹马呈ECoV血清抗体阳性，阳性率为9.6%。

七、预防与控制

该病发病率高、死亡率低，尚无商品化疫苗和药物进行预防和治疗。大多数成年患病马，在没有特殊治疗的情况下可自行恢复。目前，隔离患病马是阻断该病毒传播的最佳方法。

（佟盼盼、贾陈阳、田澍瑶、谢全鑫）

参考文献

[1] Berryhill E，Magdesian K，Aleman M，et al. Clinical presentation，diagnostic findings，and outcome of adult horses with equine coronavirus infection at a veterinary teaching hospital：33 cases（2012-2018）[J]. Veterinary Journal，2019，248：95-100.

[2] Bryan J，Marr C，Mackenzie C，et al. Detection of equine coronavirus in horses in the United Kingdom [J]. Veterinary Record，2019，184（4）：123.

[3] Davis E，Rush B，Cox J，et al. Neonatal enterocolitis associated with coronavirus infection in a foal：a case report [J]. Journal of Veterinary Diagnostic Investigation，2000，12（2）：153-156.

[4] Fielding C，Higgins J，Higgins J，et al. Disease associated with equine coronavirus infection and high case fatality rate [J]. Journal of Veterinary Internal Medicine，2015，29（1）：307-310.

[5] Giannitti F，Diab S，Mete A，et al. Necrotizing enteritis and hyperammonemic encephalopathy associated with equine coronavirus infection in Equids [J]. Veterinary Pathology，2015，52（6）：1148-1156.

[6] Goodrich E，Mittel L，Glaser A，et al. Novel findings from a beta coronavirus outbreak on an american miniature horse breeding farm in upstate New York [J]. Equine Veterinary Education，2020，32（3）：150-154.

[7] Hemida M, Chu D, Perera R, et al. Coronavirus infections in horses in Saudi Arabia and Oman [J]. Transboundary and Emerging Diseases, 2017, 64 (6): 2093-2103.

[8] Kienzle S, Hogue B, Brian D. Structure and orientation of expressed bovine coronavirus hemagglutinin-esterase protein [J]. Journal of Virology, 1990, 64 (4): 1834-1838.

[9] Koterba A, Drummond W. Equine clinical neonatology in the USA: past, present and future [J]. Equine Veterinary Journal, 1988, 20 (5): 6-10.

[10] Kooijman L, Mapes S, Pusterla N. Development of an equine coronavirus- specific enzyme-linked immunosorbent assay to determine serologic responses in naturally infected horses [J]. Journal of Veterinary Diagnostic Investigation, 2016, 28 (4): 414-418.

[11] Kooijman L, James K, Mapes S, et al. Seroprevalence and risk factors for infection with equine coronavirus in healthy horses in the USA [J]. Veterinary Journal, 2017, 220: 91-94.

[12] Mattei D, Kopper J, Sanz M. Equine coronavirus-associated colitis in horses: a retrospective study [J]. Journal of Equine Veterinary Science, 2020, 87: 102906.

[13] Miszczak F, Tesson V, Kin N, et al. First detection of equine coronavirus (ECoV) in Europe [J]. Veterinary Microbiology, 2014, 171 (1-2): 206-209.

[14] Nemoto M, Schofield W, Cullinane A. The first detection of equine coronavirus in adult horses and foals in Ireland [J]. Viruses, 2019, 11 (10): 946.

[15] Nemoto M, Oue Y, Higuchi T, et al. Low prevalence of equine coronavirus in foals in the largest thoroughbred horse breeding region of Japan, 2012-2014 [J]. Acta Veterinaria Scandinavica, 2015, 57 (1): 53.

[16] Nemoto M, Morita Y, Niwa H, et al. Rapid detection of equine coronavirus by reverse transcription loop-mediated isothermal amplification [J]. Journal of Virological Methods, 2015, 215- 216: 13-16.

[17] Oue Y, Ishihara R, Edamatsu H, et al. Isolation of an equine coronavirus from adult horses with pyrogenic and enteric disease and its antigenic and genomic characterization in comparison with the NC99 strain [J]. Veterinary Microbiology, 2011, 150 (1-2): 41-48.

[18] Oue Y, Kondo T, Kondo T, et al. Epidemic of equine coronavirus at obihiro racecourse, Hokkaido, Japan in 2012 [J]. Journal of Veterinary Medical Science, 2013, 75 (9): 1261-1265.

[19] Pusterla N, Mapes S, Wademan C, et al. Emerging outbreaks associated with equine coronavirus in adult horses [J]. Veterinary Microbiology, 2013, 162 (1): 228-231

[20] Pusterla N, Vin R, Leutenegger C, et al. Equine coronavirus: an emerging enteric virus of adult horses [J]. Equine Veterinary Education, 2016, 28 (4): 216-223.

[21] Pusterla N, Vin R, Leutenegger C, et al. Enteric coronavirus infection in adult horses [J]. Veterinary Journal, 2018, 231: 13-18.

[22] Pusterla N, James K, Mapes S, et al. Frequency of molecular detection of equine coronavirus in faeces and nasal secretions in 277 horses with acute onset of fever [J]. Veterinary Record, 2019, 184 (12): 385.

[23] Sanz M, Kwon S, Pusterla N, et al. Evaluation of equine coronavirus fecal shedding among hospitalized horses [J]. Journal of Veterinary Internal Medicine, 2019, 33 (2): 918-922.

[24] Schvartz G, Tirosh-Levy S, Barnum S, et al. Seroprevalence and risk factors for exposure to equine coronavirus in apparently healthy horses in Israel [J]. Animals (Basel), 2021, 11 (3): 894.

[25] Slovis N, Elam J, Estrada M, et al. Infectious agents associated with diarrhoea in neonatal foals in central Kentucky: a comprehensive molecular study [J]. Equine Veterinary Journal, 2014, 46 (3): 311-316.

[26] Vennema H, Godeke G, Rossen J, et al. Nucleocapsid-independent assembly of coronavirus-like particles by co-expression of viral envelope protein genes [J]. EMBO Journal, 1996, 15 (8): 2020-2028.

[27] Zhang J, Guy J, Snijder E, et al. Genomic characterization of equine coronavirus [J]. Journal of Virology, 2007, 369 (1): 92-104.

[28] Zhao S, Smits C, Schuurman N, et al. Development and validation of a S1 protein-based ELISA for the specific detection of antibodies against equine coronavirus [J]. Viruses, 2019, 11 (12): 1109.

第三章

牛羊新发病毒病

第一节　Hobi 样病毒感染

Hobi 样病毒（Hobi-like pestivirus，HobiPeV）于 2004 年被首次从胎牛血清中分离到，该病毒可感染牛羊等反刍动物，尤其是牛最易感。世界上多个国家或地区分离到该病毒，我国于 2020 年首次在山东省发病牛群中检测并分离到 HobiPeV。牛感染 HobiPeV 后，临床症状与牛病毒性腹泻病毒（Bovine viral diarrhea virus，BVDV）感染相似，主要表现出发热、腹泻、呼吸道疾病、母牛繁殖障碍、犊牛死亡等急性或亚临床症状，还可形成持续性感染。

一、病原学

（一）分类地位

HobiPeV 属于黄病毒科（Flaviviridae）、瘟病毒属（*Pestivirus*），与 BVDV-1 和 BVDV-2 亲缘关系较近。因此，在较早文献中也将 HobiPeV 称为 BVDV-3。2017 年，国际病毒分类委员会对瘟病毒属成员进行了新的命名。将 BVDV-1、BVDV-2 和 BVDV-3（HobiPeV）分别命名为 *Pestivirus A*、*Pestivirus B* 和 *Pestivirus H*。

（二）病原形态结构与组成

HobiPeV 为直径 40～80nm，具有囊膜的球形颗粒。

（三）培养特性

目前，HobiPeV 在胎牛血清、牛源细胞系及临床自然发病动物均有检测并分离到。牛肾细胞（MDBK）、牛鼻甲细胞（BT）、原代牛睾丸细胞、猪肾细胞等均可用于 HobiPeV 的分离和培养。其中，MDBK 细胞和 BT 细胞常用于该病毒的分离。

按照 HobiPeV 在细胞上培养特征不同，可分为非致细胞病变（Noncytopathic，NCP）型和致细胞病变（Cytopathic，CP）型。2012 年，Decaro N 等从死于呼吸系统疾病的牛肺中分离到两株 HobiPeV，分别为 Italy83/10CP 型毒株与 Italy83/10NCP 型毒株。全基因分析表明，这两株病毒的核苷酸序列同源性非常高，与 2010 年意大利南部暴发呼吸道疾病的牛群和具有繁殖障碍的临床病例中分离到的 NCP 型 Italy1/10-1 株亲缘关系最近。与 BVDV

相似，从急性感染和持续性感染牛中分离到的 HobiPeV 常为 NCP 型毒株。因此，在采用细胞分离病毒时，需要进一步通过免疫荧光等方法进行确定。

二、分子病原学

（一）基因组结构与功能

HobiPeV 为单股正链 RNA 病毒。病毒基因组长约 12.3kb，包含一个独特的开放阅读框架（Open reading frame，ORF），一个 5′非编码区（5′ untranslated region，5′UTR）和一个 3′非编码区（3′ untranslated region，3′UTR）。ORF 编码一个长度大约为 3900 个氨基酸的多聚蛋白，在信号肽酶等作用下产生 12 个成熟蛋白，顺序依次为 N^{pro}-C-E^{rns}-E1-E2-P7-NS2-NS3-NS4A-NS4B-NS5A-NS5B。其中，C、E^{rns}、E1、E2 为 4 个结构蛋白，N^{pro}、P7、NS2、NS3、NS4A、NA4B、NS5A、NS5B 为 8 个非结构蛋白。3′UTR 及 5′UTR 参与病毒的复制和调控，与病毒复制酶（p75）对 RNA 模板链的识别相关。

瘟病毒属各成员的 5′UTR 通常高度保守，是病毒分类的重要依据，可用于病毒基因分型和分子检测。病毒蛋白 N^{pro} 和 E2 的基因也可用于病毒的进化分析。根据 5′UTR 与编码病毒蛋白 N^{pro} 和 E2 基因的差异分析，HobiPeV 目前有 5 个基因亚型（a～e）。

（二）主要基因及其编码蛋白的结构与功能

1. 非结构蛋白

病毒基因组编码 8 个非结构蛋白，分别为：N^{pro}（P20）、P7、NS2～3（P125）、NS4A（P10）、NS4B（P30）、NS5A（P58）和 NS5B（P75）。

N^{Pro} 是一种能够进行自我裂解的蛋白酶，产生自身的 C 末端，由于其位于病毒多聚蛋白的 N 端，故得此名。对瘟病毒属成员的 N^{Pro} 氨基酸序列分析表明，病毒种间的相似性较低，因此，N^{Pro} 常被用于病毒基因型和亚型的鉴定。P7 的分子质量大约为 6～7kDa，主要由疏水氨基酸组成，该编码蛋白对产生感染性子代病毒是必需的，所以 P7 可作为抗病毒治疗的靶标。不同瘟病毒属种间或毒株间，NS2～3 的裂解位点的裂解程度变化很大。据文献报道，HobiPeV NCP 型和 CP 型之间的一个主要区别为：CP 型毒株的 NS2 编码区的 3′结构域中存在 J-结构蛋白（J-domain Protein interacting with viral Protein，Jiv）序列。Jiv 是属于热休克蛋白 40 家族（Heat-shock Proteins 40，HSPs 40）的分子伴侣，其中有宿主 *Jiv* 基因嵌合的毒株具有致细胞病变的特性。Jiv 蛋白主要通过促进 NS2-3 蛋白的切割进而促进病毒的复制。NS2-3 和 NS3 为多功能蛋白，能与 RNA 结合，具有 NTP 酶、解旋酶和蛋白酶活性。NS4A 由 64 个氨基酸组成，在瘟病毒中高度保守，为 NS3 蛋白酶的辅助因子。NS3 严格依赖于 NS4A 完成对 NS4A 和 NS4B、NS5A 和 NS5B 间位点的裂解。NS4B 在病毒致细胞病变中有一定作用。在病毒复制过程中，NS5A 必不可少。NS5B 蛋白除了有依赖 RNA 的 RNA 聚合酶（RdRP）活性外，还具有末端核苷酸转移酶（TNTase）活性。

2. 结构蛋白

病毒编码的 4 个结构蛋白分别为衣壳蛋白 C 和高度糖基化的囊膜蛋白 E^{rns}、E1、E2。衣壳蛋白 C 为病毒核酸提供保护性屏障，三个囊膜糖蛋白 E^{rns}、E1、E2 与病毒侵入和感染宿主有关，其中高度糖基化的囊膜蛋白 E^{rns} 仅出现在瘟病毒，具有 RNase 酶活性，可降解病毒和细胞中的 RNA。E2 是三个囊膜蛋白中保守性最低的蛋白，位于病毒囊膜表面，参与病毒感染过程，被认为是主要的保护性抗原，具有高度的免疫原性，可以诱导机体产生高水平的中和抗体。E2 核苷酸差异常被用于病毒的基因型鉴定。

三、流行病学

（一）传染来源

2004 年，Schirrmeier 等从来源于巴西的胎牛血清（Fetal bovine serum，FBS）中分离到一株新的非典型瘟病毒，命名为 Hobi_D32/00，并首次对该病毒进行了遗传学和抗原学特征分析。目前 HobiPeV 已呈世界性分布，多个国家在胎牛血清和牛源细胞系中检测到了 HobiPeV。巴西、阿根廷、泰国、意大利、印度和中国均有 HobiPeV 自然感染的病例报道。关于该病毒的起源尚无定论，有文献表明 HobiPeV 可能起源于南美洲，并通过受污染的牛血清、疫苗、精液、胚胎等生物制品传入其它国家，感染牛、羊等反刍动物。

（二）传播途径及传播方式

HobiPeV 可通过带毒动物、病畜及污染的粪便、精液、子宫排泄物、流产的胎儿和胎盘进行接触传播。HobiPeV 和 BVDV 一样，能够穿过胎盘感染胎儿，造成持续性感染。2012 年，Decaro N 等研究报道，抗体阴性的牛、山羊、猪和绵羊可通过直接接触 HobiPeV 抗原阳性的小牛而感染，该研究证实 HobiPeV 持续感染带毒牛能排毒并传播给其它动物。

（三）易感动物

HobiPeV 可自然感染牛、水牛、山羊、绵羊，其中牛感染 HobiPeV 的报道较多。HobiPeV 自然感染牛的临床症状从轻微到严重不等，主要表现为体温升高、腹泻、呼吸道症状和繁殖障碍，剖检与 BVDV 感染后的病理变化相似。人工感染 HobiPeV 的牛，在感染后 3～9d 出现体温升高、结膜炎、水样或黏性鼻液、眼分泌物增多等临床症状；血清中可产生抗体；鼻拭子能检测到病毒。对怀孕 3 个月的母牛进行人工感染，胎儿发生流产，可从流产胎儿的腹腔液中检测到病毒，其耳部皮肤样品经抗原捕获 ELISA 和免疫组化试验检测为病毒抗原阳性。即使顺利产下胎儿，均为 HobiPeV 阳性小牛。这些实验结果表明，HobiPeV 感染怀孕母牛可以引起牛流产，病毒还可以通过胎盘垂直传播并造成犊牛的持续性感染。

用意大利分离株（Italy-1/10-1）人工感染 5 月龄绵羊，出现流涕等呼吸道临床症状，感染后 5～10d 羊白细胞数量减少，21d 后抗体滴度达到最高，在感染 5～21d 期间，在绵羊鼻拭子中可检测到病毒。HobiPeV 人工感染怀孕母羊后，可出现流产、死胎、弱胎。用 Hobi_D32/00 株和 Italy-1/10-1 株分别感染 2 月龄仔猪后，并没有出现明显的临床症状，但抗体转阳。

（四）流行特征

该病毒可呈地方流行性，常年可发生，多见于冬末和春季。

（五）发生与分布

1. 在国外的发生与流行

HobiPeV 主要流行于南美洲的巴西、欧洲的意大利和亚洲的泰国、孟加拉国和印度等国家，呈现地方性流行。

2006 年 Adriana C 等通过对来自巴西的 19 株牛 BVDV 的核苷酸序列测定和 5′UTR 遗传学特征分析，发现 HobiPeV、BVDV-1 和 BVDV-2 的阳性率分别为 10.5%（2/19）、

57.9%（11/19）和31.6%（6/19）。2009年和2011年，在巴西南部分别在牛精液样品与牛血液样品中分离到多株HobiPeV（SV713/09、SV241/10和SV311/10）。2014年，从巴西北部地区死亡的牛体内检测到HobiPeV核酸阳性。2019年，Pecora A等对阿根廷124份FBS样品检测，结果显示4份样品HobiPeV呈阳性，45份BVDV呈阳性；其中BVDV-1b占比为82.2%，BVDV-1a为13.3%，BVDV-2为4.5%。此外，从南美洲生产的FBS中检测出HobiPeV的比例较高，表明HobiPeV在南美洲呈地方性流行。

2004年，德国首次报道从巴西进口的胎牛血清中分离到HobiPeV，命名为Hobi-D32/00。2007年、2010年及2011年，意大利南部农场牛群多次出现HobiPeV感染病例。研究人员从死亡牛的肺部样品中分离两株HobiPeV，从流产胎儿组织中分离到一株CP型毒株。感染牛出现产奶量下降、咳嗽、流涕、繁殖障碍等临床症状。

2009年，Liu L等在泰国分离到一株HobiPeV，命名为Th/04_Khonkaen。泰国是第一个在牛群中检测到HobiPeV的亚洲国家。2014年Haider N等对采自2009年5月至2010年8月期间的638份牛血清进行BVDV检测，发现3%（16/638）的样品呈BVDV抗原阳性；分子遗传进化分析表明，其中3份样品为HobiPeV阳性，并形成了新的基因亚型。2014年Mishra N等对印度8个省21个奶牛场的1049份血液样品进行检测，发现20份样品瘟病毒呈阳性，其中19份样品为HobiPeV、1份样品为BVDV-1，表明HobiPeV可能是印度及其邻近地区牛群中流行的主要瘟病毒。

通过对已分离到HobiPeV进行遗传进化分析，推测HobiPeV可能起源于南美洲，随后传播到其它国家。值得注意的是，东南亚分离株Th/04_KhonKaen与其它HobiPeV差异较大，表明至少两株HobiPeV病毒已形成了独立进化分支。

目前，HobiPeV主要分布于南美、欧洲和亚洲，并且在南美和亚洲某些地区呈地方行流性。在南美和亚洲HobiPeV发生较多的地区，水牛养殖也较多，推测HobiPeV也可能从水牛传播到牛。

2. 在国内的发生与流行

我国于2020年首次从山东发生呼吸道和腹泻疾病的牛病料中分离到一株HobiPeV，命名为SDJN-China-2019，这是中国首次报道牛群中HobiPeV自然感染的病例。此外，我国科研人员在实验室使用的MDBK细胞系以及产自南美的胎牛血清中也检测到HobiPeV。

四、免疫机制

1. 先天性免疫反应

关于HobiPeV免疫机制研究的报道较少。HobiPeV作为瘟病毒成员之一，与BVDV亲缘关系较近，其诱导的先天性免疫反应是否与BVDV有相似性，还有待进一步研究。不同生物型BVDV感染宿主后，可产生不同的天然免疫反应：NCP型BVDV能形成持续性感染，而CP型则不能形成持续性感染。体外试验表明，CP型BVDV感染MDBK细胞后能够产生Ⅰ型干扰素（Interferon，IFN-Ⅰ），而NCP型则不能产生。体内试验研究表明，这两种病毒感染分别可引起不同的免疫学反应：CP型BVDV感染机体后偏向于产生细胞免疫，伴随着IL-2的上调；而NCP型BVDV感染机体后则以诱导体液免疫为主，下调IFN-γ的表达。BVDV在感染不同的细胞时分别表现出不同的生物学特性，在感染CP型BVDV时，单核细胞被诱导凋亡，树突状细胞则不出现病变。实验研究证实，BVDV感染能够抑制

IFN-Ⅰ的产生，可能与BVDV感染宿主后，其病毒编码的N^{Pro}蛋白能够与宿主IRF3因子结合，从而抑制IFN-Ⅰ的表达。

2. 获得性免疫反应

目前，HobiPeV无商品化疫苗。有研究表明，BVDV疫苗免疫牛后，仅能产生较低水平针对HobiPeV的中和抗体，且能为HobiPeV感染提供部分保护。

五、临床症状

牛感染HobiPeV后，临床症状与BVDV感染相似，主要表现为发热、腹泻、犊牛死亡、母牛繁殖障碍、流产等，并可发展为黏膜病，形成持续性感染。7～8个月大的肉牛感染HobiPeV后，可表现出食欲减退、精神沉郁、呼吸困难、腹泻、严重脱水、鼻和眼分泌物增多及牙龈溃疡等临床症状。

六、病理变化

（一）大体剖检

HobiPeV持续感染牛死亡后，剖检可见口腔局部坏死和牙龈出血，鼻黏膜出现严重糜烂和溃疡，气管出血，肠黏膜出血和溃疡，肠系膜淋巴结肿大及脾变薄等大体剖检变化。

（二）组织病理学与免疫组织化学

在病理学变化方面，病牛肺组织病理切片镜下可见间质性肺炎，肺泡壁毛细血管充血呈羽毛状，中性粒细胞浸润。肠组织切片代表性病变为出血，肠黏膜上皮细胞坏死。其它组织学损伤包括心肌纤维间出血、脾小梁平滑肌坏死、肝和肾局灶性坏死等。

七、诊断

（一）临床诊断要点

牛感染HobiPeV后的症状同BVDV感染相似，主要表现为腹泻，部分病牛出现呼吸系统症状、繁殖障碍和出血性综合征及黏膜病。由于HobiPeV引起的临床症状与BVDV感染之间没有明显差别，故需进行鉴别诊断。

（二）实验室诊断要点

RT-PCR、RT-qPCR、巢式PCR和抗原捕获ELISA常被用于检测胎牛血清中的HobiPeV核酸的检测。目前，尚无针对HobiPeV的商品化检测试剂盒。由于HobiPeV和BVDV同源性较高，有些检测方法无法有效区分BVDV和HobiPeV感染。

（三）血清学诊断

HobiPeV感染后，一般需要3～4周才能检测到特异性抗体，用BVDV抗体检测试剂盒可能导致HobiPeV的假阴性结果。通过病毒中和试验（Virus neutralization test，VNT）可以实现对HobiPeV临床病例的确认，通过比较HobiPeV或BVDV抗体滴度的变化，可以区分HobiPeV和BVDV感染。

八、预防与控制

加强来自疫区的动物及动物产品检疫。流行地区要进行疫病检测、监测，及时清除持续性感染牛，及时跟踪疫情流行动态，科学分析风险，定期发布风险预警。同时加强技术储备，研发灵敏、特异的病原鉴定和血清学检测技术。目前，HobiPeV 尚无商品化疫苗可用，使用 BVDV 疫苗对 HobiPeV 的防控效果有限，有必要开发 HobiPeV 疫苗。

（马艳华、王炜）

参考文献

[1] 范进江，薄新文，钟发刚．牛病毒性腹泻病毒基因组结构与蛋白功能研究进展［J］．动物医学进展，2008，29（5）：68-72.

[2] 毛立，李文良，张纹纹，等．1 株 HoBi 样瘟病毒的分离与序列分析［J］．中国兽医学报，2014，（5）：717-721.

[3] 宁娴，范学政，郭鑫，等．瘟病毒非结构蛋白结构与功能的研究进展［J］．动物医学进展，2009，30（7）：64-68.

[4] 王建昌，王金凤，刘立兵，等．Hobi 样病毒研究进展［J］．中国兽医学报，2016，36（4）：694-698.

[5] 王建昌，马飞，李波，等．不同来源牛血清样品中 HoBi 样病毒的检测［J］．中国兽医学报，2018，（6）：1109-1113.

[6] 姚泽慧，刁乃超，李大帅，等．牛病毒性腹泻病毒非结构蛋白研究进展［J］．动物医学进展，2019，313（7）：91-95.

[7] Bauermann F，Falkenberg S，Ley V，et al. Generation of calves persistently infected with HoBi-like pestivirus and comparison of methods for detection of these persistent infections［J］. Journal of Clinical Microbiology，2014，52（11）：3845-3852.

[8] Bauermann F，Ridpath F，Fernando V. HoBi-like viruses-the typical atypical bovine pestivirus［J］. Animal health research reviews，2015，16（1）：64-69.

[9] Bianchi E，Martins M，Weiblen R，et al. Genotypic and antigenic profile of bovine viral diarrhea virus isolates from Rio Grande do Sul，Brazil（2000-2010）［J］. Pesquisa Veterinária Brasileira，2011，31（8）：649-655.

[10] Chen M，Liu M，Liu S，et al. HoBi-like pestivirus infection leads to bovine death and severe respiratory disease in China［J］. Transboundary and Emerging Diseases，2020，68（3）：1069-1074.

[11] Cruz R，Rodrigues B，Simone S，et al. Mucosal disease-like syndrome lesions caused by HoBi-like pestivirus in Brazilian calves in 2010-2011：Clinical，pathological，immunohistochemical，and virological characterization［J］. Research in Veterinary Science，2018，119：116.

[12] Decaro N. HoBi-Like pestivirus and reproductive disorders［J］. Frontiers in Veterinary Science，2020，7. doi：10. 3389/fvets. 2020. 622447

[13] Decaro N，Lanave G，Lucente S，et al. Mucosal disease-like syndrome in a calf persistently infected by Hobi-Like pestivirus［J］. Journal of Clinical Microbiology，2014，52（8）：2946-2954.

[14] Decaro N，Maria V，Mari V. et al. Atypical pestivirus and severe respiratory disease in calves，Europe［J］. Emerging Infectious Diseases，2011，17（8）：1549-1552.

[15] Decaro N，Lucente S，Mari V，et al. Hobi-Like pestivirus in aborted bovine fetuses［J］. Journal of Clinical Microbiology，2012，50（2）：509-12.

[16] Decaro N，Mari V，Lucente S，et al. Detection of a Hobi-like virus in archival samples suggests circulation of this emerging pestivirus species in Europe prior to 2007［J］. Veterinary Microbiology，2013，167（3-4）：307-313.

[17] Decaro N，Mari V，Lucente M，et al. Experimental infection of cattle，sheep and pigs with 'Hobi'-like pestivirus［J］. Veterinary Microbiology，2012，155（2-4）：165-171.

[18] Decaro N，Losurdo M，Larocca V，et al. HoBi-like pestivirus experimental infection in pregnant ewes：Reproductive disorders and generation of persistently infected lambs［J］. Veterinary Microbiology，2015，178（3-4）：173-180.

[19] Falkenberg S，Johnson C，Bauermann F，et al. Changes observed in the thymus and lymph nodes 14 days after exposure to BVDV field strains of enhanced or typical virulence in neonatal calves［J］. Veterinary Immunology and Im-

munopathology，2014，160（1-2）：70-80.

[20] Haider N，Rahman S，Khan U，et al. Identification and epidemiology of a rare HoBi-Like pestivirus strain in Bangladesh [J]. Transboundary and Emerging Diseases，2014，61（3）：193-198.

[21] Larska M，Polak P，Riitho V，et al. Kinetics of single and dual infection of calves with an Asian atypical bovine pestivirus and a highly virulent strain of bovine viral diarrhoea virus 1 [J]. Comparative Immunology Microbiology & Infectious Diseases，2012，35（4）：381-390.

[22] Liu L，KamPa J，Belák S，et al. Virus recovery and full-length sequence analysis of atypical bovine pestivirus Th/04_KhonKaen [J]. Veterinary Microbiology，2009，138（1-2）：62-68.

[23] Liu L，Xia H，Belák S，et al. A TaqMan real-time RT-PCR assay for selective detection of atypical bovine pestiviruses in clinical samples and biological products [J]. Journal of Virological Methods，2008，154（1-2）：82-85.

[24] Liu L，Xia H，Wahlberg，et al. Phylogeny，classification and evolutionary insights into pestiviruses [J]. Virology，2009，385（2）：351-357.

[25] Losurdoa M，Maria V，Lucente S，et al. Development of a TaqMan assay for sensitive detection of all pestiviruses infecting cattle，including the emerging HoBi-like strains [J]. Journal of Virological Methods，2015，224：77-82.

[26] Li M，Li W，Zhang W，et al. Genome sequence of a novel Hobi-Like pestivirus in China [J]. Journal of Virology，2012，86（22）：12444.

[27] Mishra N，Rajukumar K，Pateriya A，et al. Identification and molecular characterization of novel and divergent HoBi-like pestiviruses from naturally infected cattle in India [J]. Veterinary Microbiology，2014，174（1-2）：239-246.

[28] Peletto S，Zuccon F，Pitti M，et al. Detection and phylogenetic analysis of an atypical pestivirus，strain IZSPLV_To [J]. Research in Veterinary Science，2012，92（1）：147-150.

[29] Pecora A，Aguirreburualde M，RidPath F，et al. Molecular characterization of pestiviruses in fetal bovine sera originating from argentina：evidence of circulation of HoBi-Like viruses [J]. Frontiers in Veterinary Science，2019，6. doi：10. 3389/fvets. 2019. 00359

[30] Rossella L. A nested PCR approach for unambiguous typing of pestiviruses infecting cattle [J]. Molecular and Cellular Probes，2012，26（1）：42-46.

[31] RidPath F，Falkenberg M，Bauermann V，et al. Comparison of acute infection of calves exposed to a high-virulence or low-virulence bovine viral diarrhea virus or a HoBi-like virus [J]. American Journal of Veterinary Research，2013，74（3）：438-442.

[32] Shi H，Li H，Zhang Y，et al. Genetic diversity of bovine pestiviruses detected in backyard cattle farms between 2014 and 2019 in Henan province，China [J]. Frontiers in Veterinary Science，2020，7. doi：10. 3389/fvets. 2020. 00197

[33] Stalder H，Meier P，Pfaffen G，et al. Genetic heterogeneity of pestiviruses of ruminants in Switzerland [J]. Preventive Veterinary Medicine，2005，72（1-2）：37-41.

第二节　莫甘娜蜱病毒感染

2014 年，Maruyama 等首次在微小牛蜱唾液腺的 cDNA 库中发现了荆门病毒样病毒的 *NS3* 和 *NS5* 基因，将病毒阳性微小牛蜱样品用于细胞培养，分离得到一种能够在无脊椎动物和脊椎动物细胞中进行复制的病毒，根据该病毒分离到的地点将其命名为莫甘娜蜱病毒（Mogiana tick virus，MGTV）。目前，未见有关莫甘娜蜱病毒的临床报道，但莫甘娜病毒与 2014 年在中国荆门发现的荆门病毒（Jingmen tick virus，JMTV）可能都属于拟定的荆门病毒属。有报道指出，荆门病毒可作为人类病原并引起严重症状，因此，莫甘娜病毒也是一种值得关注的新型动物病毒。

一、病原学

（一）分类地位

MGTV 属于黄病毒科（Flaviviridae）、拟定的荆门病毒属。

（二）病原形态结构与组成

MGTV 形态与典型的黄病毒相似，呈球形，大小为 70～80nm。病毒有囊膜和明显刺突。

（三）培养特性

Maruyama 等使用微小牛蜱细胞（BME26）、白化伊蚊细胞（C6/36）等节肢动物细胞和非洲绿猴肾细胞（Vero）、乳仓鼠肾细胞（BHK-21）等哺乳动物细胞对 MGTV 进行分离。利用分子生物学方法检测，确认了上述细胞皆可感染该病毒，但仅在 Vero 细胞中观察到细胞病变。

二、分子病原学

（一）基因组结构与功能

与 JMTV 相同，MGTV 基因组为四个正链 RNA 片段，编码 NSP1、NSP2、VP1 和 VP2～3，二者在核苷酸水平上遗传差异为 9.7%～12%，在氨基酸水平为 3.2%～7.6%，因此，将其归纳为拟定的荆门病毒组。

（二）主要基因及其编码蛋白的结构与功能

1. 非结构蛋白

MGTV 基因组第 1 片段和第 3 片段包含分别类似于黄病毒的非结构蛋白 3（NS2b-3）和非结构蛋白 5（NS5）的编码序列。

2. 结构蛋白

MGTV 中的结构蛋白包括 VP1、VP2 和 VP3。VP1 由片段病毒基因组节段 2 编码，包含三个预测的跨膜区域，一个位于蛋白质的 N 部分端，另外两个位于 C 端附近。VP2 和 VP3 通过病毒基因组第 4 节段的重叠 ORF 开放阅读框进行编码。其中，VP2 是一种具有一个预测信号肽的小蛋白；VP3 主要是一种膜蛋白，具有 11 个预测的跨膜结构域。

三、流行病学

（一）传染来源

在巴西的微小牛蜱及其叮咬的牛血清样品中均检测到 MGTV，其中微小牛蜱被认为是 MGTV 的主要传播媒介。

（二）传播途径及传播方式

该病主要通过蜱虫叮咬经血液进行传播，也可在蜱间水平传播。除了以被感染宿主的血液传播外，还可以从被感染的蜱传播到其它共同喂养的蜱虫。

（三）易感动物

除了牛，在乌干达非人类灵长类动物的血浆中检测到 JMTV 的变异株，表明 JMTV

(可能含有 MGTV)可能感染不同宿主。在科索沃三名克里米亚-刚果出血热(CCHF)患者的血清样本中也检测到 JMTV 基因组。MGTV 是否会引起牛和其它动物的疾病还有待说明进一步研究。

(四)发生与分布

目前仅在巴西有此病毒的报道,无相关流行病学特征研究的报道。

四、诊断

(一)临床诊断要点

MGTV 为虫媒病毒,可通过蜱感染人或其它动物。该病毒目前仅在巴西有所报道,牛场血清学阳性率较高。

(二)实验室诊断要点

1. 病原诊断

MGTV RNA 可用 RT-PCR 方法从感染牛血液、带毒微小牛蜱检测出来。

2. 实验室鉴别诊断技术

MGTV 需要与 JMTV 进行鉴别诊断,二者在病毒基因组第三节段有所差异,利用特异性引物,可使用 RT-PCR 方法进行鉴别诊断。

五、预防与控制

目前,还没有 MGTV 致病力的相关报道,对动物和人的危害还待进一步研究,也无针对 MGTV 的疫苗和药物。防控措施主要以注意环境卫生为主,合理使用杀虫剂,若发现家畜携带蜱类,可取下蜱虫焚烧。

(武有志、王炜)

参考文献

[1] Pascoal J, Maruyama S, Siqueira S, et al. Detection and molecular characterization of Mogiana tick virus (MGTV) in Rhipicephalus microplus collected from cattle in a savannah area, Uberlândia, Brazil [J]. Ticks and Tick-borne Diseases, 2019, 10 (1): 162-165.

[2] Maruyama S, Castro-Jorge L, Ribeiro J, et al. Characterization of divergent flavivirus NS3 and NS5 protein sequences detected in Rhipicephalus microplus ticks from Brazil [J]. Mem Inst Oswaldo Cruz, 2014, 109 (1), 38-50.

[3] Qin C, Shi M, Tian J, et al. A tick-borne segmented RNA virus contains genome segments derived from unsegmented viral ancestors [J]. Proceedings of the National Academy of Sciences of the United States of America, 2014, 111 (18): 6744-6749.

第三节 阿龙山病毒感染

阿龙山病毒(Alongshan virus, ALSV)于 2019 年在中国首次报道,因在出现发热性疾病的内蒙古自治区呼伦贝尔市根河市阿龙山镇患者中首次鉴定分离到该病毒，故名为阿龙山病毒。ALSV 可通过蜱虫叮咬感染牛、羊和人。目前，关于该病毒感染牛、羊研究得较少。

一、病原学

（一）分类地位

ALSV 在病毒分类学上属于黄病毒科（Flaviviridae）、拟定的荆门病毒属，为有节段性的单股、正链 RNA 病毒，与荆门蜱病毒（Jingmen tick virus，JMTV）亲缘关系最近。

（二）病原形态结构与组成

ALSV 病毒粒子呈球形或近球形，有囊膜，直径为 80～100nm。

（三）培养特性

ALSV 可在非洲绿猴肾细胞（Vero）及人单核细胞（THP-1）、人肝癌细胞（SMMC）等多种人源细胞系中低水平增殖，仅在 Vero 细胞中可引起轻微的细胞病变。

二、分子病原学

ALSV 基因组全长约 11kb，分为四个片段。片段 1 和片段 3 为单顺反子，片段 2 和片段 4 为双顺反子。片段 1 编码类黄病毒 NS5 蛋白（含依赖 RNA 的 RNA 聚合酶和甲基转移酶）。片段 3 编码与黄病毒 NS2b-NS3 复合体相似的蛋白。片段 2 主要编码 VP1a 和 VP1b 假定糖蛋白。片段 4 主要编码 VP2 假定核蛋白和 VP3 假定膜蛋白。

三、流行病学

在中国东北的全沟硬蜱、俄罗斯全沟硬蜱和芬兰东南部蓖麻硬蜱中均检测到 ALSV，其中全沟硬蜱被认为是 ALSV 主要的传播媒介。研究人员对 2017 年 5 月采自内蒙古呼伦贝尔部分地区牛、羊血清进行 ALSV 鉴定，RT-qPCR 结果显示，羊血清样品核酸阳性率为 26.3%，牛血清样品核酸阳性率为 27.5%。利用间接 ELISA 方法，在 9.2%羊血清和 4.6%牛血清中检测到 ALSV 特异性抗体，而利用病毒中和试验仅在 4.2%羊血清和 1.7%牛血清中检测到 ALSV 中和抗体。

四、诊断

1. 病原诊断

ALSV 核酸检测常用 RT-PCR 方法，以确认病原在动物体内的感染，常见的检测样品包括动物血液样品及全沟硬蜱和蓖麻硬蜱。

2. 血清学诊断

基于 ALSV 的 VP2 基因保守性最高，且具有良好的抗原性和特异性，研究人员通过原核表达 VP2 重组蛋白，建立了 ELISA 检测方法，为 ALSV 的血清流行病学调查奠定基础。

五、预防与控制

由于 ALSV 的致病力尚不清楚，对牛、羊养殖业的危害还有待于进一步研究，所以，目前没有针对ALSV的疫苗和药物。防控措施主要以加强生物安全管理为主。例如采用人工捕捉和药物涂抹等手段清除牛、羊体表的蜱虫；加强卫生管理，消灭圈舍内的蜱虫；当环境中存在大量蜱虫时，采用轮牧或减少放牧密度等方式减少蜱虫叮咬。

（王岩、王炜）

参考文献

[1] 王泽东．新型分节段黄病毒的发现及其流行病学研究［D］．2019．中国农业科学院．

[2] 张力，吕小龙，徐洪芹，等．阿龙山病毒感染者肝功能和凝血功能临床特点分析［J］．临床肝胆病杂志，2020，36（10）：2258-2260．

[3] Diner E，Hacolu S，Kar S，et al. Survey and characterization of Jingmen tick virus variants ［J］．Viruses，2019，11（11）：1071．

[4] Ergünay K. Revisiting new tick-associated viruses：what comes next?［J］．Future Virology，2020，15（1）：19-33．

[5] Gao X，Zhu K，Wojdyla J，et al. Crystal structure of the NS3-like helicase from Alongshan virus ［J］．IUCrJ，2020，7（3）：375-382．

[6] Kholodilov I，Belova O，Morozkin E，et al. Geographical and tick-dependent distribution of flavi-Like Alongshan and Yanggou tick viruses in Russia ［J］．Viruses，2021，13（3）：458．

[7] Kholodilov I，Litov A，Klimentov A，et al. Isolation and characterization of Alongshan virus in Russia ［J］．Viruses，2020，12（4）：362．

[8] Kuivanen S，Levanov L，Kareinen L，et al. Detection of novel tick-borne pathogen，Alongshan virus，in Ixodes ricinus ticks，south-eastern Finland ［J］．Eurosurveillance，2019，24（27）：1900394．

[9] Paraskevopoulou S，Kfer S，Zirkel F，et al. Viromics of extant insect orders unveil the evolution of the flavi-like superfamily ［J］．Virus Evolution，2021，7（1）：veab030．

[10] Temmam S，Bigot T，Chrétien D，et al. Insights into the host range，genetic diversity，and geographical distribution of Jingmenviruses ［J］．mSphere，2019，4（6）：e00645-19．

[11] Vandegrift K，Kapoor A. The ecology of new constituents of the tick virome and their relevance to public health ［J］．Viruses，2019，11（6）：529．

[12] Vasilakis N，Walker D. Seek and you shall find - unknown pathogens? ［J］．New England Journal of Medicine，2019，380（22）：2174-2175．

[13] Wang Z，Wang B，Wei F，et al. A new segmented virus associated with human febrile illness in China ［J］．New England Journal of Medicine，2019，380（22）：2116-2125．

[14] Wang Z，Wang W，Wang N，et al. Prevalence of the emerging novel Alongshan virus infection in sheep and cattle in Inner Mongolia，Northeastern China ［J］．Parasites Vectors，2019，12（1）：450．

[15] Zhang X，Wang N，Wang Z，et al. The discovery of segmented flaviviruses：implications for viral emergence ［J］．Current Opinion in Virology，2020，40：11-18．

第四章

猪新发病毒病

第一节 猪δ冠状病毒感染

猪δ冠状病毒（Porcine deltacoronavirus，PDCoV）于2012年首次发现于中国香港，是一种引起猪腹泻的重要病原体，可感染不同年龄段的猪。美国于2014年首次检测到PDCoV，随后多个州相继发现感染。韩国、加拿大、老挝、泰国和日本陆续有感染发生，我国最早从黑龙江检测到。感染猪的临床症状与猪流行性腹泻病毒（Porcine epidemic diarrhea virus，PEDV）引起的临床症状相似，均表现为感染猪腹泻和仔猪死亡。目前无针对PDCoV感染的商品化疫苗。

一、病原学

（一）分类地位

PDCoV在病毒分类学上属于尼多病毒目（Nidovirales）、冠状病毒科（Coronaviridae）、冠状病毒亚科（Coronavirinae），是δ冠状病毒属（*Deltacoronavirus*）成员，为不分节段的单股正链RNA病毒。

（二）病原形态结构与组成

PDCoV病毒粒子有囊膜，呈球形或椭圆形，为表面有典型刺突的冠状病毒，病毒直径约60～180nm。

（三）培养特性

PDCoV感染的主要靶组织是空肠和回肠，最适宜在肠道细胞系中复制。PDCoV感染可调节IPI-2I细胞的胞内Ca^{2+}浓度，有利于其复制。有研究表明，PDCoV进入细胞不依赖胰酶，病毒释放也不受胰酶影响，但胰酶可通过增强病毒与细胞膜融合促进PDCoV复制。正链RNA病毒可重排其宿主细胞的膜结构，产生病毒在胞内的复制细胞器（Replication organelle，RO），如此则可防止细胞内的抗病毒信号的激活而利于其复制。对于PDCoV而言，其既可诱导双膜囊泡（Double-membrane vesicles，DMV）的形成，也可诱导形成拉链形内质视网膜等膜结构，从而促进其复制。

目前，PDCoV可用猪肾细胞（LLC-PK或PK-15）和猪睾丸细胞（ST）进行分离和培养，如用 ST 细胞分离的 USA/IL/2014 株、Michigan/8977/2014 株和 HB-BD 株，用 LLC-PK 细胞和 ST 细胞分离的 OH-FD22 株、NH 株和 CHN-HN-2014 株，及用 PK-15 细胞分离的 Tj1 株。LLC-PK1 细胞对 PEDV、猪传染性胃肠炎病毒（Transmissible gastroenteritis virus，TGEV）、PDCoV 和猪肠道冠状病毒（Porcine enteric alphacoronavirus，PEAV）均敏感，可用于体外猪肠道的冠状病毒研究，尤其适用于混合感染研究。另外，猪肠上皮细胞（IPEC-J2）、人肠上皮细胞（HIEC）及原代牛间充质细胞对 PDCoV 也易感。

二、分子病原学

（一）基因组结构与功能

PDCoV 基因组全长约 25kb，在基因组 5′非编码区（5′-UTR）后，开放性阅读框（Open reading frame，ORF）ORF1a/1b 可编码 16 个非结构蛋白（Nonstructural protein，NSP），接下来 6 个 ORF 则依次编码纤突（Spike，S）蛋白、包膜（Envelope，E）蛋白、膜蛋白（Membrane，M）、非结构蛋白 6（NS6）、核衣壳蛋白（Nucleocapsid，N）、非结构蛋白 7（NS7），基因组最后为 3′非编码区（3′-UTR）。

（二）主要基因及其编码蛋白的结构与功能

1. 非结构蛋白

PDCoV 感染细胞中存在 13kDa 大小的病毒辅助蛋白 NS6，其在感染猪的小肠组织中表达，但抗 NS6 抗体不能中和培养细胞中的 PDCoV。另外，NS6 蛋白被认为是 PDCoV 的重要毒性因子。

NSP15 突变病毒（编码催化失活的核糖核酸内切酶 icEnUmut）和 NS6 缺失病毒（*NS6* 基因被替换为 mNeonGreen 序列）感染 PK1 细胞后，DelNS6/nG 引发的Ⅰ型干扰素（Interferon，IFN）反应水平与未突变 PDCoV 相似，但 EnUmut 则诱导了强烈的Ⅰ型 IFN 反应，表明 δ 冠状病毒内切核糖核酸酶（非 NS6）起到 IFN 拮抗剂的作用，有助于减毒 PDCoV 疫苗的开发。基于感染性 cDNA 克隆，去除 *NS7* 基因的 ATG 起始密码子构建的重组病毒 rPDCoV-ΔNS7 与亲本毒复制动力相似，而将绿色荧光蛋白（Green fluorescent protein，GFP）替换 *NS6* 基因构建了重组病毒 rPDCoV-ΔNS6-GFP 的病毒效价在体外和体内均显著降低。接种 rPDCoV-ΔNS7 或野生型 PDCoV 的仔猪表现出相似的腹泻症状和病理损伤，而 rPDCoV-ΔNS6-GFP 感染的仔猪没有任何临床症状，这表明 NS6 蛋白可能是 PDCoV 的重要毒力因子。NS6 缺陷型病毒有望通过反向遗传平台开发针对 PDCoV 的新型疫苗。

2. 结构蛋白

病毒结构蛋白中，S 蛋白在病毒与细胞受体结合、介导病毒入侵和感染中发挥重要作用，也决定了病毒的组织嗜性，是病毒诱导机体产生中和抗体的主要抗原，毒株间的遗传进化关系也是主要基于 S 基因建立。在冠状病毒入侵细胞过程中，S 蛋白被细胞内的蛋白酶或外源添加的胰蛋白酶切割后，暴露出 S 蛋白的融合肽，促进病毒囊膜和细胞膜融合，病毒基因组被释放到细胞中，从而转录复制产生新一代病毒粒子。PDCoV S 蛋白 CTD 区域可能含有 S 蛋白中的主要中和表位，可能是开发有效疫苗的研究靶标。

N 蛋白高度保守，能够将病毒基因组 RNA 包装于其中。PDCoV N 蛋白单克隆抗体（Monoclonal antibody，mAb）4E88 结合 N 蛋白的精确氨基酸位置为 309-KPKPK-317（即

EP-4E88)，可能位于N蛋白的表面。EP-4E88序列在PDCoV病毒株中保守性极强，而与其它猪冠状病毒如PEDV、TGEV、猪急性腹泻综合征病毒（Swine acute diarrhea syndrome coronavirus，SADS-CoV)、猪血凝性脑脊髓炎病毒（Porcine hemagglutinating encephalomyelitis virus，PHEV）序列相似性非常低，可用于区分PDCoV和其它猪冠状病毒。

三、流行病学

（一）传染来源

δ冠状病毒最早于2007年从中国白鼬獾和亚洲豹猫中检出。2009年，Woo P等从鸟群中检测出3种禽源新型冠状病毒，随后将其命名为δ冠状病毒，这种新型冠状病毒也有可能存在于其它鸟类和哺乳动物中。

2012年，Woo P等在2007—2011年中国内地及香港的猪群中采集的猪粪便拭子中首次检测到PDCoV，阳性率为10.1%。生物信息学分析表明，PDCoV可能于1990年起源于东南亚，并且与麻雀中发现的冠状病毒在1810年左右有着共同的祖先。含有麻雀冠状病毒S蛋白或受体结合域的嵌合型PDCoV可感染猪，但已丧失毒力和肠道嗜性。

不同PDCoV毒株的全基因组核酸序列相似性较高，与最初的HKU15株序列高度同源，说明在基因组层面，PDCoV的进化相对比较保守。相对基因组中的其它基因而言，病毒核酸的主要变异集中在S基因上。大多数PDCoV毒株依据*S*基因可以分为3个分支，即中国分支、美国/日本/韩国分支和越南/老挝/泰国分支。由于主要变异集中在*S*基因上，因此，针对*S*基因的研究和疫苗设计对该病的防控具有重要意义。

（二）传播途径及传播方式

病毒在仔猪中的传播主要由接触带毒的排泄物引起，仔猪带毒可检测至人工感染后21d，说明病毒在猪体内可长期存在，增加了病毒传播的风险。

（三）易感动物

PDCoV可利用病毒受体蛋白氨肽酶N（Aminopeptidase N，APN）的保守区域感染多种物种的细胞系（来自猪、鸡和人类在内的广泛物种），是一种潜在的人畜共患病原体。APN的表达水平决定了不同肠道片段对PDCoV的易感性。

针对猪的研究中，利用CRISPR/Cas9技术敲除*APN*基因的猪，其肺泡巨噬细胞（Porcine alveolar macrophage，PAM）可抵抗PDCoV感染，而其肺成纤维状细胞则可支持PDCoV感染，这表明*APN*是PAM中PDCoV的受体，但对肺源成纤维细胞的感染则非必需，攻毒试验进一步证实*APN*不是PDCoV的必需受体。另外一项研究中，*CD163*和*APN*双基因缺失的转基因猪对PDCoV的易感性降低。

针对禽类的研究中，PDCoV接种雏鸡和火鸡后可观察到腹泻，从血液和呼吸道样品中可检测到病毒核酸、PDCoV特异性血清IgY抗体反应以及肠道抗原阳性细胞。鸡在感染PDCoV后，其肠道菌群的组成显著改变，接种后5d，艾森伯格氏菌和*Anaerotruncus*属细菌的丰度降低；接种后17d，*Alistipes*属细菌的丰度增加，另外，盲肠中短链脂肪酸的生成减少，盲肠组织和血清中炎症细胞因子（IFN-γ、TNF-α和IL-10）的表达增加，表明PDCoV感染后，细菌属与短链脂肪酸或炎症细胞因子表达之间存在显著相关性，这可促进对PDCoV感染相关的病理学和生理学的理解。

（四）流行特征

PDCoV感染具有明显的季节性，冬春季发病率较高。自PDCoV首次在中国出现以来，PDCoV可能经历了较大变化。

PDCoV在流行进化过程中可能具有了更大范围的突变适应性，如可从患有急性未分化发热性疾病（Acute undifferentiated febrile illness，AUFI）儿童的血浆样品中鉴定出PDCoV，其NSP15和S蛋白基因（特别是S蛋白S1亚基）氨基酸的变化可能会影响蛋白质结构和与宿主细胞受体的结合，PDCoV的这种适应能力可能导致人与人之间的传播。

（五）发生与分布

1. 在国外的发生与流行

2014年，美国部分农场暴发仔猪严重腹泻，检测为PDCoV感染所致，随后PDCoV的感染席卷美国的20个州，回溯性检测表明最早在2013年8月即有样品为PDCoV核酸阳性。2014年3月，加拿大多个农场检测到PDCoV感染。2014年4月韩国报道在腹泻的粪便拭子中检测到PDCoV。

2. 在国内的发生与流行

2012—2015年从江西收集的临床样品中，PDCoV核酸单一阳性率为33.71%、PDCoV和PEDV混合阳性率为19.66%，表明中国部分猪场已经发生PDCoV感染，并且存在与PEDV混合感染现象。回溯性研究表明，我国猪群中可能早至2004年就有该病毒的存在。中国西南地区报道的CHN-SC2015毒株可能是由SHJS/SL/2016株和TT-1115株之间的重组产生。CH/XJYN/2016株与前期报道的中国和美国分离毒株相比，*S*基因包含新的突变。在2017—2018年广西鉴定的PDCoV中，NSP2在400～401aa及NSP3在758～760aa具有不连续缺失，且在*S*基因和3′-UTR中含有插入片段。分析表明，这些毒株可能由东南亚毒株重组而来，多种谱系的PDCoV在中国并存。

PDCoV不同系统发育谱系的地理流行模式不同。与美国谱系相比，中国分离株谱系内和谱系间重组更为频繁，可能与养猪模式和环境相关（如频繁的长距离运输），传播存在显著的由南向北方向。分析表明病毒大多数重组位点位于基因组*ORF 1ab*基因，而非其结构蛋白基因。

四、免疫机制与致病机理

（一）免疫机制

1. 先天性免疫反应

PDCoV已进化出逃避宿主细胞先天免疫应答的策略，能够下调宿主的许多信号通路来增强适应性，包括干扰素通路。生物信息学分析表明，PDCoV感染细胞中的大多数差异表达蛋白（Differentially expressed proteins，DEP）参与了许多关键的生物学过程和信号传导途径，例如免疫系统、消化系统、信号转导、RIG-Ⅰ样受体、mTOR、PI3K-AKT、自噬和细胞周期信号通路等。

PDCoV通过阻止转录因子IRF3和NF-κB的激活来对抗先天性免疫应答，这两个因子均参与破坏IFN-β产生的RIG-Ⅰ信号通路。PDCoV感染可激活NF-κB信号通路并导致炎症因子的表达，这可能与TLRs有关，但TLR2不是关键因素。

非结构蛋白中，NSP5（即3C样蛋白酶）通过裂解STAT2调节Jak/STAT信号通路来拮抗Ⅰ型IFN信号，从而干扰ISG的产生；NF-κB必需调节剂（NEMO）是参与RIG-Ⅰ和MDA5信号传导下游的IKK复杂分子（IKK-α、IKK-β和IKK-γ）的关键组成部分，这是生成Ⅰ型IFN所必需的，NSP5引起的NEMO裂解阻碍了Ⅰ型IFN的合成。NSP5也负责处理冠状病毒复制中的病毒多蛋白前体，其可通过蛋白酶活性在猪mRNA脱帽酶1a（pDCP1A）氨基酸343位的谷氨酰胺（Q343）处切割，将pDCP1A降解以减低其抗病毒活性。另外，Q343切割位点在其它哺乳动物物种的DCP1A同源物中高度保守，使DCP1A可能成为被哺乳动物冠状病毒NSP5裂解的常见靶标，代表了冠状病毒的共同免疫逃逸机制。NSP10以锌指结构非依赖性机制拮抗IFN，并与NSP14和NSP16协同，抑制IFN-β产生，从而抑制Ⅰ型IFN的产生。

除非结构蛋白外，PDCoV编码的辅助蛋白（如NS6）还通过干扰RIG-I/MDA5与PDCoV的结合在抑制IFN-β产生中起重要作用，辅助蛋白NS7a通过与TRAF3和IRF3竞争结合IKKε以拮抗IFN-β的产生，N蛋白可以与猪干扰素调节因子（poIRF7）物种特异性相互作用，促进其降解以抑制猪Ⅰ型IFN的产生。同时，PDCoV感染广泛影响基因功能和信号传导途径，包括固有的免疫相关功能和途径。为确定受PDCoV感染影响的宿主细胞先天免疫反应的改变，研究人员探索了PK-15细胞在PDCoV感染后0h、24h和36h的基因表达特征，结果表明PDCoV感染可影响广泛的基因功能和信号通路，包括天然免疫相关功能和通路，在主要受PDCoV影响的5种天然免疫信号通路中，有4种在Ⅰ型IFN的抗病毒功能中对天然免疫反应起着重要作用，此外发现可能有16个受PDCoV影响而调控先天免疫反应的宿主细胞内源性miRNA。以上的免疫机制研究可为疫苗的设计及应用效果的分析提供一定的参考。

Ⅲ型IFN（IFN-λs）是肠道上皮细胞中的主要抗病毒细胞因子，PDCoV感染可通过抑制IPI-2I细胞（猪肠黏膜上皮细胞系）中的转录因子IRF和NF-κB显著抑制IFN-λ1产生，以规避宿主的抗病毒免疫力。

PDCoV生物合成受ERK信号通路调控，感染早期可诱导ERK1/2及其下游基质Elk-1的激活，抑制ERK1/2可显著抑制病毒复制，而使用ERK活化剂则可促进病毒生成，且胆固醇可调节ERK的激活，但抑制ERK对PDCoV触发的细胞凋亡没有影响。CHN-JS-2017株感染可以显著降低仔猪肠道黏膜中FcRn、pIgR和NF-κB的表达，而正常小猪肠道黏膜中的FcRn mRNA水平与pIgR和NF-κB呈正相关。

PEDV或PDCoV混合感染时，IFN-α和IL-12的表达较单独感染情况下上调，而PDCoV与PRRSV混合感染则可增加肠道微环境中的TNF-α、IL-1和IL-6，抑制PDCoV增殖，一定程度减轻腹泻症状。

来自角膜梭菌的麦角固醇过氧化物（Ergosterol peroxide，EP）可以通过下调NF-κB和p38/MAPK信号通路的激活来抑制PDCoV感染并调节宿主的免疫反应，可用作开发新的抗PDCoV疗法的候选。

2. 获得性免疫反应

对攻毒PDCoV的常规断奶猪的免疫反应评估中，首次攻毒后3～14d，所有猪相继出现明显的腹泻和排毒，所有猪在攻毒后21d以内恢复（无临床症状或排毒），猪血清中PDCoV特异性IgG、IgA、病毒中和抗体滴度和IFN-γ水平显著提升，且在攻毒后21d得到再次攻毒后的完全保护，再次攻毒后，PDCoV特异性IgG、IgA和中和抗体水平进一步提高。值得注意的是，IFN-γ水平在攻毒后7d持续下降。此外，唾液中PDCoV特异性IgG、IgA和中和抗体水平在再次攻毒后显著增加。此外，常规断奶猪的 PDCoV 感染临床症状的出现因接种剂量的减少而延迟。

3. 免疫保护机制

肠道病毒 IgA 抗体能反映母猪和仔猪肠道黏膜免疫效果。新生仔猪 Fc 受体（Neonatal Fc receptor，FcRn）和多聚免疫球蛋白受体（Polymeric immunoglobulin receptor，pIgR）是 IgG、IgA 或 IgM 胞吞作用的关键免疫球蛋白受体，而 PDCoV 感染的仔猪可以显著下调肠道黏膜中 FcRn 和 pIgR 表达，可能与病毒抑制宿主黏膜免疫保护机制相关。

（二）致病机理

PDCoV 具有溶细胞性，受感染的肠上皮细胞会发生急性坏死，主要导致小肠出现明显的绒毛萎缩，可能不会诱导感染猪小肠中肠细胞的凋亡。PDCoV 会诱发急性、水样腹泻，经常伴有急性、轻度至中度呕吐，最终导致脱水、体重减轻、嗜睡和死亡。PDCoV 引起的腹泻可能是由于吸收性肠细胞大量丢失而导致吸收不良的结果，受感染肠细胞的功能障碍也可能导致吸收不良性腹泻。与 PEDV 一样，PDCoV 所感染结肠上皮细胞的轻度空泡化可能会干扰水和电解质的重吸收。目前对 PDCoV 感染诱发呕吐的机制知之甚少，以及 PDCoV 感染是否会诱发代谢性酸中毒（类似于急性 TGEV 和 PEDV 感染中的高钾血症和酸中毒）有待研究。

五、临床症状

（一）单纯感染临床症状

PDCoV 感染主要引起哺乳仔猪呕吐、水样腹泻、脱水及死亡，患病猪腹部和后腿常见黄色腹泻粪便粘连。

（二）与其它病原混合感染的临床症状

变异的 PEDV、PDCoV 和 SADS-CoV 是猪腹泻的主要病因，单独感染或混合感染致病性肠道病原体较为常见。由于 PDCoV 引起的临床症状与 PEDV、TGEV、PRoV 之间没有明显区别，因此需进行鉴别诊断。

六、病理变化

（一）大体剖检

大体剖检方面，PDCoV 感染仔猪解剖可见肠道扩张、肠壁薄而透明（主要是空肠到结肠）、肠腔内有大量黄色液体，胃内充满了未消化的凝乳块。

（二）组织病理学与免疫组织化学

在病理学变化方面，PDCoV 的组织嗜性与 PEDV 和 TGEV 相似，感染肠绒毛上皮细胞后迅速致细胞变性和坏死，空肠和回肠肠绒毛萎缩和脱落。总体而言，其组织病理学病变不如 PEDV 感染严重。

仔猪 PDCoV 和 PEDV 混合感染可以改变 PEDV 的组织嗜性，从小肠上皮细胞转为回肠 Peyer 氏体中的上皮细胞和巨噬细胞。与单独感染 PEDV 或 PDCoV 相比，混合感染时病症更为严重。单独感染时，仅可在绒毛肠上皮细胞中检测到 PDCoV，而混合感染时，PDCoV 可在绒毛肠上皮细胞和隐窝中检测到。另外，PDCoV 感染可减少仔猪肠道微生物群的细菌多样性，并显著改变了微生物种群的组成。与健康小猪相比，厚壁菌门（*Firmicutes*）、乳杆菌科（*Lactobacillaceae*）和乳酸杆菌属（*Lactobacillus*）的丰度显著增加，而拟杆菌门（*Bacteroidetes*）的丰度显著减少，这为PDCoV的病理学和生理学研究提供了新的见解。

七、诊断

（一）临床诊断要点

PDCoV感染具有明显的季节性，与其它猪肠道病毒（PEDV、TGEV和PRoV）感染特征较为一致，冬春季发病率较高。发病情况明显时，最常见临床症状为仔猪腹泻，大体剖解可见小肠肠壁变薄（以空肠最为明显），肠腔内积聚有大量液体，总体而言，其大体剖解和组织病理学病变不如PEDV感染严重。由于PDCoV引起的临床症状与其它猪肠道病毒感染之间没有明显区别，故需进行鉴别诊断。

（二）实验室诊断要点

1. 病原诊断

常用特异性PCR方法进行PDCoV病毒核酸的检测，样品类型常为仔猪肛拭子、粪便及肠内容物。一种结合横向流动试纸条技术的重组酶聚合酶扩增方法（LFD-RPA）可用于PDCoV的快速和可视检测，在37℃条件下10min内即可完成检测，灵敏度是传统PCR的10倍，检测限值为1×10^2copies/μL，且与其它的猪源病毒无交叉反应，重复性良好，是PDCoV分子检测和监测的有效方法。

由于猪肠道病毒混合感染普遍存在，不同病毒的联合检测方法也较为常见。一种低成本、快速、半定量、可现场操作的3D打印微流体设备，可用于样品自动分配、自动密封以及实时与逆转录环介导的等温扩增（RT-LAMP）方法联合使用，可在30min内对PEDV、TGEV和PDCoV进行检测，此方法和RT-qPCR结果符合性高，可提高兽医诊断实验室以及猪场的现场检测效率。此外，一种微流体RT-LAMP芯片检测系统可以同时检测PEDV、PDCoV和SADS-CoV，最低检测限分别为10^1copies/μL、10^2copies/μL和10^2copies/μL，可在40min内完成检测，而不与其它常见的猪病毒发生交叉反应。此外，一种快速检测PEDV和PDCoV的双重重组酶介导的恒温扩增（RT-RPA）方法的灵敏度为1×10^2copies/μL，具有作为检测PEDV和PDCoV的双重RT-qPCR替代方法的潜力。

2. 血清学诊断

利用PDCoV S1蛋白作为包被抗原，建立针对血清和母猪奶中IgA抗体检测的间接ELISA方法（PDCoV-S1-IgA-ELISA），该方法具有较高的特异性和灵敏度，为检测猪群中血清和乳汁IgA水平、快速检测猪的PDCoV感染以及评估疫苗的免疫效果提供方便的工具。PDCoV用胰酶或APN进行预处理后具有凝集兔红细胞的能力，因此评估PDCoV的HA活性也可用于监测病毒感染。

3. 实验室鉴别诊断技术

在核酸的鉴别诊断方面，基于TGEV、PEDV和PDCoV的*N*基因，PRV-A的*VP7*基因以及PKV和PSAV的多蛋白基因，建立了多重RT-PCR方法，这种多重RT-PCR可以专门检测TGEV、PEDV、PDCoV、PRV-A、PKV和PSAV，而不与对中国养猪场中流行的任何其它主要病毒产生交叉反应。这种方法的检测限度低至每种病毒的1～10ng cDNA。

该方法检测2015—2017年中国9个省份收集的398个猪粪样本的结果表明，PDCoV（144/398）、PSAV（114/398）、PEDV（78/398）和PRV-A（70/398）是主要病原体，但未发现TGEV。此外，在采集的样品中发现了双重感染以及三重感染情况。

基于功能化磁珠富集和特异性纳米技术扩增的双超灵敏纳米粒子DNA探针PCR检测（dual UNDP-PCR）可用于PEDV和TGEV鉴别诊断，对PEDV和TGEV单次或多次感染的检测限为25copies/g，不与其它病毒发生交叉反应。

在抗体鉴别诊断方面，一种基于ELISA的多重平面免疫测定方法（AgroDiag PEC多重免疫测定法）可基于微孔板底部斑点阵列中的病毒特异性重组S1蛋白，同时检测PEDV、TGEV和PDCoV的血清学差异样本，该方法工作步骤和工作原理类似于固相标准ELISA。在三个典型的温育步骤后，以反应物显蓝点强弱程度来指示特定病毒抗原靶标的抗体水平高低。在检测已知状态的血清样本中，该方法检测PEDV S1的总体诊断敏感性为92%，TGEV S1的总体诊断敏感性为100%，PDCoV S1为98%，表明该方法是对PEDV、TGEV和PDCoV进行差异检测和血清诊断的有效且可靠的检测方法。

八、预防与控制

在疫苗研究方面，妊娠母猪在产前40d和产前20d用临床分离毒株NH株制备的灭活疫苗经后海穴注射接种，免疫猪分娩后让新生仔猪采食初乳，并在5日龄攻毒。结果发现，母猪免疫灭活疫苗后在血清及母乳中可检测到针对S蛋白的IgG和中和抗体，在免疫母猪的初乳和乳汁中能够检测到针对S基因的特异性sIgA抗体。仔猪通过吸食母乳可获得被动免疫保护。攻毒后，灭活疫苗可为5日龄仔猪提供87.1%的保护率。

此外，有效的黏膜佐剂的研制和递呈系统是PDCoV疫苗设计的关键点，以诱导黏膜免疫、母猪泌乳免疫及新生仔猪可能的主动免疫。将来研究的方向可聚焦在提高母猪乳汁中IgA抗体水平、开发适配的特异性IgA检测方法及能够诱导良好黏膜免疫效果的疫苗，这其中也包括可提高黏膜免疫效果的佐剂开发。

（黄柏成、陈珍珍、张云静）

参考文献

[1] 陈建飞，王潇博，焦贺勋，等. 国内首株猪德尔塔冠状病毒（Porcine deltacoronavirus）的分离鉴定［J］. 中国预防兽医学报，2016，38（03）：171-174.

[2] 宋亚兵，徐帅飞，苏丹萍，等. 2012年～2016年广东省猪丁型冠状病毒的流行病学调查及分析［J］. 中国预防兽医学报，2018，40（10）：886-890.

[3] 郑丽，李秀丽，鄢明华，等. 猪德尔塔冠状病毒TJ_1株的分离鉴定及生物学特性分析［J］. 中国畜牧兽医，2018，45（01）：219-224.

[4] Bai D，Fang L，Xia S，et al. Porcine deltacoronavirus（PDCoV）modulates calcium influx to favor viral replication［J］. Virology，2020，539：38-48.

[5] Boley P，Alhamo M，Lossie G，et al. Porcine deltacoronavirus infection and transmission in poultry，United States1［J］. Emerging Infectoius Diseases，2020，26（2）：255-265.

[6] Chen Q，Gauger P，Stafne M，et al. Pathogenicity and pathogenesis of a United States porcine deltacoronavirus cell culture isolate in 5-day-old neonatal piglets［J］. Virology，2015，482：51-59.

[7] Chen R，Fu J，Hu J，et al. Identification of the immunodominant neutralizing regions in the spike glycoprotein of por-

cine deltacoronavirus [J]. Virus Research, 2020, 276: 197834.

[8] Cruz-Pulido D, Boley P, Ouma W, et al. Comparative transcriptome profiling of human and pig intestinal epithelial cells after porcine deltacoronavirus infection [J]. Viruses, 2021, 13 (2): 292.

[9] Deng X, Buckley A, Pillatzki A, et al. Development and utilization of an infectious clone for porcine deltacoronavirus strain USA/IL/2014/026 [J]. Virology, 2021, 553: 35-45.

[10] Ding G, Fu Y, Li B, et al. Development of a multiplex RT-PCR for the detection of major diarrhoeal viruses in pig herds in China [J]. Transboundary and Emerging Diseases, 2020, 67 (2): 678-685.

[11] Dong B, Liu W, Fan X, et al. Detection of a novel and highly divergent coronavirus from asian leopard cats and Chinese ferret badgers in southern China [J]. Journal of Virology, 2007, 81 (13): 6920-6926.

[12] Dong N, Fang L, Yang H, et al. Isolation, genomic characterization, and pathogenicity of a Chinese porcine deltacoronavirus strain CHN-HN-2014 [J]. Veterinary Microbiology, 2016, 196: 98-106.

[13] Dong N, Fang L, Zeng S, et al. Porcine deltacoronavirus in mainland China [J]. Emerging Infectoius Diseases, 2015, 21 (12): 2254-2255.

[14] Doyle N, Hawes P, Simpson J, et al. The porcine deltacoronavirus replication organelle comprises double-membrane vesicles and zippered endoplasmic reticulum with double-membrane spherules [J]. Viruses, 2019, 11 (11): 1030.

[15] Duan C, Ge X, Wang J, et al. Ergosterol peroxide exhibits antiviral and immunomodulatory abilities against porcine deltacoronavirus (PDCoV) via suppression of NF-kappaB and p38/MAPK signaling pathways in vitro [J]. International Immunopharmacology, 2021, 93: 107317.

[16] El-Tholoth M, Bai H, Mauk M, et al. A portable, 3D printed, microfluidic device for multiplexed, real time, molecular detection of the porcine epidemic diarrhea virus, transmissible gastroenteritis virus, and porcine deltacoronavirus at the point of need [J]. Lab on a Chip, 2021, 21 (6): 1118-1130.

[17] Fang P, Fang L, Liu X, et al. Identification and subcellular localization of porcine deltacoronavirus accessory protein NS6 [J]. Virology, 2016, 499: 170-177.

[18] Fang P, Fang L, Ren J, et al. Porcine deltacoronavirus accessory protein NS6 antagonizes interferon beta production by interfering with the binding of RIG-I/MDA5 to double-stranded RNA [J]. Journal of Virology, 2018, 92 (15): e00712-18.

[19] Fang P, Fang L, Xia S, et al. Porcine deltacoronavirus accessory protein NS7a antagonizes IFN-beta production by competing with TRAF3 and IRF3 for binding to IKKepsilon [J]. Frontiers in Cellular and Infection Microbiology, 2020, 10: 257.

[20] Fang P, Hong Y, Xia S, et al. Porcine deltacoronavirus nsp10 antagonizes interferon-beta production independently of its zinc finger domains [J]. Virology, 2021, 559: 46-56.

[21] Fu J, Chen R, Hu J, et al. Identification of a novel linear B-cell epitope on the nucleocapsid protein of porcine deltacoronavirus [J]. International Journal of Molecular Sciences, 2020, 21: 648.

[22] Gao X, Liu X, Zhang Y, et al. Rapid and visual detection of porcine deltacoronavirus by recombinase polymerase amplification combined with a lateral flow dipstick [J]. BMC Veterinary Research, 2020, 16 (1): 130.

[23] Gao X, Zhao D, Zhou P, et al. Characterization, pathogenicity and protective efficacy of a cell culture-derived porcine deltacoronavirus [J]. Virus Research, 2020, 282: 197955.

[24] He W, Ji X, He W, et al. Genomic epidemiology, evolution, and transmission dynamics of porcine deltacoronavirus [J]. Molecular Biology and Evolution, 2020, 37 (9): 2641-2654.

[25] Hu H, Jung K, Kenney S, et al. Isolation and tissue culture adaptation of porcine deltacoronavirus: a case study [J]. Methods in Molecular Biology, 2020, 2203: 77-88.

[26] Hu H, Jung K, Vlasova A, et al. Isolation and characterization of porcine deltacoronavirus from pigs with diarrhea in the United States [J]. Journal of Clinical Microbiology, 2015, 53 (5): 1537-1548.

[27] Hu H, Jung K, Vlasova A, et al. Experimental infection of gnotobiotic pigs with the cell-culture-adapted porcine deltacoronavirus strain OH-FD22 [J]. Archives of Virology, 2016, 161 (12): 3421-3434.

[28] Huang H, Yin Y, Wang W, et al. Emergence of Thailand-like strains of porcine deltacoronavirus in Guangxi province, China [J]. Veterinary Medicine and Science, 2020, 6 (4): 854-859.

[29] Jeon J, Lee Y, Lee C. Porcine deltacoronavirus activates the Raf/MEK/ERK pathway to promote its replication [J]. Virus Research, 2020, 283: 197961.

[30] Ji L, Wang N, Ma J, et al. Porcine deltacoronavirus nucleocapsid protein species-specifically suppressed IRF7-induced type I interferon production via ubiquitin-proteasomal degradation pathway [J]. Veterinary Microbiology, 2020, 250: 108853.

[31] Jiang S, Li F, Li X, et al. Transcriptome analysis of PK-15 cells in innate immune response to porcine deltacoronavirus infection [J]. PLoS One, 2019, 14 (10): e0223177.

[32] Jiao Z, Liang J, Yang Y, et al. Coinfection of porcine deltacoronavirus and porcine epidemic diarrhea virus altered viral tropism in gastrointestinal tract in a piglet model [J]. Virology, 2021, 558: 119-125.

[33] Jin X, Zhang Y, Yuan Y, et al. Isolation, characterization and transcriptome analysis of porcine deltacoronavirus strain HNZK-02 from Henan province, China [J]. Molecular Immunology, 2021, 134: 86-99.

[34] Jung K, Hu H, Eyerly B, et al. Pathogenicity of 2 porcine deltacoronavirus strains in gnotobiotic pigs [J]. Emerging Infectoius Diseases, 2015, 21 (4): 650-654.

[35] Jung K, Hu H, Saif L. Porcine deltacoronavirus induces apoptosis in swine testicular and LLC porcine kidney cell lines in vitro but not in infected intestinal enterocytes in vivo [J]. Veterinary Microbiology, 2016, 182: 57-63.

[36] Jung K, Hu H, Saif L. Porcine deltacoronavirus infection: etiology, cell culture for virus isolation and propagation, molecular epidemiology and pathogenesis [J]. Virus Research, 2016, 226: 50-59.

[37] Jung K, Saif L. Porcine epidemic diarrhea virus infection: etiology, epidemiology, pathogenesis and immunoprophylaxis [J]. Veterinary Journal, 2015, 204 (2): 134-143.

[38] Jung K, Vasquez-Lee M, Saif L. Replicative capacity of porcine deltacoronavirus and porcine epidemic diarrhea virus in primary bovine mesenchymal cells [J]. Veterinary Microbiology, 2020, 244: 108660.

[39] Koonpaew S, Teeravechyan S, Frantz P, et al. PEDV and PDCoV pathogenesis: the interplay between host innate immune responses and porcine enteric coronaviruses [J]. Frontiers in Veterinary Science, 2019, 6: 34.

[40] Kopek B, Perkins G, Miller D, et al. Three-dimensional analysis of a viral RNA replication complex reveals a virus-induced mini-organelle [J]. PLoS Biology, 2007, 5 (9): e220.

[41] Lednicky J, Tagliamonte M, White S, et al. Emergence of porcine delta-coronavirus pathogenic infections among children in Haiti through independent zoonoses and convergent evolution [J]. MedRxiv, 2021, doi: 10.1101/2021.03.19.21253391.

[42] Lee J, Chung H, Nguyen V, et al. Detection and phylogenetic analysis of porcine deltacoronavirus in Korean swine farms, 2015 [J]. Transboundary and Emerging Diseases, 2016, 63 (3): 248-252.

[43] Lee S, Lee C. Complete genome characterization of Korean porcine deltacoronavirus strain KOR/KNU14-04/2014 [J]. Genome Announcements, 2014, 2 (6): e01191-14.

[44] Li G, Chen Q, Harmon K, et al. Full-length genome sequence of porcine deltacoronavirus strain USA/IA/2014/8734 [J]. Genome Announcements, 2014, 2 (2): e00278-14.

[45] Li G, Wu M, Li J, et al. Rapid detection of porcine deltacoronavirus and porcine epidemic diarrhea virus using the duplex recombinase polymerase amplification method [J]. Journal of Virology Methods, 2021, 292: 114096.

[46] Li H, Li B, Liang Q, et al. Porcine deltacoronavirus infection alters bacterial communities in the colon and feces of neonatal piglets [J]. Microbiologyopen, 2020, 9 (7): e1036.

[47] Li H, Zhang H, Zhao F, et al. Modulation of gut microbiota, short-chain fatty acid production, and inflammatory cytokine expression in the cecum of porcine deltacoronavirus-infected chicks [J]. Frontiers in Microbiology, 2020, 11: 897.

[48] Liu B, Zuo Y, Gu W, et al. Isolation and phylogenetic analysis of porcine deltacoronavirus from pigs with diarrhoea in Hebei province, China [J]. Transboundary and Emerging Diseases, 2018, 65 (3): 874-882.

[49] Liu S, Fang P, Ke W, et al. Porcine deltacoronavirus (PDCoV) infection antagonizes interferon-lambda1 production [J]. Veterinary Microbiology, 2020, 247: 108785.

[50] Lu M, Liu Q, Wang X, et al. Development of an indirect ELISA for detecting porcine deltacoronavirus IgA antibodies [J]. Archives of Virology, 2020, 165 (4): 845-851.

[51] Luo J, Fang L, Dong N, et al. Porcine deltacoronavirus (PDCoV) infection suppresses RIG-I-mediated interferon-beta production [J]. Virology, 2016, 495: 10-17.

[52] Luo L, Chen J, Li X, et al. Establishment of method for dual simultaneous detection of PEDV and TGEV by combination of magnetic micro-particles and nanoparticles [J]. J Infect Chemother, 2020, 26 (5): 523-526.

[53] Ma Y, Zhang Y, Liang X, et al. Origin, evolution, and virulence of porcine deltacoronaviruses in the United States [J]. mBio, 2015, 6 (2): e00064.

[54] Malbec R, Kimpston-Burkgren K, Vandenkoornhuyse E, et al. Agrodiag PorCoV: a multiplex immunoassay for the differential diagnosis of porcine enteric coronaviruses [J]. Journal of Immunological Methods, 2020, 483: 112808.

[55] Marthaler D, Jiang Y, Collins J, et al. Complete genome sequence of strain SDCV/USA/Illinois121/2014, a porcine deltacoronavirus from the United States [J]. Genome Announcements, 2014, 2 (2): e00218-14.

[56] Marthaler D, Raymond L, Jiang Y, et al. Rapid detection, complete genome sequencing, and phylogenetic analysis of porcine deltacoronavirus [J]. Emerging Infectoius Diseases, 2014, 20 (8): 1347-1350.

[57] Niu X, Hou Y, Jung K, et al. Chimeric porcine deltacoronaviruses with sparrow coronavirus spike protein or the receptor-binding domain infect pigs but lose virulence and intestinal tropism [J]. Viruses, 2021, 13 (1): 122.

[58] Qian S, Jia X, Gao Z, et al. Isolation and identification of porcine deltacoronavirus and alteration of immunoglobulin transport receptors in the intestinal mucosa of PDCoV-infected piglets [J]. Viruses, 2020, 12 (1): 79.

[59] Qin P, Luo W, Su Q, et al. The porcine deltacoronavirus accessory protein NS6 is expressed in vivo and incorporated into virions [J]. Virology, 2021, 556: 1-8.

[60] Saeng-Chuto K, Madapong A, Kaeoket K, et al. Coinfection of porcine deltacoronavirus and porcine epidemic diarrhea virus increases disease severity, cell trophism and earlier upregulation of IFN-alpha and IL12 [J]. Scientific Reports, 2021, 11 (1): 3040.

[61] Shang J, Zheng Y, Yang Y, et al. Cryo-electron microscopy Structure of Porcine Deltacoronavirus Spike Protein in the Prefusion State [J]. Journal of Virology, 2018, 92 (4): e01556-17.

[62] Shi W, Jia S, Zhao H, et al. Novel approach for isolation and identification of porcine epidemic diarrhea virus (PEDV) strain NJ using porcine intestinal epithelial cells [J]. Viruses, 2017, 9 (1): 19.

[63] Sinha A, Gauger P, Zhang J, et al. PCR-based retrospective evaluation of diagnostic samples for emergence of porcine deltacoronavirus in US swine [J]. Veterinary Microbiology, 2015, 179 (3-4): 296-298.

[64] Song D, Zhou X, Peng Q, et al. Newly emerged porcine deltacoronavirus associated with diarrhoea in swine in China: identification, prevalence and full-length genome sequence analysis [J]. Transboundary and Emerging Diseases, 2015, 62 (6): 575-580.

[65] Stoian A, Rowland R, Petrovan V, et al. The use of cells from ANPEP knockout pigs to evaluate the role of aminopeptidase N (APN) as a receptor for porcine deltacoronavirus (PDCoV) [J]. Virology, 2020, 541: 136-140.

[66] Sun W, Wang L, Huang H, et al. Genetic characterization and phylogenetic analysis of porcine deltacoronavirus (PDCoV) in Shandong province, China [J]. Virus Research, 2020, 278: 197869.

[67] Wang L, Byrum B, Zhang Y. Detection and genetic characterization of deltacoronavirus in pigs, Ohio, USA, 2014 [J]. Emerging Infectoius Diseases, 2014, 20 (7): 1227-1230.

[68] Wang L, Hayes J, Sarver C, et al. Porcine deltacoronavirus: histological lesions and genetic characterization [J]. Archives of Virology, 2016, 161 (1): 171-175.

[69] Wang Y, Yue H, Fang W, et al. Complete genome sequence of porcine deltacoronavirus strain CH/Sichuan/S27/2012 from mainland China [J]. Genome Announcements, 2015, 3 (5): e00945-15.

[70] Wicht O, Li W, Willems L, et al. Proteolytic activation of the porcine epidemic diarrhea coronavirus spike fusion protein by trypsin in cell culture [J]. Journal of Virology, 2014, 88 (14): 7952-7961.

[71] Woo P, Huang Y, Lau S, et al. Coronavirus genomics and bioinformatics analysis [J]. Viruses, 2010, 2 (8): 1804-1820.

[72] Woo P, Lau S, Lam C, et al. Comparative analysis of complete genome sequences of three avian coronaviruses reveals a novel group 3c coronavirus [J]. Journal of Virology, 2009, 83 (2): 908-917.

[73] Woo P, Lau S, Lam C, et al. Discovery of seven novel mammalian and avian coronaviruses in the genus deltacoronavirus supports bat coronaviruses as the gene source of alphacoronavirus and betacoronavirus and avian coronaviruses as the gene source of gammacoronavirus and deltacoronavirus [J]. Journal of Virology, 2012, 86 (7): 3995-4008.

[74] Xiao W, Wang X, Wang J, et al. Replicative capacity of four porcine enteric coronaviruses in LLC-PK1 cells [J]. Archives of Virology, 2021, 166 (3): 935-941.

[75] Xu K, Zhou Y, Mu Y, et al. CD163 and pAPN double-knockout pigs are resistant to PRRSV and TGEV and exhibit decreased susceptibility to PDCoV while maintaining normal production performance [J]. 2020, Elife, 9: e57132.

[76] Yang Y, Meng F, Qin P, et al. Trypsin promotes porcine deltacoronavirus mediating cell-to-cell fusion in a cell type-dependent manner [J]. Emerging Microbes & Infections, 2020, 9 (1): 457-468.

[77] Ye X, Chen Y, Zhu X, et al. Cross-species transmission of deltacoronavirus and the origin of porcine deltacoronavirus [J]. Evolutionary Applications, 2020, doi: 10.1111/eva.12997.

[78] Yin L, Chen J, Li L, et al. Aminopeptidase N expression, not interferon responses, determines the intestinal segmental tropism of porcine deltacoronavirus [J]. Journal of Virology, 2020, 94 (14): e00480-20.

[79] Zhang F, Luo S, Gu J, et al. Prevalence and phylogenetic analysis of porcine diarrhea associated viruses in southern China from 2012 to 2018 [J]. BMC Veterinary Research, 2019, 15 (1): 470.

[80] Zhang J, Chen J, Liu Y, et al. Pathogenicity of porcine deltacoronavirus (PDCoV) strain NH and immunization of pregnant sows with an inactivated PDCoV vaccine protects 5-day-old neonatal piglets from virulent challenge [J]. Transboundary and Emerging Diseases, 2020, 67 (2): 572-583.

[81] Zhang M, Li W, Zhou P, et al. Genetic manipulation of porcine deltacoronavirus reveals insights into NS6 and NS7 functions: a novel strategy for vaccine design [J]. Emerging Microbes & Infections, 2020, 9 (1): 20-31.

[82] Zhang Y, Cheng Y, Xing G, et al. Detection and spike gene characterization in porcine deltacoronavirus in China during 2016-2018 [J]. Infection Genetics and Evolution, 2019, 73: 151-158.

[83] Zhang Y, Han L, Xia L, et al. Assessment of hemagglutination activity of porcine deltacoronavirus [J]. Journal of Veterinary Science, 2020, 21 (1): e12.

[84] Zhao D, Gao X, Zhou P, et al. Evaluation of the immune response in conventionally weaned pigs infected with porcine deltacoronavirus [J]. Archives of Virology, 2020, 165 (7): 1653-1658.

[85] Zhao Y, Qu H, Hu J, et al. Characterization and Pathogenicity of the Porcine Deltacoronavirus Isolated in Southwest China [J]. Viruses, 2019, 11 (11): 1074.

[86] Zhou L, Chen Y, Fang X, et al. Microfluidic-RT-LAMP chip for the point-of-care detection of emerging and re-emerging enteric coronaviruses in swine [J]. Analytica Chimica Acta, 2020, 1125: 57-65.

[87] Zhou X, Ge X, Zhang Y, et al. Attenuation of porcine deltacoronavirus disease severity by porcine reproductive and respiratory syndrome virus coinfection in a weaning pig model [J]. Virulence, 2021, 12 (1): 1011-1021.

[88] Zhou X, Zhou L, Ge X, et al. Quantitative proteomic analysis of porcine intestinal epithelial cells infected with porcine deltacoronavirus using iTRAQ-coupled LC-MS/MS [J]. Journal of Proteome Research, 2020, 19 (11): 4470-4485.

[89] Zhu X, Chen J, Tian L, et al. Porcine deltacoronavirus nsp5 cleaves DCP1A To decrease its antiviral activity [J]. Journal of Virology, 2020, 94 (15): e02162-19.

[90] Zhu X, Fang L, Wang D, et al. Porcine deltacoronavirus nsp5 inhibits interferon-beta production through the cleavage of NEMO [J]. Virology, 2017, 502: 33-38.

[91] Zhu X, Wang D, Zhou J, et al. Porcine deltacoronavirus nsp5 antagonizes type I interferon signaling by cleaving STAT2 [J]. Journal of Virology, 2017, 91 (10): e00003-17.

第二节　重组猪肠冠状病毒感染

重组猪肠冠状病毒（Swine enteric coronavirus，SeCoV）最早于 2009 年在意大利临床

腹泻样品中被发现，被认为是由猪流行性腹泻病毒（Porcine epidemic diarrhea virus，PEDV）和猪传染性胃肠炎病毒（Transmissible gastroenteritis virus，TGEV）重组而来，可导致与猪流行性腹泻（PED）非常相似的疾病，需要鉴别诊断。SeCoV 感染只在欧洲部分地区有报道，国内未见报道。

一、病原学

（一）分类地位

SeCoV 为新发现的猪冠状病毒，暂未归入国际病毒分类委员会（International Committee on Taxonomy of Viruses，ICTV）名录中。

（二）病原形态结构与组成

目前未见关于 SeCoV 病毒形态与结构的报道。由于 SeCoV 基因组被认为由 TGEV 和 PEDV 重组而来，故推测其病原形态结构和组成与对应来源的 TGEV 和 PEDV 可能具有相同特征，有待进一步的病毒粒子结构研究来确认。

二、分子病原学

（一）基因组结构与功能

SeCoV 大多数基因组来自 TGEV，而编码刺突蛋白的 *S* 基因则源自 PEDV。因此，推测病毒各基因的功能与对应来源的 TGEV 和 PEDV 具有可能一致的特性，有待进一步的研究。

（二）主要基因及其编码蛋白的结构与功能

1. 非结构蛋白

迄今为止，尚未见 SeCoV 非结构蛋白的功能性研究，由于编码 SeCoV 非结构蛋白的基因主要来自 TGEV，推测 SeCoV 非结构蛋白的功能发挥与 TGEV 具有可能相同的模式。

2. 结构蛋白

SeCoV 编码刺突（Spike，S）蛋白的 *S* 基因被认为源自 PEDV，其 S 蛋白在病毒进入易感细胞中起到重要作用。

三、流行病学

（一）传染来源

有报道称，SeCoV 可通过公猪传播，被感染仔猪也可能是病毒感染扩散的重要来源。

（二）传播途径及传播方式

作为重组病毒，SeCoV 传播途径极有可能与常见的猪肠道病毒一致，如由接触环境中的病毒阳性腹泻物引起。

（三）易感动物

猪是 SeCoV 易感动物，这与 PEDV 类似，其中以仔猪的腹泻症状最为严重。

（四）发生与分布

SeCoV 最早于 2009 年在意大利被发现，被认为是由 PEDV 和 TGEV 的 S 蛋白重组而来（如：毒株 SeCoV/Italy/213306/2009 中检测到的重组位于 PEDV CV777 株 2063～24867 位以及 TGEV H16 株 20366～24996 位之间）。之后在 2012 年德国的留存样品中也检测到 SeCoV。

对欧洲一些国家 PEDV 阳性样本进行回溯研究发现，SeCoV 可能于 1993—2014 年间在西班牙重组产生，前期使用基于 PEDV 的 S 蛋白或 *S* 基因进行诊断分析时，将其误识为 PEDV。对西班牙 7 个 SeCoV 毒株和 30 个 PEDV 毒株的完整 *S* 基因序列进行进化系统分析，结果表明 PEDV 和 SeCoV 的 *S* 基因具有共同祖先，但并未得知 SeCoV 与 PEDV 进化的分离点。

2015 年斯洛伐克发生的由 SeCoV 感染引起的疾病被认为是由繁殖公猪引入，可观察到食欲不振和腹泻。仔猪中出现黄色水状腹泻并伴有脱水和死亡，死亡率为 30%～35%。怀孕母猪在口服用肠道和受感染仔猪的粪便制成的 10%悬液后，其 3 周后所产仔猪未发生腹泻。

四、免疫机制与致病机理

目前，SeCoV 免疫机制与致病机理未见研究报道。

五、临床症状

SeCoV 感染导致疾病的临床症状与 PED 非常相似，被感染公猪可观察到食欲不振和腹泻，被感染小猪可观察到水样腹泻、严重脱水甚至死亡。因此，需要注意与 PEDV 感染导致疾病的鉴别。

六、诊断

（一）临床诊断要点

SeCoV 感染导致疾病的临床症状与 PED 非常相似，被感染公猪可观察到食欲不振和腹泻，被感染小猪可观察到水样腹泻、严重脱水甚至死亡。因此，需要注意与 PED 等常见腹泻疾病的鉴别。

（二）实验室诊断要点

1. 病原诊断

SeCoV 核酸检测对象主要是临床腹泻样品，如腹泻物、呕吐物、肛拭子和肠道组织等，诊断方法主要为根据病毒基因组保守序列区域而设计的 PCR 和荧光定量 PCR 方法。

2. 血清学诊断

血清学检测中，暂未见商品化的 SeCoV 抗体检测试剂盒和被报道的自建血清学诊断方法。鉴于 S 蛋白在病毒感染的重要性，SeCoV 感染猪的血清可用于基于 S 蛋白设计的抗体检测有待进一步的研究。

3. 实验室鉴别诊断技术

由于 SeCoV 基因组大部分来自 TGEV，而 *S* 基因来自于 PEDV，这一重组特性使得不同核酸方法检测相同的腹泻样品后结果不一致，比如针对 *S* 基因和 *N* 基因的 qPCR 方法可得出明显不同的检测结果。有研究显示，将基于 PEDV S 蛋白的 qPCR 阳性样品扩增 PEDV S 基因特异性 PCR 产物（约 1.6kb）进行测序后，发现其与 SeCoV 相似性达 99%，因此，需要注意核酸鉴别诊断方法的应用。

血清学检测中，SeCoV 感染猪的血清表现出 PEDV S 蛋白抗体阳性和 TGEV S 蛋白抗体阴性，注意需要鉴别。

七、预防与控制

目前没有针对 SeCoV 的疫苗和药物，防控措施主要以加强生物安全管理为主。

（黄柏成、陈珍珍、张云静）

参考文献

[1] Akimkin V, Beer M, Blome S, et al. New chimeric porcine coronavirus in swine feces, Germany, 2012 [J]. Emerging Infectoius Diseases, 2016, 22 (7): 1314-1315.

[2] Belsham G, Rasmussen T, Normann P, et al. Characterization of a novel chimeric swine enteric coronavirus from diseased pigs in central eastern europe in 2016 [J]. Transboundary and Emerging Diseases, 2016, 63 (6): 595-601.

[3] Boniotti M, Papetti A, Lavazza A, et al. Porcine epidemic diarrhea virus and discovery of a recombinant swine enteric coronavirus, Italy [J]. Emerging Infectoius Diseases, 2016, 22 (1): 83-87.

[4] Nova P, Cortey M, Diaz I, et al. A retrospective study of porcine epidemic diarrhoea virus (PEDV) reveals the presence of swine enteric coronavirus (SeCoV) since 1993 and the recent introduction of a recombinant PEDV-SeCoV in Spain [J]. Transboundary and Emerging Diseases, 2020, 67 (6): 2911-2922.

[5] Mandelik R, Sarvas M, Jackova A, et al. First outbreak with chimeric swine enteric coronavirus (SeCoV) on pig farms in Slovakia-lessons to learn [J]. Acta Veterinaria Hungarica, 2018, 66 (3): 488-492.

第三节 猪 Pegivirus 感染

猪 Pegivirus 于 2016 年首次在德国被发现，随后于 2018 年在美国报告，我国于 2019 年首次报告。猪 Pegivirus 在德国、美国、中国、波兰、意大利和英国的猪群中发现，显示出广泛的地理分布。根据猪 Pegivirus 基因组的结构特征，该病毒被划分到黄病毒科（Flaviviridae）、*Pegivirus* 属。猪 Pegivirus 可以引起持续性感染，感染后没有明显的临床症状，其致病性尚不清楚。

一、病原学

（一）分类地位

黄病毒科包含 4 个病毒属，分别为黄病毒属（*Flavivirus*）、瘟病毒属（*Pestivirus*）、丙型肝炎病毒属（*Hepacivirus*）和 *Pegivirus* 属。猪 Pegivirus（Porcine Pegivirus Virus, PPgV）属于黄病毒科、*Pegivirus* 属。Pegivirus 以前被称为 GB 病毒，首次在 1995 年绢毛猴的血清样本中鉴定。迄今为止，在不同的宿主中检测到 Pegivirus，包括人类、非人灵长类动物、猪、马、黑猩猩、蝙蝠、猴子、啮齿动物和鹅等。根据其遗传特征，所有已知的 Pegivirus 已经被分类为 11 种（*Pegivirus A-K*），*Pegivirus C* 的部分成员和 *Pegivirus H*

感染人类，*Pegivirus C* 的成员也感染黑猩猩，*Pegivirus A*、*B*、*D*、*E*、*F*、*G*、*I* 和 *K* 感染猴子，*Pegivirus F*、*G*、*I* 和 *J* 感染各种各样的啮齿动物和蝙蝠，*Pegivirus E* 和 *D* 感染马，PPgV 是 *Pegivirus K* 的一员。

（二）培养特性

目前，还未见 PPgV 的病毒分离报道，适用于 PPgV 体外培养的细胞还是未知的。Kennedy J 等采用 qRT-PCR 和荧光原位杂交技术（Fluorescence in situ hybridization，FISH），对 PPgV 阳性猪的组织和外周血单核细胞中的病毒核酸进行检测和定量，显示猪肝脏中有大量 PPgV 核酸，这表明 PPgV 可能在肝脏中积累，甚至 PPgV 可以在肝细胞中复制。此外，在外周血单核细胞和胸腺中存在 PPgV 核酸，暗示 PPgV 具有淋巴嗜性，这意味着病毒可能在胸腺内复制并通过外周血单核细胞传播到其它组织（如肝脏）。*Pegivirus* 属病毒唯一的细胞培养模型是鹅，Pegivirus 可以在鹅胚成纤维细胞（Goose embryo fibroblasts，GEF）上生长。

由于缺乏“高效”的 PPgV 细胞培养系统，限制了对病毒复制步骤的研究。因此，PPgV 的发病机制、细胞趋向性、传播途径、生物学和流行病学很大程度上仍然是未知的。

二、分子病原学

（一）基因组结构与功能

Pegivirus 是有囊膜的单股正链 RNA 病毒，其基因组大小为 9～13kb，PPgV 是 *Pegivirus* 属的一员。Lei D 等从广东猪场获得了 PPgV_GDCH2017 株。以 PPgV_GDCH2017 为例，基因组全序列长度为 9756nt，不包括 poly A 尾巴。和黄病毒科的其它成员一样，它含有一个编码 2972aa 多聚蛋白的开放阅读框。5′-UTR 和 3′-UTR 预测长度分别为 613nt 和 224nt。基于与 *Pegivirus* 属其它病毒株相似的细胞信号肽酶和病毒蛋白酶切割位点，PPgV_GDCH2017 的多聚蛋白组成为 NH2-Envelope（E）1-E2-ProteinX-NS（Nonstructural）2-NS3-NS4A-NS4B-NS5A-NS5B-COOH。PPgV 多聚蛋白在 22、192、537 和 753 位点分别有 4 个潜在的信号酶切割位点。PPgV N-末端编码含有多个碱性氨基酸的短蛋白，其次是两个囊膜糖蛋白 E1 和 E2，NS2 位于 ProteinX 的下游，NS2-NS3 的裂解位点在已鉴定的 Pegivirus 中相对保守。NS3 含有与黄病毒科解旋酶相同的序列。Pegivirus NS4A、NS4B、NS5A 和 NS5B 中存在与 *Flavivirus* 属和 *Hepacivirus* 属病毒相同的保守序列。

（二）主要基因及其编码蛋白的结构与功能

PPgV 基因组包含一个大型开放阅读框，编码一个多聚蛋白，该多聚蛋白被切割成单个蛋白，包括 E1、E2、ProteinX、NS2、NS3、NS4A、NS4B、NS5A 和 NS5B。结构蛋白 E1 与 E2 为囊膜蛋白，NS2、NS3、NS4A、NS4B、NS5A 和 NS5B 为非结构蛋白，其中 NS3 为解螺旋酶，NS5B 为 RNA 依赖 RNA 聚合酶（RdRp）。目前，Pegivirus 体外复制系统的效率较低，限制了对病毒复制步骤的研究，还需要进一步研究来了解这些蛋白。

三、流行病学

（一）传染来源

不同国家的 PPgV 序列系统发育分析表明，这些序列之间存在着密切的遗传关系，这可能表明 PPgV 是通过猪或猪产品（如饲料）的国际贸易传播的。2016 年德国 Baechlein C 等研究报告显示，3 头没有临床症状的猪血清样品中检测到 PPgV 核酸，且 22 个月后仍能检测到，提示 PPgV 可造成持续感染。PPgV 感染的主要部位是肝脏、胸腺、外周血单核细胞，感染后能从上述组织和细胞中检测出高滴度的病毒核酸。

（二）传播途径及传播方式

目前，PPgV 的传播途径及传播方式未知。PPgV 可以从没有临床症状的猪和有临床症状（如腹泻、呼吸道症状、流产和产死胎）的猪血清样品中检测出来，但是没有感染 PPgV 猪的鼻拭子、肛拭子以及流产胎儿的 PPgV 检测数据，PPgV 是否能通过呼吸道、消化道和垂直传播有待进一步研究。

（三）易感动物

各种年龄段的猪均可感染。Lei D 等对 469 份猪血清样本的调查显示，其中 34 份（7.25%）为 PPgV 阳性，哺乳仔猪 PPgV 阳性率为 1.61%、保育仔猪阳性率为 1.85%、育肥仔猪阳性率为 6.56%、母猪阳性率为 11.34%，从仔猪到成年猪 PPgV 阳性率呈上升趋势。Kennedy J 等对欧洲和亚洲三个不同年龄组猪的调查显示，仔猪（1.9%）和育肥猪（1.2%）等年轻动物 PPgV 阳性率低于成年动物的 3.4%。调查结果与我国研究结果一致，但 PPgV 阳性率的增加更为明显（1.6%～11.3%）。

（四）流行特征

我国 PPgV 早于 2016 年 9 月在广东省采集的血清样本中检测到，表明 PPgV 感染可追溯到 2016 年，这种新出现的病毒可能已在广东省流行多年。PPgV 阳性率在 2016 年至 2018 年期间由 2.6%上升至 7.5%。

目前，尚未发现 PPgV 呈季节性流行。自德国首次报道 PPgV 以来，美国、中国、波兰、意大利和英国均报道了 PPgV 的流行，显示出广泛的地理分布。PPgV 可以引起持续性感染，感染的主要部位是肝脏、胸腺、外周血单核细胞，但感染后没有明显的临床症状，其致病性尚不清楚。

（五）发生与分布

1. 在国外的发生与流行

PPgV 率先在德国报道。2016 年，Baechlein C 等首次对德国猪场 37 头猪的 455 份血清样本进行跟踪调查，发现来自 6 头猪的 10 份血清样本含有 PPgV 核酸，阳性率为 2.2%。系统发育分析表明，来自德国的 3 个 PPgV 基因序列（PPgV_903、PPgV_80F、PPgV_S8-7）之间存在密切的亲缘关系，这 3 个序列形成了一个单独的分支。

2018 年，美国成为首个报道 PPgV 的北美国家，至少有 10 个州检测到 PPgV 核酸，阳性猪的范围从 1 日龄仔猪到成年猪。美国 Yang C 等首次从 2016 年发生水疱病的猪中检测出 PPgV 核酸，而口蹄疫病毒和塞尼卡病毒核酸阴性。随后在 159 个血液样本中，24 个样本经 RT-PCR 检测为 PPgV 核酸阳性，阳性率为 15.1%。系统发育分析表明，3 个美国 PPgV 株（PPgV_22/IA/2016、PPgV_29/MO/2017、PPgV_33/ND/2017）间核苷酸同源性较高（96.2%～97.0%），但与德国 PPgV 株同源性较低（83.7%～89.0%）。

2. 在国内的发生与流行

我国于 2019 年首次报告。Lei D 等首次从 2017 年 10 月至 2018 年 1 月期间血液样本中检测出 PPgV 核酸，检测样品为来自江西省和广东省的 10 个猪场的母猪、哺乳仔猪、保育仔猪和育肥猪共 469 份血液样本。此次检测 PPgV 样品阳性率为 7.25%（34/469）。其中一猪场发生水疱病，口蹄疫病毒和塞尼卡病毒核酸阴性，而 PPgV 核酸阳性。序列同源性分析表明，我国 PPgV 株（PPgV_GDCH2017）与美国 PPgV 株碱基同源性为 95.3%～97.4%，与德国 PPgV 株碱基同源性为 87.3%～89.7%。

随后，华南农业大学 Xie Y 等对 2016—2018 年间从广东省 9 个城市的 20 个猪场的 339 份猪血清样本进行 PPgV 检测，结果显示 55%（11/20）农场为 PPgV 阳性，猪 PPgV 阳性率为 6.2%（21/339）。2016—2018 年间，PPgV 阳性率由 2.6%上升至 7.5%。

四、免疫机制与致病机理

Kennedy J 等采用 qRT-PCR 和 FISH 对 PPgV 的组织嗜性进行研究，结果显示肝脏、胸腺、外周血单核细胞检测到 PPgV 核酸，并且肝脏中的 PPgV 核酸最为丰富。尽管在细胞和组织中检测到大量的病毒核酸，但在受感染动物的血清中存在最高的病毒载量，这提示感染 PPgV 的猪具有严重的病毒血症。

在淋巴细胞中检测到 PPgV 核酸，表明该病毒可能影响猪的免疫系统。对 PPgV 细胞和器官嗜性的初步研究表明，该病毒可能具有嗜肝性或嗜淋巴性。猪 PPgV 致病及免疫机制还需进一步研究。

五、临床症状

2016 年，德国首次报道猪感染 PPgV，感染猪没有观察到明显的临床症状。2018 年，美国报道的 PPgV 感染猪研究中，虽然 PPgV 阳性猪跛行和有水疱，但与任何特定的临床疾病之间没有明显的联系。2020 年，我国报道的 PPgV 感染猪研究中，PPgV 是从没有明显临床症状和有临床症状（如腹泻、呼吸道症状、流产和死胎）的猪身上检测出来的，但是这些症状和 PPgV 感染没有明显联系。

六、病理变化

（一）大体剖检

Kennedy J 等首次报告了猪只剖检，可以观察到多灶性轻微的心内膜下出血，但上述剖检变化是否由 PPgV 感染所导致还有待进一步验证。

（二）组织病理学与免疫组织化学

Kennedy J 等首次报道 PPgV 感染的病理学变化，主要显示为轻微的门脉性加重的淋巴细胞性肝炎，胸腺、扁桃体和淋巴结内有轻微的嗜酸性粒细胞增多，胸腺髓质部分有单核巨细胞，淋巴结显示有轻微的窦性组织细胞增生。此外，还观察到轻度心内膜炎、轻度淋巴组织细胞性心外膜炎和轻度至中度滤泡性淋巴细胞性结膜炎。但是这些病理变化还需要更多的研究进行确认。

目前还没有 PPgV 感染的免疫组织化学的研究报道。

七、诊断

（一）临床诊断要点

1. 流行病学特点

目前，我国 PPgV 仅在江西、广东省报道，不排除其它省份 PPgV 的存在。2016—2018

年期间，PPgV 阳性率逐渐增高。

2. 病理变化特点

Kennedy J 等报道的 PPgV 感染的病理学变化，主要显示为轻微的门脉性加重的淋巴细胞性肝炎，胸腺、扁桃体和淋巴结内有轻微的嗜酸性粒细胞增多，胸腺髓质部分有单核巨细胞，淋巴结显示有轻微的窦性组织细胞增生。此外，还观察到轻度心内膜炎、轻度淋巴组织细胞性心外膜炎和轻度至中度滤泡性淋巴细胞性结膜炎。但上述病理变化需要与其它引起肝炎的病原鉴别诊断。

（二）实验室诊断要点

PPgV 核酸可用 PCR 方法从感染猪多种脏器如肝脏、胸腺、外周血单核细胞、血清中检测出来。其中，血清和肝脏的检出率相对较高。

PPgV 的病原学诊断主要为普通 RT-PCR、巢式 RT-PCR、RT-LAMP、定量 RT-PCR（qRT-PCR）以及荧光原位杂交技术（FISH）。RT-LAMP 检测限为 10copies PPgV 基因组，灵敏度是普通 RT-PCR 的 100 倍，与巢式 RT-PCR 和 qRT-PCR 相当。在临床评价中，RT-LAMP 法与巢式 RT-PCR 法和 qRT-PCR 法具有相似的敏感性，FISH 用于组织的定性分析。

八、预防与控制

由于 PPgV 感染没有明显临床症状，且致病性尚不清楚，对养猪业的危害还有待进一步研究。所以，目前没有针对 PPgV 的疫苗和药物，防控措施主要以加强生物安全管理为主。

（白小飞、张云静）

参考文献

[1] Adams N, Prescott L, Jarvis L, et al. Detection in chimpanzees of a novel flavivirus related to GB virus-C/hepatitis G virus [J]. Journal of General Virology, 1998, 79 (8): 1871-1877.

[2] Baechlein C, Grundhoff A, Fischer N, et al. Pegivirus infection in domestic pigs, Germany [J]. Emerging Infectoius Diseases, 2016, 22 (7): 1312-1314.

[3] Berg M, Lee D, Coller K, et al. Discovery of a novel human pegivirus in blood associated with hepatitis C virus co-infection [J]. PLoS Pathogens, 2015, 11 (12): e1005325.

[4] Chen F, Knutson T, Braun E, et al. Semi-quantitative duplex RT-PCR reveals the low occurrence of porcine pegivirus and atypical porcine pestivirus in diagnostic samples from the United States [J]. Transboundary and Emerging Diseases, 2019, 66 (3): 1420-1425.

[5] Epstein J, Quan P, Briese T, et al. Identification of GBV-D, a novel GB-like flavivirus from old world frugivorous bats (Pteropus giganteus) in Bangladesh [J]. PLoS Pathogens, 2010, 6: e1000972.

[6] Kapoor A, Simmonds P, Cullen J, et al. Identification of a pegivirus (GB virus-like virus) that infects horses [J]. Journal of Virology, 2013, 87 (12): 7185-7190.

[7] Kennedy J, Pfankuche V, Hoeltig D, et al. Genetic variability of porcine pegivirus in pigs from Europe and China and insights into tissue tropism [J]. Scientific Reports, 2019, 9 (1): 8174.

[8] Leary T, Desai S, Erker J, et al. The sequence and genomic organization of a GB virus A variant isolated from captive tamarins [J]. Journal of General Virology, 1997, 78 (9): 2307-2313.

[9] Lei D, Ye Y, Lin K, et al. Detection and genetic characterization of porcine pegivirus from pigs in China [J]. Virus

Genes，2019，55（2）：248-252.

[10] Li H，Li K，Bi Z，et al. Development of a reverse transcription-loop-mediated isothermal amplification（RT-LAMP）assay for the detection of porcine pegivirus [J]. Journal of Virology Methods，2019，270：59-65.

[11] Quan P，Firth C，Conte J，et al. Bats are a major natural reservoir for hepaciviruses and pegiviruses [J]. PNAS Proceedings of The National Academy of Sciences，2013，110（20）：8194-8199.

[12] Simmonds P，Becher P，Bukh J，et al. ICTV virus taxonomy profile：flaviviridae [J]. Journal of General Virology，2017，98（1）：2-3.

[13] Stapleton J，Foung S，Muerhoff A，et al. The GB viruses：a review and proposed classification of GBV-A，GBV-C（HGV），and GBV-D in genus Pegivirus within the family flaviviridae [J]. Journal of General Virology，2011，92（2）：233-246.

[14] Theze J，Lowes S，Parker J，et al. Evolutionary and phylogenetic analysis of the hepaciviruses and pegiviruses [J]. Genome Biology and Evolution，2015，7（11）：2996-3008.

[15] Wu Z，Wu Y，Zhang W，et al. The first nonmammalian pegivirus demonstrates efficient in vitro replication and high lymphotropism [J]. Journal of Virology，2020，94（20）：e01150-20.

[16] Xie Y，Wang X，Feng J，et al. The prevalence，genetic characterization，and evolutionary analysis of porcine pegivirus in Guangdong，China [J]. Virologica Sinica，2021，36（1）：52-60.

[17] Yang C，Wang L，Shen H，et al. Detection and genetic characterization of porcine pegivirus in pigs in the United States [J]. Transboundary and Emerging Diseases，2018，65（3）：618-626.

第四节　猪急性腹泻综合征

2016年10月至2019年之间，我国多地猪场的仔猪发生急性腹泻和呕吐，死亡率可达90%，其病原被鉴定为猪急性腹泻综合征冠状病毒（Swine acute diarrhea syndrome coronavirus，SADS-CoV）。SADS-CoV也被称为PEAV（Porcine enteric alphacoronavirus）或SeACoV（Swine enteric alphacoronavirus），是第6种被鉴定出的猪冠状病毒。目前此病毒造成的影响相对较小，无商品化疫苗，但由于其和蝙蝠冠状病毒HKU2（bat-HKU2）的氨基酸相似率较高（>90%），需在跨物种传播方面加以注意。

一、病原学

（一）分类地位

SADS-CoV在病毒分类中属于尼多病毒目（Nidovirales）中的冠状病毒科（Coronaviridae），为Alpha冠状病毒属（*Alphacoronavirus*）成员。

（二）病原形态结构与组成

与其它冠状病毒类似，SADS-CoV在电子显微镜下具有典型的冠状特征，即病毒包膜表面覆盖刺突（Spike，S）蛋白，病毒颗粒呈圆形，直径为100～120nm。

（三）培养特性

永生化的细胞系常来源于癌症细胞，其染色体数目编码异常（包括大量的缺失和重复），导致许多关键的先天性免疫和其它抗病毒基因丧失。因此，将源自人类的原代细胞用以评估人畜共患型冠状病毒的感染潜力更符合临床。SADS-CoV可在多种细胞上复制，如猪源细胞系LLC-PK1、猴源细胞系Vero CCL-81、猫源肺细胞系AK-D，及人源肝脏细胞系

Huh7.5、肠细胞系 CaCo2、胃-肠细胞系 ST-INT 和结直肠肿瘤细胞 HRT。其中，Huh7.5 细胞也可在无胰酶情况下很好地支持病毒复制。在人源细胞中，SADS-CoV 可感染微血管内皮细胞（MVE）、成纤维细胞（FB）、人鼻上皮细胞（HNE）和人气道上皮细胞（HAE），还包括原代人肠道细胞。

冠状病毒受体中，SADS-CoV 的受体人血管紧张素转化酶 2（ACE-2）、MERS-CoV 的受体人二肽基肽酶 4（DPP4）、TGEV 和相关Ⅰ类冠状病毒的受体氨基肽酶 N（Aminopeptidase N，APN）均非 SADS-CoV 用于侵入宿主细胞的受体。病毒复制研究中，广谱冠状病毒核苷抗病毒药物 remdesivir 可通过浓度依赖性方式有效抑制 SADS-CoV 的复制。

二、分子病原学

（一）基因组结构与功能

SADS-CoV 基因组长约 27kb，两端分别为 5′帽结构和 3′多聚腺苷酸尾部区域，在 5′非翻译区（Untranslated region，UTR）后，连有 9 个开放阅读框（Open reading frame，ORF）和一个 3′-UTR。SADS-CoV 的 RNA 合成由 ORF1a 和 ORF1b（占基因组 60%）编码的 16 个非结构蛋白（Nsp1-16）组成的复制转录酶完成，随后 4 个 ORF 编码 4 种结构蛋白，即 S 蛋白、包膜（Envelope，E）蛋白、膜（Membrane，M）蛋白和核衣壳（Nucleocapsid，N）蛋白。另外，在 S 和 E 之间存在辅助蛋白 ORF3，以及紧随 *N* 基因后的两个重叠 ORF（NS7a 和 NS7b）。这些结构基因和辅助基因由 6 个亚基因组 mRNA 表达而来，其中包括一个含有顺式 NS7a 和 NS7b 辅助基因的双顺反子 mRNA，这些亚基因组 mRNA 的前导体连接序列与前导核心序列 AACTAAA 相同。

（二）主要基因及其编码蛋白的结构与功能

1. 非结构蛋白

针对 SADS-CoV 非结构蛋白的研究目前较少。已有的研究中，NSP3 兔抗血清可用于病毒蛋白表达的时程分析，最早在感染后 4h 检测到其表达。

2. 结构蛋白

S 蛋白通过结合细胞受体介导病毒进入，诱导产生中和抗体和宿主免疫应答。SADS-CoV 和 HKU2 具有与 β-冠状病毒密切相关的独特 S 基因形式。HKU2 和 SADS-CoV S 蛋白三聚体的冷冻电镜结构非常相似，差异主要在 S1 亚基的 N 和 C 末端域，此区域负责细胞附着和受体结合，S 蛋白的羧基末端结构域（CTD）都具有一个由类似于 β-冠状病毒扭曲的五链反向平行 β 折叠结构组成的单层核心，这表明 α-和 β-冠状病毒 S 蛋白之间发生了重组，并在结构水平上反映了两种病毒 S 蛋白的进化起源。尽管 S2 亚基（介导膜融合）也具有较高保守性，但两种病毒 S2 亚基融合肽后的区域构象与其它冠状病毒不同，这从结构层面说明 HKU2 相关冠状病毒和 β 冠状病毒的 S 蛋白之间存在密切进化关系，为了解冠状病毒进化和跨物种传播提供了基础。

M 蛋白和 E 蛋白是病毒包膜的主要成分，是病毒装配过程所必需的，N 蛋白则是冠状病毒中最保守的结构蛋白，并且通过与病毒基因组 RNA 的结合在病毒颗粒的包装中发挥重要作用。N 蛋白和 M 蛋白的单克隆抗体（mAb）已用于免疫沉淀分析或免疫组织化学。N 蛋白 mAb 3E9 识别的线性 B 细胞表位的基序为 ^{343}DAPVFTPAP^{351}，其在不同 SADS-CoV 毒株和蝙蝠 SADS 相关冠状病毒（SADSr-CoVs）中高度保守。

辅助蛋白在冠状病毒的免疫调节和病毒发病机制中起重要作用。SADS-CoV 基因组中鉴定出的 3 种辅助蛋白（ORF3、NS7a 和 NS7b）中，与 PEDV 和 TGEV 等其它冠状病毒相似，ORF3 是病毒体外感染的非必需蛋白。

三、流行病学

（一）传染来源

SADS-CoV 在 2017 年中国广东发生的一系列致命猪急性腹泻综合征的研究中被发现，被鉴定为致病病原，是一种新型的 bat-HKU2，其基因组序列与蝙蝠冠状病毒相似度为 98.48%，具有重组特征，是否来自蝙蝠的直接传播有待进一步研究。被感染母猪与仔猪都可能是病毒在猪场内传染的重要来源。

（二）传播途径及传播方式

作为肠道型冠状病毒，SADS-CoV 的传播途径与常见的猪肠道病毒一致，感染仔猪的腹泻或呕吐物可能是其主要传播载体，经口接触感染。SADS-CoV 在原代肠道细胞中可有效复制，这表明某些新兴的蝙蝠冠状病毒可能首先在人的消化道和间质中有效复制，然后才在肺脏中发展出有效的复制表型，这可能是实现跨物种传播的方式。

（三）易感动物

猪是 SADS-CoV 的易感动物。不同动物和人源细胞系都可支持 SADS-CoV 复制，表明 SADS-CoV 除了能够感染猪，可能还对其它动物甚至人都具有潜在的感染性。

（四）发生与分布

关于 SADS-CoV 最早的报道是 2017 年中国广东仔猪群腹泻的病原研究，仔猪表现出严重的水样腹泻，所发现的 GDS04 株其完整基因组与 bat-HKU2 株具有较高的核苷酸相似性（约 95%）。2018 年，在对中国福建的临床样品检测中发现了 CN/GDWT/2017 株，其基因组的核苷酸插入/缺失模式与蝙蝠起源的 SADSr-CoVs 较 SADS-CoV 更为相似，这表明其可能源自蝙蝠。2019 年 2 月开始，SADS-CoV 在广东的猪群中重新出现，导致腹泻暴发，分离到的毒株 CN/GDLX/2019 与先前报道来自 2017 年在广东分离的 SADS-CoV 具有较高的核苷酸相似性（99.2%～99.9%），而与 2018 年来自福建的 CH/FJWT/2018 的核苷酸相似性相对较低（97.5%）。

四、免疫机制与致病机理

（一）免疫机制

1. 先天性免疫反应

干扰素（Interferon，IFN）信号传导的拮抗作用是病毒抵抗宿主固有免疫应答以利于其自身感染的生存策略。对于 SADS-CoV 而言，其不能诱导 IPEC-J2 细胞中 IFN-β 的表达，并可抑制多聚（I:C）或仙台病毒介导的 IFN-β 产生，同时，SADS-CoV N 蛋白可阻碍 TRAF3 和 TBK1 之间的相互作用，导致 TBK1 失活，进而降低了 IFN-β 的产生，并可通过阻断 IPS-1 和 RIG-I 来抑制对 IFN-β 的诱导。另外，SADS-CoV 可抑制体内感染的派伊尔氏淋巴集结中的 IFN-α、IFN-β、OAS、Mx1 和 PKR 的 mRNA 表达。Vero E6 细胞由于不能响应病毒感染而产生 IFN，因而比 IPEC-J2 细胞更易受 SADS-CoV 感染，同时病毒感染可通过阻止 IPEC-J2 细胞中 IRF3 的活化来拮抗 IFN-β 的产生。以上研究表明 SADS-CoV 可以抵御宿主的抗病毒应答，从而造成机体损害。

基于 RNA 测序的研究表明，SADS-CoV 感染 Vero E6 细胞后，共发现 3324 个差异表达基因（DEG），其中大多数显示出下调的表达模式，DEG 主要参与信号转导、细胞转录、免疫、炎症反应以及自噬。FOXO、mTOR、MAPK、细胞因子受体和 PI3K-AKT 途径的大多数基因均被下调，这可能是由于 Vero 细胞中缺乏 IFN 所致。HEK-293T 细胞中，在 SADS-CoV NSP1 作用下，参与 IFN 信号传导的一类基因的表达明显下调。这种基因表达的下调模式与另外一项研究中发现的 SADS-CoV 在感染后导致转录组基因表达为上调模式的现象不一致，这种差异可能是由于所使用的细胞系和病毒株不同所致。在缺乏 IFN 的 Vero 细胞中，病毒-宿主竞争可能更有利于病毒，从而显示出宿主基因表达下调的模式。

2. 获得性免疫反应

SADS-CoV 相关的获得性免疫报道较少。其中有报道称，几种人类冠状病毒血清不能交叉中和 Huh7.5 细胞中 SADS-CoV。

（二）致病机理

SADS-CoV 小鼠感染模型中，病毒在脾脏树突状细胞中复制活跃，这表明 SADS-CoV 可能对啮齿动物敏感，小鼠仅表现出亚临床感染，仅在肠道组织中适度复制。

仔猪在感染 SADS-CoV 后 1～7d，可在直肠拭子中检测到病毒 RNA，在小肠中观察到微观病理损伤，并可在小肠中检测到病毒抗原。不同来源的病毒口服感染仔猪后，引起疾病的程度有差异。GDS04-P12 株感染 4 日龄仔猪后，临床特征逐渐发展，整个实验期间均可在粪便中检测到排毒，所有仔猪在感染后 5～12d 死亡，结果表明 GDS04-P12 株对新生仔猪具有高致病性。毒株 CN/GDWT/2017 接种 3 日龄仔猪后，死亡率为 50%，但免疫组织化学分析显示，仔猪中只有少数空肠上皮细胞为病毒抗原阳性，这可能与 50%的死亡率不符，而毒株 CH/GD-01/2017 感染仅可导致轻度和中度腹泻迹象或亚临床感染，这表明 SADS-CoV 的致病性较低。这种攻毒后表现出的差异可能归因于相同来源的病毒在细胞适应中造成了序列差异。

五、临床症状

SADS 的临床体征包括急性呕吐和严重急性腹泻，类似于 PEDV 和 PDCoV 感染。仔猪的发病率和死亡率高，但大龄猪的死亡率低。

六、病理变化

（一）大体剖检

大体剖检方面，感染仔猪小肠的结肠和盲肠中可见大量黄色液体积聚，肠道充气，肠壁薄而透明，这与 PEDV 等肠道病毒感染引起的症状较为相似，需要鉴别诊断。

（二）组织病理学与免疫组织化学

空肠是体内 SADS-CoV 感染的主要靶标。免疫组织化学分析表明，被感染仔猪的小肠绒毛细胞的细胞质中可检测到 SADS-CoV。组织病理学检查显示，感染仔猪的十二指肠、空肠和其它部位的肠绒毛均有不同程度的萎缩，另外还有肠上皮坏死。

七、诊断

（一）临床诊断要点

SADS-CoV感染与其它猪肠道病毒感染特征较为一致，最常见临床症状为仔猪腹泻，大体剖解可见小肠肠壁变薄透明，肠腔内积聚大量液体。由于SADS-CoV感染引起的临床症状与其它猪肠道病毒感染之间没有明显区别，故需依赖实验室方法进行鉴别诊断。

（二）实验室诊断要点

1. 病原诊断

SADS-CoV核酸检测对象主要是临床腹泻样品，如腹泻物、呕吐物、肛拭子和肠道组织等，诊断方法主要为根据病毒基因组保守序列区域而设计的PCR和荧光定量PCR方法。随着成本的降低，下一代测序（NGS）技术正越来越多地用于临床样品中SADS-CoV的诊断。常规PCR方法中，有使用保守引物在ORF1b中扩增251bp片段的策略。在确定全基因组后，逆转录环介导的等温扩增（RT-LAMP）和实时RT-PCR检测方法也被应用。实时RT-PCR较RT-LAMP方法具有更高的灵敏度和可重复性，如基于SYBR和TaqMan的方法。由于*S*基因更易于突变和重组，基于PCR的方法主要针对相对保守的*N*和*M*基因。此外，还有一种多重实时RT-qPCR测定法可同时检测猪肠道PEDV（靶向*M*基因）、PDCoV（靶向*M*基因）、TGEV（靶向*N*基因）和SADS-CoV（靶向*N*基因）。

2. 血清学诊断

最常用的血清学诊断方法包括间接荧光分析（Immunofluorescence assay，IFA）和酶联免疫吸附测定分析（Enzyme linked immunosorbent assay，ELISA）。SADS-CoV在抗原性上不同于PEDV、TGEV和PDCoV，针对N蛋白的抗体不会发生交叉反应。此外，被SADS-CoV、PEDV、TGEV和PDCoV感染的猪的特异性血清在IFA测试中不会发生交叉反应。

ELISA可监测临床猪群中抗体水平的变化，也可以追溯检测血清中的病毒抗体水平。基于S1蛋白的荧光素酶免疫沉淀系统已用于研究潜在的人畜共患病传播。此外，一种基于病毒粒子的ELISA检测方法可检测小鼠感染模型的血清样品和猪血清样品。

八、预防与控制

目前没有针对SADS-CoV的疫苗和药物，防控措施主要以加强生物安全管理为主。

（黄柏成、陈珍珍、张云静）

参考文献

[1] Baik J，Lee K. A framework to quantify karyotype variation associated with CHO cell line instability at a single-cell level [J]. Biotechnology and Bioengineering，2017，114（5）：1045-1053.

[2] Edwards C，Yount B，Graham R，et al. Swine acute diarrhea syndrome coronavirus replication in primary human cells reveals potential susceptibility to infection [J]. PNAS Proceedings of The National Academy of Sciences，2020，117（43）：26915-26925.

[3] Gong L，Li J，Zhou Q，et al. A new bat-HKU2-like coronavirus in swine，China，2017 [J]. Emerging Infectoius

Diseases，2017，23（9）：1607-1609.

[4] Huang X，Chen J，Yao G，et al. A taqman-probe-based multiplex real-time RT-qPCR for simultaneous detection of porcine enteric coronaviruses [J]. Applied Microbiology and Biotechnology，2019，103（12）：4943-4952.

[5] Jiang G，Zhang S，Yazdanparast A，et al. Comprehensive comparison of molecular portraits between cell lines and tumors in breast cancer [J]. BMC Genomics，2016，17（7）：525.

[6] Li K，Li H，Bi Z，et al. Complete Genome Sequence of a Novel Swine Acute Diarrhea Syndrome Coronavirus，CH/FJWT/2018，Isolated in Fujian，China，in 2018 [J]. Microbiology Resource Announcements，2018，7（22）：e01259-18.

[7] Liu D，Fung T，Chong K，et al. Accessory proteins of SARS-CoV and other coronaviruses [J]. Antiviral Research，2014，109：97-109.

[8] Ma L，Zeng F，Cong F，et al. Development of a SYBR green-based real-time RT-PCR assay for rapid detection of the emerging swine acute diarrhea syndrome coronavirus [J]. Journal of Virology Methods，2019，265：66-70.

[9] Menachery V，Dinnon K，Yount B，et al. Trypsin treatment unlocks barrier for zoonotic bat coronavirus infection [J]. Journal of Virology，2020，94（5）：e01774-19.

[10] Menachery V，Yount B，Debbink K，et al. A SARS-like cluster of circulating bat coronaviruses shows potential for human emergence [J]. Nature Medicine，2015，21（12）：1508-1513.

[11] Menachery V，Yount B，Sims A，et al. SARS-like WIV1-CoV poised for human emergence [J]. PNAS Proceedings of The National Academy of Sciences，2016，113（11）：3048-3053.

[12] Pan Y，Tian X，Qin P，et al. Discovery of a novel swine enteric alphacoronavirus（SeACoV）in southern China [J]. Veterinary Microbiology，2017，211：15-21.

[13] Shen Z，Yang Y，Yang S，et al. Structural and biological basis of alphacoronavirus nsp1 associated with host proliferation and immune evasion [J]. Viruses，2020，12（8）：812.

[14] Vcelar S，Jadhav V，Melcher M，et al. Karyotype variation of CHO host cell lines over time in culture characterized by chromosome counting and chromosome painting [J]. Biotechnology and Bioengineering，2018，115（1）：165-173.

[15] Wang H，Cong F，Zeng F，et al. Development of a real time reverse transcription loop-mediated isothermal amplification method（RT-LAMP）for detection of a novel swine acute diarrhea syndrome coronavirus（SADS-CoV）[J]. Journal of Virology Methods，2018，260：45-48.

[16] Wang Q，Vlasova A，Kenney S，et al. Emerging and re-emerging coronaviruses in pigs [J]. Current Opinion in Virology，2019，34：39-49.

[17] Xiao W，Wang X，Wang J，et al. Replicative capacity of four porcine enteric coronaviruses in LLC-PK1 cells [J]. Archives of Virology，2021，166（3）：935-941.

[18] Xu Z，Gong L，Peng P，et al. Porcine enteric alphacoronavirus inhibits IFN-alpha，IFN-beta，OAS，Mx1，and PKR mRNA expression in infected peyer's patches in vivo [J]. Frontiers in Veterinary Science，2020，7：449.

[19] Xu Z，Zhang Y，Gong L，et al. Isolation and characterization of a highly pathogenic strain of porcine enteric alphacoronavirus causing watery diarrhoea and high mortality in newborn piglets [J]. Transboundary and Emerging Diseases，2019，66（1）：119-130.

[20] Yang Y，Liang Q，Xu S，et al. Characterization of a novel bat-HKU2-like swine enteric alphacoronavirus（SeACoV）infection in cultured cells and development of a SeACoV infectious clone [J]. Virology，2019，536：110-118.

[21] Yang Y，Qin P，Wang B，et al. Broad cross-species infection of cultured cells by bat HKU2-related swine acute diarrhea syndrome coronavirus and identification of its replication in murine dendritic cells in vivo highlight its potential for diverse interspecies transmission [J]. Journal of Virology，2019，93（24）：e01448-19.

[22] Yang Y，Yu J，Huang Y. Swine enteric alphacoronavirus（swine acute diarrhea syndrome coronavirus）：an update three years after its discovery [J]. Virus Research，2020，285：198024.

[23] Yu J，Qiao S，Guo R，et al. Cryo-EM structures of HKU2 and SADS-CoV spike glycoproteins provide insights into coronavirus evolution [J]. Nature Communications，2020，11（1）：3070.

[24] Zeng S，Peng O，Sun R，et al. Transcriptional landscape of vero E6 cells during early swine acute diarrhea syndrome

coronavirus infection [J]. Viruses, 2021, 13 (4): 674.
[25] Zhang F, Luo S, Gu J, et al. Prevalence and phylogenetic analysis of porcine diarrhea associated viruses in southern China from 2012 to 2018 [J]. BMC Veterinary Research, 2019, 15 (1): 470.
[26] Zhang F, Yuan W, Li Z, et al. RNA-seq-based whole transcriptome analysis of IPEC-J2 cells during swine acute diarrhea syndrome coronavirus infection [J]. Frontiers in Veterinary Science, 2020, 7: 492.
[27] Zhou L, Li Q, Su J, et al. The re-emerging of SADS-CoV infection in pig herds in southern China [J]. Transboundary and Emerging Diseases, 2019, 66 (5): 2180-2183.
[28] Zhou L, Sun Y, Lan T, et al. Retrospective detection and phylogenetic analysis of swine acute diarrhoea syndrome coronavirus in pigs in southern China [J]. Transboundary and Emerging Diseases, 2019, 66 (2): 687-695.
[29] Zhou P, Fan H, Lan T, et al. Fatal swine acute diarrhoea syndrome caused by an HKU2-related coronavirus of bat origin [J]. Nature, 2018, 556 (7700): 255-258.
[30] Zhou Z, Sun Y, Yan X, et al. Swine acute diarrhea syndrome coronavirus (SADS-CoV) antagonizes interferon-beta production via blocking IPS-1 and RIG-I [J]. Virus Research, 2020, 278: 197843.

第五节　猪乳头瘤病毒感染

猪乳头瘤病毒（Sus scrofa papillomavirus，SsPV）可引起猪的乳头状瘤，1961 年 Parish 等报道了第一例猪乳头状瘤的病例，但未在猪皮肤检测到乳头瘤病毒。随后，该病在比利时、德国、意大利和中国相继有报道。迄今为止，猪乳头瘤病毒的核酸既可在发病猪的组织样品中检测到，也可在健康猪皮肤上检测到，但其致病力尚无明确的研究数据。目前，仅 SsPV2 有临床症状，表现为正角化和角化不全引起的多个表皮乳头状突起，该突起为不规则性肉芽肿病和中度肉芽肿病棘皮症。

一、病原学

（一）分类地位

猪乳头瘤病毒属于乳头瘤病毒科（Papillomaviridae）。迄今为止，猪乳头瘤病毒仅包括猪乳头瘤病毒 1 型（SsPV1）和猪乳头瘤病毒 2 型（SsPV2）。其中 SsPV1 包括 SsPV-1a 和 SsPV-1b，分别是从两头健康家养母猪的皮肤拭子中分离和鉴定，属于 *Dyodeltapapillomavirus*1 属；SsPV2 是从出现皮肤结节病变的野猪上分离和鉴定，但尚未确定乳头瘤病毒属。

（二）病原形态结构与组成

2016 年 7 月，德国慕尼黑大学分离到 1 株猪乳头瘤病毒，在电子显微镜下，病毒呈二十面体，无包膜，直径约为 55～60nm，与其它乳头瘤病毒（PV）结构一致。

二、分子病原学

（一）基因组结构与功能

SsPV 基因组为双链 DNA，包含 6 或 7 个主要的开放阅读框（ORF），它们编码 6 个早期基因（E6、E1、E2、E7、E4 和 E5）和 2 个晚期基因（L1 和 L2）。其中，早期基因负责编码早期基因区的病毒复制、转录等相关蛋白，晚期基因负责编码晚期基因区的衣壳蛋白。

SsPV-1a 和 SsPV-1b 全基因组分别为 7260bp 和 7258bp，GC 含量为 53.8%。SsPV1 基

因组主要 ORFs 分别为 E6（426bp）、E1（1857bp）、E2（1326bp）、E4（包含在 E2 中）、E5（大约 130bp）、L2（1518bp）和 L1（1476bp）。

与其它乳头瘤病毒一样，SsPV1 也包含一个 E1 结合位点（E1BS），位于两个 E2 结合位点（E2BS）的两侧，用于结合 E1/E2 复合物以激活复制起始。

在 SsPV1 中，E1BS（ATTGTTAGTAGCAAT）分别存在于 7166～7182nt 和 7158～7174nt。SsPV1-1a 和 SsPV1-1b 的两个 E2BS 序列分别位于 7127nt、7208nt 和 7119nt、7200nt，其一致性序列为 $ACCN_6GGT$，与 E1BS 序列等距。SsPV-1a 和 SsPV-1b 还有第三个 E2BS 位点位于 6982nt 和 6974nt。SsPV1 的经典非编码区（NCR）位于 *L1* 基因的终止密码子与 *E6* 基因的第一个 ATG 之间，大小为 542bp。

SsPV-1a 的 NCR 还包含两个推测的核因子 1（NF-1）结合位点（TTGGC），位于 7041nt 和 7083nt；一个推测的特异性蛋白 1（SP1）转录因子结合位点（GGCGGG），位于 6962nt；一个推测的激活蛋白-1（AP-1）转录因子结合位点（TGANTCA），位于 6884nt。

SsPV-1b NCR 包含相同的假定结合位点，NF-1 结合位点在 7033nt 和 7075nt，SP1 转录因子结合位点在 6954nt，AP-1 转录因子结合位点在 6876nt。SsPV-1a 和 SsPV-1b NCR 的 5′末端还包含 1 个 CA 二核苷酸（分别位于 6857nt 和 6849nt）上游的多聚腺苷酸化位点（分别位于 6823nt 和 6815nt 处的 AATAAA）和 G/T 簇，这些是处理 L1 和 L2 衣壳 mRNA 转录体所必需的。*E6* 启动子的 TATAA box 在 SsPV-1a 和 SsPV-1b NCR 的 3′端都存在（分别位于 7074nt 和 7066nt）。

SsPV2 全基因组长 8218bp，GC 含量为 47.3%（GenBank 登录号为 KY817993）。基因组主要 ORFs 分别为 E6（408bp）、E7（273bp）、E1（1830bp）、E2（1974bp）、E4（包含在 E2 中）、L2（1602bp）和 L1（1533bp）。

在 SsPV2 中，ORFs *L1* 和 *E6* 之间的上游调控区（URR）包含几个必需的和推测的转录因子结合位点（BS）和调控元件，长度为 532bp。SsPV2 有 4 个 E2BS，分别位于 7956～7967nt、8000～8011nt、8062～8073nt 和 8153～8164nt，其一致性序列为 $ACCN_6GGT$。E1BS 位于上游调控区的 8109～8126nt，序列为 5′-TTGGTTGTTGTTGCCAAC-3′。

（二）主要基因及其编码蛋白的结构与功能

SsPV1 E6 蛋白包含两个保守的锌结合域（ZBD，$C\text{-}X\text{-}X\text{-}C\text{-}X_{29}\text{-}C\text{-}X\text{-}X\text{-}C$），间隔 36 个氨基酸。E1 蛋白大小为 597aa，ATP 依赖解旋酶（GPPNTGKS）的 ATP 结合位点是保守的，位于 E1 蛋白的 C 端。E2 蛋白有一个亮氨酸拉链结构域，在 8 个螺旋旋转距离（L-X6-L-X6-L-X6-l）的每 7 个位置周期性重复亮氨酸残基。E4 蛋白通常含有较多的脯氨酸，在 164 个氨基酸中，SsPV-1a 和 SsPV-1b 分别为 50 个和 54 个。E5 蛋白是一个短蛋白（小于 100aa），含有较多疏水性脂肪族氨基酸。推测 SsPV1-1a 的 E5 蛋白大小为 47aa，脂肪族氨基酸（异亮氨酸、亮氨酸和缬氨酸）占 42.6%。推测 SsPV-1b E5 蛋白为 42aa，脂肪族氨基酸（异亮氨酸、亮氨酸和缬氨酸）占 42.9%。L1 和 L2 蛋白在其 3′端包含一系列精氨酸和赖氨酸残基，这些残基可以作为核定位信号。

SsPV2 E6 蛋白大小为 135 个氨基酸，包含两个锌结合结构域（ZBD，$C\text{-}X_2\text{-}CX_{29}\text{-}C\text{-}X_2\text{-}C$），位于 25～60aa 和 96～132aa。E7 蛋白包含 1 个 ZBD 样基序（$C\text{-}X_2\text{-}CX_{28}\text{-}C\text{-}X_2\text{-}C$），同时包含视网膜母细胞瘤蛋白结合位点（LxCxE）的典型氨基酸序列存在于 E7 蛋白（22～26aa）中。E1 蛋白大小为 609aa，该蛋白的 C 末端含有一个稍修饰的基序（GPANTGKS，437～

444aa），是解旋酶结构域的ATP结合位点。在E1和E2蛋白中均缺失一个亮氨酸拉链域（L-X_{5-7}-L-X_{5-7}-LX_{5-7}-L）。SsPV2的E2 ORF区比任何已知乳头瘤病毒的E2 ORF区明显更长，E2蛋白的功能和保守结构域为N端反转录激活结构域（约200aa）和C端DNA结合结构域（约90aa），两者都由一个连接序列连接。E2中同样存在反转录激活结构域和DNA结合结构域（DNA识别螺旋的保守基序始于584aa：GGTNQLKCCRYR）。SsPV2 E2异常大小的原因可能是早期的SsPV2 E2 ORF区的中心铰链区发生了某种插入事件。

三、流行病学

（一）传染来源

SsPV感染猪可能是该病的重要传染源。

（二）易感动物

SsPV目前只对猪易感。尚未有感染人或者其它种属的报道。

（三）流行特征

SsPV自2008年首次报道以来，全球多个国家均报道该病的存在。该病毒的核酸可在健康猪皮肤中检测到，也可在发病的组织中检测到，但对于猪的致病力尚无明确研究数据。

（四）发生与分布

1. 在国外的发生与流行

2008年，Stevens H等从健康猪皮肤拭子中检测到SsPV-1a和SsPV-1b，并获得全基因序列。2016年，Link E等对一头野猪四肢末端皮肤表面的结节进行测序、组织学染色和透射电镜观察，鉴定出SsPV2。2019年，Di Bonito等对10家猪场的22份猪粪样品进行SsPV和HPV检测，结果显示有3份为SsPV1阳性，8份为HPV阳性，未检测到SsPV2。

2. 在国内的发生与流行

在我国，李玉莹等于2019年报道了1株SsPV1全基因序列（SsPV1/GX12）。该病毒基因组从收集自广西的56份猪皮肤组织样品中获得。SsPV1/GX12与参考毒株SsPV-1a、SsPV-1b和SsPV2核苷酸同源性分别为99.9%、99.2%、66.1%，与其它哺乳动物乳头瘤病毒核苷酸同源性为62.9%～69.5%。这是我国首次获得SsPV分离株的全基因组信息。

四、免疫机制与致病机理

目前，SsPV免疫机制与致病机理尚无相关研究。

五、临床症状

临床上仅观察到SsPV2感染的野猪在四肢末端皮肤表面出现聚集生长的浅灰棕色结节，界限清楚，直径约0.5～1.5cm。SsPV1感染猪未观察到临床症状。

六、病理变化

组织学检查SsPV2感染的野猪的乳头状瘤，苏木素和伊红染色显示为多发性表皮乳头状突起，伴有严重正角化和角化不全的皮肤角化病，由中央纤维血管间质支持。表皮表现为不规则的肉芽肿和中度棘皮。尤其是棘层的上部可见许多圆形细胞，伴嗜两性偏心核和核周晕（空泡细胞）聚集。有丝分裂指数低，未见包涵体。在真皮中，可观察到嗜酸性粒细胞、巨噬细胞、淋巴细胞和浆细胞的中度浸润。

七、诊断

（一）临床诊断要点

1. 流行病学特点

SsPV 传播途径未知。该病毒目前在全球零星报道。

2. 临床症状特点

SsPV1 感染猪无临床症状，SsPV2 感染猪后可表现为正角化和角质不全引起的多个表皮乳头状突起，该突起为不规则性肉芽肿病和中度肉芽肿病棘皮症。

3. 病理变化特点

棘层上部病灶处具有两性偏心核和核周晕的圆形细胞聚集，有丝分裂指数低，未见包涵体。在真皮中，可观察到嗜酸性粒细胞、巨噬细胞、淋巴细胞和浆细胞的中度浸润。

4. 与其它相关疾病的鉴别诊断

猪乳头瘤感染可引起表皮乳头状突起，因此需要与体表有水疱或痘疹的病原如口蹄疫病毒、猪塞尼卡谷病毒、猪水疱性口炎病毒、猪水疱病病毒等做实验室鉴别诊断。但其与其它病原的基因组差别较大，通过常规的核酸检测方法或测序即可区分。

（二）实验室诊断要点

1. 病原诊断

SsPV DNA 可用 PCR 方法从感染猪的皮肤样本中检测出来。病原学诊断主要为 PCR。SsPV 不同毒株之间基因组高度保守，PCR 引物设计主要针对 *L* 基因和 *E1* 基因。

2. 实验室鉴别诊断技术

SsPV 的基因组序列与其它病原的同源性很低，因此可以通过基因测序的方法与其它病原区分开来。

八、预防与控制

由于 SsPV 对养猪业的危害还有待进一步研究。所以，目前没有针对 SsPV 的疫苗和药物，防控措施主要以加强生物安全管理为主。

（燕贺、张云静）

参考文献

[1] 李玉莹，黄海鑫，张杰，等．猪乳头瘤病毒基因1型全基因组的克隆及序列分析［J］．中国预防兽医学报，2021，43（01）：88-91.

[2] Parish，W. A transmissible genital papilloma of the pig resembling condyloma acuminatum of man［J］. Journal of Pathology & Bacteriology，1961，81：331-345.

[3] Link E，Hoferer M，Strobel B，et al. Sus scrofa papillomavirus 2-genetic characterization of a novel suid papillomavirus from wild boar in Germany［J］. Journal of General Virology，2017，98（8）：2113-2117.

[4] Di Bonito, Galati L, Foca A, et al. Evidence for swine and human papillomavirus in pig slurry in Italy [J]. Journal of Applied Microbiology, 2019, 127 (4): 1246-1254.

[5] Stevens H, Rector A, Van Der Kroght K, et al. Isolation and cloning of two variant papillomaviruses from domestic pigs: Sus scrofa papillomaviruses type 1 variants a and b [J]. Journal of General Virology, 2008, 89 (10): 2475-2481.

[6] Doorbar J. The E4 protein: structure, function and patterns of expression [J]. Virology, 2013, 445 (1-2): 80-98.

第六节 猪细小病毒 2~7 型感染

猪细小病毒（Porcine Parvoviruses，PPV）是造成猪繁殖障碍的主要病原体之一。近年来，通过宏基因组测序不断地检测到新型细小病毒（PPV2～7 型）。有研究报道，在中国、美国以及波兰均能检测到 PPV1～7 型；罗马尼亚、泰国、日本和南非主要流行 PPV2～4 型；英国、巴西和韩国主要流行 PPV3 型、PPV4 型和 PPV7 型。根据新型猪细小病毒基因组的结构特征，PPV2 型和 PPV3 型为四细小病毒属（*Tetraparvovirus*），PPV4 型、PPV5 型和 PPV6 型为副细小病毒属（*Copiparvovirus*），PPV7 型为查帕沃病毒属（*Chapparvovirus*）。迄今为止，PPV2～7 型仅在发病家猪或野猪的组织、血清、粪便、口腔液中检测到，常与猪圆环病毒相关性疾病、PRRSV 等疾病混合感染。目前，尚未成功分离出新型猪细小病毒，其致病力和免疫保护机制尚不清楚。

一、病原学

（一）分类地位

猪细小病毒属于细小病毒科（Parvoviridae）、细小病毒亚科（Parvovirinae），细小病毒亚科包含 9 个病毒属，分别为原细小病毒属（*Protoparvovirus*）、红细小病毒属（*Erythroparvovirus*）、安多帕细小病毒属（*Amdoparvovirus*）、博卡病毒属（*Bocavirus*）、查帕沃病毒属（*Chapparvovirus*）、四细小病毒属（*Tetraparvovirus*）、禽细小病毒属（*Aveparvovirus*）、副细小病毒属（*Copiparvovirus*）和依赖病毒属（*Dependoparvovirus*）。迄今为止，已经发现 7 种基因型的猪细小病毒。PPV2 型和 PPV3 型属于四细小病毒属（*Tetraparvovirus*）成员；PPV4 型、PPV5 型和 PPV6 型属于副细小病毒属（*Copiparvovirus*）成员；PPV7 型属于查帕沃病毒属（*Chapparvovirus*）成员。PPV2 型于 2001 年首次在缅甸报道检出。PPV3 型于 2008 年中国香港首次报道发现，随后在德国、罗马尼亚和匈牙利等地相继报道。有研究表明该种病毒具有突破种属屏障、逐渐适应新宿主的趋势。PPV4 型最初于 2010 年在美国北卡罗来纳州与 PCV2 共感染的病猪的肺灌洗液中鉴定出。同年，国内报道在江苏、河南等地的病猪中检测到 PPV4 型核酸阳性，与美国鉴定的 PPV4 型基因组序列核苷酸同源性超过 99%。PPV5 型最初于 2013 年美国育肥猪中检测到，随后 2014 年中国也出现 PPV5 型相关报道，PPV5 型与 PPV4 型基因组相似度为 64.1%～67.3%。2014 年中国首次报道从猪流产胎儿体内检测到 PPV6 型核酸阳性，之后美国、波兰等国家相继有该病的流行。2016 年，Palinski R 等在美国首次从猪拭子样本中通过宏基因组测序发现一种新型的猪细小病毒，命名为猪细小病毒 7 型，它与细小病毒的其它属之间的同源性较低，其病毒的开放阅读框与狐蝠细小病毒2型和火鸡细小病毒TP1-2012/HUN株之间的同源性分别为42.4%和37.9%。因此，把这3种病毒归为一个新的属（*Chapparvovirus* 属）。为了进一步研究新型的猪细小病毒，研究者曾在不同的细胞上进行分离培养，但是尚未找到适合PPV2～7型体外培养的细胞。

（二）病原形态结构与组成

在电子显微镜下，PPV2～7型病毒粒子与PPV1型形状相似，呈圆形或不规则六边形，病毒颗粒无囊膜，直径约为20～30nm。

（三）培养特性

袁世山等报道PPV4型组织毒接种PK-15、ST、Vero、BHK、Marc-145、cos-1、MDBK、MDCK、EC细胞连续盲传3代后，用Real-time PCR检测病毒核酸，*CT* 值略有下降，提示PPV4型病毒未在PK-15、ST、Vero、BHK、Marc-145、cos-1、MDBK、MDCK、EC细胞中增殖，以上细胞不适合PPV4型病毒的分离。

中国动物卫生与流行病学中心张丽等报道PPV7型阳性样品同步接种于PK-15细胞，盲传5代后，用Real-time PCR检测病毒核酸，*CT* 值逐渐呈升高趋势，提示PK-15细胞并不适合PPV7型病毒的分离。

目前，尚未见新型细小病毒成功分离的报道。

二、分子病原学

（一）基因组结构与功能

猪细小病毒是小型无囊膜单股正链DNA病毒，全长约4～5kb。PPV2～3型、PPV5～7型基因组包含2个开放阅读框（Open reading frame，ORF）：ORF1和ORF2，其中ORF1中含有与PPV1型共同的保守区。ORF1编码非结构蛋白NS1，ORF2编码结构蛋白Cap。系统发育树表明PPV3型与人类细小病毒亲缘关系较近，在细小病毒中形成一个明显的簇。

PPV4型的基因组与其它猪细小病毒不同，其与牛细小病毒2型基因核苷酸序列相似性更大，但基因组的编码能力却与博卡病毒属成员的相关性更大。以2010年美国报道的PPV4型为例（序列号：NC_014665.1），基因组含有3个阅读框，从5′→3′依次编码为Rep蛋白、ORF3蛋白和Cap蛋白。该毒株 *ORF1* 基因全长1796bp，与BPV2的非结构蛋白和腺病毒的复制酶Rep蛋白相近（45.8%）；*ORF2* 基因全长2184bp；*ORF3* 基因全长612bp。目前还不确定 *ORF3* 编码的蛋白的功能。

（二）主要基因及其编码蛋白的结构与功能

1. 非结构蛋白

新型细小病毒的非结构蛋白一致，包括NS1蛋白、NS2蛋白和NS3蛋白，有相关研究表明NS1蛋白属于高变区，可用于监测PPV3型、PPV5型毒株遗传多样性分析。

目前，PPV7型已鉴定的非结构蛋白为NS1蛋白，但是功能未知。

2. 结构蛋白

PPV2型结构蛋白包括VP1、VP2和VP3蛋白，其中VP3蛋白与PPV1型相似，由VP2蛋白切割加工而成。通过预测软件对PPV2型的结构蛋白氨基酸序列进行预测，结果显示 172～412aa 和 713～924aa 的抗原指数及亲水性较高。研究者将其截短表达后制成亚单位疫苗，研究其两种蛋白的免疫原性，结果显示这两种蛋白均能产生较高抗体水平，诱导机体产生免疫反应。

PPV4 型具有 3 个开放阅读框，*ORF2* 全长 2187bp，编码 729 个氨基酸。与 VP 蛋白相似性最高的是 BPV（序列号：NC_006259.1），主要负责病毒的包装。PPV4 型的 *ORF3* 编码的蛋白质与博卡病毒属病毒的 *ORF3* 编码的蛋白质氨基酸相似度不高，其功能尚不清楚。

Cap 蛋白是 PPV7 型唯一的结构蛋白，全长 469～474aa。不同毒株的 Cap 蛋白在氨基酸序列上存在变异。2019 年广西分离的 PPV7 型毒株与参考株相比 Cap 蛋白的氨基酸数量有不同程度的增加，提示 Cap 蛋白基因可以作为监控 PPV7 型流行趋势的重要基因。

三、流行病学

（一）传染来源

PPV3 型可在淋巴结、肺脏、肠道、肾脏和粪便等多个组织器官中检测到，其中以淋巴结和肺脏的检出率最高。目前的研究数据显示，新型细小病毒的传染源可能是粪便、尿液、患病猪以及带毒猪。目前，对于 PPV2～7 型的传染源还未见相关报道。

（二）传播途径及传播方式

研究表明 PPV3 型不能通过垂直传播途径传给子代，PPV2 型和 PPV3 型呈现持续性感染趋势。在人工感染 PPV4 型的胎儿期仔猪体内检测到新型细小病毒，提示垂直传播可能是 PPV4 型的传播方式之一。黄律等的研究发现 PPV4 型也可以通过水平传播，在研究其组织嗜性时发现感染猪的肠道以及泌尿道内的病毒含量较高，提示 PPV4 型的传播途径主要是粪口传播、接触传播等。

（三）易感动物

PPV2 型可感染不同阶段的猪群，其中育肥猪和保育猪易感性最高。

PPV3 型可感染哺乳动物、保育猪、育肥猪和成年猪，且检出率随猪群的年龄增长而升高。PPV3 型侵蚀性的范围极广，可在淋巴结、肺脏、肠道、肾脏等多个组织器官中检测到，其中以淋巴结和肺脏的检出率最高。

PPV4 型在不同年龄段的猪群中广泛存在，其中成年猪的感染率最高，可在多个组织脏器中检测到。

PPV6 型在流产胎儿和仔猪中的检出率最高，随着猪只年龄的增长检出率逐渐降低，这可能是由于机体先天性免疫反应随着猪只日龄的增加在不断完善，从而抵抗病毒的干扰。

（四）流行特征

2006 年，竺春等建立了检测猪细小病毒 2 型的检测方法，从浙江地区猪场采集的血清中扩增到 3 条 500bp 左右的基因序列。经分析，该序列与 2001 年日本分离到的 PPV2 型有 90％以上的同源性。

崔鹏超等对自 2013—2018 年从 6 省份收集得到的 308 份临床样品进行了新型细小病毒的流行病学调研，检测到 PPV2 型的阳性率为 46.4％、PPV3 型的阳性率为 21.1％、PPV4 型的阳性率为 6.8％，从时间和空间上看均有所差异，6 省份检出率无明显差异，地域性差异不大，但是随时间的推移基因组发生不同程度的变化。PPV2～3 型易与 PCV2 和 PPRSV

发生混合感染。目前 PPV2 型和 PPV3 型的地理分布仍不清楚。PPV4 型具有一定的季节性，春季和冬季多发，极少存在与其它病毒混合感染。

目前尚未有 PPV5～7 型流行情况的研究数据报道。

（五）发生与分布

1. 在国外的发生与流行

PPV2 型率先在缅甸报道。2001 年，Hijikata M 等在来自缅甸的猪血清中鉴定戊型肝炎时，意外发现了 1 株新的病毒，基因组大小为 5118bp，含有两个开放阅读框（*ORF1* 和 *ORF2*），由于 *ORF1* 中含有细小病毒 1 型（PPV1 型）共同的保守区，因此一开始被划分到 PPV1 型中。随后在欧洲、北美等地也均检测到 PPV2 型，提示 PPV2 型可能存在于世界范围内。有研究曾报道患有猪圆环病毒相关性疾病的猪群感染 PPV2 型的概率更大，证明 PPV2 型作为辅助因子在猪呼吸道疾病中发挥作用。

2010 年，Adlhoch C 等在不同区域野猪的肝脏、血清样本中检测到 PPV3 型核酸阳性，在野猪中的检出率较高，且随年龄的增长而增加。

2011 年，Cadar D 等报道了 PPV3 型核酸阳性，对 2006—2007 年和 2010—2011 年间采集的样本进行检测，经系统发育树分析 2006—2007 年流行的毒株与英国、德国野猪群流行的毒株亲缘关系较近，而 2010—2011 年流行的毒株与中国香港分离株亲缘关系较近。

2019 年，Amoroso M 等在意大利南部野猪的内脏中检测到 PPV3 型核酸阳性，基于完整的基因序列分析表明，新检测到的病毒与罗马尼亚野猪中检测到的 PPV3 型病毒亲缘关系较近。

PPV4 型最早于 2010 年在美国患有 PMWS 的猪群中检测到，随后在中国出现 PPV4 型核酸阳性报道。两者基因组序列亲缘关系较近，核苷酸一致性超过 99%。然而，2012 年 Blomstrm A 等证实了 PPV4 型曾在野猪群中流行且存在突变体。

2013 年美国在育肥猪中检测到 PPV5 型核酸阳性，该细小病毒基因组与 PPV4 型的关系最密切，核苷酸一致性为 64.1%～67.3%。

2015 年 PPV6 型首次从美国 9 个州和墨西哥 1 个州的 PRRSV 阳性血清样品中检测到病毒核酸，与 2014 年中国天津发现的 PPV6 型序列同源性较高，提示 PPV6 型在北美地区广泛流行。2016 年波兰从收集到的猪血清中检测到 PPV6 型核酸阳性，系统发育树分析表明波兰的毒株可能来自中国株与美国株的重组，但是其发病机制还未可知。次年，波兰首次报道从猪血清中获得 5 株 PPV5 型基因组序列，与中国 HN01 株的亲缘关系较近。

2016 年 PPV7 型首次在美国报道，Palinski R 等从猪的直肠拭子样本中通过宏基因组测序首次鉴定出 PPV7 型核酸阳性。

2017 年在韩国养猪场首次检测到 PPV7 型核酸阳性，PPV7 型在流产胎儿中的检出率为 24.0%，在育肥猪中的检出率为 74.9%。基于衣壳蛋白氨基酸序列发育树分析表明韩国毒株与先前美国和中国报道的 PPV7 型毒株亲缘关系较近，与火鸡细小病毒同属于 *Chapparvovirus* 属，这与之前基于 NS 蛋白进行的系统发育树分析结果一致。此外，与美国和中国毒株相比，韩国毒株存在更多的突变。

2018 年瑞典通过宏基因组测序获得 PPV7 型核苷酸序列，将瑞典 PPV7 型的 NS1 核苷酸序列与来自美国和中国的 PPV7 型 NS1 核苷酸序列进行比较发现，其核苷酸一致性为 93.1%～94.6%，而对于 Cap 蛋白，三者之间存在较大的差异。同年，Miłek 等报道在 2014—2017 年间从波兰 14 个养猪场收集了 902 份 3～20 周龄猪的血清样本和 896 份粪便样本，检测到粪便和血清中均有不同程度的PPV7型核酸阳性，其中保育猪和育肥猪阳性率较高。

2. 在国内的发生与流行

2006—2007年中国在患有猪圆环病毒相关性疾病的猪群中检测到PPV2型核酸阳性。

2007年PPV3型于中国香港首次被检测到。与德国的分离株在核苷酸水平上存在1.8%～2.3%的差异。PPV3型不仅可以感染家猪也可感染野猪。流行病学调查研究显示PPV3型在我国南方的阳性率仅次于PPV2型，阳性率逐年上升，各省份流行毒株无显著差异。

2010年我国首次报道PPV4型的存在。袁世山等对2006—2011年收集自北京、河北、河南、山东、江苏、浙江、上海、湖南、湖北、江西、广东、广西、贵州、新疆14个省、市、自治区发病猪场的样品进行检测，结果显示2009年以前我国从未检出PPV4型，2009年之后阳性检出率逐年升高，2010年急速增加到27%，2011年达到31%，结合PPV4型阳性猪的日龄来看，大部分阳性样品存在于种猪群，特别是后备母猪，自2010年起才开始在零星的商品猪中检出，目前PPV4型已在湖北、江苏、河南等地普遍存在。

我国于2014年首次检测到PPV5型核酸阳性，经测序比对分析发现其基因组与PPV4型关系最密切，整体基因组相似性为64.1%～67.3%，但是与PPV4型基因组相比，PPV5型基因组仅有2个开放阅读框。

我国于2014年首次从流产的胎儿体内检测到PPV6型。对猪场不同年龄段的猪只进行检测后发现，流产胎儿和仔猪的阳性率高达50%～75%，母猪阳性率为3.8%，育肥猪阳性率为15.6%。

2017年中国首次报道PPV7型的存在。华中农业大学Xing X等对2014年从广东省收集的64份血清样品进行检测分析发现，21份样品PPV7型核酸阳性，挑选3份阳性样品进行测序，显示GD-2014株与美国报道的PPV7型序列基因组同源性为98.7%～99.7%。

2019年安徽和广西相继在猪群中检测到PPV7型核酸阳性，对其进行测序分析发现安徽检测到的病毒与广西检测到的病毒亲缘关系较近。

四、免疫机制与致病机理

关于PPV2～7型获得性免疫应答的数据很少。崔鹏超等为了研究PPV3型VP2蛋白的免疫原性，利用重组杆状病毒表达VP2蛋白，纯化后制成亚单位疫苗并免疫小鼠。免疫后收集不同时间段血清，测定抗体滴度和细胞因子浓度，ELISA结果表明亚单位疫苗诱导机体产生较高水平的特异性抗体，小鼠体内IL-4和IFN-γ的浓度显著升高，提示VP2能够诱导机体产生体液免疫和细胞免疫。目前，PPV2～7型致病机理尚不清楚。

五、临床症状

（一）单纯感染临床症状

人工感染PPV4型后实验猪早期出现了消瘦、咳嗽流涕等呼吸道症状，但是感染后期症状逐渐消失，PPV4型阳性猪生长速度明显慢于阴性猪。由于PPV2～7型没有良好的体外培养病毒方法，因此，新型细小病毒感染猪群后的临床症状尚不明确。

（二）与其它病原混合感染的临床症状

PPV3型易与PRRSV、PCV2发生混合感染，且与PRRSV混合感染后检测率极高，提示 PPV3 型可能对 PRRSV 感染具有促进作用。

PPV4 型可在心脏、淋巴结、肺和肾等多个器官中检测到，但在临床上仅可见与 PCV2 和 CSFV 混合感染的情况。

六、病理变化

（一）大体剖检

PPV3 型感染后尸检可见肺部和脑膜充血。人工感染 PPV4 型的实验猪剖检可见肺脏淤血和全身淋巴结肿大，特别是肠系膜淋巴结明显肿大。

（二）组织病理学与免疫组织化学

黄律等在研究 PPV4 型的致病性和组织嗜性时发现，PPV4 型在实验猪体内存在明显的消长规律，攻毒 8d 后实验猪体内的 PPV4 核酸含量达到高峰，随后开始平缓下降，且存在水平传播的情况。

目前尚缺少 PPV2～7 型相关数据的研究。

七、诊断

（一）临床诊断要点

1. 流行病学特点

PPV2～7 型的主要传染源是病猪和带毒猪，病猪的尿液和血液等均含有病毒。该病毒目前主要在南方部分省份流行，其中以 PPV2 型的血清阳性率最高。

2. 临床症状特点

目前尚未见分离新型细小病毒的相关报道，尚不清楚其感染后的临床症状。

3. 病理变化特点

对于新型猪细小病毒感染机体后产生的病理变化尚不明确。

4. 与其它相关疾病的鉴别诊断

PPV2 型和 PPV3 型易与 PCV2 和 PRRSV 发生混合感染。PPV4 型可与圆环病毒病和猪瘟发生混合感染，一般不与其它疾病发生混合感染。目前关于 PPV2～7 型感染猪群的临床症状尚不明确，无法通过临床症状进行诊断，只能通过实验室方法进行鉴别诊断。

（二）实验室诊断要点

1. 病原诊断

PPV2～7 型 DNA 可用 PCR 方法从感染猪的多种脏器中检测出来。PPV4 型以肠道和泌尿道检出率相对较高。

PPV2～7 型的病原学诊断主要为 PCR 和荧光定量 PCR 方法。根据 PPV 基因组的特性，PCR 和荧光定量 PCR 引物设计主要为 *Cap* 基因。Sun P 等针对 *Cap* 基因设计出 PPV6 型荧光定量引物，其灵敏度可以检测到 47.8copies/μL，使用两种方法对 180 份临床样品进行比较，荧光定量阳性率为 12.22%，普通 PCR 阳性率为 4.44%。

2. 血清学诊断

国内对 PPV2 的血清学有相关研究，利用原核表达系统表达 PPV2 型的 Cap 蛋白，以此作为抗原，建立间接 ELISA 方法。用该方法检测来自江苏地区 480 份临床血清样品，PPV2

型阳性率在31%左右。

崔鹏超等利用大肠杆菌表达PPV3型的VP2重组蛋白做包被抗原，建立检测血清中PPV3型特异性抗体的间接ELISA方法。利用该方法检测376份临床样品，其中PPV3型抗体阳性率为27.9%。

袁世山等在对PPV4型基因组编码的蛋白进行研究时发现，仅*ORF1*编码的NS1蛋白能够与PPV4型阳性血清反应，提示NS1蛋白可以作为包被抗原应用于临床抗体的检测。

关于PPV6～7型血清学方法的检测尚未见相关报道。

3. 实验室鉴别诊断技术

PPV2～7型的基因组序列同源性较低，因此很容易通过基因测序或PCR检测将6种病毒进行区分。

八、预防与控制

由于PPV2～7型尚未见成功分离的报道，缺乏致病性相关研究数据。因此，对养猪业的危害还需要进一步研究，所以目前没有针对PPV2～7型的疫苗和药物，防控措施主要以加强生物安全管理为主。

（赵文影、张云静）

参考文献

[1] 崔鹏超．猪细小病毒分子流行病学调查以及PPV3 VP2蛋白免疫特性的研究［D］．南京农业大学，2014.

[2] 崔鹏超，何玉，刘捷，等．新型猪细小病毒感染的分子流行病学调查［J］．畜牧与兽医，2014，(4)：8.

[3] 何玉．猪细小病毒2型分子流行病学调查、结构蛋白免疫原性分析和抗体检测ELISA方法的建立［D］．南京农业大学，2015.

[4] 黄律．猪细小病毒四型的初步研究［D］．中国农业科学院，2011.

[5] 张志，张丽丽，刘爽，等．一株猪细小病毒7群的鉴定和分离［J］．中国动物传染病学报，2019，27 (4)：63-68.

[6] Adlhoch C，Kaiser M，Ellerbrok H，et al. High prevalence of porcine hokovirus in German wild boar populations［J］. Virology Journal，2010，7：171.

[7] Amoroso M，Cerutti F，D'Alessio N，et al. First identification of porcine parvovirus 3 in a wild boar in Italy by viral metagenomics-short communication［J］. Acta Veterinaria Hungarica，2019，67 (1)：135-139.

[8] Blomstrm A，Sthl K，Masembe C，et al. Viral metagenomic analysis of bushpigs (Potamochoerus larvatus) in Uganda identifies novel variants of porcine parvovirus 4 and torque teno sus virus 1 and 2［J］. Virology Journal，2012，9 (1)：192.

[9] Blomstrom A，Ye X，Fossum C，et al. Characterisation of the virome of tonsils from conventional pigs and from specific pathogen-free pigs［J］. Viruses，2018，10 (7)：382.

[10] Cadar D，Csagola A，Lorincz M，et al. Distribution and genetic diversity of porcine hokovirus in wild boars［J］. Archives of Virology，2011，156 (12)：2233-2239.

[11] Cadar D，Lorincz M，Kiss T，et al. Emerging novel porcine parvoviruses in Europe：origin，evolution，phylodynamics and phylogeography［J］. Journal of General Virology，2013，94 (10)：2330-2337.

[12] Cheung A，Wu G，Wang D，et al. Identification and molecular cloning of a novel porcine parvovirus［J］. Archives of Virology，2010，155 (5)：801-806.

[13] Cotmore S，Agbandje-McKenna M，Canuti M，et al. ICTV virus taxonomy profile：parvoviridae［J］. Journal of General Virology，2019，100 (3)：367-368.

[14] Csagola A，Lorincz M，Cadar D，et al. Detection，prevalence and analysis of emerging porcine parvovirus infections

[J]. Archives of Virology, 2012, 157 (6): 1003-1010.

[15] Cui J, Biernacka K, Fan J, et al. Circulation of porcine parvovirus types 1 through 6 in serum samples obtained from six commercial Polish pig farms [J]. Transboundary and Emerging Diseases, 2017, 64 (6): 1945-1952.

[16] Cui J, Fan J, Gerber P, et al. First identification of porcine parvovirus 6 in Poland [J]. Virus Genes, 2017, 53 (1): 100-104.

[17] Fan J, Cui J, Gerber P, et al. First Genome Sequences of Porcine Parvovirus 5 Strains Identified in Polish Pigs [J]. Genome Announcements, 2016, 4 (5): e00812-16.

[18] Gava D, Souza C, Schaefer R, et al. A taqman-based real-time PCR for detection and quantification of porcine parvovirus 4 [J]. Journal of Virological Methods, 2015, 219: 14-17.

[19] Hijikata M, Abe K, Win K, et al. Identification of new parvovirus DNA sequence in swine sera from Myanmar [J]. Japanese Journal of Infectious Diseases, 2001, 54 (6): 244-245.

[20] Huang L, Zhai S, Cheung A, et al. Detection of a novel porcine parvovirus, PPV4, in Chinese swine herds [J]. Virology Journal, 2010, 7: 333.

[21] Klinge K, Vaughn E, Roof M, et al. Age-dependent resistance to porcine reproductive and respiratory syndrome virus replication in swine [J]. Virology Journal, 2009, 6: 177.

[22] Lau S, Woo P, Tse H, et al. Identification of novel porcine and bovine parvoviruses closely related to human parvovirus 4 [J]. Journal of General Virology, 2008, 89 (8): 1840-1848.

[23] Milek D, Wozniak A, Stadejek T. The detection and genetic diversity of novel porcine parvovirus 7 (PPV7) on Polish pig farms [J]. Research in Veterinary Science. 2018, 120: 28-32.

[24] Miranda C, Coelho C, Vieira-Pinto M, et al. Porcine hokovirus in wild boar in Portugal [J]. Archives of Virology, 2016, 161 (4): 981-984.

[25] Ni J, Qiao C, Han X, et al. Identification and genomic characterization of a novel porcine parvovirus (PPV6) in China [J]. Virology Journal, 2014, 11: 203.

[26] Afolabi K, Iweriebor B, Obi L, et al. Prevalence of porcine parvoviruses in some South African swine herds with background of porcine circovirus type 2 infection [J]. Acta Tropica, 2018, 190: 37-44.

[27] Opriessnig T, Xiao C, Gerber P, et al. Emergence of a novel mutant PCV2b variant associated with clinical PCVAD in two vaccinated pig farms in the U. S. concurrently infected with PPV2 [J]. Veterinary Microbiology, 2013, 163 (1-2): 177-183.

[28] Opriessnig T, Xiao C, Gerber P, et al. Identification of recently described porcine parvoviruses in archived north American samples from 1996 and association with porcine circovirus associated disease [J]. Veterinary Microbiology, 2014, 173 (1-2): 9-16.

[29] Ouh I, Park S, Lee J, et al. First detection and genetic characterization of porcine parvovirus 7 from Korean domestic pig farms [J]. Journal of Veterinary Science, 2018, 19 (6): 855-857.

[30] Palinski R, Mitra N, Hause B. Discovery of a novel parvovirinae virus, porcine parvovirus 7, by metagenomic sequencing of porcine rectal swabs [J]. Virus Genes, 2016, 52 (4): 564-567.

[31] Saekhow P, Kishizuka S, Sano N, et al. Coincidental detection of genomes of porcine parvoviruses and porcine circovirus type 2 infecting pigs in Japan [J]. J Veterinary Medicine and Science, 2016, 77 (12): 1581-1586.

[32] Schirtzinger E, Suddith A, Hause B, et al. First identification of porcine parvovirus 6 in north America by viral metagenomic sequencing of serum from pigs infected with porcine reproductive and respiratory syndrome virus [J]. Virology Journal, 2015, 12: 170.

[33] Sun J, Huang L, Wei Y, et al. Prevalence of emerging porcine parvoviruses and their co-infections with porcine circovirus type 2 in China [J]. Archives of Virology, 2015, 160 (5): 1339-1344.

[34] Sun P, Bai C, Zhang D, et al. SYBR green-based real-time polymerase chain reaction assay for detection of porcine parvovirus 6 in pigs [J]. Polish Journal of Veterinary Sciences, 2020, 23 (2): 197-202.

[35] Szelei J, Liu K, Li Y, et al. Parvovirus 4-like virus in blood products [J]. Emerging Infectoius Diseases, 2010, 16 (3): 561-564.

[36] Wang F, Wei Y, Zhu C, et al. Novel parvovirus sublineage in the family of Parvoviridae [J]. Virus Genes, 2010,

41 (2): 305-308.

[37] Wang W, Cao L, Sun W, et al. Sequence and phylogenetic analysis of novel porcine parvovirus 7 isolates from pigs in Guangxi, China [J]. PLoS One, 2019, 14 (7): e0219560.

[38] Wu R, Wen Y, Huang X, et al. First complete genomic characterization of a porcine parvovirus 5 isolate from China [J]. Archives of Virology, 2014, 159 (6): 1533-1536.

[39] Xiao C, Halbur P, Opriessnig T. Complete genome sequence of a novel porcine parvovirus (PPV) provisionally designated PPV5 [J]. Genome Announcements, 2013, 1 (1): e00021-12.

[40] Xiao C, Halbur P, Opriessnig T. Molecular evolutionary genetic analysis of emerging parvoviruses identified in pigs [J]. Infection Genetics and Evolution, 2013, 16: 369-376.

[41] Xing X, Zhou H, Tong L, et al. First identification of porcine parvovirus 7 in China [J]. Archives of Virology, 2018, 163 (1): 209-213.

[42] Zeng S, Wang D, Fang L, et al. Complete coding sequences and phylogenetic analysis of porcine bocavirus [J]. Journal of General Virology, 2011, 92 (4): 784-788.

第七节　猪非典型瘟病毒感染

猪非典型瘟病毒（Atypical Porcine Pestivirus，APPV）是引起仔猪先天性震颤（Congenital Tremor，CT）的病原，于 2015 年 7 月在美国首次报告。随后，德国、加拿大、日本、中国、巴西、西班牙、匈牙利、奥地利、瑞士、瑞典、英国、塞尔维亚、韩国、意大利、荷兰、丹麦等国陆续报道由该病毒引发的疾病，并且流行范围不断扩大。根据 APPV 基因组的结构特征，该病毒被划分到黄病毒科（Flaviviridae）、瘟病毒属（*Pestivirus*）。至今为止，APPV 的核酸既可在先天性震颤仔猪的组织样品中检测到，也可在健康猪的血清中检测到。临床上，APPV 感染的主要特征是新生仔猪头部和四肢的震颤，轻微的症状表现为明显的耳朵、侧面或后腿部位的震颤，严重的症状包括全身颤抖，导致站立或行走困难，大多数受感染的小猪严重的生长迟缓或饥饿并导致死亡，是一种重要的动物新发传染病病原。

一、病原学

（一）分类地位

APPV 属于黄病毒科（Flaviviridae）、瘟病毒属（*Pestivirus*），黄病毒科包含 4 个病毒属，分别为黄病毒属（*Flavivirus*）、瘟病毒属（*Pestivirus*）、肝炎病毒属（*Hepacivirus*）和 Pegivirus 属（*Pegivirus*）。其中，瘟病毒属成员还包括牛病毒性腹泻病毒 1 型（Bovine viral diarrhea virus 1，BVDV-1）、牛病毒性腹泻病毒 2 型（Bovine viral diarrhea virus 2，BVDV-2）、边缘病病毒（Border disease，BDV）和猪瘟病毒（Classical swine fever virus，CSFV）。根据分子和流行病学，所有已知的 Pestivirus 被分类为 11 种（Pestivirus A～K）。2018 年新的分类学和物种命名法，将 BVDV-1 被命名为“Pestivirus A”，BVDV-2 被命名为“Pestivirus B”，CSFV 被命名为“Pestivirus C”，BDV 被命名为“Pestivirus D”，Pestivirus E～K 为新发现的种（分别为 pronghorn pestivirus、Bungowannah virus、giraffe pestivirus、Hobi-like pestivirus、Aydin-like pestivirus、rat pestivirus、APPV）。根据组织病理学不同，CT 被分为两种类型：A 型和 B 型。A 型可见脊髓和脑部的组织性损伤，B 型没

有组织损伤。A型可以根据疾病的原因进一步分为五个亚型（A～Ⅰ至A～Ⅴ），A～Ⅰ型是由CSFV感染引起的，A～Ⅲ型和A～Ⅳ型与仔猪的遗传背景有关，A～Ⅴ型是由敌百虫中毒引起的，A～Ⅱ型被证明是APPV感染引起的。

（二）病原形态结构与组成

2020年，Liu J等首次通过感染性克隆技术从猪肾细胞（PK-15）中拯救出重组APPV CH-GD2007株，在电子显微镜下，APPV呈圆形，直径约为60nm。2021年，Liu J等首次成功表达APPV的结构蛋白E^{rns}和E2，在体外组装成约100nm的病毒样颗粒。

（三）培养特性

Hause B等（2015年）、Groof A等（2016年）用猪肾细胞系（PK-15，SK-6，IRBS）和猪睾丸细胞系（ST）分别接种来自感染仔猪的血清或器官匀浆，但均未能检测到APPV的复制。

德国Beer M报道APPV阳性血清接种猪肾细胞（SPEV）后，通过RT-qPCR和下一代测序证实了APPV复制。

奥地利Schwarz L报道未吃初乳的仔猪APPV阳性血清接种SK-6细胞和猪肾细胞（PK-15）连续传代5次后，用免疫荧光和Real-time PCR进行检测，在SK-6和PK-15细胞中显示出APPV抗原的存在，但APPV在细胞上的增殖效率较低。

2020年，Liu J等首次通过感染性克隆技术从PK-15细胞拯救出重组APPV CH-GD2007株，经使用APPV特异性抗体进行间接免疫荧光检测，并进行电子显微镜观察，确定病毒拯救成功。

鉴于APPV的高变异性，不能排除一些特定的病毒株可以在体外成功培养。因此，需要在多个细胞系中对更多的病毒分离株进行研究，有必要建立一个APPV体外培养系统。

二、分子病原学

（一）基因组结构与功能

APPV基因组为单股正链RNA，基因组大小约为11～12kb，包括5′非翻译区（5′-UTR），一个编码3565aa多聚蛋白的开放阅读框（ORF）和3′非翻译区（3′-UTR）。多聚蛋白进一步被宿主或者病毒蛋白酶切割，然后加工产生以下单一蛋白：N^{pro}-C-E^{rns}-E1-E2-P7-NS2-NS3-NS4A-NS4B-NS5A-NS5B，包括四种结构蛋白（C、E^{rns}、E1和E2）和八种非结构蛋白（N^{pro}、P7、NS2、NS3、NS4A、NS4B、NS5A和NS5B）。

Pan S等测定出APPV 5′-UTR和3′-UTR的大小分别为378nt和276nt，而其它经典的瘟病毒5′端和3′端的大小分别在369～498nt和206～503nt之间。这表明，目前可用于APPV的5′-UTR和3′-UTR序列可能是完整的或接近完整的。

（二）主要基因及其编码蛋白的结构与功能

1. 非结构蛋白

Pan S等证实，APPV N^{pro}作为一种非结构蛋白，具有自身蛋白酶活性，能够在N^{pro}/C位点从多聚蛋白中自我分裂。

其它非结构蛋白包括P7、NS2、NS3、NS4A、NS4B、NS5A和NS5B。Hause B等证实这些蛋白与其它瘟病毒的相应蛋白相似性较低，仅为12%～74%。其中，Lackner T等在假定的 APPV NS2 中并未发现一个半胱氨酸自身蛋白酶结构域，而该结构域据报道与其它瘟病毒属成员的 NS2、NS3 的切割有关。另外，已知瘟病毒属成员 NS3 是一种胰凝乳蛋白酶样丝氨酸蛋白酶，具有顺式和反式两种切割活性，在推测的 APPV NS3 区域，在 APPV 多聚蛋白的 1320～1530aa 位点发现了一个瘟病毒肽酶 S31 结构域，在 1543～1699aa 位点发现 DEAD-like 解旋酶超家族结构域。在假定的 APPV NS5B 区域，在 3153～3466aa 位点也发现了一个 RNA 依赖的 RNA 聚合酶（RdRp）结构域。

2. 结构蛋白

APPV 的衣壳蛋白 C 蛋白是一个小的碱性蛋白，参与病毒核衣壳的组装和病毒的增殖，它不能诱导宿主产生中和抗体，Hause B 等确定其长度为 111aa，略长于其它的瘟病毒属成员（97～102aa）。E1 蛋白参与病毒颗粒的形成，通常与 E2 蛋白形成异二聚体，并嵌入病毒包膜的内层，然而，E1 蛋白不能诱导产生中和抗体。囊膜糖蛋白 E^{rns} 具有核糖核酸酶（RNase）活性，参与病毒的增殖和感染，并能诱导产生中和抗体，E^{rns} 蛋白介导病毒与细胞表面分子结合，使其黏附在细胞表面，促进感染，它还可以作为干扰素拮抗剂，阻断干扰素的合成，从而促进病毒的复制。E2 蛋白结合受体，细胞表面的补体调节蛋白 CD46，介导病毒进入细胞，E2 是 APPV 的主要免疫原性蛋白，E2 亚单位疫苗已被证明能在小鼠中引起细胞免疫、体液免疫及 Th2 型免疫应答。

三、流行病学

（一）传染来源

APPV 发病猪和带毒猪是该病的重要传染源，污染病毒的环境、饮水、用具、饲料、尿液和粪便也是该病重要的传染源。

感染 APPV 的 2 日龄仔猪，在鼻拭子和肛拭子样品 PCR 检测 APPV 核酸阳性，提示 APPV 可以通过呼吸道和消化道排毒。长期跟踪感染 APPV 的仔猪，病毒血症在感染后 5 个月逐渐消失，但是在粪便中的病毒仍在继续散播。感染 APPV 仔猪在 6 月龄时，唾液、精液和包皮拭子样品检测到 APPV 核酸阳性，提示 APPV 可造成持续感染。

此外，用已知为 APPV 阳性的血清样本感染妊娠母猪，可观察到不同程度 CT 症状的仔猪出生，提示 APPV 可以通过胎盘感染胎儿，造成新生仔猪感染 APPV。因此，带毒的怀孕母猪和其所产仔猪也是 APPV 重要的传染源。

（二）传播途径及传播方式

目前已知的 APPV 传播途径主要是呼吸道和消化道传播，传播方式包括接触传播、气溶胶传播和垂直传播。感染 APPV 的仔猪可在鼻拭子和肛拭子中检测到病毒核酸，提示 APPV 可通过呼吸道和消化道进行传播。大量的 APPV 核酸存在于唾液腺、十二指肠、胰腺和结肠，提示病毒在畜群中的传播可能是通过粪口途径进行的。与 APPV 感染仔猪在同一房间接触饲养的猪也可感染 APPV，提示 APPV 可以通过接触传播。公猪的精液和包皮拭子检测到 APPV 核酸阳性，提示人工授精或繁殖可能是一种重要的传播方式。用已知为 APPV 阳性的血清样本感染妊娠母猪，可观察到不同程度 CT 症状的仔猪出生，提示 APPV 可以通过胎盘垂直传播。

（三）易感动物

APPV 主要感染新生仔猪，耐过猪以及野猪是病毒的主要携带者，在病毒的传播中起到重要作用。

Liu J 等在商品化 BALB/c 实验小鼠上进行 APPV 病毒样颗粒疫苗效果的评价，未免疫小鼠接种 APPV 后，免疫组织化学染色显示小鼠脾脏、胸腺、大脑、小脑、脑干、腹股沟淋巴结、颌下淋巴结均检测出 APPV 阳性，提示商品化 BALB/c 实验小鼠也可感染 APPV。

（四）流行特征

APPV 在我国首次于 2016 年 7 月从广东发病猪场检测到病毒核酸（APPV-China/GD1、APPV-China/ GD2），随后在其它省区如江西、广西、四川、贵州、云南、台湾、安徽均有 APPV 报道。

目前，尚未发现 APPV 呈季节性流行，该病一年四季均有发生。自美国首次报道 APPV 以来，德国、加拿大、日本、中国、巴西、西班牙、匈牙利、奥地利、瑞士、瑞典、英国、塞尔维亚、韩国、意大利、荷兰、丹麦等国家均报道 APPV 的流行，提示 APPV 在全球流行。

（五）发生与分布

1. 在国外的发生与流行

APPV 率先在美国报道。2015 年 6 月，Hause B 等首次从美国 5 个州的猪血清中检测到 APPV 病毒核酸，采用重组 APPV E^{rns} 蛋白酶联免疫法在 94%的猪血清样品中发现交叉反应抗体，表明 APPV 在美国猪群中广泛存在。

2016 年 4 月，德国研究人员首次从 63 份血清样品和 379 份扁桃体样品中检测出 APPV 核酸，大约 9%的扁桃体呈 APPV 阳性，成为首个报道 APPV 的欧洲国家。德国 APPV_GER_4、APPV_GER_2 与 APPV_USA 的同源性均为 89%。

2017 年 4 月，西班牙 Munoz-Gonzalez S 等对 1997—2016 年的 642 份血清样品进行回顾性分析，其中 89 份血清样品检测到 APPV 核酸，阳性率为 13.9%，最早的阳性血清样品出现在 1997 年，这提示 APPV 至少从 1997 年开始在西班牙传播。

2017 年 7 月，巴西研究人员对南部两个不同农场的先天性震颤仔猪 13 份血清样品和 7 份组织样品进行检测，其中 9 份血清样品和 3 份组织样品（扁桃体、肾脏和肺脏）为 APPV 阳性，成为首个报道 APPV 的南美洲国家。

2020 年 6 月，韩国研究人员从 2019 年采集的 2297 份野猪血液样本中检测到 18 份阳性样品，表明该病毒在野猪的流行率约为 0.78%，这提示野猪也是 APPV 的宿主，有可能传染给猪群。

2. 在国内的发生与流行

在我国，最早的 APPV 全基因组序列（APPV-China/GD1、APPV-China/GD2）于 2016 年 12 月报道，GD1 和 GD2 之间的核苷酸同源性为 99.6%，与德国、美国和荷兰的 APPV 株的核苷酸序列同源性在 83.1%～83.5%之间。

2017 年 3 月，华中农业大学研究人员报道了 APPV CH-GX2016 株，该病毒基因组从 2016 年某发病猪场仔猪的血清和脑中获得，与其它 APPV 株的核苷酸序列同源性为 88.0%～90.8%。

2017 年 5 月，华南农业大学研究人员又报道了 APPV-China/GD 株，该病毒基因组从 2016 年广东省某发病猪场的 3 日龄仔猪中获得，APPV-China/GD 毒株与德国已报道的 APPV 序列基因组同源性为 93.5%。

2018年6月，江西农业大学研究人员从江西省宜兴市某猪场先天性震颤仔猪的脾脏中分离到APPV JX-JM01-2018A01株，其与APPV-China/GZ01/2016、Bavaria S5/9株的核苷酸同源性分别为92.2%和86.4%。

2018年10月，扬州大学研究人员报道了APPV GX04/2017株和YN01/2017株，病毒基因组从我国广西和云南猪场先天性震颤仔猪中获得，APPV GX04/2017株与其它APPV株的核苷酸序列同源性为82.8%～92.8%，APPV YN01/2017株与其它APPV株的同源性为79.4%～97.4%。

四、免疫机制与致病机理

（一）免疫机制

1. 获得性免疫反应

德国Cagatay G等报道了APPV感染的体液免疫反应。该实验室运用酶联免疫吸附试验（ELISA）对血清中E^{rns}和E2蛋白抗体水平进行检测，检测结果显示母猪和仔猪血清中均可检测到E^{rns}和E2抗体；运用病毒中和试验对感染仔猪和母猪血清中和抗体进行检测，检测结果显示不同时间点中和抗体滴度不同，中和抗体滴度与E2特异性抗体的存在相关，但与E^{rns}特异性抗体没有明显的相关性。APPV的亚临床感染可引起高滴度中和抗体产生，主要以E2特异性抗体为基础提供保护性免疫。

2. 免疫保护机制

德国Cagatay G等报道了APPV感染的体液免疫反应。试验结果显示，中和抗体滴度与E2特异性抗体的存在相关，与E^{rns}特异性抗体没有明显的相关性。APPV的亚临床感染可引起高滴度中和抗体产生，主要以E2特异性抗体为基础提供保护性免疫。

Liu J等以BALB/c小鼠为研究对象，制备了E^{rns}和E2蛋白组装的APPV病毒样颗粒（VLPs），并对其进行了免疫效果评价。结果显示，VLPs诱导BALB/c小鼠产生强烈的抗体反应，且降低感染小鼠的组织病毒载量。

（二）致病机理

APPV被认为是新生仔猪先天性震颤的病原体，由于APPV在体外培养和传代方面存在困难，目前的疾病模型只能通过使用感染猪的组织匀浆或血清来复制，自然感染猪的病毒载量和不同组织中的组织学分布，将为阐明CT的发病机制提供一定的科学数据。

Liu J等对APPV在自然感染仔猪不同组织中的载量及组织学分布进行了研究，绝对定量RT-PCR结果显示，病毒载量最高的是小脑，其次是腹股沟淋巴结，颌下淋巴结和胸腺、大脑、脑干、脊髓、心脏、肝脏、脾脏、肺脏及肾脏的病毒载量明显低于上述组织（$p<0.01$）。这表明小脑和淋巴结是APPV的重要靶器官。考虑到震颤的临床症状和小脑的生理功能，推测这种病毒具有典型的噬神经特性。免疫组织化学分析表明，感染APPV的主要细胞是神经组织中的基质和神经纤维、淋巴组织中的网状内皮细胞。APPV在淋巴组织和中枢神经组织中的组织学分布表明，APPV可以突破免疫屏障和血脑屏障。

五、临床症状

（一）单纯感染临床症状

2015年6月，美国从5个州的猪血清样品中检测到APPV核酸，首次发现APPV感染。临床上怀孕母猪感染APPV后，病毒穿过胎盘屏障，感染胎儿。新生仔猪感染后头部和四肢震颤，偶尔还有共济失调。震颤范围从轻微的头部颤抖到整个小猪的严重颤抖，可能并发共济失调，严重受影响的仔猪可能因初乳摄入不足和饥饿而死亡。成年猪感染没有任何临床症状。

（二）与其它病原混合感染的临床症状

2018年，Possatti F等研究表明，APPV和猪捷申病毒（Porcine Teschovirus，PTV）的混合感染增加了仔猪死亡率，研究APPV感染具有一定的临床意义，需要进一步研究APPV与其它猪病病原的混合感染。

2019年，Yan X等对27个农场132头先天性震颤新生仔猪的440份样本进行检测，其中279份样本（63.4%）检测出APPV阳性，仅86份样本（19.5%）检测出PCV3阳性。先天性震颤新生仔猪检测显示，检测出APPV阳性有105头仔猪（79.5%），检测PCV3阳性有34头仔猪（25.8%）。440份样本和132头仔猪的APPV和PCV3混合感染率分别为11.8%（52/440）和22%（29/132）。随机选择21个农场的48份APPV阳性品进行其余15种猪病病毒检测，结果显示，检测到12种病毒（CSFV、PBoV、PCV2、PCV3、PDCoV、PEDV、PKV、PPV、PRRSV、PRV、PSV和SVA）有阳性样品，而BVDV、FMDV和SIV均为阴性。3种病毒共感染样本占22.9%（11/48）。这些病变通常涉及发热、呼吸道和肠道疾病、断奶后多系统性消耗综合征（PMWS）和猪皮炎肾病综合征，携带这些病毒可以降低仔猪的抵抗力，增加感染的敏感性。

六、病理变化

（一）大体剖检

对APPV感染的先天性震颤仔猪的中枢神经系统、外周神经系统或骨骼肌的大体检查，通常没有任何重要的发现。

Guo Z等对APPV感染仔猪进行剖检，可见肾针状出血、咽喉出血点、脾缘锯齿状、肠系膜淋巴结肿大、腹股沟淋巴结肿大，但是这些病变是否由APPV引起有待进一步证实。

（二）组织病理学与免疫组织化学

巴西Mosena A等从巴西南部两个不同农场的先天性震颤的仔猪中检测到APPV核酸，组织学检查显示小脑白质和脑干有中度空泡化。使用Luxol染色，没有观察到小脑的髓鞘数量减少。然而，在脊髓和坐骨神经的白质中发现轻微的髓鞘丢失，这有助于进一步了解疾病的发病机制。

巴西Amauri A等对APPV感染仔猪进行组织病理学、免疫组织化学分析，结果显示脑和脊髓的主要组织病理学改变包括神经元坏死、胶质细胞增生、噬神经细胞现象、卫星细胞现象、脱髓鞘、沃勒氏变性和浦肯野细胞坏死。用免疫组织化学方法检测受感染仔猪脑和脊髓胶质纤维酸性蛋白的增殖情况，结果表明，与同龄无症状仔猪相比，感染仔猪胶质纤维酸性蛋白细胞和纤维增殖明显。这些结果表明，APPV引起的组织病理学表现主要是退行性和坏死性的，可以将神经元坏死、胶质细胞增生、吞噬神经元和卫星细胞现象作为APPV感染的重要组织学特征。

七、诊断

（一）临床诊断要点

1. 流行病学特点

APPV感染已成为一种高度接触性传染病，病猪和带毒猪是主要传染源，病猪和耐过猪的唾液、鼻腔、粪便、尿液、精液和血液等均含有病毒。该病毒目前主要在南方省份流行，中部地区也有报道，猪场血清学阳性率较高。

2. 临床症状特点

怀孕母猪感染APPV后，病毒穿过胎盘屏障，感染胎儿。新生仔猪感染后头部和四肢震颤，偶尔还有共济失调。震颤范围从轻微的头部颤抖到整个小猪的严重颤抖，可能并发共济失调，严重受影响的仔猪可能因初乳摄入不足和饥饿而死亡。

3. 病理变化特点

巴西Amauri A等对APPV感染仔猪进行组织病理学分析，将神经元坏死、胶质细胞增生、吞噬神经元和卫星细胞现象作为APPV感染的重要组织病理学特征。

4. 与其它相关疾病的鉴别诊断

目前有母猪感染APPV造成死胎的报道，因此需要与其它可导致母猪产死胎的病原如CSFV、PRV、PRRSV、PCV2、PPV等做实验室鉴别诊断。仔猪感染APPV导致的先天性震颤，需要与PCV3、CSFV等病原进行实验室的鉴别诊断。

（二）实验室诊断要点

1. 病原诊断

APPV核酸可用PCR方法从感染猪多种脏器如淋巴结、扁桃体、小脑、三叉神经节、血清、精液、肛拭子、鼻拭子、肾脏、脾脏、肺脏以及死胎中检测出来。其中，小脑、扁桃体和淋巴结的检出率相对较高。

APPV的病原学诊断主要为RT-PCR和荧光定量RT-PCR（qRT-PCR）。由于APPV不同毒株之间具有高度的遗传变异性，RT-PCR和qRT-PCR引物设计靶基因主要为*NS3*、*NS4B*和*NS5B*。在临床感染的动物中，中枢神经系统和淋巴器官是首选的标本，这些组织中病毒载量更高，尤其是小脑和淋巴结。Liu H等建立了特异、敏感、简便的同时检测ASFV、CSFV和APPV的mRT-PCR方法，对ASFV、CSFV和APPV进行鉴别诊断。

另一种可用的技术是NGS，这种技术自2015年第一次报道以来一直被应用协助检测病毒基因组。

组织病理学、免疫组织化学和原位杂交技术可以检测病变部位的病毒介质（蛋白质或核酸），也可以用来辅助APPV的诊断。

2. 血清学诊断

目前，已经报道了用于检测血清中APPV NS3、E2及Erns抗体的酶联免疫吸附试验法，用于APPV感染的诊断。其中E2-ELISA也可用于未来疫苗免疫效果的评价。奥地利Schwarz L等建立了NS3蛋白的阻断ELISA，并对一农场168头母猪和2头公猪的血清进行检测，结果显示59头母猪和1头公猪的NS3抗体为阳性，抗体阳性率为35.3%。

3. 实验室鉴别诊断技术

APPV的基因组序列与其它病原的同源性很低，因此很容易通过基因测序的方法与其它病原区分开来。APPV、CSFV 及 PCV3 均可引起仔猪震颤，因此需要与 APPV 做实验室鉴别诊断的主要病原为 CSFV 和 PCV3。

八、预防与控制

到目前为止，还没有有效的药物或疫苗用于治疗或预防 APPV 感染。我国 Zhang H 等构建了 APPV E2 糖蛋白重组杆状病毒，APPV E2 糖蛋白亚单位疫苗能在小鼠体内诱导出强烈的体液、细胞免疫应答以及 Th2 型免疫应答。这些研究显示 APPV E2 糖蛋白能诱导中和抗体产生，可能预防猪的 APPV 感染。然而，需要进一步的研究来证明 APPV E2 糖蛋白亚单位疫苗对猪的安全性及免疫原性。因此，目前防控措施主要以加强生物安全管理为主。

（白小飞、高晓静、张云静）

参考文献

[1] 吴松松．仔猪先天性震颤瘟病毒基因组序列及主要免疫原基因的原核表达分析［D］．江西农业大学，2019.

[2] 潘朔楠．猪非典型瘟病毒的基因组序列分析及其 N^{pro} 蛋白的功能研究［D］．扬州大学，2020.

[3] Beer M，Wernike K，Drager C，et al. High prevalence of highly variable atypical porcine pestiviruses found in Germany［J］. Transboundary and Emerging Diseases，2017，64（5）：e22-e26.

[4] Bradley R，Done J，Hebert C，et al. Congenital tremor type AI：light and electron microscopical observations on the spinal cords of affected piglets［J］. Journal of Comparative Pathology，1983，93（1）：43-59.

[5] Cagatay G，Antos A，Meyer D，et al. Frequent infection of wild boar with atypical porcine pestivirus（APPV）［J］. Transboundary and Emerging Diseases，2018，65（4）：1087-1093.

[6] Cagatay G，Antos A，Suckstorff O，et al. Porcine complement regulatory protein CD46 is a major receptor for atypical porcine pestivirus but not for classical swine fever virus［J］. Journal of Virology，2021，95（9）：e02186-20.

[7] Cagatay G，Meyer D，Wendt M，et al. Characterization of the humoral immune response induced after infection with atypical porcine pestivirus（APPV）［J］. Viruses，2019，11（10）：880.

[8] Choe S，Park G，Cha R，et al. Prevalence and genetic diversity of atypical porcine pestivirus（APPV）detected in south Korean wild boars［J］. Viruses，2020，12（6）：680.

[9] Colom-Cadena A，Ganges L，Munoz-Gonzalez S，et al. Atypical porcine pestivirus in wild boar（sus scrofa），Spain［J］. The Veterinary Record，2018，183（18）：569.

[10] Dall A，Alfieri A，Alfieri A. Pestivirus K（atypical porcine pestivirus）：apdate on the virus，viral infection，and the association with congenital tremor in newborn piglets［J］. Viruses，2020，12（8）：903.

[11] Groof A，Deijs M，Guelen L，et al. Atypical porcine pestivirus：a possible cause of congenital tremor type A-II in newborn piglets［J］. Viruses，2016，8（10）：271.

[12] Done J，Harding J. Congenital tremor in pigs（trembling disease of piglets）：lesions and causes［J］. Dtsch Tierarztl Wochenschr，1967，74（13）：333-336.

[13] Done J，Woolley J，Upcott D，et al. Porcine congenital tremor type AI：spinal cord morphometry［J］. Zentralbl Veterinarmed A，1984，31（2）：81-90.

[14] Done J，Woolley J，Upcott D，et al. Porcine congenital tremor type AII：spinal cord morphometry［J］. British Veterinary Journal，1986，142（2）：145-150.

[15] Denes L，Biksi I，Albert M，et al. Detection and phylogenetic characterization of atypical porcine pestivirus strains in Hungary［J］. Transboundary and Emerging Diseases，2018，65（6）：2039-2042.

[16] Folgueiras-Gonzalez A，Van den Braak R，Simmelink B，et al. Atypical porcine pestivirus circulation and molecular evolution within an affected swine herd［J］. Viruses，2020，12（10）：1080.

[17] Gatto I，Arruda P，Visek C，et al. Detection of atypical porcine pestivirus in semen from commercial boar studs in

the United States [J]. Transboundary and Emerging Diseases, 2018, 65 (2): e339-e343.

[18] Gatto I, Sonalio K, Oliveira L. Atypical porcine pestivirus (APPV) as a new species of pestivirus in pig production [J]. Frontiers in Veterinary Science, 2019, 6: 35.

[19] Grahofer A, Zeeh F, Nathues H. Seroprevalence of atypical porcine pestivirus in a closed pig herd with subclinical infection [J]. Transboundary and Emerging Diseases, 2020, 67 (6): 2770-2774.

[20] Guo Z, Wang L, Qiao S, et al. Genetic characterization and recombination analysis of atypical porcine pestivirus [J]. Infection Genetics and Evolution, 2020, 81: 104259.

[21] Hause B, Collin E, Peddireddi L, et al. Discovery of a novel putative atypical porcine pestivirus in pigs in the USA [J]. Journal of General Virology, 2015, 96 (10): 2994-2998.

[22] Kasahara-Kamiie M, Kagawa M, Shiokawa M, et al. Detection and genetic analysis of a novel atypical porcine pestivirus from piglets with congenital tremor in Japan [J]. Transboundary and Emerging Diseases, 2021, doi: 10.1111/tbed.14149.

[23] Kaufmann C, Stalder H, Sidler X, et al. Long-term circulation of atypical porcine pestivirus (APPV) within switzerland [J]. Viruses, 2019, 11 (7): 653.

[24] Liu H, Shi K, Sun W, et al. Development a multiplex RT-PCR assay for simultaneous detection of African swine fever virus, classical swine fever virus and atypical porcine pestivirus [J]. Journal of Virology Methods, 2021, 287: 114006.

[25] Liu J, Li Z, Ren X, et al. Viral load and histological distribution of atypical porcine pestivirus in different tissues of naturally infected piglets [J]. Archives of Virology, 2019, 164 (10): 2519-2523.

[26] Liu J, Ren X, Li H, et al. Development of the reverse genetics system for emerging atypical porcine pestivirus using in vitro and intracellular transcription systems [J]. Virus Research, 2020, 283: 197975.

[27] Liu J, Zhang P, Chen Y, et al. Vaccination with virus-like particles of atypical porcine pestivirus inhibits virus replication in tissues of BALB/c mice [J]. Archives of Virology, 2021, doi: 10.1007/s00705-021-05185-w.

[28] Michelitsch A, Dalmann A, Wernike K, et al. Seroprevalences of newly discovered porcine pestiviruses in German pig farms [J]. Journal of Veterinary Science, 2019, 6 (4): 86.

[29] Mosena A, Weber M, Cibulski S, et al. Survey for pestiviruses in backyard pigs in southern Brazil [J]. Journal of Veterinary Diagnostic Investigation, 2020, 32 (1): 136-141.

[30] Mosena A, Weber M, Cruz R, et al. Presence of atypical porcine pestivirus (APPV) in Brazilian pigs [J]. Transboundary and Emerging Diseases, 2018, 65 (1): 22-26.

[31] Munoz-Gonzalez S, Canturri A, Perez-Simo M, et al. First report of the novel atypical porcine pestivirus in Spain and a retrospective study [J]. Transboundary and Emerging Diseases, 2017, 64 (6): 1645-1649.

[32] Pan S, Mou C, Chen Z. An emerging novel virus: atypical porcine pestivirus (APPV) [J]. Reviews in Medical Virology, 2019, 29 (1): e2018.

[33] Pan S, Yan Y, Shi K, et al. Molecular characterization of two novel atypical porcine pestivirus (APPV) strains from piglets with congenital tremor in China [J]. Transboundary and Emerging Diseases, 2019, 66 (1): 35-42.

[34] Pedersen K, Kristensen C, Strandbygaard B, et al. Detection of atypical porcine pestivirus in piglets from Danish sow herds [J]. Viruses, 2021, 13 (5): 717.

[35] Possatti F, Oliveira T, Leme R, et al. Pathologic and molecular findings associated with atypical porcine pestivirus infection in newborn piglets [J]. Veterinary Microbiology, 2018, 227: 41-44.

[36] Possatti F, Headley S, Leme R, et al. Viruses associated with congenital tremor and high lethality in piglets [J]. Transboundary and Emerging Diseases, 2018, 65 (2): 331-337.

[37] Postel A, Hansmann F, Baechlein C, et al. Presence of atypical porcine pestivirus (APPV) genomes in newborn piglets correlates with congenital tremor [J]. Scientific Reports, 2016, 6: 27735.

[38] Postel A, Meyer D, Cagatay G, et al. High abundance and genetic variability of atypical porcine pestivirus in pigs from Europe and Asia [J]. Emerging Infectoius Diseases, 2017, 23 (12): 2104-2107.

[39] Schwarz L, Riedel C, Hogler S, et al. Congenital infection with atypical porcine pestivirus (APPV) is associated with disease and viral persistence [J]. Veterinary Research, 2017, 48 (1): 1.

[40] Smith D, Meyers G, Bukh J, et al. Proposed revision to the taxonomy of the genus pestivirus, family flaviviridae [J]. Journal of General Virology, 2017, 98 (8): 2106-2112.

[41] Shen H, Liu X, Zhang P, et al. Identification and characterization of atypical porcine pestivirus genomes in newborn piglets with congenital tremor in China [J]. Journal of Veterinary Science, 2018, 19 (3): 468-471.

[42] Shi K, Xie S, Sun W, et al. Evolution and genetic diversity of atypical porcine pestivirus (APPV) from piglets with congenital tremor in Guangxi province, southern China [J]. Veterinary Medicine and Science, 2021, 7 (3): 714-723.

[43] Sozzi E, Salogni C, Lelli D, et al. Molecular survey and phylogenetic analysis of atypical porcine pestivirus (APPV) identified in swine and wild boar from northern Italy [J]. Viruses, 2019, 11 (12): 1142.

[44] Stenberg H, Jacobson M, Malmberg M. Detection of atypical porcine pestivirus in Swedish piglets with congenital tremor type A-II [J]. BMC Veterinary Research, 2020, 16 (1): 260.

[45] Stenberg H, Jacobson M, Malmberg M. A review of congenital tremor type A-II in piglets [J]. Animal Health Research Reviews, 2020, 21 (1): 84-88.

[46] Stenberg H, Leveringhaus E, Malmsten A, et al. Atypical porcine pestivirus-A widespread virus in the Swedish wild boar population [J]. Transboundary and Emerging Diseases, 2021, doi: 10. 1111/tbed. 14251.

[47] Sutton K, Lahmers K, Harris S, et al. Detection of atypical porcine pestivirus genome in newborn piglets affected by congenital tremor and high preweaning mortalityl [J]. Journal of Animal Science, 2019, 97 (10): 4093-4100.

[48] Vannier P, Plateau E, Tillon J. Congenital tremor in pigs farrowed from sows given hog cholera virus during pregnancy [J]. American Journal of Veterinary Research, 1981, 42 (1): 135-137.

[49] Wu S, Wang Z, Zhang W, et al. Complete genome sequence of an atypical porcine pestivirus isolated from Jiangxi province, China [J]. Genome Announcements, 2018, 6 (24): e00439-18.

[50] Xie Y, Wang X, Su D, et al. Detection and genetic characterization of atypical porcine pestivirus in piglets with congenital tremors in southern China [J]. Frontiers in Microbiology, 2019, 10: 1406.

[51] Yan M, Huang J, Chen J, et al. Preparation, identification, and functional analysis of monoclonal antibodies against atypical porcine pestivirus NS3 protein [J]. Journal of Veterinary Diagnostic Investigation, 2020, 32 (5): 695-699.

[52] Yan X, Li Y, He L, et al. 12 novel atypical porcine pestivirus genomes from neonatal piglets with congenital tremors: a newly emerging branch and high prevalence in China [J]. Virology, 2019, 533: 50-58.

[53] Yin Y, Shi K, Sun W, et al. Complete genome sequence of an atypical porcine pestivirus strain, GX01-2018, from Guangxi province, China [J]. Microbiology Resource Announcements, 2019, 8 (6): e01440-18.

[54] Yu X, Liu J, Li H, et al. Comprehensive analysis of synonymous codon usage bias for complete genomes and E2 gene of atypical porcine pestivirus [J]. Biochemical Genetics, 2021, 59 (3): 799-812.

[55] Yuan F, Feng Y, Bai J, et al. Genetic diversity and prevalence of atypical porcine pestivirus in the midwest of US swine herds during 2016-2018 [J]. Transboundary and Emerging Diseases, 2021, doi: 10. 1111/tbed. 14046.

[56] Yuan F, Wang L. Genotyping atypical porcine pestivirus using NS5a [J]. Infection Genetics and Evolution, 2021, 92: 104866.

[57] Yuan J, Han Z, Li J, et al. Atypical porcine pestivirus as a novel type of pestivirus in pigs in China [J]. Frontiers in Microbiology, 2017, 8: 862.

[58] Zhang H, Wen W, Hao G, et al. A subunit vaccine based on E2 protein of atypical porcine pestivirus induces Th2-type immune response in mice [J]. Viruses, 2018, 10 (12): 673.

[59] Zhang K, Wu K, Liu J, et al. Identification of atypical porcine pestivirus infection in swine herds in China [J]. Transboundary and Emerging Diseases, 2017, 64 (4): 1020-1023.

[60] Zhang X, Dai R, Li Q, et al. Detection of three novel atypical porcine pestivirus strains in newborn piglets with congenital tremor in southern China [J]. Infection Genetics and Evolution, 2019, 68: 54-57.

[61] Zhou K, Yue H, Tang C, et al. Prevalence and genome characteristics of atypical porcine pestivirus in southwest China [J]. Journal of General Virology, 2019, 100 (1): 84-88.

第八节 猪莱斯顿病毒感染

莱斯顿病毒（Reston virus，RESTV）于1996年首次在美国弗吉尼亚州来自菲律宾的猴群中被发现。2008年，在菲律宾猪繁殖与呼吸综合征暴发期间，首次在猪上分离到莱斯顿病毒，2012年中国也报道了猪莱斯顿病毒的存在。猪莱斯顿病毒属于丝状病毒科（Filovirus）、埃博拉病毒属（*Ebolavirus*），为单股负链、不分节段的RNA病毒。人工感染3～8周龄试验猪，猪只出现亚临床症状或呼吸系统症状，剖检发现肺脏的实质性病变和淋巴结肿大。根据现有研究结果，猪莱斯顿病毒可感染非人类灵长类动物，人接触该病毒后虽然无临床症状，但出现血清抗体阳性。该病毒被列为生物安全4级病原体，具有重要的公共卫生意义。

一、病原学

（一）分类地位

莱斯顿病毒（Reston virus，RESTV）属于丝状病毒科（Filovirus）、埃博拉病毒属（*Ebolavirus*）。丝状病毒科包括埃博拉病毒属、马尔堡病毒属（*Marburgvirus*）和库瓦病毒属（*Cuevavirus*）。埃博拉病毒属成员包括本迪布焦埃博拉病毒（BDBV）、扎伊尔埃博拉病毒（EBOV）、莱斯顿埃博拉病毒（RESTV）、苏丹埃博拉病毒（SUDV）和塔伊森林埃博拉病毒（TAFV）。其中，莱斯顿病毒于1996年首次在美国弗吉尼亚州来自菲律宾的猴群中发现。猪莱斯顿病毒于2008年首次在菲律宾的一个猪场中被发现，与猪繁殖与呼吸综合征病毒混合感染，引起猪只发病。Marsh G等通过滴鼻或皮下途径进行人工攻毒实验，试验猪未出现明显临床症状，感染28d后剖检发现淋巴结肿大，并发生了急性支气管反应性增生以及严重肺部感染。Haddock E等通过口咽和鼻感染3～7周龄试验猪，攻毒后试验猪出现严重的呼吸道疾病，出现严重的发绀、呼吸急促和急性间质性肺炎，剖检发现严重肺部实变和淋巴结肿大。临床上猪莱斯顿病一般与猪繁殖与呼吸综合征病毒共感染（推测呼吸系统疾病或免疫抑制疾病可能会促进猪莱斯顿病的感染），是一种重要的动物新发病毒性疾病。

（二）病原形态结构与组成

猪莱斯顿病毒和其它丝状病毒一样，在电子显微镜下，其形态为丝状结构，直径约80nm。

（三）培养特性

绿猴肾细胞（Vero）可用于培养猪莱斯顿病毒。

二、分子病原学

（一）基因组结构与功能

猪莱斯顿病毒为单股负链不分节段的RNA病毒。病毒基因组大小约为18.9kb，主要由7个基因组成：*NP*、*VP35*、*VP40*、*GP*、*VP30*、*VP24*和*L*。上述基因编码9种蛋白，包括核蛋白NP、糖蛋白GP、可溶性糖蛋白sGP、小可溶性糖蛋白ssGP、RNA依赖性RNA

聚合酶L、VP24蛋白、VP30蛋白、VP35蛋白、VP40蛋白。其中NP蛋白、VP30蛋白、VP35蛋白、L蛋白和病毒RNA组成病毒粒子的核心。病毒囊膜的脂质双分子层中，内层囊膜可以与围绕在病毒核衣壳周围的两种蛋白VP40和VP24相互连接，而病毒囊膜中的脂质双分子层并不是来源于宿主本身，而是来源于宿主的细胞膜。GP蛋白是唯一的表面蛋白，可分裂为GP1和GP2两个亚单位，二者靠二硫键相连。

（二）主要基因及其编码蛋白的结构与功能

核蛋白NP通过衣壳化保护和包装病毒基因组。

糖蛋白GP属于Ⅰ类病毒融合蛋白，是唯一的表面蛋白，在病毒侵入过程中插入病毒膜，介导受体结合和融合。被蛋白水解激活后产生GP1蛋白和GP2蛋白，GP1蛋白和GP2蛋白在调节免疫反应和改变细胞表面黏附分子的表达方面具有广泛的作用，GP1蛋白和GP2蛋白从质膜上裂解产生可溶性变体。可溶性糖蛋白sGP的作用可能是免疫逃避和改变内皮细胞的通透性。

VP24蛋白是次级基质蛋白，是参与核衣壳形成和组装的次要基质蛋白，是病毒粒子的次要成分，在病毒致病性中发挥作用，可以抑制宿主免疫反应。由于VP24蛋白在宿主范围决定中起着至关重要的作用，并且能够抵消Ⅰ型干扰素的反应，因此被认为是一个重要的毒力因子。

VP30蛋白是病毒核衣壳成分之一，其磷酸化后在转录中起关键作用。VP35蛋白是转录和复制中的聚合酶辅因子，通过阻断IRF-3和蛋白激酶EIF2AK2/PKR来阻止细胞中的抗病毒反应。VP40蛋白是基质蛋白，是位于细胞膜内侧的外周膜蛋白，调节病毒转录、颗粒形成、包装和出芽，并且能够在没有其它病毒蛋白的情况下组装病毒样颗粒。

RNA聚合酶L蛋白负责复制病毒基因组。NP蛋白、聚合酶辅因子VP35蛋白、转录激活因子VP30蛋白和依赖RNA的RNA聚合酶L蛋白与病毒RNA基因组紧密相连，形成核衣壳。核衣壳蛋白在病毒复制周期中起双重作用；它们是核衣壳复合体的结构组成部分，因此参与病毒形态发生，并催化RNA基因组的复制和转录。ssGP蛋白功能未知。

三、流行病学

（一）传染来源

发病猪是该病的重要传染源，污染病毒的环境、饮水、尿液和粪便也可能是该病的传染源。

（二）传播途径及传播方式

根据现有研究结果推测病毒可能通过接触（气溶胶或飞沫）在猪与猪之间传播，如果同时存在呼吸道疾病，病毒传播可能会更容易。有研究显示在血液中也检测到病毒，因此，病毒也有可能通过受污染的疫苗针头、采血器或昆虫传播感染。飞沫/气溶胶接触和穿透皮肤损伤对饲养场工作人员和屠宰场工作人员也有风险，是将病毒传入人类的潜在来源。

（三）易感动物

除猪、非人类灵长类动物外，研究人员在蝙蝠的血清中检测到RESTV。人工感染雪貂以及免疫功能低下的啮齿动物，会出现严重临床症状。

Yan F等通过肌内注射或鼻内注射途径感染雪貂，感染剂量为1260TCID$_{50}$野生型RESTV，并监测临床体征、存活、病毒复制、血清生化变化和血细胞计数。肌内注射或鼻内注射途径感染雪貂，在感染后第5天均检测到病毒血症，于第9天至第11天均死于感染。与其它丝状病毒感染的雪貂模型的相似之处包括淋巴细胞和血小板数量大幅下降、血清生化异常、存在肝损伤。

使用不同的啮齿动物物种作为REBOV的动物疾病模型，用BALB/c和STAT1$^{-/-}$小鼠、Hartley豚鼠和叙利亚仓鼠腹腔接种RESTV，结果显示在豚鼠、仓鼠和STAT1$^{-/-}$小鼠中发现病毒复制，但在STAT1$^{-/-}$小鼠中可观察到临床症状。

（四）流行特征

2008年，在菲律宾马尼拉的农场猪中发现了RESTV。6名工作人员被发现RESTV血清阳性，表明RESTV可从猪传染给人。2008年从猪身上分离的病毒基因组序列与1989年的莱斯顿猴分离毒的核苷酸序列同源性平均差异为2.5%。随后从菲律宾不同地理位置感染的猪体采集的三个RESTV样本显示出更大的差异，核苷酸序列同源性平均差异3.93%，提示这种遗传多样性的原因可能是由于猴莱斯顿病毒和猪莱斯顿病毒都来自不同的未知宿主。2012年，在中国上海从携带PRRSV的猪中再次检测到RESTV，与先前从菲律宾分离的猪莱斯顿病毒和猴莱斯顿病毒的序列相似性为96.1%～98.9%。目前，猪莱斯顿病仅在菲律宾和中国有报道。

（五）发生与分布

1. 在国外的发生与流行

2008年5～9月，菲律宾猪场猪死亡率上升，主要临床症状表现为严重呼吸困难和流产。随后菲律宾政府将相关样本送往美国（美国农业部、动植物卫生检验局和外国动物疾病诊断实验室）进行诊断调查，检测结果发现猪繁殖和呼吸综合征病毒，但有样本在Vero E6细胞中产生了细胞病变，随后通过全病毒微阵列、免疫组化试验和Vero E6细胞培养物电镜观察确定为莱斯顿病毒感染。

2. 在国内的发生与流行

2012年，甘肃农业大学研究人员报道国内RESTV的存在，将2011年2～9月在上海市3个猪场采集具有典型猪繁殖与呼吸综合征临床症状且经RT-PCR证实感染了PRRSV的死亡猪脾脏标本137份，进行基于猪莱斯顿病毒*L*基因的RT-PCR检测，结果显示其中2.92%（4/137）为RESTV阳性，阳性仔猪均在8周龄以下，均同时感染了PRRSV。系统进化分析显示此次发现的RESTV与此前在菲律宾家猪和食蟹猕猴中发现的两种RESTV变异的序列相似度为96.1%～98.9%。

四、免疫机制

1. 先天性免疫反应

Haddock E等通过口咽和鼻途径感染3～7周龄试验猪，通过免疫组织化学检测，显示在感染后3d和6d的肺泡巨噬细胞中检测到RESTV核蛋白。这与之前关于RESTV和EBOV感染猪的报告结果类似。在Ⅱ型肺细胞、细支气管上皮细胞和内皮细胞中也发现了免疫反应。

Taniguchi S等对1996年在菲律宾获得的感染RESTV的食蟹猕猴血清标本进行体液免疫反应分析。采用IgG-ELISA、间接免疫荧光抗体（IFA）和中和抗体（NT）分析抗体反应，并用抗原捕获ELISA法检测血清标本中的病毒抗原。结果显示，在RESTV感染的食蟹猕猴血清中，抗GP1、GP2反应与中和反应及病毒血症的清除密切相关。此外，通过分析这些血清标本的细胞因子/趋化因子浓度，发现恢复期血清中存在高浓度的促炎细胞因子和趋化因子，如 IFN-γ、IL-8、IL-12 和 MIP1α。这些结果提示，GP1 和 GP2 的抗体应答和促炎先天应答在食蟹猕猴的 RESTV 感染恢复中发挥了重要作用。

2. 免疫保护机制

通过口咽和鼻感染 3～7 周龄试验猪。感染后 3d，出现厌食、嗜睡、驼背姿势和立毛等临床症状。到感染后第 6 天，出现呼吸窘迫症状，包括呼吸急促或呼吸困难，并伴有腹式呼吸和中心性发绀（在鼻子上尤为明显）。某些试验猪中还出现浆液性鼻涕和咳痰，呼吸窘迫症状在感染后 6d 或 7d 时最严重，轻症感染猪在 7d 后很快恢复到正常水平。

五、临床症状

（一）单纯感染临床症状

目前无临床单纯感染猪 RESTV 的报道。研究人员进行人工感染猪 RESTV 试验，猪出现厌食、嗜睡、驼背姿势和被毛粗糙等临床症状。到感染后第 6 天，出现呼吸窘迫症状，包括呼吸急促或呼吸困难，并伴有腹式呼吸和中心性发绀。某些试验猪中还出现浆液性鼻涕和咳痰，呼吸窘迫症状在感染后 6d 或 7d 时最严重，症状稍轻的试验猪在感染 7d 后很快恢复到正常的活动水平。

（二）与其它病原混合感染的临床症状

猪 RESTV 临床中常见与 PRRSV 病毒混合感染，混合感染病例中发生流产和严重呼吸综合征症状。甘肃农业大学对因 PRRSV 死亡的猪脾脏标本 137 份进行 RT-PCR 检测，RESTV 阳性 2.92%（4/137）。

六、病理变化

（一）大体剖检

大体剖检病变局限于肺（实变和水肿）和纵隔淋巴结（肿大和水肿）。感染 3d 肺部表现为多灶至局部性实变，暗红色，轻度到中度间质性肺炎。到感染 6d 时，肺基本不塌陷，表现为弥漫性实变和暗红色，显示为典型间质性肺炎病变。

（二）组织病理学与免疫组织化学

人工感染试验，在病理学变化方面，感染 3d 时可见轻度肺间质浸润，轻度至中度巨噬细胞和中性粒细胞导致肺泡隔增厚为特征的肺炎。肺泡含有中等至丰富数量的肺泡巨噬细胞、较少的中性粒细胞和罕见的坏死碎片。

在感染 6d 时，肺部受到更广泛的影响，出现中度至重度间质性肺炎。炎症通常存在于细支气管和肺血管系统。Ⅱ型肺细胞增生明显，并与位于肺泡巨噬细胞内的大量嗜酸性胞浆内包涵体相关。纵隔淋巴结含有中等数量的引流中性粒细胞和坏死碎片。

七、诊断

（一）临床诊断要点

1. 流行病学特点

猪莱斯顿病是一种接触性传染病，病猪和带毒猪是主要传染源，病猪的飞沫、唾液和血液均含有病毒。

2. 临床症状特点

猪莱斯顿病临床中见与 PRRSV 病毒混合感染，混合感染病例中发生流产和严重呼吸综合征症状。人工感染猪 RESTV，会出现严重的发绀、呼吸急促和急性间质性肺炎。

3. 病理变化特点

感染猪 RESTV 的仔猪表现为间质性肺炎，组织病理学显示水肿、肺泡隔增厚。肺泡含有中等至丰富数量的肺泡巨噬细胞、较少的中性粒细胞和坏死碎片。炎症通常存在于细支气管和肺血管系统。Ⅱ型肺细胞增生明显，并与位于肺泡巨噬细胞内的大量嗜酸性胞浆内包涵体相关。纵隔淋巴结含有中等数量的中性粒细胞和坏死碎片。

4. 与其它相关疾病的鉴别诊断

感染猪 RESTV 的仔猪表现为呼吸困难症状和间质性肺炎，因此需要与 PRRSV、PCV2、猪流感等做实验室鉴别诊断。由于其基因组差别较大，可通过常规核酸检测和测序进行区分。

（二）实验室诊断要点

1. 病原诊断

猪 RESTV 可用 RT-PCR 方法从感染猪的肺脏、淋巴结、脾脏、肝脏、扁桃体、咽拭子和血清中检测到，其中淋巴结和肺脏中病毒载量相对较高。

2. 实验室鉴别诊断技术

猪 RESTV 可以通过基因测序的方法与其它病原区分开来。

八、预防与控制

目前还没有针对猪 RESTV 的疫苗和药物，防控措施主要以加强生物安全管理为主。

（燕贺、高晓静、张云静）

参考文献

[1] Bamberg S, Kolesnikova L, Moller P, et al. VP24 of marburg virus influences formation of infectious particles [J]. Journal of Virology, 2005, 79 (21): 13421-13433.

[2] La Vega M, Wong G, Kobinger G, et al. The multiple roles of sGP in ebola pathogenesis [J]. Viral Immunology, 2015, 28 (1): 3-9.

[3] Wit E, Munster V, Metwally S, et al. Assessment of rodents as animal models for reston ebolavirus [J]. Journal of Infectious Diseases, 2011, 204 (3): 968-972.

[4] Ebihara H, Takada A, Kobasa D, et al. Molecular determinants of ebola virus virulence in mice [J]. PLoS Pathogens, 2006, 2 (7): e73.

[5] Editorial T. Ebola reston virus detected pigs in the Philippines [J]. Euro surveillance, 2009, 14 (4): 19105.

[6] Feldmann H, Geisbert T. Ebola haemorrhagic fever [J]. Lancet, 2011, 377 (9768): 849-862.

[7] Feldmann H, Volchkov V, Volchkova V, et al. Biosynthesis and role of filoviral glycoproteins [J]. Journal of General Virology, 2001, 82 (12): 2839-2848.

[8] Haddock E, Saturday G, Feldmann F, et al. Reston virus causes severe respiratory disease in young domestic pigs [J]. PNAS Proceedings of The National Academy of Sciences, 2021, 118 (2): e2015657118.

[9] Han Z, Boshra H, Sunyer J, et al. Biochemical and functional characterization of the ebola virus VP24 protein: implications for a role in virus assembly and budding [J]. Journal of Virology, 2003, 77 (3): 1793-800.

[10] Hartlieb B, Weissenhorn W. Filovirus assembly and budding [J]. Virology, 2006, 344 (1): 64-70.

[11] Hoenen T, Groseth A, Kolesnikova L, et al. Infection of naive target cells with virus-like particles: implications for the function of ebola virus VP24 [J]. Journal of Virology, 2006, 80 (14): 7260-7264.

[12] Ikegami T, Calaor A, Miranda M, et al. Genome structure of ebola virus subtype reston: differences among ebola subtypes. brief report [J]. Archives of Virology, 2001, 146 (10): 2021-2027.

[13] Jahrling P, Geisbert T, Jaax N, et al. Experimental infection of cynomolgus macaques with ebola-reston filoviruses from the 1989-1990 U. S. epizootic [J]. Archives of Virology. Supplementum, 1996, 11: 115-134.

[14] Jasenosky L, Kawaoka Y. Filovirus budding [J]. Virus Research, 2004, 106 (2): 181-188.

[15] Jayme S, Field H, Jong C, et al. Molecular evidence of ebola reston virus infection in Philippine bats [J]. Virology Journal, 2015, 12: 107.

[16] Kirchdoerfer R, Wasserman H, Amarasinghe G, et al. Filovirus structural biology: the molecules in the machine [J]. Current Topics in Microbiology and Immunology, 2017, 411: 381-417.

[17] Kolesnikova L, Nanbo A, Becker S, et al. Inside the cell: assembly of filoviruses [J]. Current Topics in Microbiology and Immunology, 2017, 411: 353-380.

[18] Licata J, Johnson R, Han Z, et al. Contribution of ebola virus glycoprotein, nucleoprotein, and VP24 to budding of VP40 virus-like particles [J]. Journal of Virology, 2004, 78 (14): 7344-7351.

[19] Marsh G, Haining J, Robinson R, et al. Ebola reston virus infection of pigs: clinical significance and transmission potential [J]. Journal of Infectious Diseases, 2011, 204 (3): 804-809.

[20] Modrof J, Muhlberger E, Klenk H, et al. Phosphorylation of VP30 impairs ebola virus transcription [J]. Journal of Biological Chemistry, 2002, 277 (36): 33099-33104.

[21] Morikawa S, Saijo M, Kurane I. Current knowledge on lower virulence of reston ebola virus (in French: connaissances actuelles sur la moindre virulence du virus ebola reston) [J]. Comparative Immunology, Microbiology and Infectious Diseases, 2007, 30 (5-6): 391-398.

[22] Muhlberger E, Weik M, Volchkov V, et al. Comparison of the transcription and replication strategies of marburg virus and ebola virus by using artificial replication systems [J]. Journal of Virology, 1999, 73 (3): 2333-2342.

[23] Nfon C, Leung A, Smith G, et al. Immunopathogenesis of severe acute respiratory disease in Zaire ebolavirus-infected pigs [J]. PLoS One, 2013, 8 (4): e61904.

[24] Noda T, Aoyama K, Sagara H, et al. Nucleocapsid-like structures of ebola virus reconstructed using electron tomography [J]. J Veterinary Medicine and Science, 2005, 67 (3): 325-328.

[25] Pan Y, Zhang W, Cui L, et al. Reston virus in domestic pigs in China [J]. Archives of Virology, 2014, 159 (5): 1129-1132.

[26] Reid S, Leung L, Hartman A, et al. Ebola virus VP24 binds karyopherin alpha1 and blocks STAT1 nuclear accumulation [J]. Journal of Virology, 2006, 80 (11): 5156-5167.

[27] Rollin P, Williams R, Bressler D, et al. Ebola (subtype reston) virus among quarantined nonhuman primates recently imported from the Philippines to the United States [J]. Journal of Infectious Diseases, 1999, 179 (1): 108-114.

[28] Spengler J, Saturday G, Lavender K, et al. Severity of disease in humanized mice infected with ebola virus or reston virus is associated with magnitude of early viral replication in liver [J]. Journal of Infectious Diseases, 2017, 217 (1): 58-63.

[29] Taniguchi S, Sayama Y, Nagata N, et al. Analysis of the humoral immune responses among cynomolgus macaque naturally infected with reston virus during the 1996 outbreak in the Philippines [J]. BMC Veterinary Research, 2012, 8: 189.

[30] Volchkov V, Chepurnov A, Volchkova V, et al. Molecular characterization of guinea pig-adapted variants of ebola virus [J]. Virology, 2000, 277 (1): 147-155.

[31] Weingartl H, Embury-Hyatt C, Nfon C, et al. Transmission of ebola virus from pigs to non-human primates [J].

Scientific Reports，2012，2：811.

[32] Yan F，He S，Banadyga L，et al. Characterization of reston virus infection in ferrets [J]. Antiviral Research，2019，165：1-10.

第九节 猪塞尼卡病毒感染

塞尼卡病毒（Seneca Valley virus，SVV）于2002年由美国科研人员在细胞培养污染的培养基中发现。塞尼卡病毒在美国和加拿大的猪场存在零星的感染，从2015年开始，该病先后在美国、加拿大、巴西、哥伦比亚、中国和泰国等多个国家开始大范围流行。SVV可引起母猪、保育、育肥等各个年龄段猪水泡性疾病，也会造成新生仔猪大量死亡。其传播特性和临床症状与口蹄疫类似，临床也存在与FMDV的混合感染，严重困扰我国口蹄疫的防控。目前暂无针对SVV的商品化疫苗。

一、病原学

（一）分类地位

SVV在病毒分类学上是小RNA病毒科（Picornaviridae）塞尼卡病毒属（*Sencavirus*）中的唯一成员，基因组为单股正链不分节段的RNA病毒。

（二）病原形态结构与组成

SVV病毒粒子无囊膜，呈二十面体结构，病毒直径约为25～30nm。

（三）培养特性

SVV在人胚胎视网膜细胞（PER，C6）、人肺癌细胞（NCI-H1299）等癌细胞系，以及猪睾丸细胞（ST）、猪肾细胞（PK-15、IBRS-2）和仓鼠肾细胞（BHK-21）等细胞系上生长良好，能够产生明显的细胞病变，可以利用上述细胞进行病毒的分离和培养。

二、分子病原学

（一）基因组结构与功能

SVV基因组全长约7.3kb，由5′端非编码区（5′-UTR）、一个编码多聚蛋白的开放阅读框（Open reading frame，ORF）和3′端非编码区（3′-UTR）组成。小RNA的5′端共价连接小蛋白（Vpg）；唯一的ORF区编码一条多聚蛋白前体，包含L蛋白及结构蛋白的P1区和非结构蛋白的P2区、P3区；3′端以一段Poly A结尾，具有小核糖核苷酸病毒典型的L-4-3-4结构。

（二）主要基因及其编码蛋白的结构与功能

小RNA病毒科病毒的RNA编码一个长度约为2178～2332aa的多聚前体蛋白，该多聚蛋白可以进一步水解为L蛋白、结构蛋白的P1区，以及非结构蛋白的P2区和P3区，多聚前体蛋白在病毒自身编码的蛋白酶作用下形成具有活性的结构蛋白和非结构蛋白。

L蛋白特殊的“锌指”构象可以调控病毒在宿主细胞内的转录和翻译，诱导宿主细胞内孔道蛋白，抑制蛋白合成和影响干扰素的作用。

SVV 的三个前体蛋白由病毒编码的蛋白酶加工后形成 12 个成熟的病毒功能蛋白，主要是 1A（VP4）、1B（VP2）、1C（VP3）、1D（VP1）、2A、2B、2C、3A、3B、3C、3D。

1. 非结构蛋白

P2 和 P3 区编码 7 个非结构蛋白，2A 蛋白主要抑制宿主细胞 mRNA 的转录作用，2B 蛋白的功能与转膜作用相关，2C 蛋白是一个类解旋酶多肽，可能参与病毒 mRNA 基因组的复制和合成。3A 蛋白含有一个高度疏水的跨膜 α 螺旋，尽管一级结构与心病毒属不同，但从二级结构上来说其跨膜位置和长度与心病毒属是一致的；3B 蛋白（Vpg 蛋白）前体通过加工形成成熟的 Vpg；3C 是蛋白酶，可自动催化自我剪切释放，其活性位点残基是保守的；3D 蛋白主要调控病毒复制和 Vpg 的尿苷酰化，是 RNA 依赖的 RNA 聚合酶的重要组成部分，可复制合成病毒的 RNA，主要的保守基序有 KDEL/IR、PSG、YGDD、FLKR。

SVV 非结构蛋白除 2A 蛋白外，其它非结构蛋白与心病毒属的脑心肌炎病毒（EMCV）和鼠心肌炎病毒（TMEV）的非结构蛋白有相似之处。

SVV 的 2A 蛋白明显短于 EMCV 和 TMEV 的 2A 蛋白，心病毒属的 2A 蛋白通常为 150 个氨基酸，而 SVV 的 2A 蛋白则仅有 9 个氨基酸，其与口蹄疫病毒属病毒和马病毒属病毒等均有一个类似的较短的 2A 蛋白。

2. 结构蛋白

SVV 的 P1 编码区可以被 3C 蛋白酶水解为 VP1、VP3 和 VP0 三个蛋白，这三个蛋白的 6 个拷贝组成衣壳蛋白，其大小和心病毒属病毒一样，VP0 在其后组装过程中会被水解为 VP2 和 VP4。其中，VP1、VP2 和 VP3 三个结构蛋白均暴露在病毒颗粒的表面，VP4 包埋在病毒外壳的内侧，与病毒核心紧密连接。VP1 是诱导中和抗体的主要成分，其核苷酸易发生变异，是重要的抗原位点，也是抗原变异的关键。

在 SVV 增殖过程中，存在两种形式的粒子：具有包装基因组的成熟衣壳和不含基因组的天然空衣壳。在病毒粒子中，VP1 蛋白围绕 5 倍轴排列，而 VP2 和 VP3 蛋白围绕 3 倍轴交替排列，VP4 蛋白位于衣壳内部，在 5 倍轴附近与基因组连接。

三、流行病学

（一）传染来源

最早的 SVV 毒株由美国科研人员从细胞培养基污染物中分离鉴定，2007 年首次在加拿大确认猪感染塞尼卡病毒，从具有临床症状的猪中分离出来的 RNA 病毒测序显示，20 世纪 80 年代后期以来，美国猪群中便存在 SVV。

已报道 SVV 能够从发病猪场的老鼠、猪和老鼠的粪便，饲料槽，饲喂工具及其它多种环境样本检测出。在猪场的苍蝇体内也可以检测到病原 RNA，这些证据表明该病具有大面积传播和扩散的风险。

（二）传播途径及传播方式

SVV 可引起新生仔猪流产，其传播方法和相关病变尚不明确。Oliveira T 等通过检查新生仔猪的自然感染来观察可能由 SVV 引起的病变。组织病理学显示移行上皮气球样变性、非化脓性脑膜脑炎、神经丛脉络膜炎和萎缩性肠炎。RT-PCR 在所有的组织中均检测到了 SVV 核酸，并且进行了测序，在所有器官的内皮和上皮组织中均观察到针对 SVV 的阳性免疫反应。切片显示小肠顶端肠细胞空泡化、脉络丛（CP）内皮细胞球囊变性和坏死以及非化脓性脉络丛炎。超薄切片表明顶端肠细胞水肿变性、脉络丛有孔毛细血管内皮变性和坏死、与病灶内病毒颗粒相关的室管膜细胞变性。据推测，SVV 最初可能感染新生仔猪的顶端肠细胞，并可能通过脉络丛进入循环系统，产生初始炎症反应，随后发生脑炎传播，表明 SVV 可能使用肠道神经系统传播。

（三）易感动物

国内报道 SVV 毒株多感染育肥猪和母猪，能够引起猪鼻部和蹄冠部产生显著的水泡病变，而新生仔猪和架子猪感染的病例较为少见。动物回归实验显示，母猪感染发病后，可引起新生仔猪发病，伴有仔猪急性死亡病例。在巴西和美国报道的病例中，SVV 毒株能引起母猪、保育猪、育肥猪等各个年龄段猪发生水泡性疫病，而且也存在突发新生仔猪大量死亡的情况。发病猪与临床感染带毒猪只，其鼻部、蹄部等部位的水疱中含有大量的病毒，是本病的主要传染来源。

此外，在小鼠的肠道和粪便以及家蝇中检测到 SVV，意味着这些物种可能携带病原体进行繁殖。

（四）流行特征

经统计分析国内的报道情况和田间样品的检测情况，从流行的季节来看，冬季样品占到总样品数的一半以上，其它季节也有零星发生。

我国新发的动物疫病的一个显著特点是由于动物调运等原因引起的跨区域、多地区流行，且流行病学背景不清。因此，国内 SVV 的感染、流行区域，防控也较为严峻。

（五）发生与分布

1. 在国外的发生与流行

2002 年，第一株 SVV 毒株由美国科研人员从细胞培养基污染物中分离鉴定，命名为 SVV-001 株。确定病原以来，SVV 主要在美国和加拿大零星散发，2007 年首次在加拿大确认猪感染 SVV。此后，在巴西、哥伦比亚、泰国和越南也发现了猪感染 SVV 的病例。

英国和意大利分别在 2007 年和 2010 年报道发生过类口蹄疫的水泡病，在排除口蹄疫、水泡性口炎等多种水泡病后，未进行 SVV 相关检测，报道推测极有可能是由 SVV 感染引起。

自 2015 年以来，SVV 感染先后在多个国家开始大范围流行，先后在美国（2015、2016、2017 年）、加拿大（2007、2011、2015、2016 年）、巴西（2014、2015、2016 年）、哥伦比亚（2016 年）和泰国（2016 年）的猪群中发生疫情。

美国、巴西作为世界养猪业大国，SVV 感染猪的病例近几年发生得越来越多。美国先后有明尼苏达州、艾奥瓦州、新泽西州、伊利诺伊州、路易斯安那州和加利福尼亚州等多地报道了 SVV 疫情。巴西也在不同地区报道了 SVV 疫情。

2. 在国内的发生与流行

猪感染 SVV 的病例于 2015 年在广东省首次报道，随后在湖北、福建、河南、黑龙江、山东、广西等地的猪群中均检测到 SVV。2018 年，中国动物卫生与流行病学中心对 2016—2018 年 SVV 进行了回顾性监测研究，显示 2016 年、2017 年、2018 年猪感染 SVV 的比例分别为 14.6%（7/48）、21.9%（7/32）和 22.6%（19/84）。

四、免疫机制与致病机理

（一）免疫机制

1. 先天性免疫反应

胆固醇-25-羟化酶作为宿主限制因子具有广谱抗病毒作用，其可以通过抑制病毒附着和复制起到抗 SVV 感染的作用。

2. 获得性免疫反应

SVV 只有一种血清型，不同毒株呈现出交叉中和反应和 T 细胞反应，这为疫苗的研发提供了基础。

SVV 免疫反应以在早期产生高水平的中和抗体为特征，这与感染后 7d 内 VP2 和 VP3 特异性 IgM 反应密切相关，且中和抗体水平与病毒血症的减少和疾病的消除同时发生。在 SVV 感染 10d 后，表达 IFN-γ 或响应 SVV 刺激而增殖的 $CD8^+$ 和 $CD4^+$ $CD8^+$ T 细胞（效应细胞/记忆性 T 细胞）的生成比例也增加，感染 14d 以内，主要 T 细胞亚群中 αβ T 细胞的生成比例增加，表明 SVV 感染后会引起 B 细胞和 T 细胞活化，IgM 抗体水平、针对病毒的早期中和活性以及高水平的 B 细胞和 T 细胞反应与患病猪的临床恢复相关。有研究报道，维甲酸诱导基因Ⅰ（RIG-Ⅰ）对 SVV 具有抗病毒作用，并且对于 SVV 感染期间激活Ⅰ型 IFN 信号至关重要。此外，CRISPR/Cas9 系统也可用作在 SVV 疫苗开发过程中对细胞系进行修饰从而增加病毒产量的有效工具。

（二）致病机理

SVV 感染可以半胱天冬酶依赖性和非依赖性方式诱导 SK6 细胞的细胞凋亡。NLRP3 的 3C（pro）裂解可抵消细胞凋亡激活，SVV 可能会在感染晚期抑制 Caspase-1 激活。SVV 在宿主细胞中的复制可以诱导 HEK-293T 细胞、SW620 细胞、SK6 细胞中 RIG-Ⅰ的降解，而 RIG-Ⅰ的过表达显著抑制了 SVV 的传播，SVV 2C 蛋白和 3C 蛋白可以降低 RIG-Ⅰ诱导的 β 干扰素的产生。

SVV 感染宿主细胞后，可通过病毒特异性或非特异性机制触发宿主细胞中的各种代谢和生化变化，已证明具有诱导宿主细胞自噬和凋亡的能力。SVV 诱导的细胞凋亡由 SVV 3C 蛋白酶引起，NF-κB-p65 在感染后期被裂解。

炭疽毒素受体 1（ANTXR1）敲除细胞失去了 SVV 感染的能力，而 ANTXR1 的过表达显著增加了细胞的渗透性，表明 ANTXR1 是 SVV 在猪体内的受体。

五、临床症状

（一）单纯感染临床症状

SVV 感染猪的临床症状主要是发热、嗜睡和厌食，鼻镜、唇部、口腔和蹄部的皮肤或黏膜上会出现水泡，发病后期水泡破溃、结痂，严重者蹄壳脱落。新生仔猪体弱，会出现皮肤充血、腹泻、神经系统症状，有时会伴有急性死亡。SVV 感染的临床症状与猪水疱性皮疹病毒（VESV）、水疱性口炎病毒（VSV）、猪水疱病病毒（SVDV）和口蹄疫病毒（FMDV）难以区分。猪在感染 SVV 后 7～21d 仍可在猪体内检测到病毒，临床症状可持续至感染后 12～14d，病毒血症可持续 1～10d。

（二）与其它病原混合感染的临床症状

SVV感染在母猪、育肥猪中大规模暴发，且能造成新生仔猪一定的死亡率。SVV被确定为猪特发性水泡病（PIVD）的病原体。作为一种新的病原体，SVV传播迅速，其临床症状与口蹄疫病毒（FMDV）、猪水疱病病毒（SVDV）、猪水疱性皮疹病毒（VESV）和水疱性口炎病毒（VSV）感染极其相似，难以区分，已造成重大经济损失。主要临床症状为发热、嗜睡和厌食，鼻镜、唇部、口腔和蹄部的皮肤或黏膜上会出现水泡，发病后期水泡破溃、结痂，严重者蹄壳脱落。

六、病理变化

（一）大体剖检

人工感染试验，剖检后各个脏器没有明显的损伤，在出现蹄部或口鼻部水泡病变的部位，组织出现中度或重度的坏死，坏死灶上皮细胞出现肿胀。

（二）组织病理学与免疫组织化学

SVV感染仔猪后，病理学显示其可造成仔猪的淋巴系统耗竭、淋巴细胞密度降低；免疫组织化学结果显示其可造成淋巴B细胞增殖减少、细胞凋亡增加。通过荧光定量RT-PCR方法检测脏器中RNA的载荷量，其中脾脏中RNA载量最高，其次为扁桃体和肠系膜淋巴结。在鼻唇皮肤和蹄表皮中的组织病理学病变主要是大量中性粒细胞浸润，存在大量炎性细胞碎片。

七、诊断

（一）临床诊断要点

1. 流行病学特点

经统计分析国内的报道情况和田间样品的检测情况，从流行的季节来看，冬季样品占到总样品数的一半以上，其它季节也有零星发生。动物调运等易引起的跨区域、多地区流行。

2. 临床症状特点

SVV感染猪的临床症状主要是发热、嗜睡和厌食，鼻镜、唇部、口腔和蹄部的皮肤或黏膜上会出现水泡，发病后期水泡破溃、结痂，严重者蹄壳脱落。新生仔猪体弱，会出现皮肤充血、腹泻、神经系统症状，有时会伴有急性死亡。

3. 病理变化特点

临床感染猪的各个脏器没有明显的损伤，在出现蹄部或口鼻部水泡病变的部位，组织出现中度或重度的坏死，坏死灶上皮细胞出现肿胀。发病猪的病理学显示淋巴系统耗竭、淋巴细胞密度降低；免疫组织化学结果显示其可造成淋巴B细胞增殖减少、细胞凋亡增加。

4. 与其它相关疾病的鉴别诊断

猪感染SVV后，病猪鼻吻、蹄冠部（任何皮肤黏膜交界处）出现小水疱，水疱破损后会导致急性跛行与出现溃疡等，蹄冠状带周围发红，皮肤充血，病猪表现出四肢无力、厌食、发热、昏睡、流涎。与猪水疱性皮疹病毒（VESV）、水疱性口炎病毒（VSV）、猪水疱病病毒（SVDV）和口蹄疫病毒（FMDV）等需做实验室鉴别诊断。

（二）实验室诊断要点

1. 病原诊断

病毒分离是病原诊断的金标准，采集典型临床发病动物水泡液、水泡皮，或者采集病灶周围的破溃组织，剖检动物的淋巴结、扁桃体，接种易感细胞 PK-15 细胞、BHK-21 细胞、IBRS-2 细胞等，可观察到典型的细胞病变。

Dall A 等建立特异性基于 TaqMan 的 qRT-PCR 检测方法，灵敏度可达 1.3×10^{1} copies/μl，能够检测和量化样品中的 SVV RNA 的载量。该技术是病毒诊断和评估受感染动物组织中 SVV 载量和流行病学研究的有效工具。

Fowler V 等针对病毒的 *3D* 基因建立实时的逆转录 PCR 检测方法，与其它水疱病病毒或常见猪病原体没有交叉反应，分析灵敏度为 0.79$TCID_{50}$/mL。Bracht A 等建立了一种灵敏的 SYBR Green RT-qPCR 检测方法，检测了包括蹄部病变的拭子和组织、口腔和口鼻上皮拭子、结痂以及肝脏和淋巴结等内部器官组织，可检测到低水平的 SVV RNA。

Zhou Z 等建立了一种针对保守病毒聚合酶 *3D* 基因的新型逆转录液滴数字 PCR（RT-ddPCR）检测方法，用于检测 SVV。该方法具有良好的线性、重复性和再现性，并在极低浓度的 SVV 核酸模板下保持线性，RT-ddPCR 的检测限为每次反应（1.53 ± 0.22）个 SVV RNA 拷贝，该检测的灵敏度比实时的逆转录 PCR 检测方法高约 10 倍。此外，特异性分析表明 SVV 的 RT-ddPCR 与其它重要的猪病原体没有交叉反应。RT-ddPCR 和 RT-qPCR 的一致性为 94.2%（$p<0.001$），但是 RT-ddPCR 的性能优于 RT-qPCR。Zeng F 等建立了实时逆转录环介导的等温扩增（实时 RT-LAMP）SVV 检测方法，该方法的检测限为 1$TCID_{50}$/mL。Feronato C 等则建立了巢式 PCR 检测方法，该方法是针对 *VP1* 的 316bp 基因片段，敏感性较普通 RT-PCR 方法高。

2. 血清学诊断

SVV 的血清学诊断方法主要包括病毒中和试验（VNT）、间接免疫荧光试验（IFA）、竞争法酶联免疫吸附试验（cELISA）和间接酶联免疫吸附试验。

病毒中和试验是检测动物血清中抗体的金标准，被世界动物卫生组织（OIE）推荐使用。然而，与其它方法相比，VNT 和 IFA 方法过于耗时和复杂，不适合临床现场测试。

ELISA 相对比较简单，便宜且易于操作，被广泛使用。ELISA 系统中的包被抗原主要是灭活全病毒和单体蛋白，但是使用完整的病毒颗粒作为抗原有一定的生物安全风险，而单体蛋白或肽的免疫原性相对较差。Yang M 等用灭活的全病毒作为包被抗原，建立间接 ELISA 方法，检测猪血清中的针对 SVV 的 IgM 和 IgG 抗体，显示接种后 5d，IgM 抗体开始转阳，6～14d 抗体水平达到峰值，21d 下降至较低水平，几乎检测不到。用单克隆抗体建立的竞争 ELISA 抗体检测方法，与中和抗体检测方法和间接 ELISA 方法检测已知背景血清，一致性较好。Dvorak C 等用大肠杆菌表达的 VP2 蛋白可以作为间接 ELISA 检测方法的抗原，该间接 ELISA 检测结果和 IFA 检测结果呈现正相关，且 ELISA 较 IFA 敏感性更高。Gimenez-Lirola L 等研究用重组的 VP1 结构蛋白作为抗原建立间接 ELISA 方法检测感染猪血清中的抗体水平，可以协同核酸检测方法对早期疫病的暴发进行监测。

病毒样颗粒是一种或多种病毒结构蛋白组成，类似于天然病毒的颗粒，较好地展示结构蛋白的表位，比单体蛋白或短肽表现出更好的敏感性、特异性和免疫原性，被看作是更为安全和有效的包被抗原。Bai M 等使用基于 VLPs 的 cELISA 检测 342 份血清样本，显示其特异性和敏感性分别为 100% 和 94%。该方法与 BIOSTONE 的 SVV 抗体检测试剂盒和间接免疫荧光方法检测的一致性分别为 90% 和 94.2%。

3. 实验室鉴别诊断技术

虽然 SVV 的临床症状与其它水疱病毒感染极为相似，但 SVV 的基因组序列与其它病毒的同源性较低，通过常规的 PCR 或者基因测序即可与其它病原区分开来。

八、预防与控制

国内 Li Y 等研究表明临床野毒接种 100 日龄猪出现水疱病变、低热、病毒血症，将该野毒灭活后接种猪可产生高滴度的中和抗体，免疫攻毒猪未出现水疱病变、发热、病毒血症等临床症状，可作为候选疫苗株，有利于 SVV 感染的防控。Yang F 等从来自中国福建省的病料中分离了 SVV CH-FJ-2017 株，与最近的 SVV 毒株进行比对，显示衣壳蛋白氨基酸一致性达到 98.5%～99.9%。通过在转瓶中培养 BHK-21 细胞繁殖病毒液，用二乙烯亚胺灭活病毒液作为制苗用抗原，与油佐剂混合乳化制备疫苗。通过中和试验评估灭活疫苗在猪体内的免疫原性，并用 SVV CH-FJ-2017 株强毒攻击免疫后的猪。结果表明，与未接种疫苗的动物相比，接种灭活疫苗（2μg/头份）的动物产生了高的中和抗体滴度，并且在病毒攻击后没有表现出临床症状，表明疫苗具有良好的保护效果。

紫外线可有效地杀死猪场不含有机材料的隔离物表面残留的塞尼卡病毒。

（张云静、肖燕、陈珍珍）

参考文献

[1] Arzt J, Bertram M, Vu L, et al. First detection and genome sequence of senecavirus a in Vietnam [J]. Microbiology Resource Announcements, 2019, 8 (3): e01247-18.

[2] Bai J, Fan H, Zhou E, et al. Pathogenesis of a senecavirus a isolate from swine in shandong province, China [J]. Veterinary Microbiology, 2020, 242: 108606.

[3] Bai M, Wang R, Sun S, et al. Development and validation of a competitive ELISA based on virus-like particles of serotype senecavirus A to detect serum antibodies [J]. AMB Express, 2021, 11 (1): 7.

[4] Bracht A, O'Hearn E, Fabian A, et al. Real-time reverse transcription PCR assay for detection of senecavirus A in swine vesicular diagnostic specimens [J]. PLoS One, 2016, 11 (1): e0146211.

[5] Chen P, Yang F, Cao W, et al. The distribution of different clades of seneca valley viruses in Guangdong province, China [J]. Virologica Sinica, 2018, 33 (5): 394-401.

[6] Chen Z, Yuan F, Li Y, et al. Construction and characterization of a full-length cDNA infectious clone of emerging porcine senecavirus A [J]. Virology, 2016, 497: 111-124.

[7] Dall A, Otonel R, Leme R, et al. A taqman-based qRT-PCR assay for senecavirus A detection in tissue samples of neonatal piglets [J]. Mol Cell Probes, 2017, 33: 28-31.

[8] Dvorak C, Akkutay-Yoldar Z, Stone S, et al. An indirect enzyme-linked immunosorbent assay for the identification of antibodies to senecavirus A in swine [J]. BMC Veterinary Research, 2017, 13 (1): 50.

[9] Fernandes M, Maggioli M, Joshi L, et al. Pathogenicity and cross-reactive immune responses of a historical and a contemporary senecavirus A strain in pigs [J]. Virology, 2018, 522: 147-157.

[10] Fernandes M, Maggioli M, Otta J, et al. Senecavirus A 3C protease mediates host cell apoptosis late in infection [J]. Frontiers in Immunology, 2019, 10: 363.

[11] Feronato C, Leme R, Diniz J, et al. Development and evaluation of a nested-PCR assay for senecavirus A diagnosis [J]. Tropical Animal Health & Production, 2018, 50 (2): 337-344.

[12] Fowler V, Ransburgh R, Poulsen E, et al. Development of a novel real-time RT-PCR assay to detect seneca valley virus-1 associated with emerging cases of vesicular disease in pigs [J]. Journal of Virology Methods, 2017, 239: 34-37.

[13] Gimenez-Lirola L, Rademacher C, Linhares D, et al. Serological and molecular detection of senecavirus A associated with an outbreak of swine idiopathic vesicular disease and neonatal mortality [J]. Journal of Clinical Microbiology, 2016, 54 (8): 2082-2089.

[14] Hales L, Knowles N, Reddy P, et al. Complete genome sequence analysis of seneca valley virus-001, a novel onco-

lytic picornavirus [J]. Journal of General Virology, 2008, 89 (5): 1265-1275.

[15] Hause B, Myers O, Duff J, et al. Senecavirus A in pigs, United States, 2015 [J]. Emerging Infectoius Diseases, 2016, 22 (7): 1323-1325.

[16] Hole K, Ahmadpour F, Krishnan J, et al. Efficacy of accelerated hydrogen peroxide (R) disinfectant on foot-and-mouth disease virus, swine vesicular disease virus and senecavirus A [J]. Journal of Applied Microbiology, 2017, 122 (3): 634-639.

[17] Hou L, Dong J, Zhu S, et al. Seneca valley virus activates autophagy through the PERK and ATF6 UPR pathways [J]. Virology, 2019, 537: 254-263.

[18] Joshi L, Fernandes M, Clement T, et al. Pathogenesis of senecavirus A infection in finishing pigs [J]. Journal of General Virology, 2016, 97 (12): 3267-3279.

[19] Joshi L, Mohr K, Clement T, et al. Detection of the emerging picornavirus senecavirus A in pigs, mice, and houseflies [J]. Journal of Clinical Microbiology, 2016, 54 (6): 1536-1545.

[20] Kapoor A, Victoria J, Simmonds P, et al. A highly divergent picornavirus in a marine mammal [J]. Journal of Virology, 2008, 82 (1): 311-320.

[21] Leme R, Alfieri A, Alfieri A. Update on senecavirus infection in pigs [J]. Viruses, 2017, 9 (7): 170.

[22] Leme R, Oliveira T, Alcantara B, et al. Clinical manifestations of senecavirus A infection in neonatal pigs, Brazil, 2015 [J]. Emerging Infectoius Diseases, 2016, 22 (7): 1238-1241.

[23] Leme R, Oliveira T, Alfieri A, et al. Pathological, immunohistochemical and molecular findings associated with senecavirus A-induced lesions in neonatal piglets [J]. Journal of Comparative Pathology, 2016, 155 (2-3): 145-155.

[24] Leme R, Zotti E, Alcantara B, et al. Senecavirus A: an emerging vesicular infection in Brazilian pig herds [J]. Transboundary and Emerging Diseases, 2015, 62 (6): 603-611.

[25] Li L, Bai J, Fan H, et al. E2 ubiquitin-conjugating enzyme UBE2L6 promotes senecavirus A proliferation by stabilizing the viral RNA polymerase [J]. PLoS Pathogens, 2020, 16 (10): e1008970.

[26] Li P, Zhang X, Cao W, et al. RIG-I is responsible for activation of type I interferon pathway in seneca valley virus-infected porcine cells to suppress viral replication [J]. Virology Journal, 2018, 15 (1): 162.

[27] Li Y, Zhang Y, Liao Y, et al. Preliminary evaluation of protective efficacy of inactivated senecavirus A on pigs [J]. Life (Basel), 2021, 11 (2): 157.

[28] Liu C, Li X, Liang L, et al. Isolation and phylogenetic analysis of an emerging senecavirus A in China, 2017 [J]. Infection Genetics and Evolution, 2019, 68: 77-83.

[29] Maggioli M, Lawson S, Lima M, et al. Adaptive immune responses following senecavirus A infection in pigs [J]. Journal of Virology, 2018, 92 (3): e01717-17.

[30] Miles L, Burga L, Gardner E, et al. Anthrax toxin receptor 1 is the cellular receptor for seneca valley virus [J]. Journal of Clinical Investigation, 2017, 127 (8): 2957-2967.

[31] Oliveira T, Leme R, Agnol A, et al. Seneca valley virus induces immunodepressionin suckling piglets by selective apoptosis of B lymphocytes [J]. Microbial Pathogenesis, 2021, 158: 105022.

[32] Oliveira T, Michelazzo M, Fernandes T, et al. Histopathological, immunohistochemical, and ultrastructural evidence of spontaneous senecavirus A-induced lesions at the choroid plexus of newborn piglets [J]. Scientific Reports, 2017, 7 (1): 16555.

[33] Pasma T, Davidson S, Shaw S. Idiopathic vesicular disease in swine in Manitoba [J]. The Canadian Veterinary Journal. La Revue Veterinaire Canadienne, 2008, 49 (1): 84-85.

[34] Pinheiro-de-Oliveira T, Fonseca-Junior A, Camargos M, et al. Reverse transcriptase droplet digital PCR to identify the emerging vesicular virus senecavirus A in biological samples [J]. Transboundary and Emerging Diseases, 2019, 66 (3): 1360-1369.

[35] Qian S, Fan W, Qian P, et al. Isolation and full-genome sequencing of seneca valley virus in piglets from China, 2016 [J]. Virology Journal, 2016, 13 (1): 173.

[36] Resende T, Marthaler D, Vannucci F. A novel RNA-based in situ hybridization to detect seneca valley virus in neonatal piglets and sows affected with vesicular disease [J]. PLoS One, 2017, 12 (4): e0173190.

[37] Rudin C, Poirier J, Senzer N, et al. Phase I clinical study of seneca valley virus (SVV-001), a replication-compe-

tent picornavirus, in advanced solid tumors with neuroendocrine features [J]. Clinical Cancer Research An Official Journal of The American Association for Cancer Research, 2011, 17 (4): 888-895.

[38] Ruston C, Zhang J, Scott J, et al. Efficacy of ultraviolet C exposure for inactivating senecavirus A on experimentally contaminated surfaces commonly found on swine farms [J]. Veterinary Microbiology, 2021, 256: 109040.

[39] Saeng-Chuto K, Rodtian P, Temeeyasen G, et al. The first detection of senecavirus A in pigs in Thailand, 2016 [J]. Transboundary and Emerging Diseases, 2018, 65 (1): 285-288.

[40] Segales J, Barcellos D, Alfieri A, et al. Senecavirus A: an emerging pathogen causing vesicular disease and mortality in pigs? [J]. Veterinary Pathology, 2017, 54 (1): 11-21.

[41] Strauss M, Jayawardena N, Sun E, et al. Cryo-electron microscopy structure of seneca valley virus procapsid [J]. Journal of Virology, 2018, 92 (6): e01927-17.

[42] Sun D, Vannucci F, Knutson T, et al. Emergence and whole-genome sequence of senecavirus A in Colombia [J]. Transboundary and Emerging Diseases, 2017, 64 (5): 1346-1349.

[43] Vannucci F, Linhares D, Barcellos D, et al. Identification and complete genome of seneca valley virus in vesicular fluid and sera of pigs affected with idiopathic vesicular disease, Brazil [J]. Transboundary and Emerging Diseases, 2015, 62 (6): 589-593.

[44] Venkataraman S, Reddy S, Loo J, et al. Crystallization and preliminary X-ray diffraction studies of seneca valley virus-001, a new member of the picornaviridae family [J]. Acta Crystallogr Sect F Struct Biol Cryst Commun, 2008, 64 (Pt4): 293-296.

[45] Venkataraman S, Reddy S, Loo J, et al. Structure of seneca valley virus-001: an oncolytic picornavirus representing a new genus [J]. Structure, 2008, 16 (10): 1555-1561.

[46] Wang H, Li C, Zhao B, et al. Complete genome sequence and phylogenetic analysis of senecavirus A isolated in northeast China in 2016 [J]. Archives of Virology, 2017, 162 (10): 3173-3176.

[47] Wang M, Mou C, Chen M, et al. Infectious recombinant senecavirus A expressing novel reporter proteins [J]. Applied Microbiology and Biotechnology, 2021, 105 (6): 2385-2397.

[48] Wen W, Li X, Wang H, et al. Seneca valley virus 3C protease induces pyroptosis by directly cleaving porcine gasdermin D [J]. Journal of Immunology, 2021, doi: 10. 4049/jimmunol. 2001030.

[49] Wen W, Yin M, Zhang H, et al. Seneca valley virus 2C and 3C inhibit type I interferon production by inducing the degradation of RIG-I [J]. Virology, 2019, 535: 122-129.

[50] Willcocks M, Locker N, Gomwalk Z, et al. Structural features of the seneca valley virus internal ribosome entry site (IRES) element: a picornavirus with a pestivirus-like IRES [J]. Journal of Virology, 2011, 85 (9): 4452-4461.

[51] Wu Q, Zhao X, Bai Y, et al. The first identification and complete genome of senecavirus A affecting pig with idiopathic vesicular disease in China [J]. Transboundary and Emerging Diseases, 2017, 64 (5): 1633-1640.

[52] Wu Q, Zhao X, Chen Y, et al. Complete genome sequence of seneca valley virus CH-01-2015 identified in China [J]. Genome Announcements, 2016, 4 (1): e01509-15.

[53] Yang F, Zhu Z, Cao W, et al. Immunogenicity and protective efficacy of an inactivated cell culture-derived seneca valley virus vaccine in pigs [J]. Vaccine, 2018, 36 (6): 841-846.

[54] Yang M, Bruggen R, Xu W. Generation and diagnostic application of monoclonal antibodies against seneca valley virus [J]. Journal of Veterinary Diagnostic Investigation, 2012, 24 (1): 42-50.

[55] Zeng F, Cong F, Liu X, et al. Development of a real time loop-mediated isothermal amplification method for detection of senecavirus A [J]. Journal of Virology Methods, 2018, 261: 98-103.

[56] Zhang H, Chen P, Hao G, et al. Comparison of the pathogenicity of two different branches of senecavirus a strain in China [J]. Pathogens, 2020, 9 (1): 39.

[57] Zhang X, Xiao J, Ba L, et al. Identification and genomic characterization of the emerging senecavirus A in southeast China, 2017 [J]. Transboundary and Emerging Diseases, 2018, 65 (2): 297-302.

[58] Zhang Z, Zhang Y, Lin X, et al. Development of a novel reverse transcription droplet digital PCR assay for the sensitive detection of senecavirus A [J]. Transboundary and Emerging Diseases, 2019, 66 (1): 517-525.

[59] Zhu H, Yan J, Liu X, et al. Cholesterol 25-hydroxylase inhibits senecavirus A replication by enzyme activity-dependent and independent mechanisms [J]. Veterinary Microbiology, 2021, 256: 109038.

第五章

禽新发病毒病

第一节　禽腺病毒感染

禽腺病毒（Fowl adenovirus，FAdV）是引起鸡以急性死亡、严重贫血、黄疸为主要临床症状的急性传染病的病原，属于禽腺病毒科、禽腺病毒属。禽腺病毒根据其抗原性不同可分为3个群：Ⅰ群禽腺病毒不同血清型之间具有共同的群特异性抗原，引起鹌鹑支气管炎、鸡包涵体肝炎、心包积液综合征；Ⅱ群禽腺病毒和Ⅲ群禽腺病毒主要包括火鸡出血性肠炎病毒（Turkey Hemorrhagic Enteritis virus，THEV）和减蛋综合征病毒（Egg drop syndrome virus，EDSV）。根据中和试验将Ⅰ群禽腺病毒分为12个血清型（FAdV-1～FAdV-12），不同血清型之间血清抗体交叉中和作用较弱。1950年，Oloson等首次在家禽上分离到不同血清型的FAdV，随着家禽养殖业的快速发展，不同国家和地区间家禽产品和种禽频繁调运，如今Ⅰ群禽腺病毒已经广泛流行于世界各地。我国于1976年首次在台湾发现该病毒引起的感染。2007年以前，Ⅰ群禽腺病毒的感染称为包涵体肝炎征（Inclusion body hepatitis，IBH），多呈散发，损失不大。2007年Ⅰ群禽腺病毒开始从散发变为地方性流行，尤其是2014年以来由FAdV-4引起的鸡心包积水-肝炎综合征（Inclusion body hepatitis/hydropericardium syndrome，IBH/HPS）在我国鸡群中大范围暴发，死亡率高达30%～80%，对我国养禽业造成了巨大的经济损失。

一、病原学

（一）分类地位

腺病毒科的成员按照血清学差异分为5个属，根据宿主范围不同，可以分为哺乳动物腺病毒属、禽腺病毒属、腺胸腺病毒属、唾液腺病毒属和鱼腺病毒属。其中禽腺病毒根据群特异性抗原的不同分为3个亚群：Ⅰ群禽腺病毒、Ⅱ群禽腺病毒和Ⅲ群禽腺病毒。Ⅰ群禽腺病毒代表株为鸡胚致死孤儿病毒（Chicken embryo lethal orphan，CELO）；Ⅱ群禽腺病毒包括火鸡出血性肠炎病毒（THEV）、雉鸡大理石脾病毒（Marble spleen disease virus，MSDV）和鸡大脾病毒（Avian adenovirus splenomegaly virus，AASV）。Ⅲ群禽腺病毒仅有减蛋综合征病毒（EDSV）一个成员。

FAdV 在病毒分类学上属于腺病毒科（Adenoviridae）、腺病毒属（*Aviadenovirus*）。依据限制性内切酶片段图谱和核酸序列等分子生物学标准，国际病毒分类委员会（International committee on taxonomy of viruses，ICTV）将Ⅰ群禽腺病毒属分为 14 个种，分别是禽腺病毒 A～E 种、鸭腺病毒 B、鹅腺病毒 A、鸽腺病毒 A、鸽腺病毒 B、火鸡腺病毒 B～D 种、鹦鹉腺病毒 B 种、猎鹰腺病毒 B 种。根据交叉中和实验，5 个禽腺病毒种（FAdV A～E）又分为 12 种血清型（FAdV-1～12），FAdV A～E 5 个种对应的血清型为：A 种包括 FAdV-1，B 种为 FAdV-5，C 种包括 FAdV-4 和 FAdV-10，D 种包括 FAdV-2 型、FAdV-3 型、FAdV-9 型、FAdV-11 型，E 种包括 FAdV-6 型、FAdV-7 型、FAdV-8a 型、FAdV-8b 型。

（二）病原形态结构与组成

FAdV 是无囊膜包被的双链 DNA 病毒，呈球形，直径约为 70～90nm。病毒粒子为二十四面体结构，主要由衣壳、核酸、衣壳外的纤突蛋白组成。主要的结构蛋白是六邻体（Hexon）蛋白、五邻体（Penton）蛋白，这两类聚体构成二十四面体衣壳，五聚体壳粒的基底锚定在衣壳上，细纤维向外延伸。病毒六邻体蛋白是主要的衣壳蛋白，含有型、群和亚群特异性抗原决定簇，所有Ⅰ群禽腺病毒存在相同的群特异性抗原决定簇。哺乳动物腺病毒每个基底只有 1 个纤突蛋白，而禽腺病毒 FAdV-1、FAdV-4、FAdV-10 的每个基底有两种不同的纤突蛋白，即 Fiber-1 和 Fiber-2 蛋白，其余 9 个血清型则只有一个纤突蛋白。

（三）培养特性

FAdV 的分离培养方法有鸡胚培养和细胞培养两种。将病毒液或处理好的组织样品通过卵黄囊、绒毛尿囊膜或尿囊腔途径接种 9～11 日龄 SPF 鸡胚进行病毒增殖培养。邱丽叶等利用荧光定量 PCR 方法比较了三种接种途径对病毒增殖效果的影响，结果表明卵黄囊接种途径 FAdV 增殖效果最好。FAdV 可利用原代鸡肾细胞、鸡胚肾细胞、鸡胚肝细胞、鸡胚成纤维细胞和鹌鹑成纤维细胞进行培养增殖，病毒感染后引起细胞形态发生变化，细胞脱离培养皿表面，感染细胞出现核内包涵体病变。

二、分子病原学

（一）基因组结构与功能

禽腺病毒是双链 DNA 病毒，基因组全长约为 40～45kb，不同 FAdV 基因组大小和基因序列有较大差异。有研究表明，FAdV-8 血清型基因组最大，大小约为 45kb，虽然Ⅰ群禽腺病毒各成员之间的基因组大小存在差异，但是编码蛋白的区域相对恒定。基因组两端存在末端倒置重复序列（Inverted terminal repeat，ITR），ITR 在病毒复制和病毒包装中发挥重要作用。

Ⅰ群禽腺病毒被蛋白质外壳所包裹，基因组可分为编码区和非编码区，编码区又根据 DNA 复制时间的不同分为早期转录单位（E）和晚期转录单位（L）。早期转录单位包括 E1～E4 四个区域，早期转录蛋白主要编码病毒的调节蛋白达到调控病毒复制的作用，其中 E1 是病毒复制表达的起始因子，主要表达蛋白参与病毒基因及细胞基因的转录；E2 区主要参与调节病毒基因组的复制；E3 区作为病毒复制的非必需区，其产物与病毒对宿主的免疫逃逸有关。有研究表明 CELO 和 FAdV-8 在 E3 区出现缺失，但是病毒依然具有感染细胞的能力；E4 区与病毒后期基因组表达、转录子拼接以及控制宿主细胞生物合成终止有关。晚期转录单位基因包含 L1～L5 五个区域，主要编码晚期调节蛋白和结构蛋白。Ⅰ群禽腺病毒基因组主要包括 3 个区域：左侧侧翼区、核心区域和右侧侧翼区。基因组 5′端区域在 FAdV-4 的基因组中较为保守，编码 ORF1、ORF2、ORF12 等。包装信号序列位于禽腺病毒基因组 100～500bp 之间，靠近 5′端末端倒置重复序列 ITR。包装信号和 ITR 在禽腺病毒的复制和包装中起着至关重要的作用。*ORF1* 编码的蛋白是一种脱氧尿苷焦磷酸酶（Deoxyuridinetriphosphate pyrophosphatase，dUTPase），其存在于多种病毒，主要作用为催化 dUTP 转化为 dUMP，可以帮助病毒 DNA 复制。ORF2 是细小病毒 Rep 蛋白的同源物，功能未知；其余蛋白功能需进一步研究。

核心区域主要编码多种结构蛋白，参与病毒感染和复制过程。DNA 结合蛋白具有多功能性，主要通过结合 DNA 单链来激发 DNA 复制和延伸；DNA 聚合酶促使病毒基因组复制，对病毒复制起始和延伸是必需的；末端前体蛋白为核蛋白，是Ⅰ群禽腺病毒复制起始涉及的 2 种蛋白之一；100K 是 FAdV 晚期非结构蛋白，有助于新病毒粒子的产生。基因组 3′端主要编码非结构蛋白，大部分基因结构的功能未知。

（二）主要蛋白的结构与功能

1. 衣壳蛋白

每个三聚体六邻体分子由一个三角形的塔区和五面体的基底构成，塔区由 Loop 1、Loop 2、Loop 3 和 Loop 4 四个环组成，其中 Loop 4 最长、最复杂，含有主要的抗原决定簇。基底由 P1 和 P2 两个保守区域构成。Hexon 蛋白肽段的前段和中段主要由 Loop 1、Loop 2 和 P1 区组成，后段由 Loop 3、Loop 4 和 P2 区构成。前中段带有主要的抗原决定簇，含有型、群特异性表位及中和性抗原表位，这些表位为不同血清型禽腺病毒 Hexon 所共有，不受腺病毒亚属的影响，是引起抗体免疫应答的主要抗原区，也是基因型分型参考序列之一。而后段含有较多的疏水性氨基酸，且较多在内部，因此抗原性较弱。

五邻体蛋白是由 5 个多肽相互作用组成，大小约 63kDa，在结构上其基底区与纤突蛋白相连，主要是通过其表面结合域与细胞表面分子的整合素结合来促进病毒的侵入和内化。

纤突蛋白大小约 62kDa，是通过前体蛋白水解后糖基化而来，具有型和亚群特异性抗原决定簇。从 N 端至 C 端分为尾区、柄区和顶端球形区 3 个部分，尾区与五邻体基座相连，为保守区；柄区一般由 22 个重复亚单位序列构成，每个亚单位含有 15 个氨基酸残基，推测这些氨基酸与病毒不同血清型的抗原特性有关；顶端球形区不仅可以诱导中和抗体产生，而且在病毒感染中负责与宿主的细胞受体结合，从而介导病毒进入细胞，是主要的功能区。

2. 核蛋白

核蛋白主要包括 pⅤ、pⅦ、pⅩ和 TP。PⅤ属于次要核蛋白，起到五邻体基底和基因组 DNA 连接作用。PⅦ是主要核蛋白，大小约为 22kDa，与 DNA 以非共价结合，与染色体结构类似。PⅩ的主要功能目前还不清楚。TP 是末端蛋白，大小为 55kDa，由 80kDa 的前体水解去除 N 端而成，对腺病毒 DNA 的复制起始起着重要的作用。

三、流行病学

（一）传染来源

Ⅰ群禽腺病毒是鸡、鸭、鹅等禽类常见的传染性病原，樱桃谷鸭、长尾鸭、番鸭、鸽子、鹌鹑、鸵鸟、猎鹰、鹦鹉等也发现了Ⅰ群禽腺病毒的存在。感染发病的禽类是禽腺病毒的传染源，但不同血清型，甚至同一血清型的不同分离株，致病力也不相同，很多分离株感染后不表现临床症状，可向外界排毒，感染其它禽类，这些隐形感染的禽类易被忽视，也是很重要的传染源之一。Ⅰ群禽腺病毒主要的复制场所为感染禽的消化道和呼吸道，病毒可长期存在于粪便、鼻气管黏膜、肺脏、肝脏和肾脏中，感染禽的各种排泄物均含有大量的病毒，可作为传染源。

（二）传播途径及传播方式

Ⅰ群禽腺病毒的传播途径主要包括垂直传播和水平传播，以垂直传播为主。种鸡在开产前或产蛋期感染禽腺病毒时，在1～2周内病毒可经蛋传递造成种蛋孵化率降低和雏鸡死亡率升高。有研究从7个鸡场分离到8个血清型病毒，甚至在同一只鸡体内分离到2～3个血清型，这表示不同血清型之间交叉保护作用很小。肉用种鸡在开产前感染Ⅰ群禽腺病毒，子代很可能先天感染，病毒的这种垂直传播方式进一步扩大了禽腺病毒的流行范围。

除了垂直传播，水平传播对Ⅰ群禽腺病毒的传播也极其重要。病毒可存在于粪便、肠道、肝脏、气管、鼻黏膜和肾脏中。因此，病毒可经各种污染的饲料、饮水、排泄物或通过直接接触的方式进行水平传播，尤其是排泄物中病毒滴度最高。传染性贫血和传染性法氏囊等免疫抑制病与禽腺病毒的继发感染会增加禽腺病毒的致病性。圈舍内的水平传播主要是通过动物与粪便的直接接触，并可在短距离范围内经空气缓慢传播，持续数周。另外，蛋盘、运蛋车、人员和运输工具也可造成Ⅰ群禽腺病毒的传播感染。

（三）易感动物

Ⅰ群禽腺病毒主要感染4～8周龄黄羽肉鸡，偶尔感染2～3周龄肉鸡，也有10日龄以内鸡发病的报道。在鸭、鹅和鸵鸟中也有分离到FAdV-4血清型毒株的报道。我国鸡群的禽腺病毒阳性率为51.4%，鸭群的阳性率为51.7%，鹅群的阳性率为17.3%。

（四）流行特征

本病一年四季均可发生，但以炎热的夏季和雨季为主，秋季也多发，当禽舍内外温差大、通风不佳或环境条件差时会导致该病的发生与流行。该病多呈隐性感染，不同疾病的临床症状表现不同。

（五）发生与分布

1. 在国外的发生与流行

1950年，Oloson等首次在家禽上分离到不同血清型的FAdV。1963年Helmbold等在美国鸡只中发现包涵体肝炎，主要由D种（FAdV-2和FAdV-11）和E种（FAdV-8a和FAdV-8b）引起。不同地区观察到多种血清型混合感染流行，如亚洲主要流行FAdV-4和FAdV-8型，欧洲主要流行FAdV-2、FAdV-5、FAdV-8、FAdV-11血清型。印度学者利用已有基因特异性引物，采用PCR对33份商品肉鸡肝脏样品进行检测，采用StyⅠ、BsiWⅠ、MluⅠ、AspⅠ、BglⅠ和ScaⅠ酶切法对33份FAdV阳性样品进行酶切分析，发现其中10份样品是FAdV-4血清型、5份样品为FAdV-8血清型、2份样品为FAdV-2和FAdV-12血清型混合感染、1份样品为FAdV-5和FAdV-6血清型混合感染；其它样品中存在一种以上血清型混合感染，其中FAdV-8和FAdV-5、FAdV-8和FAdV-7、FAdV-8和FAdV-6、FAdV-8和FAdV-12是主要的混合感染组合，说明禽腺病毒混合感染的情况较为常见。

2. 在国内的发生与流行

1967年在我国台湾省首次暴发了IBH。2015年下半年，我国和韩国出现FAdV-4血清型感染，主要表现为肉鸡、商品鸡和鸭的肾脏充血、心包积液充血和肝肿大并伴点状出血斑和点状区域，死亡率高，给我国家禽行业造成了巨大经济损失。研究发现我国分离的FAdV-4血清型毒株与其它国家的FAdV-4血清型毒株基因组缺失明显。近年来，由禽腺病毒引起的IBH和HHS在我国大面积暴发，相关研究者对六邻体蛋白的L1高变区分析发现2007—2014年间我国的主要流行血清型为FAdV-4、FAdV-8a、FAdV-8b和FAdV-11型。IBH在我国散发，死亡率约为10%～30%。Chen等流调结果表明，2015—2018年期间FAdV-4血清型是我国的优势血清型。HHS的病原与FAdV-4和FAdV-10有关，而IBH的暴发与FAdV-8a和FAdV-8b感染相关。2019年有研究通过对来自湖北、江西、安徽、湖南、河南等地的195份样本进行PCR检测、分析，共检测到禽腺病毒122份，其中FAdV-4型占40%、FAdV-10占20%、1份样品为FAdV-2血清型。自2005年我国鸡群大面积暴发HHS以来，多种血清型FAdV在我国鸡群中流行，除了FAdV-4优势血清型外，FAdV-8a和FAdV-8b型在鸡群内流行趋势愈加严重，给疫病防控带来挑战。

四、免疫机制与致病机理

（一）免疫机制

禽腺病毒在细胞核内通过调控宿主免疫应答进行复制。病毒在宿主细胞复制需要经过5个过程。①吸附：首先病毒衣壳外的纤突蛋白头节部与细胞膜上的柯萨奇病毒-腺病毒受体（Coxsackievirus and adenovirus receptor，CAR）结合。②穿入：病毒在CAR受体的介导下与宿主细胞膜结合，通过细胞质和细胞膜的相互作用刺激宿主细胞吞噬病毒粒子，使病毒进入宿主细胞。③遗传信息的释放：在蛋白酶的作用下，病毒粒子释放进入宿主细胞的细胞质。宿主细胞的蛋白酶解离Penton蛋白，并将Hexon蛋白水解为不同大小的片段，促使病毒粒子分解并释放核酸。④DNA的转录与复制：病毒基因组进入宿主细胞核内进行转录。⑤成熟病毒粒子的释放：病毒在宿主细胞内进行最后的修饰，通过细胞酶合成包装蛋白，并通过宿主细胞相关的转运系统，将包装蛋白以及复制的基因组从细胞核内转运到细胞质内，然后包装好的病毒粒子通过胞吐的形式从宿主细胞内释放出来。

（二）致病机理

关于禽腺病毒的感染和致病机制研究主要参考人腺病毒（Human adenoviruses，HAdV）的研究成果。在国外，1991年Md Saifuddin等用Ⅰ群禽腺病毒FAdV-8型口服感染2日龄SPF鸡，通过免疫组化方法对病原进行定位。结果表明：Ⅰ群禽腺病毒感染后，检测到病毒的第一个脏器是小肠。由于Ⅰ群禽腺病毒具有抗酸特性，完整的病毒粒子经过胃到达小肠，以病毒颗粒的形式被小肠上皮细胞吞噬，并进行病毒复制，病毒经过中央乳糜管和胸导管进入血液循环，经血液循环到达胰脏、骨髓、脾脏、肝脏和胸腺等各器官。2001年刘建民等用Ⅰ群禽腺病毒口服感染3日龄雏鸡，建立了禽腺病毒鸡包涵体肝炎动物模型，利用免疫金银染色法进行病原免疫组织化学动态研究。结果表明：该病毒对鸡的肝脏、胸腺、法氏囊、脾脏、小肠、肾脏、胰腺等脏器的上皮细胞、淋巴细胞、血管内皮细胞、窦内皮细胞及红细胞等均具有亲嗜性。2003年王纯洁等使用Ⅰ群禽腺病毒内蒙古分离株感染1日龄SPF鸡，肝脏在感染后的第6～7天和第12～14天形成两次病毒高峰，第二次病毒高峰导致更多的病毒进入骨髓和肝脏等重要组织器官。2012年国纪垒等通过直接和间接免疫荧光检测的方法对Ⅰ群禽腺病毒人工感染的SPF雏鸡不同时间段的组织器官进行检测，结果表明，试验期间肝脏和肠道的检出率最高，阳性信号最强，表明肝脏和肠道是Ⅰ群禽腺病毒主要的靶器官，病毒主要分布于肠绒毛上皮细胞、肺脏和肝脏内。

五、临床症状

1. 包涵体肝炎（IBH）

IBH又名贫血综合征，研究报道FAdV-4、FAdV-5、FAdV-10和FAdV-11血清型均可引起该病的感染。包涵体肝炎主要见于3～7周龄的肉鸡，感染后的主要特征是3～4d后出现死亡高峰，一般第5天开始好转。肝脏和肾脏病变明显，主要表现为肝脏肿胀、肾脏苍白肿胀、心内有少量黄色液体，有些病例脾脏肿大、出血。

2. 心包积液综合征（HHS）

HHS又名安卡拉病，主要由FAdV-4型引起，常见于3～5周龄的肉鸡，蛋鸡也有发病；该病发病急，死亡率可达80%，临床表现为心包积液和肝脏肿大，心包内有淡黄色液体或胶冻样物质，肝脏肿大、坏死，部分肝脏呈土黄色，表面有出血点。

六、病理变化

1. 包涵体肝炎

由禽腺病毒引起的包涵体肝炎的特征性病理变化在肝脏，表现为肝脏肿大，表面有不同程度的出血点和出血斑，肝脏褪色呈淡褐色至黄色，质脆；有的肝脏见大小不等的坏死灶，有时坏死和出血混合出现，肝脏表面凹凸不平，肝细胞内可见包涵体，嗜酸性，大而呈圆形或者不规则形，周边有明显的苍白晕，偶尔见嗜碱性包涵体。

2. 心包积液综合征

在心包积液的病例中，心包腔内有淡黄色清亮的积液、肺水肿、肝脏肿胀和发黄、肾脏肿大伴有肾小管扩张；心脏和肝脏出现多发性局灶性坏死，伴有单核细胞浸润，在肝细胞中有嗜碱性包涵体。

七、诊断

1. 血清学诊断

血清学诊断主要包括琼脂扩散试验、病毒中和试验（Virus neutralization，VN）和ELISA。其中，ELISA检测方法快速、灵敏，在实验室检测中得到广泛应用；目前广泛使用的Ⅰ群禽腺病毒抗体检测试剂盒为荷兰BioCheck的ELISA试剂盒，可检测12个血清型禽腺病毒的抗体。VN试验最初用于禽腺病毒的血清型分型、评价疫苗免疫效果和禽腺病毒的感染诊断，但该试验耗时较长，价格昂贵；琼脂扩散试验主要用已知抗原（抗体）检测未知的抗体（抗原），该方法的特异性好但灵敏度较差，相对中和试验更加高效。

2. 分子生物学诊断

常用的分子生物学诊断技术主要包括限制性内切酶分析（Restriction endonuclease analysis，REA）、聚合酶链式反应（PCR）、实时荧光定量PCR（Real-time PCR），也有研究使用LAMP技术和核酸探针技术进行禽腺病毒的诊断。最初REA主要用于FAdV的分型，根据BamHⅠ和Hind Ⅲ消化产生的DNA基因组的相似性，将FAdV的12个血清型分为5个种。目前实验室常用的诊断方法是PCR，可以直接从组织病料、咽或肛拭子提取检测，灵敏度高、简便、快速，满足了临床快速诊断的需求。PCR检测靶基因通常为52K和Hexon，根据Hexon基因PCR产物测序分析结果进行禽腺病毒鉴定和分型。另外，Fiber蛋白具有型和群特异性抗原决定簇，可利用Fiber基因进行Ⅰ群禽腺病毒检测。用PCR-REA靶向Fiber基因建立了一种新型可靠的FAdV毒株鉴定方法，可区分HPS和非HPS毒株。

3. 临床病理和透射电镜诊断

FAdV-4血清型毒株引起的HPS可通过临床病理分析和透射电镜进行诊断。猝死的鸡虽未表现任何临床症状，但解剖可观察到肾炎、肝炎和心包积液。利用透射电镜可在感染的肝细胞内发现离散的呈二十四面体的禽腺病毒颗粒。

八、预防与控制

目前，临床上对于Ⅰ群禽腺病毒的防治主要采取预防为主、防治结合的措施，禽腺病毒可以通过粪便、水槽以及种蛋进行水平传播，因此，加强饲养卫生及控制种蛋病毒污染，可以有效预防禽腺病毒的感染。另外鸡传染性贫血病毒和法氏囊病毒也可以增加禽腺病毒的感染风险，可以通过预防这两种疾病的发生来防控禽腺病毒病。

禽腺病毒有12个血清型，一个农场可同时感染多种血清型，甚至同一只鸡体内可以分离到多种血清型的禽腺病毒，这种交叉感染导致该病的防控难度加大，且大部分血清型之间交叉保护作用不强，因此，针对多个血清型保护效果良好的疫苗研发难度较大。Erny等研究结果表明，接种FAdV-4血清型疫苗可以预防FAdV-10血清型的感染，两个血清型都属于C种禽腺病毒。有研究表明使用FAdV-8a和FAdV-11型灭活苗或活苗联合免疫禽，可阻止两种血清型病毒以及D和E种FAdV的感染。早期巴基斯坦暴发HPS后，使用病死鸡的肝脏制备组织灭活苗进行预防控制，但灭活不当或不彻底容易增加病毒传播的风险。目前，国内预防禽腺病毒的常规疫苗为灭活苗。目前我国主要流行FAdV-4血清型，因此，通过制备针对血清4型的全病毒灭活苗可以有效防控HPS。Myeong-Seob Kim等使用鸡胚原代肝细胞（CEL）增殖FAdV-4型病毒制备油乳剂灭活疫苗，免疫鸡对FAdV-4、FAdV-5、FAdV-8a、FAdV-8b不同血清型的毒株均有较好的交叉保护作用，子代鸡也有部分免疫保护效果。FAdV-4血清型细胞苗免疫后ELISA抗体产生速度更快，抗体效价更高，可完全保护免疫鸡不出现组织损伤，而鸡胚苗免疫组个别鸡则出现典型的IBH病变。Mansoor等对FAdV-4血清型自然分离株利用鸡胚进行传代致弱，传至16代后病毒的致病力降低，制备的弱毒活疫苗可为免疫鸡提供94.73%的保护率。亚单位疫苗的免疫保护效果目前已经得到了广泛的认同，针对鸡传染性法氏囊病和人乙型肝炎的亚单位疫苗产品目前临床中已经得到广泛应用，Fiber和Penton蛋白是制备FAdV亚单位疫苗的候选蛋白。

对于受威胁未发病鸡群，可利用疫苗进行紧急预防接种，对于已经发病或疑似发病鸡群在饲料和饮水中添加电解多维，使用对肝脏没有损伤作用的广谱抗生素，防止继发感染。对于发病鸡群，可通过注射特异性的FAdV蛋黄抗体进行治疗。李宾等通过注射不同剂量的蛋黄抗体验证其治疗效果，结果表明0.5～1.0ml的注射剂量治愈率为90%～100%。魏中锋等在攻毒前5d与攻毒后3d肌内注射0.5ml的蛋黄抗体评价其预防和治疗效果，结果表明蛋黄抗体的预防和治疗保护率分别为98.67%和97.33%。蛋黄抗体制备成本低、工艺简单、稳定性好，针对无特效治疗药物的疫病，针对性更强，且不会产生耐药性，是一种简单有效的方法。

（石胜丽、刘武杰、张盼涛）

参考文献

[1] 国纪垒，刁有祥，薛聪．Ⅰ群禽腺病毒山东株的分离鉴定及 hexon 基因的克隆与分析［J］．中国畜牧兽医文摘，2013，29（09）：46.

[2] 何玲，肖文娅，杨廷韬，等．鸡心包积液-肝炎综合征研究进展［J］．吉林畜牧兽医，2021，42（04）：55-58.

[3] 侯云德．分子病毒学［M］．北京：学苑出版社，1990.

[4] 李宾，吴鹏．鸡安卡拉病卵黄抗体的制备与治疗效果研究［J］．中国动物保健，2017，19（12）：2.

[5] 李海英，尹燕博，郭妍妍，等．12 株肉仔鸡包含体肝炎病毒的分离和 PCR 鉴定［J］．中国兽医科学，2010，40（0）：722-727.

[6] 刘建民，胡维华，徐福南，等．鸡包涵体肝炎免疫组织化学动态研究［J］．畜牧兽医学报，2001，01：38-43.

[7] 路浩，张伟，王伟康，等．血清 8 型禽腺病毒纤突蛋白基因的克隆表达及多克隆抗体的制备［J］．中国家禽，2018，40（04）：16-20.

[8] 邱丽叶，李慧昕，王娟，等．不同接种途径对禽腺病毒在鸡胚中增殖的影响［J］．中国预防兽医学报，2016，38（4）：4.

[9] 宋文平．E 种禽腺病毒血清 8a 和 8b 型分离株致病性研究［D］．中国农业科学院，2020.

[10] 王纯洁，钱丽艳，赵怀平．鸡包涵体肝炎研究进展［A］．中国畜牧兽医学会．中国畜牧兽医学会兽医病理学分第 12 次暨中国动物病理生理学专业委员会第 11 次学术讨论会论文集［C］．中国畜牧兽医学会：中国畜牧兽医学会，2003：4.

[11] 王娟，刘亮亮，李慧昕，等．禽腺病毒血清 4 型的分离鉴定及遗传演化分析［J］．中国兽医科学，2017，47（06）：755-761.

[12] 魏中锋，杜卫宾，徐梅．血清 4 型Ⅰ亚群禽腺病毒高免卵黄抗体的制备与应用［J］．现代畜牧科技，2018，37（10）：3.

[13] 张宇，乔涵，杨兴武，等．禽心包积水-包涵体肝炎综合征的研究进展［J］．黑龙江畜牧兽医，2017，（03）：75-78.

[14] Akhtar S. Hydropericardium syndrome in broiler chickens in Pakistan［J］. world's poultry science journal，1994，50（2）：177-182.

[15] Alvarado I，Villegas P，El-Attrache J，et al. Genetic characterization，pathogenicity，and protection studies with an avian adenovirus isolate associated with inclusion body hepatitis［J］. Avian Diseases，2007，51（1）：27-32.

[16] Anjum A. Experimental transmission of hydropericardium syndrome and protection against it in commercial broiler chickens［J］. Avian Pathology，1990，19（4）：655-660.

[17] Balamurugan V，Kataria J. The hydropericardium syndrome in poultry-a current scenario［J］. Veterinary Research Communications，2004，28（2）：127-148.

[18] Chandra R，Dixit V，Kumar M. Inclusion body hepatitis in domesticated and wild birds：a review［J］. Indian Journal of Virology，1998，14：1-12.

[19] Li C，Li H，Wang D，et al. Characterization of fowl adenoviruses isolated between 2007 and 2014 in China［J］. Veterinary Microbiology，2016，197：62-67.

[20] Chen H，Dou Y，Zheng X，et al. Hydropericardium hepatitis syndrome emerged in cherry valley ducks in China［J］. Transboundary and Emerging Diseases，2017，64（4）：1262-1267.

[21] Chen L，Yin L，Zhou Q，et al. Epidemiological investigation of fowl adenovirus infections in poultry in China during 2015-2018［J］. BMC Veterinary Research，2019，15（1）：1-7.

[22] Chishti M，Afzal M，Cheema A. Preliminary studies on the development of vaccine against the" hydropericardium syndrome" of poultry［J］. Revue Scientifique et Technique-Office International des Epizooties，1989，8（3）：797-801.

[23] Cladaras C，Wold W. DNA sequence of the early E3 transcription unit of adenovims 5［J］. Virology，1985，140（1）：28-43.

[24] Cui J，Xu Y，Zhou Z，et al. Pathogenicity and molecular typing of fowl adenovirus-associated with hepatitis/hydropericardium syndrome in central China（2015-2018）［J］. Frontiers in Veterinary Science，2020，7：190.

[25] Dar A, Gomis S, Shirley I, et al. Pathotypic and molecular characterization of a fowl adenovirus associated with inclusion body hepatitis in Saskatchewan chickens. [J]. Avian Diseases, 2012, 56 (1): 73-81.

[26] Deng L, Qin X, Krell E, et al. Characterization and functional studies of fowl adenovirus 9 dUTPase. [J]. Virology, 2016, 497: 251-261.

[27] Domermuth C, Weston C, Cowen B, et al. Incidence and distribution of" Avian adenovirus group II splenomegaly of chickens" [J]. Avian Diseases, 1980, 24 (3): 591-594.

[28] Du D, Zhang P, Li X, et al. Cell-culture derived fowl adenovirus serotype 4 inactivated vaccine provides complete protection for virus infection on SPF chickens. [J]. Virus Diseases, 2017, 28 (2): 182-188.

[29] Erny K, Pallister J, Sheppard M. Immunological and molecular comparison of fowl adenovirus serotypes 4 and 10 [J]. Archives of Virology, 1995, 140 (3): 491-501.

[30] Éva I, Vilmos P, Béla M, et al. Hepatitis and hydropericardium syndrome associated with adenovirus infection in goslings [J]. Akadémiai Kiadó, 2010, 58 (1): 47-58.

[31] Grafl B, Aigner F, Liebhart D, et al. Vertical transmission and clinical signs in broiler breeders and broilers experiencing adenoviral gizzard erosion [J]. Avian Pathology, 2012, 41 (6): 599-604.

[32] Grgic H, Krell P, Nagy E. Comparison of fiber gene sequences of inclusion body hepatitis (IBH) and non-IBH strains of serotype 8 and 11 fowl adenoviruses [J]. Virus Genes, 2014, 48 (1): 74-80.

[33] Harrach B, Benko M. Phylogenetic analysis of adenovirus sequences [M]. Methods in Molecular Medicine, 2007, 131: 299-334.

[34] Helmboldt C, Frazier M. Avian hepatic inclusion bodies of unknown significance [J]. Avian Diseases, 1963, 7 (4): 446-450.

[35] Huong C, Murano T, uno Y, et al. Molecular detection of avian pathogens in poultry red mite (Dermanyssus gallinae) collected in chicken farms [J]. Journal of Veterinary Medicine Science, 2014, 76 (12): 1583-1587.

[36] Erny K, Pallister J, Sheppard M. Immunological and molecular comparison of fowl adenovirus serotypes 4 and 10 [J]. Archives of Virology, 1995, 140 (3): 491-501.

[37] Kawaguchi T, Nomura K, Hirayama Y, et al. Establishment and characterization of a chicken hepatocellular carcinoma cell line, LMH [J]. Cancer Research, 1987, 47 (16): 4460-4464.

[38] Kim J, Byun S, Kim M, et al. Outbreaks of hydropericardium syndrome and molecular characterization of Korean fowl adenoviral isolates [J]. Avian Diseases, 2008, 52 (3): 526-530.

[39] Kim M, Lim T, Lee D, et al. An inactivated oil-emulsion fowl adenovirus serotype 4 vaccine provides broad cross-protection against various serotypes of fowl adenovirus [J]. Vaccine, 2014, 32 (28): 3564-3568.

[40] Kumar R, Chandra R, Shukla S. Isolation of etiological agent of hydropericardium syndrome in chicken embryo liver cell culture and its serological characterization [J]. Indian Journal of Experimental Biology, 2003, 41 (8): 821-826.

[41] Li H, Wang J, Qiu L, et al. Fowl adenovirus species C serotype 4 is attributed to the emergence of hepati-tis-hydropericardium syndrome in chickens in China [J]. Infection Genetics and Evolution, 2016, 45: 230-241.

[42] LI P, Bellett A, Parish C, A comparison of the terminal protein and hexon polypeptides of avian and human adenoviruses [J]. Journal of General Virology, 1983, 64 (6): 1375-1379.

[43] El Bakkouri M, Seiradake E, Cusack S, et al. Structure of the c-terminal head domain of the fowl adenovirus type 1 short fiber [J]. Virology, 2008, 378 (1): 169-176.

[44] Mansoor M, Hussain I, Arshad M, et al. Preparation and evaluation of chicken embryo-adapted fowl adenovirus serotype 4 vaccine in broiler chickens [J]. Tropical Animal Health and Production, 2011, 43 (2): 331-338.

[45] Mase M, Nakamura K, Minami F. Fowl adenoviruses isolated from chickens with inclusion body hepatitis in Japan, 2009-2010 [J]. Journal of Veterinary Medical Science, 2012, 74: 1087-1089.

[46] Mase M, Nakamura K, Minami F. Fowl adenoviruses isolated from chickens with inclusion body hepatitis in Japan, 2009-2010 [J]. Avian Diseases, 2012, 64 (3): 330-334.

[47] McFerran J, Connor T, Adair B. Studies on the antigenic relationship between an isolate (127) from the egg drop syndrome 1976 and a fowl adenovirus [J]. Avian Pathology, 1978, 7 (4): 629-636.

[48] Mendelson C, Nothelfer H, Monreal G. Identification and characterization of an avian adenovirus isolated from a 'spiking mortality syndrome' field outbreak in broilers on the Delmarva Peninsula, USA [J]. Avian Pathology, 1995, 24 (4): 693-706.

[49] Mittal D, Jindal N, Tiwari A, et al. Characterization of fowl adenoviruses associated with hydropericardium syndrome and inclusion body hepatitis in broiler chickens [J]. Virus Disease, 2014, 25 (1): 114-119.

[50] Niczyporuk J, Woźniakowski G, Samorek-Salamonowicz E. Application of cross-priming amplification (CPA) for detection of fowl adenovirus (FAdV) strains [J]. Archives of Virology, 2015, 160: 1005-1013.

[51] Niu X, Tian J, Yang J, et al. Novel goose astrovirus associated gout in gosling, China [J]. Veterinary Microbiology, 2018, 220: 53-56.

[52] Niu Y, Sun Q, Zhang G, et al. Epidemiological investigation of outbreaks of fowl adenovirus infections in commercial chickens in China [J]. Transboundary and Emerging Diseases, 2017, 65 (1) .

[53] Ojkic D, Nagy E. The complete nucleotide sequence of fowl adenovirus type 8 [J]. Genvirol, 2000, 7 (81): 1833-1837.

[54] Popowich S, Gupta A, Chow-lockerbie B, et al. Broad spectrum protection of broiler chickens against inclusion body hepatitis by immunizing their broiler breeder parents with a bivalent live fowl adenovirus vaccine [J]. Research in Veterinary Science, 2018, 118: 262-269.

[55] Rodriguez J, Koga Y, Alvarado A, et al. Molecular characterization of peruvian fowl adenovirus (FAdV) isolates [J]. Advances in Applied Microbiology, 2014, 4: 595-603.

[56] Ruan S, Zhao J, Ren Y, et al. Phylogenetic Analyses of fowl adenoviruses (FAdV) isolated in China and pathogenicity of a FAdV-8 isolate [J]. Avian Diseases, 2017, 61 (3): 353-357.

[57] Saifuddin M, Wilks C, Pathogenesis of an acute viral hepatitis: inclusion body hepatitis in the chicken [J]. Archives of Virology, 1991, 116 (1-4): 33-43.

[58] Schachner A, Matos M, et al. Fowl adenovirus-induced diseases and strategies for their control-a review on the current global situation [J]. Avian Pathology, 2018, 47 (2): 111-126.

[59] Sheppard M. Identification of a fowl adenovirus gene with sequence homology to the 100K gene of human adenovirus [J]. Elsevier, 1993, 132 (2): 307-308.

[60] Sign S, Akusjrvi G, Pettersson U. Region E3 of human adenoviruses: differences between the oncogenic adenovirus-3 and the non-oncogenic adenovirus 2 [J]. Gene, 1986, 50 (1): 173-184.

[61] Vellinga J, Van Der Heijdt S, Hoeben R. The adenovirus capsid: major progress in minor proteins [J]. Journal of General Virology, 2005, 86 (6): 1581-1588.

[62] Wang K, Sun H, Li Y, et al. Characterization and pathogenicity of fowl adenovirus serotype 4 isolated from eastern China [J]. BMC Veterinary Research, 2019, 15 (1): 1-10.

[63] Webster A, Leith I, Nicholson J, et al. Role of preterminal protein processing in adenovirus replication [J]. Journal of Virology, 1997, 71 (9): 6381-6389.

[64] Wiethoff C, Wodrich H, Gerace L, et al. Adenovirus protein Ⅵ mediates membrane disruption following capsid disassembly [J]. Journal of Virology, 2005, 79 (4): 1992-2000.

[65] Yan T, Zhu S, Wang H, et al. Synergistic pathogenicity in sequential coinfection with fowl adenovirus type 4 and avian orthoreovirus [J]. Veterinary microbiology, 2020, 251: 108880.

[66] Zhang H, Jin W, Ding K, et al. Genetic characterization of fowl adenovirus strains isolated from poultry in China [J]. Avian Diseases, 2017, 61 (3): 341-346.

[67] Zhao J, Zhong Q, Zhao Y, et al. Pathogenicity and complete genome characterization of fowl adenoviruses isolated from chickens associated with inclusion body hepatitis and hydropericardium syndrome in China [J]. Plos One, 2015, 10 (7): e0133073.

[68] Zsák L, Kisary J. Grouping of fowl adenoviruses based upon the restriction patterns of DNA generated by BamHI and HindIII [J]. Intervirology, 1984, 22 (2): 110-114.

第二节 禽偏肺病毒感染

禽偏肺病毒（Avian metapneumovirus，aMPV）属于副黏病毒科、肺病毒属，自然宿主是火鸡和鸡。自1978年aMPV首次在南非发现以来，俄罗斯、巴西、以色列、日本以及大多数的欧洲国家均有报道，呈世界范围流行。我国沈瑞忠等于1998年在黑龙江某肉鸡场的肿头综合征鸡群中首次分离到aMPV，之后鲜有报道。2009年血清学调查结果显示，我国鸡群中普遍存在aMPV感染。该病传染性强，传播迅速，能引起多种禽类感染发病，主要引起鸡的肿头综合征，以眶下窦肿胀、头部肿胀、打喷嚏、流鼻涕和产蛋率下降等症状为主要特征，感染率可高达100%，由此造成的直接和间接损失难以估计。

一、病原学

（一）分类地位

aMPV在病毒分类学上属于单负链病毒目（Mononenegavirales）、副黏病毒科（Paramyxoviridae）、肺炎病毒亚科（Pneumovirinae），是偏肺病毒属（*Metapneumovirus*）成员，为不分节段的单股负链RNA病毒。根据禽偏肺病毒G蛋白的氨基酸序列和抗原相似性，aMPV分为A、B、C和D四个亚型。A亚型和B亚型为同一血清型，主要分布于欧洲、非洲、亚洲和南美洲，美国以C亚型感染为主，D亚型仅存在于法国。

（二）病原形态结构与组成

aMPV粒子呈粗面球形，平均直径为80～200nm，有囊膜，囊膜上有直径13～15nm的纤突。病毒常因囊膜破损而形态不规则，有时甚至可见到长达600nm的丝状病毒粒子。aMPV对脂溶剂敏感，抗干燥，在pH3.0～9.0时稳定，56℃加热30min即可失活。

（三）培养特性

aMPV分离成功率与样品采集时间和样品类型密切相关。aMPV在鼻甲骨和鼻窦内最多存活1周，可在感染早期采集患病鸡病毒含量较高的鼻甲、鼻窦和气管组织或分泌物进行病毒分离，肺脏、气囊以及其它非呼吸道组织分离成功率较低。患病鸡出现严重临床症状时，很难从鸡体内分离到aMPV，因为严重的临床症状可能是由其它病毒或者细菌继发感染引起，这也是从具有临床症状的鸡体内分离病毒比在火鸡体内分离更困难的原因。

aMPV常用的分离培养方式有以下几种。①气管环培养（TOC）：利用即将出壳的SPF鸡胚、火鸡胚和1～2日龄的SPF鸡制备气管环用于aMPV的分离。样品接种后，通过观察气管环纤毛的运动情况作为病毒增殖的判定指标，需连续培养几代后才能观察到稳定的纤毛停滞现象。早期A和B亚型aMPV均通过该方法分离获得，由于C亚型aMPV接种气管环后不能使纤毛运动停滞，所以该方法不适合C亚型aMPV的分离。②鸡胚培养：选用6～8日龄的SPF鸡胚或aMPV抗体阴性的火鸡胚通过卵黄囊途径接种病料进行病毒分离，接种后第8天收集尿囊液和卵黄囊液，一般情况下经过2～3次传代培养，胚胎出现发育受阻、胚体表面有出血，甚至死亡等现象。1980年，南非最早的毒株和明尼苏达州的C亚型aMPV采用鸡胚培养法分离获得。鸡胚培养的方法费时、费力，且分离成功率较低。③细胞培养：使用细胞培养方法从病料分离 aMPV 比较困难，但病毒一旦适应了鸡胚和气管环培养，可通过禽类和哺乳动物细胞培养获得高滴度的病毒，并且在细胞上连续传代后细胞变圆、聚堆，相互融合，产生多核的大细胞等明显特征性病变。可用于病毒分离和培养的原代细胞包括火鸡胚成纤维细胞（Turkey embryo fibroblast，TEF）、鸡胚成纤维细胞（Chicken embryo fibroblast，CEF）和鸡胚肝细胞（Chicken embryo liver，CEL）等。罗猴细胞（MA-104）、鸡成纤维细胞（DF-1）、黑长尾猴肾细胞（BGM-70）、鹌鹑成纤维细胞（QT-35）、非洲绿猴肾细胞（Vero）、牛胚肾细胞（MDBK）和幼仓鼠肾细胞（BHK-21）等传代细胞也可用于 aMPV 分离和培养。

二、分子病原学

（一）基因组结构与功能

aMPV 为不分节段、单股负链 RNA 病毒，基因组长度约为 14kb，包括 8 个基因，共编码 9 种蛋白。从 3′端到 5′端依次为核蛋白（Nucleocapsid protein，N）、磷蛋白（Phosphoprotein，P）、基质蛋白（Matrix，M）、融合蛋白（Fusion protein，F）、基质蛋白 2（M2）、小疏水蛋白（Small hydrophobic protein，SH）、糖蛋白（Glycoprotein，G）和大多聚酶蛋白（Large subunit of the Polymerase，L），其中 M2 又进一步合成 M2.1 和 M2.2 两个小蛋白。病毒基因组的 3′端和 5′端的非编码区分别有长约 50 个核苷酸组成的前导区（Leader）和尾部区（Trailer），它们负责病毒的复制和转录调控。aMPV 的 8 个基因排列顺序不同于肺病毒属病毒，且无非结构蛋白 NS1 和 NS2，8 个基因按 3′→5′顺序依次为：3′-leader-N-P-M-F-M2-SH-G-L-trailer-5′，每两个基因之间存在基因间隔序列。

同副黏病毒科的其它病毒一样，由于 aMPV 是单股负链病毒，因此不能直接以病毒基因组 RNA 作为转录和复制的模板，必须在病毒 RNA 与 N 蛋白、P 蛋白、M2-1 蛋白及 L 蛋白结合形成核衣壳复合物（RNP），并且被 RNA 聚合酶识别之后，才能作为转录与复制的模板。aMPV 的转录开始于 3′引导序列，沿着 3′→5′的方向依次转录出分别编码 N、P、M、F、M2、SH、G 及 L 蛋白的 8 种 mRNA。因为病毒基因组上仅有一个启动子，而且每两个基因之间的结合处均有一定的转录弱化效果，所以整个 mRNA 的转录量按照基因顺序出现逐级递减的现象，即 N＞P＞M＞F＞M2＞SH＞G＞L。

（二）主要基因及其编码蛋白的结构与功能

aMPV 病毒粒子的基质蛋白 M 外有一层脂质膜包裹，G、F、SH 三个糖基化囊膜蛋白在病毒粒子表面可形成一个突起，其中 G 和 F 蛋白是 aMPV 的主要抗原结构蛋白，N、P、L 为病毒的非结构蛋白。

1. 非结构蛋白

N 基因全长 1206bp，编码的 N 蛋白由 391 个氨基酸组成。研究表明，N 蛋白包裹基因组 RNA 形成一个螺旋形的核衣壳，保护基因组 RNA 免受核酸酶的作用。N 蛋白与 P 蛋白、M2 蛋白、L 蛋白相互协作，调控病毒基因组的转录和复制，N 蛋白可能是病毒转录与复制的切换因子。

P 基因全长 910bp，编码的 P 蛋白由 294 个氨基酸组成。P 蛋白的主要功能是与 N 蛋白、M2 及 L 蛋白形成复合物，参与病毒基因组的复制和转录。以新城疫病毒（NDV）为代表的其它副黏病毒为例，*P* 基因在转录过程中可以通过“RNA 编辑现象”编码产生 V 蛋白

和W蛋白。其中，V蛋白是干扰素（IFN）的拮抗剂，并且与病毒的复制、宿主嗜性以及致病性密切相关。而aMPV P蛋白是否也具有NDV P蛋白类似的功能，能否成为aMPV逃逸宿主免疫机制的一个重要手段，目前还未知，还需进一步研究。

*L*基因全长6173bp，编码的L蛋白由2005个氨基酸组成，在aMPV所有结构蛋白中分子量最大。L蛋白位于核衣壳内，与N蛋白、P蛋白、M2-1蛋白以及病毒基因组RNA结合形成核糖核蛋白复合体（Ribonucleoprotein complex，RNP）。L蛋白具有RNA依赖性RNA聚合酶的作用，参与病毒RNA的转录与复制。

2. 结构蛋白

*M*基因全长为868bp，编码的M蛋白由254个氨基酸组成。M蛋白是一种基质蛋白，主要分布于病毒囊膜内表面，一部分镶嵌在囊膜内，另一部分与核衣壳相邻，共同构成囊膜的支架。其主要功能是与细胞膜、病毒糖蛋白的胞质区以及核衣壳相互作用，从而参与病毒的装配过程，对形成具有感染性的病毒粒子至关重要。

*F*基因全长1644bp，编码的F蛋白由537个氨基酸组成。F蛋白为融合蛋白，具有介导病毒囊膜与靶细胞膜融合、使病毒穿入宿主细胞膜的功能，是病毒感染细胞所必需的，同时F蛋白也是aMPV一种重要的毒力蛋白和保护性抗原。F蛋白先以非活性前体F0形式存在，在细胞内特定的蛋白酶作用下裂解产生两个由二硫键相连的多肽F1和F2，使子代病毒有感染性。因此，F蛋白与aMPV的致病性密切相关。虽然F蛋白的裂解能力不是唯一的毒力决定因素，但已证明F0的裂解能力是决定病毒毒力的主要因素之一。

*M2*基因全长748bp，包含2个重叠的开放阅读框，分别编码M2-1蛋白（194个氨基酸）和M2-2蛋白（90个氨基酸）。M2-1和M2-2两种蛋白与N蛋白、P蛋白以及L蛋白共同调控病毒基因组的转录和复制。其中，M2-1蛋白是重要的转录延伸因子，也可跨越基因间隔序列增强病毒基因组的转录能力。*M2-2*基因虽然不是病毒复制所必需的，但删除*M2-2*基因后病毒RNA的转录水平升高，复制水平降低，从而导致病毒增殖缓慢。

*SH*基因全长623bp，编码的SH蛋白由175个氨基酸组成。SH蛋白是aMPV的另一种膜蛋白，其主要作用是在病毒侵染细胞的过程中介导病毒囊膜与靶细胞的融合。删除*SH*基因仅减缓病毒增殖速度，但其生物学活性不丧失，说明SH蛋白同M2-2蛋白一样，不是病毒增殖所必需的蛋白。同时说明SH蛋白在介导病毒囊膜与靶细胞的融合过程中可能仅起辅助作用。

*G*基因全长1758bp，编码的G蛋白由585个氨基酸组成。个别C亚型aMPV野毒株和细胞传代株的*G*基因变短，可能是病毒在复制过程中G蛋白羧基端被部分剪切所致。G蛋白是一种膜蛋白，与病毒吸附有关，同时也是aMPV的重要毒力蛋白与保护性抗原。G蛋白与副黏病毒科其它病毒的吸附蛋白不同，没有血凝素活性和神经氨酸酶活性。G蛋白虽不是aMPV增殖所必需，但G蛋白的存在有助于病毒的增殖，而且在病毒吸附靶细胞细胞膜以及诱导保护性免疫方面发挥重要作用。

三、流行病学

（一）传染来源

aMPV可引起火鸡严重的呼吸道感染，并可导致产蛋期火鸡产蛋数量和蛋壳质量下降，出现大量的薄壳蛋。aMPV也可感染蛋鸡和肉鸡，引起鸡肿头综合征（Swollen head syndrome，SHS)。感染 aMPV 发病或带毒的鸡和火鸡是该病的重要传染源，污染病毒的环境、饮水、用具、饲料、粪便、运输工具也是该病重要的传染源。aMPV 也存在于野生型和迁徙的鸟类中，虽不致病，但是很重要的传染源。

（二）传播途径及传播方式

aMPV 作为一种新的病原体出现时会快速传播，如英国在第一次检测到 aMPV 后，威尔士和英格兰大部分火鸡饲养地区在不到 9 周的时间就检测到了 aMPV，但 aMPV 传播的具体途径尚不是特别清楚。已证实 aMPV 可通过间接接触或直接接触患病的禽类，通过患病禽类的呼吸道黏液或其它样品传播。研究表明，易感鸡或火鸡直接接触感染 aMPV 的禽类 9d 即可发病。aMPV 主要感染上呼吸道，因此，aMPV 也可通过空气传播，尤其是通过空气中悬浮的颗粒物质进行传播。在产蛋母鸡的生殖道中也有检测到 aMPV 的报道，但 aMPV 是否可垂直传播，目前还不确定。aMPV 可在不同种类的家禽和鸟类之间互相传播感染，也可通过直接或间接途径感染鼠而不表现临床症状。aMPV 的传播与野禽的迁徙、人员与仪器设备的流动、感染家禽的运输、污染的水源和饲养工具等相关。目前，aMPV 已流行于整个欧洲、以色列、墨西哥、津巴布韦、日本、巴西、中美洲、美国和中国，有关禽偏肺病毒在国与国或地区之间的扩散方式和发生时间尚不清楚。

（三）易感动物

aMPV 可感染鸡、雉、海鸥和其它自由生活的鸟类，自然宿主是火鸡，其次是鸡。各种日龄的鸡和火鸡对 aMPV 均易感，发病高峰一般在 4～7 周龄，幼龄火鸡的死亡率可达 90%。aMPV 感染珍珠鸡和雉鸡后，引起类似鼻气管炎和肿头综合征的临床症状。通过 RT-PCR 和血清抗体检测，证实 aMPV 存在于八哥、鸵鸟、海鸥、麻雀、燕子、鸽子、鸭、鹅等水禽和野生迁徙的鸟类，这些野生迁徙的鸟类对 aMPV 不易感，仅仅是带毒和传毒。另外，分离自火鸡的 aMPV 也可感染小鼠和大鼠。

（四）流行特征

aMPV 自 1978 年从南非发病火鸡中分离以来，已在全世界范围内暴发与流行，成为威胁蛋鸡、肉鸡，尤其是火鸡养殖的最重要的病原之一，对养禽业造成了重大的经济损失。在美国该病的暴发具有明显的季节性，80%集中在春季（4～5 月份）和秋季（10～12 月份），然而在英国无季节性暴发特征，我国 aMPV 流行也没有明显的季节性。除了火鸡、肉用仔鸡、产蛋鸡感染后出现明显临床症状，其它禽类单纯感染 aMPV 不一定表现明显的症状，但污染的水源、感染禽和康复禽的流动、人员和设备的流动，尤其是伴随其它细菌、呼吸道病原的继发或混合感染可引起该病的暴发。

（五）发生与分布

1. 在国外的发生与流行

1980 年在南非首次检测到 aMPV，随后作为一种新发的病原 aMPV 迅速传播到全球各地，目前，亚洲、非洲、欧洲、南美洲、北美洲等所有饲养家禽的区域都有 aMPV 的报道。由于 aMPV 感染禽类后在鼻窦和鼻甲骨内最多只能存在 6～7d，因此，aMPV 的检测、分离和鉴定较为困难。尽管各个国家和地区鸡群感染 aMPV 的报道很多，但关于 aMPV 的检测、分离的报道较少。aMPV 的流行情况主要依据血清学方法来确定，A 亚型和 B 亚型 aMPV 为同一血清型，流行范围比较广，主要分布于欧洲、非洲、亚洲和南美洲，而美国以 C 亚型感染为主，D 亚型仅在法国存在。

2. 在国内的发生与流行

我国于1998年首次从患有肿头综合征的鸡群中分离到aMPV，但未确定亚型，随后国内的研究人员对种鸡感染aMPV的情况进行了调查。贠炳岭等发现黑龙江、吉林、长春、河北、山东、河南、江苏等地的种鸡群中普遍存在aMPV感染，个别种鸡场血清阳性率达到100%，鸡群在开产前即已感染aMPV，有的鸡群最早在6～8周龄就已感染aMPV。张丹俊等的研究数据表明安徽省不同地方不同品系的鸡群如黄羽土鸡、青脚麻肉鸡、禽粤黄蛋鸡、新广麻肉鸡、海兰蛋鸡、淮南麻黄鸡和科宝肉鸡等均存在严重的aMPV感染，且蛋用型鸡的感染率明显高于肉用和兼用型鸡，阳性率可达88.7%。分子生物学研究也证实aMPV在国内普遍存在。2008年Owoade等利用RT-PCR的方法在中国的东南部检测到A亚型aMPV。2013年贠炳岭从东北地区肉种鸡的体内检测到B亚型aMPV。薛聪等从商品肉鸡中分离到一株B亚型aMPV和C亚型aMPV。Sun等于2014年从番鸭上分离到一株C亚型aMPV。

四、免疫机制与致病机理

（一）免疫机制

aMPV的自然宿主是鸡和火鸡，感染鸡和火鸡时会诱导体液免疫和细胞免疫，但是相同剂量的aMPV感染鸽子和麻雀则未能刺激机体产生免疫应答。研究表明，细胞免疫是抗aMPV呼吸道感染的主力，经化学法去除法氏囊的雏火鸡虽然aMPV疫苗免疫后不能产生特异性抗体，但依然可为aMPV攻毒提供免疫保护。aMPV活疫苗免疫后7d，血清ELISA抗体和中和抗体开始转阳，免疫后21d抗体阳性率可达100%。种鸡的抗体可经卵黄传递给子代，抗体效价与种鸡循环抗体水平直接相关。但有研究表明，高水平的母源抗体并不能为1日龄火鸡提供针对aMPV感染的有效保护。

（二）致病机理

为研究B亚型aMPV对蛋鸡的致病性，包媛玲等将B亚型aMPV LN16株通过点眼、滴鼻的方式感染9周龄蛋鸡。感染后第3天开始，感染组蛋鸡出现黏稠泡沫样鼻液，个别鸡伴有鼻痂等症状，感染后1～7d累计发病率为92.3%，感染后7d，临床症状完全消失。感染组蛋鸡在感染后1～5d可检测到排毒，感染后6d检测不到排毒。感染后第4天，感染组蛋鸡的哈氏腺、气管、喉头及鼻甲骨内均有病毒分布，其中鼻甲骨中的病毒含量最高。组织病理观察结果表明，感染组蛋鸡的鼻甲骨、肺脏、气管均表现出不同程度的病理损伤，主要表现为炎性细胞浸润。

于蒙蒙将B亚型aMPV LN16分离株分别感染3、6、9和15周龄的SPF鸡，不同日龄的SPF鸡感染后3～6d均出现流鼻涕、流眼泪、甩头和精神萎靡等临床症状，发病率大于70%。鸡感染后第2～5天开始排毒，且在第4天排毒率最高，可在鼻甲骨、气管、喉头等上呼吸道组织中检测到病毒，偶尔也在胸腺中检测到病毒，鼻甲骨和肺脏出现炎症等病理变化。剖检时发现感染组SPF鸡的胸腺有明显的出血现象，病理检测发现胸腺的皮质和髓质均有出血现象，推测aMPV感染后引起其它病原的继发感染可能与aMPV对免疫器官的损伤有关，其潜在机制还需进一步研究。

孙晓艳等将B亚型aMPV通过静脉注射或滴鼻感染6周龄SPF鸡，感染后1～6d $CD4^+/CD8^+$呈现升高趋势，机体在短时间内启动自身免疫反应抵抗病原，第9d $CD4^+/$

$CD8^+$ 开始迅速降低，表明机体免疫机能受到 aMPV 的影响，细胞免疫机能下降。SPF 鸡感染初期，胸腺、脾脏指数均高于正常对照组 SPF 鸡，感染后期由于免疫机能下降，胸腺、脾脏指数均低于对照组。aMPV 感染 SPF 鸡后，对机体的体液免疫无显著影响，但在一定时间内抑制机体细胞免疫，可引起肝脏和呼吸道轻微病变，为其它病原的入侵创造了条件。

五、临床症状

（一）单纯感染临床症状

aMPV 感染火鸡引起严重的呼吸道症状，一般在感染后 2～10d 内可以观察到临床症状，感染后 5～7d 临床症状最明显。幼龄火鸡临床症状比较典型，表现为：以爪抓面部、啰音、打喷嚏、流鼻涕、流眼泪、泡沫性结膜炎、下颌水肿和眶下窦肿胀、咳嗽和甩头，日龄稍大的火鸡更常见。aMPV 感染产蛋期火鸡可导致产蛋数量和蛋壳质量下降，产蛋率可下降 70%，软壳蛋和薄壳蛋增多。不同日龄的火鸡感染 aMPV 后发病率通常可高达 100%，但死亡率为 0.4%～50%，单纯 aMPV 感染，未继发其它病原，感染鸡可很快恢复，感染后 10～14d 即可恢复正常。

鸡感染 aMPV 临床症状轻微，甚至不表现临床症状。3～15 周龄的 SPF 鸡感染后 3～6d 均出现流鼻涕、甩头、流眼泪及精神萎靡等临床症状，发病率均在 70%及以上。aMPV 与肉鸡和肉种鸡的肿头综合征（SHS）密切相关，其主要临床症状如下：咳嗽、打喷嚏、眶下窦和下颌肿胀、面部肿胀、歪头斜颈、角弓反张和脑定向性失调。虽然普遍出现呼吸道症状，但感染率一般不超过 4%。肉种鸡死亡率不超过 2%，通常对产蛋有影响，商品蛋鸡还可影响蛋的质量。研究表明，点眼或滴鼻感染 aMPV 后产蛋一般正常，但静脉接种感染时临床症状严重且产蛋下降比较明显。

（二）与其它病原混合感染的临床症状

鸡肿头综合征（SHS）在肉鸡和种鸡群中都有报道，但 aMPV 可能不是唯一的病原体。在第一例来自南非的 SHS 报告中，同样分离出传染性支气管炎（IBV）病毒。大肠杆菌也能造成鸡群的肿头症状。

aMPV 单独感染时，引起鸡的呼吸道症状轻微，并且感染后 7～10d 即可恢复正常。若 aMPV 感染鸡的同时伴有大肠杆菌（Escherichia coli）、鸡贫血病毒（Chicken anemia virus，CAIV）、鸡毒支原体（Mycoplasma galliscepticum，MG）、滑液囊支原体（Mycoplasma synoviae，MS）、禽传染性支气管炎病毒（Avian infectious bronchitis virus，IBV）、新城疫病毒（Newcastle disease virus，NDV）和禽传染性喉气管炎病毒（Avian infectious laryngotracheitis virus，ILTV）等继发感染时，病情加重，病程延长，发病率升高，发病率可达 100%，成年鸡的死亡率低，雏鸡的死亡率可高达 80%，且严重影响蛋鸡的产蛋量。管理因素的差异也会导致不同的临床症状，如饲养密度太大、通风不良、环境潮湿和卫生管理较差等。

六、病理变化

（一）大体剖检

利用 aMPV 欧洲分离株感染 5 周龄火鸡，感染后 96h 气管纤毛完全脱落。产蛋火鸡感染后1～9d内鼻腔、鼻甲和眶窦出现的渗出物由水样逐渐变为黏蛋白样，气管内也出现大量黏蛋白样渗出；同时，肺泡出现肿胀、黏膜充血和黏膜过度增生的迹象，生殖道常出现卵黄性腹膜炎、输卵管内壳膜折叠、畸形蛋、卵巢和输卵管退化、白蛋白浓缩和卵黄硬化等病变。感染4～10d后，眼观病变明显。如果继发细菌感染，可出现肺炎、心包炎、肝周炎、脾和肝脏肿大。鸡感染aMPV明显的病变与肉鸡和肉种鸡的SHS有关，大体病变包括头、颈和肉垂的皮下组织有广泛的黄色胶冻样或脓性水肿，眶下窦有不同程度的肿胀。

（二）组织病理学与免疫组织化学

aMPV感染小日龄火鸡后1～2d鼻甲部腺体增生肿大，上皮纤毛受损或脱落，黏膜下层充血并有轻度单核细胞浸润；感染后3～5d上皮细胞层损坏、黏膜下层有大量的单核炎性细胞浸润。组织病理学和免疫细胞化学研究表明，病毒感染1～2d后，鼻甲骨的上皮脱落，腺体活动增强，局部纤毛脱落和黏膜下层出现轻度的单核细胞浸润；感染后3～5d上皮细胞层也受到严重的损坏，黏膜下层出现明显的炎性细胞浸润；气管暂时性病理损伤，支气管黏膜出血，黏膜上皮的杯状细胞增生、纤毛脱落和表面沾有少量黏液；其它组织基本上没有病变。

6周龄SPF鸡静脉注射或滴鼻点眼途径感染B亚型aMPV，感染后3～10d出现轻微临床症状，挤压鸡的鼻腔可见黏液流出。感染初期肝脏水肿，异嗜性白细胞聚集于动脉周围形成炎性灶，炎性灶多而大，后期炎性灶变小。气管黏膜上皮细胞坏死脱落，黏膜固有层充血、出血、炎性细胞浸润，后期病变减轻。肺充血、出血，后期出血减轻、炎性细胞减少。心肌和小肠黏膜下层均有少量淋巴细胞浸润。胸腺小体增生，髓质所占比例增大，小叶间结缔组织增生。脾脏感染初期生发中心网状内皮细胞增生，红髓与白髓分界模糊，个别区域浆细胞增多，后期红髓与白髓分界清晰。法氏囊水肿，初期炎性细胞浸润形成淋巴滤泡，后期淋巴细胞大量溶解消失，多形成空泡，结缔组织增生，成熟后萎缩变小，有少量淤血。SPF鸡感染后2～5d可在鼻甲骨、气管、喉头等上呼吸道组织中检测到病毒，感染后第4天排毒率最高，病毒在鸡体内一过性存在。

七、诊断

（一）临床诊断要点

1. 流行病学特点

各种日龄的鸡和火鸡对aMPV均易感，但发病高峰一般在4～7周龄，且发病率高，幼龄火鸡的死亡率可达90%。野生型和迁徙的鸟类对aMPV不易感，仅带毒和传毒。aMPV可通过间接接触或直接接触患病的禽类进行传播，易感的鸡或者火鸡直接接触感染aMPV的禽类9d即可发病。aMPV流行的季节性不明显，继发或混合感染其它病原时临床症状明显。由于是一过性感染，aMPV的检测、分离和鉴定难度较大，主要依据血清学方法确定流行情况，部分养禽场的血清阳性率可达100%。

2. 临床症状特点

aMPV感染火鸡引起严重的呼吸道症状，一般在感染后2～10d内可以观察到临床症状，感染后5～7d临床症状最明显。幼龄火鸡临床表现为：以爪抓面部、啰音、打喷嚏、流鼻涕、流眼泪、泡沫性结膜炎、下颌水肿和眶下窦肿胀，出现咳嗽和甩头，且日龄稍大的火鸡更常见。鸡感染aMPV可能不表现临床症状，aMPV与肉鸡和肉种鸡的肿头综合征（SHS）

密切相关，主要临床症状表现为：咳嗽、打喷嚏、眶下窦和下颌肿胀、面部肿胀、歪头斜颈、角弓反张和定向性失调。aMPV感染产蛋鸡和火鸡还会导致产蛋数量和蛋壳质量下降，软壳蛋和薄壳蛋增多。

3. 病理变化特点

aMPV感染后引起气管纤毛完全脱落，鼻腔、鼻甲和眶窦出现有水样或黏蛋白样渗出物，气管内也出现大量黏蛋白样渗出。鼻甲骨上皮脱落，腺体活动增强，局部纤毛丧失和黏膜下层出现轻度的单核细胞浸润，气管黏膜上皮细胞坏死脱落，黏膜固有层充血、出血、炎性细胞浸润，后期病变减轻。肺充血、出血，血管内有淋巴细胞，后期出血减轻，炎性细胞减少。同时，肺泡出现肿胀，黏膜充血和黏膜过度增生，生殖道常出现卵黄性腹膜炎。继发细菌感染，可出现肺炎、心包炎、肝周炎，脾和肝脏肿大。aMPV与肉鸡和肉种鸡的SHS密切相关，感染鸡头、颈和肉垂的皮下组织有广泛的黄色胶冻样或脓性水肿，眶下窦不同程度地肿胀。

4. 与其它相关疾病的鉴别诊断

副黏病毒，尤其是NDV、IBV、AIV、APMV-4，以及火鸡禽波氏杆菌、鼻气管鸟杆菌、支原体等病原体引起和aMPV感染类似的呼吸道疾病和产蛋下降的临床症状，应进行实验室鉴别诊断。肿头综合征的特征是“肿头”，通常是由于aMPV感染后继发细菌感染引起，给临床诊断带来很大困难，需要进行鉴别诊断。

（二）实验室诊断要点

1. 病原诊断

由于aMPV分离对样品采集时间和样品类型要求苛刻，致使aMPV分离比较困难。虽然可从感染火鸡的气管、肺脏和内脏中分离到病毒，但含量最高的是患病禽的眼分泌物、鼻分泌物、鼻窦与鼻甲骨组织。由于感染后病毒在鼻窦和鼻甲骨最多存在6～7d，所以应抓住这个时间段采集病料，这个时机对于病毒的检测与分离是十分重要的。当患病鸡出现严重的临床症状时，很难从鸡的体内分离到aMPV，因为严重的临床症状是由其它病毒或细菌继发感染引起。实际养殖生产活动中其它多种不确定因素，进一步加大了病毒分离的难度。由于病毒不稳定、容易失活，采集的样品必须马上放在冰上，并尽快送到实验室进行aMPV的分离。如果不能立即进行病毒分离，病料需在－50～－70℃冻存。病毒分离方法主要有气管环培养（TOC）、鸡胚培养、细胞培养，应采用多种方法进行诊断，以最大限度地提高病毒分离的成功率。

由于aMPV很难从鸡体内分离成功，所以实验室常通过特异性RT-PCR方法进行病毒核酸检测，以确认病原在鸡体内感染情况。与病毒分离法相比，该方法不仅更快速和灵敏，还可以确定aMPV的亚型。检测样品的常见类型为患病禽的眼鼻分泌物、鼻窦与鼻甲骨组织。在应用RT-PCR技术检测样品时需根据aMPV的流行情况设计亚型特异性PCR检测引物或通用型aMPV PCR检测引物。根据aMPV的*N*基因的保守性，在*N*基因的保守区设计PCR检测引物，能够检测到A、B、C和D四个亚型，将检测的阳性样品再通过序列分析或利用型特异性PCR检测引物来确定亚型。常用的特异性PCR检测引物是根据*F*、*G*和*M*基因设计的。禽偏肺病毒在鸡体内含量很低，普通的RT-PCR检测结果并不理想，为提高检测的灵敏性，使用两对特异性PCR引物，且进行两次PCR扩增的套式RT-PCR可进一步提高检测敏感性，但该方法比RT-PCR操作更加复杂，且更容易出现假阳性。荧光定量RT-PCR（qRT-PCR）是利用荧光染料或荧光标记的特异性探针，对PCR产物进行标记示踪，实时在线监控 PCR 反应过程，并结合相应的软件对产物结果进行分析，计算检测样品的初始浓度，该方法不仅可快速、灵敏和特异性高地检测大量样品，还可实现对检测样品的定量。Franzo G 等人建立了检测 A 和 B 亚型 aMPV 的 SYBR Green I qRT-PCR，Guionie 等建立的荧光标记的探针法 qRT-PCR 可灵敏地检测出四个亚型的 aMPV。

环介导等温扩增（LAMP）方法是一种新的适用于基因诊断的恒温核酸扩增技术，仅需一台水浴锅或恒温箱就能实现反应，结果可通过肉眼观察白色浑浊或绿色荧光的生成来判断，具有灵敏度高、操作简单、反应时间短、临床使用不需要特殊的仪器等优点，特别适合在现场和基层部门应用。鞠小军等使用 B 亚型 aMPV *F* 基因的特异性引物，通过优化反应体系和反应条件，建立了 B 亚型 aMPV 逆转录环介导等温核酸扩增（RT-LAMP）快速检测方法，对质粒 DNA 的最小检测量为 1×10^2 copies/μL，并与其它病毒，如 H9N2 亚型禽流感病毒（AIV）、新城疫病毒（NDV）、传染性支气管炎病毒（IBV）、传染性法氏囊病病毒（IBDV）等的核酸无交叉反应。

2. 血清学诊断

由于 aMPV 的分离鉴定比较困难，因此，血清学方法常用于商品家禽及其它禽类 aMPV 感染的诊断。酶联免疫吸附试验（ELISA）是最常用的血清学检测方法之一，该方法操作简便，样品需求量少，适合高通量检测，且快速、灵敏。现在国外已有多种商品化和自主研制的 aMPV 抗体检测试剂盒，有些试剂盒可检测多种禽源的不同亚型 aMPV。由于 ELISA 包被抗原氨基酸同源性的差异和抗原纯度低的原因，致使不同试剂盒检测不同亚型的 aMPV 时，敏感性和特异性没有保证。并不是所有毒株作为包被抗原都可以检测到血清中的 aMPV 抗体，用异源毒株包被 ELISA 板，可能检测不到 aMPV 疫苗诱导产生的抗体。A 亚型和 B 亚型 aMPV 包被抗原的 ELISA 试剂盒对 C 亚型毒株抗体检测不敏感。陈琳等将纯化的 B 亚型 aMPV 重组 G 蛋白作为诊断抗原，建立了检测 B 亚型 aMPV 抗体的间接 ELISA 检测方法。该方法具较高的特异性和较好的可重复性，与 IDEXX 公司生产的 aMPV 抗体检测试剂盒符合率为 96.0%。贠炳岭等利用 Vero 细胞培养 aMPV 病毒，纯化后作为包被抗原，建立了间接 ELISA aMPV 抗体检测方法，该方法与 IDEXX 公司同类产品符合率为 97%。上述研究为 aMPV 的诊断与流行病学调查提供了有效的技术手段。

3. 实验室鉴别诊断技术

由于许多病毒和细菌也可引起与 aMPV 感染相类似的症状，因此，不能单纯根据临床症状进行诊断。病原学检测方法以病毒分离鉴定最为准确，并可通过分子生物学特性和形态学将其与其它病毒形态相似的副黏病毒区分开。aMPV 没有神经氨酸酶活性和血凝活性，可利用血凝和血凝抑制实验将其区分开来。通过分子生物学特性和形态学可将 IBV 和 aMPV 区分开。血清学试验中病毒中和试验（NT）、免疫荧光试验（IFA）、酶联免疫吸附试验（ELISA）是三种比较常用的检测方法。采用 RT-PCR 方法检测 aMPV 是一种快速、准确的技术手段，并且可根据 *G* 基因核苷酸序列进行亚型鉴定。

八、预防与控制

aMPV 共有 A、B、C、D 四个亚型，其中 A 和 B 亚型在多数国家和地区流行，C 亚型在少数国家有报道，D 亚型仅在法国检测到。早期由于 aMPV 毒株弱化效果不佳，人工感染模型未能建立，致使疫苗开发工作困难重重。目前，已经有可用于火鸡和鸡的商品化 aMPV 灭活疫苗和弱毒疫苗。弱毒疫苗既可刺激呼吸道产生局部免疫，也可刺激产生全身免疫，但传统的减毒活疫苗易出现毒力返强现象，从而造成散毒的危险；而灭活疫苗的免疫效果较差，不如活疫苗。研究表明，A亚型和B亚型aMPV疫苗之间具有良好的交叉保护性，且均可对C亚型aMPV起到免疫保护作用，但是C亚型aMPV疫苗对A亚型和B亚型aMPV并没有免疫保护性。aMPV灭活疫苗常用于蛋鸡或种鸡群的加强免疫，可刺激鸡体产生高效持久的抗体，仅用灭活疫苗时，对鸡体只起到部分免疫保护作用。为了使成年禽获得充分的免疫保护，接种活疫苗后，再接种aMPV油佐剂灭活疫苗。

F蛋白和G蛋白是aMPV重要的两种免疫保护性抗原。含F糖蛋白的禽痘病毒苗可刺激火鸡产生aMPV抗体，对攻毒有部分保护作用。Naylor等利用反向遗传技术对A亚型aMPV的F蛋白进行点突变，突变后的病毒不仅增强了毒力，也提高了毒株的免疫原性；删除*SH*或*G*基因的重组病毒免疫1日龄火鸡，可使大多数火鸡抵御病毒的攻击。这些研究数据说明，F蛋白具有良好的免疫原性，是aMPV的一种重要的保护性抗原。Yu等发现敲除C末端60%的氨基酸的G蛋白对病毒在Vero细胞上的增殖无明显影响，但在机体内的致病性和免疫原性下降，表明G蛋白在aMPV致病性与诱导机体产生免疫应答方面具有重要作用。2011年Yu等以La Sota疫苗株为载体，将C亚型aMPV抗原蛋白*G*基因插入到新城疫病毒*F*基因与*HN*基因之间，获得了表达C亚型aMPV G蛋白的重组病毒，该重组病毒不仅可以完全抵御NDV强毒株的攻击，也对C亚型aMPV强毒株的攻击产生部分保护。基因工程疫苗生产简单、成本低且具有良好的免疫原性，新型基因工程技术的应用为aMPV的防控提供了新思路。

针对aMPV的控制措施中最重要的是改善管理条件，包括通风、温控、饲养密度、垫料质量、卫生措施等几个方面。良好的生物安全措施是防止aMPV传入养殖场的必要措施，必须做好设备和运料车、饲养管理人员的日常消毒。使用抗生素或细菌疫苗控制继发细菌感染，从而降低疾病的恶化。

（王婉冰、邓均华、张盼涛）

参考文献

[1] 包媛玲，何锡栋，于蒙蒙，等．B亚型禽偏肺病毒对蛋鸡的致病性研究[J]．中国家禽，2021，43(06)：25-30.

[2] 陈琳，刁有祥，鞠小军，等．禽偏肺病毒地高辛核酸探针的制备与应用[J]．中国兽医学报，2012，32(01)：23-27.

[3] 陈琳，刁有祥，邹金峰，等．B亚型禽偏肺病毒重组G蛋白间接ELISA方法的建立及应用[J]．中国兽医学报，2013，33(03)：330-335.

[4] 宫静．浅谈肉鸡肿头综合症预防措施[J]．中国畜禽种业，2018，14(03)：138.

[5] 郭龙宗，曲立新．种鸡禽肺病毒感染的血清学调查[J]．中国畜牧兽医，2009，36(04)：149-150.

[6] 胡海霞，赵伟，于庆忠．禽偏肺病毒分子生物学及基因工程疫苗研究进展[J]．中国家禽，2012，34(12)：1-5.

[7] 鞠小军，刁有祥，唐熠，等．B亚型禽偏肺病毒RT-LAMP快速检测方法的建立与应用[J]．中国兽医学报，2013，33(06)：813-817.

[8] 林彦栋．肉鸡肿头综合征的病原、症状、诊断及其防控[J]．养殖技术顾问，2017，(06)：97.

[9] 沈瑞忠，曲立新，于康震，等．禽肺病毒的分离鉴定[J]．中国预防兽医学报，1999，21(01)：79-80.

[10] 史秋梅．鸡肿头综合症及其研究进展[J]．中国兽药杂志，2001，(02)：51-53.

[11] 孙晓艳，刁有祥，裴苹苹，等．B亚型禽偏肺病毒对SPF鸡的致病性[J]．中国兽医学报，2013，33(11)：1636-1641+1646.

[12] 王丽荣，刁有祥，唐熠，等．B亚型禽偏肺病毒SYBRGreenI荧光定量PCR检测方法的建立及应用[J]．中国兽医

学报，2014，34（01）：34-38.
[13] 王世英，于新萍．浅谈鸡肿头综合症的诊治［J］．中国畜牧兽医文摘，2012，28（10）：138.
[14] 薛聪，唐熠，陈琳，等．1株B亚型禽偏肺病毒的分离与鉴定［J］．中国兽医学报，2014，34（01）：39-44.
[15] 贠炳岭，刘在斯，吴关，等．我国部分地区种鸡禽肺病毒感染的血清学调［J］．中国家禽，2012，34（12）：64-65.
[16] 贠炳岭．禽偏肺病毒检测方法的建立及流行病学调查［D］．中国农业科学院，2013.
[17] 于蒙蒙．B亚型禽偏肺病毒的分离鉴定及致病性研究［D］．中国农业科学院，2019.
[18] 张丹俊，戴银，赵瑞宏，等．安徽省部分地区鸡群禽偏肺病毒感染的血清学调查［J］．动物医学进展，2017，38（02）：126-129.
[19] 朱艳梅，宫晓，郭伟伟，等．2012年—2015年我国部分地区禽偏肺病毒的分子流行病学分析［J］．动物医学进展，2016，37（10）：30-34.
[20] Alexander D，Gough R，Wyeth P，et al. Viruses associated with turkey rhinotracheitis in Great Britain [J]. The Veterinary Record，1986，118（8）：217-218.
[21] Alkhalaf A，Ward L，Dearth R，et al. Pathogenicity，transmissibility，and tissue distribution of avian pneumovirus in turkey poults [J]. Avian Diseases，2002，46（3）：650-659.
[22] Alvarez R，Njenga M，Scott M，et al. Development of a nucleoprotein-based enzyme-linked immunosorbent assay using a synthetic peptide antigen for detection of avian metapneumovirus antibodies in turkey sera [J]. Clinical and Diagnostic Laboratory Immunology，2004，11（2）：245-249.
[23] Banet-Noach C，Simanov L，Laham-Karam N，et al. Longitudinal survey of avian metapneumoviruses in poultry in Israel：infiltration of field strains into vaccinated flocks [J]. Avian Diseases，2009，53（2）：184-189.
[24] Banet-Noach C，Simanov L，Perk S. Characterization of Israeli avian metapneumovirus strains in turkeys and chickens [J]. Avian Pathology，2005，34（3）：220-226.
[25] Bäyon-Auboyer M，Arnauld C，Toquin D，et al. Nucleotide sequences of the F，L and G protein genes of two non-A/non-B avian pneumoviruses（APV）reveal a novel APV subgroup [J]. Journal of General Virology，2000，81（Pt11）：2723-2733.
[26] Bennett R，LaRue R，Shaw D，et al. A wild goose metapneumovirus containing a large attachment glycoprotein is avirulent but immunoprotective in domestic turkeys [J]. Journal of Virology，2005，79（23）：14834-14842.
[27] Biacchesi S，Skiadopoulos M，Yang L，et al. Recombinant human metapneumovirus lacking the small hydrophobic SH and/or attachment G glycoprotein：deletion of G yields a promising vaccine candidate [J]. Journal of Virology，2004，78（23）：12877-12887.
[28] Broor S，Bharaj P. Avian and human metapneumovirus [J]. Annals of the New York Academy of Sciences，2007，1102（1）：66-85.
[29] Buchholz U，Biacchesi S，Pham Q，et al. Deletion of M2 gene open reading frames 1 and 2 of human metapneumovirus：effects on RNA synthesis，attenuation，and immunogenicity [J]. Journal of Virology，2005，79（11）：6588-6597.
[30] Buys S，DuPreez J，Els H. Swollen head syndrome in chickens：a preliminary report on the isolation of a possible aetiological agent [J]. Journal of the South African Veterinary Association，1989，60（4）：221-222.
[31] Buys S，DuPreez J，Els H. The isolation and attenuation of a virus causing rhinotracheitis in turkeys in South Africa [J]. Onderstepoort Journal of Veterinary Research，1989，56（2）：87-98.
[32] Catelli E，Cecchinato M，Savage C，et al. Demonstration of loss of attenuation and extended field persistence of a live avian metapneumovirus vaccine [J]. Vaccine，2006，24（42-43）：6476-6482.
[33] Catelli E，Cook J，Chesher J，et al. The use of virus isolation，histopathology and immunoperoxidase techniques to study the dissemination of a chicken isolate of avian pneumovirus in chickens [J]. Avian Pathology，1998，27（6）：632-640.
[34] Catelli E，Lupini C，Cecchinato M，et al. Field avian metapneumovirus evolution avoiding vaccine induced immunity [J]. Vaccine，2010，28（4）：916-921.
[35] Cavanagh D，Mawditt K，Britton P，et al. Longitudinal field studies of infectious bronchitis virus and avian pneumo-

virus in broilers using type-specific polymerase chain reactions [J]. Avian Pathology, 1999, 28 (6): 593-605.

[36] Cavanagh D. Recent advances in avian virology [J]. British Veterinary Journal, 1992, 148 (3): 199-222.

[37] Cecchinato M, Catelli E, Lupini C, et al. Avian metapneumovirus (AMPV) attachment protein involvement in probable virus evolution concurrent with mass live vaccine introduction [J]. Veterinary Microbiology, 2010, 146 (1-2): 24-34.

[38] Chacón J, Mizuma M, Vejarano M, et al. Avian metapneumovirus subtypes circulating in Brazilian vaccinated and nonvaccinated chicken and turkey farms [J]. Avian Diseases, 2011, 55 (1): 82-89.

[39] Collins M, Gough R. Characterization of a virus associated with turkey rhinotracheitis [J]. Journal of General Virology, 1988, 69 (Pt4): 909-1016.

[40] Cook J. Avian pneumovirus infections of turkeys and chickens [J]. Veterinary Journal, 2000, 160 (2): 118-125.

[41] Cook J, Cavanagh D. Detection and differentiation of avian pneumoviruses (metapneumoviruses) [J]. Avian Pathology, 2002, 31 (2): 117-132.

[42] Cook J, Huggins M, Orbell S, et al. Preliminary antigenic characterization of an avian pneumovirus isolated from commercial turkeys in Colorado, USA [J]. Avian Pathology, 1999, 28 (6): 607-617.

[43] Cook J, Kinloch S, Ellis M. In vitro and in vivo studies in chickens and turkeys on strains of turkey rhinotracheitis virus isolated from the two species [J]. Avian Pathology, 1993, 22 (1): 157-170.

[44] Cook J, Orthel F, Woods M, et al. Avian pneumovirus infection of laying hens: experimental studies [J]. Avian Pathology, 2000, 29 (6): 545-556.

[45] Cook J. Avian pneumovirus infections of turkeys and chickens [J]. Veterinary Journal, 2000, 160 (2): 118-125.

[46] Dani M, Durigon E, Arns C. Molecular characterization of Brazilian avian pneumovirus isolates: comparison between immunochemiluminescent Southern blot and nested PCR [J]. Journal of Virological Methods, 1999, 79 (2): 237-241.

[47] D'Arce R, Coswig L, Almeida R, et al. Subtyping of new Brazilian avian metapneumovirus isolates from chickens and turkeys by reverse transcriptase-nested-polymerase chain reaction [J]. Avian Pathology, 2005, 34 (2): 133-136.

[48] Eterradossi N, Toquin D, Guittet M, et al. Evaluation of different turkey rhinotracheitis viruses used as antigens for serological testing following live vaccination and challenge [J]. Journal of Veterinary Medicine, Series B, 1995, 42 (3): 175-186.

[49] Falchieri M, Brown P, Catelli E, et al. Avian metapneumovirus RT-nested-PCR: A novel false positive reducing inactivated control virus with potential applications to other RNA viruses and real time methods [J]. Journal of Virological Methods, 2012, 186 (1-2): 171-175.

[50] Franzo G, Drigo M, Lupini C, et al. A sensitive, reproducible, and economic real-time reverse transcription PCR detecting avian metapneumovirus subtypes A and B [J]. Avian Diseases, 2014, 58 (2): 216-222.

[51] Gough R, Collins M, Cox W, et al. Experimental infection of turkeys, chickens, ducks, geese, guinea fowl, pheasants and pigeons with turkey rhinotracheitis virus [J]. Veterinary Record, 1988, 123 (2): 58-59.

[52] Gough R, Jones R. Avian Metapneumovirus [J]. Diseases of Poultry, 2008, 100-110.

[53] Guionie O, Toquin D, Sellal E, et al. Laboratory evaluation of a quantitative real-time reverse transcription PCR assay for the detection and identification of the four subgroups of avian metapneumovirus [J]. Journal of Virological Methods, 2007, 139 (2): 150-158.

[54] Hafez H. Comparative investigation on different turkey rhinotracheitis (TRT) virus isolates from different countries [J]. Deutsche Tierarztliche Wochenschrift, 1992, 99 (12): 486-488.

[55] Hafez H. Preliminary investigation on different turkey rhinotracheitis (TRT) virus isolated from different countries [J]. Proceedings-Western Poultry Disease Conference (USA), 1992, 1: 49-52.

[56] Aung H, Liman M, Neumann U, et al. Reproducibility of swollen sinuses in broilers by experimental infection with avian metapneumovirus subtypes A and B of turkey origin and their comparative pathogenesis [J]. Avian Pathology, 2008, 37 (1): 65-74.

[57] Hu H, Roth J, Estevez C, et al. Generation and evaluation of a recombinant Newcastle disease virus expressing the

glycoprotein (G) of avian metapneumovirus subgroup C as a bivalent vaccine in turkeys [J]. Vaccine, 2011, 29 (47): 8624-8633.

[58] Jones R, Baxter-Jones C, Wilding G, et al. Demonstration of a candidate virus for turkey rhinotracheitis in experimentally inoculated turkeys [J]. Veterinary Record, 1986, 119 (24): 599-600.

[59] Jones R, Naylor C, al-Afaleq A, et al. Effect of cyclophosphamide immunosuppression on the immunity of turkeys to viral rhinotracheitis [J]. Research in Veterinary Science, 1992, 53 (1): 38-41.

[60] Jones R. Avian pneumovirus infection: questions still unanswered [J]. Avian Pathology, 1996, 25 (4): 639-648.

[61] Jones R, Williams R, Baxter-Jones C, et al. Experimental infection of laying turkeys with rhinotracheitis virus: distribution of virus in the tissues and serological response [J]. Avian Pathology, 1988, 17 (4): 841-850.

[62] Kapczynski D, Perkins L, Sellers H. Mucosal vaccination with formalin-inactivated avian metapneumovirus subtype C does not protect turkeys following intranasal challenge [J]. Avian Diseases, 2008, 52 (1): 28-33.

[63] Khehra R, Jones R. In vitro and in vivo studies on the pathogenicity of avian pneumovirus for the chicken oviduct [J]. Avian Pathology, 1999, 28 (3): 257-262.

[64] Kwon J, Lee H, Jeong S, et al. Isolation and characterization of avian metapneumovirus from chickens in Korea [J]. Journal of Veterinary Science, 2010, 11 (1): 59-66.

[65] Litjens J, van Willigen F, Sinke M. A case of swollen head syndrome in a flock of guinea fowl [J]. Tijdschrift Voor Diergeneeskunde, 1989, 114 (13): 719-720.

[66] Lu Y, Shien Y, Tsai H, et al. Swollen head syndrome in Taiwan-isolation of an avian pneumovirus and serological survey [J]. Avian Pathology, 1994, 23 (1): 169-174.

[67] Chacón J, Brandão P, Buim M, et al. Detection by reverse transcriptase-polymerase chain reaction and molecular characterization of subtype B avian metapneumovirus isolated in Brazil [J]. Avian Pathology, 2007, 36 (5): 383-387.

[68] Lwamba H, Bennett R, Lauer D, et al. Characterization of avian metapneumoviruses isolated in the USA [J]. Animal Health Research Reviews, 2002, 3 (2): 107-117.

[69] Maharaj S, Thomson D, Da Graca J. Isolation of an avian pneumovirus like agent from broiler breeder chickens in South Africa [J]. Veterinary Record, 1994, 134 (20): 525-526.

[70] Majó N, Allan G M, O'Loan C, et al. A sequential histopathologic and immunocytochemical study of chickens, turkey poults, and broiler breeders experimentally infected with turkey rhinotracheitis virus [J]. Avian Diseases, 1995, 39 (4): 887-896.

[71] Mase M, Asahi S, Imai K, et al. Detection of turkey rhinotracheitis virus from chickens with swollen head syndrome by reverse transcriptase-polymerase chain reaction (RT-PCR) [J]. Journal of Veterinary Medical Science, 1996, 58 (4): 359-361.

[72] McDougall J, Cook J. Turkey rhinotracheitis: preliminary investigations [J]. Veterinary Record, 1986, 118 (8): 206-207.

[73] Mori Y, Kitao M, Tomita N, et al. Real-time turbidimetry of LAMP reaction for quantifying template DNA [J]. Journal of Biochemical and Biophysical Methods, 2004, 59 (2): 145-157.

[74] Naylor C, Worthington K, Jones R. Failure of maternal antibodies to protect young turkey poults against challenge with turkey rhinotracheitis virus [J]. Avian Diseases, 1997, 41 (4): 968-971.

[75] Naylor C, Lupini C, Brown P. Charged amino acids in the AMPV fusion protein have more influence on induced protection than deletion of the SH or G genes [J]. Vaccine, 2010, 28 (41): 6800-6807.

[76] Naylor C . Turkey rhinotracheitis: a review [J]. Veterinary Bulletin, 1993, 63: 439-449.

[77] Ongor H, Karahan M, Kalin R, et al. Detection of avian metapneumovirus subtypes in turkeys using RT-PCR [J]. Veterinary Record, 2010, 166 (12): 363-366.

[78] Owoade A, Ducatez M, Hübschen J, et al. Avian metapneumovirus subtype A in China and subtypes A and B in Nigeria [J]. Avian Diseases, 2008, 52 (3): 502-506.

[79] Pattison M, Chettle N, Randall C, et al. Observations on swollen head syndrome in broiler and broiler breeder chickens [J]. The Veterinary Record, 1989, 125 (9): 229-231.

[80] Pringle C. Virus taxonomy--San Diego 1998 [J]. Archives of Virology, 1998, 143 (7): 1449-1459.

[81] Qingzhong Y, Barrett T, Brown T, et al. Protection against turkey rhinotracheitis pneumovirus (TRTV) induced by a fowlpox virus recombinant expressing the TRTV fusion glycoprotein (F) [J]. Vaccine, 1994, 12 (6): 569-573.

[82] Shin H, Njenga M, McComb B, et al. Avian pneumovirus (APV) RNA from wild and sentinel birds in the United States has genetic homology with RNA from APV isolates from domestic turkeys [J]. Journal of Clinical Microbiology, 2000, 38 (11): 4282-4284.

[83] Shin H, Rajashekara G, Jirjis F, et al. Specific detection of avian pneumovirus (APV) US isolates by RT-PCR [J]. Archives of Virology, 2000, 145 (6): 1239-1246.

[84] Sugiyama M, Koimaru H, Shiba M, et al. Drop of egg production in chickens by experimental infection with an avian metapneumovirus strain PLE8T1 derived from swollen head syndrome and the application to evaluate vaccine [J]. Journal of Veterinary Medical Science, 2006, 68 (8): 783-787.

[85] Sun S, Chen F, Cao S, et al. Isolation and characterization of a subtype C avian metapneumovirus circulating in Muscovy ducks in China [J]. Veterinary Research, 2014, 45 (1): 74.

[86] Tanaka M, Takuma H, Kokumai N, et al. Turkey rhinotracheitis virus isolated from broiler chicken with swollen head syndrome in Japan [J]. Journal of Veterinary Medical Science, 1995, 57 (5): 939-941.

[87] Toquin D, Eterradossi N, Guittet M. Use of a related ELISA antigen for efficient TRT serological testing following live vaccination [J]. The Veterinary Record, 1996, 139 (3): 71-72.

[88] Turpin E, Lauer D, Swayne D. Development and evaluation of a blocking enzyme-linked immunosorbent assay for detection of avian metapneumovirus type C-specific antibodies in multiple domestic avian species [J]. Journal of Clinical Microbiology, 2003, 41 (8): 3579-3583.

[89] Van de Zande S, Nauwynck H, Naylor C, et al. Duration of cross-protection between subtypes A and B avian pneumovirus in turkeys [J]. The Veterinary Record, 2000, 147 (5): 132-134.

[90] Velayudhan B, Noll S, Thachil A, et al. Comparative pathogenicity of early and recent isolates of avian metapneumovirus subtype C in turkeys [J]. Canadian Journal of Veterinary Research, 2008, 72 (4): 371-375.

[91] Wei Y, Zhang Y, Cai H, et al. Roles of the putative integrin-binding motif of the human metapneumovirus fusion (F) protein in cell-cell fusion, viral infectivity, and pathogenesis [J]. Journal of Virology, 2014, 88 (8): 4338-4352.

[92] Yu Q, Estevez C, Roth J, et al. Deletion of the M2-2 gene from avian metapneumovirus subgroup C impairs virus replication and immunogenicity in Turkeys [J]. Virus Genes, 2011, 42 (3): 339-346.

[93] Yu Q, Estevez C, Song M, et al. Generation and biological assessment of recombinant avian metapneumovirus subgroup C (aMPV-C) viruses containing different length of the G gene [J]. Virus Research, 2010, 147 (2): 182-188.

[94] Yun B, Zhang Y, Liu Y, et al. TMPRSS12 is an activating protease for subtype B avian metapneumovirus [J]. Journal of Virology, 2016, 90 (24): 11231-11246.

第三节 鸭坦布苏病毒感染

鸭坦布苏病毒病是由一种新发现的由坦布苏病毒（Tembusu virus，TMUV）引起的急性、病毒性传染病，以鸭食欲减退、出血性腹膜炎、产蛋量下降和雏鸭神经症状为主要临床特征。该病首次于2010年4月份发生在浙江，然后迅速蔓延至13个省市，包括江苏、上海、安徽、广东、河南、河北、福建、山东、江西等主要养鸭地区。北京鸭、樱桃谷鸭、金定鸭、麻鸭、康贝尔鸭和鹅等禽类均可发病，目前已成为养鸭生产中的一种地方流行性疫病，每年都会给养鸭业造成巨大的经济损失，是一种重要的动物新发传染病病原。

一、病原学

（一）分类地位

TMUV 最早于 1955 年被研究人员从马来西亚半岛库蚊体内分离到，在随后的十几年间，陆续从马来西亚和泰国的库蚊中检测到该病毒。2010 年，我国浙江等地鸭场出现以瘫痪和产蛋量下为主要症状的传染性疾病，随后，曹贞贞等从感染鸭组织中分离到一种新型黄病毒，并通过基因测序鉴定为 TMUV。疫病暴发初期，研究人员根据临床症状和主要病理变化，曾将该病命名为鸭出血性卵巢炎、类减蛋综合征和鸭病毒性脑炎，直到 2011 年 8 月，在中国畜牧兽医学会家畜传染病分会上，将此病统一命名为“坦布苏病毒病”。鸭坦布苏病毒（Duck Tembusu virus，DTMUV）属于黄病毒科（Flaviviridae）、黄病毒属（*Flavivirus*）、蚊媒病毒类、恩塔亚病毒群的 TMUV，其同属的多种病毒，如寨卡病毒（Zika virus，ZIKA）、日本脑炎病毒（Japanese Encephalitis virus，JEV）、登革热病毒（Dengue virus，DENV）、西尼罗病毒（West Nile virus，WNV）等均是重要的人兽共患病病原。目前还没有研究证明 DTMUV 可感染人类，但有研究表明，在鸭场工作者的血液中能检测到 DTMUV 相应的抗体。

（二）病原形态结构与组成

DTMUV 粒子直径多数为 40～50nm，与黄病毒属的病毒形态大小相一致，DTMUV 病毒颗粒在电镜下观察呈小球形，外层被囊膜蛋白和包膜蛋白包裹，包膜蛋白上镶嵌着由糖蛋白组成的刺突，膜内为核衣壳蛋白，衣壳蛋白呈二十面体对称结构，核衣壳内中心为病毒核酸，核酸为单股正链 RNA。

（三）培养特性

研究表明 DTMUV 可以在鸡胚、鸭胚、鸭胚成纤维细胞、MDCK 细胞、Vero 细胞、DF1 细胞、BHK-21 细胞上增殖。DTMUV 尿囊腔接种 9～11 日龄鸡胚或鸭胚，3～6d 可见明显病变，表现为绒毛尿囊膜水肿、增厚，胚体出血，肝肿大、出血，并有斑驳坏死点。DTMUV 接种鸭胚成纤维细胞（DEF）后 50～70h 可出现明显的细胞病变，大体表现为细胞变圆萎缩，折光性增强，镜检可见部分细胞脱落死亡。DTMUV 感染 Vero 细胞，需要盲传 3 代后才可能产生明显的细胞病变。DTMUV 在细胞培养时，5-溴-脱氧尿苷可以显著抑制病毒的增殖。

二、分子病原学

（一）基因组结构与功能

DTMUV 作为黄病毒属的成员之一，其基因组全长约 10990 个核苷酸，仅有一个开放阅读框（Open Reading Frame，ORF），ORF 的两端分别是长度约 94bp 具有Ⅰ型帽子结构的 5′非编码区和长度约 618bp 无 Poly A 尾巴的 3′非编码区。该病毒的基因组仅编码一个多聚蛋白前体，在病毒感染宿主后，多聚蛋白前体在宿主的信号肽酶与病毒丝氨酸蛋白酶共同作用下发生水解，最终形成 3 个结构蛋白和 7 个非结构蛋白。基因组中表达上述蛋白基因从 5′→3′端的顺序分别为：衣壳蛋白 C（全长约 360bp）、前膜蛋白 PrM（全长约 501bp）、包膜蛋白E（全长约1503bp）、NS1蛋白（全长约1056bp）、NS2A蛋白（全长约681bp）、NS2B蛋白（全长约393bp）、NS3蛋白（全长约1857bp）、NS4A蛋白（全长约378bp）、NS4B蛋白（全长约762bp）、NS5蛋白（全长约2715bp）。

（二）主要基因及其编码蛋白的结构与功能

1. 非结构蛋白

NS1蛋白的分子质量约为40kDa，是一个多功能糖蛋白，不仅可被糖基化修饰，也可以形成二聚体分泌到胞外。细胞中存在NS1和NS1′两种形式的蛋白，NS1′蛋白是由于核糖体移码而产生，C端比NS1蛋白多了52个氨基酸。Ezequiel和Qing Ye证实只有形成NS1′，病毒才具有神经毒力和神经侵染力。NS1蛋白具有B细胞和T细胞抗原表位，因此单独的NS1蛋白即可作为病毒抗原，诱导特异性抗体的产生。

NS2A、NS2B、NS4A、NS4B均为疏水性膜蛋白，分子质量分别为17kDa、13kDa、14kDa、28kDa。其中NS2A以全长NS2A蛋白和截短NS2Aα蛋白两种形式存在，NS2A蛋白参与病毒的复制和包装。NS2B蛋白可以与NS3蛋白相互作用构成蛋白酶，然后切割病毒多聚蛋白。NS4A和NS4B由一段长度约23个氨基酸的信号肽（2K）连接，NS4A和2K首先在酶的作用下被切割开，之后NS4B-2K才会被宿主信号酶切割。NS4A蛋白有多重功能，一方面可提高NS3蛋白酶的切割效率，另一方面其也参与NS3蛋白酶与其它非结构蛋白之间的作用，另外NS4A还可与波形蛋白作用调控病毒复制复合物的形成。NS4B结构中存在3个跨膜区，在功能上与NS4A有许多相似的地方，都可以通过抑制干扰素（IFN）信号通路来逃避宿主天然免疫。

NS3蛋白分子质量约为69kDa，是一种具有三种酶活性的多功能酶蛋白，包括丝氨酸蛋白酶活性、核苷三磷酸酶活性、RNA解旋酶活性。NS3蛋白可以与NS2B形成异源二聚体（NS2B/3蛋白酶）切割病毒的多聚蛋白，可识别并裂解病毒蛋白的多个连接位点，在病毒的复制过程中起到重要作用。单独的NS3蛋白和NS3-NS5蛋白复合物，均可指导病毒基因组的复制、合成以及蛋白加工过程。

NS5蛋白分子质量为103kDa，是TMUV最大的非结构蛋白，组成该蛋白的氨基酸序列相对保守，氨基酸差异小于45%。该蛋白同样参与病毒的复制过程，NS3的5′三磷酸酶活性以及甲基转移酶活性在基因组RNA Ⅰ型帽子结构的形成过程中发挥重要作用。NS5蛋白C端具有RNA依赖性RNA聚合酶（RNA-dependent RNA polymerase，RdRp）活性，可启动基因组RNA的合成。晶体结构分析发现NS5的甲基转移酶和RdRp之间存在一个由疏水网络结构以及GTR序列组成的界面，该界面同样参与病毒的复制过程。此外，一些研究表明NS5蛋白可通过抑制干扰素和IL-8的表达来对抗宿主抗病毒反应。

2. 结构蛋白

C蛋白相对保守，大小约为12kDa，它是由大分子前体蛋白在粗面内质网上经酶加工而成，C蛋白包含大量碱性氨基酸，约占总量的24%。衣壳蛋白是病毒核衣壳组装过程中的重要原件，并且C蛋白通过与病毒RNA组装成核衣壳颗粒，以此保护病毒核酸不被RNA酶降解或者免受其它外界因素的破坏，除此以外，它还可以诱导体液免疫和细胞免疫。一般情况下，这些C蛋白分散于脂滴周围，在病毒感染后的早期可与脂滴发生作用，研究发现这一过程极有可能与基因组的包被有关。

prM蛋白共包含167个氨基酸残基，分子质量大小约为19kDa。它作为M蛋白的前体蛋白，只包含一个弗林蛋白酶切割位点。弗林蛋白酶在病毒粒子成熟过程中具有重要作用，在酸性环境中，可将位于高尔基体上的 prM 蛋白水解成 M 段和 pr 段，pr 段将被分泌至细胞外，而 M 段会穿插于细胞膜脂质双分子层中，以此参与病毒囊膜的形成。另外，一些未加工的 prM 蛋白也可参与 TMUV 病毒粒子的组装，但是这些病毒粒子是不成熟的，而且不具有感染性。

E 蛋白对于 TMUV 来说是一种主要的糖蛋白，同时也是最大的结构蛋白，它存在于病毒粒子表面，分子质量为 54kDa 左右，作为主要的抗原递呈蛋白，可诱导机体产生特异性抗体，在病毒吸附、组装以及受体结合等方面同样发挥着重要的作用。E 蛋白可形成 3 个独立的结构域，以 X 射线晶体学来划分，包括 domainⅠ/Ⅱ/Ⅲ（DⅠ/DⅡ/DⅢ）。其中 DⅠ包含 3 个不连续的片段，该区域的二硫键可形成 β 折叠结构，用以连接 DⅡ以及 DⅢ。DⅡ较为保守，是由 DⅠ投射的两个扩展循环组成，呈指样结构，该区域参与形成 E 蛋白二聚体，在病毒融合过程中，可以与靶细胞的细胞膜相互作用。位于 E 蛋白羧基端的 DⅢ，结构类似于 IgG，其作用为与受体结合，大部分抗体均可识别 DⅢ上的抗原表位。Sun 等研究显示 E 蛋白 T367K 突变是 DTMUV 毒力衰减的关键决定因素，这种突变增加病毒对早期免疫血清的中和敏感性，增强了病毒与糖胺聚糖的结合亲和力，减少病毒在鸭子血液、大脑、心脏和卵巢中的复制。

三、流行病学

（一）传染来源

DTMUV 发病鸭和带毒鸭是该病的重要传染源，污染病毒的环境、饮水、用具、饲料、粪便、运输工具也是该病重要的传染源。

人工感染 DTMUV 的发病雏鸭，在感染 1d 后，即可在试验鸭泄殖腔棉拭子中检测到 DTMUV，第 5～19 天排毒较多，直至攻毒后 25d 依旧可以检测到泄殖腔排毒，提示 DTMUV 可以通过消化道排毒，病毒随粪便排出，对饮水、采食器具造成污染，并由此感染其它健康雏鸭。

另外，母鸭感染 DTMUV 后从发病鸭卵泡膜中可以检出该病毒，同时也可从死亡鸭胚尿囊液和雏鸭中检测和分离到 DTMUV，证实 DTMUV 可以通过鸭胚感染下一代，进而进行传播和扩散。

（二）传播途径及传播方式

TMUV 属于蚊传虫媒病毒，夏季蚊虫多发，而蚊虫能够造成 TMUV 的传播，这也是坦布苏病毒病在夏季流行严重的原因之一。坦布苏病毒病除了在蚊虫活跃的夏季多发外，在冬季也会发生，说明 TMUV 存在虫媒以外的传播途径。Li 等在 2015 年研究表明 DTMUV 可以通过直接接触和气溶胶在鸭子之间有效传播。Yan 等 2018 年研究证实包膜蛋白Ⅰ域 S156P 突变导致 E 蛋白 154 氨基酸无法糖基化，进而改变 E 蛋白“150 环”的构象，减少了病毒在肺部的复制，消除了鸭之间的传播。唐熠、刘鑫等先后从鸭场内外死亡麻雀体内可检到该病毒，说明野鸟可作为该病的传播媒介。另外，病鸭组织样品中卵泡膜的 DTMUV 检出率高达 90%以上，同时在孵化的鸭胚和刚出生的鸭苗中也能检测到 DTMUV，这表明 DTMUV 能够垂直传播。

（三）易感动物

TMUV 可感染肉鸭和蛋鸭，肉鸭包括樱桃谷鸭、北京鸭和野鸭等，蛋鸭包括绍兴鸭、金定鸭、山麻鸭、缙云麻鸭、台湾白改鸭和康贝尔鸭等，其中以10～25日龄雏鸭和蛋鸭最易感。除此以外，TMUV还可感染蚊子、鹅、鸡、麻雀、鸽子和小鼠。

2012—2013年多篇文献报道了我国科研人员成功分离到鹅源TMUV，其中袁生等从广东某地临床表现为采食量减少、体温升高、排稀粪、站立不稳的雏鹅体内分离到疑似TMUV，同源性与黄新梅分离的Goose/Jiang SU/804/2010株病毒高达99%以上。张璐等研究了不同日龄鹅对TMUV的易感性，结果表明，鹅的日龄越小，对TMUV越易感，雏鹅感染TMUV后出现神经症状、精神沉郁、生长迟缓、腹泻、严重者死亡，病理变化与鸭类似。

Chen和刘宇卓等先后从鸡中分离到TMUV；陈珍等对福建、江西、浙江、广东四省鸡血清进行TMUV流行病学调查，结果显示：鸡群中普遍存在TMUV的感染，且开产蛋鸡的阳性率高于后备母鸡。张丹俊等选用罗曼蛋鸡、海兰蛋鸡和淮南麻黄鸡就TMUV对蛋鸡的致病性和不同途径感染对其产蛋性能的影响进行了研究。结果显示：罗曼蛋鸡、海兰蛋鸡和淮南麻黄鸡感染TMUV后均表现出产蛋下降，但不表现其它临床症状，不同品种的蛋鸡恢复速度和程度存在一定差异，感染鸡只均未出现死亡，但蛋鸡感染TMUV后出现卵泡萎缩、充血、全身多器官出血等症状。

Li和Ti等研究表明，BALB/c小鼠和昆明鼠可通过脑内接种感染TMUV，并产生临床症状和病理变化，具体表现为食欲减退、被毛蓬乱、体重减轻、后肢麻痹；有的小鼠极度兴奋，表现出严重的神经症状；感染的小鼠各器官组织均有病毒分布，脑内病毒滴度较高；病理组织变化表现为脾脏淋巴细胞减少，肝脏、肾脏脂肪变性等；彭珊等通过脑内接种DTMUV在小鼠上连续传代至25代，发现原代DTMUV鼻腔接种不感染小鼠，但P7代以后的病毒通过鼻腔接种可致死小鼠。

Zhou和Dai等分别从TMUV的基因序列、密码子使用等方面对TMUV的进化特点进行了分析，发现TMUV优势密码子编码的8种氨基酸与人类的偏爱密码子一致，表明TMUV可能会由于种群的交叉传染而对公共健康造成威胁。

（四）流行特征

DTMUV全年均可发生，但因该病毒可经蚊虫叮咬进行传播，所以夏秋季节流行较多，发病最为严重。坦布苏病毒病最初发生于我国东南沿海地区，随后迅速传播至河南、湖南、安徽、江西等地，目前DTMUV在全国大部分地区都有相关的报道，泰国、马来西亚等地也相继出现鸭感染DTMUV的报道。针对各地DTMUV的基因组的进化特性分析表明，DTMUV可能是由中国东南部沿海地区传播到内陆地区。

DTMUV在雏鸭体内增殖迅速，雏鸭感染病毒后第1天即可从雏鸭体内检测到病毒核酸RNA，感染4d以后从感染雏鸭的各个器官均可检测到病毒RNA，表明DTMUV可造成雏鸭的全身性感染。不同日龄雏鸭对DTMUV的抵抗力不同，雏鸭日龄越大，感染DTMUV后症状越轻微，产生的抗体水平也越高，越容易恢复。

DTMUV对产蛋鸭也有泛嗜性特征，可造成全身性感染。研究发现产蛋鸭感染DTMUV后在多数实质性器官、输卵管、卵巢、肠道中均可检测到病毒，感染后9d内病毒滴度均较高；感染18d后即检测不到病毒的存在。育成鸭感染DTMUV后仅出现暂时性食欲减退、精神不振，但不出现死亡；剖检变化与雏鸭相似但很轻微；病毒在感染鸭体内迅速增殖，但持续时间较短，感染后第9天左右即检测不到病毒存在；同时育成鸭感染DTMUV后能迅速产生较高水平的血清抗体，表明育成鸭对TMUV的抵抗力相对较强。

（五）发生与分布

1. 在国外的发生与流行

国外最早报道 TMUV 感染家禽是在 2000 年左右，从马来西亚发生肉鸡瘫痪的病例中分离到了一株 TMUV，将其命名为实兆远病毒（Sitiawan virus，SV），该病毒与日本脑炎病毒（JEV）发生血凝抑制交叉反应，但没有中和试验交叉反应。SV 毒株 *NS5* 基因与 TMUV 的核苷酸序列同源性为 92%，表明其在核苷酸序列方面与 TMUV 相似，且 TMUV 的血清对 SV 株有较弱的中和作用，这是首次确定 TMUV 对禽类有致病性。

2012 年，在马来西亚的养鸭场发现一种以共济失调、跛行和瘫痪为特征的幼龄北京鸭神经系统疾病，经鉴定其病原为黄病毒。*NS5* 和 *E* 基因序列的系统进化分析表明，分离的 Perak 株与中国 DTMUV 核苷酸同源性为 91%～92%，同时发现其可以在没有蚊虫媒介的情况下传播。

2013 年 8 月至 2014 年 9 月，泰国东北部、东部和中部的蛋鸡和肉鸡养殖场暴发了由 DTMUV 引起、以严重神经功能障碍为特征、导致家鸭产蛋量大幅下降的传染性疾病，发病率和死亡率分别为 20%～50% 和 10%～30%。遗传进化分析表明该分离株与中国 DT-MUV 亲缘关系最密切，多聚蛋白基因的同源性为 98.3%。

Thontiravong 等回顾性检测泰国 2008—2015 年采集的 1000 只散养鸭的血清样本，结果显示，2008—2015 年血清样本均存在 DTMUV 阳性，总抗体阳性率为 9.10%（91/1000），其中 2009 年血清阳性率最高为 51.92%。此外，Tunterak 于 2016 年检测泰国 20 个省 60 个散养鸭群的血清，DTMUV 中和抗体阳性率为 30.42%，所有省份均检测到 DTMUV 血清阳性，表明泰国散养鸭普遍存在 DTMUV 感染，血清流行率较高。

Ninvilai 等调查了 2015—2017 年期间泰国鸭子中 DTMUV 的地理分布和遗传特征。结果表明，从泰国养鸭区 89 个鸭场采集的 288 份临床样本中，34 个鸭场（38.20%）的 65 份（22.57%）样本呈 DTMUV 阳性。*NS5* 基因系统发育分析显示，泰国 DTMUV 被分为 3 个分支（clusters），包括分支 1（cluster 1）、分支 2.1（cluster 2.1）和分支 3（cluster 3）。其中，分支 2.1（cluster 2.1）是 2015—2017 年泰国鸭群流行的优势分支，而分支 2.2（cluster 2.2）是中国流行的优势分支。

2. 在国内的发生与流行

2001 年，温立斌等发现河北省多个地区康贝尔鸭发生一种以腿羽麻痹、腹泻、产蛋性能下降为主要症状的传染病，并明确其病原为黄病毒科的成员，命名为鸭病毒性脑炎病毒，由于未报道该病毒基因序列，无法比较其与 TMUV 的亲缘关系。2010 年春季，我国华东的蛋、肉鸭养殖区暴发了一种以雏鸭生长缓慢、食欲减退、神经障碍及蛋鸭产蛋大幅下降为主要临床特征的急性传染病，因蛋鸭感染后主要表现为卵泡膜出血，该病最初被命名为鸭出血性卵巢炎。随后该病迅速扩散至江苏、浙江、上海、福建等地，疾病一直持续传播到冬季。通过对该病流行病学、病原分离、病毒特征及测序等方面系统的研究，最终确定病原是一种新型 TMUV。

Yu 等在 2011—2017 年收集疑似感染 TMUV 的鸭、鹅和鸡病料共 308 份，PCR 检测为阳性的有采自内蒙古、辽宁、北京、河北、山东、河南、上海、江苏、浙江、安徽、河北、重庆、四川、福建、广东、广西共 16 个省、市、自治区的 212 份样品。于观留等从鸭、鸡、鹅、麻雀和蚊虫中共分离到 11 株 TMUV，NS1 的核苷酸和氨基酸同源性低于 E、NS3 和 NS5 的同源性，说明 NS1 比其它 3 种蛋白具有更大的变异性。三级结构预测发现，只有

NS1蛋白结构发生变化，其中4株NS1蛋白在^{180}TAV^{182}位置的三级结构由随机卷曲变为α-螺旋；有6株NS1在氨基酸175位出现NTTD-NITD糖基化位点突变，虽然目前暂未明确只有NS1蛋白结构改变的原因，但因NS1蛋白是一种重要的抗原蛋白，含有多个T细胞和B细胞表位，可诱导产生非中和保护性抗体，并在免疫逃避中发挥重要作用，所以分析结构的改变可能是“免疫选择压力”的结果。

刘性坡等采集2016—2017年山东省泰安、菏泽、济宁、枣庄等9地市270份疑似TMUV感染的临床样品，利用RT-PCR检测阳性率为13.3%（36/270）。测序对比分离株*E*基因核苷酸与2010年后报道的不同禽源TMUV同源性均在96.5%以上，对比分离株和FX2010株全基因有23～25个氨基酸不一致，表明山东地区流行的DTMUV与之前分离的禽TMUV同源性较高，未出现明显的分子变异。阻断ELISA方法检测不同地区未接种坦布苏病毒病疫苗的不同品种鸭群的血清样品，结果显示肉鸭、后备种鸭和蛋鸭的阳性率分别为20.7%、15.2%、55.6%，上述结果显示TMUV对山东水禽养殖仍有一定的危害。

徐鑫等对2017—2019年间采集自山东、四川、安徽等地的疑似DTMUV感染的鸭病料中共分离到21株DTMUV，分离株的*E*基因遗传进化分析结果显示，所有分离株均位于同一分支，而且分离株之间核苷酸同源性为96.3%～99.8%，同源性非常高。21株DTMUV与2012年唐熠分离到两株DTMUV，核苷酸同源性为97.1%～99.1%，表明山东地区流行的DTMUV与之前分离的DTMUV同源性较高，病毒毒力基因未发生明显的分子变异。

四、免疫机制与致病机理

（一）免疫机制

1. 先天性免疫反应

DTMUV感染会引起包括Mx蛋白、DDX3X、DDX5、DDX42、DDX60、DHX15、NOD1、CASP1、CARD9、NLRP3和NLRC5在内的多种天然免疫相关基因差异表达，但仅着重研究了这些分子的表达变化，其特异功能有待进一步研究。

陈仕龙等利用RNA干扰技术（RNAi）及Western blot技术，对TLR3、MDA5、IPS-1、IRF3、IRF7及NF-κB等信号分子在DTMUV诱导IFNs转录激活中所扮演的功能进行分析，发现DTMUV通过宿主TLR3和MDA5介导的天然免疫信号通路，显著上调模式识别受体TLR3和MDA5的mRNA表达水平，激活转录因子NF-κB、IRF3、IRF7调控Ⅰ型、Ⅲ型IFNs表达，Ⅲ型IFNs进一步诱导ISGs的表达，同时该过程还依赖信号衔接蛋白IPS-1。

Li研究感染DTMUV后不同动物各脏器中模式识别受体的表达量，结果发现与其它PRRs相比，TLR3表达上调最显著，其在感染后2d樱桃谷鸭的脑和脾脏中的表达量分别增加了28.54倍和1.57倍，在感染鹅的脑、肝和脾脏中的表达量分别增加了88.43倍、57.79倍和12.58倍。Chen等研究DTMUV感染鸡胚成纤维细胞（CEF）、293T细胞和鸡胚，可以显著上调TLR3的转录水平，但对CEF细胞中TLR1、TLR2、TLR5、TLR7、TLR15、TLR21表达的影响相对较低。以上结果清楚地说明了TLR3介导的信号通路是抵御DTMUV感染的重要途径。

除了TLR3外，通过转录组学和蛋白质组学分析发现，DTMUV感染DEF细胞显著下调*TLR5*的表达，而上调*TLR7*的表达，另外鹅感染DTMUV的RNA测序研究证实

TLR7 在肝脏的表达升高 29.15 倍，远高于脾脏（2.85 倍）和脑（3.24 倍）。同时，信号蛋白 MyD88、TRAF3 和 NF-κB 显著上调，IRF-1 表达增加，提示病毒可能激活 MyD88 信号通路。Sun 等鉴定了 DTMUV 感染的 BHK-21 细胞中差异表达的蛋白，结果显示 TLR9 的表达量在感染后 48h 增加，提示 TLR9 可能与 DTMUV 感染哺乳动物细胞系有关。

DTMUV 还可以通过靶向多种接头蛋白在早期感染过程中抑制 IFN-κB 的诱导。Wang 等报道 DTMUV 的 NS1 蛋白可以靶向接头蛋白 MAVS，破坏 MAVS 和 RIG-Ⅰ/MDA5 的相互作用，抑制 IFN-Ⅰ的表达。除了 MAVS，DTMUV 的 NS2A 蛋白可结合 STING 的 164 位、167 位和 361 位氨基酸残基，干扰 STING 二聚体形成，减少 TBK1 磷酸化，抑制 IFN-β 的表达；NS2B3 蛋白通过靶向 STING R84 和 G85 残基之间的剪切键，水解 STING，抑制 IFN 的诱导。

2. 获得性免疫反应

5 日龄、10 日龄和 25 日龄雏鸭接种 DTMUV 后，IgA、IgM、IgG 含量均明显升高。其中，接种后第 1 天，IgA 含量均达到最高值，而后在不同的时间点出现小幅度下降再上升的趋势，但与不感染对照组相比差异显著；IgG 在感染后第 1 天含量较高，之后缓慢下降，至第 6 天又逐渐回升，第 15 天又略有降低；IgM 含量变化相对较为平稳，5 日龄和 10 日龄组于接种后第 6 天和第 12 天（或第 15 天）出现两次较高水平，而 25 日龄雏鸭两次高峰分别出现在攻毒后第 1 天和第 9 天。

3. 免疫保护机制

目前，DTMUV 免疫保护机制尚不清楚。

（二）致病机理

自然状态下，健康鸭被携带 TMUV 的蚊子叮咬后，病毒直接进入血液；当健康鸭与其它发病鸭接触感染时，病毒突破口腔黏膜、鼻黏膜、眼结膜的屏障进入血液中，病毒随着血液循环进入各组织中，此时血液中检测到的病毒量减少。进入各组织器官后的病毒依然进行着复制增殖，随后组织中增殖病毒再次释放入血液导致血液中的病毒含量达到第二个高峰。

DTMUV 具有泛嗜性，可在感染动物体内多种组织器官中增殖，引起鸡、鸭、鹅的多种临床症状和病理变化。DTMUV 对脑、胸腺、法氏囊、心脏、脾脏、胰脏的感染性较强，而对肺脏、腺胃、气管、肠道的感染性较弱。因此，在对 DTMUV 的大体剖检上，可以选择脑、脾脏、胰脏等器官进行检测。DTMUV 还会破坏雏鸭的免疫系统，导致雏鸭免疫抑制，使雏鸭对其它疫苗或病原的免疫应答能力降低，这也是雏鸭感染后发病严重、恢复较慢的重要原因。

在病理学变化方面，DTMUV 在感染产蛋鸭后组织病理学变化主要为卵泡膜充血和出血，同时可见炎性细胞浸润；肝脏往往表现为脂肪变性，局部淋巴细胞浸润与增生，而且血管周围可见炎性细胞浸润；出现神经症状的病鸭大脑中会出现套管现象、噬神经元现象以及卫星现象；在脾脏中常呈现白髓体积缩小、红髓网状细胞活化增生等病理变化。雏鸭感染后主要出现肝实质性病变、脾局部淋巴细胞数量降低，脑膜出现水肿充血以及炎性细胞浸润等现象。

五、临床症状

（一）单纯感染临床症状

在临床病例中，种鸭一旦感染该病毒，常见发病症状有产蛋性能大幅下降、采食量及饮水量下降明显、精神状态萎靡、排泄物较稀且呈白绿色，而且病程后期患病鸭通常出现换羽现象。15～20日龄的雏鸭也易感染该病毒，雏鸭一旦发病常以神经症状最为典型，通常表现出步态不稳、共济失调，严重者甚至瘫痪，同时也表现出食欲不佳、体温偏高、排灰绿色稀便等症状。Sun等通过对不同日龄的雏鸭进行TMUV感染实验，发现不同日龄的雏鸭对该病毒的易感性不同，且日龄越小其易感性表现越强。

路云建研究7～21周龄樱桃谷育成鸭感染DTMUV后的临床症状，结果显示7周龄组第4天开始发病，病鸭表现为排白绿色稀便、采食量下降、精神沉郁，偶见病鸭出现头颈震颤等神经症状，从第10天开始临床症状逐渐减轻，剖检可见肝脏肿大易碎，呈红黄色；脑膜充血，脑部水肿软化；心肌松软，心外膜可见出血；卵泡出血；脾脏肿大，呈暗红色；21周龄育成鸭感染DTMUV后没有出现明显的临床症状或仅在4～6d出现短暂的精神沉郁和饮食欲减退的症状，偶见轻微的神经症状；10周龄、18周龄和21周龄鸭剖检可见肝脏肿胀，脑膜轻微充血、水肿，脾脏部分程度肿大等症状；12～16周龄鸭既没有临床症状，剖检也无明显病理变化，提示樱桃谷育成鸭对DTMUV的易感性与日龄存在一定的相关性，7～10周龄育成鸭和18～21周龄育成鸭易受DTMUV感染，而14～16周龄鸭对DTMUV感染的抵抗力较强。

王友令等用DTMUV BZ株感染1日龄雏鸭，雏鸭于感染后3d发病，发病雏鸭首先表现精神不振、食欲下降、眼睛半闭呈昏迷状、缩头弓背，有的出现排黄白或绿色稀粪的腹泻；3～5d后出现神经症状，表现为运动失调、转圈、两腿痉挛、身体倒向一侧或仰卧，部分鸭角弓反张，继而出现死亡。

（二）与其它病原混合感染的临床症状

Liu等选取325个鸭场检测禽致病性大肠杆菌（Avian pathogenic Escherichia coli，APEC），阳性病料中DTMUV双重感染的阳性率为84.61%（22/26），APEC、H9 AIV、DTMUV三重感染约占其中的42%，这表明三重感染是很常见的。APEC发病高峰出现在5～9月，DTMUV出现在4～7月，略早于APEC，推测DTMUV的早期感染可以破坏鸭的免疫系统，诱导继发感染APEC并产生协同作用，从而导致比单纯感染更严重的临床症状。

六、病理变化

（一）大体剖检

剖检临床发病雏鸭可见心肌水肿，心内膜出血；肝脏肿大易破裂，出血；脾脏肿大呈暗红色，出血严重；肺水肿、淤血，肾脏出血，胰腺水肿、出血、坏死；脑膜充血，脑水肿软化，腺胃出血，胸腺、法氏囊萎缩等大体剖检变化。

剖检临床发病产蛋鸭可见卵巢发育不良，卵泡变形萎缩，卵泡膜充血、出血，严重者卵泡破裂，形成卵黄性腹膜炎；病鸭输卵管水肿并伴有黏液性渗出；部分病鸭有神经症状，脑组织水肿、脑膜充血、出血；肝脏肿大、淤血；少数病鸭脾脏肿大、斑驳呈大理石样；腺胃乳头出血；胰腺出血、液化、坏死；心冠脂肪点状出血，心外膜、心内膜出血。公鸭体重减轻，睾丸萎缩，输精管萎缩。

（二）组织病理学与免疫组织化学

雏鸭感染DTMUV后的病理组织学变化表现为：脑部淋巴细胞浸润，脑血管间隙水肿，噬神经元现象；心脏间质水肿，心肌坏死，淋巴细胞浸润；脾脏小动脉壁轻微粥样硬化，淋巴细胞减少，红髓、白髓界限模糊不清或不可见；胸腺淋巴细胞崩解消失，出现大片坏死灶，静脉血栓，动脉壁变性；法氏囊淋巴固有层淋巴细胞减少，小梁疏松，滤泡萎缩，动脉壁变性严重，结构模糊不清，动脉壁靠近黏膜层淋巴细胞变性坏死。肝脏脂肪变性，肠道黏膜脱落等。以免疫组织化学方法对DTMUV抗原进行检测，感染雏鸭脾脏、胸腺、法氏囊均为阳性。

产蛋鸭感染DTMUV后的组织病理学变化主要表现为：卵泡膜充血、出血，炎性细胞浸润；输卵管固有层水肿；肝脏汇管区和门管区网状细胞及淋巴细胞渗出、增生，呈间质性肝炎，血管周围炎性细胞浸润，肝细胞严重脂肪变性，毛细胆管充满胆色素；有神经症状的发病鸭呈非化脓性脑炎，可见大脑细胞坏死，血管外膜细胞增生，大脑外膜细胞活化增生，淋巴细胞和单核细胞渗出并聚集在血管周围形成管套，可观察到噬神经元现象和卫星现象；腺胃黏膜上皮细胞坏死、脱落，腺管内含有大量的炎性细胞；脾脏可见红髓网状细胞活化增生，白髓体积缩小，红细胞数量减少，淋巴细胞数量减少，静脉窦体积缩小。

七、诊断

（一）临床诊断要点

1. 临床症状特点

雏鸭感染DTMUV后主要以病毒性脑炎为特征，出现典型的神经症状，表现为头颈震颤、角弓反张、站立不稳甚至瘫痪，严重者导致死亡；有的病鸭表现为腹泻，排白绿色或褐色稀便；精神沉郁，缩颈，嗜睡，饮食减退，体重减轻；还有部分病鸭出现流泪，眼睛肿胀呈半闭状态。成年期的蛋鸭感染DTMUV主要表现为食欲下降、生长发育迟缓、沉郁、嗜睡、站立不稳，发病后2～3d鸭群的产蛋量开始下降，1～2周后，产蛋率从高峰期的80%～90%或90%以上降至10%以下，发病率几乎达到100%，死亡率为2%～15%。除上述症状以外，个别鸭出现眼圈湿润、流泪、喙紫红色等症状。根据特征性临床剖检症状初步怀疑为DTMUV感染，但确诊前需要排除可能导致鸭群采食、产蛋下降的环境因素（如饲料、药物等），同时结合实验室诊断确诊。

2. 病理变化特点

感染DTMUV的产蛋期病鸭死亡率较低，剖检变化以卵泡病变最为典型，可见卵泡膜出血，严重的可见卵泡变形、破裂，呈出血性卵巢炎的变化，大量黏液贮积于输卵管内，个别器官有不同程度的出血等现象；有的发病鸭盲肠内容物有恶臭味；感染幼龄雏鸭，则剖检可见脑部水肿、软化，脑膜毛细血管充血或散在大小不一的出血点，呈非化脓性脑炎变化。但上述病理变化需要与其它病原做出实验室鉴别诊断。

（二）实验室诊断要点

1. 病原诊断

通常从发病动物体内分离得到病毒即可确诊，这也是最常用的病原学检测方法。但是分离病毒所需的时间较长而且操作繁琐，在临床中无法达到快速诊断的目的。实验室常将无菌采集的发病动物组织与生理盐水或PBS按一定比例混合后充分研磨，之后将匀浆液反复冻融3次并进行离心，离心后的上清进行过滤除菌，接种于9～12日龄鸭胚或9～10日龄鸡胚中，将盲传1～2代后收获的尿囊液作为病毒液接种细胞继续培养即可分离得到TMUV。

DTMUV 的 RT-PCR 检测方法通常根据 *E* 基因和一些非编码蛋白基因中保守区域设计特异性引物而建立。其中万春和等以 NS5 蛋白基因作为目的基因，根据保守区域设计特异性引物建立了 DTMUV RT-PCR 检测方法。该方法特异性良好，灵敏度高。实时荧光定量 PCR 比 RT-PCR、套式或半套式 PCR 检测方法更敏感、特异性更强，李庆阳以及刘洋等分别建立了 DTMUV 实时荧光定量 PCR 检测方法，这两种检测方法相较于普通 PCR 敏感性大幅度提高，而且可针对临床病例进行大规模检测和快速诊断。

2. 血清学诊断

酶联免疫吸附试验（Enzyme-linked immunosorbent assay，ELISA），是生产中应用最为广泛的测定方法，其原理为：使抗原或抗体吸附在固相载体上，从而进行免疫酶测定试验。ELISA 具有速度快、灵敏度高、特异性强、可重复等优点，并且适用于大规模检测。姬希文、施少华、郝明飞、高绪慧、王善辉等分别利用全病毒、纯化的重组 E 蛋白、NS5 蛋白作为抗原建立 DTMUV 间接 ELISA 检测的方法，并已应用于临床检测坦布苏疫苗免疫效果。Li 等利用 DTMUV FX2010 株 E 蛋白的中和单克隆抗体 1F5 建立了阻断 ELISA 检测方法，该方法特异性强，既有很好的稳定性和重复性，与噬斑减数中和试验结果的符合率在 96%以上，又因其采用了酶标抗 DTMUV 特异性单克隆抗体，检测的血清样品不受动物品种的限制，可用于不同动物血清中 DTMUV 抗体检测。

血凝抑制试验在操作过程中简洁方便，并且敏感性也很强，既可定性检测又可定量检测，因而更容易推广应用。通常来说，DTMUV 不具有使红细胞凝集的特性，但是经过特殊处理，病毒可获得这一能力。王小蕾和刘月焕通过改进工艺充分暴露病毒粒子血凝特性，并以此为基础建立了 DTMUV 抗体血凝抑制检测方法。

杨国平等利用 DTMUV E 蛋白单克隆抗体为金标抗体，制备的鼠抗 E 蛋白多克隆抗体为包被抗体，建立了 DTMUV 的双抗体夹心胶体金试纸条检测方法。该方法检测速度快，10～15min 即可观察检测结果，准确性高，与 RT-PCR 检测方法的符合率为 93.8%。

除此以外，NS1 蛋白可作为外分泌蛋白存在于血液中，以此为基础建立的 ELISA 方法可应用于黄病毒早期感染的诊断。

3. 实验室鉴别诊断技术

吴双等建立了针对 DTMUV、鸭肠炎病毒（Duck enteritis virus，DEV）和番鸭细小病毒（Muscovy duck parvovirus，MDPV）的 TaqMan 三重实时荧光定量 PCR（qPCR）诊断方法并应用于临床疑似样品检测。根据 DTMUV 的 *E* 基因、DEV 的 *UL2* 基因和 MDPV 的 *VP3* 基因保守区域，分别设计合成了 3 对特异性引物和探针，在单重 qPCR 方法的基础上建立了三重 qPCR 方法。该方法检测了 198 份鸭组织疑似病料。结果表明，该方法检测灵敏度达 100 个拷贝。同时，该方法对 H9 亚型禽流感病毒（Avian influenza virus，H9N2 AIV）、鸭甲肝病毒Ⅰ型（Duck hepatitis A virus-1，DHAV-1）、番鸭呼肠孤病毒（Muscovy duck reovirus，MDRV）、鸭呼肠孤病毒（Duck reovirus，DRV）、新城疫病毒（New castle disease virus，NDV）、鹅细小病毒（Goose parvovirus，GPV）的检测均为阴性，表明该方法具备特异性强、灵敏度高、重复性好和快速等优点。

八、预防与控制

对于坦布苏病毒病的感染目前尚无有效的治疗方法，养殖过程中主要以预防为主，包括加强饲养管理，改善养殖环境，对养殖场地面、墙面、食槽、工具以及笼具等物品及时消毒，减少应激，对鸭场定期灭蚊，及时驱赶候鸟、野鸟等。疫苗免疫是防控DTMUV的重要的方式，现在商品化的灭活疫苗和弱毒疫苗，以及在研的基因工程疫苗均有良好的预防效果。DTMUV弱毒株的制备主要依靠病毒在细胞或禽胚上连续传代致弱，将DTMUV分离株FX2010在CEF细胞中连续传代至P180，致弱毒株接种鸭群后能诱导良好的免疫应答，且能完全抵抗强毒株的攻击，并已开发成为商品化弱毒苗。贺大林等用麻雀源DTMUV强毒株在SPF鸡和鸭胚中交替传代至第70代获得致弱毒株，其免疫雏鸭后显示良好的免疫效果，对DTMUV强毒株感染的保护率为100%。何平有等用DTMUV HB株制备的灭活疫苗接种北京鸭和樱桃谷鸭的雏鸭，接种后28d血清ELISA抗体阳性率为90%～100%，免疫后28d和135d攻毒保护率分别为90%～100%，现已开发成为商品化灭活苗。DTMUV基因工程疫苗的研究主要集中在E蛋白，利用杆状病毒表达系统构建截短的E蛋白能诱导雏鸭产生特异性抗体反应，可抵抗DTMUV感染。鸭群中出现DTMUV感染时，除对患鸭进行隔离或无害化处理等综合措施外，还可以用抗病毒中药如双黄连、黄芪多糖等进行治疗，或添加适量复合维生素，以提高鸭群的抵抗力。研究表明，清热解毒类中药如板蓝根、金银花等，以及能够增强免疫力的药物对DTMUV感染的防控具有积极作用。在饲料中添加仙人掌、白术、白花蛇舌草等可以减轻病鸭症状。

（王婉冰、张亚、石胜丽、张盼涛）

参考文献

[1] 曹贞贞，张存，黄瑜，等．鸭出血性卵巢炎的初步研究［J］．中国兽医杂志，2010，46（12）：3-6.

[2] 曹宗喜，贺冬梅，叶保国，等．鸭坦布苏病毒的分离和PCR鉴定［J］．江苏农业科学，2017，45（05）：152-153.

[3] 陈浩．坦布苏病毒ZC株感染性克隆的构建和部分3’非编码区功能的初步研究［D］．山东农业大学，2015.

[4] 陈仕龙．禽坦布苏病毒诱导宿主抗病毒天然免疫应答机制研究［D］．福建农林大学，2017.

[5] 陈珍，傅秋玲，施少华，等．我国部分地区鸡感染禽坦布苏病毒血清流行病学调查［J］．福建农业学报，2014，（01）：1-4.

[6] 刁有祥．坦布苏病毒感染研究进展［C］．中国畜牧兽医学会禽病学分会第十六次学术研讨会论文集，2012：23-26.

[7] 高绪慧，刁有祥，唐熠，等．探针检测鸭黄病毒的地高辛标记DNA的制备与应用［J］．中国兽医学报，2012，32（4）：525-528.

[8] 郝明飞，张琳，胡北侠，等．鸭坦布苏病毒包膜蛋白的原核表达和间接ELISA抗体检测方法的建立［J］．动物医学进展，2013，33（12）：17-22.

[9] 姬希文，闫丽萍，颜丕熙，等．鸭坦布苏病毒抗体间接ELISA检测方法的建立［J］中国预防兽医学报，2011，33（8）：630-634.

[10] 解瑞钦，李宁，刘思当，等．鸭坦布苏病毒对7周龄鸭的致病性研究［J］．山东畜牧兽医，2015，36（07）：1-3.

[11] 寇甜甜，丁天兵．黄病毒属病毒E蛋白结构和功能研究进展［J］．微生物学免疫学进展，2014，42（03）：49-53.

[12] 李芳韬，江蕾，王雪梅，等．鸭胚中鸭坦布苏病毒的分离与鉴定［J］．中国家禽，2015，37（04）：63-65.

[13] 李刚．山东省鸭坦布苏病流行病学调查和DEFs对强弱毒株的天然免疫反应比较［D］．山东农业大学，2019.

[14] 李庆阳，陈芳艳，刘平，等．鸭坦布苏病毒TaqMan荧光定量RT-PCR检测方法的建立［J］．动物医学进展，2012，33（07）：18-22.

[15] 李秀丽．雏鸭感染坦布苏病毒后部分免疫指标的动态变化［D］．山东农业大学，2016.

[16] 李焱，时莹，徐志凯，等．登革病毒E蛋白入胞机制研究现状［J］．热带医学杂志，2010，10（02）：221-222.

[17] 刘波，刘娜，孔令静，等．一例蛋鸭黄病毒病诊治［J］．中国畜禽种业，2017，13（06）：150-152.

[18] 刘强，顾海丰．一例蛋鸭黄病毒病的诊治［J］．湖北畜牧兽医，2015，36（03）：29.

[19] 刘鑫，刁有祥，陈浩，等．1株麻雀源坦布苏病毒的分离鉴定及全基因组序列分析［J］．中国兽医学报，2015，35

(02)：201-206.

[20] 刘性坡，刘友香，李宁，等．山东地区鸭坦布苏病毒流行病学调查及分子变异分析［J］．中国预防兽医学报，2018，40（07）：575-580.

[21] 刘洋，霍斯琪，王传彬，等．实时荧光定量 TaqMan RT-PCR 检测鸭坦布苏病毒方法的建立及初步应用［J］．中国家禽，2017，39（20）：23-26.

[22] 刘宇卓，宋子梁，李银，等．6 日龄雏鸡混合感染坦布苏病毒和多杀性巴氏杆菌的病原学研究［J］．江西农业学报，2015，(04)：81-84.

[23] 袁生，李金平，王敏儒，等．鹅源黄病毒的分离和初步鉴定［J］．中国畜牧兽医，2012，39（09）：47-50.

[24] 路云建．坦布苏病毒对樱桃谷育成鸭的致病性研究［D］．山东农业大学，2016.

[25] 钮慧敏，李银，黄欣梅，等．鹅黄病毒 JS804 株的生物学特性［J］．江苏农业学报，2012，28（02）：454-456.

[26] 潘异哲．鸭坦布苏病毒 NS1 蛋白的原核表达与应用［D］．江西农业大学，2014.

[27] 彭珊．鸭坦布苏病毒对小鼠的分子致病机制［D］．济南大学，2013.

[28] 施少华，傅光华，万春和，等．检测鸭坦布苏病毒卵黄抗体间接 ELISA 方法的建立［J］．养禽与禽病防治，2012，(2)：2-4.

[29] 唐熠．坦布苏病毒的分离鉴定及重组腺病毒介导 shRNA 抑制坦布苏病毒在体外复制的研究［D］．山东农业大学，2013.

[30] 万春和，施少华，程龙飞，等．鸭出血性卵巢炎病毒 RT-PCR 检测方法的建立［J］．福建农业学报，2011，26（01）：10-12.

[31] 万春和，施少华，程龙飞，等．一种引起种（蛋）鸭产蛋骤降新病毒的分离与初步鉴定［J］．福建农业学报，2010，25（06）：663-666.

[32] 王宾宾，闫大为，倪欣涛，等．鸭坦布苏病毒分离鉴定及全基因组序列分析［J］．中国动物传染病学报，2017，25（06）：8-14.

[33] 王善辉，谢金文，强成魁，等．鸭坦布苏病毒 *E* 基因重组杆状病毒的构建与间接 ELISA 检测方法的建立［J］．中国家禽，2016，38（01）：21-24.

[34] 王小蕾，刘月焕，段会娟，等．鸭坦布苏病毒的血凝性［J］．中国农业科学，2019，52（23）：4415-4422.

[35] 王友令，袁小远，于可响，等．雏鸭感染坦布苏病毒后对其生长性能和血液生化指标的影响［J］．中国兽医学报，2014，34（04）：541-545＋559.

[36] 王振忠．鸭坦布苏病毒 NS1 蛋白互作宿主蛋白的筛选及验证［D］．山东农业大学，2018.

[37] 温立斌，张福军，王玉然，等．鸭病毒性脑炎（暂定）病原分离与鉴定的初步研究［J］．中国兽医杂志，2001，(02)：3-4.

[38] 吴双，姜勇，徐建生，等．鸭坦布苏病毒、鸭肠炎病毒和番鸭细小病毒 TaqMan 三重实时荧光定量 PCR 检测方法的建立与临床应用［J］．江苏农业学报，2020，36（03）：626-633.

[39] 徐鑫．坦布苏病毒的遗传变异分析及弱毒疫苗对不同日龄雏鸭的免疫保护效果评价［D］．山东农业大学，2020.

[40] 颜丕熙．鸭坦布苏病毒分离鉴定及其生物学特性的研究［D］．中国农业科学院，2012.

[41] 杨国平．坦布苏病毒 NS5 蛋白单克隆抗体的制备与鉴定及快速检测胶体金试纸条方法的建立［D］．山东农业大学，2015.

[42] 张丹俊，沈学怀，赵瑞宏，等．鸭坦布苏病毒对产蛋鸡的致病性研究［J］．中国家禽，2015，37（13）：13-17.

[43] 张敬峰，李银，赵冬敏，等．鸡源坦布苏病毒（SN01 株）的分离与鉴定［J］．浙江农业学报，2013，25（05）：957-960.

[44] 张琳，逯茂洋，胡北侠，等．4 株鸭坦布苏病毒包膜蛋白基因的分子进化分析及表达［J］．中国兽医学报，2013，33（02）：175-180.

[45] 赵立媛．雏鸭感染坦布苏病毒后的排毒规律及病毒在血液、组织中含量变化的研究［D］．山东农业大学，2015.

[46] 仲华，曹虹，赵卫．登革病毒 E 蛋白结构与功能的研究进展［J］．中国人兽共患病学报，2007，(11)：1147-1149.

[47] 周希珍，赵慧，高岚，等．虫媒黄病毒 NS5 蛋白的生物学功能研究进展［J］．军事医学，2012，36（01）：70-72.

[48] 张璐，杨国平，路云建，等．坦布苏病毒对雏鹅的致病性研究［C］．第三届水禽疫病防控研讨会论文集，2015：78.

[49] Ackermann M，Padmanabhan R. De novo synthesis of RNA by the dengue virus RNA-dependent RNA polymerase exhibits temperature dependence at the initiation but not elongation phase [J] . The Journal of Biological Chemistry，2001，276 (43)：152-158.

[50] Assenberg R，Mastrangelo E，Walter T，et al. Crystal structure of anovel conformational state of the flavivirus NS3 protein：implications for polyprotein processing and viral replication [J] . Journal of Virology，2009，83 (24)：552-560.

[51] Byk L，Gamarnik A. Properties and functions of the dengue virus capsid protein [J] . Annual Review of Virology，2016，3 (1)：263-281.

[52] Cao Z，Zhang C，Liu，Y，et al. Tembusu virus in ducks，china [J] . Emerging Infectious Diseases，2011，17 (10)：1873-1875.

[53] Chen S，Luo G，Yang Z，et al. Avian Tembusu virus infection effectively triggers host innate immune response through MDA5 and TLR3-dependent signaling pathways [J] . Veterinary Research，2016，47 (1)：1-16.

[54] Chen S，Wang S，Li Z，et al. Isolation and characterization of a Chinese strain of Tembusu virus from Hy-Line Brown layers with acute egg-drop syndrome in Fujian，China [J] . Archives of Virology，2014，159 (5)：1099-1107.

[55] Chen X，Li C，Lin W，et al. A novel neutralizing antibody targeting a unique cross-reactive epitope on the hi loop of domain II of the envelope protein protects mice against duck Tembusu virus [J] . The Journal of Immunology，2020，204 (7)：1836-1848.

[56] Chen，C，Yi Y，Chiang S，et al. Selection of immunodominant fragments from envelope gene for vaccine against Japanese encephalitis virus in DNA priming-protein boosting protocols [J] . Microbial Pathogenesis，2005，38 (2-3)：53-62.

[57] Dai L，Li Z，Tao P，et al. Evolutionary analysis of Tembusu virus：evidence for the emergence of a dominant genotype [J] . Infection，Genetics and Evolution，2015，32：124-129.

[58] Deng Y，Dai J，Ji G，et al. A broadly flavivirus cross-neutralizing monoclonal antibody that recognizes a novel epitope within the fusion loop of E protein [J] . PloS One，2011，6 (1)：e16059.

[59] Dowd K，Pierson T. Antibody-mediated neutralization of flaviviruses：a reductionist view [J] . Virology，2011，411 (2)：306-315.

[60] Egloff M，Benarroch D，Selisko B，et al. An RNA cap (nucleoside-2′-O-) -methyltransferase in the flavivirus RNA polymerase NS5：crystal structure and functional characterization [J] . The EMBO Journal，2002，21 (11)：2757-2768.

[61] Fritz R，Stiasny K，Heinz F. Identification of specific histidines as pH sensors in flavivirus membrane fusion [J] . The Journal of Cell Biology，2008，183 (2)：353-361.

[62] Gao X，Ren X，Zhang S，et al. Interleukin-2 shows high adjuvanticity for an inactivated vaccine against duck Tembusu virus disease [J] . Poultry Science，2020，99 (12)：6454-6461.

[63] Gong H，Fan Y，Zhou P，et al. Identification of a linear epitope within domain I of duck Tembusu virus envelope protein using a novel neutralizing monoclonal antibody [J] . Viruses，2021，115：103906.

[64] He D，Zhang X，Chen L，et al. Development of an attenuated live vaccine candidate of duck Tembusu virus strain [J] . Veterinary Microbiology，2019，231：218-225.

[65] He Y，Wang A，Chen S，et al. Differential immune-related gene expression in the spleens of duck Tembusu virus-infected goslings [J] . Veterinary Microbiology，2017，212：39-47.

[66] Homonnay Z，Kovács E，Bányai K，et al. Tembusu-like flavivirus (Perak virus) as the cause of neurological disease outbreaks in young Pekin ducks [J] . Avian Pathology，2014，43 (6)：552-60.

[67] Hou X，Liu G，Zhang H，et al. High-mobility group box 1 protein (HMGB1) from Cherry Valley duck mediates signaling pathways and antiviral activity [J] . Veterinary Research，2020，51 (1)：12.

[68] Hu F，Li Y，Yu K，et al. ITRAQ based quantitative proteomics reveals the proteome profiles of primary duck embryo fibroblast cells infected with duck Tembusu virus [J] . Biomed Research International，2019，2019：1582709.

[69] Konishi E，Kitai Y. Detection by ELISA of antibodies to Japanese encephalitis virus nonstructural 1 protein induced in

subclinically infected humans [J] . Vaccine, 2009, 27 (50): 7053-7058.

[70] Kono Y, Tsukamoto K, Abd Hamid M, et al. Encephalitis and retarded growth of chicks caused by Sitiawan virus, a new isolate belonging to the genus Flavivirus [J] . American Journal of Tropical Medicine and Hygiene, 2000, 63 (1-2): 94-101.

[71] Kümmerer B, Rice C. Mutations in the yellow fever virus nonstructural protein NS2A selectively block production of infectious particles [J] . Journal of Virology, 2002, 76 (10): 4773-4784.

[72] Li N, Jiang S, Zhao J, et al. Molecular identification of duck DDX3X and its potential role in response to Tembusu virus [J] . Developmental & Comparative Immunology, 2019, 106: 103599.

[73] Li N, Wang Y, Li R, et al. Immune responses of ducks infected with duck Tembusu virus [J] . Frontiers in Microbiology, 2015, 6: 425.

[74] Li N, Zhao J, Yang Y, et al. Innate immune responses to duck Tembusu virus infection [J] . Veterinary Research. 2020, 51 (1): 87.

[75] Li S, Li X, Zhang L, et al. Duck Tembusu virus exhibits neurovirulence in BALB/c mice [J] . Virology Journal, 2013, 10: 260.

[76] Li X, Shi Y, Liu Q, et al. Airborne transmission of a novel Tembusu virus in ducks [J] . Journal of Clinical Microbiology, 2015, 53 (8): 2734-2736.

[77] Li X, Shan C, Deng C, et al. The interface between methyltransferase and polymerase of NS5 is essential for flavivirus replication [J] . PLoS Neglected Tropical Diseases, 2014, 8 (5): e2891.

[78] Lin C, Amberg S, Chambers T, et al. Cleavage at a novel site in the NS4A region by the yellow fever virus NS2B-3 proteinase is a prerequisite for processing at the downstream 4A/4B signalase site [J] . Journal of Virology, 1993, 67 (4): 2327-2335.

[79] Liu C, Diao Y, Wang D, et al. Duck viral infection escalated the incidence of avian pathogenic Escherichia coli in China [J] . Transboundary and Emerging Diseases, 2019, 66: 929-938.

[80] Liu P, Lu H, Li S, et al. Genomic and antigenic characterization of the newly emerging Chinese duck egg-drop syndrome flavivirus: Genomic comparison with Tembusu and Sitiawan viruses [J] . Journal of General Virology. 2012, 93 (10): 2158-2170.

[81] Luo Y, Feng J, Zhou J, et al. Identification of a novel infection-enhancing epitope on dengue prM using a dengue cross-reacting monoclonal antibody [J] . BMC Microbiology, 2013, 13: 194.

[82] Ma Y, Liang Y, Wang N, et al. Avian flavivirus infection of monocytes/macrophages by extensive subversion of host antiviral innate immune responses [J] . Journal of Virology, 2019, 93 (22): 978-919.

[83] McLean J, Wudzinska A, Datan E, et al. Flavivirus NS4A-induced autophagy protects cells against death and enhances virus replication [J] . The Journal of Biological Chemistry, 2011, 286 (25): 22147-22159.

[84] Melian E, Hinzman E, Nagasaki T, et al. NS1′ of flaviviruses in the Japanese encephalitis virus serogroup is a product of ribosomal frameshifting and plays a role in viral neuroinvasiveness [J] . Journal of Virology, 2010, 84 (3): 1641-1647.

[85] Ninvilai P, Tunterak W, Oraveerakul K, et al. Genetic characterization of duck Tembusu virus in Thailand, 2015-2017: Identification of a novel cluster [J] . Transboundary and Emerging Diseases, 2019, 66 (5): 1982-1992.

[86] Niu X, Wang H, Wei L, et al. Epidemiological investigation of H9 avian infuenza virus, Newcastle disease virus, Tembusu virus, goose parvovirus and goose circovirus infection of geese in China [J] . Transboundary and Emerging Diseases, 2018, 65 (2): e304-e316.

[87] Oliveira E, Mohana B, Alencastro R, et al. The flavivirus capsid protein: Structure, function and perspectives towards drug design [J] . Virus Research, 2017, 227: 115-123.

[88] Puttikhunt C, Keelapang P, Khemnu N, et al. Novel anti-dengue monoclonal antibody recognizing conformational structure of the prM-E heterodimeric complex of dengue virus [J] . Journal of Medical Virology, 2008, 80 (1): 125-133.

[89] Qian W, Wei X, Li Y, et al. Duck interferon regulatory factor 1 acts as a positive regulator in duck innate antiviral response [J] . Developmental & Comparative Immunology, 2018, 78: 1-13.

[90] Qu S, Wang X, Yang L, et al. Identification of a neutralizing monoclonal antibody that recognizes a unique epitope on domain III of the envelope protein of Tembusu virus [J]. Viruses, 2020, 12 (6): 647.

[91] Samsa M, Mondotte J, Iglesias N, et al. Dengue virus capsid protein usurps lipid droplets for viral particle formation [J]. PLoS Pathogens, 2009, 5 (10): e1000632.

[92] Schlesinger J. Flavivirus nonstructural protein NS1: complementary surprises [J]. Proceedings of the National Academy of Sciences of the United States of America, 2006, 103 (50): 18879-18880.

[93] Shan C, Xie X, Zou J, et al. Using a virion assembly-defective dengue virus as a vaccine approach [J]. Journal of Virology, 2018, 92 (21): e01002-e01018.

[94] Su J, Li S, Hu X, et al. Duck egg-drop syndrome caused by BYD virus, a new Tembusu-related flavivirus [J]. PloS One, 2011, 6 (3): e18106.

[95] Sun M, Zhang L, Cao Y, et al. Basic amino acid substitution at residue 367 of the envelope protein of Tembusu virus plays a critical role in pathogenesis [J]. Journal of Virology, 2020, 94: e02011- e02019.

[96] Sun X, Wang S, Lin X, et al. Proteome analysis of duck Tembusu virus (DTMUV) -infected BHK-21cells [J]. Proteomics, 2017, 17 (12): 10.1002.

[97] Sun X, Diao Y, Wang J, et al. Tembusu virus infection in Cherry Valley ducks: the effect of age at infection [J]. Veterinary Microbiology, 2014, 168 (1): 16-24.

[98] Tang Y, Diao Y, Yu C, et al. Characterization of a Tembusu virus isolated from naturally infected house sparrows (Passer domesticus) in Northern China [J]. Transboundary and Emerging Diseases. 2013, 60 (2): 152-158.

[99] Teo C, Su H, Chu J, et al. Cellular vimentin regulates construction of dengue virus replication complexes through interaction with NS4A protein [J]. Journal of Virology, 2014, 88 (4): 1897-1913.

[100] Thontiravong A, Ninvilai P, Tunterak W, et al. Tembusu-related flavivirus in ducks, thailand [J]. Emerging Infectious Diseases. 2015, 21 (12): 2164-2167.

[101] Thurmond S, Wang B, Song J, et al. Suppression of type I interferon signaling by flavivirus NS5 [J]. Viruses, 2018, 10 (12): 712.

[102] Ti J, Zhang L, Li Z, et al. Effect of age and inoculation route on the infection of duck Tembusu virus in Goslings [J]. Veterinary Microbiology, 2015, 181 (3-4): 190-197.

[103] Ti J, Zhang M, Li Z, et al. Duck tembusu virus exhibits pathogenicity to kunming mice by intracerebral inoculation [J]. Frontiers in Microbiology, 2016, 7: 190.

[104] Tunterak W, Prakairungnamthip D, Ninvilai P, et al. Serological evidence of duck Tembusu virus infection in free-grazing ducks, Thailand [J]. Transboundary and Emerging Diseases, 2018, 65 (6): 1943-1950.

[105] Wang J, Lei C, Ji Y, et al. Duck tembusu virus nonstructural protein 1 antagonizes IFN-β signaling pathways by targeting VISA [J]. The Journal of Immunology, 2016, 197 (12): 4704-4713.

[106] Wu L, Liu J, Chen P, et al. The sequential tissue distribution of duck Tembusu virus in adult ducks [J]. BioMed Research International, 2014, 703930.

[107] Wu R, Tsai M, Tsai K, et al. Mutagenesis of dengue virus protein NS2A revealed a novel domain responsible for virus-induced cytopathic effect and interactions between NS2A and NS2B transmembrane segments [J]. Journal of Virology, 2017, 91 (12): e01836-16.

[108] Wu Z, Zhang W, Wu Y, et al. Binding of the duck Tembusu virus protease to STING is mediated by NS2B and is crucial for STING cleavage and for impaired induction of IFN-β [J]. The Journal of Immunology, 2019, 203 (12): 3374-3385.

[109] Yan D, Shi Y, Wang H, et al. A single mutation at position 156 in the envelope protein of Tembusu virus is responsible for virus tissue tropism and transmissibility in Ducks [J]. Journal of Virology. 2018, 92 (17): e00427-18.

[110] Ye Q, Li X, Zhao H, et al. A single nucleotide mutation in NS2A of Japanese encephalitis-live vaccine virus (Sa14-14-2) ablates NS1′ formation and contributes to attenuation [J]. The Journal of General Virology, 2012, 93 (9): 1959-1964.

[111] Yu G, Lin Y, Tang Y, et al. Comparative transcriptomic analysis of immune-related gene expression in duck em-

bryo fibroblasts following duck Tembusu virus infection [J] . International Journal of Molecular Sciences，2018，19 (8)：2328.

[112] Yu G，Lin Y，Tang Y，et al. Evolution of Tembusu virus in ducks，chickens，geese，sparrows，and mosquitoes in northern china [J] . Viruses. 2018，10 (9)：485.

[113] Zhang W，Jiang B，Zeng M，et al. Binding of duck Tembusu virus nonstructural protein 2A to duck STING disrupts induction of its signal transduction cascade to inhibit beta interferon induction [J] . Journal of Virology，2020，94 (9)：e01850-19.

[114] Zhou H，Yan B，Chen S，et al. Evolutionary characterization of Tembusu virus infection through identification of codon usage patterns [J] . Infection，Genetics and Evolution，2015，35：27-33.

[115] Zou J，Xie X，Wang Q，et al. Characterization of dengue virus NS4A and NS4B protein interaction [J] . Developmental & Comparative Immunology，2015，89 (7)：3455-3470.

第四节　鸭短喙侏儒综合征

鸭短喙侏儒综合征（Short beak and dwarfism syndrome，SBDS）于1971年首次报道于法国西南部，当时怀疑其致病原为鹅细小病毒（Goose parvovirus，GPV），但未分离到病毒。20世纪90年代末匈牙利Vilmos Palya等经病毒分离鉴定该病原为鹅细小病毒，且通过动物试验复制出SBDS症状。

2008年下半年以来，我国福建、浙江、江苏等地陆续有鸭群发病的相关报道，患鸭出现软脚、低病死率、翅脚易折断、生长迟缓（表现为侏儒、矮小），同时有30%病鸭出现上喙变短。我国学者黄瑜对该类病例开展调查，确定其病原为新型番鸭细小病毒（New muscovy duck parvovirus，NMDPV）。陈浩等报道的发生于我国山东、江苏和安徽等地的类似病例，经鉴定病原为新型鹅细小病毒（New goose parvovirus，NGPV）。其后，相继有学者报道类似病例的发生，经鉴定，病原均为NGPV，与匈牙利Vilmos Palya报道的SBDS病原处于同一进化分支。

番鸭细小病毒（Muscovy duck parvovirus，MDPV）主要侵害雏番鸭，感染鸭临床症状主要为腹泻、软脚、喘气。GPV主要引起雏鹅和雏番鸭发生以急性肠炎和肝脏、肾脏等实质器官炎症为特征的疾病。NMDPV/NGPV感染鸭主要表现为鸭喙萎缩、舌头肿胀脱出、跛行瘫痪、生长迟缓和侏儒症，与MDPV、GPV在宿主嗜性、临床表现及病理变化等方面存在显著差异。

一、病原学

（一）分类地位

迄今，引起鸭短喙侏儒综合征的病原有NMDPV和NGPV。

国际病毒分类委员会（ICTV）将MDPV和GPV归为细小病毒科（Parvoviridae）细小病毒亚科（Subfamily parvovirinae）依赖细小病毒属（*Parvovirus genus*）。

（二）病原形态结构与组成

在电镜下，MDPV有实心和空心两种粒子，正二十面体对称，无囊膜，六角形，衣壳由32个颗粒组成，直径为20～24nm，病毒在感染细胞核内复制。病毒在氯化铯密度梯度离心中出现三条带：Ⅰ带为无感染性的空心病毒粒子，浮密度为1.28～1.30g/cm^3；Ⅱ带为无感染性的实心病毒粒子，浮密度为1.32g/cm^3；Ⅲ带为有感染性的实心病毒粒子，浮密度为1.42g/cm^3。

GPV也有实心和空心两种粒子，呈圆形等轴立体对称的二十面体，无囊膜，直径为20～24nm，具有典型的细小病毒外形特征；病毒在感染细胞核内复制。

2008年，黄瑜等对分离的4株NMDPV进行电镜下观察：病毒粒子无囊膜，直径为20～25nm。2018年，傅宏庆等对分离的NGPV进行电镜下观察：病毒粒子呈球形，无囊膜，直径为20～25nm，具有典型的GPV病毒粒子特征。

（三）培养特性

陈浩在分离NGPV时发现，NGPV在普通鸭胚上盲传3代能导致鸭胚死亡，但不能导致鹅胚死亡。NGPV能导致DEFs在第7代出现细胞病变，并通过IFA能在DEFs上检测到病毒抗原。用同样的方法在GEFs上传代，无细胞病变出现，也不能在GEFs上检测到病毒抗原。

未见有NMDPV的培养特性报道。

二、分子病原学

（一）基因组结构与功能

NGPV和NMDPV基因组均为单链线性DNA。HUANG等在2008年分离的NMDPV LH株基因组全长5061bp，非结构蛋白（NS）基因编码627个氨基酸，衣壳蛋白VP1编码732个氨基酸、VP2编码587个氨基酸、VP3编码534个氨基酸。位于基因组5′和3′末端的反向末端重复序列（ITRs）均为381bp。

LI等于2015年分离的NGPV DS15株基因组全长为5104bp，包含两个主要的开放阅读框，分别编码位于5′末端的非结构蛋白（NS1和NS2）和位于3′末端的衣壳蛋白（VP1、VP2和VP3）。与其它水禽细小病毒具有相似的基因组特征。

（二）主要基因及其编码蛋白的结构与功能

1. 非结构蛋白

GPV的非结构蛋白分为NS1和NS2，又称之为Rep1和Rep2蛋白。Rep1蛋白分子质量约为77kDa，包括624个氨基酸，主要参与包括病毒基因组DNA的复制、调控基因表达及对细胞的毒性作用；NS1是一种磷酸化蛋白，能够与参与调节启动子的细胞因子结合，辅助病毒复制，抑制细胞核酸合成，正调节衣壳蛋白的合成，负调节P4启动子和其它有利于病毒的启动子启动。Rep2分子质量约为49kDa，包含459个氨基酸，Rep2协同Rep1蛋白对细胞具有毒性作用，但是NS2蛋白本身对细胞没有毒害作用；Rep2参与GPV的DNA和蛋白的合成，并与病毒增殖有某种联系。Wang等证实非结构蛋白抗体在感染初期便出现，而结构蛋白抗体在细胞感染病毒后6～8周才出现。

细小病毒Rep蛋白参与基因调控和病毒复制，并在细胞凋亡中发挥关键作用。Li等对7个NGPV分离株的Rep1蛋白与经典GPV的Rep1蛋白进行氨基酸序列比对，发现12个氨基酸发生突变，这些氨基酸的突变可能与鸭喙部萎缩有关。

2. 结构蛋白PH

GPV的结构蛋白包括VP1、VP2和VP3。其中VP1蛋白参与合成病毒的衣壳蛋白，协助病毒通过核孔进入细胞核，通过与宿主的细胞受体结合，形成感染性的病毒颗粒。在VP1蛋白的N端存在核定位信号序列（NSL），末端的磷脂酶序列可能参与了病毒的感染。衣壳蛋白在病毒嗜性、宿主范围和致病性中发挥重要作用。VP2同样与病毒衣壳的合成有关，参与病毒颗粒的细胞核输出。VP3蛋白是病毒粒子中最丰富的蛋白，约占衣壳蛋白的80%，构成病毒的保护性抗原，可在水禽中诱导中和抗体。

三、流行病学

（一）传染来源

发病鸭及隐性感染的带毒鸭为主要传染源，粪便中含有大量病毒，病毒主要通过饮水、饲料经消化道传播。

人工感染NGPV的樱桃谷肉鸭，采用巢式PCR对监测期间（120d）采集的口腔和泄殖腔拭子样本进行检测。泄殖腔拭子从感染后第3天（day post-infection，dpi）开始、口腔拭子从4dpi开始能够检测到病毒DNA，提示NGPV可通过消化道和呼吸道排毒。在整个监测期间内，均能检测到病毒DNA，提示NGPV可造成持续感染。

（二）传播途径及传播方式

程晓霞等以分离的NGPV M15株经消化道（口服）、直接接触（同居）和呼吸道（空气传播）等途径人工感染GPV母源抗体为阴性的2日龄半番鸭，发现口服和同居感染鸭均能复制出与野外自然发病一致的症状，如喙变短或变形，舌头外露即长舌鸭，脚、翅或肋骨骨折，被毛生长不良或断翅毛，生长发育受阻成僵鸭或残鸭，感染鸭的体重、喙长宽值等指标均不同程度低于健康对照组，而呼吸道感染组的体重和喙长宽值与健康对照组则无明显差异。表明该病毒的主要传播途径是消化道和直接接触，而空气传播能力则较弱。

Chen等收集了120枚不同发育阶段的鸭胚和鸭胚孵化出的雏鸭，进行病毒DNA检测和NDPV特异性抗体试验，发现可在部分鸭胚和雏鸭中检测到病毒抗原，部分雏鸭血清中可检测到抗体，提示NGPV有垂直传播的可能。

（三）易感动物

新型鹅细小病毒具有广泛的宿主，能引起樱桃谷鸭、北京鸭、半番鸭、台湾白鸭等商品肉鸭发病。该病毒能在鸭胚中传播，但不能在鸡胚和鹅胚中传播，且对鸡胚没有致命毒性。

（四）流行特征

该病首次于1971年在法国西南部出现，随后在中国台湾、波兰、美国均有报道。2008年以来，在我国福建省、江苏省、安徽省、山东省等地相继报道了该病的流行。

（五）发生与分布

1. 在国外的发生与流行

鸭短喙侏儒综合征率先在法国报道。1971年，在法国西南部地区的半番鸭群首次暴发该病，动物表现较强的生长迟缓、喙和跗关节变小。血清学诊断确定其病原为GPV，但未分离病原。后Vilmos Palya等从发病鸭病料中成功分离到病毒，并通过感染动物实现该病的重现。

1995年，波兰报道半番鸭发生一种类似的疫情。

1997—1999年间，美国宾夕法尼亚州报告了几例在番鸭中发现的以运动功能障碍、无力、卧位为特征的疾病。发病率 40%～60%，死亡率为 10%～40%。将病料接种鸭胚后分离出病毒，分离株的结构蛋白序列与经典 MDPV 和 GPV 差异较大，均不在同一进化分支，提示分离株是一种新型禽细小病毒。

2019 年，在波兰的北京鸭养殖场发生一起以鸭群生长发育迟缓、喙部萎缩、舌头突出为特征的疾病。发病率在 15%～40%（同一群中），死亡率为 4.6%。经检测，获得 4 株 NGPV 全基因组序列，与中国 NGPV 序列同源性为 98.57%～99.28%，与经典 GPV 序列同源性为 96.42%。

2. 在国内的发生与流行

1989—1990 年，中国台湾发生鸭疫，疾病特征是鸭群精神萎靡、食欲不振、共济失调、羽毛皱褶和水样腹泻。发病鸭跛足、站立不稳、呈角弓病，常在发病 3～4d 后死亡。耐受鸭表现上喙萎缩和舌头突出，成熟时发育不良。该病感染的宿主种类范围极广，包括白改鸭、番鸭、台湾菜鸭、半番鸭及北京鸭等，该动物流行病在当时被诊断为鸭细小病毒病和鸭病毒性肝炎共感染。

黄瑜等对 2008 年下半年以来我国福建省、浙江省、安徽省及江苏省等地发生的类似 SBDS 疫情的病鸭进行病原学检测、病毒分离鉴定和实验室感染，发现其病原与原经典雏番鸭细小病毒在基因组、感染宿主范围和致病性均存在较大差异，将之暂定命名为 NMDPV。

李传峰等对 2014 年下半年以来在我国华东地区商品肉鸭养殖区暴发的一种以生长迟缓、鸭喙变短、舌头外露下垂、跛行、瘫痪、腹泻以及翅腿易折断为主要临床特征的传染性疾病进行临床诊断、剖检及组织病理观察，初步确定引起该病的病原为一种与 GPV 密切相关的 NGPV。

陈浩等对 2015 年 3 月以来发生在我国山东、江苏、安徽等地以鸭喙发育不良、舌头外伸为特征的疾病进行了检测，通过临床诊断、病原分离鉴定、序列分析及同源比对后证明从患鸭体内分离到的鸭细小病毒，可能与 SBDS 具有相关性。

四、免疫机制与致病机理

（一）免疫机制

1. 先天性免疫反应

目前，先天性免疫反应尚不清楚。

2. 获得性免疫反应

肖世峰等为了解实验室试制 SBDS 灭活疫苗免疫种鸭后代的母源抗体消长规律及被动保护效果，收集了 160 份接种 SBDS 灭活疫苗的不同日龄樱桃谷鸭种鸭后代的血清，用鹅细小病毒胶乳凝集抑制试验检测抗体效价，并对 8 日龄不同母源抗体雏鸭进行攻毒，记录发病情况并测定攻毒后第 14 天的体重、喙长宽值。结果显示，樱桃谷种鸭接种 SBDS 灭活疫苗后能够使其后代携带较高水平的母源抗体，至 10 日龄为 2.4±0.75（$\log_2$），阳性率 100%；21 日龄为 0.2±0.37（$\log_2$），阳性率 15%。母源抗体被动保护试验结果显示雏鸭母源抗体胶乳凝集抑制效价≥2（$\log_2$）时可抵抗 NGPV 强毒攻击，获得有效被动保护。表明 SBDS 灭活疫苗接种种鸭可保护其后代雏鸭抵抗 NGPV 强毒感染，有效被动保护期 10d 以上。

3. 免疫保护机制

目前，免疫保护机制尚不清楚。

（二）致病机理

黄瑜等关于2株番鸭源NMDPV分离株对雏番鸭的致病性研究结果显示1d、7d雏番鸭感染NMDPV后表现张口呼吸、腹泻、排白色或白绿色稀粪。剖检病变主要为胰腺出血或（和）针尖大小的白色坏死点、十二指肠黏膜出血，其致死率高达81.8%，但幸存鸭大多表现生长缓慢、羽毛粗乱、缩颈弓背等。以同样剂量感染14d、21d雏番鸭，虽未引起明显发病和死亡，但感染鸭后期表现生长缓慢和羽毛粗乱。

傅宏庆等从某鸭场发病的樱桃谷肉鸭体内获得1 NGPV分离株。分离株对1日龄樱桃谷鸭致病性研究结果显示，试验鸭在接种病毒后第3天均出现精神沉郁、食欲不振、腹泻、喜卧与羽毛粗乱等临床症状。在28d观察期内，攻毒试验组试验鸭死亡率为25%，攻毒组试验鸭体重和喙长均显著低于对照组。且攻毒后第28天剖检鸭的X光片显示，攻毒组试验鸭的骨骼发育不良，表现为骨密度降低，骨髓腔变窄，胫骨、桡骨、尺骨与趾骨等明显变短。

在病理学变化方面，Chen等将NGPV分离株感染20日龄樱桃谷鸭，20d后剖检，在胸腺、肝脏、肾脏和舌部均观察到明显的组织学病变。胸腺病变为胸腺髓质、淋巴细胞和网状细胞散在坏死，淋巴细胞和浆细胞浸润，间质间隙中度出血，胸腺小体解体；肝小叶内巨噬细胞弥漫性浸润，肝细胞肿胀、脂肪变性，细胞质中有大小不一的脂肪滴；肾脏病变表现为肾小管上皮细胞的透明变性和脂肪变性，肾间质轻度充血、水肿、淋巴细胞和中性粒细胞浸润；舌部中度病变，表现为疏松结缔组织间质炎症和水肿。

五、临床症状

（一）单纯感染临床症状

感染该病的鸭主要临床特征是精神萎靡、食欲不振、共济失调、翅腿易折和水样腹泻，受感染的鸭子跛脚，不能站立，瘫痪，往往在发病3～4d后死亡。幸存的鸭继续饲养后表现上喙萎缩、舌头突出、成熟后发育不良。

（二）与其它病原混合感染的临床症状

鸭圆环病毒（Duck circovirus，DuCV）与NGPV导致的症状相似，也会引起鸭群生长迟缓，因此有学者怀疑DuCV也是造成鸭短喙侏儒综合征的原因。Li在临床检测中发现，两种病毒共感染率高达63.53%，高于DuCV与其它病原的共感染情况；DuCV分为两个基因型：DuCV-1和DuCV-2。与DuCV-2相比，DuCV-1与NGPV共感染更为常见。此外，P. Li还研究了两种病毒在动物体内的分布情况，发现两种病毒有相同的组织趋向性。

六、病理变化

（一）大体剖检

剖检可见舌短小、肿胀，胸腺肿大、出血，骨质较为疏松。

（二）组织病理学与免疫组织化学

李传峰等对表现为短喙侏儒综合征症状的商品肉鸭进行组织病理学观察，可见心脏心肌纤维水肿、坏死、断裂，间质充血和出血，并伴有炎性细胞灶性浸润。胰腺组织中，部分腺泡出现水肿坏死，胰岛与腺泡边界不清晰，胰岛出现轻度损伤。肾脏组织中可见炎性细胞呈灶性浸润，肾小管管腔扩张，肾小管上皮细胞水肿坏死，间质血管充血、出血。肺脏组织严重充血、出血，且可见部分组织出现局灶性坏死和炎性细胞灶性浸润。此外，患鸭的肝脏、脾脏、胸腺、小肠和直肠等组织也出现不同程度的细胞肿胀、变性、坏死。利用实验室自制的兔抗 GPV 多克隆抗体，在患鸭的肾脏肾小管上皮细胞和脾脏的淋巴细胞中检测到病毒抗原。

除以上病变，还可发生骨骼肌出血、肌纤维断裂、凝固性坏死。舌部疏松结缔组织间质炎症和水肿。

七、诊断

（一）临床诊断要点

1. 流行病学特点

NGPV/NMDPV 可引起樱桃谷鸭、北京鸭、半番鸭、台湾白鸭等多种品种鸭发病，发病鸭及隐性感染的带毒鸭为主要传染源，发病日龄为 6～40 日龄不等，发病率在 10%～40%之间，病死率较低，而发展为僵鸭较多，淘汰率高。该病毒的流行目前在我国东部地区报道居多。

2. 临床症状特点

感染 NGPV/NMDPV 的鸭主要表现为生长障碍、体态瘦小、舌头外伸、喙变短等特点。

3. 病理变化特点

舌部病变为疏松结缔组织间质炎症和水肿。胸腺病变为胸腺髓质、淋巴细胞和网状细胞散在坏死，淋巴细胞和浆细胞浸润，间质间隙出血，胸腺小体解体。骨骼肌出血、肌纤维断裂、凝固性坏死。肝细胞肿胀、脂肪变性。肾脏肾小管上皮细胞透明变性和脂肪变性，肾间质充血、水肿、淋巴细胞和中性粒细胞浸润。根据临床症状的严重程度不同，产生的病理变化也有一定的差别。

4. 与其它相关疾病的鉴别诊断

NGPV/NMDPV 与经典 GPV/MDPV 的最明显的区别症状为喙变短，舌头突出。

（二）实验室诊断要点

1. 病原诊断

可用 PCR 方法进行 NGPV/NMDPV 病毒核酸的检测，多种脏器均可作为检测样品，如舌、心脏、肝脏、脾脏、肺脏、肾脏、胸腺、法氏囊、脑、小肠，其中以胸腺、法氏囊、心脏、脾脏和胰腺病毒含量最高，肝脏、肺脏、脑、小肠次之，肾脏最低。PCR 引物设计主要针对 *VP3* 基因。其它分子生物学方法，如半套式 PCR、套式 PCR、荧光定量 PCR、实时等温环介导扩增方法均能有效地检测并鉴别出 GPV 与 NGPV。

2. 血清学诊断

王燕建立的特异性 ELISA 检测方法中，用大肠杆菌表达 NGPV 的 VP3 蛋白，将纯化后的蛋白作为包被抗原，建立了一种基于 VP3 蛋白检测的 NGPV ELISA 方法。特异性检测显示，该方法不与新城疫病毒、鸭源呼肠孤病毒、禽流感病毒、鸭肝炎病毒和传染性法氏囊病毒有交叉反应。灵敏性检测结果显示，待测血清 10240 倍稀释后，仍可很好地检出特异性抗体。

3. 实验室鉴别诊断技术

NGPV/NMDPV 的基因组序列与 GPV、MDPV 有较大差异，对 NGPV/NMDPV 的全基因组序列或 *VP3* 基因序列进行遗传进化分析，一般呈独立分支。结合 NGPV/NMDPV 与 GPV/MDPV 感染宿主范围及致病性不同，很容易将该病与鹅细小病毒病、番鸭细小病毒病区分开来。

八、预防与控制

根据前期研究，参考国外对该病的防控措施，有研究人员提出了防控和治疗该病的方法和手段。首先对种群泄殖腔棉拭子进行病原检测，防止该病毒经垂直传播途径扩散至子代禽群；其次，对发病养殖场实行严格的生物安全制度，严防该病向周边地区扩散；再次，加快灭活疫苗和弱毒活疫苗的研制，通过免疫接种种鸭和雏鸭为鸭群提供有效保护力。最后，针对发病鸭群，可在饲料中添加钙、磷、维生素以及抗生素药物等，保障鸭机体的钙、磷吸收并防止因该病继发的细菌性疾病的发生。由于目前对 NGPV/NMDPV 的病原特性、流行病学、宿主范围、传播方式和免疫交叉保护等方面均未见报道或较少报道，因此，应围绕以上方面进行研究并加快疫苗的研制，以用于该病的预防。

（张亚、张盼涛）

参考文献

［1］ 陈浩，窦砚国，唐熠，等．樱桃谷肉鸭短喙长舌综合征病原的分离鉴定［J］．中国兽医学报，2015，35（10）：1600-1604.

［2］ 程龙飞，张长弓，傅秋玲，等．检测水禽源细小病毒的胶体金试纸条的研究［J］．中国预防兽医学报，2017，39（9）：722-726.

［3］ 程晓霞，肖世峰，陈仕龙，等．短嘴型小鹅瘟病毒的传播途径［J］．中国兽医学报，2017，37（10）：1874-1879.

［4］ 仇铮．抗鹅细小病毒 NS1 蛋白单克隆抗体的制备及其对应抗原表位区分［D］．东北农业大学，2009.

［5］ 傅宏庆，姚志兰，王永娟，等．鸭短喙型小鹅瘟病毒 SBDS-GPV JS01 株的分离鉴定及其对雏鸭致病性的研究［J］．中国兽医科学，2020，50（10）：1286-1293.

［6］ 高沙沙，李鹏飞，孙大鹏，等．检测新型鹅细小病毒的半套式 PCR 方法的建立及应用［J］．中国预防兽医学报，2018，40（08）：702-705.

［7］ 郭鹭．抗鹅细小病毒 VP3 蛋白单克隆抗体的制备及对应抗原表位的定位［D］．东北农业大学，2010.

［8］ 黄瑜，万春和，傅秋玲，等．新型番鸭细小病毒的发现及其感染的临床表现［J］．福建农业学报，2015，30（05）：442-445.

［9］ 李传峰，李琦，陈宗艳，等．鸭短喙-侏儒综合征病原的初步鉴定［J］．中国动物传染病学报，2015，23（06）：1-6.

［10］ 李鹏飞，张瑞华，宋莎莎，等．鸭源新型鹅细小病毒核酸探针的制备与应用［J］．中国兽医学报，2018，38（11）：2073-2077.

［11］ 李鑫．新型鹅细小病毒病的诊断［J］．现代畜牧科技，2020，（11）：162-163.

［12］ 刘荣昌，黄瑜，卢荣辉，等．“短喙侏儒综合征”半番鸭病原学检测及病理组织学特征［J］．中国兽医学报，2018，38（01）：51-58.

［13］ 苏敬良，黄瑜，胡薛英．鸭病学．北京：中国农业大学出版社，2016.

［14］ 孙大鹏．检测新型鹅细小病毒抗体的间接 ELISA 方法的建立及应用［D］．泰安：山东农业大学，2018.

［15］ 王辉，王秀云，焦绪娜，等．新型鹅细小病毒研究进展［J］．中国动物传染病学报，2020，28（02）：115-118.

［16］ 王燕．新型鹅细小病毒 VP3 抗体特异性 ELISA 检测方法的建立［D］．河北大学，2017.

[17] 肖世峰，程晓霞，陈仕，等．短喙矮小综合征灭活苗母源抗体消长及其被动保护研究［J］．中国预防兽医学报，2018，40（08）：743-746.

[18] 俞博，林甦，陈仕龙，等．短喙型鹅细小病毒感染雏鸭的排毒规律研究［J］．福建农业学报，2018，33（03）：225-229.

[19] 张锦玥．新型鹅细小病毒SD15株的分离鉴定及其增殖特性的研究［D］．四川农业大学，2019.

[20] 郑肖强，陈浩，窦砚国，等．鸭细小病毒地高辛标记探针的制备与应用［J］．中国兽医学报，2016，36（12）：2001-2004.

[21] 周洁文，汤傲星，戚睿斌，等．新型鸭细小病毒SYBR Green I荧光定量PCR检测方法的建立及初步应用［J］．中国动物传染病学报，2020，28（04）：47-51.

[22] Chen H，Tang Y，Dou Y，et al. Evidence for vertical transmission of novel duck-origin goose parvovirus-related parvovirus［J］. Transboundary and Emerging Diseases，2016，63（2016）：243-247.

[23] Chen H，Tang Y，Dou Y，et al. Experimental reproduction of beak atrophy and dwarfism syndrome by infection in cherry valley ducklings with a novel goose parvovirus-related parvovirus［J］. Veterinary Microbiology，2016，183（2016）：16-20.

[24] Cotmore S，Christensen J，Nuesch J，et al. The NS1 polypeptide of the murine parvovirus minute virus of mice binds to DNA sequences containing the motif［ACCA］2-3［J］. Jurnal of Virology，1995，69（3）：1652-1660.

[25] Cotmore S，Agbandje-McKenna M，Chiorini J，et al. The family parvoviridae［J］. Archives of Virology，2014，159（5）：1239-1247.

[26] Deleu L，Pujol A，Nuesch J，et al. Inhibition of transcription-regulating properties of nonstructural protein 1（NS1）of parvovirus minute virus of mice by a dominant-negative mutant form of NS1［J］. Journal of General Virology，2001，82（Pt 8）：1929-1934.

[27] Fu Q，Huang Y，Wan C，et al. Genomic and pathogenic analysis of a mmuscovy duck parvovirus strain causing short beak and dwarfism syndrome without tongue protrusion［J］. Research in Veterinary Science，2017，115（2017）：393-400.

[28] Legrand C，Rommelaere J，Caillet-Fauquet P. MVM（p）NS-2 protein expression is required with NS-1 for maximal cytotoxicity in human transformed cells［J］. Virology，1993，195（1）：149-55.

[29] Li C，Li Q，Chen Z，et al. Novel duck parvovirus identified in cherry valley ducks（Anasplatyrhynchos domesticus），China［J］. Infection，Genetics and Evolution，2016，44（2016）：278-280.

[30] Li P，Zhang R，Chen J，et al. Development of a duplex semi-nested PCR assay for detection of classical goose parvovirus and novel goose parvovirus-related virus in sick or dead ducks with short beak and dwarfism syndrome［J］. Journal of Virological Methods，2017，249：165-169.

[31] Lu Y，Lin D，Lee Y，et al. Infectious bill atrophy syndrome caused by parvovirus in a co-outbreak with duck viral hepatitis in ducklings in Taiwan［J］. Avian Diseases，1993，37（2）：591-596.

[32] Matczuk A，Chmielewska-Władyka M，Siedlecka M，et al. Short beak and dwarfism syndrome in ducks in poland caused by novel goose parvovirus［J］. Animals（Basel），2020，10（12）：2397.

[33] Organtini L，Allison A，Lukk T，et al. Global displacement of canine parvovirus by a host-adapted variant：structural comparison between pandemic viruses with distinct host ranges［J］. Virology，2015，89（3）：1909-1912.

[34] Palya V，Zolnai A，Benyeda Z，et al. Short beak and dwarfism syndrome of mule duck is caused by a distinct lineage of goose parvovirus［J］. Avian Pathology，2009，38（2）：175-80.

[35] Poonia B，Dunn P，Lu H，et al. Isolation and molecular characterization of a new muscovy duck parvovirus from muscovy ducks in the USA［J］. Avian Pathology，2006，35（6）：435-41.

[36] Samorek-Salamonowicz E，Budzyk J，Tomczyk G，et al. Syndrom kar-lowatosci i skroconegodzioba u kaczek mulard［J］. Zycie Weterynaryjne，1995，2（70）：56-57.

[37] Shien J，Wang Y，Chen C，et al. Identification of sequence changes in live attenuayed goose parvovirus vaccine strains developed in Asia and Europe［J］. Avian Pathology，2008，37：499-505.

[38] Tu M，Liu F，Chen S，et al. Role of capsid proteins in parvoviruses infection［J］. Virology Journal，2015，12：1-8.

[39] Vihinen-Ranta M，Wang D，Weichert W，et al. The VP1 N-terminal sequence of canine parvovirus affects nuclear

transport of capsids and efficient cell infection [J] . Journal of Virology, 2002, 76 (4): 497-501.

[40] Wang C, Shieh H, Shien J, et al. Expression of capsid proteins and non-structural proteins of waterfowl parvoviruses in aeascherichia coli and their use in serological assays [J] . Avain Pathology, 2005, 34 (5): 376-82.

[41] Yang J, Cheng A, Wang M, et al. Development of a fluorescent quantitative real-time polymerase chain reaction assay for the detection of Goose parvovirus in vivo [J] . Virology Journal, 2009, 6 (1): 1-7.

[42] Yang J, Chen H, Wang Z, et al. Development of a quantitative loop-mediated isothermal amplification assay for the rapid detection of novel goose parvovirus [J] . Front in Microbiol, 2017, 8: 2472.

[43] Yu K, Ma X, Sheng Z, et al. Identification of goose-origin parvovirus as a cause of newly emerging beak atrophy and dwarfism syndrome in ducklings [J] . Journal of Clinical Microbiology, 2016, 54: 1999-2007.

[44] Yu T, Ma B, Gao M, et al. Localization of linear B-cell epitopes on goose parvovirus structural protein [J] . Veterinary Immunology and Immunopathology, 2012, 145: 522-526.

[45] Zadori Z, Erdei J, Nagy J, et al. Characteristics of the genome of goose parvovirus [J] . Avian Pathology, 1994, 23: 359-364.

[46] Zadori Z, Stefancsik R, Rauch T, et al. Analysis of the complete nucleotide sequences of goose and muscovy duck parvoviruses indicates common ancestral origin with adeno-associated virus 2 [J] . Virology Journal, 1995, 212: 562-573.

第六章

犬新发病毒病

第一节　犬肺炎病毒感染

犬传染性呼吸道疾病（Canine infectious respiratory disease，CIRD），又称“犬窝咳”，是一种全球范围内常见的疾病，该病由多种病原引起，如犬瘟热病毒、犬副流感病毒、犬腺病毒2型、犬流感病毒、犬疱疹病毒1型、犬呼吸道冠状病毒、支气管败血波氏杆菌、支原体等，主要表现为咳嗽、喷嚏、鼻分泌物、发热，严重者呼吸急促、呼吸困难等。其中犬瘟热病毒、犬副流感病毒、犬腺病毒2型、犬流感病毒、支气管败血波氏杆菌较早被发现，并且均研制了相应的疫苗，目前以上病原引起疾病的发病率逐渐下降。而犬肺炎病毒（Canine pneumovirus，CnPnV）于2010年首次被发现，美国研究人员从2个流浪动物收容所患有急性呼吸道疾病犬的鼻咽拭子中分离到犬肺炎病毒，随后欧洲多个国家、日本、泰国和中国相继检测到该病毒，经测序分析，犬肺炎病毒与鼠肺炎病毒高度相似，并且能够在BABL/C小鼠的肺脏中增殖。但是目前犬肺炎病毒的免疫机制、致病机制、组织病理学变化、该病毒与临床表现之间的关系还有待进一步研究。

一、病原学

（一）分类地位

CnPnV属于副黏病毒科（Paramyxoviridae）、肺炎病毒亚科（Pneumovirinae）、肺炎病毒属（*Pneumovirus*）的成员。副黏病毒科包含2个亚科，分别为副黏病毒亚科（Paramyxivirinae）、肺炎病毒亚科。肺炎病毒亚科的病毒分为两个属：肺炎病毒属、间质肺炎病毒属（*Metapneumovirus*）。其中肺炎病毒属成员还包括人呼吸道合胞体病毒（Human respiratory syncytial virus，HRSV）、牛呼吸道合胞体病毒（Bovine respiratory ryncytial virus，BRSV）、禽肺炎病毒（Avian pneumovirus）、鼠肺炎病毒（Murine pneumovirus，MPV）和猪肺炎病毒（Swine orthopneumovirus，SOV）。2011年测序获得了第1株CnPnV的基因组序列，经序列分析发现CnPnV与MPV的亲缘关系最近，因此正式将CnPnV分类为肺炎病毒属。

（二）病原形态结构与组成

目前还没有CnPnV病原形态特征的报道，但是CnPnV属于副黏病毒科的成员，并且与 HRSV 的亲缘关系较近。因此，两者的病原形态可能具有相似的特征。

（三）培养特性

美国康奈尔大学 Randall W 等采集患有急性呼吸道疾病犬的鼻咽拭子，接种犬癌细胞（A72）连续传代 3 次后，未观察到明显的细胞病变，最后使用抗 HRSV 单克隆抗体进行间接免疫荧光检测，并观察到特异性荧光，通过基因测序证实分离的新型病毒为犬肺炎病毒。除此之外，未见其它实验室分离到 CnPnV 的报道。

二、分子病原学

（一）基因组结构与功能

犬肺炎病毒基因组为单链 RNA，全长约 15kb，基因组排列与副黏病毒亚科的成员相似，为 3′-NS1-NS2-N-P-M-SH-G-F-M2-L-5′。以意大利测序获得的 CnPnVdog/Bari/100-12/ITA/2012 株为例（GenBank Access No. KF015281），基因组全长 14884bp，与 MPV 基因组序列相似性为 95.7%～95.8%，与 HRSV、BRSV 基因组序列的相似性低于 50%。基因组编码 10 个蛋白，其中非结构蛋白 NS1 和 NS2 与病毒的致病力相关，并且可以抑制Ⅰ型干扰素的产生；P 蛋白与 L 蛋白组成依赖 RNA 的 RNA 聚合酶复合物，该复合物与 N 蛋白结合组成完整的核衣壳；M 蛋白能够促进核衣壳与细胞膜之间相互作用；M2 蛋白由 M2-1 和 M2-2 两个亚基组成；G 蛋白是主要的毒力因子，包含多个中和表位，介导病毒与细胞膜相互接触，F 蛋白介导病毒囊膜与宿主细胞膜融合，从而使核衣壳进入细胞；在病毒进入宿主细胞的过程中，SH 蛋白也发挥一定的作用，能够调节宿主细胞膜的通透性，此外还可抑制宿主细胞凋亡。

（二）主要基因及其编码蛋白的结构与功能

1. 非结构蛋白

CnPnV 的非结构蛋白包括 NS1 和 NS2 蛋白。NS1 蛋白与病毒的致病力有关，但是详细的作用机制还不清楚。NS2 蛋白能够抑制Ⅰ型干扰素的合成，从而逃逸宿主免疫反应。

2. 结构蛋白

CnPnV 编码 8 个结构蛋白，其中 N 蛋白由 393 个氨基酸组成，N 蛋白高度保守，与其它 CnPnV 的 N 蛋白氨基酸相似性为 98.5%，是核衣壳的主要成分，N 蛋白能够包裹基因组核酸，避免被核酸酶降解。P 蛋白由 295 个氨基酸组成，L 蛋白是 CnPnV 最大的蛋白，由 2040 个氨基酸组成，P 蛋白与 L 蛋白共同组成依赖 RNA 的 RNA 聚合酶复合物，参与病毒基因组的复制和转录，是病毒增殖必不可少的蛋白，P 蛋白与 L 蛋白组成的依赖 RNA 的 RNA 聚合酶复合物，再与 N 蛋白结合，从而构成完整的核衣壳。M 蛋白由 257 个氨基酸组成，能够促进核衣壳与宿主细胞膜的相互作用。M2 蛋白由 M2-1 和 M2-2 两个亚基组成。G 蛋白由 414 个氨基酸组成，介导病毒黏附在宿主细胞上。F 蛋白由 537 个氨基酸组成，使病毒囊膜与宿主细胞膜融合，从而使核衣壳进入细胞。SH 蛋白由 92 个氨基酸组成，是病毒的穿孔蛋白，能够调节宿主细胞的通透性，在 RSV 的研究中发现 SH 蛋白还具有抑制细胞凋亡的作用。G 蛋白、F 蛋白和 SH 蛋白在病毒入侵宿主细胞过程中共同发挥作用。

三、流行病学

尽管美国研究人员在患有呼吸道疾病的犬体内检测到 CnPnV，但是单纯的 CnPnV 能否引起呼吸道疾病还需进一步研究。

（一）传染来源

CnPnV 感染犬是该病的重要传染源，患病犬的鼻分泌物或被鼻分泌物污染的用具也是该病重要的传染源。

（二）传播途径及传播方式

目前已知 CnPnV 的传播途径主要是通过呼吸道传播，传播方式以直接接触传播为主。临床上可在鼻拭子和咽拭子中检测到病毒核酸，提示 CnPnV 通过呼吸道传播。Mitchell J 等报道，流浪犬收容所的 CnPnV 抗体阳性率（54.8%）高于单独饲养的犬（21.8%），并且在流浪犬收容所饲养 3 周后，犬血清的 CnPnV 抗体阳性率从 28%升高至 93.5%，提示 CnPnV 的传播距离较短，近距离甚至直接接触有助于该病毒的传播。

（三）易感动物

CnPnV 主要感染犬，尤其是 6 月龄以内的幼犬。CnPnV 与 MPV 的亲缘关系较近，人工高剂量感染 BABL/C 小鼠，可使小鼠死亡，并且能够在小鼠肺脏中有效地增殖，提示 CnPnV 可感染小鼠。2021 年 Song X 等在成都市收集犬的鼻咽拭子，从中检测到 2 株 CnPnV，基因组序列分析显示检测到的 2 株 CnPnV 与 SOV 位于同一遗传分支，而与其它 CnPnV 的遗传距离较远，推测检测到的 2 株 CnPnV 可能是由 SOV 突变而来。遗憾的是，研究人员未验证检测到的 2 株 CnPnV 是否感染猪。

（四）流行特征

2010 年，美国研究人员从患有急性呼吸道疾病犬的鼻咽拭子中首次检测到 CnPnV，随后欧洲多个国家如法国、英国、匈牙利、荷兰、西班牙、希腊、意大利、新西兰均检测到 CnPnV。2019—2021 年，泰国、日本和中国的犬群中相继检测到 CnPnV。提示 CnPnV 已经在全球大多数地区流行。

目前对 CnPnV 流行病学的研究较少，不能确定该病是否具有季节性，但是咳嗽、有鼻分泌物等症状在冬春季节更常见。因此，推测 CnPnV 在冬春季节常发。

（五）发生与分布

1. 在国外的发生与流行

2010 年，美国研究人员从流浪犬收容所患有急性呼吸道疾病犬的鼻咽拭子中首次检测到 CnPnV，遗憾的是，在美国没有进行更大范围的流行病学研究。此后，欧洲也发现该病的流行，并且总体上，欧洲犬群中 CnPnV 血清抗体阳性率为 41.7%，CnPnV 抗原阳性率为 23.4%。

Mitchell 等对英国和爱尔兰的 625 份犬血清进行检测，发现 CnPnV 的抗体阳性率为 50.2%；法国犬血清的 CnPnV 抗体阳性率最高，为 70.1%；荷兰犬血清的 CnPnV 抗体阳性率为 60.3%；匈牙利犬血清的 CnPnV 抗体阳性率为 43.3%；西班牙犬血清的 CnPnV 抗体阳性率为 37.7%；希腊犬血清的 CnPnV 抗体阳性率为 27.1%；意大利犬血清的 CnPnV 抗体阳性率为 21.5%。提示 CnPnV 在欧洲多个国家广泛流行。

2019 年，在泰国收集了 2014—2016 年的 209 份患有呼吸道疾病犬的鼻咽拭子，其中 CnPnV 阳性率为 2.9%（6/209），这也是亚洲第一次检测到 CnPnV。

2020 年，在日本收集了 2017—2018 年的犬鼻拭子和咽拭子，经检测 CnPnV 阳性率为 4.5%（3/66）。

2021 年，在新西兰收集了 2014—2016 年患有呼吸道疾病犬的拭子，患病犬主要表现为有鼻分泌物、咳嗽、喷嚏、呼吸急促、呼吸困难、发热或淋巴结肿大，经荧光定量 RT-PCR 检测，CnPnV 的阳性率为 25%（14/56）。与此同时，健康犬的鼻咽拭子中同样检测到 CnPnV，其阳性率为 28%（17/60），提示 CnPnV 在犬呼吸道疾病中的作用仍需进一步研究。

2. 在国内的发生与流行

在我国，2020 年 6 月至 2021 年 1 月，Song X 等在成都收集了 107 份犬鼻咽拭子，首次在国内检测到 CnPnV，其中 51 份患有呼吸道疾病犬的鼻咽拭子中检测到 2 份 CnPnV 阳性，56 份健康犬的拭子中均未检测到 CnPnV，提示国内 CnPnV 的流行率明显低于欧洲和日本。基因测序比对发现检测到的 2 株 CnPnV，与美国的猪肺炎病毒相似性最高，为 98.0%，与其它 CnPnV 的相似性为 90.3%～92.2%。使用基因组序列和 G 基因序列分别进行遗传进化分析，结果均显示检测到的 2 株 CnPnV 与 SOV 位于同一遗传分支，而与其它 CnPnV 的遗传距离较远。提示检测到的 2 株 CnPnV 可能是由 SOV 突变而来。

四、免疫机制与致病机理

（一）免疫机制

1. 先天性免疫反应

目前，CnPnV 先天性免疫机制尚不清楚。CnPnV 人工感染小鼠后，能够诱发炎症反应，在肺脏和支气管可观察到嗜中性粒细胞浸润。在 CnPnV 人工感染小鼠模型中，同样发现 CnPnV 有多种免疫调节方式，尤其是能够抑制 Ⅰ 型干扰素的合成。在犬体内是否存在同样的现象还有待进一步研究。

2. 获得性免疫反应

目前，CnPnV 获得性免疫机制尚不清楚。CnPnV 人工感染小鼠后，在康复小鼠的血清中可检测到特异性抗体。犬通常在 4～6 周龄断奶，而 6 周龄以内的幼犬中 CnPnV 阳性率更高，提示 CnPnV 母源抗体的持续期较短，不能提供足够好的被动免疫。

3. 免疫保护机制

目前，缺少 CnPnV 免疫保护机制的研究。

（二）致病机理

关于 CnPnV 致病机制的研究非常少。对于其它肺炎病毒来说，该病毒主要通过呼吸道传播，呼吸道上皮细胞是 CnPnV 的主要靶细胞。CnPnV 人工高剂量感染 BALB/c 小鼠后，可在肺脏中有效增殖，并且在细支气管的上皮细胞中可检测到 CnPnV，严重者引起小鼠死亡，提示 CnPnV 可感染小鼠。

肺炎病毒的 G 蛋白是主要的毒力因子，介导病毒黏附在宿主细胞上；F 蛋白能使病毒囊膜与宿主细胞膜融合，从而使核衣壳进入细胞；SH 蛋白能够调节宿主细胞的通透性，还具有抑制细胞凋亡的作用；G 蛋白、F 蛋白和 SH 蛋白在病毒入侵宿主细胞过程中发挥协同作用。

五、临床症状

（一）单纯感染临床症状

CnPnV 单纯感染时，仅表现出轻微的咳嗽、有鼻分泌物等，但是 CnPnV 单纯感染的病例非常少见。

（二）与其它病原混合感染的临床症状

犬传染性呼吸道疾病通常是由多种病原共同引起的，并且混合感染时其临床表现会更加严重。但并不是所有患有呼吸道疾病的犬中均可检测到CnPnV。Viitanen报道，在细菌性肺炎或慢性细菌性肺炎患病犬体内未检测到CnPnV，表明在慢性呼吸道疾病中，CnPnV不是主要的病原。

Decaro等对意大利的5只犬进行检测，发现CnPnV与CRCoV或Bb、支原体混合感染的比例为40%，英国犬群中CnPnV与CRCoV或CPIV混合感染的比例为69.5%，同时发现CRCoV感染能使CnPnV的阳性率提高2倍，但是CnPnV与临床表现之间的关系尚不清楚，单纯CnPnV能否引起犬呼吸道疾病还需进一步研究。

六、病理变化

犬传染性呼吸道疾病几乎不会出现死亡病例，因此目前还没有CnPnV感染犬的大体剖检、组织病理学和免疫组织化学的研究报道。

CnPnV人工感染小鼠后，诱发局部炎性细胞因子反应，并且在肺脏血管周围可观察到嗜中性粒细胞浸润。与MPV相比，CnPnV只引起轻微的组织病理学变化、组织中嗜中性粒细胞的量较少、没有出血或水肿等。尽管CnPnV人工感染小鼠仅观察到轻微的组织病理学变化，但是CnPnV感染犬引起的病理变化是否与小鼠相同尚是未知。

七、诊断

该病的诊断需要结合流行病学特点、临床表现进行综合判断，同时需要借助实验室诊断技术与其它呼吸道疾病进行鉴别诊断。

（一）临床诊断要点

1. 流行病学特点

CnPnV感染已成为一种高度接触性传染病，患病犬是主要传染源，患病犬的呼吸道分泌物中含有病毒。该病毒已经在全球范围内广泛流行，因此仅根据流行病学特点难以进行准确诊断。

2. 临床症状特点

CnPnV感染犬主要表现为咳嗽、鼻有分泌物、呼吸急促困难和发热等。

3. 病理变化特点

由于没有CnPnV感染犬的大体剖检、组织病理学和免疫组织化学的研究结果，因此目前不能通过病理变化特点进行诊断。

4. 与其它相关疾病的鉴别诊断

CnPnV感染犬可引起咳嗽、有鼻分泌物、呼吸急促困难和发热等，但是需要与其它可引起呼吸道疾病的病原如犬瘟热病毒、犬副流感病毒、犬腺病毒2型、犬疱疹病毒1型、犬呼吸道冠状病毒、支气管败血波氏杆菌、支原体等做实验室鉴别诊断。

（二）实验室诊断要点

1. 病原诊断

采用PCR法，可检测感染犬的呼吸道分泌物、气管或支气管灌洗液中的CnPnV核酸，其中鼻拭子和咽拭子的检出率较高。

CnPnV的病原学诊断方法是由美国实验室建立的荧光定量RT-PCR法，也是目前唯一可用的病原检测方法。该方法可检测鼻拭子、咽拭子、气管冲洗液、支气管肺泡灌洗液中的CnPnV，剖检后采集肺脏和上呼吸道组织也可用于检测。

2. 血清学诊断

以冻干的MPV作为包被抗原，建立检测CnPnV特异性抗体的ELISA方法，可用于CnPnV的血清学调查。

3. 实验室鉴别诊断技术

基因测序是有效的鉴别诊断方法。CnPnV基因组与MPV基因组相似性很高，因此需要结合遗传进化分析进行区分。

八、预防与控制

CnPnV的致病力尚不明确，该病毒与临床表现之间的关系还有待进一步研究，且目前还没有针对CnPnV的疫苗和特效药物。该病的防控措施应以流行季节加强饲养管理为主。

（吴洪超、刘玉秀）

参考文献

[1] Buchholz U, Ward J, Lamirande E, et al. Deletion of nonstructural proteins ns1 and ns2 from pneumonia virus of mice attenuates viral replication and reduces pulmonary cytokine expression and disease [J]. Journal of virology, 2009, 83 (4): 1969-1980.

[2] Chutchai, Piewbang, Somporn, et al. Phylogenetic evidence of a novel lineage of canine pneumovirus and a naturally recombinant strain isolated from dogs with respiratory illness in Thailand [J]. BMC veterinary research, 2019, 15 (1): 300.

[3] Day M, Carey S, Clercx C, et al. Aetiology of Canine Infectious Respiratory Disease Complex and Prevalence of its Pathogens in Europe [J]. Journal of Comparative Pathology, 2020, 176: 86-108.

[4] Decaro N, Mari V, Larocca V, et al. Molecular surveillance of traditional and emerging pathogens associated with canine infectious respiratory disease [J]. Veterinary Microbiology, 2016, 192: 21-25.

[5] Everard ML, Swarbrick A, Wrightham M, et al. Analysis of cells obtained by bronchial lavage of infants with respiratory syncytial virus infection [J]. Archives of Disease in Childhood, 1994, 71 (5): 428-432.

[6] Fuentes S, Tran K, Luthra P, et al. Function of the respiratory syncytial virus small hydrophobic protein [J]. Journal of Virology, 2007, 81 (15): 8361-8366.

[7] Hause B, Padmanabhan A, Gidlewski T, et al. Feral swine virome is dominated by single-stranded DNA viruses and contains a novel Orthopneumovirus which circulates both in feral and domestic swine [J]. Journal of General Virology, 2016, 97 (9): 2090-2095.

[8] Judy A, Mitchell, et al. Detection of canine pneumovirus in dogs with canine infectious respiratory disease [J]. Journal of Clinical Microbiology, 2013, 51 (12): 4112-9.

[9] Matsuu A, Yabuki M, Aoki E, et al. Molecular detection of canine respiratory pathogens between 2017 and 2018 in Japan [J]. Journal of Veterinary Medical Science, 2020, 82 (6): 690-694.

[10] Mitchell J, Cardwell J, Leach H, et al. European surveillance of emerging pathogens associated with canine infectious respiratory disease [J]. Veterinary Microbiology, 2017, 212: 31-38.

[11] More G, Biggs P, Cave N, et al. A molecular survey of canine respiratory viruses in New Zealand [J]. New Zealand veterinary journal, 2021, 69 (4): 224-233.

[12] Nicola D，Pierfrancesco P，Viviana M，et al. Full-Genome Analysis of a Canine Pneumovirus Causing Acute Respiratory Disease in Dogs，Italy [J]. PLOS One，2014，9 (1)：e85220-e85220.
[13] Percopo C，Dubovi E，Renshaw R，et al. Canine pneumovirus replicates in mouse lung tissue and elicits inflammatory pathology [J]. Virology，2011，416 (1-2)：26-31.
[14] Priestnall S，Mitchell J，Walker C，et al. New and emerging pathogens in canine infectious respiratory disease [J]. Veterinary Pathology，2014，51 (2)：492-504.
[15] Renshaw R，Zylich N，Laverack M，et al. Pneumovirus in dogs with acute respiratory disease [J]. Emerging infectious diseases，2010，16 (6)：993-995.
[16] Renshaw R，Laverack M，Zylich N，et al. Genomic analysis of a pneumovirus isolated from dogs with acute respiratory disease [J]. Veterinary Microbiology，2011，150 (1-2)：88-95.
[17] Rima B，Collins P，Easton A，et al. ICTV Report Consortium. ICTV virus taxonomy profile：pneumoviridae [J]. The Journal of General Virology，2017，98 (12)，2912-2913.
[18] Smith P，Wang S，Dowling K，et al. Leucocyte populations in respiratory syncytial virus-induced bronchiolitis [J]. The Journal of Paediatrics and Child Health，2001，37 (2)：146-51.
[19] Song X，Li Y，Huang J，et al. An emerging orthopneumovirus detected from dogs with canine infectious respiratory disease in China [J]. Transboundary and Emerging Diseases，2021，68 (6)：3217-3221.
[20] Sullender W. Respiratory syncytial virus genetic and antigenic diversity [J]. Clinical microbiology reviews，2000，13 (1)：1-15.
[21] Wang S，Forsyth K. The interaction of neutrophils with respiratory epithelial cells in viral infection [J]. Respirology，2000，5 (1)：1-10.
[22] Viitanen S，Lappalainen A，Rajamäki M. Co-infections with respiratory viruses in dogs with bacterial pneumonia [J]. Journal of veterinary internal medicine，2015，29 (2)：544-51.

第二节　扭矩特诺犬病毒感染

扭矩特诺犬病毒（Torque teno canis virus，TTCaV）于 2002 年在日本首次发现。TTCaV 是一种小的、无包膜的球形病毒，它有一个环状负单链 DNA 基因组，长度约为 2.8kb。扭矩特诺病毒（Torque teno virus，TTV）于 1997 年首次从日本一名原因不明的输血后肝炎患者身上发现。目前，TTV 在人类上已被发现与其它病毒种混合感染，并被怀疑可引起鼻炎、哮喘、肝病、胰腺癌、糖尿病、红斑狼疮等多种疾病类型，但随后的研究未能提供 TTV 在这些疾病的发病机制中起重要作用的证据，TTCaV 在犬上的感染机制和致病性也尚不清楚。

一、病原学

（一）分类地位

TTCaV 又称犬输血传播病毒，目前归类于指环病毒科（Anelloviridae）、辛型细环病毒属（*Thetatorquevirus*）。TTCaV 核酸阳性多与犬的腹泻有关，但其致病机制尚不清楚。TTV 感染宿主不仅限于犬，还能在人及非人类灵长类动物在内的多种家畜（猪、禽、牛和绵羊）、伴侣动物（猫）、海洋动物（海狮、海龟）及树鼩等体内检出，是一种动物新发病毒性疾病病原。

（二）病原形态结构与组成

TTCaV是一种小的、无囊膜的球形DNA病毒，TTV病毒粒子直径为30～32nm，在蔗糖中浮力密度为1.26g/cm，在氯化铯中浮力密度为1.32～1.35g/cm。

（三）培养特性

自从TTV被发现后，有大量相关报道，但由于缺乏一个支持TTV复制的培养系统，TTV的生物学特性仍然没有被完全研究透彻，且尚无关于TTCaV分离成功的报道。

二、分子病原学

（一）基因组结构与功能

TTCaV基因组为环状负义单链DNA，长约2.8kb，包含3个开放阅读框（Open reading frame，ORF）、一段GC含量高达90%的非编码区（UTR），*ORF1*编码长576个氨基酸的肽段；*ORF2*编码长101个氨基酸的肽段；*ORF3*编码长243个氨基酸的肽段；*ORF3*推测是由一段剪接的mRNA编码。2011年，Chen等分析TTV的生物信息学特征，发现*ORF1*主要编码TTV核衣壳蛋白，*ORF2*编码磷酸酶活性蛋白，对病毒复制有促进作用。

（二）主要基因及其编码蛋白的结构与功能

TTCaV病毒的蛋白结构与功能尚无相关研究。

三、流行病学

（一）传染来源

TTCaV阳性犬是该病的重要传染源，污染病毒的饮水、饲料、尿液和粪便也是该病重要的传染源。

（二）传播途径及传播方式

TTV最初在人身上发现，除了通过血液及血制品传播外，还可能经肠道传播，并在粪便、唾液、胆汁、乳汁内检测到病毒。目前已知的TTCaV主要是通过血液、肠道和粪-口途径进行传播，传播方式包括接触传播和垂直传播。

郁达义等对199份犬血清样品和158份犬粪便样品进行TTCaV的检测分析。结果显示，粪便和血液样品的TTCaV阳性率基本保持一致，从侧面验证了TTCaV存在血液途径和粪-口途径的传播。叶剑波等对检测犬按照品种、地区和性别分组分析，实验结果表明，TTCaV的流行情况可能与交通或生物密度有关；中型犬比小型犬感染率更高，雌性犬比雄性犬感染率更高。

2017年，郁达义对上海近郊地区300份犬粪样品进行了TTCaV和肠道寄生虫感染调查。结果显示，1～5岁年龄段犬的阳性率高，此时正是犬成熟发情期，配种感染的可能性较大，提示存在接触传播和垂直传播的途径。对犬的日粮及生活方式分类显示，日粮为杂食和自制犬粮的犬TTCaV阳性率显著高于日粮为商品犬粮的犬，进一步证实了TTCaV感染存在消化道传播途径。

（三）易感动物

除犬以外，尚无报道表明TTCaV还可以感染其它动物。

（四）发生与分布

1. 在国外的发生与流行

TTCaV 首先在日本报道。2002 年，Okamoto 等利用人 *TTV* 基因组非编码区设计引物对猪、犬和猫血清进行了 TTV 检测，并测定了各代表性分离株的全基因组序列，将犬血清分离出来的 TTCaV 序列命名为 Cf-TTV10。与已报道的来自人类和非人灵长类动物的 TTV 和 TLMV 及已知的 tupaia TTV 基因组核苷酸序列比较，相似性不足 45%。

2018 年，Weber 等使用高通量测序技术对 2015—2016 年在巴西帕拉伊巴州采集的 520 只健康犬血清样本进行病毒检测，使用 Illumina MiSeq 平台进行汇集和测序。结果显示有 4 条序列属于指环病毒科，与 Cf-TTV10 属于同一分支，提示随着输血在犬身上的应用越来越多，TTCaV 在犬上可能通过输血传播。

2020 年，Turhan T 等首次报道了 TTCaV 在土耳其临床健康犬和腹泻犬中的流行情况。从土耳其锡瓦斯市动物收容所不同年龄段的健康犬与腹泻犬身上采集粪便标本 202 份，TTCaV 总阳性率为 32.18%，健康犬阳性率为 28.84%。对其中 10 个样本获得的 *ORF3*/*ORF1* 序列与 GenBank 数据库序列进行核苷酸及氨基酸序列比对，结果显示有 8 条序列与已有序列的核苷酸同源性为 97.31%～100%，氨基酸同源性为 92.86%～100%，2 条序列与其它序列的核苷酸同源性为 88.18%～91.55%，氨基酸同源性为 79.59%～83.67%。*ORF3*/*ORF1* 的多序列比对显示几个核苷酸突变导致了多个位置的氨基酸序列变异，提示出现新的 TTCaV 基因型。

2. 在国内的发生与流行

Lan 等在我国宠物诊所采集 1 岁以下腹泻犬粪便标本 158 份，PCR 检测 TTCaV 核酸阳性率为 13%，首次证实了 TTCaV 在中国的存在。随机选择一株具有代表性的 TTCaV 阳性分离物进行全基因组测序，命名为 LDL 株。LDL 中国株基因组全长 2799 个核苷酸，与人和其它动物的 TTV 基因组相比，LDL 株的基因组明显较小，与日本 Cf-TTV10 株同源性为 95%。系统进化分析显示，与 Cf-TTV10 株属于同一分支。

2011 年，叶剑波等在上海近郊地区采集 199 份不同品种的家养犬血清，根据日本 Cf-TTV10 株全基因组序列设计 PCR 嵌套引物检测犬血清中 TTV 病毒并进行流行病学统计分析。结果表明，TTCaV 阳性率为 14.6%。设计两套反式引物对病毒载量最高的一份血清进行 TTCaV 全基因组序列扩增，阳性克隆株命名为 Sh-TTV203。使用 *ORF1* 部分片段与 GenBank 中人 TTV、动物 TTV 以及其它相似病毒序列进行多序列比对，建立基于该检测片段的局部进化树，结果显示 Sh-TTV203 与日本报道的 Cf-TTV10 最为接近。

Sun 等对 2016 年广西动物疫病控制中心收集的 400 份 1 岁以上的健康家犬血清样本进行 TTCaV 检测，TTCaV 总阳性率为 7%。全基因组测序获得 5 株 TTCaV 序列，系统进化分析结果表明，5 个基因组与已知的 Cf-TTV10 株和 LDL 株属于同一分支。同源性分析显示，5 个基因组间的核苷酸同源性为 94.6%～96.8%，与 CfTTV10 株和 LDL 株的核苷酸同源性分别为 95.3%～97.4%和 95.1%～97%。*ORF1* 编码的氨基酸序列 5 个分离株之间的同源性为 94.4%～97.2%，与 CF-TTV10 株和 LDL 株的同源性分别为 94.4%～95.5%和 95.3%～98.8%，表明 TTCaV 具有较大的遗传多样性。此外，该研究在 28 例 TTCaV 阳性犬血清中鉴定出 3 例犬细小病毒（Canine Parvovirus，CPV）阳性，提示 TTCaV 和 CPV 在中国可能存在混合感染。

黄海鑫等采用 PCR 方法对 2017—2018 年在广西地区部分宠物诊疗机构采集的腹泻犬粪

便拭子35份进行TTCaV检测，成功获得2株TTCaV全基因组序列，TTCaV阳性率为8.57%，2株TTCaV全基因组序列与TTCaV日本株Cf-TTV10、广西株GX206核苷酸同源性为96.2%～98.5%。与猪源、人和非人灵长类TTV同源性为18.0%～50.8%。曹亮等构建的检测方法对样品中犬细小病毒（CPV）、犬瘟热病毒（CDV）、犬腺病毒（CAV）进行检测。结果显示，TTCaV与CPV、CDV存在混合感染的情况。

四、免疫机制与致病机理

目前，TTCaV免疫机制尚不清楚。关于TTCaV致病机制的报道非常有限，因此TTCaV在导致感染中的致病作用尚不清楚，其与其它病原体合并感染的相关性也尚未被研究。

五、临床症状

研究发现，TTCaV与犬细小病毒（CPV）、犬瘟热病毒（CDV）出现混合感染，伴有腹泻症状，然而尚未有关于TTCaV分离成功的报道，也无法确定它在犬腹泻中起到的作用。因此，TTCaV感染相关的临床症状尚不清楚。

六、诊断

TTCaV检测方法主要是PCR，也有人探索利用斑点杂交的方法。ELISA方法尚未有效建立，是一个亟待解决的问题。

TTCaV核酸可用PCR方法检测，检测样本一般为犬血清和犬粪便样品，巢式PCR内外套引物主要是根据TTCaV参考株*ORF1*序列设计的。解长占等根据GenBank TTCaV *ORF7*基因序列设计特异性引物，建立了检测TTCV的SYBR GreenⅠ荧光定量PCR方法。对27份犬血清样品的检测结果显示，建立的荧光定量PCR阳性检测率为11.11%，而普通PCR方法检测阳性率为3.7%，表明该荧光定量PCR检测方法灵敏性更高，为TTCaV诊断及致病机制的研究提供了高通量的定量检测方法。

七、预防与控制

针对TTCaV的病毒蛋白结构、致病机制及免疫保护机制尚无深入研究，缺少病毒分离培养系统，阳性感染犬的临床数据也很少，暂无相关治疗药物及疫苗。

（杜萌萌、刘玉秀）

参考文献

[1] 黄海鑫，李玉莹，张杰，等．广西地区犬、猫细环病毒的全基因组序列分析［J］．黑龙江畜牧兽医，2021，(04)：64-68.

[2] 解长占，孙文超，张萍，等．犬细环病毒SYBRGreenⅠ荧光定量PCR检测方法的建立［J］．中国预防兽医学报，2017，39 (06)：471-474.

[3] 郁达义，张峻，王海根，等．上海近郊宠物犬中输血传播病毒与肠道寄生虫感染调查［J］．畜牧与兽医，2017，49 (06)：160-162.

[4] 郁达义，叶剑波，袁聪俐，等．不同样品中犬输血传播性病毒的PCR检测比较与基因分析［J］．中国畜牧兽医，2013，40（03）：59-61.

[5] 叶剑波，郁达义，褚静娟，等．上海近郊地区犬TTV流行病学调查［J］．上海交通大学学报（农业科学版），2011，29（03）：90-94.

[6] Biagini，P. Classification of TTV and related viruses（Anelloviruses）［J］. Berlin，Heidelberg，Springer Berlin Heidelberg. 2009，331：21-33.

[7] Hino S，Miyata H. Torque teno virus（TTV）：current status［J］. Reviews in Medical Virology，2007，17（1）：45-57.

[8] Lan D，Hua X，Cui L，et al. Sequence analysis of a torque teno canis virus isolated in China［J］. Virus Research，2011，160（1-2）：98-101.

[9] Okamoto H，Takahashi M，Nishizawa T，et al. Genomic characterization of TT viruses（TTVs）in pigs，cats and dogs and their relatedness with species-specific TTVs in primates and tupaias［J］. Journal of General Virology，2002，83（Pt 6）：1291.

[10] Okamoto H. History of discoveries and pathogenicity of TT viruses［M］. Berlin，Heidelberg：Springer Berlin Heidelberg，2009，331：1-20.

[11] Sun W，Xie C，Cao L. et al. Molecular detection and genomic characterization of torque teno canis virus in domestic dogs in Guangxi Province，China［J］. Journal of Biotechnology，2017，252：50-54.

[12] Turan T，Işıdan H，Atasoy M O. Molecular detection and genomic characterisation of torque teno canis virus in turkey［J］. Veterinarski Arhiv，2020，90（5）：467-475.

[13] Weber M，Cibulski S，Olegário J，et al. Characterization of dog serum virome from northeastern Brazil［J］. Virology，2018，525：192-199.

[14] Zhu C，Shan T，Cui L，et al. Molecular detection and sequence analysis of feline torque teno virus（TTV）in China［J］. Virus Research，2011，156（1-2）：13-16.

第三节 托斯卡纳病毒感染

托斯卡纳病毒（Toscana virus，TOSV）是一种属于布尼亚病毒科的虫媒病毒，可通过感染的白蛉叮咬传播给人和动物。自1971年意大利首次分离报道后，陆续在西班牙、法国、葡萄牙、希腊、塞浦路斯、土耳其、克罗地亚、波斯尼亚-黑塞哥维那、摩洛哥、阿尔及利亚和突尼斯等地暴发。大多数致病性虫媒病毒感染动物后多无症状，可诱导感染者出现中枢神经系统性症状，主要表现为脑膜炎、脑炎和周围神经症状。对家畜（狗、猫、牛、绵羊和山羊）的血清学流调显示均可检测到TOSV抗体。

一、病原学

（一）分类地位

托斯卡纳病毒（Toscana virus，TOSV）属于布尼亚病毒科（Bunyaviridae）、白蛉病毒属（*Phlebovirus*）成员。布尼亚病毒科白蛉病毒属包含70多种病毒，主要分布在非洲、南欧、中亚和美洲。其中已知的68种病毒被分为两组：白蛉热病毒组（Sandfly fever group）和乌库病毒组（Uukuniemi group）。白蛉热病毒组含55种已知病毒，乌库病毒组含13种已知病毒。在白蛉病毒属病毒中发现了白蛉热病毒组的8种病毒与人类疾病密切相关，分别为阿伦卡病毒（Alenquer virus，ALEV）、坎地如病毒（Candiru virus，CDUV）、查格雷斯病毒（Chagres virus，CHGV）、西西里病毒（Sicilian virus，SFSV）、那不勒斯病毒（Naples virus，SFNV）、蓬托罗病毒（Punta Toro virus，PTV）、立夫特谷热病毒（Rift Vally fever virus，RVFV）和托斯卡纳病毒（Toscana virus，TOSV）。其中 TOSV 是唯一具有嗜神经性的沙蝇传播的白蛉属病毒。

（二）病原形态结构与组成

TOSV 为有囊膜的呈均一球形的病毒颗粒，直径约 80～100nm，该病毒在胞浆中复制，并在高尔基体中出芽成熟。

（三）培养特性

Antoine N 等用 Vero 细胞分离 TOSV，一般盲传数代直至出现细胞病变。用 RT-PCR 和间接免疫荧光鉴定结果证实 TOSV 可在 Vero 细胞上增殖。

二、分子病原学

托斯卡纳病毒是一种有包膜、分节段的负链 RNA 病毒。由三个单链 RNA 组成，根据片段大小，分为大（L）、中（M）、小（S）片段；L 片段编码 RNA 依赖的 RNA 聚合酶，变异较高的 M 片段编码糖蛋白和非结构蛋白 NS_m，S 片段编码核衣壳蛋白和非结构蛋白 NS_S，非结构蛋白 NSm 可能与抑制病毒诱导的细胞凋亡有关。NS_S 蛋白能够干扰宿主细胞转录和 β-干扰素产生，在抑制宿主细胞早期免疫和增强病毒致病力方面起重要作用。

根据地理位置不同，TOSV 分为两个谱系：意大利流行的 A 谱系和西班牙流行的 B 谱系。根据毒株序列进化树显示，土耳其和突尼斯流行的 TOSV 与意大利流行株亲缘关系更近。相比之下，摩洛哥 TOSV 与西班牙流行株更密切。这种差异可能与两个地区流行的白蛉种类有关。最近，在克罗地亚流行的 TOSV 谱系，和 A 与 B 谱系处于不同分支，预示一个更大的遗传多样性 TOSV 已产生，进一步显示 TOSV 序列的数量及其地理多样性。

三、流行病学

（一）传染来源、传播方式、易感动物

TOSV 以白蛉、蚊、蜱等节肢动物为传播媒介，是引起地中海地区人类脑膜脑炎的重要病原体。在土耳其，犬和山羊血清中 TOSV 中和抗体的阳性率分别为 40.4%和 4%，其中 252 份犬的样本中 TOSV 核酸检出率为 9.9%。犬是 TOSV 的候选宿主，在犬、山羊、绵羊、猫、猪、牛和马的血清中均能检测到 TOSV 抗体。此外，TOSV 经脑部注射小鼠，可引起小鼠急性脑炎和死亡。

TOSV 是地中海盆地 6～10 月引起无菌性脑膜炎和脑膜脑炎的主要病原。TOSV 在沙蝇中通过垂直传播和性传播，因此在寒冷天气，蚊、蝇等传播媒介不存在的情况下，仍存在 TOSV 的流行。

（二）流行特征

TSOV 存在于北非和西欧（西班牙、意大利和法国）。该病毒于 1971 年首次在意大利的一种白蛉中分离。TSOV 感染后一般无症状，直至 1983 年才从一名急性脑膜炎患者中分

离到病毒。随后在意大利、西班牙、法国、葡萄牙、希腊、塞浦路斯、土耳其、克罗地亚、波斯尼亚-黑塞哥维那、摩洛哥和突尼斯多次报告了该病的流行。

（三）发生与分布

1. 在国外的发生与流行

自 1971 年从意大利白蛉中分离到病毒，1983 年被认为是人类神经系统疾病的病原体以来，TOSV 已被确定为一个在 TOSV 流行国家的旅行者和居民中出现病毒性脑膜脑炎的主要病原，目前包括意大利、西班牙、法国、葡萄牙、塞浦路斯、希腊和土耳其。

关于动物感染 TOSV 的情况，2006—2007 年收集了 286 份犬血清、243 份山羊血清、229 份绵羊血清、213 份猫血清、151 份牛血清、50 份猪血清、14 份马血清，TOSV 总阳性率为 36.2%，其中犬、山羊、绵羊、猫、牛、猪和马血清的阳性率分别为 48.3%、17.7%、32.3%、59.6%、17.9%、22% 和 64.3%。结果表明，已有一定量的家畜和宠物感染 TOSV。但仅 1 只山羊血清中检测到 RNA，表明这些动物可能不是 TOSV 的宿主。

2013 年 5～10 月收集了土耳其东南部犬、绵羊、山羊、猫血清各 112 份、100 份、100 份、17 份，其中犬血清中和抗体的检出率为 40.4%（52/112），山羊血清中和抗体检出率为 4%（4/100）。同年 6～9 月收集了 252 份血浆，其中犬 155 份、绵羊和山羊各 100 份、猫 17 份，通过 PCR 方法检测，24 份犬、1 份猫血浆中检测到 TOSV 核酸阳性，所有绵羊和山羊样本均为阴性，其中 8 月收集的样本 TOSV 检出率更高（18.6%）。此外，TOSV 病毒血症在犬中更为常见，但是 TOSV 病毒血症的动物均无症状，无任何发热性疾病或全身性疾病。

2014 年 1 月和 2 月从卡比利亚 11 个地区收集 92 份血清，其中中和抗体阳性率为（4.3%）。2015 年从土耳其收集的 160 份犬和 50 份猫血清中，检出 3 只犬病料 TOSV 核酸阳性。2016 年 Sabri H 等从大火烈鸟、大白鹈鹕和黑鹳中鉴定出托斯卡纳病毒 a 和 b 型序列，但未成功分离病毒。其中在黑鹳中检测到的序列中发现了氨基酸突变 K98Q、D105G、T106P 和 N206R。2016 年葡萄牙报道 3.7%（7/189）猫血清中检测到 TOSV 抗体，犬血清中 TOSV 的阳性率为 6.8%（79/1160）。2017 年葡萄牙报道 4.9%（18/365）猫血清中检测到 TOSV 抗体。

2. 在国内的发生与流行

目前国内还未出现 TOSV 的相关报道。

四、免疫机制与致病机理

（一）免疫机制

1. 先天性免疫反应

Franziska W 等通过反向遗传系统拯救出病毒 rTOSV，其病毒蛋白模式和生长特性与野毒株相似。利用该系统构建了缺乏非结构蛋白 NSs（rTOSVΦNSs）表达的 TOSV 突变体。结果显示，rTOSV 和野毒株能够抑制 IFN-β 表达，能够在产生 IFN-β 的细胞中生长，而缺乏非结构蛋白 NSs 的 rTOSVΦNSs 却丧失了该功能，说明非结构蛋白 NSs 通过降解 RIG-Ⅰ抑制 IFN-β 的产生。Gianni G 等研究发现 NSs 蛋白通过诱导 RIG-Ⅰ降解来拮抗 β 干扰素的产生，从而逃逸宿主的天然免疫。

2. 获得性免疫反应

Gianni G 等研究了结构蛋白、核衣壳蛋白 N 和 GC、GN 糖蛋白的免疫原性。结果表明，只有 N 蛋白和 GC 糖蛋白组合能够 100%保护动物免受一株神经毒株 TOSV 的致命攻击。N 蛋白和 GC 糖蛋白组合疫苗能够诱导机体产生较高的抗体滴度，此外，还可诱导细胞免疫反应，尤其是与干扰素 γ 表达相关的 $CD8^{+}$ T 细胞免疫反应。

3. 免疫保护机制

Pierro A 等检测了在意大利东北部 41 例诊断为 TOSV 引起脑膜炎或脑膜脑炎患者的抗体水平。结果显示，所有病人的血清均可检测到 TOSV IgG 和 IgM，其中两例患者尽管在诊断时检测到 TOSV 中和抗体，但仍在症状出现后 4d 和 5d 发生急性 TOSV 感染，表明中和抗体并不能保护机体免受感染。

（二）致病机理

TOSV 感染动物后基本不表现出临床症状，Maria G 等通过建立小鼠感染模型，在第 2～9dpi（day post-infection）可检测到排毒，且脑内的攻毒途径可使小鼠死亡，而皮下途径感染小鼠未见异常。对于发病致死的小鼠进行剖检及组织病理学研究，病理变化主要体现在脑部。

五、临床症状

（一）单纯感染

在自然感染的动物中，目前未见相关临床症状报道。实验感染研究，Clara M 等通过静脉注射感染犬，感染期间犬未出现任何临床症状。Maria G 等用从临床病例脑脊液分离的 TOSV1812 株，通过脑内或皮下接种小鼠，小鼠均未见异常；将 1812 株病毒通过脑内接种小鼠，在接种后第 7 天剖检取脑，将脑研磨取上清再通过脑内接种新生小鼠，随后取脑进行病毒分离，重新命名为 1182V 株，将 10^{3} PFU 通过脑内途径接种成年小鼠，7 日后小鼠死亡。通过皮下感染的小鼠未出现异常，皮下接种途径类似于节肢动物传播，说明目前 TOSV 在动物体内一般不会引起明显的临床症状。

（二）混合感染

许多 TOSV 感染可能是无症状或轻微症状的。轻微发热症状可能是由于 TOSV 和其它白蛉属病毒引起的，如那不勒斯病毒和西西里病毒。

六、病理变化

（一）大体剖检

Maria G 等通过脑内途径感染小鼠建立感染模型，小鼠出现脑组织软化和脑膜肿胀。

（二）组织病理学与免疫组织化学

组织病理学检查显示海马灰质存在广泛的退行性现象和细胞坏死，大脑皮质灰质表现较轻和/或局灶性大脑深层结构的损伤，小脑皮层少数浦肯野细胞表现出轻度的退行性现象。各种类型的神经元（大、小神经元，锥体神经元，浦肯野细胞）表现为肿胀和/或空泡化的细胞质和核崩解。此外，其它神经元还表现出细胞凋亡的形态学特征（即嗜酸性细胞质、染色质固缩和细胞核崩解），还观察到凋亡小体。但无炎症浸润，未检测到粒细胞和淋巴细胞。免疫组化结果显示病毒主要定位在灰质中，特别是小鼠的海马中，而白质为阴性。在大脑皮层，有局灶性区域的阳性细胞，主要位于深层。在小脑皮层中有一些浦肯野细胞呈现抗原阳性。各种类型的神经元（大、小神经元，锥体细胞，浦肯野细胞）均呈抗原阳性。脑膜细胞和室管膜细胞也呈阳性。小脑颗粒细胞和神经胶质细胞呈抗原阴性。

七、诊断

（一）临床诊断要点

TOSV 引起的 CNS 感染在地中海沿海地区很常见。在最近的研究和病例报告中，TOSV 感染的诊断是通过血清学检测和分子试验（RT-PCR），或者两种方法结合。

1. 流行病学特点

TOSV 是一种沙蝇传播的白蛉属病毒，是地中海地区人类脑膜脑炎的重要病原体，脊椎动物作为其宿主尚未确定。犬类物种可以被认为是 TOSV 的候选宿主。

2. 临床症状特点

TOSV 感染动物后通常不表现出临床症状。但通过一系列在动物体内的毒力试验研究，显示其可致小鼠死亡。

3. 病理变化特点

TOSV 感染后可引起大脑的病理变化，但是只针对某些特殊的毒株，其它病理变化未见相关报道。

（二）实验室诊断要点

1. 病原诊断

分子方法快速、敏感，与传统方法如细胞培养进行病毒分离不同，它们不受临床标本中病毒活性的影响；实时荧光定量 PCR 是世界各地实验室中使用的最重要的分子检测方法，因为它耗时较少，而且降低了污染的风险。尤其在感染的急性期，核酸扩增技术是脑脊液样本诊断病毒性脑膜炎的首选方法。

2. 血清学诊断

鉴于 TOSV 病毒感染后存在短暂性和低水平的病毒血症，因此血清学仍然是病毒诊断的主要方法。在血清学研究中使用免疫荧光、中和试验和 ELISA 方法检测。有报道表明在 TOSV 感染引起的脑膜炎中均检测到抗 IgM 和 IgG，且 90%的患者 IgG 抗体可持续 2 年左右。因此血清学是检测神经侵袭性疾病患者中 TOSV 感染的可靠方法。在急性感染期间，特异性 IgM 滴度峰值在 30 日左右。71%的病例在急性感染后 IgM 持续长达 6 个月，然后在第 600 日下降并检测为阴性。因为 100%的 TOSV 感染患者在症状性感染过程中同时表现出特异性的 IgM 和 IgG。

3. 实验室鉴别诊断技术

在进行血清学诊断时，白蛉属成员病毒之间存在一些交叉反应，特别是 TOSV 与其它 SFNV 血清型之间。因此同种属之间的鉴别，可通过基因测序方法进行。

八、预防与控制

消灭白蛉和防止白蛉叮咬是预防该病的关键，但对 TOSV 最好的预防措施很可能来自于一种有效和安全的疫苗。有相关的蛋白疫苗研究，能引起良好的抗体反应，但是仅处于研发阶段。

（刘彩红、刘玉秀）

参考文献

[1] Accardi L，Grò M，Bonito P，et al. Toscana virus genomic L segment：molecular cloning，coding strategy and amino acid sequence in comparison with other negative strand RNA viruses [J]. Virus Research，1993，27 (2)：119-131.

[2] Alkan C，Bichaud L，Lamballerie X，et al. Sandfly-borne phleboviruses of Eurasia and Africa：Epidemiology，genetic diversity，geographic range，control measures [J]. Antiviral Research，2013，100 (1)：54-74.

[3] Bonito P，Mochi S，Grò M，et al. Organization of the M genomic segment of toscana phlebovirus [J]. Journal of General Virology，1997，78 (1)：77-81.

[4] Both L，Banyard A，Dolleweerd C，et al. Monoclonal antibodies for prophylactic and therapeutic use against viral infections [J]. Journal of Pathogen Biology，2013，31：1553-1559.

[5] Bouloy M，Janzen C，Vialat P，et al. Genetic evidence for an interferon-antagonistic function of rift valley fever virus nonstructural protein NSs [J]. Journal of Virology，2001，75 (3)：1371-1377.

[6] Charrel R，Bichaud L，Lamballerie X. Emergence of toscana virus in the mediterranean area [J]. World Journal of Virology，2012，1 (5)：135-141.

[7] Charrel R，Pierre G，José-María N，et al. Emergence of toscana virus in Europe [J]. Emerging Infectious Diseases，2005，11 (12)：1657-1663.

[8] Cusi M，Savellini G，Terrosi C，et al. Development of a mouse model for the study of toscana virus pathogenesis [J]. Virology，2005，333 (1)：66-73.

[9] Cusi M，Savellini G，Zanelli G. Toscana virus epidemiology：from Italy to beyond [J]. Open Virology Journal，2010，4 (2)：22-28.

[10] Depaquit J，Grandadam M，Fouque F，et al. Arthropod-borne viruses transmitted by phlebotomine sandflies in Europe：a review [J]. Eurosurveillance，2010，15 (10)：19507.

[11] Dincer E，Gargari S，Ozkul A，et al. Potential animal reservoirs of toscana virus and coinfections with leishmania infantum in turkey [J]. American Journal of Tropical Medicine & Hygiene，2015，92 (4)：690-697.

[12] Dincer E，Karapinar Z，Oktem M，et al. Canine infections and partial S segment sequence analysis of toscana virus in turkey [J]. Vector-Borne and Zoonotic Diseases，2016，16 (9)：611-618.

[13] Ergunay K，Aydogan S，Ilhami Ozcebe O，et al. Toscana virus (TOSV) exposure is confirmed in blood donors from central，north and south/southeast Anatolia，turkey [J]. Zoonoses and Public Health，2012，59 (2)：148-154.

[14] Ergunay K，Saygan M，Aydogan S，et al. Sandfly fever virus activity in central/northern anatolia，turkey：first report of Toscana virus infections-science direct [J]. Clinical Microbiology and Infection，2011，17 (4)：575-581.

[15] Giorgi C，Accardi L，Nicoletti L，et al. Sequences and coding strategies of the S RNAs of toscana and rift valley fever viruses compared to those of punta toro，sicilian sandfly fever，and uukuniemi viruses [J]. Virology，1991，180 (2)：738-753.

[16] Gori-Savellini G，Valentini M，Cusi M. Toscana virus NSs protein inhibits the induction of type I interferon by interacting with RIG-I [J]. Journal of Virology，2013，87 (12)：6660-6667.

[17] Hacioglu S，Dincer E，Isler C T，et al. A snapshot avian surveillance reveals west Nile virus and evidence of wild birds participating in toscana virus circulation [J]. Vector-Borne and Zoonotic Diseases，2017，17 (10)：698-708.

[18] Ikegami T，Narayanan K，Won S，et al. Rift valley fever virus NSs protein promotes post-transcriptional ddownregulation of protein kinase PKR and inhibits eIF2α phosphorylation [J]. Plos Pathogens，2009，5 (2)：e1000287.

[19] May N，Dubaele S，Santis L，et al. TFIIH transcription factor，a target for the rift valley hemorrhagic fever virus [J]. Cell，2004，116 (4)：541-550.

[20] May N，Mansuroglu Z，Léger P，et al. A SAP30 complex inhibits IFN-β expression in rift valley fever virus infected cells [J]. PLoS Pathogens，2008，4 (1)：e13.

[21] Muoz C，Ayhan N，Ortuo M，et al. Experimental infection of dogs with toscana virus and sandfly fever sicilian virus to determine their potential as possible vertebrate hosts [J]. Microorganisms，2020，8 (4)：596.

[22] Navarro-Mari J，Palop-Borras B，Pérez-Ruiz M，et al. Serosurvey study of toscana virus in domestic animals，Granada，Spain [J]. Vector-Borne and Zoonotic Diseases，2011，11 (5)：583-587.

[23] Nicoletti L, Verani P, Caciolli S, et al. Central nervous system involvement during infection by phlebovirus toscana of residents in natural foci in central Italy (1977-1988) [J]. American Journal of Tropical Medicine & Hygiene, 1991, 45 (4): 429-434.
[24] Nougairede A, Bichaud L, Thiberville S, et al. Isolation of toscana virus from the cerebrospinal fluid of a man with meningitis in Marseille, France [J]. Vector Borne & Zoonotic Diseases, 2013, 13 (9): 685-688.
[25] Pereira A, Ayhan N, Cristóvão J M, et al. Antibody response to toscana virus and sandfly fever sicilian virus in cats naturally exposed to phlebotomine sand fly bites in Portugal [J]. Microorganisms, 2019, 7 (9): 339.
[26] Pierro A, Ficarelli S, Ayhan N, et al. Characterization of antibody response in neuroinvasive infection caused by toscana virus [J]. Clinical Microbiology & Infection the Official Publication of the European Society of Clinical Microbiology & Infectious Diseases, 2017, 23 (11): 868-873.
[27] Punda-Polic V, Mohar B, Duh D, et al. Evidence of an autochthonous toscana virus strain in Croatia [J]. Journal of clinical virology: the official publication of the Pan American Society for Clinical Virology, 2012, 55 (1): 4-7.
[28] Sanbonmatsu G, Pérez-Ruiz S, Collao X, et al. Toscana virus in Spain [J]. Emerging Infectious Diseases, 2005, 11 (11): 1701-1707.
[29] Savellini G, Genova G, Terrosi C, et al. Immunization with toscana virus N-Gc proteins protects mice against virus challenge [J]. Virology, 2008, 375 (2): 521-528.
[30] Schmaljohn A. Protective antiviral antibodies that lack neutralizing activity: precedents and evolution of concepts [J]. Current HIV Research, 2013, 11 (5): 345-353.
[31] Tahir D, Alwassouf S, Loudahi A, et al. Seroprevalence of toscana virus in dogs from Kabylia (Algeria) [J]. Clinical Microbiology and Infection, 2016, 22 (3): e16-e17.
[32] Tesh R, Lubroth J, Guzman H. Simulation of arbovirus overwintering: survival of toscana virus (Bunyaviridae: Phlebovirus) in its natural sand fly vector phlebotomus perniciosus [J]. American Journal of Tropical Medicine & Hygiene, 1992, 47 (5): 574-581.
[33] Verani P, Ciufolini M, Caciolli S, et al. Ecology of viruses isolated from sand flies in Italy and characterization of a new phlebovirus (Arbia virus) [J]. The American Journal of Tropical Medicine and Hygiene, 1988, 38 (2): 433-439.
[34] Verani P, Ciufolini M, Nicoletti L, et al. Ecological and epidemiological studies of toscana virus, an arbovirus isolated from phlebotomus [J]. Ann Ist Super Sanita, 1982, 18 (3): 397-399.
[35] Verani P, Nicoletti L, Ciufolini M. Antigenic and biological characterization of toscana virus, a new phlebotomus fever group virus isolated in Italy [J]. Acta Virologica, 1984, 28 (1): 39-47.
[36] Woelfl F, Léger P, Oreshkova N, et al. Novel toscana virus reverse genetics system establishes NSs as an antagonist of type I interferon responses [J]. Viruses, 2020, 12 (4): 400.
[37] Won S, Ikegami T, Peters C, et al. NSm protein of rift valley fever virus suppresses virus-induced apoptosis [J]. Journal of Virology, 2008, 81 (24): 13335-13345.

第四节 白蛉热病毒感染

白蛉热（Phlebotomus fever，Sandfly fever，Pappataci fever）是一种临床症状轻微、类似流感的自限性疾病。患者主要出现体温升高、肌痛、头痛和眼痛、恶心、呕吐和结膜充血等临床症状。犬、猫、牛、绵羊、山羊和骆驼等均可感染该病毒。

一、病原学

（一）分类地位

白蛉热病毒（Phlebotomus fever virus，Sandfly fever virus）是布尼亚病毒科（Bunyaviridae）、白蛉病毒属（*Phlebovirus*）的成员，主要在欧洲、非洲、中亚和美洲流行。其中地中海地区流行四种血清型，分别为白蛉西西里病毒（Sicilian virus，SFSV）、白蛉塞浦路斯病毒（Cyprus virus，SFCV）、白蛉那不勒斯病毒（Naples virus，SFNV）和托斯卡纳病毒（Toscana virus，TOSV）。SFSV、SFNV 和其它相关病毒会引起白蛉热，又称“三天热”。该病多发生在夏季，8 月达到高峰，与白蛉媒介的活动相关。

（二）病原形态结构与组成

白蛉热病毒为单链 RNA 有囊膜的病毒，呈球形，大小为 90～110nm。

（三）培养特性

白蛉热病毒常用两种分离方法：一种是通过脑内接种乳鼠，需在乳鼠体内进行连续多代盲传，可致乳鼠死亡；另外一种是接种 Vero、BHK-21 或 LLC-MK2 等敏感细胞系。SFSV、SFNV 和 TOSV 通常可引起细胞病变。

二、分子病原学

白蛉热病毒基因组呈闭合环状，由大（L）、中（M）、小（S）片段组成。S 片段编码病毒核衣壳蛋白（N protein，NP）和病毒非结构蛋白（Nonstructural Proteins，NSs），M 片段编码病毒包膜糖蛋白和非结构蛋白 NSm，L 片段编码病毒 RNA 依赖的 RNA 聚合酶。N 蛋白与病毒基因组 RNA 和病毒 RNA 依赖的聚合酶结合形成核糖核蛋白体（Ribonucleoprotein Complex，RNPs）包装入病毒颗粒；NSs 蛋白是病毒的主要毒力因子，NSs 蛋白在该类病毒逃逸宿主天然免疫过程中具有多种功能，如抑制 β 干扰素的产生。氨基酸序列分析发现白蛉病毒属病毒基因组碱基序列差异较大，但这类病毒基因组的末端有相似的种属特异性保守序列，可以形成锅柄状结构，该结构在白蛉病毒属病毒转录、病毒基因组复制等方面具有重要的作用。

三、流行病学

（一）传染来源

鼠类及猴等为自然宿主，病毒通过白蛉叮咬传播。

（二）传播途径及传播方式

白蛉传播病毒的主要途径是经卵传播，因此可以从非嗜血的雄性白蛉中分离到白蛉病毒。研究表明，雌性白蛉可经非肠道途径和口服传播给子代，也可通过性传播。白蛉热病毒可能通过脊椎动物作为宿主来进一步增强病毒的存活，然而目前还未发现这种宿主。

（三）易感动物

犬、猫、牛、绵羊、山羊及骆驼均可感染，其中绵羊比牛易感，山羊易感性较差，其中羔羊感染的死亡率为 90%，而成年绵羊的死亡率仅 10%。

（四）流行特征

白蛉热的分布与白蛉的活动区域和时间密切相关，可由地中海沿岸至整个中东和阿拉伯半岛，向北延伸至高加索山脉，向东至巴基斯坦和印度。白蛉频繁活动的时间为 6～10 月份，因此白蛉热有明显季节性，多发于 6～10 月份，其中 8 月份为高峰期。

（五）发生与分布

白蛉热西西里病毒和那不勒斯病毒分别于1943年和1944年从人血清中分离。目前白蛉热在约旦、以色列、苏丹、突尼斯、巴基斯坦、埃及、孟加拉国和伊朗等地流行。

2014年从突尼斯两个不同的生物气候地区收集了312份犬血清，其中TOSV和SFSV血清阳性率分别为38.1%和7.5%。对2015年从希腊大陆、群岛收集1250只犬血清和从塞浦路斯收集422只犬血清进行检测，发现SFSV在希腊高度流行，阳性率为71.9%，塞浦路斯地区阳性率为60.2%；TOSV希腊地区血清阳性率为4.4%，而在塞浦路斯地区血清阳性率为8.4%。2021年从西班牙南部12个地方收集的8种329只蝙蝠中，SFSV和TOSV的血清阳性率分别为22.6%和10%。2016年葡萄牙南部的1160只犬和189只猫，犬血清中TOSV和SFSV的阳性率分别为6.8%和50.8%，猫血清中二者阳性率分别为3.7%和1.6%。该研究表明SFSV正在葡萄牙广泛传播，人类可能通过与犬、猫接触后感染。目前国内还未出现白蛉热的相关报道。

四、免疫机制

1. 先天性免疫反应

白蛉病毒属病毒的NSs蛋白可有效拮抗干扰素信号通路，如TOSV NSs蛋白通过降解PKR及RIG-Ⅰ等信号分子来实现逃逸宿主天然免疫信号通路。西西里病毒非结构蛋白通过蛋白酶体依赖的途径降解宿主相关因子，进而抑制Ⅰ型干扰素表达。

2. 获得性免疫反应

Gianni G等研究了结构蛋白，核衣壳蛋白N和GC、GN糖蛋白的免疫原性，结果表明，只有N蛋白和GC糖蛋白组合能够100%保护动物免受神经毒株TOSV的致命攻击。N蛋白和GC糖蛋白组合疫苗能够产生较高的抗体滴度，此外，还可诱导细胞免疫反应，尤其是与干扰素γ表达相关的$CD8^+$ T细胞的免疫反应。

五、临床症状

该病潜伏期为2～6d，常见体温升高至38～41℃；突然发作，持续时间从几小时到4d不等。通常会出现肌痛和头痛，部分患者也会出现腰痛、背部疼痛、结膜炎、畏光和恶心、呕吐、头晕和颈部僵硬。偶尔会出现类似于早期脑膜炎的临床症状，病毒血症相当短暂（24～36h）。

六、病理变化

大体剖检变化主要体现在全身毛细血管扩张、充血、通透性增强。严重的出现血管壁可发生纤维蛋白样坏死和破裂，轻度出现血管内皮细胞肿胀和变性。全身各脏器组织及皮肤、黏膜出血、充血、变性；肝脏、肾上腺、脑垂体等实质性器官变性、坏死。

七、诊断

（一）临床诊断要点

1. 流行病学特点

主要与白蛉的活动范围和时间有关，6～10月份为该病高发期。

2. 临床症状特点

在疫区出现中枢神经系统疾病，尤其是夏季，应怀疑 TOSV 感染。脑脊液中可分离到病毒。

3. 与其它相关疾病的鉴别诊断

与流行性感冒、登革热和西尼罗脑炎等鉴别诊断。

（二）实验室诊断要点

1. 病原诊断

RT-PCR、巢式 PCR、荧光定量 PCR 等分子生物学方法已用于实验室诊断。除此之外，接种乳鼠和病毒分离也是常用的方法。

2. 血清学诊断

IgM 抗体存在于症状出现后 4～5 天的患者血清中，在 1～4 周后达到最高滴度，并持续至少 8 个月。恢复期血清中存在高滴度的中和抗体。因此血清学是病毒诊断的主要方法。血清学检测方法主要有 ELISA 方法、间接免疫荧光法、血凝抑制试验、补体结合试验、中和试验等方法。

八、预防与控制

接种有效和安全的疫苗是预防该病的最好措施，但是目前还未有可使用的疫苗。因此，消灭白蛉和防止被白蛉叮咬是防控该病的关键。

（刘彩红、刘玉秀）

参考文献

[1] 李雪平．白蛉病毒属病毒逃逸宿主天然免疫机制的研究［D］．天津大学，2016.

[2] 李雪平，庞正，周振威，等．西西里病毒抑制Ⅰ型干扰素的产生机制［J］．天津大学学报：自然科学与工程技术版，2016，49（08）：830-834.

[3] Alwassouf S，Christodoulou V，Bichaud L，et al. Seroprevalence of sandfly-borne phleboviruses belonging to three serocomplexes（sandfly fever naples，sandfly fever sicilian and salehabad）in dogs from greece and cyprus using neutralization test［J］. PLOS Neglected Tropical Diseases，2016，10（10）：e0005063.

[4] Alwassouf S，Maia C，Ayhan N，et al. Neutralization-based seroprevalence of toscana virus and sandfly fever sicilian virus in dogs and cats from Portugal［J］. Journal of General Virology，2016，97（11）：2816-2823.

[5] Ayhan N，López-Roig M，Monastiri A，et al. Seroprevalence of toscana virus and sandfly fever sicilian virus in European bat colonies measured using a neutralization test［J］. Viruses，2021，13（1）：88.

[6] Batieha A，Saliba E，Graham R，et al. Seroprevalence of west Nile，rift valley，and sandfly arboviruses in Hashimiah，Jordan［J］. Emerging Infectious Diseases，2000，6（4）：358-362.

[7] Blakqori G，Delhaye S，Habjan M，et al. La crosse bunyavirus nonstructural protein NSs serves to suppress the type I interferon system of mammalian hosts［J］. Journal of Virology，2007，81（10）：4991-4999.

[8] Bouloy M，Janzen C，Vialat P，et al. Genetic evidence for an interferon-antagonistic function of rift valley fever virus nonstructural protein NSs［J］. Journal of virology，2001，75（3）：1371-1377.

[9] Bridgen A，Weber F，Fazakerley J. Bunyamwera bunyavirus nonstructural protein NSs is a nonessential gene product that contributes to viral pathogenesis［J］. Proceedings of the National Academy of Sciences of the United States of America，2001，98（2）.：664 - 669.

[10] Ciufolini M，Maroli M，Guandalini E，et al. Experimental studies on the maintenance of toscana and arbia viruses

(bunyaviridae: phlebovirus) [J] . American Journal of Tropical Medicine & Hygiene, 1989, 40 (6): 669-675.

[11] Ciufolini M, Maroli M, Verani P. Growth of two phleboviruses after experimental infection of their suspected sand fly vector, phlebotomus perniciosus (diptera: psychodidae) [J] . American Journal of Tropical Medicine & Hygiene, 1985, 34 (1): 174-179.

[12] Cusi M, Savellini G, Terrosi C, et al. Development of a mouse model for the study of toscana virus pathogenesis [J] . Virology, 2005, 333 (1): 66-73.

[13] Darwish M, Feinsod F, Scott R, et al. Arboviral causes of non-specific fever and myalgia in a fever hospital patient population in Cairo, Egypt [J] . Transactions of the Royal Society of Tropical Medicine and Hygiene, 1987, 81 (6): 1001-1003.

[14] Gaidamovich S, Baten M, Klisenko G, et al. Serological studies on sandfly fevers in the republic of Bangladesh [J] . Acta Virologica, 1984, 28 (4): 325-328.

[15] Guler S, Guler E, Caglayik D, et al. A sandfly fever virus outbreak in the east mediterranean region of Turkey [J] . International Journal of Infectious Diseases, 2012, 16 (4): e244-e246.

[16] Haller O, Kochs G, Weber F. The interferon response circuit: induction and suppression by pathogenic viruses [J] . Virology, 2006, 344 (1): 119-130.

[17] Horton K, Wasfy M, Samaha H, et al. Serosurvey for zoonotic viral and bacterial pathogens among slaughtered livestock in Egypt [J] . Vector-Borne and Zoonotic Diseases, 2014, 14 (9): 633-639.

[18] Izri A, Temmam S, Moureau G, et al. Sandfly fever sicilian virus, Algeria [J] . Emerging Infectious Diseases, 2008, 14 (5): 795-797.

[19] Marchi S, Trombetta C, Kistner O, et al. Seroprevalence study of toscana virus and viruses belonging to the sandfly fever naples antigenic complex in central and southern Italy [J] . Journal of Infection and Public Health, 2017, 10 (6): 866-869.

[20] Maroli M, Ciufolini M, Verani P. Vertical transmission of toscana virus in the sandfly, phlebotomus perniciosus, via the second gonotrophic cycle [J] . Medical and Veterinary Entomology, 2010, 7 (3): 283-286.

[21] May N L, Dubaele S, Santis L, et al. TFIIH transcription factor, a target for the rift valley hemorrhagic fever virus [J] . Cell, 2004, 116 (4): 541-550.

[22] May N, Mansuroglu Z, Léger P, et al. A SAP30 complex inhibits IFN-β expression in rift valley fever virus infected cells [J] . PLoS Pathogens, 2008, 4 (1): 134-144.

[23] Mccarthy M, Haberberger R, Salib A, et al. Evaluation of arthropod-borne viruses and other infectious disease pathogens as the causes of febrile illnesses in the khartoum province of Sudan [J] . Journal of Medical Virology, 1996, 48: 141-146.

[24] Nicoletti L, Ciufolini M, Verani P. Sandfly fever viruses in Italy [J] . Imported Virus Infections, 1996, 5: 41-47.

[25] Nougairede A, Bichaud L, Thiberville S, et al. Isolation of toscana virus from the cerebrospinal fluid of a man with meningitis in marseille, France [J] . Vector Borne & Zoonotic Diseases, 2013, 13 (9): 685-688.

[26] Sakhria S, Alwassouf S, Fares W, et al. Presence of sandfly-borne phleboviruses of two antigenic complexes (sandfly fever naples virus and sandfly fever sicilian virus) in two different bio-geographical regions of tunisia demonstrated by a microneutralisation-based seroprevalence study in dogs [J] . Parasites & vectors, 2014, 7: 476-480.

[27] Tesh R, Lubroth J, Guzman H. Simulation of arbovirus overwintering: survival of toscana virus (Bunyaviridae: Phlebovirus) in its natural sand fly vector phlebotomus perniciosus [J] . American Journal of Tropical Medicine & Hygiene, 1992, 47 (5): 574-581.

[28] Tesh R, Modi G. Studies on the biology of phleboviruses in sand flies (Diptera: Psychodidae) . I. experimental infection of the vector [J] . American Journal of Tropical Medicine & Hygiene, 1984, 33 (5): 1007-1016.

[29] Tesh R, Saidi S, Javadian E, Nadim A. Studies on the epidemiology of sandfty fever in Iran. I. virus isolates obtained from phlebotomus [J] . American Journal of Tropical Medicine & Hygiene, 1977, 26: 282-287.

[30] Verani P, Ciufolini M, Caeiolli S. Eeology ofviruses isolated from sandfties in Italy and eharaeterization of a new phlebovirus (arbia virus) [J] . American Journal of Tropical Medicine & Hygiene, 1988, 38 (2): 433-439.

第五节　亨德拉病毒感染

亨德拉病毒（Hendra virus，HeV）又称马科麻疹病毒（Equine morbillivirus，EMV）。HeV是一种新的人畜共患病病毒，于1994年在澳大利亚昆士兰州布里斯班郊区的亨德拉被首次发现，感染人的典型特征是造成严重的呼吸困难，具有较高的死亡率，人与其它动物接触还可造成其它动物的接触性感染。

一、病原学

（一）病原形态结构与组成

HeV属副黏病毒科（Paramyxoviridae）、副黏病毒亚科（Paramyxovirinae）、亨尼病毒属（*Henipavirus*）的单股负链RNA病毒，基因组全长大约15kb，是副黏病毒科内基因组最大的成员。有囊膜，病毒粒子为多晶体排列，呈球形或丝状螺旋形排列，病毒粒子大小在40～600nm。有6个结构蛋白，包括核衣壳蛋白（N）、磷蛋白（P）、RNA依赖聚合酶大蛋白（L）、基质蛋白（M）、融合蛋白（F）和黏附蛋白（G）。

（二）培养特性

HeV的体外培养较容易，其可适应多种哺乳动物的原代细胞和传代细胞系，如Vero细胞，也可适应禽类、两栖类、爬虫类和鱼类的细胞。在细胞培养中，它能产生明显的细胞病变，特征为感染细胞融合而形成合胞体，这种合胞体形态较大，内部可见多个细胞核。HeV也能适应于鸡胚，导致鸡胚死亡。

二、分子病原学

HeV RNA基因组附在核衣壳蛋白（N）上，磷蛋白（P）和RNA依赖聚合酶大蛋白（L）是核衣壳的组成部分，基质蛋白（M）和细胞膜组成囊膜将核衣壳包围起来，两种表面糖蛋白即融合蛋白（F）和黏附蛋白（G）有助于病毒进入细胞，也可诱导细胞产生中和抗体。与其它副黏病毒科的病毒相似，3个可能的非结构蛋白由*P*基因编码，C蛋白来自于另一个开放阅读框，V和W蛋白由非模板的信使核糖核酸产生，其中一个可能的功能是阻断STAT1和STAT2信号通路，以逃避宿主的免疫反应。

三、流行病学

HeV可引起马和人的呼吸道和神经系统疾病，病死率高达60%。HeV被认为源自果蝠，可通过尿液排毒。然而HeV从蝙蝠到马的确切传播途径尚不清楚，普遍认为马因接触受污染的牧草或饲料而感染HeV，这些牧草或饲料受到感染蝙蝠的体液、分娩产品、排泄物或粪便的污染。在昆士兰东海岸和澳大利亚新南威尔士州报道了马偶有疾病暴发。兽医与受感染的马密切接触后被感染。猫和犬被纳入监测是因为它们已被证明易受HeV感染。2013年7月，在对澳大利亚新南威尔士州附近的一匹马进行HeV感染调查期间，在同一农场的一只犬身上也检测到HeV感染。亨德拉病毒感染马和人导致严重的疾病，2013年澳大利亚报道了犬通过接触受感染马而被感染 HeV，表现异常并在犬的肾脏、大脑、淋巴结、脾脏、肝脏中检测到 HeV 核酸，犬应远离受感染的马。

四、临床症状

马感染 HeV 的主要临床特征为严重的呼吸道症状和高致死率，临床主要表现为发热、食欲不振和精神沉郁，在面部、眼眶上窝、唇部、颈部表现出明显的肿胀，出现严重的呼吸困难，鼻内流出大量带泡沫的液体，甚至还带有少量血液。目前犬感染 HeV 的研究相对较少，因此临床特征还难以阐述。

五、病理变化

（一）大体剖检

1994 年 HeV 造成澳洲马和人因呼吸性或神经性疾病而死亡。马感染 HeV 后最常见的病理变化是淋巴结肿大、严重的肺水肿和充血、气管和支气管充满大量带泡沫的液体，这些液体呈淡红色。1988 年墨西哥 2～21 日龄小猪感染副黏病毒引起非化脓性脑脊髓炎、间质性肺炎及角膜混浊病变；较大猪只较有抵抗力，通常只有角膜混浊，怀孕母猪可造成繁殖障碍，如死产、木乃伊化。亨德拉病毒感染的病马会出现发热、呼吸困难、面部肿胀、行动迟缓等症状，有的甚至口鼻出血，几天内死亡。

（二）组织病理学与免疫组织化学

马感染 HeV 组织病理学观察常见肺泡呈浆液性或纤维素性水肿，肺泡壁坏死，肺泡出血并伴有血栓，肺泡内可见大量巨噬细胞。心、肺、肾、脾、骨骼肌、消化道、淋巴结和脑膜中的小血管呈纤维素性退变。在多种组织器官尤其是脑、心、肺、脾、淋巴结、胃和肾小体的毛细血管和细小动脉中可以观察到有多个内皮细胞融合而成的合胞体细胞。

六、诊断

（一）临床诊断

HeV 感染引起的疫病严重程度在不同物种是不同的，通常与年龄和感染途径有关。在人类、马匹和猫感染病毒后引起的损伤特别严重，而在果蝠中相对温和。内皮细胞是病毒的靶细胞，而上皮细胞、免疫系统细胞和神经细胞在不同物种参与度不同。病毒感染动物后出现的临床症状和病理学变化缺乏足够的诊断特异性。根据 HeV 的流行病学、临床症状和病理变化可做出初步诊断，确诊需依靠实验室诊断。

（二）实验室诊断

实验室诊断多采用准确、快速、灵敏、特异、重复性好、结果易于判断的检测方法。传统的方法包括免疫荧光法、细胞培养进行病毒分离鉴定、酶联免疫吸附试验（ELISA）等来检测病毒抗原或抗体。分子生物学建立起来的 RT-PCR 以及荧光定量 PCR 等方法，能准确地诊断这两种病毒。病毒能够在胎盘、子宫、胎儿、肾脏、肺脏、脾脏、大脑、血液、膀胱和尿液中可检测到。

1. 鉴别诊断

由于最近发现了尼帕病毒、梅南高病毒，它们均属于副黏病毒，基因序列有相似之处，只有采用基因序列分析才能加以区别。但它们的易感动物有差异。另外该病与其它疾病如中毒、急性细菌感染、炭疽、巴氏杆菌病、军团菌病、非洲马瘟、马病毒性动脉炎、流行性感冒等出现类似的临床特征，易造成误诊。可根据 HeV 流行病学、临床症状和病理变化做初步判断，确诊需通过病原学和血清学方法。

2. 病原学诊断

用于 HeV 分离的细胞较多，如 Vero 细胞、MDCK、LLC-MK2、BHK、RKI 和 MRC5。病毒在上述细胞培养物中增殖后引起细胞病变，形成典型的合胞体。在电子显微镜下可观察到典型的病毒粒子结构特征，典型特征是双绒毛样纤突。目前用于 HeV 抗原检测的方法主要有间接免疫荧光试验、RT-PCR、免疫组化等。

3. 血清学诊断

目前常用于 HeV 诊断的血清学方法有间接免疫荧光、免疫印迹、ELISA 和血清中和试验等。

七、预防与控制

开展病原生态学调查与动物流行病学监测，掌握我国野生动物是否存在自然感染现象。虽然我国目前尚未出现 HeV 的流行，但在南方尤其是沿海地区与病毒原发地有着相似的生态环境和动物分布。因此需要建立有关的病原检测和血清学诊断方法，研制和储备用于预防、治疗的疫苗和药物，应对可能出现的疫情。HeV 对理化因素抵抗力不强，离开动物体后不久即死亡，对一般消毒药和高温较敏感。目前还没有针对亨德拉病毒的疫苗。对 HeV 感染的病例无特效治疗药物，主要是对症治疗，防控只能采取严格的预防、隔离、检疫和扑杀措施。

（吴洪超、孟兴、刘玉秀）

参考文献

[1] Westbury H，Hooper P，Brouwer S，et al. Susceptibility of cats to equine morbillivirus [J]. Public Health Research and Practice，1996，74 (2)：132-134.

[2] Halim S，Polkinghorne B，Bell G，et al. Outbreak-related hendra virus infection in a NSW pet dog [J]. Public Health Research and Practice，2015，25 (4)：e2541547.

[3] Peter D，Gabor M，Poe I，et al. Hendra virus infection in dog，Australia，2013 [J]. Emerging Infectious Diseases，2015，21 (12)：2182-2185.

[4] Middleton D，Riddell S，Klein R，et al. Experimental hendra virus infection of dogs：virus replication，shedding and potential for transmission. the Australian Veterinary Journa，2017，95 (1-2)：10-18.

[5] Diederich S，Sauerhering L，Weis M，et al. Activation of the nipah virus fusion protein in MDCK cells is mediated by cathepsin B within the endosome-recycling compartment [J]. Journal of Virology，2012，86 (7)：3736-3745.

第六节　犬细小核糖核酸病毒感染

犬细小核糖核酸病毒（Canine picornavirus，CanPV）是一种新型细小核糖核酸病毒，于 1968 年在美国首次发现，随后，中国、迪拜等国家陆续报道由该病毒引发的疾病，并且流行范围不断扩大。根据犬细小核糖核酸病毒基因组的结构特征，该病毒被划分到细小核糖核酸病毒科。迄今为止，犬细小核糖核酸病毒可在发病犬的鼻咽拭子、排泄物、尿样中检测到。临床上，犬细小核糖核酸病毒感染犬多不表现症状，仅部分表现轻度的症状，少数表现严重的症状，是一种重要的动物新发传染病病原。

一、病原学

（一）分类地位

CanPV 属于核糖核酸病毒中最小的一类，为无包膜的单链 RNA 病毒。

细小核糖核酸病毒（Picornavirus）由英文的 pico（小的）＋RNA＋virus 三词组成，意指小 RNA 病毒，以体积细小（直径 18～30nm 的球形）为特征，不易在感染细胞中被鉴别、壳微体不易看清，只有在形成晶格或与标记的抗体结合时才易于用电镜检出。

细小核糖核酸病毒隶属于小 RNA 病毒科（又称小核糖核酸病毒科、微 RNA 病毒科），该科包括肠病毒属、心病毒属、鼻病毒属、口疮病毒属及未分类病毒等，具体如下。

1. 肠病毒属

一般在肠道中增殖，表现出消化系统、呼吸系统、神经系统症状，多为隐性症状，包括：①猪脑脊髓灰质炎病毒；②鼠脊髓灰质炎病毒；③禽脑脊髓炎病毒；④人肠病毒，包括脊髓灰质炎病毒、柯萨奇病毒、肠变胞病毒等。

2. 心病毒属

包括：①脑心肌炎病毒，引起猪的系统性发热性疾病；②鼠脑脊髓炎病毒。

3. 鼻病毒属

包括：①人鼻病毒，引起人的普通感冒；②牛鼻病毒，引起牛的上呼吸道感染。

4. 口疮病毒属

包括口蹄疫病毒。

5. 未分类病毒

包括：①甲型肝炎病毒，引起人、狨、黑猩猩的肝坏死与炎症；②鸭肝炎病毒，引起鸭甲型肝炎，通常流行于雏鸭，发病及死亡均较为严重。

2016 年，Woo 等建议将犬细小核糖核酸病毒、蝙蝠小 RNA 病毒 1～3、猫小 RNA 病毒、牛小 RNA 病毒等归为细小核糖核酸病毒属，但尚未获得国际病毒分类委员会（ICTV）的认可。

1968 年，Norby 等在美国首次从临床上无明显呼吸道症状的发病犬中发现了一种新型的细小核糖核酸病毒，根据动物来源将其称作犬细小核糖核酸病毒。2017 年才把分离的毒株命名为 A128thr 株。因此，CanPV 是一种重要的动物新发病毒性疾病病原。

（二）病原形态结构与组成

细小核糖核酸病毒呈球形、无囊膜，病毒颗粒直径为 18～30nm，核衣壳呈二十面体对称，内包围致密的 RNA。其核酸由单股正链 RNA 的单线状分子组成。2017 年，Norby 等也报道了于 1968 年在美国分离到的一株 CanPV 病毒 A128thr 株，经电镜观察发现其无包膜、内含 RNA。

细小核糖核酸病毒核衣壳由 60 个相同的亚单位组成，每个亚单位包括 1B、1C、1D 三种表面蛋白和1A一种内部蛋白，其中1A、1B、1C、1D四种蛋白亦分别被命名为VP4、VP2、VP3、VP1。

（三）培养特性

CanPV在原代犬肾细胞系、犬细胞系和其它几种哺乳动物细胞系（包括人胚肺二倍体成纤维细胞WI-38）上均可培养。

2016年，Woo等将经qRT-PCR鉴定为阳性、全基因测序为CanPV的3份犬粪便病料接种于犬肾传代细胞（MDCK）、犬巨噬细胞（DH82），但未观察到细胞病变，对其培养的上清液及细胞裂解液进行RT-PCR检测，结果均为阴性。

2017年，Norby等报道了于1968年分离到的CanPV（命名为A128thr株），该病毒在原代犬肾细胞系、犬细胞系和其它几种哺乳动物细胞系（包括人胚肺二倍体成纤维细胞WI-38）上均可培养，并将在原代犬肾细胞上培养的5个代次的CanPV A128thr株进行了鉴定。

二、分子病原学

（一）基因组结构与功能

CanPV为无囊膜的单链RNA病毒，基因组全长约7.6～7.9kb，并以特有的基因顺序5′-VP4-VP2-VP3-VP1-2A-2B-2C-3A-3B-3C-3D-3′排列，包括编码的结构蛋白及非结构蛋白，其中，4种结构蛋白为VP1、VP2、VP3、VP4，7种非结构蛋白为2A、2B、2C、3A、3B、3C、3D。

小RNA病毒蛋白合成的起始由IRES（internal ribosome entry site）激发，包含病毒结构蛋白和非结构蛋白的多蛋白前体，该前体包括P1、P2、P3三个区。病毒的结构蛋白源自于P1区，合成、切割后分为VP4、VP2、VP3、VP1蛋白（依次又称1A、1B、1C、1D）；病毒的非结构蛋白源自P2、P3区，P2区合成、切割后分为2A、2B、2C蛋白，P3区合成、切割后分为3A、3B、3C、3D蛋白。

以中国分离的CanPV dog/SH1901/CHN/2019株为例（GenBank Access No. MW118112），基因全长7920bp，G+C含量为40.62%；开放阅读框*ORF*基因全长7131bp，编码多蛋白前体，共有2376个氨基酸。其中，前导蛋白L有49个氨基酸（含核苷酸147bp），P1有846个氨基酸（含核苷酸2538bp，其中VP4由195bp编码65个氨基酸、VP2由729bp编码243个氨基酸、VP3由681bp编码227个氨基酸、VP1由933bp编码311个氨基酸），P2有706个氨基酸（含核苷酸2118bp，其中2A由792bp编码264个氨基酸、2B由333bp编码111个氨基酸、2C由993bp编码331个氨基酸），P3有775个氨基酸（含核苷酸2328bp，其中3A由324bp编码108个氨基酸、3B由69bp编码23个氨基酸、3C由549bp编码183个氨基酸、3D由1386bp编码461个氨基酸）。

（二）主要基因及其编码蛋白的结构与功能

1. 非结构蛋白

CanPV非结构蛋白主要来源于P2、P3区，包括2A、2B、2C、3A、3B、3C、3D，位于病毒基因组3′端；另外，5′端的P1前端还有1个前导蛋白L。这些非结构蛋白主要参与病毒RNA复制、多蛋白裂解、结构蛋白的折叠与装配等。研究发现L蛋白、3C蛋白、3D蛋白均具有酶活性，其中L蛋白、3C蛋白能抑制宿主细胞的蛋白合成，在蛋白成熟时裂解的过程中作为蛋白酶裂解蛋白。

2. 结构蛋白

CanPV结构蛋白来源于P1，包括VP1、VP2、VP3、VP4，位于病毒基因组5′端，各结构蛋白组成一个原粒，每5个原粒聚集在一起形成1个五聚体，12个五聚体合成核衣壳，核衣壳的组装通过五聚体的中间体实现，每个五聚体中的蛋白通过VP2、VP3、VP1三种蛋白的N端相连，形成内部网络而结合在一起，其C端则铺在外部衣壳表面。

病毒核衣壳蛋白可保护RNA免受核酸酶降解，核衣壳蛋白上有多个抗原位点决定病毒的抗原性，便于识别特异性细胞受体，决定宿主范围和组织嗜性，释放和传递病毒RNA通过细胞膜进入易感细胞中，进而指导选择和包装病毒的RNA。

三、流行病学

（一）传染来源

目前，CanPV相关的报道较少，从同科病毒感染情况推测发病犬和带毒犬是该病的重要传染源，污染病毒的环境、用具、粪便也可能是该病重要的传染源。

（二）传播途径及传播方式

目前已知的细小核糖核酸病毒科主要是通过呼吸道进行传播，传播方式包括接触传播、气溶胶传播。

（三）易感动物

目前，CanPV易感染的自然宿主为犬，暂未报道过CanPV可感染犬以外的其它动物。

（四）流行特征

2017年，Norby等报道了1968年首次从美国弗洛伊德无症状猎狐犬的咽拭子中分离到的1株CanPV，随后多地区展开了对CanPV的分子流行病学调查和监测，并确证CanPV在多国流行。

（五）发生与分布

1. 在国外的发生与流行

自1968年首次发现并于2017年在美国报道后，2016年，Woo等对耗时19个月（2013年1月到2014年7月）于迪拜采集到的131份犬粪便样品进行检测统计，发现阳性率为0.76%（1/131）。

2. 在国内的发生与流行

CanPV流行于世界各地，但目前国内关于CanPV的流行病学报道较少。

2016年，Woo等对耗时86个月（2007年7月到2014年8月）于中国香港地区46个地方采集到的1347份犬粪便样品进行检测统计，发现阳性率为1.11%（15/1347）。

2019年，Li C等对上海的56只感染犬和28只流浪犬采集粪便样品84份，但并未报道其感染率，而是将所有犬粪便样品合并后重悬并分离得到一株CanPV，命名为dog/SH1901/CHN/2019。

四、诊断

CanPV的病原诊断可用RT-PCR检测感染犬的鼻咽拭子、尿、粪便等排泄物。2011年，Woo等从中国香港感染犬中分离到1株病毒，并经RT-PCR鉴定、全基因组测序确证该病毒为 CanPV，将其命名为 325F 株（GenBank Access No. JN831356）。

2016 年，Woo 等用 RT-PCR 方法先后对 1347 份中国犬粪便样品、131 份迪拜犬粪便样品进行检测统计，发现中国犬粪便样品阳性率为 1.11%（15/1347）、迪拜犬粪便样品阳性率为 0.76%（1/131），并从中分离出 16 株病毒，对其中的中国香港的 244F 株（GenBank Access No. KU871313）和迪拜的 6D 株（GenBank Access No. KU871312）进行了全基因组测序及进化树分析。

2017 年，Norby 等报道了 1968 年首次从美国猎狐犬的咽拭子中分离到的 1 株病毒，并经 RT-PCR 鉴定、全基因组测序及进化树分析确证该病毒为 CanPV，将其命名为 A128thr 株（GenBank Access No. KY512802）。

2019 年，Li C 等用 RT-PCR 对在中国上海采集的 84 份犬粪便样品进行检测，并分离得到一株病毒，对其进行全基因组测序及进化树分析确诊为 CanPV，命名为 dog/SH1901/CHN/2019（GenBank Access No. MW118112）。

五、预防与控制

目前，CanPV 流行病学调查较少，对 CanPV 的认识和重视程度不够，也尚无针对 CanPV 的疫苗和药物，给宠物犬 CanPV 的防控造成极大的困难。防控措施主要以加强生物安全管理为主。

（王莹、刘玉秀）

参考文献

[1] 邵惠训．微小核糖核酸病毒（Picornaviruses）与疾病［J］．国外医学病毒学分册，2004，11（3）：76-78.

[2] Nomoto A，赖众．构建细小核糖核酸病毒活疫苗的策略［J］．国外医学．预防．诊断．治疗用生物制品分册，1989，3：101-103.

[3] Anisimova M，Gascuel O. Approximate likelihood-ratio test for branches：A fast，accurate，and powerful alternative［J］. Systematic Biology，2006，55：539-552.

[4] Binn L，Eddy G，Lazar E，et al. Viruses recovered from laboratory dogs with respiratory disease［J］. Proceedings of the Society for Experimental Biology and Medicine，1967，126：140-145.

[5] Binn L. A review of viruses recovered from dogs［J］. Journal of the American Veterinary Medical Association. 1970，156（12）：1672-1677.

[6] Buonavoglia C，Martella V. Canine respiratory viruses［J］. Veterinary Research，2007，38：355-373.

[7] Carmona-Vicente N，Buesa J，Brown PA，et al. Phylogeny and prevalence of kobuviruses in dogs and cats in the UK［J］. Veterinary Microbiology，2013，164：246-252.

[8] Chiu C，Greninger A，Kanada K，et al. Identification of cardioviruses related to theiler's murine encephalomyelitis virus in human infections［J］. Proceedings of the National Academy of Sciences of the United States of America，2008，105（37）：14124-14129.

[9] Chow M，Newman J，Filman D，et al. Myristylation of picornavirus capsid protein VP4 and its structural significance［J］. Nature，1987，327：482-486.

[10] DiMartino B，DiFelice E，Ceci C，et al. Canine kobuviruses in diarrhoeic dogs in Italy［J］. Veterinary Microbiology，2013，166：246-249.

[11] Drummond A，Suchard M，Xie D，et al. Bayesian phylogenetics with BEAUti and the BEAST 1.7［J］. Molecular Biology and Evolution，2012，29（8）：1969-1973.

[12] Fernandez-Miragall O, Quinto S, Martinez-Salas E. Relevance of RNA structure for the activity of picornavirus IRES elements [J]. Veterinary Research, 2009, 139: 172-182.

[13] Guindon S, Gascuel O. A simple, fast, and accurate algorithm to estimate large phylogenies by maximum likelihood [J]. Systematic Biology, 2003, 52: 696-704.

[14] Kapoor A, Victoria J, Simmonds P, et al. A highly divergent picornavirus in a marine mammal [J]. Journal of Virology, 2008, 82: 311-320.

[15] Kapoor A, Simmonds P, Dubovi E, et al. Characterization of a canine homolog of human aichivirus [J]. Journal of Virology, 2011, 85: 11520-11525.

[16] Kamer G, Argos P. Primary structural comparison of RNA-dependent polymerases from plant, animal and bacterial viruses [J]. Nucleic Acids Research, 1984, 12 (18): 7269-7282.

[17] Lau S, Woo CY, Lai K, et al. Complete genome analysis of three novel picornaviruses from diverse bat species [J]. Journal of Virology, 2011, 85 (17): 8819-8828.

[18] Lau S, Woo C, Yip C, et al. Identification of a novel feline picornavirus from the domestic cat [J]. Journal of Virology, 2012, 86: 395-405.

[19] Lefkowitz E, Adams M, Davison A, et al. Virus taxonomy: classification and nomenclature of viruses: the online (10th) report of the international committee on taxonomy of viruses [R]. International Committee on Taxonomy of Viruses, 2017.

[20] Li L, Pesavento P, Shan T, et al. Viruses in diarrhoeic dogs include novel kobuviruses and sapoviruses [J]. The Journal of General Virology, 2011, 92: 2534-2541.

[21] Li L, Victoria J, Kapoor A, et al. A novel picornavirus associated with gastroenteritis [J]. Journal of Virology, 2009, 83: 12002-12006.

[22] Li L, Pesavento P, Shan T, et al. Viruses in diarrhoeic dogs include novel kobuviruses and sapoviruses [J]. Journal Of General Virology, 2011, 92: 2534-2541.

[23] Nagai M, Omatsu T, Aoki H, et al. Identification and complete genome analysis of a novel bovine picornavirus in Japan [J]. Virus Research, 2015, 210: 205-212.

[24] Norby E, Jarman R, Keiser P, et al. Genome sequence of a novel canine picornavirus isolated from an American foxhound [J]. Genome Announcement, 2017, 5 e00338-17.

[25] Oem J, Choi J, Lee M, et al. Canine kobuvirus infections in korean dogs [J]. Archives of Virology, 2014, 159: 2751-2755.

[26] Priestnall S, Mitchell J, Walker C, et al. New and emerging pathogens in canine infectious respiratory disease [J]. Veterinary Pathology, 2014, 51: 492-504.

[27] Reuter J, Mathews D. RNA structure: software for RNA secondary structure prediction and analysis [J]. BMC Bioinformatics, 2010, 11: 129.

[28] Stanway G. Structure, function and evolution of picornaviruses [J]. Journal of General Virology, 1990, 71: 2483-2501.

[29] Tracy S, Chapman N, Drescher K, et al. Evolution of virulence in picornaviruses [J]. Current Topics in Microbiology and Immunology, 2006, 299: 193-209.

[30] Wang D, Zhang Y, Zhang Z, et al. KaKs calculator 2. 0: a toolkit incorporating gamma-series methods and sliding window strategies [J]. Genomics Proteomics Bioinformatics, 2010, 8: 77-80.

[31] Whitton J, Cornell C, Feuer R. Host and virus determinants of picornavirus pathogenesis and tropism [J]. Nature Reviews Microbiology. 2005, 3: 765-776.

[32] Woo P, Lau K, Huang Y, et al. Comparative analysis of six genome sequences of three novel picornaviruses, turdiviruses 1, 2 and 3, in dead wild birds, and proposal of two novel genera, orthoturdivirus and paraturdivirus, in the family picornaviridae [J]. The Journal of General Virology, 2010, 91 (10): 2433-2448.

[33] Woo P, Lau S, Choi G, et al. Complete genome sequence of a novel picornavirus, canine picornavirus, discovered in dogs [J]. Journal of Virology, 2012, 86: 3402-3403.

[34] Woo P, Lau S, Choi G, et al. Molecular epidemiology of canine picornavirus in Hong Kong and Dubai and proposal

of a novel genus in picornaviridae [J]. Infection Genetics and Evolution, 2016, 41: 191-200.
[35] Wu Z, Ren X, Yang L, et al. Virome analysis for identification of novel mammalian viruses in bat species from Chinese provinces [J]. Journal of Virology, 2012, 86 (20): 10999-11012.
[36] Zell R, Delwart E, Gorbalenya, A, et al. ICTV virus taxonomy profile: picornaviridae [J]. Journal of General Virology, 2017, 98: 2421-2422.

第七节 犬呼吸道冠状病毒感染

犬呼吸道冠状病毒（Canine respiratory coronavirus，CRCoV）是一种新型冠状病毒，2003 年 SARS 流行同期在英国首次报道犬群中有犬呼吸道冠状病毒流行情况，随后在日本、韩国、意大利、加拿大、美国、中国等国家陆续发现，且流行地域越来越广。根据犬呼吸道冠状病毒基因组的结构特征，该病毒被划分到冠状病毒科（Coroaviridae）、冠状病毒属（*Coronavirus*）。在感染犬的鼻液、眼部分泌物、气管或支气管肺泡中灌洗液和喉拭样本检出 CRCoV 的核酸。CRCoV 主要侵害上呼吸道并引起轻度呼吸道症状。

一、病原学

（一）分类地位

CRCoV 同犬肠道冠状病毒（Canine Enteric Coronavirus，CECoV）均为犬冠状病毒（Canine coronavirus，CCoV），属于套式病毒目（Nidovirales）、冠状病毒科（Coroaviridae）、冠状病毒属（*Coronavirus*）。冠状病毒颗粒多呈圆形、少呈多样形，直径约为 60～220nm，因其在电镜下像日冕状或皇冠状而得名，国际病毒分类委员会将冠状病毒分为 α、β、γ、δ 4 个属。α 属主要包括犬冠状病毒、猫传染性腹膜炎病毒（Feline infectious peritonitis virus，FIPV）、猫肠炎冠状病毒（Feline enteritis coronavirus，FECoV）、猪传染性胃肠炎病毒（Transmissible gastroenteritis virus，TGEV）、猪流行性腹泻病毒（Porcine epidemic diarrhea virus，PEDV）、人冠状病毒 229E（Human coronavirus 229E）和 HCoV-NL63 毒株；β 属主要包括牛冠状病毒（Bovine coronavirus，BCoV）、犬呼吸道冠状病毒、猪血凝性脑脊髓炎病毒（Porcine hemagglutinating encephalomyelitis virus，PHEV）、严重急性呼吸综合征冠状病毒（Severe acute respiratory syndrome coronavirus，SARS-CoV）、中东呼吸综合征（Middle east respiratory syndrome，MERS）病毒及 2019 年在全球暴发的新型冠状病毒（SARS-CoV-2）；γ 属主要引起禽类感染，如鸡传染性支气管炎病毒；δ 属主要包括猪 δ 冠状病毒。

（二）病原形态结构与组成

犬冠状病毒的基因组约 27～32kb，含 7～11 个开放阅读框（ORF）编码结构蛋白和非结构蛋白。基因 1 由 2 个部分重叠的 ORF1a 和 ORF1b 组成，翻译病毒复制酶（Rep）前体蛋白。复制酶基因下游的 4～5 种基因 *ORF*（5′-Rep-S- E-M-N-3′或 5′-Rep-HE-S-E-M-N-3′）编码结构蛋白，分别是刺突蛋白 S（Spike protein）、核衣壳蛋白 N（Nucleocapsid protein）、膜蛋白 M（Mermbrane protein）、小膜蛋 E（Small membrane protein）和血凝素酯酶 HE（Hemag-glutinin esterase）。

2003年出现人SARS-CoV后，加强了犬群中冠状病毒流行病学调查。同年，英国从患地方性呼吸道疾病犬中分离了1株CoV，轻度上呼吸道症状犬中该毒株感染率较高，被称为犬呼吸道冠状病毒（CRCoV）。CRCoV的复制酶基因和*S*基因与BCoV遗传关系密切。T101株CRCoV的*S*基因与BCoV和HCoV-OC43株*S*基因相似率分别为97.3%和96.9%，提示3种病毒有相近的共同祖先，并在不同宿主生物中重复转移。BCoV经典毒株可感染幼犬，这为CRCoV来源于牛源病毒提供了佐证。基因水平显示CRCoV与CCoV无关，其*S*基因与肠道CCoV同源性仅21.2%。CRCoV在主要结构蛋白和非结构蛋白中与BCoV亚群遗传关系密切。BCoV基因组*S*基因和*E*基因中间有3个不同的*ORF*，分别编码4.9kDa、4.8kDa和12.7kDa的非结构蛋白，而CRCoV基因组在该区域由于2nt的缺失引起对应BCoV基因组编码4.9kDa非结构蛋白的终止密码子缺失而导致形成8.8kDa联合蛋白的翻译，导致只含有2个*ORF*分别编码8.8kDa和12.8kDa的非结构蛋白。与肠道CCoVⅠ型和Ⅱ型不同，单纯的CRCoV仅引起犬轻微呼吸道症状，但CRCoV在呼吸道上皮细胞中的复制可能损害黏液纤毛系统，导致由其它呼吸道病原体感染引起更严重的临床过程。

（三）培养特性

CRCoV用传统的细胞培养分离病毒的方法并不可取，因为目前只能在HRT-18、HRT-18G细胞系中生长，并且不是每次都能成功分离。

2003年，Erles K等对经RT-PCR鉴定为CRCoV阳性的5只犬的气管组织样本在犬成年肺成纤维细胞、MDCK细胞、A72细胞上尝试分离，结果均以失败告终。

2005年，Erles K等对2001—2002年英格兰具有犬窝咳症状的121份犬扁桃体拭子（来自于37份健康犬、41份无呼吸道临床症状、43份具有犬窝咳症状的，其中3份经RT-PCR检测为阳性），用犬肺成纤维细胞和MDCK细胞传3～7代进行病毒分离，均未发生细胞病变。2007年，Erles K等用HRT-18细胞从患有严重呼吸道疾病的犬肺灌洗液中分离，获得CRCoV 4182株，并对其进行RT-PCR、间接免疫荧光IFA鉴定确认无误；此外，还将CRCoV 4182株在犬成纤维细胞、犬肾上皮细胞、犬巨噬细胞、Vero、BHK-21、CHO、MDBK等细胞系上尝试培养，均未引起细胞病变，以失败告终。

二、分子病原学

（一）基因组结构与功能

以全球第一株分离的CRCoV 4182株为例（GenBank Access No. DQ682406），基因全长9815bp，第348～1184nt编码分子质量为32kDa的非结构蛋白NS2，第1196～2470nt编码结构蛋白HE蛋白，第2485～6576nt编码结构蛋白S蛋白，第6566～6811nt编码分子质量为8.8kDa的Putative蛋白，第6946～7275nt编码12.8kDa的非结构蛋白，第7262～7516nt编码结构蛋白E蛋白，第7531～8223nt编码机构蛋白M蛋白，第8233～9579nt编码结构蛋白N蛋白，第8294～8917nt编码Ⅰ蛋白。

（二）主要基因及其编码蛋白的结构与功能

1. 非结构蛋白

CRCoV非结构蛋白主要位于病毒基因组5′端的2/3区域，由2个重叠的开放阅读框ORF1a、ORF1b翻译成2个相同氨基端多聚蛋白pp1a（495kDa）和pplb（803kDa），并编码成复制酶多聚体蛋白pplab。

2. 结构蛋白

CRCoV 结构蛋白主要位于病毒基因组剩余的 1/3 区域，负责编码 4 个结构蛋白和 5 种可变的辅助蛋白 3a、3b、3c、7a、7b 等，其中，结构蛋白包括刺突蛋白（Spike protein，S 蛋白）、血凝素酶蛋白（Hemagglutinin-esterase protein，HE）、膜蛋白（Member protein，M）、核衣壳蛋白（Nucleocapsid pretein，N）、小膜蛋白 E（Small envelope protein，E），其中 *S* 基因、*E* 基因的变异较大，是鉴别不同毒株的依据。

S 蛋白为Ⅰ型融合性糖蛋白，是冠状病毒感染细胞的关键性蛋白，决定病毒感染的种属特性和组织亲嗜性；能形成冠状病毒颗粒的包膜突起，由 1400～1800aa 组成，在高尔基体加工过程中被蛋白酶裂解为 S1、S2 两个亚单元。其中，S1 为病毒粒子的球形头部结构，包括决定细胞嗜性和致病性的 NTD 结构域和 C 结构域，是受体结合亚单位，决定病毒抗原性，并能诱导中和抗体，但序列易变异；S2 为固定在膜上的棒状结构，能诱导病毒与细胞膜融合的膜融合亚单位，序列稳定，包括 1 个跨膜域、2 个卷曲螺旋七聚体疏水重复序列 HR1 及 HR2。HR1 位于融合肽下游，HR2 位于跨膜域附近，两者以反向平行的方式排列。

HE 蛋白只在第 2 群冠状病毒中表达，是仅存在于 β 属冠状病毒包膜上的血凝素酯酶糖蛋白，与早期病毒吸附有关，可使红细胞凝集。

M 蛋白又称病毒跨膜蛋白，是病毒颗粒中数量最多的膜蛋白，负责病毒的组装、协助病毒跨膜，并与病毒包膜的形成与出芽有关。

N 蛋白是一种磷酸化蛋白，有 377～455aa，分子质量为 50～60kDa，包括 3 个结构域。该蛋白最重要的功能是结合和保护病毒基因组 RNA，形成病毒囊膜内的核衣壳，可刺激机体产生无中和能力的高亲和力抗体，与核内 RNA 分子稳定结合。

E 蛋白是一种相对较小的跨膜蛋白，分子质量为 10kDa，包括 76～109aa，为病毒粒子囊膜的组成部分，仅在细胞膜及感染细胞表面少量表达，却影响病毒的形态及病毒粒子的组装，还与病毒-宿主相互作用有关，特别是在细胞凋亡过程中。

三、流行病学

（一）传染来源

CRCoV 发病犬和带毒犬是该病的重要传染源，污染病毒的环境、饮水、饲料、用具、粪便也可能是该病重要的传染源。

人工感染 CRCoV 的发病犬，在感染后第 3 天少量犬肛拭子经 RT-PCR 检测为阳性，第 6 天大部分犬咽拭子样品经 RT-PCR 检测为阳性，提示 CRCoV 可以通过呼吸道和消化道排毒。被 CRCoV 污染的环境、饮水、饲料、用具、粪便也可能是 CRCoV 传播的重要传染源。

（二）传播途径及传播方式

目前已知的 CRCoV 主要是通过呼吸道进行传播，传播方式包括接触传播、气溶胶传播。

2004 年，Erles K 等对犬进入犬舍后不同时间点的血清样品进行 CRCoV 抗体的流行病学调查，对 123 只犬放入犬舍后集中喂养，放入第 1 天犬血清中 CRCoV 抗体阳性率为 30.1%（37/123）、第 7 天阳性率升高至 32.5%（27/83）、第 21 天阳性率高达 99.1%（113/114），提示 CRCoV 可通过呼吸道进行传播，且传染性极强。

（三）易感动物

目前，暂未报道过 CRCoV 可感染犬以外的其它动物。仅 Kaneshima T 等于 2005 年报道 CRCoV 广泛流行于日本，但仅感染犬而不感染猫。

（四）流行特征

2003 年 6 月，Erles 等首次报道在英国一家大型流浪动物中心内检测到 CRCoV，这家动物中心的犬只流动频繁。随后多地区展开了对 CRCoV 的调查和监测，并确证 CRCoV 的广泛存在。

目前的研究报道发现 CRCoV 感染犬的现象一年四季均可发生，但也有报道更易于在冬末春初流行。

另外，Priestnall S L、Knesl O 等还报道 CRCoV 可感染任何年龄段的犬只，更易感染 2 岁以上的犬只，且 CRCoV 感染犬的感染率随着犬年龄增长而增加。

（五）发生与分布

1. 在国外的发生与流行

自 2003 年首次在英国报道后，CRCoV 抗体的血清学调查自 2005 年起陆续在日本、美国、加拿大、英国、意大利、新西兰、韩国等地区被报道，表明 CRCoV 在世界范围内流行。

2003 年，CRCoV 率先在英国报道，将收集的 119 只犬（包括 42 只无呼吸道症状的犬、18 只温和呼吸道症状的犬、46 只中度呼吸道症状的犬、13 只严重呼吸道症状的犬）的气管组织样品、肺组织样本进行用 RT-PCR 方法检测，检出犬气管组织样品的阳性感染率为 26.9%（32/119）、犬肺组织样本的感染率为 16.8%（20/119）。继而从一只病犬中分离到一株属于 β 冠状病毒属的 CCoV，在分支上与牛冠状病毒相近，但遗传进化特点又明显不同，为便于与 α 冠状病毒属的犬肠炎冠状病毒 CECoV 相区分，将其命名为犬呼吸道冠状病毒 CRCoV。

2005 年，Erles K 等对 2001—2002 年英格兰具有犬窝咳症状的犬只进行流行病学调查，用 BCoV 抗原制备的 ELISA 方法对犬血清进行测定，结果发现英格兰东南部 CRCoV 血清抗体阳性率为 22.2%（12/54）、英格兰中部 CRCoV 血清抗体阳性率为 54.2%（32/59），还报道了公犬血清抗体阳性率高于母狗；用 RT-PCR 方法对 64 份犬扁桃体拭子进行检测，发现有 3 份阳性。表明 CRCoV 自 2001 年起流行于英格兰。

2005 年，Kaneshima T 等报道了在日本对 1998—2004 年收集的 898 份犬血清和 104 份猫血清均用与 CRCoV 同源性较高的 BCoV（具体为 Mebus 株）进行中和试验，检出犬血清抗体的阳性率为 17.8%（160/898），而猫血清抗体均为阴性。表明 CRCoV 广泛流行于日本，但仅感染犬而不感染猫。

2006 年，Priestnall S 等对美国、加拿大、英国的犬血清中 CRCoV 进行血清学调查，将 BCoV 抗原作为包被原对美国、加拿大的犬血清进行 ELISA 检测，结果显示犬类中 CRCoV 抗体流行率分别为 54.5%（521/956）、59.1%（26/44）；将 CRCoV 作为包被原对英国的犬血清进行 ELISA 检测，结果显示犬类中 CRCoV 抗体流行率为 36.0%（297/824）。该研究还证实了 CRCoV 感染犬的感染率随着犬年龄增长而增加，最高可达 68.4%（52/76）。

2006 年，Priestnall S 等报道了对收集到的意大利南部幼犬、成年犬的犬血清用 CRCoV UK 4182 株制备的 ELISA 抗原板进行 ELISA 检测，结果显示 CRCoV 抗体阳性率为 20%（118/590），且成年犬（>1 岁）的阳性率为 23.3%（114/490）、幼犬的阳性率仅为 4%（4/100），表明成年犬接触感染 CRCoV 的概率更大。

2007 年，Decaro N 等首次报道了在意大利对 1994—2006 年收集的犬血清用与 CRCoV 同源性较高的 BCoV（具体用 9WBL77 株）病毒液作为包被原建立了 ELISA 方法和血凝抑制试验（HI）方法以进行检测，检出 CRCoV 抗体阳性的血清样品仅出现在 2005—2006 年的 216 份血清中，且阳性率高达 32.06%，表明 CRCoV 自 2005 年开始流行于意大利。

2009 年，Knesl O 等报道了在新西兰收集的 251 份犬血清样品用 CRCoV 制备的间接荧光抗原板进行间接免疫荧光检测，检出 CRCoV 血清抗体的阳性率为 39%（73/251），表明 CRCoV 广泛流行于新西兰。该研究还报道 CRCoV 可感染任何年龄段的犬只，更易感染 2 岁以上的犬只。

2010 年，An D 等报道了在韩国对 2008 年收集的 483 份犬血清样品用 CRCoV-37 株制备的间接荧光抗原板进行了间接免疫荧光检测，检出 CRCoV 血清抗体的阳性率为 12.8%（62/483）。该报道还阐述了 CRCoV 与 CIV 共感染犬只会加重犬只的呼吸道症状，严重的会引发犬呼吸道疾病，如犬支气管炎。

2. 在国内的发生与流行

CRCoV 广泛流行于世界各地，但目前国内有关 CRCoV 的流行病学报道较少。

2018 年，张昕等用 RT-PCR 方法对成都地区宠物犬感染 CDV、CRCoV 进行分子流行病学调查，对自 2016 年收集的 420 份具有呼吸道症状的宠物犬鼻腔棉拭子样本进行检测，CDV、CRCoV 阳性检出率分别为 50.71%（213/420）、58.81%（247/420），与 CDV 的混合感染率高达 41.19%，表明成都地区宠物犬感染 CDV 和 CRCoV 的现象比较严重，二者极易混合感染且感染率较高。同时，该研究发现宠物犬 CRCoV 的检出率与年龄、性别、品种、季节、免疫状况等均有不同程度的相关性。具体地，以 1～3 月龄幼犬检出率最高，纯种犬的检出率高于其它犬种，一年四季中以冬季检出率较高，未免疫犬的检出率也较高。

2020 年，俞向前等用 CRCoV、CPV、CDV 三种犬呼吸道常见病毒多重 PCR 方法对在上海地区多家宠物医院 2018—2019 年收集的 37 份有呼吸道症状的犬鼻腔、咽喉棉拭子进行检测并送至基因公司测序，检出 CRCoV、CPV、CDV 三种病毒的阳性率分别为 2.70%（1/37）、16.22%（6/37）、18.92%（7/37）。该研究发现宠物犬临床发病趋向多样化和混合感染。该作者还报道根据近年来对上海宠物诊所的临床观测、数据积累及统计分析发现犬呼吸系统疾病日趋严重，发病率逐年上升。

综上所述，上述研究结果表明 CRCoV、CDV、CPV 等在临床中混合感染的情况较为常见。

四、免疫机制与致病机理

CRCoV 的潜伏期约为 6～10d，在 6d 时可通过口咽排毒，但排毒期长短尚不明确。

CRCoV 的致病机制包括两方面，一是破坏上呼吸道纤毛功能，对犬呼吸道组织尤其是上呼吸道组织细胞具有较强的亲嗜性，进而破坏上呼吸道黏膜上皮细胞，使得气管、支气管纤毛清除功能下降，易于其它病原体引发继发感染；二是抑制宿主的先天性免疫。Mitchell 等进行了体外研究，表明感染宿主细胞后病毒复制产生的非结构蛋白可抑制促炎性细胞因子如 IL-1b、IL-6、IFN、TNF-α 及趋化因子如 IL-8 的表达，破坏宿主免疫系统从而逃避宿主的天然免疫，进一步加速病毒在宿主体内复制、传播，导致犬传染性呼吸道疾病的暴发。

为进一步研究 CRCoV 在 CIRD 发展中的地位，Prirstnall S 等用 CRCoV 对体外培养的气管组织攻毒，攻毒后 3d 内发现促炎性细胞因子 TNF α、IL6 和趋化因子 IL-8 的 mRNA

水平降低，膜免疫功能受到影响。若此发现在体内成立，那么此机制与呼吸道病变机制相结合，将使得机体清除病原体功能进一步受限，进而有利于除 CRCoV 外的其它病原体在气管上黏附和增殖，导致混合感染。这在理论上证明了 CRCoV 对 CIRD 的发展具有促进作用。

五、临床症状

（一）单纯感染临床症状

CRCoV 是犬传染性呼吸道疾病（Canine infectious respiratory disease，CRID，又称“犬窝咳”）的主要病原之一，常见于疾病早期，单独感染时具有短暂性，主要侵害上呼吸道并诱发亚临床感染或轻微的呼吸道症状，且用分离病毒接种易感犬也不能完全复制出临床症状。CRCoV 传染性较强，尤其易在饲养密度过大及其它环境选择压力（如群居犬，包括犬舍、流浪动物中心内的犬）下流行，典型的临床症状包括咳嗽、流鼻涕、打喷嚏、干咳、呼吸困难等，持续数周后可发展为肺炎，严重者导致死亡，可能会导致群居犬的传染性呼吸道疾病的暴发。

（二）与其它病原混合感染的临床症状

临床上，CRCoV 的复制可以损害呼吸道上皮细胞，导致继发细菌或其它病毒感染，如与犬瘟热病毒（Canine distemper virus，CDV）、犬副流感病毒（Canine parainfluenza virus，CPIV）、犬腺病毒 2 型（Canine adenovirus，CAV2）、犬疱疹病毒 1 型（Canine herpes virus 1，CHV-1）、支气管败血波氏杆菌（Brodetella bronchiseptica，Bb）、犬肺炎病毒（CnPnV）、犬流感病毒（CIV）、链球菌（Streptococcus）和犬支原体（Mycoplasma-cynos）等中的一种或多种病原体混合感染或继发感染，从而导致犬窝咳症状更为严重，对动物健康造成较大的危害。

2012 年，Jeoung H 等也报道了用多重 RT-PCR 方法在韩国对患有犬传染性呼吸道疾病的犬鼻拭子同时检测 CDV、CIV、CRCoV，发现 25 只宠物犬中 CIV、CDV、CRCoV 的阳性率分别为 8%（2/25）、76%（19/25）、4%（1/25）；25 只流浪犬中 CIV、CDV 的阳性率分别为 20%（5/25）、76%（19/25），CRCoV 阳性率未见报道。证实了 CDV、CIV、CRCoV 极易混合感染。

2014 年，Schulz B 等报道了 CRCoV 与犬波氏杆菌的混合感染引起犬窝咳，感染率为 6.6（4/61）；2015 年，Vitanen S 等也报道了 CRCoV 与犬波氏杆菌的混合感染引起犬窝咳且感染率为 5%（1/20）。证实了 CRCoV 与犬波氏杆菌极易混合感染。

六、病理变化

（一）大体剖检

临床上，CRCoV 阳性犬主要表现为犬呼吸道相关的组织，特别是鼻腔和气管组织，气管纤毛丢失和损伤，出现上皮纤毛萎缩变形、排列不整、数量减少等变化，并伴有炎症，但上述这些剖检变化是否仅由 CRCoV 感染所导致还有待进一步验证。

（二）组织病理学与免疫组织化学

2013 年，Mitchell J 等在实验室用 5 株 CRCoV（包括 LU298 株、UK4182 株、NP631 株、NP787 株、NP742 株）分别对经 RT-PCR 和病毒分离鉴定均为阴性的犬只（依次对应组别为 T1、T2、T3、T4、T5）进行 CRCoV 攻毒试验，同时设 T6 组为阴性对照组，每组 6 只犬，用 RT-PCR、病毒分离鉴定两种方法进行检测，检出攻毒后 6 天的 T1、T2、T3、T4、T5 组的犬咽拭子样品均为阳性，检测 T1 组、T2 组攻毒后 3 天其中均有 1 只犬的肛拭子样品为阳性、其余犬只的犬肛拭子样品均为阴性；检测 T1、T2、T3、T4 组尸体剖检后的 8 种组织（包括肺叶、肺叶尖部、气管、鼻腔、支气管淋巴结、鼻、腭扁桃体、肺灌洗液）的至少 5 种为阳性，T5 组尸体剖检后的 8 种组织为阴性；并将犬的腭扁桃体、外鼻孔、鼻扁桃体、气管、膈肺叶等组织制备成病理切片经苏木精-伊红染色法（简称 HE 染色）后镜检，在攻毒后 3～14d 内可见明显的呼吸道病变，特别是气管组织，主要包括上皮纤毛萎缩变形、排列不整、数量减少，杯状细胞变形甚至中性粒细胞浸润；通过进一步免疫组织化学染色发现在上皮纤毛和杯状细胞内存在病毒颗粒。

七、诊断

（一）临床诊断要点

1. 流行病学特点

CRCoV 常见于 CIRD 早期，通过呼吸道分泌物传播进入机体，再在上呼吸道上皮繁殖从而导致呼吸道造成一定的损害而致病；具有较强的传染性，尤其易在犬舍和流浪狗收容中心等犬只比较集中的区域流行。该病毒目前主要在上海、四川地区流行，其它省份鲜有报道。

2. 临床症状特点

感染 CRCoV 的犬只一般可见轻度的呼吸道症状，仅表现轻度的喷嚏、干咳和鼻流分泌物等，而免疫力强者也可能不表现症状。由于犬呼吸道综合征是多因素造成的，多种病原感染的先后顺序不是十分明确，因此很难确定自然感染 CRCoV 病例的组织病理变化，但 CRCoV 通常优先侵害呼吸道尤其是上呼吸道组织。

3. 病理变化特点

CRCoV 感染后，病毒广泛存在于呼吸道组织和在呼吸道相关淋巴结中复制，破坏呼吸道黏膜和纤毛，使呼吸道其它病原更易增殖。

2013 年，Mitchell JA 等在实验室对犬只进行 CRCoV 攻毒试验，并将犬的气管组织制备成病理切片经苏木精-伊红染色（简称 HE 染色）后镜检，在攻毒后 3～14d 内可见明显的呼吸道病变，主要包括上皮纤毛萎缩变形、排列不整、数量减少，杯状细胞变形甚至中性粒细胞浸润；通过进一步免疫组织化学染色发现在上皮纤毛和杯状细胞内存在病毒颗粒。

4. 与其它相关疾病的鉴别诊断

由于 CRCoV 极易与其它病毒或细菌等病原体混合感染和继发感染，不能根据临床症状做诊断，可通过 RT-PCR、ELISA 进行鉴别诊断。

（二）实验室诊断要点

1. 病原诊断

CRCoV 具有明显的呼吸道组织嗜性，其 RNA 可用 RT-PCR 方法从感染犬的鼻液、鼻腔、鼻扁桃体、肺叶、眼部分泌物、气管或支气管肺泡中灌洗液和喉拭子样本中均可检出，也有报道还可于脾、肠系膜淋巴结、结肠等组织及直肠拭子内检出阳性。

2003 年，Erles K 等报道取犬气管组织样本、肺组织样本，针对 *HE* 基因设计引物并进行 RT-PCR，均检出阳性。

2006 年，Yachi A 等报道取呼吸道样本，针对 *HE* 基因设计引物并进行 RT-PCR，可检测口咽拭子、鼻拭子等含细胞量低的样本。

2009 年，Mitchell J 等报道了对采集于收容所 10 只犬（其中 1 只犬具有咳嗽、流鼻涕的临床症状，其它 9 只犬无明显的临床症状）的尸体的不同的靶标用实时荧光定量 PCR 进行 CRCoV 检测，发现各靶标的阳性检出率为鼻黏膜 70%（7/10）、扁桃体 50%（5/10）、气管 50%（5/10）、支气管淋巴结 50%（5/10），也可在肺叶、肠组织上检出。

2015 年，Mitchell J 等报道将实验室内攻毒犬、犬舍内自然感染犬作为试验材料，尸体剖检后采样针对 *S* 基因设计引物并进行 RT-PCR 检测，发现 CRCoV 广泛存在于呼吸道组织和呼吸道相关淋巴结组织中，包括气管、腭扁桃体、鼻腔、咽扁桃体、支气管淋巴结、肺的尖叶和膈叶，以气管和咽扁桃体最易感染和存量最多。另有报道指出脾、肠系膜淋巴结、结肠等非呼吸道组织以及直肠拭子内也可检出 CRCoV 阳性。

2020 年，余向前等根据 GenBank 中 CRCoV、CPV 和 CDV 的基因序列先进行 BLAST 同源性分析，找出保守序列并对每个病毒设计引物，建立了 CRCoV、CPV、CDV 三种犬呼吸道常见病毒的多种 PCR，再对 2018—2019 年收集的上海多家宠物医院的有呼吸道症状犬的鼻腔、咽喉棉拭子进行检测，三种病毒均检出阳性。

此外，CRCoV 的检出率还与犬的品种、年龄、季节、性别、免疫情况以及临床症状轻重有关。Erles K 等报道将自然感染 CRCoV 的病例按症状轻重分为四级，包括无呼吸道症状、轻度呼吸道症状（以咳嗽、鼻分泌物为主）、中毒呼吸道症状（以咳嗽、鼻分泌物、食欲不振为主）、严重呼吸道症状（以出现支气管肺炎为主）。

2. 血清学诊断

根据目前血清学流行调查的结果，犬血清中 CRCoV 抗体主要用 CRCoV 抗原建立的 ELISA 方法、IFA 方法、中和试验、HI 方法进行检测。由于 CRCoV 与牛冠状病毒（Bovine Coronavirus，BCoV）高度相似，也可用 BCoV 抗原建立的 ELISA 方法、IFA 方法、中和试验、HI 方法对犬血清中的 CRCoV 抗体进行检测。

3. 实验室鉴别诊断技术

CRCoV 的基因组序列与 BCoV 高度相似，与同属的 CECoV 基因组高度保守的聚合酶区域同源性仅有 69%，其中与 S 蛋白氨基酸序列的一致性仅为 21%，因此很容易通过基因测序的方法与其它病原区分开来。

八、预防与控制

目前，流行病学调查结果显示 CRCoV 在犬中广泛流行、阳性率较高，但对 CRCoV 的认识和重视程度不够，也尚无针对 CRCoV 的疫苗和药物，给宠物犬 CRCoV 的防控造成极大的困难。临床治疗以支持性护理为主，通过消炎、止吐、止泻、补液和平衡体内电解质的方法提高机体抵抗力，还需要定期对犬舍及其共用器具进行日常消毒，必要时进行隔离。

（王莹、刘玉秀）

参考文献

[1] 郭昭林. 试论动物冠状病毒的危害及其疫病防治 [J] 畜牧兽医科技信息，2020，(3)：12-14.

[2] 纪海旺，孙晓荣，孙科．犬冠状病毒研究进展［J］．中国动物检疫，2020，37（10）：87-98.
[3] 李少晗，张广智，崔尚金，等．犬猫冠状病毒研究进展［J］．中国畜牧兽医，2020，47（12）：4059-4068.
[4] 王文佳，王一斐，常艳，等．犬新型病毒性呼吸道疾病的研究进展［J］．中国兽医杂志，2017，53（1）：70-72.
[5] 翁善钢．犬传染性呼吸道疾病的诊断［J］．中国工作犬业，2012，5：16-18.
[6] 肖园，吕艳丽．犬呼吸道冠状病毒研究进展［J］．动物医学进展，2016，37（9）：91-94.
[7] 叶景荣，徐建国．冠状病毒的生物学特性［J］．疾病监测，2005，20（3）：160-163.
[8] 俞向前，闫洁新，文德亮，等．三种犬呼吸道常见病毒多重 PCR 检测方法建立［J］．上海畜牧兽医通讯，2020，6：2-5.
[9] 杨振林，潘小成．犬猫冠状病毒概述［J］．疫病防治，2020，50（4）：37-39.
[10] 张昕，黄坚，张萍，等．成都地区宠物犬感染犬瘟热病毒和犬呼吸道冠状病毒的分子流行病学调查［J］．中国畜牧兽医，2018，45（2）：486-492.
[11] Alsolamy S. Middle east respiratory syndrome knowledge to date［J］. Critical care medicine，2015，43（6）：1283-1290.
[12] An D，Jeoung H，Jeong W，et al. A serological survey of canine respiratory coronavirus and canine influenza virus in Korean dogs［J］. Journal of Veterinary Medical Science，2010，3（30）：1217-1219.
[13] Buonavoglia C，Decaro N，Martella V，et al. Canine coronavirus highly pathogenic for dogs［J］. Emerging Infectious Diseases，2006，12（3）：492-494.
[14] Decaro N，Desario C，Elia G，et al. Serological and molecular evidence that canine respiratory coronavirus is circulating in Italy［J］. Veterinary Microbiology，2007，121（3-4）：225-230.
[15] Enjuanes L，Brian D，Cavanagh D，et al. Virus taxonomy classification and nomenclature of viruses［J］. Academic Press，New York，2008，835-849.
[16] Erles K，Brownlie J. Investigation into the causes of canine infectious respiratory disease antibody responses to canine respiratory coronavirus and canine herpesvirus in two kennelled dog populations［J］. Archives of Virology，2005，150（8）：1493-1504.
[17] Erles K，Shiu K，Brownlie J. Isolation and sequence analysis of canine respiratory coronavirus［J］. Virus Research，2007，124：78-87.
[18] Erles K，Brownlie J. Canine respiratory coronavirus：an emerging pathogen in the canine infectious respiratory disease complex［J］. Veterinary Clinics of North America，Small Animal Practice 2008，39，815-25.
[19] Erles K，Dubovi E，Brooks H，et al. Longitudinal study of viruses associated with canine infectious respiratory disease［J］. Journal of Clinical Microbiology，2004，42（10）：4524-4529.
[20] Erles K，Shiu K，Brownlie J. Isolation and sequence analysis of canine respiratory coronavirus［J］. Virus Research，2007，124（12）：78-87.
[21] Erles K，Toomey C，Brooks H，et al. Detection of a group 2 coronavirus in dogs with canine infectious respiratory disease［J］. Virology，2003，310（2）：216-223.
[22] Joffe D，Lelewski R，Weese JS，et al. Factors associated with development of canine infectious respiratory disease complex（CIRDC）in dogs in 5 canadian small animal clinics［J］. Canadian Veterinary Journal，2016，57（1）：46-51.
[23] Jeoung H，Song D，Jeong W，et al. Simultaneous detection of canine respiratory disease associated viruses by a multiplex reverse transcription-polymerase chain reaction assay［J］. Journal of Veterinary Medical Science，2012，8（22）：103-106.
[24] Kaneshima T，Hohdatsu T，Satoh K，et al. The prevalence of a group 2 coronavirus in dogs in Japan［J］. Journal of Veterinary Medical Science，2006，68（1）：21-25.
[25] Knesl O，Allan F，Shields S. The seroprevalence of canine respiratory coronavirus and canine influenza virus in dogs in New Zealand［J］. New Zealand Veterinary Journal，2009，57（5）：295-298.
[26] Mitchell J，Brownlie J. The challenges in developing effective canine infectious respiratory disease vaccines［J］. Journal of Pharmacy and Pharmacology，2015，57（3）：372-381.
[27] Mitchell J，Brooks H，Shiu K，et al. Development of a quantitative real-time PCR for the detection of canine respira-

tory coronavirus [J] . Journal of Virological Methods，2009，155 (2)：136-142.

[28] Mitchell J，Brooks H，Szladovits B，et al. Tropism and pathological findings associated with canine respiratory coronavirus (CRCoV) [J] . Veterinary Microbiology，2013，162 (2-4)：582-594.

[29] Priestnall S，Brownlie J，Dubovi E，et al. Serological prevalence of canine respiratory coronavirus [J] . Veterinary Microbiology，2006，115 (13)：43-53.

[30] Priestnall S，Mitchell J，Brooks H，et al. Quantification of mRNA encoding cytokines and chemokines and assessment of ciliary function in canine tracheal epithelium during infection with canine respiratory coronavirus (CRCoV) [J] . Veterinary Immunology and Immunopathology，2009，12 (12)：38-46.

[31] Priestnall S，Mitchell J，Walker C，et al. New and emerging pathogens in canine infectious respiratory [J] . Veterinary Pathology，2014，51 (2)：492-504.

[32] Schulz B，Kurz S，Weber K，et al. Detection of respiratory viruses and bordetella bronchiseptica in dogs with acute respiratory tract infections [J] . The Veterinary Journal，2014，201 (3)：365-369.

[33] Vitanen S，Lappalainen A，Rajam M. Co-infections with respiratory viruses in dogs with bacterial pneumonia [J] . Journal of Veterinary Internal Medicine，2015，29 (2)：544-551.

[34] Yachi A，Mochizuki M. Survey of dogs in Japan for group 2 canine coronavirus infection [J] . Journal of Clinical Microbiology，2006，44 (7)：2615-2618.

第八节　登革热

登革热（Dengue fever，DF）是一种主要以埃及伊蚊（Aedes aegypti）和白纹伊蚊（Aedes albopictus）为媒介传播的疾病，发病率和死亡率较高，主要临床症状为高热、出血、休克，广泛流行于全世界许多国家，尤其是热带和亚热带地区，发病率高、危害大。

一、病原学

（一）病原形态结构与组成

登革热病毒（Dengue fever virus，DENV）属黄病毒科（Flaviviridae）、黄病毒属（*Flavivirus*），病毒颗粒呈球形，病毒颗粒外被脂蛋白包膜，并具有包膜刺突。病毒包膜的外层含有包膜蛋白 E，内层含有膜蛋白 M。病毒核心是由病毒的单股、正链 RNA 和病毒衣壳蛋白 C 共同组成的 20 面体核衣壳结构。DENV 按抗原性不同分为 1、2、3、4 四个血清型，同一型中不同毒株也有抗原差异，各型病毒之间抗原性有交叉，但与黄病毒科的其它抗原群无交叉。其中 2 型传播最广泛，各型病毒间抗原性有交叉，与乙脑病毒和西尼罗病毒也有部分抗原相同。

（二）培养特性

DENV 可在多种昆虫和哺乳动物细胞中培养增殖，并引起不同程度的细胞病变，如细胞折光性增强、细胞变圆或细胞融合等。昆虫传代细胞系，如白纹伊蚊传代细胞 C6/36，猴肾、地鼠肾原代和传代细胞对登革病毒敏感，可用于病毒分离。哺乳动物细胞系，如乳地鼠肾细胞（BHK21）、恒河猴胚胎肺细胞（FRhL）、原代狗肾细胞（PDK）等可用于病毒含量的测定和疫苗的制备。

二、分子病原学

主要基因及其编码蛋白的结构与功能如下。

DENV为RNA病毒，单股正链RNA，RNA长约11kb，编码约3400个氨基酸。其基因组编码的蛋白质包括3种结构蛋白和7种非结构蛋白。基因组5′端为Ⅰ型帽子结构，3′端缺乏poly（A）尾，基因组的5′端和3′端均有一段非编码区。基因组只有一个开放读码框，编码结构蛋白的基因区集中于5′端，编码非结构蛋白的基因区位于3′端，其顺序为5′-C-PrM-M-E-NS-NS2a-NS2b-NS3-NS4a-NS4b-NS5-3′。这些蛋白是以多聚蛋白形式进行翻译合成后，由宿主蛋白酶切割而形成的。3种结构蛋白是衣壳蛋白（C）、前膜蛋白（PrM）与膜蛋白（M）、包膜蛋白（E），它们的分子质量分别为13～15kDa、74kDa和151～160kDa。M蛋白和E蛋白为保护性抗原，其抗体能阻止病毒的感染。E蛋白构成毒粒表面突起，有血凝活性，可诱导宿主产生保护性中和抗体和血凝抑制抗体。非结构蛋白中的NS1是一种可溶性补体结合抗体，含有群特异和型特异的抗原决定簇，可刺激机体产生高滴度的保护性抗体。非结构蛋白NS1和NS3均具有免疫原性，可以诱导小鼠产生针对同型登革病毒致死性攻击的保护性抗体。NS2a和NS2b可能参与多聚蛋白的水解过程。NS3可能是在细胞液中起作用的病毒蛋白酶。NS4a和NS4b可能与RNA复制有关。NS5是病毒编码的依赖RNA的RNA聚合酶。

三、流行病学

（一）传染来源

DENV的媒介昆虫是伊蚊属成员，在登革热疫区的主要传播媒介是埃及伊蚊和白纹伊蚊。这些伊蚊在全世界大多数地区分散存在，当叮咬感染了DENV的人或动物时，可以通过改换叮咬对象而直接传播病毒。DENV可在蚊子唾液腺细胞中繁殖8～10d后随着再次吸血而传播。感染病毒的蚊子可以终生保持传播登革热病毒的能力，并可经卵垂直传播给后代。伊蚊的卵对干燥有很强的抵抗力，可以在体外长期存活。当人被携带DENV的蚊子叮咬时，可以通过形成蚊—人—蚊循环进行传播并引起疾病。

（二）传播及易感动物

病人及隐性感染者是本病的主要传染源，而丛林中的灵长类是DENV在自然界循环的动物宿主，但近年来有DENV感染犬的报道。然而对可能成为登革热病毒库的灵长类动物和家畜进行的研究很少。由于家养犬与人类共享栖息地和媒介，因此犬可自然感染登革热病毒。

四、免疫机制与致病机理

（一）免疫机制

DENV感染形成的机体免疫主要以体液免疫为主。DENV感染后产生的同型病毒特异性抗体可保持终身，但同时获得的对其它血清型的免疫能力（异型免疫）仅持续6～9个月。DENV再次感染后激活的T淋巴细胞，可以对同型或其它型病毒发生反应，所释放的细胞因子可能参与登革出血热（Dengue haemorrhagic fever，DHF）或登革休克综合征（Dengue shock syndrome，DSS）的发生。

（二）致病机理

DENV 感染机体后，首先在毛细血管内皮细胞增殖，并释放入血形成病毒血症，然后进一步感染血液和组织中的单核巨噬细胞而引起 DF。DHF/DSS 的可能发病机制是：

（1）抗体依赖增强（Antibody dependent enhancement，ADE）作用　虽然某型 DENV 感染后产生的抗体能与所有型别的病毒起交叉反应，但不能起中和作用。这些异型抗体能与 DENV 相结合形成病毒抗体复合物，并通过 IgG 的 Fc 受体（FcR）结合，进入细胞繁殖并引起单核巨噬细胞感染。这些感染的细胞可以携带病毒进行传播，引起全身性感染。同时，机体的免疫作用、病毒抗体复合物等内源性刺激物作用被感染的单核巨噬细胞识别，可以激活细胞释放大量的活性因子，引起弥漫性血管内凝血（DIC）、出血、休克等一系列病理过程。

（2）细胞免疫作用　$CD4^+$ 细胞在 DENV 感染中辅助 B 细胞产生抗体，可能与宿主细胞的交叉免疫反应有关，并且在增殖反应中辅助 T 细胞产生 IFN-γ，促进单核细胞 FcR 的表达，增强 DENV 感染。$CD8^+$ 细胞毒性 T 淋巴细胞（CTL）具有血清型交叉反应性，能溶解被 4 种血清型 DENV 抗原刺激或感染的细胞。DENV 感染可以激活各类 T 细胞并释放细胞因子 IL-2、IFN-γ、组胺、过敏素 C3a 和 C5a 等，从而加重感染、休克、循环衰竭和出血等临床症状。

上述这些机制可以解释大多数 DHF/DSS 的发病机制，但对于第一次感染 DENV 出现的 DHF/DSS 却无法解释。总之，对于 DHF/DSS 的发病机制还有待进一步研究。

五、临床症状

DENV 多引起无症状的隐性感染。野生动物感染 DENV 后少有明显的临床症状，但是特异性抗体明显升高。如 DF 的主要传播媒介是埃及伊蚊和白纹伊蚊，棕果蝠和猪为 DENV 的储存宿主，这些动物均无临床变化。检测发现猴、猪、犬、鸡、蝙蝠及某些鸟类有登革热抗体，表明这些动物受过 DENV 感染，但是感染后未发病，均为 DENV 的传播源。

六、病理变化

（一）剖检变化

表现为肝、肾、心和脑等器官的退行性变化，出现心内膜、心包、胸膜、腹膜、胃肠黏膜、肌肉、皮肤及中枢神经系统不同程度的水肿和出血。DF 以全身毛细血管内皮细胞的广泛性肿胀、渗透性增强、皮肤轻微出血的病理变化为主，与病毒感染的直接作用和免疫病理损伤作用密切相关。DHF 的病情较重，伴有明显的皮肤和黏膜的出血症状，血小板减少和血液浓缩显著；DSS 除上述症状外，主要表现为循环衰竭、血压降低和休克等。

（二）病理组织学变化

该病的主要病变为全身血管损害引起的血管扩张、充血，导致出血和血浆外渗，消化道、心内膜下、皮下、肝包膜下、肺及软组织出血。内脏小血管及毛细血管周围出血、水肿及淋巴细胞浸润，肝脾及淋巴结中的淋巴细胞及浆细胞增生，吞噬现象活跃，肺充血及出血，间质细胞增多，肝实质脂肪变性并有灶性坏死，汇管区有淋巴细胞、组织细胞及浆细胞浸润。肾上腺毛细血管扩张、充血及灶性出血、球状带脂肪消失，有灶性坏死。

七、诊断

大多数登革热病例可以根据发热、出血、肝大、休克或血小板减少等症状进行临床诊断。病毒分离、血清学诊断及病毒核酸检查是确切的诊断方法。

（一）病毒分离

将急性期动物的血清按1∶10稀释，组织块（肝、脾、脑、血块等）和蚊制成10%悬液，然后胸内接种白纹伊蚊C6/36株细胞，经潜伏1周后分离病毒。亦可经胸内接种巨蚊的成蚊或脑内接种巨蚊的幼虫进行分离。病毒分离后，可以使用登革热病毒型特异性单克隆抗体，在2周内通过间接凝集实验进行病毒的鉴定。此外还可用乳鼠接种和细胞培养分离病毒，但均不及蚊虫分离敏感。病毒分离是当前确定DF流行病学诊断最可靠的方法，但费时繁琐，达不到早期快速诊断的目的。

（二）血清学诊断

一般采用血凝抑制试验进行血清学检查。在初次感染中，血凝抑制抗体滴度于感染症状出现后4d内一般低于1∶20，但在症状出现后1周至数周内恢复期血清中呈数倍以上的增高，可高达到1∶1280。在登革热病毒的再次感染中，以交叉反应抗体的快速出现为主要特征；血凝抑制抗体滴度在急性期为1∶20，在恢复期可升至≥1∶2560。如急性期血凝抗体滴度≥1∶1280，可判定为首次感染。另外，用ELISA检测患者血清中DENV特异性的IgM抗体，有助于登革病毒感染的早期诊断。

（三）实验室诊断技术

用RT-PCR法可检测DENV的双重或多重感染。即在一对通用引物的作用下同时扩增4个血清型DENV，经内引物扩增、核酸杂交或酶切分析的方法来进一步鉴定病毒的型别或用型特异的引物直接检测标本中的单一型病毒。

八、预防与控制

DENV易发生变异，其核苷酸序列分析结果表明相同血清型病毒中不同分离株间的核苷酸变异为10%，而不同血清型病毒间的核苷酸变异为30%，并且根据DENV寡核苷酸指纹图谱的同源程度，可以将同型病毒的不同毒株分为不同的拓扑型，由病毒变异后所形成的新的DENV毒株常常可引起地区性DF的暴发流行。DENV对热敏感，56℃ 30min可使其灭活。氯仿、丙酮等脂溶剂，脂酶或去氧胆酸钠可以通过破坏病毒包膜而灭活DENV。病毒经去垢剂处理后释放出的病毒核酸可以被核酸酶迅速降解。病毒对胃酸、胆汁和蛋白酶均敏感。对紫外线、γ射线敏感。酒精、1%碘酒、2%戊二醛、2%～3%过氧化氢、3%～8%甲醛等消毒剂可将其灭活。

控制传播媒介、防止蚊虫叮咬是防治DENV感染的重要措施。使用杀虫剂进行蚊虫控制。目前尚无安全有效的DENV疫苗。用DENV 4种血清型混合的减毒活疫苗具有一定的免疫效果，但减毒株的稳定性差，有可能引起临床症状和发生因ADE作用而导致DHF/

DSS。一般认为，非结构蛋白 NS1 不能诱导 ADE 作用，因此用 DNA 重组技术制备非结构蛋白 NS1 亚单位疫苗或基因工程疫苗可能会获得良好的免疫效果。

（孟兴、刘玉秀）

参考文献

[1] 鲍晓伟，黄勇，李乙江，等．登革热病毒的实验室诊断研究进展 [J]．中国卫生检验杂志，2008，(11)：2436-2437.

[2] Joob B，Wiwanitkit V. NS1 antigen positivity rate in canine sera from dengue endemic area [J]．Journal of Vector Borne Diseases，2016，53 (2)：192.

[3] Thongyuan S，Kittayapong P. First evidence of dengue infection in domestic dogs living in different ecological settings in Thailand [J]．PLoS One，2017，12 (8)：e0180013.

第七章

猫新发病毒病

第一节　猫 γ 疱疹病毒感染

疱疹病毒（Herpesvirus，HPV）是一种大且有包膜的 DNA 病毒，种类繁多且传播迅速。γ 疱疹病毒（Gammaherpesvirus，GHV）是疱疹病毒三个亚科（α、β 和 γ 亚科）之一。γ 疱疹病毒与多种哺乳动物共同进化，包括人类和其它灵长类动物、反刍动物、马、松鼠、獾和海狮等。猫 γ 疱疹病毒Ⅰ型由 Troyer 等于 2014 年在美国首次发现，后陆续有来自澳大利亚、美国、英国、日本、新加坡、巴西、和瑞士的猫感染 γ 疱疹病毒的报道。Beatty 等在阳性感染猫的多个组织中检测到猫 γ 疱疹病毒核酸，且在小肠中具有持续高的病毒载量，FIV 感染的猫病毒载量更高。γ 疱疹病毒引起的持续性感染在临床上通常是潜伏感染，在机体细胞免疫系统受到损害的情况下，它们可能会引起一系列致命的淋巴增生性和肿瘤性疾病。

一、病原学

（一）分类地位

猫 γ 疱疹病毒Ⅰ型（Felis catus gammaherpesvirus Ⅰ，FcaGHVⅠ）属于疱疹病毒科（Herpesviridae）、疱疹病毒属（*Herpesvirinae*）成员，疱疹病毒科分为 α 疱疹病毒亚科、β 疱疹病毒亚科和 γ 疱疹病毒亚科，其中 γ 疱疹病毒亚科又分为四个疱疹病毒属，分别为淋巴滤泡病毒属（*Lymphocryptovirus*）、横纹病毒属（*Rhadinovirus*）、玛卡病毒属（*Macavirus*）和马疱疹病毒属（*Percavirus*）。其中，FcaGHVⅠ属于马疱疹病毒属，自 2014 年在美国首次发现。不同的流行病学研究表明，FcaGHVⅠ感染在家猫中广泛流行。γ 疱疹病毒可能引起致命性肿瘤疾病，在人类上由于 EB 病毒（Epstein-Barr virus，EBV）和卡波西肉瘤相关疱疹病毒（Kaposi’s sarcoma-associated herpesvirus，KSHV），每年产生超过 16 万例新的肿瘤病例。

（二）病原形态结构与组成

疱疹病毒科成员具有相同的病毒粒子结构与基因组结构，由内向外依次为病毒基因组、衣壳、间质蛋白层、囊膜四部分，双股 DNA 与蛋白缠绕形成病毒核心。病毒粒子呈球形，直径约为150nm。

二、分子病原学

FcaGHVⅠ基因组为双链DNA，报道的第一株FcaGHVⅠ（GenBank Access No. KT595939）基因组全长121556bp，包含87个预测的开放阅读框（Open reading frame，ORF），其中61个与γ疱疹病毒保守基因同源，剩余26个独特的FcaGHVⅠ ORF以字母“F”开头命名，并在整个基因组中按顺序编号（F1～F26）。与其它γ疱疹病毒相似，FcaGHVⅠ编码病毒同源物，包括凋亡调节因子vFLIP（F7）和vBcl-2（F9），趋化因子vCCL20（F15），下调MHC-I的卡波西肉瘤相关疱疹病毒ORF K3的同源物（F10），平衡核苷转运蛋白1的同源物（F22），以及通常由疱疹病毒编码的vFGAM合成酶（F18）。剩下的19个*ORF*与已知基因没有明确的同源性。基因组左端独特的*ORF*（F1、F2、F3和F5）的一个共同特征是在每个*ORF*中存在相对较长的重复序列（266～1706个核苷酸）。

三、流行病学

（一）传染来源

家猫是FcaGHVⅠ的唯一自然宿主，FcaGHVⅠ阳性猫可被认为是该病毒的传染源。

（二）传播途径及传播方式

目前已知FcaGHVⅠ主要是通过呼吸道和消化道进行传播，传播方式包括接触传播、水平传播。

FcaGHVⅠ阳性猫的口鼻拭子和小肠组织中可检测到病毒核酸，提示FcaGHVⅠ可通过呼吸道和消化道进行传播。Tse等对收容所群养猫和宠物猫的口鼻拭子和组织的研究数据表明，FcaGHVⅠ对2月龄幼猫最易感，大多数成年猫持续感染FcaGHVⅠ，进一步证实FcaGHVⅠ经口鼻分泌物在猫群传播的可能性。

McLuckie等对英国猫群FcaGHVⅠ进行流行病学调查时发现，感染FcaGHVⅠ的猫至少2岁，2岁以下的猫很少见FcaGHVⅠ核酸阳性，即年龄是FcaGHVⅠ感染的风险因素，这些数据共同支持这种病毒的水平传播。同时发现与绝育的雄性猫相比，未绝育雄猫感染FcaGHVⅠ的风险更高，这为支持FcaGHVⅠ在性接触中的传播提供了新的证据。

（三）易感动物

FcaGHVⅠ通常感染家猫，并在全球范围内分布。GHV在猫科动物之间的传播是有限的。有研究报道在日本发现了严重濒危的对马岛豹猫（Tsushima leopard cats）感染FcaGHVⅠ。FcaGHVⅠ的宿主范围尚未被广泛调查，到目前为止，在其它猫科动物中还没有检测到FcaGHVⅠ。

（四）流行特征

目前，尚无FcaGHVⅠ感染病例在我国报道，自美国首次报道FcaGHVⅠ以来，澳大利亚、新加坡、德国、奥地利、英国、日本、巴西、南美洲和瑞士均报道了FcaGHVⅠ的流行，提示FcaGHVⅠ在全球流行。FcaGHVⅠ对猫具有感染性，虽然在猫血液、口鼻拭子中检测到FcaGHVⅠ核酸，但对猫的致病性尚不清楚。

（五）发生与分布

1. 在国外的发生与流行

2014 年，美国首次发现猫科动物的原生 GHV。Troyer 等使用简并的 PAN-GHV PCR 技术对加利福尼亚州、科罗拉多州和佛罗里达州的家猫（Felis Catus）、山猫（Lynx Rufus）和美洲狮（Puma Concolor）的血细胞 DNA 样本进行 GHV 筛选，发现了三种新型 GHV，其中在家猫中发现了 FcaGHVⅠ，随后建立实时定量 PCR 检测方法对 282 份样本进行检测，FcaGHVⅠ阳性率为 16％。

Beatty 等利用 qPCR 方法对美国、澳大利亚和新加坡的家猫全血样本进行 FcaGHVⅠ检测，美国家猫 FcaGHVⅠ的阳性率为 19.1％，略高于 Troyer 等报道的较大群体阳性率，澳大利亚家猫的阳性率为 11.4％，新加坡的阳性率为 9.6％。序列分析显示，澳大利亚猫的 FcaGHVⅠ糖蛋白 B 部分序列（315 个核苷酸）与美国的完全相同，新加坡猫的 FcaGHVⅠ糖蛋白 B 序列第 126 位核苷酸胞嘧啶突变为胸腺嘧啶。

2015 年，Ertl 等对德国和奥地利等中欧地区宠物猫中 FcaGHVⅠ的流行率和 FIV 混合感染潜在风险进行了评估。通过实时定量 PCR 方法对 462 份样本进行了 FIV 和 FcaGHVⅠ检测。在 FIV 阴性猫（$n=358$）中，FcaGHVⅠ的阳性率为 16.2％，在 FIV 阳性猫（均来自德国，$n=104$）中，FcaGHVⅠ的阳性率为 40.4％。

2016 年，McLuckie 等首次报道了英国猫的 FcaGHVⅠ的流行率，在 199 份英国猫的血液样本中检测到 FcaGHVⅠ阳性率为 11.56％。证实英国的家猫可以感染 FcaGHVⅠ。

2017 年，Morihiro 等调查了日本全国范围内家猫中 GHV 的阳性率。此研究采集了 1738 只日本家猫的血液样本，利用针对糖蛋白 *B* 基因的巢式 PCR 方法检测 FcaGHVⅠ，总体阳性率为 1.3％。DNA 测序和 BLAST 分析表明，所有序列与美国的 FcaGHVⅠ株基因序列核苷酸同源性为 99.9％。研究中检测到的 FcaGHVⅠ与在北美家猫中检测到的 FcaGHVⅠ属于同一分支。

2018 年，Makundi 等对一种只生活在日本长崎对马岛的极度濒危的物种马豹猫（TLC）进行 FcaGHVⅠ检测，利用巢式 PCR 从 89 例 TLC 的血液或脾脏样本中检测到 3 例 FcaGHVⅠ阳性，阳性率 3.37％。同时对 215 只家猫进行了筛查，阳性率 13.02％。序列分析表明，本研究获得的 31 条序列与已知 FcaGHVⅠ序列核苷酸同源性为 99％，提示 FcaGHVⅠ很可能是从家猫传播到马豹猫。

Kurissio 等首次报道了巴西和南美洲家猫感染 FcaGHVⅠ的情况及与其它猫科病毒感染的相关性。该研究利用 qPCR 方法对 182 份家猫血液样本进行肉食性原病毒Ⅰ型（CPPV-Ⅰ）、猫科甲型疱疹病毒Ⅰ型（FeHV-Ⅰ）、猫免疫缺陷病毒（FIV）、猫白血病病毒（FeLV）及 FcaGHVⅠ检测，FcaGHVⅠ总阳性率为 23.6％。在逆转录病毒阳性样本中，FcaGHVⅠ阳性率为 37.9％。在 FIV 阳性样本中，FcaGHVⅠ阳性率为 49％。提示 FIV 混合感染中，FcaGHVⅠ阳性率较高。

2019 年，Novacco 等首次报道了瑞士家猫 FcaGHVⅠ的流行率。该研究对瑞士各州兽医提供的 881 只猫的血液样本、91 只流浪猫的血液样本和 17 只患有淋巴瘤的猫肿瘤组织样本进行了检测。以糖蛋白 *B* 基因为靶点，利用 qPCR 检测 FcaGHVⅠ并测序，结果显示 FcaGHVⅠ在兽医提供样本中阳性率为 6.0％，在流浪猫中阳性率为 5.5％，在患有淋巴瘤的猫组织样本中阳性率为 0。序列分析表明，瑞士分离株之间存在同源性，与已发表的 FcaGHVⅠ序列同源性大于 99.7％。

2. 在国内的发生与流行

在我国，尚无 FcaGHVⅠ感染发生的相关报道。

四、免疫机制与致病机理

目前，FcaGHVⅠ在猫中的致病潜力尚不清楚。有研究表明，FcaGHVⅠ在患病猫中比在健康猫中更常见。FcaGHVⅠ与猫白血病病毒（FeLV）抗原之间的显著关联仅在新加坡的一项研究中被确认，但这种关联最近没有得到证实。有研究表明在同时感染猫免疫缺陷病毒（FIV）和 FeLV 的猫中，FcaGHVⅠ的阳性率增加。FcaGHVⅠ的致病机制尚待更多研究加以证明。

五、临床症状

FcaGHVⅠ在美国首次发现，此后报道一直与混合感染有关，主要与猫科逆转录病毒有关。逆转录病毒和疱疹病毒的混合感染很常见，疱疹病毒和逆转录病毒之间的协同作用可以促进疾病的发展，导致潜伏期增长和免疫逃避，可在人和动物中发生。然而，与 FcaGHVⅠ感染相关的临床症状仍不清楚。

六、诊断

（一）临床诊断要点

大多数 FcaGHVⅠ感染动物为无症状。FcaGHVⅠ在澳大利亚、美国、欧洲、新加坡、日本和巴西的猫中的患病率为 1.3%～23.6%。猫的年龄、性别、绝育状态、健康状况和逆转录病毒猫、猫免疫缺陷病毒混合感染等已被确定为家猫感染 FcaGHVⅠ的危险因素，但存在一定的地区差异。年龄方面，成年公猫被感染的可能性最大，而 2 岁以下的猫检出率低。在混合感染中，FIV 感染导致 FcaGHVⅠ核酸检测阳性的机会增加了五六倍。

（二）实验室诊断要点

1. 病原诊断

FcaGHVⅠ感染的诊断仅限于少数研究实验室。FcaGHVⅠ核酸可用 PCR 方法从感染猫的口鼻拭子、小肠、肝脏、脾脏、骨髓、肾脏、心脏、肺等组织和血液中检测出来。有研究表明小肠是所有猫中唯一被发现病毒载量高于预期的组织。大多数流行病学研究显示，实时定量 PCR 引物一般是根据糖蛋白 *B* 基因保守区设计的。

2. 血清学诊断

PCR 检测并不能检测到所有的 FcaGHVⅠ感染。Kathryn 等开发了一种血清学检测方法来评估猫种群中 FcaGHVⅠ的流行率。他们在猫的细胞中表达 FcaGHVⅠ的 7 个 ORF 的重组蛋白，并用 FcaGHVⅠ阳性猫的血清孵育细胞，建立了 FcaGHVⅠ免疫荧光抗体检测方法。在检测的 7 个 ORF 中，ORF52 和 ORF38 的抗体反应最强、最一致。利用重组的 ORF52 和 ORF38 蛋白制备了两种 FcaGHVⅠ ELISA 检测方法，对 qPCR 检测阳性的样本重新检测，结果显示 FcaGHVⅠ的血清阳性率高于 PCR 检测的阳性率，FcaGHVⅠ血清阳性率大约为 qPCR 检测的阳性率的两倍。但 IFA 和 ELISA 检测方法的灵敏性、特异性、稳定性需要评估。

七、预防与控制

由于 FcaGHVⅠ的病毒结构、蛋白功能以及致病机制尚不清楚，对猫与人类的危害还有待研究。所以，目前没有针对 FcaGHVⅠ的疫苗和药物。

（杜萌萌、刘玉秀）

参考文献

[1] Aghazadeh M，Shi M，Pesavento P，et al. Transcriptome analysis and In situ hybridization for FcaGHVⅠ in feline lymphoma [J]. Viruses，2018，10（9）：464.

[2] Beatty J，Troyer R，Carver S，et al. Felis catus gammaherpesvirusⅠ; a widely endemic potential pathogen of domestic cats [J]. Virology，2014，460-461：100-107.

[3] Beatty J，Sharp C，Duprex W，et al. Novel feline viruses：emerging significance of gammaherpesvirus and morbillivirus infections [J]. Journal of Feline Medicine and Surgery，2019，21（1）：5-11.

[4] Ertl R，Korb M，Langbein-Detsch I，et al. Prevalence and risk factors of gammaherpesvirus infection in domestic cats in central Europe [J]. Virology Journal，2015，12：146.

[5] Kurissio J，Rodrigues M，Taniwaki S，et al. Felis catus gammaherpesvirusⅠ（FcaGHVⅠ）and coinfections with feline viral pathogens in domestic cats in Brazil [J]. Ciência Rural，2018，48（3）.

[6] McLuckie，A. Detection of Felis catusgammaherpesvirus Ⅰ（FcaGHVⅠ）in peripheral blood B- and T-lymphocytes in asymptomatic，naturally-infected domestic cats [J]. Virology，2016，497：211-216.

[7] McLuckie A，Barrs V，Lindsay S，et al. Molecular diagnosis of felis catus gammaherpesvirus Ⅰ（FcaGHVⅠ）infection in cats of known retrovirus status with and without lymphoma [J]. Viruses，2018，10（3）：128.

[8] McLuckie A，Barrs V，Wilson B，et al. Felis catus gammaherpesvirus ⅠDNAemia in whole blood from therapeutically immunosuppressed or retrovirus-infected cats [J]. Veterinary Sciences，2017，4（4）：16.

[9] McLuckie A，Tasker S，Dhand N，et al. High prevalence of felis catus gammaherpesvirus Ⅰ infection in haemoplasma-infected cats supports co-transmission [J]. The Veterinary Journal，2016，214：117-121.

[10] Makundi I，Koshida Y，Endo Y，et al. Identification of felis catus gammaherpesvirus Ⅰ in tsushima leopard cats（prionailurus bengalensis euptilurus）on tsushima Island，Japan [J]. Viruses，2018，10（7）：378.

[11] Novacco M，Kohan N，Stirn M，et al. Prevalence，geographic distribution，risk factors and co-Infections of feline gammaherpesvirus infections in domestic cats in Switzerland [J]. Viruses，2019，11（8）.

[12] Stutzman-Rodriguez K，Rovnak J，VandeWoude S，et al. Domestic cats seropositive for felis catus gammaherpesvirus Ⅰ are often qPCR negative [J]. Virology，2016，498：23-30.

[13] Smith K. Herpesviral abortion in domestic animals [J]. Vet J，1997，153（3）：253-268.

[14] Tateno M，Takahashi M，Miyake E，et al. Molecular epidemiological study of gammaherpesvirus in domestic cats in Japan [J]. Journal of Veterinary Medical Science，2017，79（10）：1735-1740.

[15] Troyer R，Beatty J，Stutzman-Rodriguez K，et al. Novel gammaherpesviruses in north American domestic cats，bobcats，and pumas：identification，prevalence，and risk factors [J]. Journal of Virology，2014，88（8）：3914-3924.

[16] Troyer R M，Lee J S，Vuyisich M，et al. First complete genome sequence of felis catus gammaherpesvirusⅠ [J]. Genome Announcements，2015，3（6）：e01192.

第二节　猫麻疹病毒感染

猫麻疹病毒（Feline morbillivirus，FeMV）是主要感染猫的一种新型麻疹病毒，2012

年在中国香港首次报道，随后日本、德国、美国、巴西、土耳其和意大利等国家也在家猫体内检测到病毒核酸阳性。FeMV 在患肾脏疾病的猫体内检测到，也可在健康猫体内检测到，阳性样本类型主要为尿液、肾脏和血液。Sutummaporn K 等研究表明猫麻疹病毒感染与猫肾小管间质性肾炎和慢性肾脏疾病相关，但目前该观点存在争议。

一、病原学

（一）分类地位

猫麻疹病毒（Feline morbillivirus，FeMV）属于副黏病毒科（Paramyxoviridae）、麻疹病毒属（*Morbillivirus*）成员。副黏病毒科包含 7 个病毒属，分别为腮腺炎病毒属（*Rubulavirus*）、禽腮腺炎病毒属（*Avulavirus*）、呼吸道病毒属（*Respirovirus*）、亨尼病毒属（*Henipavirus*）和麻疹病毒属（*Morbillivirus*）。其中，麻疹病毒属还包括犬瘟热病毒（Canine distemper virus，CDV）、鲸麻疹病毒（Cetacean morbillivirus，CeMV）、麻疹病毒（Measles virus，MeV）、小反刍兽疫病毒（Peste des petits ruminants virus，PPRV）、海豹瘟病毒（Phocine distemper virus，PDV）和牛瘟病毒（Rinderpest virus，RPV）。CDV 感染在临床上多表现为消化道功能障碍、足垫肿胀和呼吸道炎症等特征。CeMV 包含海豚麻疹病毒（Dolphin morbillivirus，DMV）和鼠海豚麻疹病毒（Porpoise morbillivirus，PMV）。不同种类的鲸类和海豚感染后的临床特征也不相同，部分出现方向迷失、溃疡性胃炎等症状。所有的灵长类动物对 MeV 均易感，初始表现为面部红疹和水肿、心神不安等，随后发生腹泻、肺炎和淋巴结病等，且 MeV 可在脑内进行持续的感染。世界动物卫生组织将 PPRV 列为 A 类疾病，其主要引起绵羊和山羊等小反刍动物出现呼吸道和消化道症状。1987 年，PDV 首次暴发，该病毒与 CDV 有着密切的联系，可能是 CDV 跨种传播的产物。RPV 引起的牛瘟（Rinderpest）最早起源于亚洲，主要表现为高热、口腔溃烂、淋巴坏死等症状。2012 年，FeMV 首次分离于香港流浪猫。FeMV 感染与猫的肾脏疾病之间存在潜在的关联，如肾小管间质性肾炎（Tubulointerstitial nephritis，TIN）和慢性肾脏疾病（Chronic kidney diseases，CKD），对宠物猫的健康和生存具有一定的影响。

（二）病原形态结构与组成

FeMV 病毒粒子呈球形，直径大小为 130～380nm，有囊膜，核壳体呈螺旋对称，电镜下可观察到“N 字形”外观，符合典型的副黏病毒科病毒形态特征。

（三）培养特性

目前用于 FeMV 病毒分离的细胞系有非洲绿猴细胞和多种猫科细胞系（上皮细胞、成纤维细胞、淋巴细胞和胶质细胞）。将家猫的尿液处理后接种于猫肾细胞（Crandell-Rees feline kidney cells，CRFK 细胞）可成功分离 FeMV，样本接种后培养数周方出现细胞变圆、裂解及合胞体样的细胞病变。猫胚胎成纤维细胞（Feline embryonic fibroblast cells，FEA 细胞）已被证明可用于 FeMV 的分离，将病毒分离的时间从几周缩短至几天。FeMV-GT2 株属于 FeMV-2 基因型，分离自猫和猿猴细胞系，体外感染实验显示 FeMV-GT2 株对肾脏和肺脏上皮细胞、大脑和小脑的原代细胞及血液中的免疫细胞（$CD4^+$ T 细胞、$CD20^+$ B 细胞和单核细胞）均有易感性。

2018 年，FeMV 阳性的尿液接种 FEA 细胞后第 3 代第 8 天时，出现细胞变圆、脱落等病变；接种后第 4 代第 8 天时，形成小合胞体，在第 4 代细胞培养物中检测到 FeMV 核酸阳性。

Lavorente F 等将感染 FeMV 的白耳负鼠肺脏组织处理后接种于 CRFK 细胞，连续传代至第 6 代后，细胞融合形成合胞体状细胞病变。经 FeMV 反转录半巢式 PCR 确认成功分离到鼠源 FeMV 野毒株。

二、分子病原学

（一）基因组结构与功能

FeMV 为单股负链不分节段的 RNA 病毒，基因组全长 16050bp，是麻疹病毒属中基因组最大的病毒。FeMV 的 5′端为 400 个核苷酸的拖尾序列，长于其它麻疹病毒（40～41nt）的拖尾序列。FeMV 基因组长度是 6 的倍数，这是病毒有效复制所必需的。FeMV 基因组包含 6 个转录单元，其顺序为 N、P/C/V、M、F、H 和 L，编码 6 个结构蛋白和 2 个非结构蛋白。

FeMV 分为 FeMV-1 和 FeMV-2 两个基因型。FeMV-1 是目前全球最普遍的基因型，首次在 2012 年香港家猫身上发现，随后在日本、马来西亚和泰国等地出现。目前基于已公开的 FeMV 全基因组序列进行系统发育分析，发现 FeMV-1 基因型分为两个不同的分支，第一个分支包括中国、日本、泰国、德国、意大利、巴西和美国的毒株，第二个分支目前只包含意大利的毒株。FeMV-GT2 属于 FeMV-2 基因型，在 2018 年首次分离得到，并得到全基因组序列，与 FeMV-1 基因型毒株同源性为 87.8%～88.2%。

（二）主要基因及其编码蛋白的结构与功能

1. 非结构蛋白

FeMV 包含两个非结构蛋白，即 V 蛋白和 C 蛋白。

2. 结构蛋白

FeMV 的结构蛋白包含一个基质蛋白（M）、两个 RNA 聚合酶相关蛋白（磷蛋白 P 和大蛋白 L）、一个核衣壳蛋白（N）和两个糖蛋白（血凝素 H 和融合蛋白 F）。N 蛋白缠绕 RNA 与 P 蛋白及 L 蛋白形成核糖核蛋白复合物，构成病毒转录和复制的最基本感染体；M 蛋白是病毒核衣壳与病毒囊膜糖蛋白之间的连接纽带蛋白，参与病毒的组装、出芽和释放；在病毒感染过程中，F 蛋白被裂解成含有 F1 和 F2 两个亚基的成熟 F 蛋白，这两个亚基是病毒最初附着和随后融合肽介导的进入细胞过程所必需的。F 和 H 两种表面糖蛋白与宿主细胞膜上的蛋白质受体相互作用，决定了病毒的宿主易感性、组织亲和性和发病机制。副黏病毒表面糖蛋白与神经氨酸酶蛋白受体或 SLAM 的细胞受体相结合后，构象发生变化，触发 F 蛋白进行病毒-细胞融合，导致病毒进入。此过程促进了病毒和宿主细胞膜的融合进而导致病毒进入宿主细胞。

三、流行病学

（一）传染来源

发病猫和带毒猫为 FeMV 的主要传染源，主要在尿液中检测到 FeMV 核酸。FeMV 毒株在 4℃环境中较稳定，60℃作用 10 分钟或 70℃作用 2 分钟均可有效灭活病毒。温度敏感性试验结果表明，FeMV 在室温环境中稳定，尿和粪便通过病毒传播的可能性较高。被病毒污染的环境、用具、尿液等也可能是该病重要的感染来源。

（二）易感动物

除猫外，FeMV 还可以感染豹子、豚鼠、白耳负鼠和犬。

2021 年，巴西巴拉那州自由生活的白耳负鼠 26.09%（6/23）肺脏 RT-PCR 扩增出 *L* 基因和 *N* 基因阳性；8.70%（2/23）肾脏 RT-PCR 扩增出 *L* 基因阳性，未扩增出 *N* 基因阳性，其它组织（扁桃体、淋巴结、膀胱和肝脏）均未扩增出 *L* 基因和 *N* 基因阳性。鼠源 FeMV 毒株的 L 蛋白与猫源 FeMV-1 亚型毒株 L 蛋白之间核苷酸相似性为 90.2%～96%，与猫源 FeMV-2 亚型毒株 L 蛋白之间核苷酸相似性为 82.3%～82.6%。

2021 年，Piewbang C 等在一只死于严重肺病的犬的肺脏中检测到 FeMV-1 核酸阳性。随后 FeMV-1 流行病学调查结果显示患有呼吸道疾病的犬 FeMV-1 核酸阳性率为 12.39%（14/113），其中 6 只犬同时感染其它犬呼吸道病毒。在临床健康犬中未检测到 FeMV 抗原。78.58%（11/14）的 FeMV-1 阳性犬出现鼻分泌物和咳嗽，21.42%（3/14）出现支气管肺炎。对 11 株 FeMV 阳性样品进行基于 *L* 基因的序列分析，结果显示均属于 FeMV-1a 分支，与泰国、日本和中国香港的 FeMV-1 毒株核苷酸相似性为 97.5%～99.2%。

2020 年，首次在患有严重氮血症和肾小管间质性肾炎的泰国黑豹的尿液、肾脏和脾脏中检测到 FeMV 核酸阳性。*L* 基因序列分析表明，黑豹源 FeMV 属于 FeMV-1 基因型，与泰国 FeMV 毒株 CTL43、CTL16 和 U16 形成一个单系分支。

（三）流行特征

自 FeMV 在中国香港首次分离，日本、美国、巴西、英国、土耳其、意大利、马来西亚和德国等地均报道了该病毒的存在，FeMV-1 基因型毒株具有全球分布的特征。多猫环境（猫饲养所）中的猫和流浪猫感染率高于家猫；未绝育的猫中，公猫比母猫感染的概率更高。4 岁以下猫 FeMV 血清阳性率更高，原因在于该年龄组猫之间社会活动较频繁。FeMV 可持续性感染家猫。

（四）发生与分布

1. 在国外的发生与流行

2013 年，日本首次报道了 FeMV 在日本区域的流行，在尿液和血液的检出率分别为 6.1%和 10%。基于 *L* 基因的遗传进化分析表明，日本 FeMV 分离株与之前中国香港报道的 FeMV 毒株核苷酸同源性为 92%～94%。该研究建立了一种检测福尔马林固定的肾组织 FeMV RNA 的方法。

2013 年 10 月，美国首次在一只健康的短毛猫尿液中检测到 FeMV 阳性，且 15 个月后，其尿液 RT-PCR 检测仍为阳性，基于 *H* 基因序列比较结果显示其与 15 个月前的猫尿液序列结果一致，提示该猫为 FeMV 慢性感染。随后，在美国 327 份家猫尿液样本进行检测，FeMV PCR 阳性率为 3%。2013—2014 年，德国和土耳其也在家猫中检测到了 FeMV 的存在。

2017 年 3 月，巴西对来自不同饲养环境的 276 只猫进行核酸检测，阳性率为 34.7%（96/276），其中动物收容所中猫尿液中 FeMV 核酸阳性率高达 42%（58/138）。

2018 年，德国首次从患有多尿多饮综合征的猫尿液中检测到 FeMV 核酸，获得 1 株 FeMV 全基因组序列，与 GenBank 中已报道的 FeMV 基因组序列同源性为 87.8%～88.2%，命名为 FeMV-GT2，属于 FeMV-2 基因型。

2019 年，马来西亚首次在家猫体内检测到 FeMV 核酸阳性，阳性率为 39.4%，高于其它国家 FeMV 感染率。基于 *L* 基因和 *N* 基因的遗传进化分析表明，马来西亚 FeMV 分离株与泰国、日本等亚洲其它国家的分离株核苷酸相似性较高，与美国、意大利、巴西和土耳其的分离株在不同分支上。

2019 年，巴西 35 份家猫尿液样本中 FeMV 核酸阳性率为 11.43%（4/35），4 株 FeMV 野毒株均为 FeMV-1 型，与其它 FeMV-1 型毒株之间核苷酸相似性为 82.2%～99.7%，与巴西之前的分离株之间核苷酸相似性为 99.3%～100%。遗传进化分析表明这 4 株分离株与巴西之前的分离株较为接近。

2020 年，意大利西北部猫尿液中核酸阳性率为 7.3%。对健康猫和患肾脏疾病的猫体内进行抗原检测，在感染 FeMV 猫的肾脏样本中，3/4 显示为肾小管间质性肾炎。从尿液样本中获得的 1 株 FeMV *L* 基因属于 FeMV 1-B 亚型，这是意大利出现的 FeMV 的第 3 个亚型。

2020 年，Busch J 等对 112 份来自智利的家猫血清进行 FeMV-1 和 FeMV-2 抗体的检测，其中 30%的猫中有抗两种 FeMV 基因型的抗体，而体内有单独抗 FeMV-1 和 FeMV-2 基因型抗体的猫占比分别为 24%和 9%，明显高于日本猫中 FeMV 抗体阳性率（22%）。

2020 年，泰国首次在猫中检测到 FeMV 核酸阳性，阳性率为 11.9%，其中尿液和血液的检出率分别为 14.5%和 7.5%。泰国不同地区 FeMV 分离株之间核苷酸相似性高达 98.5%，均属于 FeMV-1A 分支。检测结果表明 FeMV 患病率与泌尿系统疾病无显著相关性。

2. 在国内的发生与流行

FeMV 率先在中国香港发现。2012 年，中国香港流浪猫和大陆的病猫中首次检测到 FeMV。在 457 只流浪猫中检测到 56 只 FeMV 阳性，阳性率为 12.3%。抗重组 N 蛋白 IgG 的血清阳性率为 27.8%。*N*、*P*、*M*、*F*、*H* 和 *L* 基因的遗传进化分析表明 3 株分离株与其它副黏病毒科病毒有区别，在系统进化树上形成独立的分支。

2019 年，Ou J 等从 2017 年和 2018 年广东省的猫尿液中检测到 FeMV 核酸阳性，阳性率为 9.38%。遗传进化分析结果显示，中国分离株与亚洲 FeMV 分离株的亲缘关系最近，与其它国家分离株 *L* 基因的核苷酸相似性为 91.8%～96.1%，与中国香港分离株存在遗传差异性，体现了我国 FeMV 的遗传多样性

四、免疫机制与致病机理

FeMV-GT2 可感染肺上皮细胞、大脑和免疫细胞，而不是肾脏上皮细胞。Sutummaporn K 等对 FeMV 与猫肾组织病理变化的相关性进行研究，病理切片上观察到 FeMV 感染的猫肾组织的组织损伤度显著高于 FeMV 阴性猫。主要体现在：肾小球硬化、肾小管的小管坏死及萎缩和管腔扩增，间质区有炎性细胞浸润和纤维化等。免疫组化结果显示肾小管近端、远端和集合管的上皮细胞以及移行上皮细胞中观察到 FeMV 抗原。FeMV 抗原主要在猫肾组织的管状上皮细胞中。

2020 年，Sutummaporn K 等通过脱氧核糖核苷酸末端转移酶介导的缺口末端标记法（terminal -deoxynucleotidyl transferase mediated nick end labeling，TUNEL）和抗 FeMV P 蛋白的间接免疫荧光试验进行致病机制的研究。FeMV 阳性样本中的凋亡细胞明显多于阴性细胞，大量 TUNEL 阳性细胞含有 FeMV P 蛋白，表明 FeMV 感染可诱导 FeMV 感染的细胞或其邻近细胞的凋亡，提示细胞凋亡可能是 FeMV 感染猫肾组织相关病理改变的重要机制。

五、临床症状

（一）单纯感染临床症状

FeMV 分为 FeMV-1 和 FeMV-2 两个基因型。我国首次发现的 FeMV 毒株属于 FeMV-

1 亚型，FeMV-1 亚型和猫的肾小管间质性肾炎和慢性肾脏疾病有一定的相关性，但也在无肾脏疾病的猫中发现了该基因型。德国首次分离到的 FeMV-2 亚型毒株除感染肾脏外，还会感染肺部和大脑等多种组织。

（二）与其它病原混合感染的临床症状

FeMV 临床上可与猫冠状病毒、猫利什曼原虫等其它病原体混合感染。

六、病理变化

巴西的白耳负鼠肺脏和肾脏中检测到 FeMV 核酸阳性，病理切片可见肺脏出现间质性肺炎，表现为Ⅱ型肺细胞增生和肺泡巨噬细胞积聚，肺泡间隔明显增厚；肾脏病变主要表现为淋巴细胞间质性肾炎和肾小管坏死；免疫染色结果显示部分小鼠在肾小管上皮的细胞质内检测到 FeMV 抗原阳性，仅有少数可在肺脏支气管和支气管周围混合腺体的上皮细胞内观察到 FeMV 抗原阳性。

Piewbang C 等在因呼吸道症状而死亡的犬体内检测到 FeMV 核酸，病理切片结果显示肺脏出现实质性增厚，小淋巴细胞和中性粒细胞浸润，间质结缔组织和成纤维细胞突出，肺泡内可见增大的Ⅱ型肺泡细胞浸润，形成蜂窝状；肾脏的皮质、皮质髓质交界处和肾盂区域部分出现淋巴细胞和浆细胞浸润，多处肾小管上皮细胞呈空泡状或固缩或被大量胞浆嗜酸性颗粒充满，但基底膜完整。免疫组化结果分析发现，FeMV-1 抗原不仅存在于肺脏，还存在于肾脏、膀胱、脾脏、淋巴结、脑等各组织或器官中，提示 FeMV 可能有与其它麻疹病毒感染相似的嗜上皮性、嗜淋巴性和嗜神经性。

七、诊断

病毒分离是诊断 FeMV 的金标准，但关于 FeMV 的病毒分离耗时且困难，而分子生物学检测技术和血清学检测技术则是快速确诊 FeMV 感染和鉴定新毒株的关键。目前尚无商品化的 FeMV 检测试剂盒。

（一）病原诊断

作为一种副黏病毒，FeMV 的 *L* 和 *N* 基因最为保守，因此 FeMV 的 RT-PCR 检测通常在 *L* 和 *N* 基因处设计引物。基于 FeMV *L* 基因 155nt 高度保守区域的引物已广泛应用于 RT-PCR 技术以检测 FeMV。Furuya 等参照以上检测方法通过扩增 FeMV *L* 基因 155nt 高度保守区域，对福尔马林固定样品中的降解 RNA 进行检测。

与经典 PCR 相比，qPCR 具有更高的灵敏度，在病毒含量较低的样品中也可以检测到 FeMV 核酸。De Luca E 等建立了针对 *P*/*V*/*C* 基因中 76nt 区域的实时荧光定量 RT-PCR，命名为 $qPCR_{FeMV}$，可用于 FeMV RNA 的快速定量检测。

一种基于 *N* 基因的 TaqMan 探针实时荧光定量 RT-PCR 检测方法已成功建立，灵敏度是普通 RT-PCR 的 2～3 倍，检测下限为 1.74×10^{4} copies/μL，与其它的副黏病毒科病毒及常见猫源病毒无交叉反应，重复性良好，可用于 FeMV 早期感染的诊断。

（二）血清学诊断

FeMV 的血清学诊断主要有蛋白质免疫印迹、间接免疫荧光试验和间接酶联免疫吸附试验等，病毒中和试验方法还未建立。N 蛋白和 P 蛋白在麻疹病毒感染的细胞中高表达，是检测针对 FeMV 抗体的良好靶点。蛋白质免疫印迹和间接免疫荧光试验检测针对 N 蛋白的抗体，而间接酶联免疫吸附试验检测针对 P 蛋白的抗体。

八、预防与控制

目前 FeMV 与猫肾脏疾病之间的相关性仍存在争议，尚无关于 FeMV 的疫苗和药物，预防主要依靠加强生物安全管理。

（王洁、刘玉秀）

参考文献

［1］ Arikawa K，Wachi A，Imura Y，et al. Development of an ELISA for serological detection of feline morbillivirus infection［J］. Archives of Virology，2017，162（8）：2421-2425.

［2］ Balbo L，Fritzen J，Lorenzetti E，et al. Molecular characterization of feline paramyxovirus and feline morbillivirus in cats from Brazil［J］. Brazilian Journal of Microbiology，2021，52（2）：961-965.

［3］ Busch J，Heilmann R，Vahlenkamp T，et al. Seroprevalence of infection with feline morbilliviruses is associated with FLUTD and increased blood creatinine concentrations in domestic cats［J］. Viruses，2021，13（4）：578.

［4］ Busch J，Sacristan I，Cevidanes A，et al. High seroprevalence of feline morbilliviruses in free-roaming domestic cats in Chile［J］. Archives of Virology，2021，166（1）：281-285.

［5］ Chaiyasak S，Piewbang C，Rungsipipat A，et al. Molecular epidemiology and genome analysis of feline morbillivirus in household and shelter cats in Thailand［J］. BMC Veterinary Research，2020，16（1）：240.

［6］ Choi EJ，Ortega V，Aguilar H. Feline morbillivirus，a new paramyxovirus possibly associated with feline kidney disease［J］. Viruses，2020，12（5）：501.

［7］ Crisi PE，Dondi F，De Luca E，et al. Early renal involvement in cats with natural feline morbillivirus infection［J］. Animals（Basel），2020，10（5）：828.

［8］ Darold G，Alfieri A，Araujo J，et al. High genetic diversity of paramyxoviruses infecting domestic cats in western Brazil［J］. Transboundary and Emerging Diseases，2020，68（6）：3453-3462.

［9］ Darold G，Alfieri A，Muraro L，et al. First report of feline morbillivirus in south America［J］. Archives of Virology，2017，162（2）：469-475.

［10］ Delpeut S，Noyce R，Richardson C. The tumor-associated marker，PVRL4（nectin-4），is the epithelial receptor for morbilliviruses［J］. Viruses，2014，6（6）：2268-2286.

［11］ DeLuca E，Crisi P，DiDomenico M，et al. A real-time RT-PCR assay for molecular identification and quantitation of feline morbillivirus RNA from biological specimens. J Virological Methods，2018，258：24-28.

［12］ DeLuca E，Crisi P，Marcacci M，et al. Epidemiology，pathological aspects and genome heterogeneity of feline morbillivirus in Italy［J］. Veterinary Microbiology，2020，240：108484.

［13］ DeLuca E，Sautto G，Crisi P，et al. Feline morbillivirus infection in domestic cats：what have we learned so far?［J］ Viruses，2021，13（4）：683.

［14］ Furuya T，Sassa Y，Omatsu T，et al. Existence of feline morbillivirus infection in japanese cat populations［J］. Archives of Virology，2014，159（2）：371-373.

［15］ Furuya T，Wachi A，Sassa Y，et al. Quantitative PCR detection of feline morbillivirus in cat urine samples［J］. The Journal of Veterinary Medical Science，2016，77（12）：1701-1703.

［16］ Koide R，Sakaguchi S，Ogawa M，et al. Rapid detection of feline morbillivirus by a reverse transcription loop-mediated isothermal amplification［J］. The Journal of Veterinary Medical Science，2016，78（1）：105-108.

［17］ Lavorente F，deMatos A，Lorenzetti E，et al. First detection of feline morbillivirus infection in white-eared opossums（Didelphis albiventris，Lund，1840），a non-feline host［J］. Transboundary and Emerging Diseases，2021，69

(3)：1426-1437.

[18] Lorusso A，Di Tommaso M，DiFelice E，et al. First report of feline morbillivirus in Europe [J]. Veterinaria Italiana，2015，51 (3)：235-237.

[19] Makhtar S，Tan S，Nasruddin N，et al. Development of TaqMan-based real-time RT-PCR assay based on N gene for the quantitative detection of feline morbillivirus [J]. BMC Veterinary Research，2021，17 (1)：128.

[20] Marcacci M，DeLuca E，Zaccaria G，et al. Genome characterization of feline morbillivirus from Italy [J]. Journal of Virological Methods，2016，234：160-163.

[21] McCallum K，Stubbs S，Hope N，et al. Detection and seroprevalence of morbillivirus and other paramyxoviruses in geriatric cats with and without evidence of azotemic chronic kidney disease [J]. Journal of Veterinary Internal Medicine，2018，32 (3)：1100-1108.

[22] Mohd Isa N，Selvarajah G，Khor K，et al. Molecular detection and characterisation of feline morbillivirus in domestic cats in Malaysia [J]. Veterinary Microbiology，2019，236：108382.

[23] Muratore E，Cerutti F，Colombino E，et al. Feline morbillivirus in northwestern Italy：first detection of genotype 1-B [J]. Journal of Feline Medicine and Surgery，2020，23 (6)：584-591.

[24] Ou J，Ye S，Xu H，et al. First report of feline morbillivirus in mainland China [J]. Archives of Virology，2020，165 (8)：1837-1841.

[25] Park E，Suzuki M，Kimura M，et al. Epidemiological and pathological study of feline morbillivirus infection in domestic cats in Japan [J]. BMC Veterinary Research，2016，12 (1)：228.

[26] Piewbang C，Chaiyasak S，Kongmakee P，et al. Feline morbillivirus infection associated with tubulointerstitial nephritis in black leopards (Panthera pardus) [J]. Veterinary Pathology，2020，57 (6)：871-879.

[27] Piewbang C，Wardhani S W，Dankaona W，et al. Feline morbillivirus-1 in dogs with respiratory diseases [J]. Transboundary and Emerging Diseases. 2021，doi：10.1111/tbed.14278.

[28] Rima B，Duprex W. The measles virus replication cycle [J]. Current Topics in Microbiology and Immunology，2009，329：77-102.

[29] Sakaguchi S，Koide R，Miyazawa T. In vitro host range of feline morbillivirus [J]. The Journal of Veterinary Medical Science，2015，77 (11)：1485-1487.

[30] Sakaguchi S，Nakagawa S，Yoshikawa R，et al. Genetic diversity of feline morbilliviruses isolated in Japan [J]. The Journal of General Virology，2014，95 (Pt 7)：1464-1468.

[31] Sato H，Yoneda M，Honda T，et al. Morbillivirus receptors and tropism：multiple pathways for infection [J]. Front Microbiol，2012，3：75.

[32] Sharp C，Nambulli S，Acciardo A，et al. Chronic infection of domestic cats with feline morbillivirus，United States [J]. Emerging Infectious Diseases，2016，22 (4)：760-762.

[33] Sieg M，Busch J，Eschke M，et al. A new genotype of feline morbillivirus infects primary cells of the lung，kidney，brain and peripheral blood [J]. Viruses，2019，11 (2)：146.

[34] Sieg M，Heenemann K，Rückner A，et al. Discovery of new feline paramyxoviruses in domestic cats with chronic kidney disease [J]. Virus Genes，2015，51 (2)：294-297.

[35] Sieg M，Sacristan I，Busch J，et al. Identification of novel feline paramyxoviruses in guignas (Leopardus guigna) from Chile [J]. Viruses，2020，12 (12)：1397.

[36] Sieg M，Vahlenkamp A，Baums C，et al. First complete genome sequence of a feline morbillivirus isolate from Germany [J]. Genome Announcements，2018，6 (16)：e00244-18.

[37] Stranieri A，Lauzi S，Dallari A，et al. Feline morbillivirus in northern Italy：prevalence in urine and kidneys with and without renal disease [J]. Veterinary Microbiology，2019，233：133-139.

[38] Sutummaporn K，Suzuki K，Machida N，et al. Association of feline morbillivirus infection with defined pathological changes in cat kidney tissues [J]. Veterinary Microbiology，2019，228：12-19.

[39] Sutummaporn K，Suzuki K，Machida N，et al. Increased proportion of apoptotic cells in cat kidney tissues infected with feline morbillivirus [J]. Archives of Virology，2020，165 (11)：2647-2651.

[40] Woo P，Lau S，Wong B，et al. Feline morbillivirus，a previously undescribed paramyxovirus associated with tubu-

lointerstitial nephritis in domestic cats [J]. Proceedings of the National Academy of Sciences of the United States of America, 2012, 109 (14): 5435-5440.

[41] Yilmaz H, Tekelioglu B, Gurel A, et al. Frequency, clinicopathological features and phylogenetic analysis of feline morbillivirus in cats in Istanbul, Turkey [J]. Journal of Feline Medicine and Surgery, 2017, 19 (12): 1206-1214.

第三节　猫副黏病毒感染

猫副黏病毒（Feline paramyxovirus，FPaV）是一种新型的副黏病毒，于2015年首次被德国研究者Sieg M等从中国香港和日本的患有慢性肾病猫的尿液中检测到。随后，英国、智利、巴西也报道了该病毒的流行。根据副黏病毒基因组的结构特征，该病毒被划分到副黏病毒科（Paramyxoviridae）、正副黏病毒亚科（Orthoparamyxovirinae）、杰隆病毒属（*Jeilongvirus*）。研究者们怀疑猫感染副黏病毒和患肾脏疾病之间存在关联，但至今未有一篇报道能够证实这种猜想。

一、病原学

（一）分类地位

猫副黏病毒（Feline paramyxovirus，FPaV）属于副黏病毒科（Paramyxoviridae）、正副黏病毒亚科（Orthoparamyxovirinae）、杰隆病毒属（*Jeilongvirus*）。副黏病毒科被分为4个亚科，分别是正副黏病毒亚科（Orthoparamyxovirinae）、偏副黏病毒亚科（Metaparaymyxovirinae）、腮腺炎病毒亚科（Rubulavirinae）和禽腮腺炎病毒亚科（Avulavirinae）。正副黏病毒亚科（Orthoparamyxovirinae）又被分为8个属，分别是水生动物副黏病毒属（*Aquaparamyxovirus*）、蛇副黏病毒属（*Ferlavirus*）、杰隆副黏病毒属（*Jeilongvirus*）、亨尼帕病毒属（*Henipavirus*）、麻疹病毒属（*Morbillivirus*）、纳莫病毒属（*Narmovirus*）、呼吸病毒属（*Respirovirus*）、塞勒姆病毒属（*Salemvirus*）。杰隆副黏病毒属病毒被认为主要感染智齿动物，但研究者在哺乳动物例如人类和猪体内检测到针对杰隆副黏病毒属病毒产生的特异性抗体。提示杰隆副黏病毒属有广泛的宿主范围，可能会成为新的人兽共患病传染源。

（二）病原形态结构与组成

FPaV的病原形态暂无报道，根据副黏病毒的特性推测其为外有囊膜的球状结构。

二、分子病原学

（一）基因组结构与功能

FPaV基因组为不分节段的单股负链RNA，全长约16000bp。以Sakaguchi S等研究的毒株为例（GenBank Access No. LC431581），FPaV基因组由六个转录单位组成（3′-N-P-M-F-G-L-5′），编码六种结构蛋白。

*N*基因长1066bp，编码核衣壳蛋白N（Nucleocapsid protein）。*P*基因长1460bp，编码磷酸化蛋白P（Phosphoprotein）。*M*基因长1019bp，编码基质蛋白M（Matrix protein）。*F*基因长1631bp，编码融合蛋白F（Fusion protein）。*G*基因长2303bp，编码糖蛋白G（Glycoprotein)。*L* 基因长 6551bp，编码 RNA 依赖性 RNA 聚合酶蛋白 L（Large protein）。副黏病毒科的 4 个亚科是根据 L 蛋白的系统发育分析决定的，*L* 基因有副黏病毒特异性的核苷酸序列，常被用来建立 RT-PCR 方法诊断病毒，该方法亦适用于 FPaV 的检测。由于 FPaV 和猫麻疹病毒（Feline morbillivirus，FeMV）都能感染猫，且都属于副黏病毒科，因而 FPaV 和 FeMV 的 *L* 基因同源性较高，可达 86%。建立的 RT-PCR 方法不仅能够检测到 FPaV，还可以检测到 FeMV，最终通过对 *L* 基因核苷酸序列测序才能判定所检测到的病毒是 FPaV 还是 FeMV。

除了这六个转录基因之外，*F* 基因和 *G* 基因之间还有一段编码跨膜蛋白质的核苷酸序列 *TM* 基因，长 680bp。

（二）主要基因及其编码蛋白的结构与功能

和副黏病毒属其它病毒一样，FPaV 基因组有六个转录单位编码六种结构蛋白，结合副黏病毒的相关特性，推测 FPaV 的六个结构蛋白的主要特征如下：N 蛋白和病毒衣壳的组装有关；P 蛋白中的丝氨酸和亮氨酸含量较高，是病毒主要的磷酸化位点；M 蛋白参与囊膜的形成，和病毒出芽有关；F 蛋白是病毒表面的纤突蛋白，可以介导病毒囊膜与靶细胞膜的融合，也可以诱导宿主细胞膜之间的融合；G 蛋白可以和 F 蛋白相互作用介导病毒入侵宿主细胞；L 蛋白和 P 蛋白结合在一起，形成 P-L 聚合酶复合体，之后和 N 蛋白结合装配，形成病毒核衣壳。

三、流行病学

1. 在国外的发生与流行

FPaV 最先于 2015 年在德国被发现，Sieg M 等用 FeMV 的 *L* 基因建立的 RT-PCR 的方法检测 FeMV 时，在来自日本的 120 份患有慢性肾病猫的尿液中发现有 3 份阳性样本的 *L* 基因序列和目前已知的副黏病毒序列不同。基因测序发现这 3 份样本的序列核苷酸同源性为 95%，与蝙蝠副黏病毒的同源性为 72%，与啮齿动物副黏病毒的同源性为 74%，提示有新的副黏病毒感染猫科动物，Sieg M 等将其称为猫副黏病毒。2018 年，McCallum K E 等在韩国检测了 40 份患有慢性肾病猫的尿液，FPaV 阳性率为 7.5%（3/40）。

2020 年，Sakaguchi S 等在日本多地兽医院收集了 51 份猫尿液样本，并分离出了 FPaV（GenBank Access No. LC431581）。对日本流行的 FPaV 进行了全基因测序及系统发育分析，确定了 FPaV 的基因组结构。同年，Sieg M 等报道了在智利收集了 2008—2018 年间被冷冻的 35 只豚鼠的肾脏标本，发现有 4 个样本呈 FPaV 阳性，阳性率为 11.4%（4/35）。Darold G 等报道巴西收集的 276 份猫尿液样本，FPaV 阳性率为 17.4%（48/276）。在该试验中，Darold G 等用副黏病毒的 *L* 基因作为 RT-PCR 引物实际检测到了 96 份副黏病毒阳性样本，其中 14 份阳性样本未获得 PCR 产物，无法进行测序。在剩余的 82 份样本中，FPaV 阳性率为 58.5%（48/82），FeMV 阳性率为 41.5%（34/82）。该项研究的主要目的是揭示猫感染副黏病毒和患肾脏疾病之间的关系，他们所收集的 276 份样本中仅有 30 份样本（占 10.8%，30/276）患有肾病，在 96 份副黏病毒阳性样本中有 8 份患有肾病的样本（占 8.3%，8/96），剩余 88 份副黏病毒阳性样本（占 91.7%，88/96）未患肾病。该研究的结果提示感染 FPaV 和 FeMV 与患肾脏疾病之间没有显著的相关性。

2021 年，Balbo 等报道巴西西部 35 份家猫的尿液样本中检测 FPaV 的阳性率为 8.5%（3/35）。感染巴西西部家猫的 FPaV 与德国和日本所测得的 FPaV 菌株序列相似性较高。巴西 FPaV 核苷酸序列和德国所测得的序列相似性为 85%～96.1%，和日本所测得的序列相似性为 87%～100%。巴西 FPaV 氨基酸序列与德国和日本所测得的序列同源性为 96.8%～100%。

2. 在国内的发生与流行

我国南部宠物医院就诊猫有检出 FPaV 的发生与流行情况。2015 年，德国 Sieg M 等用 RT-PCR 方法在来自中国香港患有慢性肾病猫的尿液中检测到了 FPaV。

四、临床症状

人类、啮齿动物和蝙蝠感染副黏病毒后可引起肾脏组织损伤。临床数据显示猫在感染副黏病毒后易患慢性肾病，但研究数据提示感染 FPaV 可能不会导致猫患肾脏疾病。

五、诊断

1. 病原诊断

FPaV 的病原学诊断主要为 RT-PCR 方法。由于 FPaV 的 *L* 基因有特异性核苷酸序列，RT-PCR 引物主要根据 *L* 基因进行设计。FPaV 核酸可用 RT-PCR 方法从患病猫尿液或感染豚鼠的肾脏中检测出来。

2. 实验室鉴别诊断技术

由于 FPaV 和 FeMV 的 *L* 基因同源性较高，都能感染猫，但至今未报道过 FPaV 和 FeMV 混合感染猫的案例。根据 *L* 基因所建立的 RT-PCR 方法不仅能够检测到 FPaV，还可以检测到 FeMV，最终需要通过对 *L* 基因核苷酸序列测序来区分 FPaV 和 FeMV。

六、预防与控制

感染 FPaV 对猫产生的危害还有待进一步研究，所以，目前没有针对 FPaV 的疫苗和药物，防控措施以加强生物安全管理为主。

（周丽璇、刘玉秀）

参考文献

［1］ Balbo L，Fritzen J，Lorenzetti E，et al. Molecular characterization of feline paramyxovirus and feline morbillivirus in cats from Brazil [J]. Brazil Journal of Microbiology，2021，52 (2)：961-965.

［2］ Darold G，Alfieri A，Araujo J，et al. High genetic diversity of paramyxoviruses infecting domestic cats in western Brazil [J]. Transboundary and Emerging Diseases，2020，68 (6)：3453-3462.

［3］ McCallum K，Stubbs S，Hope N，et al. Detection and seroprevalence of morbillivirus and other paramyxoviruses in geriatric cats with and without evidence of azotemic chronic kidney disease [J]. Journal of Veterinary Internal Medicine，2018，32 (3)：1100-1108.

［4］ Rima B，Balkema-Buschmann A，Dundon W，et al. ICTV virus taxonomy profile：paramyxoviridae [J]. J of General Virology，2019，100 (12)：1593-1594.

［5］ Sakaguchi S，Nakagawa S，Mitsuhashi S，et al. Molecular characterization of feline paramyxovirus in japanese cat populations [J]. Archives of Virology，2020，165 (2)：413-418.

［6］ Sieg M，Heenemann K，Ruckner A，et al. Discovery of new feline paramyxoviruses in domestic cats with chronic kidney disease [J]. Virus Genes，2015，51 (2)：294-297.

［7］ Sieg M，Sacristan I，Busch J，et al. Identification of novel feline paramyxoviruses in guignas (Leopardus guigna) from Chile [J]. Viruses，2020，12 (12)：1397.